电子与嵌入式系统设计译丛

Sensors, Actuators, and Their Interfaces
A multidisciplinary introduction, Second Edition

# 传感器、执行器及接口原理与应用
## （原书第2版）

上册

[美] 内森·艾达（Nathan Ida） 著
刘雯 姚燕 韩可 秦畅言 译

机械工业出版社
CHINA MACHINE PRESS

Nathan Ida: Sensors, Actuators, and Their Interfaces: A multidisciplinary introduction, Second Edition (ISBN 978-1-78561-835-2).

Original English Language Edition published by The IET, Copyright © The Institution of Engineering and Technology 2020.

Simplified Chinese-language edition copyright © 2025 by China Machine Press, under license by The IET.

No part of this book may be reproduced or transmitted in any form or by any means, electronic or mechanical, including photocopying, recording or any information storage and retrieval system, without permission, in writing, from the publisher.

All rights reserved.

本书中文简体字版由 The IET 授权机械工业出版社在中国大陆地区（不包括香港、澳门特别行政区及台湾地区）独家出版发行。未经出版者书面许可，不得以任何方式抄袭、复制或节录本书中的任何部分。

北京市版权局著作权合同登记　图字：01-2021-3376 号。

## 图书在版编目（CIP）数据

传感器、执行器及接口原理与应用：原书第 2 版. 上册 /（美）内森·艾达（Nathan Ida）著；刘雯等译. -- 北京：机械工业出版社，2025. 1. --（电子与嵌入式系统设计译丛）. -- ISBN 978-7-111-77435-8

Ⅰ．TP212；TH86

中国国家版本馆 CIP 数据核字第 2025DV1232 号

机械工业出版社（北京市百万庄大街 22 号　邮政编码 100037）
策划编辑：赵亮宇　　　　　　　　　责任编辑：赵亮宇
责任校对：赵玉鑫　张雨霏　景　飞　责任印制：张　博
北京机工印刷厂有限公司印刷
2025 年 6 月第 1 版第 1 次印刷
186mm×240mm・24.75 印张・566 千字
标准书号：ISBN 978-7-111-77435-8
定价：139.00 元

电话服务　　　　　　　　网络服务
客服电话：010-88361066　　机　工　官　网：www.cmpbook.com
　　　　　010-88379833　　机　工　官　博：weibo.com/cmp1952
　　　　　010-68326294　　金　书　网：www.golden-book.com
封底无防伪标均为盗版　　　机工教育服务网：www.cmpedu.com

# 译者序

随着信息化和智能化时代的到来，传感器和执行器被广泛应用于科学和工程领域的各个方面——从基础科学到工业生产、资源开发、航空航天、生物工程、智慧医疗、自动驾驶、物联网等，几乎每一个现代化项目都离不开各种各样的传感器和执行器。传感器和执行器技术对科技水平的提升和国家经济的发展有着重要的推动作用，近年来已经成为国内各高校电气、机械、人工智能、生物医学工程等专业本科生和研究生的必修课程。

在接受翻译任务时，实际上我并没有看到完全版[一]的全部内容，只是凭借目录和第 1 章等部分内容，我就主动请缨来组织翻译工作。原因有三：其一是完全版出自英国工程技术学会（IET）；其二是完全版的架构很适合从事与传感器应用相关工作的工程师使用，而目前此类中文书籍还很少，合适的教材也很难选到；其三是我多年从事物联网应用方面的教学工作，对此非常感兴趣。

但随着翻译工作的推进，我逐渐被这本书的内容所吸引，经常会拍案称快。完全版着眼于广泛的检测领域，对感知和驱动背后的理论进行了概述和简化，将传感器、执行器及其接口的知识变得不再晦涩难懂，并将其整合到了包括电气、机械、化学和生物医学工程的多个学科中。书中不仅对传感器、执行器及接口进行了详尽的分类讨论，还结合各类传感器、执行器的实际应用给出大量实例，抽丝剥茧般让读者循序渐进地了解其应用场合、相关概念、工作原理及典型的工程应用，以及同类传感器的差别与特色，并且在每章的结尾都给出与本章相关的思考题，进一步复述相关传感器的基本概念、原理和使用方法，以便读者加深理解，可以满足不同学科的学生和专业人士轻松学习传感器、执行器方面基础概念，并将其应用于跨学科领域的需求。完全版涉猎的内容既广泛又边界清晰，不仅适合相关专业的工程师使用，更适合用作精密仪器测试、电子信息类和物联网等相关专业，特别是专注于嵌入式系统方向的本科生和研究生的教材。

参与完全版编译的姚燕老师从事测控技术与仪器专业教学工作超过二十年，她主要负责第 3、4、6 章的翻译工作，并对部分章节进行审阅，韩可老师从事 MEMS 相关技术项目研究十余年，他主要负责第 10~12 章的初稿翻译及审校工作，我负责其他章节的翻译及全书审校工作，秦畅言承担了第 2 章的部分翻译工作及全书统筹工作。研究生任海龙、张胤耕、郏少鹏、蔡威、姜皓月、常家兴、王天姝、孙北辰、姬媛鹏、罗英奇、李道崑、闫玉储等参与协

---

[一] 完全版，即英文原版书。此次出版的中文版本将完全版分为上下两册，上册对应完全版第 1~7 章，下册对应完全版第 8~12 章，当前这本为上册。——编辑注

助相关资料查找、文献翻译以及校对排版工作。此外，还要感谢我的同事们在一些专业内容用词方面提出的宝贵意见。

我们努力在翻译过程中做到准确表达，同时也修正了一些原书中的笔误，但限于时间和译者水平，书中难免有翻译不当之处，恳请读者批评指正。

刘 雯<br>
于北京邮电大学

# 前　言

　　完全版的主题是感知和驱动。乍一看，似乎没有什么比这更简单了——我们可能认为自己知道什么是传感器，也理所当然地知道什么是执行器。但我们是否会自认为对它们了如指掌，以至于实际生活中忽视了它的存在？实际上，我们周围有成千上万的设备属于这两大类。在第1章中，仅在汽车一个例子中就列出了许多传感器和执行器，大约是200个，并且这仅仅是部分列表！此处采用的方法是将所有设备分为三类：传感器、执行器和处理器（接口）。传感器是为系统提供输入的设备，执行器是作为输出的设备。在它们之间，处理器起到连接、接口、处理和驱动的作用。换句话说，完全版主张的观点是一种普遍的感知和驱动。从这个意义上讲，墙上的开关是一个传感器（力传感器），而由其打开的灯泡是一个执行器（它进行了操作）。在两者之间，有一个"处理器"——导线束，或者，如果使用调光器，那么"处理器"就会作为一个实际的电子电路——它解释输入数据并对其进行处理。在这种情况下，处理器可能仅仅是导线束，而在其他情况下，它可能是微处理器或整个计算机系统。

## 挑战

　　感知和驱动过程贯穿了整个科学和工程领域。感知和驱动的原理来源于人类知识所涉及的各个方面，有时除了最专业的专家外，其他人对此都不了解，并且感知与驱动的原理是相融合的。一个传感器跨越两个或更多学科的情况并不少见。以红外传感器为例，它的制造方法可能多种多样，其中一种方法是测量红外辐射产生的温升。因此，生产红外传感器需要制造多个半导体热电偶，并测量它们相对于参考温度的温升。这不是一个特别复杂的传感器，但如果要完全理解它，人们至少需要借助传热学、光学和半导体的理论。此外，还必须考虑使其工作所需的电子设备与控制器（例如微处理器）的接口。因此，想要详尽地涵盖所有原理和理论是十分困难的。所以我们以一种务实的方法介绍传感器和执行器的应用，并适时地对某些问题给出适当的解释。也就是说，我们常常将设备视为具有输入和输出的"黑盒"，并对其输入和输出进行操作，而不关注"黑盒"内部的物理结构和详细操作。然而，完全忽略黑盒也不行：用户必须足够详细地了解其所涉及的原理、所使用的材料以及传感器和执行器的结构。完全版足够详细，可以使读者对原理有适度的了解。

　　为了弥合传感器和执行器理论与其应用之间的鸿沟，并深入了解感知和驱动的设计，我们注意到大多数传感器都有电输出，而大多数执行器都有电输入。实际上，传感器和执行器中的所有接口问题本质上都是电气问题。这意味着要理解和使用这些设备，尤其是要将它们连接起来并集成到一个系统中，需要电气工程方面的知识。相反，感知量涉及工程的各个方面，电气工程师会发现机械、生物和化学工程问题必须与电气工程问题一起考虑。完全版是为所有工程师和所有对感知和驱动感兴趣的人编写的。每个学科领域的读者都会在其中找到熟悉的内容和其他需要学习的内容。实际上，当今的工程师必须吸收各种学科知识或进行团队合作以完成跨学科的任务。然而，并不是所有的传感器或执行器都是"电动的"，有些是与电无关的。测定肉内层温度的温度计能够感测温度（传感器）并显示温度（执行器），但不涉及任何电信号。双金属片的膨胀使表盘抵住弹簧，因此整个过程是机械式的。类似地，汽车中的真空电动机能够以完全机械的方式打开空调通风口。

## 多学科方法

在每一章中，都会给出一些不同领域的示例，以强调所讨论的问题。许多示例是基于实际实验的，有些是基于仿真的，有些是处理理论问题的。在每一章的结尾都有一系列习题，进一步扩展该章的内容，并探讨与主题相关的细节和应用。我已尽力使示例和习题真实、适用且相关，同时仍然保持每个习题的重点和独立。由于该学科的独特性，即涉及多学科内容，学生将可能使用自己不熟悉的单位。为了缓解这种困难，我在第 1 章中用一节的篇幅来介绍单位。一些包含陌生单位的章节也会对这些单位及其之间的转换进行定义。通常的规则是使用国际单位制，但有时也会定义和使用常用单位（如 PSI 或电子伏特），因为它们也被广泛使用着。

## 内容结构

完全版首先揭示了感知和驱动的一般特性和问题。然后，将七大类传感器按检测领域进行分组。例如，将那些基于声波的传感器和执行器——从音频麦克风到声表面波（SAW），包括超声波设备——组合在一起。同样，将基于温度和热量的传感器和执行器组合在一起，这种分组方案不代表任何排他性。虽然光学传感器可以很好地使用热电偶进行感知，但是它被归类为光学传感器，并与光学传感器一起讨论。类似地，辐射传感器可以使用半导体进行感知，但其功能是检测辐射，因此将它按这种方式进行分类和讨论。之后介绍微机电系统（MEMS）和智能传感器的内容。最后则专门讨论接口和接口所需的电路，重点介绍作为通用控制器的微处理器。下面是各章的详细内容介绍。

完全版共 12 章。第 1 章是绪论。在简短地回顾历史之后，定义各种术语，包括传感器、换能器和执行器。然后，介绍传感器的分类问题，并简要讨论感知和驱动策略以及接口的一般要求。

第 2 章讨论传感器和执行器的性能特征。我们将讨论传递函数、量程、灵敏度和灵敏度分析、误差、非线性以及频率响应、精度和其他特性，包括可靠性、响应、动态范围和迟滞问题。在这一点上，讨论是具有一般性的，尽管给出的示例依赖于实际的传感器和执行器。

第 3~9 章介绍各种设备，从第 3 章中的温度传感器和热执行器开始讨论。首先介绍热阻式传感器，包括金属电阻温度检测器、硅电阻传感器和热敏电阻。接下来是热电式传感器和执行器。我们将讨论金属结、半导体热电偶以及佩尔捷电池，它们既是传感器又是执行器。然后介绍 PN 结温度传感器和热机械器件，以及热执行器。温度传感器的一个有趣方面是，在许多常见的应用中，传感器和执行器是同一个，尽管这种二元性并不局限于热设备。所有的双金属传感器都是这种类型的，其应用在恒温器、温度计和 MEMS 中，这一主题将在第 10 章中进行扩展。

第 4 章的主题是光学传感中的重要问题。首先通过光导效应以及硅基传感器（包括光电二极管、晶体管和光伏传感器）对热传感器和基于量子的传感器进行讨论。光电池、光电倍增管和电荷耦合器件（CCD）传感器是第二个重要的类别，其次是基于热量的光学传感器，包括热电堆、红外传感器、热释电传感器和辐射热计。虽然人们很少想到光学执行器，但它们确实存在，在本章的最后将介绍光学执行器。

在第 5 章中，我们将介绍电磁传感器和执行器。很多设备都属于这一类，因此，本章涉及的内容相当广泛。首先将介绍电和电容设备，然后介绍磁性设备。我们将在这里讨论各种传感器和执行器，包括位置、接近度和位移传感器，以及磁力计、速度和流量传感器。所涉及的原理包括霍尔效应和磁致伸缩效应，并将其与更常见的效应一起讨论。本章对电动机和螺线管的讨论相当广泛，涵盖许多磁驱动原理，同时也讨论了电容执行器。

第 6 章专门介绍机械传感器和执行器。经典应变计是一种通用设备，用于检测力以及应变和应力的相关量，但它也用于加速计、称重单元和压力传感器。加速度计、力传感器、压力传感器和惯性传感器占据了本章的大部分篇幅。机械执行器的例子有波登管、波纹管和真空电动机等。

第 7 章讨论声学传感器和执行器。我们所说的声学传感器和执行器是指基于弹性的类声波的传感器和执行器，其中包括基于磁性、电容及压电原理的麦克风和水听器、经典扬声器、超声波传感器和执行器、压电执行器，以及 SAW 器件。因此，虽然声学可能意味着声波，但这里的频率范围是从接近零到几吉赫（GHz）。

化学传感器和执行器是最常见、最普遍的，遗憾的是，它们也是大多数工程师最不了解的设备。因此，第 8 章将详细讨论这些内容，重点对生物传感器进行介绍。本章对现有的化学传感器进行了详细介绍，包括电化学传感器、电位传感器、热化学传感器、光化学传感器和质量传感器。化学驱动比通常人们所想象的要普遍得多，因此不容忽视。执行器包括催化转化、电镀、阴极保护等。

第 9 章介绍辐射传感器。除了经典的电离传感器，我们还将进行更加广泛的讨论，包括非电离和微波辐射。本章，我们将讨论反射传感器、透射传感器和谐振传感器。因为任何天线都可以辐射能量，所以它可以作为执行器来影响特定的任务，如手术期间的烧灼、癌症或低体温症的低频治疗，以及微波烹饪和加热。

第 10 章的主题是 MEMS 传感器和执行器以及智能传感器和执行器。与前几章有所不同，本章除了讨论传感器类别以外，还将讨论传感器的生产方法。本章将首先给出一些传感器的生产方法，然后是一些常见类别的传感器和执行器，包括惯性与静电传感器和执行器、光学开关、阀门等。在智能传感器的背景下，本章强调与无线传输、调制、编码、传感器网络以及射频识别（RFID）方法相关的问题。本章还将介绍一些纳米传感器的基础知识，并对此类传感器的未来和预期发展进行展望。

第 11 章和第 12 章主要介绍接口的相关内容。第 11 章介绍许多适用于接口的常见电路。首先是运算放大器及其广泛的应用，然后是与执行器配合使用的功率放大器和脉宽调制电路，接着是关于数字电路的介绍，包括基本原理和一些有用的电路。在讨论电桥电路和数据传输方法之前，A/D 和 D/A 转换的各种形式，包括电压到频率和频率到电压的转换器，都遵循这些原理。11.8 节将讨论线性电源、开关电源、电流源、参考电压和振荡器。11.9 节将介绍能量收集的思想和需求，能量收集是某些感知和驱动应用的核心。本章最后将讨论噪声和干扰。第 12 章介绍微处理器及其在连接传感器和执行器中的作用。虽然重点放在 8 位微处理器上，但所讨论的问题具有一般性，适用于所有微处理器。在这最后一章中，我们将讨论微处理器的架构、存储器和外围设备、接口的一般要求，以及信号、分辨率和误差的特性。

## 局限性

我们并没有过多地讨论系统，而是将传感器/执行器作为独立组件进行重点讨论，这些设备对于工程师来说是有用的基本构建模块。例如，磁共振成像是一种非常有用的系统，用于医疗诊断和化学分析，这类诊断和化学分析依赖于感知体内或溶液中分子（通常是氢）的进动。但是，该系统非常复杂，并且它的操作与这种复杂性有着十分内在的联系，以至于进动原理不能真正在低水平上使用。讨论这种类型的系统需要讨论辅助问题，包括超导性、均匀强磁场的产生、DC 和脉冲、高频磁场之间的相互作用，以及原子级的激发和进动问题。所有这些都很有趣也很重要，但它们超出了本书的范围。另一个例子是雷达。一个无处不在的系统，但又需要许多额外的部件才能运行和使用，尽管在较低的层次上它与手电筒以及我们的眼睛没有什么不同，手电筒发出光束（执行器），眼睛接收反射（传感器）。我们将根据类似雷达的电磁波反射原理来讨论传感器，而无须讨论雷达如何工作。

## 总结

完全版已经出版多年，我收到了来自电气、机械、土木、化学和生物医学工程专业本科生和研究生的大量反馈。第 1 版的大部分文字是在 2009 年秋季、2010 年夏季和 2011 年夏季期间每天往返于法国巴黎和里尔的火车（行程 230 km，速度超过 300 km/h）上完成的。第 2 版在第 1 版的基础上进行了扩展，例如，补充了仿真、RFID 及其与感知的关系、生物传感器、适合于感知和驱动的能量收集、关于纳米传感器及其未来发展前景的讨论，以及许多其他内容。此外，增加了更多的示例和章末习题，并进行了大量修订以更好地反映各章的主题以及自第 1 版出版以来发生的变化。

我利用了各种各样的资源，但大部分材料，包括所有的示例、习题、电路和图片，都来自我自己和我的学生在传感器和执行器方面的工作。书中提及实验数据处，均已进行了实验，数据是专门为给定的示例或非常接近的问题而收集的。仿真是工程各个方面的重要课题，基于这个原因，一些示例和习题依赖于或假设了仿真配置，特别是在第11章中。在示例和习题中，我尽可能地从实际出发，而不是不必要地使问题复杂化，在某些情况下，还不得不采取简化措施。然而，许多示例和习题可以作为更复杂的开发的起点，甚至也可以作为在实验室或扩展项目中实施的起点。

Nathan Ida

# 出版商致谢

作者花费了大量的时间和精力才完成了这本教科书，而最好的教科书是通过不断地修改来完善的。在反复修改的过程中，给作者提供最大助益的是那些同行评审者，他们只希望自己和学生能受惠于一本好的、条理清晰的教科书。原书出版商非常感谢以下无私的评审者对完全版初稿提出的宝贵意见：

Fred Lacy 教授（洛杉矶南方大学）
Randy J. Jost 博士（科罗拉多矿业学院鲍尔航空航天与技术系统兼职教师）
Todd J. Kaiser 教授（蒙大拿州立大学）
Yinchao Chen 教授（南卡罗来纳大学）
Ronald A. Coutu, Jr. 教授（俄亥俄州空军技术学院）
Shawn Addington 教授（弗吉尼亚军事学院）
Craig G. Rieger 先生（ICIS 负责人）
Kostas S. Tsakalis 教授（亚利桑那州立大学）
Jianjian Song 教授（印第安纳州罗斯-霍曼理工学院）

# 目 录

译者序
前言
出版商致谢

## 第1章 绪论 / 1
1.1 引言 / 2
1.2 相关历史简录 / 3
1.3 定义 / 4
1.4 传感器和执行器的分类 / 12
1.5 接口的一般要求 / 15
1.6 单位 / 17
   1.6.1 基本 SI 单位 / 17
   1.6.2 派生单位 / 18
   1.6.3 补充单位 / 19
   1.6.4 常用单位 / 19
   1.6.5 前缀 / 20
   1.6.6 其他单位和度量 / 21
   1.6.7 单位使用惯例 / 23
1.7 习题 / 24
参考文献 / 26

## 第2章 传感器和执行器的性能特征 / 27
2.1 引言 / 27
2.2 输入/输出特性 / 28
   2.2.1 传递函数 / 28
   2.2.2 阻抗和阻抗匹配 / 30
   2.2.3 范围、量程、输入和输出满量程、分辨率，以及动态范围 / 33
   2.2.4 准确度、误差和重复性 / 36
   2.2.5 灵敏度和灵敏度分析 / 38
   2.2.6 迟滞、非线性和饱和度 / 44
   2.2.7 频率响应、响应时间和带宽 / 48
   2.2.8 校准 / 50
   2.2.9 激励 / 51
   2.2.10 死区 / 51
   2.2.11 可靠性 / 51
2.3 仿真 / 52
2.4 习题 / 53

## 第3章 温度传感器和热执行器 / 60
3.1 引言 / 60
3.2 热阻式传感器 / 62
   3.2.1 电阻温度探测器 / 62
   3.2.2 硅电阻传感器 / 71
   3.2.3 热敏电阻 / 73
3.3 热电式传感器 / 76
   3.3.1 实际考虑 / 82
   3.3.2 半导体热电偶 / 87
   3.3.3 热电堆和热传导发电机 / 88
3.4 PN 结温度传感器 / 90
3.5 其他温度传感器 / 93
   3.5.1 光学和声学传感器 / 93

3.5.2　热机械传感器和执行器 / 94
3.6　习题 / 101

# 第4章　光学传感器和执行器 / 111

4.1　引言 / 112
4.2　光学单位 / 113
4.3　材料 / 114
4.4　光辐射的影响 / 114
　　4.4.1　热效应 / 114
　　4.4.2　量子效应 / 114
4.5　基于量子的光学传感器 / 118
　　4.5.1　光导传感器 / 119
　　4.5.2　光电二极管 / 123
　　4.5.3　光伏二极管 / 127
　　4.5.4　光电晶体管 / 130
4.6　光电传感器 / 132
　　4.6.1　光电传感器原理 / 132
　　4.6.2　光电倍增管 / 132
4.7　电荷耦合传感器和探测器 / 134
4.8　基于热量的光学传感器 / 137
4.9　有源远红外传感器 / 143
4.10　光学执行器 / 144
4.11　习题 / 145

# 第5章　电磁传感器和执行器 / 153

5.1　引言 / 153
5.2　单位 / 154
5.3　电场：电容传感器和执行器 / 156
　　5.3.1　电容式位置、接近度和位移传感器 / 158
　　5.3.2　电容式液位传感器 / 162
　　5.3.3　电容执行器 / 164
5.4　磁场：传感器和执行器 / 168
　　5.4.1　电感传感器 / 173
　　5.4.2　霍尔效应传感器 / 182
5.5　磁流体力学传感器和执行器 / 188
　　5.5.1　磁流体力学发生器或传感器 / 188
　　5.5.2　磁流体力学泵或执行器 / 189
5.6　磁阻效应和磁阻传感器 / 191
5.7　磁阻传感器和磁致伸缩执行器 / 193
5.8　磁力计 / 198
　　5.8.1　线圈磁力计 / 198
　　5.8.2　磁通门磁力计 / 200
　　5.8.3　超导量子干涉仪 / 202
5.9　磁执行器 / 203
　　5.9.1　音圈执行器 / 204
　　5.9.2　作为执行器的电动机 / 207
　　5.9.3　磁螺线管执行器和电磁阀 / 222
5.10　电压和电流传感器 / 224
　　5.10.1　电压检测 / 225
　　5.10.2　电流检测 / 227
　　5.10.3　电阻传感器 / 230
5.11　习题 / 232

# 第6章　机械传感器和执行器 / 247

6.1　引言 / 247
6.2　一些定义和单位 / 248
6.3　力传感器 / 249
　　6.3.1　应变计 / 249
　　6.3.2　半导体应变计 / 252
　　6.3.3　其他应变计 / 257
　　6.3.4　力和触觉传感器 / 257
6.4　加速度计 / 262
　　6.4.1　电容式加速度计 / 262

6.4.2　应变计加速度计 / 264
　　6.4.3　电磁加速度计 / 264
　　6.4.4　其他加速度计 / 266
6.5　压力传感器 / 268
　　6.5.1　机械压力传感器 / 268
　　6.5.2　压阻式压力传感器 / 272
　　6.5.3　电容式压力传感器 / 275
　　6.5.4　电磁压力传感器 / 275
6.6　速度感知 / 276
6.7　惯性传感器：陀螺仪 / 280
　　6.7.1　机械或转子
　　　　　陀螺仪 / 280
　　6.7.2　光学陀螺仪 / 282
6.8　习题 / 284

# 第7章　声学传感器和执行器 / 295

7.1　引言 / 295
7.2　单位和定义 / 296
7.3　弹性波及其性质 / 299
　　7.3.1　纵波 / 300
　　7.3.2　剪切波 / 306
　　7.3.3　表面波 / 306
　　7.3.4　兰姆波 / 307
7.4　麦克风 / 307
　　7.4.1　碳麦克风 / 307

　　7.4.2　磁性麦克风 / 308
　　7.4.3　带状麦克风 / 309
　　7.4.4　电容式麦克风 / 310
7.5　压电效应 / 312
　　7.5.1　电致伸缩 / 315
　　7.5.2　压电传感器 / 315
7.6　声学执行器 / 317
　　7.6.1　扬声器 / 317
　　7.6.2　耳机和蜂鸣器 / 321
7.7　超声波传感器和执行器：
　　　换能器 / 324
　　7.7.1　脉冲回波操作 / 327
　　7.7.2　磁致伸缩换能器 / 330
7.8　压电执行器 / 330
7.9　压电谐振器和声表面
　　　波器件 / 334
7.10　习题 / 338

# 附录　/ 347

附录A　最小二乘多项式与数据
　　　　拟合 / 347
附录B　热电参考表 / 350
附录C　微处理器上的计算 / 365

# 参考答案 / 373
# 元素周期表 / 382

# 第1章
# 绪　论

## 感觉

　　视觉、听觉、嗅觉、味觉和触觉这五种感官已被普遍认为是人类和大多数动物感知宇宙的途径，通过光学感知（视觉）、声学感知（听觉）、化学感知（嗅觉和味觉）以及机械感知（触觉）来实现。但是人类、其他动物，甚至是更低级别的生物都依赖于许多其他的传感器以及执行器。大多数生物都能感知热量并估计温度，能感觉到疼痛，能对体内外的感觉进行定位。任何对身体的刺激都可以被精确定位。触摸动物身体上的一根毛发，就能立即通过动觉（即运动感觉）精确定位。如果一个器官受到了刺激，大脑会准确地知道这个刺激发生在哪里。有些动物，如蝙蝠，可以使用超声波进行回声定位，而有些动物，包括人类，则利用听觉来定位声源。还有一些动物（诸如鲨鱼、鳐鱼或鸭嘴兽）可以通过感知电场的变化进行定位和捕猎。鸟类和其他一些动物可以探测磁场，并利用这些磁场来定位和导航。生物能够感受到压力，并具有一种平衡机制（如人类的内耳）。压力是鱼类在水中探测运动和猎物的主要机制之一，而振动感应对蜘蛛的捕食能力至关重要。蜜蜂和某些鱼类一样，可以利用偏振光来确定自己的方向。这些仅仅是生物感知机制的一部分。当然，感知能力并不仅限于高等生物，它存在于所有生物，甚至单细胞生物中。其中有一些感知行为是可以直接观察到的，例如，一些与植物有关的特征，包括对光、热和湿度的敏感性。植物有精细的化学感知机制，它们往往能够发现并保护自己免受虫害或寒冷天气的影响。甚至在更低的维度上，有些微生物也能探测到电场和磁场，并利用它们来发挥自己的优势。感知机制的范围及其灵敏度范围是非常广泛的。鹰的眼睛、狐狸的听觉、鬣狗的嗅觉或者鲨鱼感知水中血液的能力一直吸引着我们。但是，飞蛾是如何感知到另一只飞蛾在远处释放的信息素的，或者蝙蝠是如何在看不见的情况下捕捉到一只昆虫的呢？

　　生物体也有各种各样的执行器来与环境相互作用。对于人类，手是一个精致的机械执行器，拥有较高的自由度，能够在一定范围内做出令人惊讶的细致动作，但它也是一个触觉传感器。脚和许多肌肉组织一样，可以与环境互动。但是也有其他机制可以用来影响动作。人类可以用嘴吹走灰尘或缓解烧伤，也可以闭上或张开眼睑，猫可以伸出爪子，变色龙可以独立移动每只眼睛并伸出舌头来捕捉苍蝇。其他"执行器"还可以用于语音通信（人类的声带）、击昏猎物（海豚的超声波、鳗鱼的电击）、某些虾类使用的直接机械冲击以及许多其他特殊功能。一些行为，比如向日葵慢慢转头追寻太阳，或是燕麦种子在土壤中生根等行为是更加微妙的，但也同样重要。

就生物的感觉和驱动多样性而言，我们仍然远远落后，我们对自然传感器和执行器的模仿仍处于起步阶段。人们花了将近40年的时间才研制出一颗正常工作的人工心脏，而看似简单的器官（例如食道）还没有成功实现人造。那么与像狗的鼻子这类复杂的感知器官相比，人类的模仿还有多大的差距？

## 1.1 引言

"传感器很重要，它们已被广泛使用。"这句话已经是老生常谈了，但这并不是因为它经常被提及，而是因为这是一种轻描淡写的说法。事实上，传感器的使用如此广泛，以至于我们将其存在视为理所当然，就像我们认为计算机和汽车是理所当然存在的一样。

然而，尽管大多数人会承认它们的存在，但传感器和较小的执行器不如其他设备那样直观。这主要是因为它们通常集成在较大的系统中，并且人们对传感器或执行器的操作通常不能被直接观察到，也不是独立的。也就是说，传感器或执行器很少能独立工作。实际上，它们通常是大型系统的一部分，其中可能包括许多传感器、执行器和处理元件，以及诸如电源和驱动机构之类的辅助组件。因此，大多数人只是间接地接触传感器和执行器。这里有几个例子可以用来说明这些说法。

一辆汽车可能包含几十个来自不同学科的传感器和执行器，但我们几乎从未直接接触过其中的任何一个。有多少司机知道引擎温度传感器在哪里，它是如何连接的，以及它测量的到底是什么？事实上，它并不测量发动机温度，而是测量发动机内冷却液的温度。汽车中的安全气囊可以在驾驶员的头部撞到方向盘之前打开，从而挽救生命并减少伤害。这是通过一个或多个加速度计（加速度传感器）完成的，加速度计可以检测出事故中车辆的减速情况，从而激活一个爆炸装置（执行器），用气体填充袋子。在传感器和执行器之间，有一个处理器，可以根据设置的传感参数来决定是否发生了事故。如果询问司机，他可能不知道其中涉及加速度计，也很可能不知道这些传感器的物理位置。许多人可能会惊讶地发现，安全气囊的启动是通过使用炸药专家熟悉的物质进行爆炸实现的。另一个例子是汽车上的催化转换器，这是一种独特的化学执行器，其目的是通过使用大量传感器将有毒气体转化为更良性的物质，从而减少污染。大多数人不知道这个装置在哪里、能做什么，也不知道它是如何工作的。

同样，当我们改变家里的温度设置时，将激活一个执行器来对炉子（或加热器）或空调进行操作，并且在某处会有一个传感器（或多个传感器），可以在达到设定的温度后关闭炉子或空调。即使我们知道这些传感器/执行器在哪里，印象通常也是模糊的。此外，我们对所涉及的传感器/执行器的类型知之甚少，更不知道它们是如何工作的、连接的，也不知道它们使用的信号类型等。在美国的大多数家庭中，至少有一个自动调温器来调节供暖或制冷。房主很难知道温度传感器在哪里（如果确实使用了单独的温度传感器），或者是否使用了"经典"的恒温器。许多人可能会惊讶地发现，在许多低成本的恒温器中使用了一个相当原始的水银开关来与双金属传感器/执行器相结合。

有多少人曾仔细考虑过我们购买的罐装食物上的弹出式盒盖？它可以用来检测罐头是否被完整密封，从而检测出可能变质的食物。实际上，这是一种压力传感器，也许是我们接触到的最常见的传感器之一。

总而言之，在日常生活中，一个人在住所、交通工具、工作场所和娱乐场所中会接触到几百个传感器和执行器，然而大多数人很少意识到它们的存在。

## 1.2 相关历史简录

我们倾向于认为传感器和执行器是信息时代以及与之相关的电子技术快速发展的产物。事实上，就现有传感器的数量和种类及其复杂性而言，这种看法是合理的。然而，传感器在电子器件、晶体管、真空管甚至电出现之前就已经存在了。我们将在第3章中看到，如今使用的一些最常见的温度传感器（热电偶）自1826年Antoine Cesar Becquerel首次使用它们测量温度以来就一直在使用。佩尔捷效应是由Charles Athanase Peltier在1834年发现的，从20世纪60年代早期开始用于太空中的加热和制冷，之后成为便携式冷却器和加热器的固定装置。从19世纪90年代起，该装置就被用作热传导发电机，后来被进一步开发用于冷却和加热。自1871年William Siemens提出使用铂丝以来，基于金属电导率变化的电阻式温度检测方法就一直在使用。现代的等效器件是热阻式传感器（或电阻式温度检测器），其中大多数使用铂丝。除此之外，自20世纪30年代早期以来，光电传感器以及包括光电发射传感器在内的其他传感器已被广泛使用。基于热膨胀的执行器自19世纪80年代中期以来就已经存在，并且自1824年Michael Faraday发明电动机以来，基于电动机的执行器就一直在使用。现代飞机和风洞里的空气速度是用皮托管来测量的，而皮托管是Henri Pitot在1732年发明的，用于测量河流中的水流速度。还有指南针，这是对现代世界发展至关重要的传感器，至少在公元1100年的欧洲和公元前2400年的中国就已经存在了。

应当指出，电子学始于电子真空管的发明。自John A. Fleming于1904年发明以来，电子真空管就一直保持着简单的二极管形式，直到1906年Lee De Forest发明了三极管（第一个电子放大器），由此开启了电子时代，并随之开发和使用了新型传感器，这些传感器本质上是电子的，因此需要电力才能运行。

但在我们今天所知道的传感器出现之前，还有其他一些可以被称为"原始的"或"自然的"传感器，当然还有执行器。我们的五种感官和动物的感官在灵敏度和复杂性方面尚未受到现代传感器的挑战。人们可以利用狗敏锐的嗅觉寻找失踪的人、搜索机场内的爆炸物或者在某些情况下发现人体内的癌症，也可以利用猪的嗅觉在法国或意大利的乡村寻找松露。与生物自身的感官相比，人们至今还没有找到能够与之媲美的传感器。没有哪个触觉传感器可以媲美我们自身的皮肤，皮肤甚至能够感应到对一根头发的触摸。在机器人和机电一体化领域，人手的灵巧性是许多课题的模仿对象，但现有的触觉传感器都无法与之相比。动物的双耳定位能力更是令人惊叹，狐狸单凭听觉就能在厚厚的积雪下找到老鼠，并直接穿过雪层扑向老鼠。其他感官就更加神奇了。大象既能产生用于远距离交流的次声波，又能通过腿"听到"次声波，然后通过骨骼结构将振动传递到内耳。蝙蝠利用超声波来定位飞行中的昆虫并躲避障碍物，这构成了一个精密的超声波产生（驱动）系统和传感系统，并拥有令人难以置信的分辨率。海豚在这方面的能力也不差，它们不仅用超声波来探测（传感器），还用它来进行沟通和击晕猎物（执行器）。还有一些迹象表明，动物能察觉到即将发生的地震或风暴。它们很可能利用它们高度敏锐的感官来探测诸如电场、磁场的变化和微小的震动等前兆，这些征兆有时我们的仪器无法察觉。动物的一些特殊且出色的能力部分归功于高度发达的处理器——它们的大脑。

但是原始的感知并不局限于五种感官。在东欧旅行时，人们可能仍然会遇到用鱼作为水质传感器的情况。人们在许多井里可以找到一两条小鱼，通常是鳟鱼，这些鱼可以传达出两个信息：首先，这些鱼会吃掉落入井里的昆虫，帮助保持井的清洁，但更重要的是，由于对水质敏感，当水不再可以安全饮用时，鱼就会死亡，或者至少会表现出痛苦的迹象，井里有死鱼就表示不能再喝井里的水了。美国一些城市里的水处理设施也同样在使用看似原始的方法。在所有的化学测试都已完成且水也经过了适当的处理后，最后的"测试"是把一条鲦鱼放在水里过夜，如果第二天早上它还活着，那么水就是"安全的"。人们可以购买商业水质测试系统，在该系统中，将小鱼放在水流中，并通过电子手段监测其呼吸模式以观察是否有小鱼生存困难的情况出现（主要是呼吸频率的变化），而这与水质有关。在更早的时期，至少可以追溯到10世纪的法国，出于同样的目的，蝾螈被饲养在水源中——它们对水质的任何变化都很敏感（人们主要的担忧是水源有毒，这在当时是很常见的）。煤矿里的金丝雀则是另一个例子，事实证明，金丝雀对甲烷和其他有毒气体非常敏感。当鸟儿停止唱歌时，表明甲烷或一氧化碳正在积聚，而更高的浓度会导致金丝雀死亡。这些都是提醒工人在爆炸发生前撤离矿井的明显迹象。奇怪的是，直到1986年，金丝雀才被用于这一目的。其他动物，尤其是猫，也有类似的用途。矿工们还注意到甲烷和一氧化碳会改变煤气灯的颜色和亮度，并将其作为检测甲烷和一氧化碳存在的"传感器"。我们可以看到现代的等效传感器与其原理类似，但更加可控。

我们也一直在利用植物来改善环境。多年来，葡萄酒生产商一直依靠简单的玫瑰丛来检测侵袭并破坏葡萄藤的真菌。事实证明，玫瑰对真菌更加敏感，因此会比葡萄藤更早地显示出真菌存在的迹象。直到今天，人们仍然可以看到美丽的玫瑰在葡萄园的边缘生长，用来检测真菌并向葡萄酒商人发出警告。当然，玫瑰花也增添了一抹令人欣喜的色彩。

## 1.3 定义

传感器和执行器是独特的设备。首先，它们类型繁多，有时难以归类。此外，传感器和执行器的工作原理涵盖了所有的物理定律。它们被用于所有工程学科和几乎所有可以想到的应用。因此，发现传感器和执行器有各种定义并不奇怪，重要的是，这些定义或多或少都是正确的、有用的。例如，传感器、换能器、探头、测量仪、检测器、拾取器、感受器、感知器、发射器和应答器经常互换使用，有时也会使用错误。特别是，术语"换能器"和"传感器"之间容易让人混淆，尽管事实上这是两个截然不同的术语。类似地，术语"执行器""驱动器"和"操作元件"经常互换使用。通常，执行器也会根据其功能或主要用途（电动机、阀门、电磁阀等）来命名，而不是使用术语"执行器"。由于涉及的学科不同，它包含了几乎所有可能的单位组合，有时很少考虑其标准。

传感器或执行器是什么的另一个不确定性维度是有时两者之间的边界是模糊的。有些传感器兼作执行器，也有些装置兼有这两种功能。例如，双金属开关是一个温度传感器（如烹饪温度计、恒温器），它可以激活开关或产生直接接触。由于它同时具备传感器和执行器的功能，因此很难确定它是什么，唯一合适的定义是将其称为传感器-执行器。在某些情况下，甚至检测量也不明显，常见的保险丝就是一个例子。有人可能会说它检测电流并断开电路。但事实上，并不是电流直接导致保险丝熔断，而是电流产生的热量。因此，我们也可以说保险丝能检测温度。无论怎么说，它显然都是一种传感器-执行器，其规定的功能是电流检测。

在继续讨论之前，我们将尝试正确定义这些术语以及其他有用的术语，以便使用这些定义，避免混淆。对于我们需要涉及的一系列设备，恰当的、有用的定义并不容易找到。尽管如此，我们还是要从字典开始，既看看一些术语已有的定义，也寻找一下这些定义的不足之处。

**1. 传感器**

1）一种对物理刺激做出反应并传递所产生的脉冲的装置（*Webster's New Collegiate Dictionary*，1998）。

问题：什么是脉冲？每个传感器都"传递"一个脉冲吗？

2）一种能接收信号或刺激并做出反应的装置，如光电池（*American Heritage Dictionary*，1996年第3版）。

问题：该定义使用的例子（光电池）可能不能代表所有传感器。"接收"是什么意思？

3）一种对物理刺激（如热、光、声音、压力、磁力或特定运动）做出反应并传递由此产生的脉冲（如用于测量或操作控制）的装置（*Webster's New World Dictionary*，1999年第3版）。

问题：什么是"脉冲"？为什么"用于测量或操作控制"？

**2. 换能器**

1）一种由一个系统的能量驱动并通常以另一种形式向第二个系统供能的设备（*Webster's New Collegiate Dictionary*，1998）。

问题：为什么是"能量"？换能器是一个实际的物理设备吗？

2）一种物质或装置，如压电晶体，能将一种形式的输入能量转换成另一种形式的输出能量（来自：trans-ducere-to transfer, to lead, *American Heritage Dictionary*，1996年第3版）。

问题："物质"和"输入能量"是什么意思？压电晶体的例子是否合适且具有代表性？

3）一种设备，由一个系统的能量驱动并通常以另一种形式向另一个系统供能（扬声器是将电信号转换为声能的换能器）（*Webster's New World Dictionary*，1990年第3版）。

问题：扬声器是换能器吗？或者扬声器中的换能只是其功能的一部分吗？

**注意**：有些人将换能器作为涵盖传感器和执行器的术语。

### 3. 执行器

1）一种代替人手间接移动或控制某物的机械装置（*Webster's New Collegiate Dictionary*，1998）。

**问题**：它需要特别的动作吗？这是否意味着像恒温器这样的直接控制不能算作驱动？

2）可激活的设备，特指负责驱动机械设备的装置，如通过传感器连接到计算机上的装置（*American Heritage Dictionary*，1996年第3版）。

**问题**：执行器必须是机械装置吗（见第一个定义）？这里给出了一个例子，但是这个定义合适吗？

3）一种用于驱动的装置；用于移动或控制某物的机械装置（*Webster's New World Dictionary*，1990年第3版）。

**问题**：执行器必须是一个机械装置吗？它必须移动或控制什么东西吗？

这些定义（以及其他一些定义）表明了问题所在：人们会很容易地将"换能器"的定义理解为既是传感器又是执行器，而且这些定义不够宽泛，不足以代表现有的各种传感器和执行器。例如，扬声器显然是一个执行器——它把电能转换成声能。但是，人们也可以将同样的扬声器连接成输入设备，并将其用作麦克风。此时，同样的设备就是一个传感器——它能感知压力（刺激），但它同时也是一个换能器（能量的转换是从声学到电学的）。而且这种二元性并不局限于扬声器——许多执行器都可以作为传感器或执行器运行（可能除了涉及的功率级别——执行器需要的功率通常比传感器产生或运行所需的功率要多，因此麦克风在物理上要比扬声器小得多）。那么，我们回到最初的问题：什么是传感器？什么是执行器？什么是换能器？除此之外，还有一些资料来源认为换能器不仅仅是传感器，它包括"传感元件""能量转换元件"以及诸如滤波器、信号调节或电源等辅助元件。另一些人则持完全相反的观点，认为换能器是传感器的一部分。还有一些人则简单地认为它们是相同的——换能器只是传感器的另一个名称。这些观点只是一个小范围的选择，那它究竟是什么？谁是正确的？当然，答案是每个人都是正确的，因为源于传感器、执行器和换能器的复杂性和多样性，以及涉及的物理定律和装置的结构，以上所有观点在一定条件下都是正确的。

为了更好地理解这些问题，再次考虑扬声器和麦克风，但现在让我们具体说明正在谈论的是什么。首先，让我们来看看磁性扬声器（还有其他类型）。如果我们将其用作麦克风，那么扬声器锥体的运动会使线圈在磁场中移动，从而在线圈两端产生电压。当将其连接到电路中时，电路中就会出现可测量的电流。这是一种无源传感器，它能产生电能，不需要外部电源即可进行检测。因此，我们关于能量被转换（换能器）的说法是正确的。事实上，我们原则上可以像图1.1a那样将两个扬声器连接起来，对着一个扬声器说话会导致另一个扬声器产生声音（传感器和执行器之间的直接连接）。声压到电压的转换发生在一个扬声器中，而电流到压力波的转换发生在另一个扬声器中，这个过程是可逆的。这与我们小时候使用两个锡罐和一根绳子进行交流的想法是一样的（见图 1.1b），这里的传导是从声波到弦的振动，反之，则是从弦的振动转换为声波。

a）两个扬声器用来演示感知、驱动和传导的概念　　b）另一个两端带有换能器的传感器和执行器

图 1.1　感知、驱动和传导

通常，传感器和执行器之间不可能直接连接，我们需要使用一个处理元件，在本例中是一个放大器，如图 1.2 所示。这是传感器和执行器运行和交互的典型方式。

图 1.2　传感器-执行器系统的三个要素。放大器是系统中的"处理器"或"控制器"

### 4. 能量和换能

现在考虑一个（简化的）电话线路，包含一个碳麦克风和一个扬声器。碳麦克风（将在第 7 章讨论）的工作原理是电阻变化：声能使薄膜移动，薄膜反过来又压在碳颗粒上，从而改变了麦克风两个电极之间的电阻。假设我们再次将麦克风直接连接到扬声器上，如图 1.3a 所示。因为麦克风不能转换能量，所以无法进行通信——声能可以转换成电阻的变化，但不能转换成任何形式的可用能量，而要进行通信就需要能量。将扬声器与麦克风进行互换也没有用，扬声器确实可以产生能量，但麦克风无法将此能量转化为声能。此时，麦克风虽然不是换能器，但显然是一个传感器（有源传感器）。为了使图 1.3a 中的系统工作，我们需要增加一个如图 1.3b 所示的电源。现在，电阻的变化会导致电路中电流的变化，进而导致扬声器锥体的位置发生变化，而这些变化会导致气压（声波）的变化。在这个系统中，我们可以将麦克风和电池看作一个换能器（这证明了传感器是换能器的一部分），或者将它们看作一个传感器（这证明了换能器是传感器的一部分）。我们也可以将其分开，将麦克风看作传感器，将

a）一条无法工作的电话线路。此时麦克风是一个有源传感器，并需要能量进行转换　　b）基于有源（碳）麦克风的"适当"电话线路

图 1.3　不能工作的与能工作的电话线路

传感器加上电池看作换能器，将扬声器看作执行器。通过这样做，我们可以避免一些麻烦。具体来说，在这种情况下，由于麦克风不能同时作为传感器和执行器，因此通过将它们视为独立的功能元件，人们不会试图自动假定它们之间的功能二元性，同时也不会排除其二元性。另外，我们也必须灵活运用，例如，在换能器的例子中——有时换能器被识别为与传感器分离的独立元件，有时则会包括传感器。

在进行了相当长的介绍之后，我们将使用以下定义：

**传感器**：对物理刺激做出反应的装置。

**换能器**：将一种形式的能量转换成另一种形式的能量的装置或机制。

**执行器**：一种能够执行物理动作或实现物理效果的装置或机制。

这些都是非常普适的定义，涵盖了几乎所有可用的设备。甚至对术语"设备"也应该从最广泛的意义上理解。例如，一个带有葡萄糖敏感物质的试纸被用于测试血液中的糖分，这个试纸就是一种"设备"。有时，我们可能不得不缩小这些定义的范围。例如，通常假设大多数传感器具有电输出，或者（大多数）执行器执行某种类型的运动或涉及力的施加。我们在这里不做这样的假设，但在后面的章节中会经常这样做。在某些情况下，传感器的输出确实与电相关，但在其他情况下，也可能是机械的。类似地，一个执行器的物理动作可能根本不涉及力，例如，作为系统输出的灯泡或用于监控状态的显示器。事实上，执行器可以执行化学反应，例如，在汽车的催化转化器里将一氧化碳转化为二氧化碳（$CO_2$）。

一个更普适的定义为，传感器就是系统的输入，而执行器是输出。按照这种观点，本书很大程度上将各种类型和复杂程度的传感器作为系统的输入，将执行器作为输出。在两者之间，有一个可以接收输入、处理数据的处理器，通过与系统输出相连接的执行器起作用。一般来说，我们可以说处理器是传感器与执行器之间的接口，如图 1.4 所示。传感器和执行器可以具有非常一般的性质。洗衣机正面的开关是一个传感器，而表示洗衣机正在运行的发光二极管（LED）是一个执行器。执行器并不一定要在物理上产生运动或力，也可以作为系统的输出产生一种效果。许多执行器实际上是机械的，并且基于电动机的使用。然而，即使是电动机也需要从最广泛的意义上理解，因为它们可能是电动的［直流电（DC）、交流电（AC）、连续的、步进的、线性的等］、气动的，甚至是微机械电动机。此外，一些电动机可以很容易地用作传感器。实际上，用于感测风速的小型 DC 电动机可作为发电机运行，并可被视为传感器，而用于驱动风扇的同一电动机则被视为执行器。

图 1.4　以传感器作为输入，执行器作为输出的通用系统。处理器或控制器连接传感器和执行器

根据需要，处理器或控制器本身可能非常简单，也可能非常复杂。它可以像直接连接一样简单，也可以是一个放大器、一组电阻、一个滤波器、一个微处理器或一个分布式计算机系统。在极端情况下，根本不需要处理器，此时传感器也起着执行器的作用。双金属温度计和恒温器就是典型的例子，因为金属的膨胀是一种对温度的测量，而且这种膨胀可以直接通过刻度观察到，也可以操作开关。

**例1.1：汽车中的传感器和执行器**

一辆汽车装有数十个传感器和执行器，它们都作为输入和输出连接到处理器［通常称为电子控制单元（ECU）］，如图1.4所示（有时可能使用多个控制单元，每个控制单元专门用于一组相关的功能）。一些"传感器"是用来检测状况的开关或继电器（例如，空调是开着的还是关着的，变速器是不是在挂挡，门是不是已关闭，等等），而另一些是真正的传感器。大多数执行器是螺线管、阀门或电动机，但也有一些是指示器，如低油压灯或"门开"蜂鸣器。并不是所有的汽车都有相同的传感器和执行器，这取决于汽车的品牌和型号。车载诊断系统（OBD）对汽车中的大多数传感器和执行器进行监控，该系统向驾驶员、机械师和监管人员提供汽车系统状况的指示。OBD系统监控的传感器和执行器的部分列表如下。除了这些列出的，还有许多传感器"隐藏"在其他组件中。例如，巡航控制系统使用压力传感器来保持速度，电压调节器使用电流和电压传感器来保持电压恒定，但这些都不是直接进行监控的。同样，还有许多其他执行器不受OBD系统监控，包括其他系统中的电动机和阀门，如用于打开和关闭窗户、门等的电动机和阀门。还应该注意的是，这些传感器许多都是"智能传感器"，通常包含它们自己的微处理器。自动驾驶汽车中还集成了更多的传感器和执行器。

**传感器**

| | |
|---|---|
| 曲轴位置（CKP）传感器 | 爆震传感器（KS）（1个或2个） |
| 凸轮轴位置（CMP）传感器（2个） | 排气再循环传感器（1个或2个） |
| 热氧传感器（HO$_2$S）（2个或4个） | 油箱压力传感器 |
| 空气质量流量（MAF）传感器 | 蒸发排放控制压力传感器 |
| 歧管绝对压力（MAP）传感器 | 燃油液位传感器（1个或2个） |
| 进气温度（IAT）传感器 | 吹扫流量传感器 |
| 发动机冷却液温度（ECT）传感器 | 排气压力传感器 |
| 发动机油压传感器 | 车速传感器（VSS） |
| 节气门位置（TP）传感器（1~4个） | 冷却风扇转速传感器 |
| 燃料成分传感器（代用燃料） | 变速箱流液温度（TFT）传感器 |
| 燃油温度传感器（1个或2个） | A/C制冷剂压力传感器 |
| 发动机机油压力传感器 | 后置垂直传感器 |
| 发动机机油温度传感器 | 前水平传感器 |
| 涡轮增压器增压传感器（1个或2个） | 前置垂直传感器 |
| 粗糙路面传感器 | 腰撑前/后位置传感器 |

| | |
|---|---|
| 腰撑上/下位置传感器 | 制动增压真空（BBV）传感器 |
| 左前后视镜垂直位置传感器 | 轮速传感器（每个轮上1个） |
| 右前后视镜垂直位置传感器 | 方向盘速度传感器 |
| 前驱垂直传感器 | 左侧加热器排放传感器 |
| 后驱垂直传感器 | 右侧加热器排放传感器 |
| 驾驶座总成水平传感器 | 后视镜水平位置传感器 |
| 微光光电管 | 后视镜垂直位置传感器 |
| 座椅靠背加热器传感器 | 驾驶座倾斜传感器 |
| 望远镜位置传感器 | 驾驶座腰撑水平传感器 |
| 倾斜位置传感器 | 驾驶座腰撑垂直传感器 |
| 安全系统传感器 | 驾驶员安全带塔架垂直传感器 |
| 自动车灯调平装置（AHLD） | 倾斜传感器 |
| AHLD后轴传感器 | 右后位置传感器 |
| 窗口位置传感器 | 胎压监测仪（TPM）系统传感器（4个） |
| 蒸发排放（EVAP）系统泄漏检测器 | 车辆稳定性增强系统（VSES）传感器 |
| 左前位置传感器 | 偏航率传感器 |
| 右前位置传感器 | 横向加速度计传感器 |
| 左后位置传感器 | 转向传感器 |
| 右后位置传感器 | 制动液压力传感器 |
| 液位控制位置传感器 | 左前/驾驶员侧碰撞传感器（SIS） |
| 空调低温侧温度传感器 | 电子前端传感器（1个或2个） |
| 空调蒸发器温度传感器 | 室外空气温度传感器 |
| 空调高温侧温度传感器 | 环境空气温度传感器 |
| 空调制冷剂超压 | 车内温度传感器（1个或2个） |
| 左侧空调放电传感器 | 输出空气温度传感器（1个或2个） |
| 右侧空调放电传感器 | 太阳能负载传感器（1个或2个） |
| 动力转向压力（PSP）开关 | 后排放温度传感器 |
| 变速箱挡位传感器 | 前轴传感器 |
| 输入/涡轮速度传感器 | 右侧面板排放温度传感器 |
| 输出速度传感器 | 离散传感器 |
| 二次真空传感器 | 蒸发器入口温度传感器 |
| 替代燃料气体质量传感器 | 左侧阳光辐射传感器 |
| 油门踏板位置传感器（2个） | GPS天线、卫星天线、无线电天线、超声波和防盗加速度计等 |
| 气压传感器 | |
| 巡航伺服位置传感器 | |

**执行器**

涡轮增压器排气门电磁阀（2个）
废气再循环（EGR）电磁阀
二次空气喷射（AIR）电磁阀
二次空气喷射开关阀（2个）
二次空气喷射（AIR）泵
蒸发排放（EVAP）吹扫电磁阀
蒸发排放（EVAP）通风电磁阀
进气歧管调节（IMT）阀
TCC启用电磁阀
变矩器离合器（TCC）
换挡电磁阀A
1-2挡换挡电磁阀
换挡电磁阀B
2-3挡换挡电磁阀
换挡电磁阀C
换挡电磁阀D
换挡电磁阀E
3-2挡换挡电磁阀
换挡/正时电磁阀
1-4升档（跳挡）电磁阀
管路压力控制（PC）电磁阀
换挡压力控制（PC）电磁阀
换挡电磁阀（SS）3
换挡电磁阀（SS）4
换挡电磁阀（SS）5
进气谐振切换电磁阀
燃油电磁阀
巡航通风电磁阀
巡航真空电磁阀
右前进气口电磁阀
右前排气口电磁阀
左后进气口电磁阀
左后排气口电磁阀
右后进气口电磁阀
右后排气口电磁阀

左前TCS主缸隔离阀
左前TCS主动阀
右前TCS主缸隔离阀
右前TCS主动阀
排气电磁阀地线（GND）
节气门执行器控制（TAC）电动机
泵电动机
镜子电动机（每边一个）
倾斜/压缩电动机
倒挡抑制电磁阀
压力控制（PC）电磁阀
A/T电磁阀
变矩器离合器（TCC）/换挡电磁阀
制动带接合电磁阀
进气歧管流道控制（IMRC）电磁阀
左前ABS电磁阀（2个）
右前ABS电磁阀（2个）
左后ABS电磁阀（2个）
右后ABS电磁阀（2个）
左TCS电磁阀（2个）
右TCS电磁阀（2个）
转向辅助控制电磁阀
左前电磁阀
右前电磁阀
左后电磁阀
右后电磁阀
排气电磁阀
二次空气喷射开关阀（2个）
蒸发排放系统净化控制阀
排气压力控制阀
进气增压切换阀
废气再循环系统阀1
废气再循环系统阀3
节流阀
电子制动控制模块（EBCM）控制阀

液位控制排气阀　　　　　　　　　　喷射器（空气、燃油）（每个气缸一个）
左前进气口电磁阀　　　　　　　　　车窗电动机
左前排气口电磁阀　　　　　　　　　电动门电动机
前洗涤器电动机　　　　　　　　　　发动机冷却风扇
后洗涤器电动机　　　　　　　　　　车厢内的制冷/制热风扇
前雨刮器继电器　　　　　　　　　　启动电动机
后雨刮器继电器　　　　　　　　　　交流发电机
暖通空调（HVAC）执行器　　　　　催化转化器
冷却液恒温器

## 1.4　传感器和执行器的分类

　　传感器和执行器能够以多种方式进行分类，可以基于控制它们运行的物理定律进行分类，也可以基于它们的应用领域或者它们之间其他一些明显的区别进行分类。没有一种单一的分类方法可以涵盖所有的类型，因此不同的分类用于不同的目的。然而，传感器和执行器之间的某些区别是很有用的。对于传感器，我们可以区分**有源**传感器和**无源**传感器。有源传感器是一种需要外部电源的传感器，也称为参数传感器，因为它们的输出依赖于传感器特性（参数）的变化。简单的例子是应变计（电阻随应变的变化而变化）、热敏电阻（电阻随温度的变化而变化）、电容式或电感式接近传感器（电容或电感是位置的函数）等。在这些传感器中，感知功能是装置特性的一种变化，但它们只能在连接电源后使用，以便电信号可以通过相应的特性变化进行调节。相反，无源传感器通过改变自身的一个或多个特性来产生电信号。无源传感器是指不需要外部电源的传感器，也称为**自发式**传感器，例如，热电式传感器、太阳能电池、磁性麦克风、压电传感器等。

　　**注意**：有些资料定义有源传感器和无源传感器的方式与上面表述的完全相反。

　　另一个可以区分的是**接触式**传感器和**非接触式**传感器，这在某些应用中可能很重要。例如，应变计是接触式传感器，而接近传感器不是。然而，同一传感器有时可能被用于两种模式中的任何一种（例如，测量发动机温度的热敏电阻是接触式传感器，但它在测量汽车内的环境温度时就不是接触式传感器）。有时，可以选择如何安装传感器，是接触式安装还是非接触式安装。而有些传感器只能在一种模式下使用。例如，盖革管不能作为接触式传感器，因为辐射必须从外部穿透到管中。

　　传感器有时也可以分为**绝对**传感器和**相对**传感器。绝对传感器参照绝对标度对刺激做出反应，比如热敏电阻，其输出就是绝对的。也就是说，它的电阻值与热力学温度有关。同样，电容式接近传感器也是一个绝对传感器，其电容变化是由到传感位置的物理距离决定的。而相对传感器的输出取决于相对精度。例如，热电偶的输出取决于两个结之间的温差，感知

（测量）的量是温差而不是热力学温度。另一个例子是压力传感器，所有压力传感器都是相对传感器。虽然真空的概念是相对的，但当参考压力为真空时，传感器被认为是绝对传感器。相对压力传感器检测两个压力之间的压力差，例如，内燃机进气歧管中的压力与大气压之间的压力差。

大多数分类方案使用一个或多个与感知相关的"描述符"。传感器可以根据应用、使用时产生的物理现象、检测方法、传感器规格等进行分类。表 1.1 列出了一些可能的分类，但我们也应该注意，特殊分类在传感器分类中也是很常见的。例如，当考虑特定的应用时，可以将传感器分为低温或高温、低频或高频、低精度或高精度等。根据所使用的材料对传感器进行分类也很常见。因此，我们可以谈论半导体（硅）传感器、生物传感器等。有时，甚至传感器的物理尺寸也可作为一种分类方法（如分为微型传感器、微传感器、纳米传感器等）。这些条件中有很多是具有相对性的，并且取决于传感器的应用领域。汽车上的"微型"传感器可能与笔记本电脑或手机上的微型传感器尺寸不同。例如，安全气囊展开系统使用加速度计，手机翻转时也使用加速度计来确定显示方向，但这两个传感器的大小可能会大不相同。

表 1.1 传感器的分类

| 按检测领域 | 按测量输出 | 按物理效应和物理定律 | 按规格 | 按适用范围 | 其他分类 |
|---|---|---|---|---|---|
| 电 | 电阻 | 电致伸缩 | 精度 | 消费产品 | 电 |
| 磁性 | 电容 | 电阻 | 灵敏度 | 军事应用 | 接口 |
| 电磁 | 电感 | 电化学 | 稳定性 | 基础设施 | 结构 |
| 声学 | 电流 | 电光 | 响应时间 | 能源 | |
| 化学 | 电压 | 磁电 | 迟滞 | 热力/热能 | |
| 光学 | 共振 | 磁热 | 频率响应 | 制造业 | |
| 热 | 光信号 | 磁致伸缩 | 输入（激励）范围 | 运输 | |
| 温度 | 机械量 | 磁阻 | 分辨率 | 汽车 | |
| 机械特性 | | 光电 | 线性度 | 航空电子设备 | |
| 辐射 | | 光测弹性 | 硬度 | 海洋 | |
| 生物 | | 光磁 | 成本 | 空间 | |
| | | 光电导 | 尺寸 | 科学 | |
| | | 热磁 | 重量 | | |
| | | 热弹性 | 结构材料 | | |
| | | 热光 | 工作温度 | | |
| | | 热电 | | | |

执行器的分类略有不同，因为在大多数情况下，执行器被理解为产生运动、施加力（即一般意义上的电动机）或产生效果。因此，一些分类方案依赖于运动描述符，而另一些分类方案依赖于其所使用的物理定律。因此，除了表 1.1 中适用于执行器和传感器的分类外，还有其他分类，如表 1.2 所示。

表 1.2　执行器的其他分类方法

| 按运动类型 | 按功率 | 按运动类型 | 按功率 |
| --- | --- | --- | --- |
| 线性 | 低功耗执行器 | 三个轴 | 微型执行器 |
| 旋转 | 大功率执行器 |  | MEMS 执行器 |
| 一个轴 | 微功率执行器 |  | 纳米执行器 |
| 两个轴 | 小型执行器 |  |  |

讨论传感器的主要困难之一是，有这么多不同的传感器，并且这些传感器基于各种原理和物理定律来感知无数的物理量，因此很难以某一种逻辑来讨论它们。通常，这些不同的问题交织在一起，以至于有些传感器甚至无法进行分类。

本书基于广泛的检测或驱动领域来进行传感器和执行器的分类。这样做的好处是，在特定类型的传感器中，只使用一种或几种相关的物理原理，从而简化了人们对感知和驱动背后理论的理解。因此，我们将讨论温度传感器、光学传感器、磁性传感器、化学传感器等。其中每一种传感器最多都是基于几个原理，有时是基于单一原理。然而，在每一类中，相同的原理可以用于各种物理感知和驱动量。例如，一个光学传感器可以用来测量光的强度，但也可以用来测量温度。另一方面，温度传感器也可以用来测量光强、压力、温度或风速。类似地，当我们讨论磁性传感器时，其原理可以应用于感知位置、距离、温度或压力。

**例 1.2：食品罐上使用的弹出式盖子的分类**

食品罐上的弹出式盖子可用于检测罐内压力损失。当盖子弹出时，它会在视觉（或触觉）上显示罐子内的压力损失。因此，它是一个传感器-执行器。

**传感器分类**

检测领域：机械传感器

刺激（测量对象）：压力

应用：消费产品

规格：低成本

类型：无源（不需要电源即可运行）

**执行器分类**

检测领域：机械执行器

应用：消费产品

规格：低成本

类型：线性

功率：低

可以使用其他分类术语。例如，我们可以说它是一个视觉或触觉执行器，或是一个嵌入式传感器-执行器（即嵌入产品中或与盖子集成在一起，而不是单独的、附加的传感器）。也可以说这不是一个压力传感器，而是一个"变质指示器"甚至是生物传感器，它只是使用压力作为变质的标志。

**例 1.3：氧气传感器的分类**

氧气传感器在汽车中很常见，所有使用催化转换器的车辆都必须安装这些传感器。

检测范围广：化学（或电化学）

测量输出：电压

物理定律：电化学

规格：高温

应用领域：汽车

功率：无（传感器为无源传感器，不需要外部电源即可运行）

因此，氧气传感器是一种用于汽车领域的高温、无源电化学传感器，其输出为电压，可检测汽车尾气中的氧气浓度。

## 1.5 接口的一般要求

传感器和执行器几乎从不自己运行。总的来说，它们通常是作为更复杂系统的一部分，并在这些更大的系统中发挥作用，但传感器或执行器的规格很少与系统的需求相匹配。因此，大多数传感器和执行器需要通过接口与其所在的系统连接。图 1.5 显示了一个简单但非常通用的配置，其中传感器连接到一个"处理器"来感知物理属性，比如温度。执行器也与处理器相连，以某种方式对感知到的温度做出反应，例如，显示温度、关闭阀门、在预定温度下打开风扇或许多其他可能的功能。处理器在这里被视为某种控制器，可以是微处理器或者能够实现系统需求的更简单的电路。

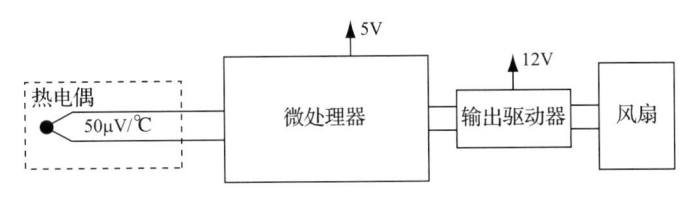

图 1.5 一个包括传感器、处理器和执行器的系统

为了使这个例子更加具体，此处假设传感器是一个热电偶，执行器是一个电动机，其速度与温度成正比（操作风扇来冷却计算机处理器）。稍后我们将看到，热电偶是一个无源传感器，因此不需要电源即可运行，但热电偶在检测到温度变化时产生的电压变化非常小，为 $10\sim50\mu V/℃$。电动机在 12V 直流电压下工作，而控制器（我们将其视为一个小型微处理器）在 5V 直流电压下工作。除了必须提供电源来运行处理器和控制器，以及对处理器进行编程之外，人们还必须提供传感器与微处理器之间以及微处理器与执行器之间的接口电路，一种可能的实现如图 1.6 所示。此处，热电偶与计算机处理器或散热器接触以检测其温度。因为热电偶测量的是温差，所以必须提供一个参考温度 $T_0$（例如环境温度）。来自热电偶的信号被放大为人们更方便使用的信号，范围在 0~5V 之间（5V 代表处理器的最高输入电压，因此应该对应于系统预期检测的最高温度）。该信号是模拟信号，首先必须将其转换为数字信号，然后

微处理器才能对其进行操作。这是模数转换器（A/D 或 ADC）的功能，该转换器可以在微处理器的内部或外部。放大器和 ADC 可以被视为一个换能器。微处理器通过提供与温度成比例的输出信号来响应此输入。由于它是数字设备，因此其提供的数字信号必须转换回模拟信号。数模转换器（D/A 或 DAC）可以做到这一点。图中所提供的输出驱动器表明，小功率信号必须以某种方式驱动更大功率的电动机。实际上，此功能可以通过不同的方式实现，此处的配置只是演示了其原理。DAC 与输出驱动器一起构成了一个换能器。

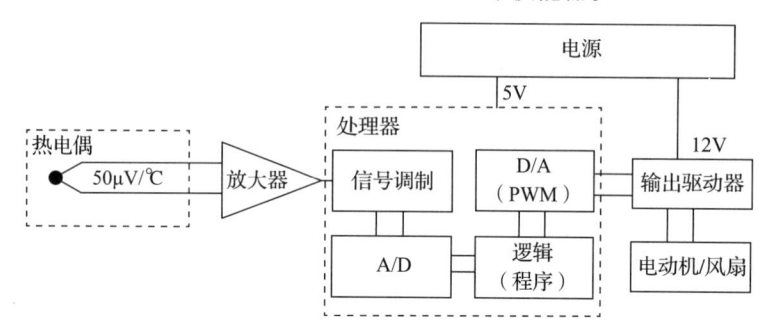

图 1.6　一个用于检测温度并激活风扇以冷却设备的完整系统

此外，可能还有其他需求会影响系统的设计。例如，出于安全或功能考虑，我们可能需要将执行器与微处理器隔离，特别是当执行器在电网电压（通常为 120~480V 交流电压）下运行时。

在设计中应考虑传感器或执行器的接口需求和接口方式，因为这可能会影响传感器、执行器和处理器的选择。例如，如果使用带有数字输出的温度传感器代替热电偶，就可以大大简化系统。另外，数字传感器本身并不一定在所有情况下都是最佳选择。同样，如果可行的话，我们可以选择使用 5V 电动机而不是 12V 电动机来简化电源管理。而处理器的选择本身就受传感器和执行器的影响。一些微处理器内部包括 ADC，有些微处理器具有负载均衡输出，非常适合驱动功率器件（脉冲宽度调制模块），从而省去了 DAC 和输出驱动器，并用单个晶体管来替代它们。图 1.7 显示了使用其中一些替代选项和半导体温度传感器的另一种实现方式。这种方式更为简单，因为许多接口需求已集成到传感器和微处理器中。当然，任何替代设计都有后果。图 1.7 中的配置最高可以在约 125℃ 的温度下运行（半导体温度传感器的温度上限低于 150℃），而热电偶的工作温度则远高于 2 000℃。

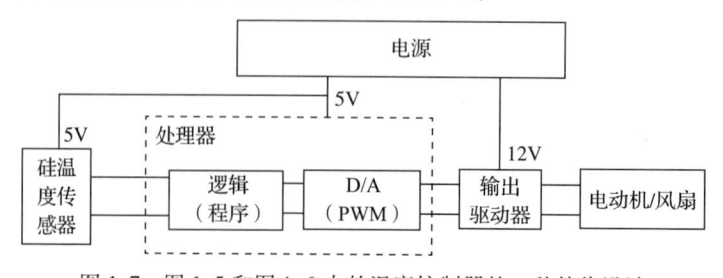

图 1.7　图 1.5 和图 1.6 中的温度控制器的一种替代设计

任何设备的接口都取决于设备的规格以及设备所在系统的要求，但几乎在所有情况下，都涉及这样或那样的转换。电压、电流和阻抗的转换非常普遍，但是有时接口可能涉及其他参数（例如频率）转换。这些转换发生在系统的"换能"部分，可能涉及多个步骤。尽管原理看起来很简单，但在接口电路中的实际实现可能非常复杂。例如，压电传感器可能会产生几百伏的电压，会立即烧坏微处理器。另外，传感器的阻抗实际上是无穷大的，而微处理器的输入阻抗可能要小得多，这会给传感器带来很大的负载，在最好的情况下只会影响其特性（灵敏度、输出、线性等），而在最糟糕的情况下则会使其失效。因此，我们既需要将电压从几百伏降低到约5V，又要使传感器的阻抗与微处理器的阻抗相匹配。而其他传感器又具有完全不同的特性和要求，磁传感器通常包含一个阻抗非常小的线圈，此时我们面临的问题又恰恰相反。

基于以上种种理由，接口电路在不同的应用中是不相同的，并且覆盖了电子电路的整个范围，其中许多内容将在第11章和第12章中讨论。

## 1.6 单位

本书采用的单位制是国际单位制（SI）。然而，在传感器的文献和实际设计中，有使用混合单位制的趋势。这是因为传感器具有多学科的特性，而且这些单位已经在不同的工程领域中发展了一段时间。正因如此，当使用非SI单位时，它们通常与适当的SI单位一起被提及。当我们讨论压力传感器时，这一点尤其值得注意，在美国，常用单位是磅每平方英寸（psi），而SI单位是帕斯卡（Pa）。类似地，我们偶尔会提到诸如巴（bar）、雷姆（rem）、居里（curie）、电子伏特（electron-volt）等，这些都是非SI单位，但我们会将这些情况出现的次数降到最低。在相关章节的开头会简要讨论相关单位及其之间的转换。

### 1.6.1 基本SI单位

国际单位制由国际计量委员会（International Committee of Weights and Measures，CIPM）定义，包括7个基本单位，如表1.3所示。基本单位定义如下：

**长度**。1米（m）是真空中光在1/299 792 458s的时间间隔内传播的距离。

**质量**。1千克（kg）是千克原器的质量，该原器由铂-铱化合物制成，保存在法国塞夫尔市的一个金库中。

**时间**。1秒（s）是铯-133原子基态的两个超精细能级之间跃迁相对应的辐射周期的9 192 631 770倍。

**电流**。真空中相距1m的两根无限长且圆截面可忽略的平行直导线内通过一恒定电流，当两导线之间产生的力为$2 \times 10^{-7}$牛顿每米（N/m）时，则规定导线中通过的电流为1**安培**（A）。

**温度**。热力学温度单位**开尔文**（K）是水三相点（冰、水和水蒸气处于热力学平衡状态的温度和压力）热力学温度的1/273.16。水的三相点为611.657Pa下的273.16K。

**发光强度**。1坎德拉（cd）是一光源在给定方向上的发光强度，该光源发出频率为540×

$10^{12}$Hz 的单色辐射,并且在该方向上的辐射强度为 1/683 瓦特每球面度(W/sr)(见 1.6.3 节)。

**物质的量。**1 摩尔(mol)是包含与 0.012kg 碳-12 中原子数量一样多的基本实体的系统中物质的数量。(实体可以是原子、分子、离子、电子或任何其他粒子。)实体(即分子)的可接受数量称为阿伏伽德罗常数,约等于 6.022 14×$10^{23}$。

表 1.3 基本 SI 单位

| 物理量 | 单位 | 符号 | 物理量 | 单位 | 符号 |
| --- | --- | --- | --- | --- | --- |
| 长度 | 米 | m | 质量 | 千克 | kg |
| 时间 | 秒 | s | 电流 | 安培 | A |
| 温度 | 开尔文 | K | 发光强度 | 坎德拉 | cd |
| 物质的量 | 摩尔 | mol | | | |

## 1.6.2 派生单位

大多数其他常用公制单位都是从基本单位派生的。我们将在下面的章节中讨论其中的一部分,但在这里需要注意的是,这些单位是为了方便起见根据一些物理定律定义的,但是它们可以直接用基本单位表示。例如,力的单位是牛顿(N),是由牛顿第二运动定律 $F=ma$ 派生的,质量的单位是千克,加速度的单位是米每二次方秒(m/$s^2$)。因此,牛顿实际上是千克米每二次方秒(kg·m/$s^2$):

$$N = (质量 \cdot 加速度) = \left(\frac{kg \cdot m}{s^2}\right)$$

类似地,电势的单位是伏特(V)。派生单位从力 $F$ 和电荷 $q$(库仑定律)表示的电场强度的定义($E=F/q$)出发,其单位是牛顿每库仑(N/C)。库仑是电荷单位,也可表示为 A·s。此时,1N/C=1V/m,这一结果可以直接从法拉第定律中看出。因此,

$$V = \left(\frac{N \cdot m}{C}\right) = \left(\frac{N \cdot m}{A \cdot s}\right) = \left(\frac{kg \cdot m^2}{A \cdot s^3}\right)$$

这也证明了派生单位的价值:除了表达式的烦琐之外,很难想象伏特是以千克、米、安培和秒来表示的。

因此,派生单位是常见且有用的,但如果需要,它们都可以与基本单位相关联。

**例 1.4:电容单位法拉(F)**

法拉由电荷和电压之间的关系导出:$C=Q/V$。由于 $Q$ 具有电荷单位(C),因此可以写作安培秒(A·s)。因为电压的单位是 kg·$m^2$/(A·$s^3$),所以可以得到

$$F = \frac{C}{V} = \left(\frac{A \cdot s}{kg \cdot m^2/(A \cdot s^3)}\right) = \left(\frac{A^2 \cdot s^4}{kg \cdot m^2}\right)$$

**例 1.5:能量单位焦耳(J)**

能量是力在距离上的积分,因此其单位是牛顿米。而牛顿是由 $F=ma$ 计算出来的,牛顿等于 kg·m/$s^2$。因此,焦耳为

$$J = (N \cdot m) = \left(\frac{kg \cdot m^2}{s^2}\right)$$

## 1.6.3 补充单位

单位制还包括所谓的派生无量纲单位,也称为"补充单位"。它们是平面角的单位——弧度(rad),以及立体角的单位球面度(sr)。弧度定义为半径为 $R$ 的圆中心处的平面角,对应的弧长为 $R$。球面度定义为半径为 $R$ 的球体中心处的立体角,对应的表面面积为 $R^2$。

## 1.6.4 常用单位

除了国际单位制外,还有许多其他单位,有些是目前正在使用的,有些是已经过时的。这些单位通常称为"常用单位",比如卡路里(cal)或千瓦时(kW·h)等,以及英尺、英里、加仑、psi(磅每平方英寸)等不太常用的单位(美国除外)。还有一些单位几乎只与特定学科相关,可以是国际单位制、公制(当前或过时)或常用单位。这些都是为了方便而定义的,并且与其他单位一样,代表了该学科中有意义的基本量。例如,在天文学中,人们找到了天文单位(AU),该单位等于地球与太阳之间的平均距离(1AU = 149 597 870.7km)。在物理学中,埃(Å)代表原子尺寸(1Å = 0.1nm)。同样,能量的单位电子伏特(eV)(1eV = $1.602 \times 10^{-19}$ J)、压强的单位标准大气压(1atm = 101 325N/m²)、化学物质的单位 ppm(百万分比)以及辐照中的剂量当量希沃特(1sv = 1J/kg)都是实用单位。尽管我们几乎只使用国际单位制,但重要的是要记住,如果需要使用常用单位,可以根据需要替换为国际单位制的换算值。其他派生单位和补充单位将在其出现的章节中进行介绍和讨论。单位、转换表和定义来源于 Wildi[1]。

**例 1.6:常用单位的转换**

磅/平方英寸(psi)在美国通常用作压力测量。

(a)将 psi 转换为公制单位。

(b)将 psi 转换为基本单位

**解** 磅(lb)和英寸(in)转换如下:

$$1lb = 0.453\ 592\ 37kg(质量)$$

由于 psi 是压力或力/面积,因此我们必须通过乘以重力加速度将磅转换为牛顿,其中 $g = 9.806\ 65 m/s^2$

$$1lbf = 0.453\ 592\ 37 \times 9.806\ 65 = 4.482\ 216\ 152\ 6N$$

英寸的转换如下:

$$1in = 0.025\ 4m$$

因此 psi 可以写为

$$1psi = \frac{1lbf}{1in^2} = \frac{4.482\ 216\ 152\ 6}{(0.025\ 4)^2} = 6\ 894.76 N/m^2$$

单位 N/m² 是帕斯卡(Pa)的派生单位,因此,我们也可以得到

$$1\text{psi} = 6894.76\text{Pa}$$

由于牛顿等于 kg·m/s², 因此可以写作

$$1\text{psi} = 6894.76 \frac{\text{kg}}{\text{m}\cdot\text{s}^2}$$

**例 1.7：分子质量和一个分子的质量**

摩尔的定义如上，但也可以解释为："1 摩尔元素的质量等于该元素的原子质量，单位为克"，并由此得到"1 摩尔分子的质量等于该分子的原子质量，单位为克。"这不同于原子（或分子）的质量。要了解这些差异，请计算 1mol 氧化铁（$Fe_2O_3$）的质量和一个氧化铁分子的质量。

**解** 任何 1mol 的物质都含有 $6.02214\times10^{23}$ 个粒子实体，在本例中为氧化铁分子。查询元素周期表（见封底内侧），首先计算 1mol 氧化铁的质量。1mol 氧化铁由 2mol 铁（Fe）和 3mol 氧（O）组成。查找原子质量得：

- 铁的原子质量为 55.847g/mol，因此，1mol 的质量为 55.847g。
- 氧的原子质量为 15.999g/mol，因此，1mol 的质量为 15.999g。

所以，氧化铁的分子质量为

$$M_{\text{mass}} = 2\times55.847 + 3\times15.999 = 159.691\text{g/mol}$$

一个氧化铁分子的质量为

$$M_{\text{molecule}} = \frac{159.691}{6.02214\times10^{23}} = 2.6517\times10^{-22}\text{g}$$

### 1.6.5 前缀

结合单位，国际单位制（SI）中还定义了适当的前缀，为非常小或非常大的单位提供标准符号。前缀允许人们以紧凑和通用的方式表示大数字和小数字，如表 1.4 所示。同样，这主要是为了方便，但是由于它们的使用很普遍，因此使用正确的符号来避免错误和混淆是很重要的。有些前缀是常用的，而有些则是罕见的，还有一些是在专业领域使用的。atto、femto、peta 和 exa 很少使用，而 deca、deci 和 hecto 等前缀更常用于液体。它们理论上可以用于任何数量，但在实际的使用中并不是这样。例如，人们可以说 100hHz（意思是 10 000Hz），但是这并不常见。在葡萄酒和乳制品行业中，100hl（意思是 10 000L）是合适且常用的。

表 1.4 与 SI 单位制结合使用的常用前缀

| 前缀 | 符号/中文词头 | 乘数 | 示例 | 备注 |
| --- | --- | --- | --- | --- |
| yocto | y/幺 [科托] | $10^{-24}$ | | |
| zepto | z/仄 [普托] | $10^{-21}$ | | |
| atto | a/阿 [托] | $10^{-18}$ | | |
| femto | f/飞 [母托] | $10^{-15}$ | fs（飞秒） | 光学、化学 |
| pico | p/皮 [可] | $10^{-12}$ | pF（皮法） | 电子学、光学 |

(续)

| 前缀 | 符号/中文词头 | 乘数 | 示例 | 备注 |
|---|---|---|---|---|
| nano | n/纳［诺］ | $10^{-9}$ | nH（纳亨） | 电子学、材料学 |
| micro | μ/微 | $10^{-6}$ | μm（微米） | 电子设备、距离、重量 |
| milli | m/毫 | $10^{-3}$ | mm（毫米） | 距离、化学、重量 |
| centi | c/厘 | $10^{-2}$ | cl（厘升） | 液体、距离 |
| deci | d/分 | $10^{-1}$ | dg（分克） | 液体、距离、重量 |
| deca | da/十 | $10^{1}$ | dag（十克） | 液体、距离、重量 |
| hecto | h/百 | $10^{2}$ | hl（百升） | 流体、表面 |
| kilo | k/千 | $10^{3}$ | kg（千克） | 液体、距离、重量 |
| mega | M/兆 | $10^{6}$ | MHz（兆赫兹） | 电子学 |
| giga | G/吉［咖］ | $10^{9}$ | GW（千兆瓦） | 电子学、电力 |
| tera | T/太［拉］ | $10^{12}$ | Tb（太比特） | 光学、电子学 |
| peta | P/拍［它］ | $10^{15}$ | PHz（拍赫兹） | 光学 |
| exa | E/艾［可萨］ | $10^{18}$ | | |
| zetta | Z/泽［它］ | $10^{21}$ | | |
| yotta | Y/尧［它］ | $10^{24}$ | | |

## 1.6.6 其他单位和度量

**1. 信息单位**

在指定具体数量时，还有一些其他常用的度量，有些是旧的，有些是非常新的。在过去，定义"打"（dozen）或"罗"（gross）（1罗＝12打＝144）这样的数量很实用，随着数字时代的到来，一些新的数量也变得非常实用。由于数字系统使用以2、8、16为基数的计数和数学运算，用十进制作为度量方式并不是特别方便。因此，人们为数字系统设计了特殊的前缀。信息的基本单位是位（0或1），位又组成字节，其中1字节包含8位，有时也称为"字"。千字节（Kbyte或KB）是$2^{10}$字节、1 024字节或8 192位。同样，兆字节（MB）是$2^{20}$（或者是1 024$^2$）字节，即1 048 576字节（8 388 608位）。虽然这些前缀已经足够令人困惑，但它们的常见用法更令人困惑，因为混合使用数字前缀和十进制前缀是很常见的。例如，通常将存储设备或内存板的容量定为100GB。数字前缀应该意味着设备包含$2^{30}$或1 024$^3$字节，或大约107.4×$10^9$字节。确切地说，该设备包含100×$10^9$字节，但在数字记法中，该设备实际只有91.13GB。

**2. 分贝及其使用**

某些情况下，使用公共前缀是很不方便的，特别是当一个物理量跨越一个非常大的数字范围时，人们很难正确地把握这个量的大小。通常情况下，量也只有相对于参考值才有意义。

以人眼为例，它可以看到 $10^{-6} \sim 10^{6}\mathrm{cd/m^2}$ 的亮度。这是一个很大的亮度范围，自然参考值是肉眼可以检测到的最低亮度。另一个例子是里氏震级，用于识别地震的"强度"（位移或能量）。地震的等级被划分为 0~10，但实际上它是无限制的，涵盖了从 0 到（原则上）无穷大的巨大数值。

在如此巨大的尺度上使用普通的科学记数法是不方便的，并且基于多种原因，这种方法不是特别能说明问题。再次以我们眼睛对光的反应为例，它不是线性的，而是对数的，也就是说，要让一个物体看起来亮一倍，照明所需的亮度需要高出大约十倍，这同样也适用于声音和许多其他的量。另一个例子是信号的放大。有时可能需要低放大倍数或根本不需要放大；也有可能需要非常高的放大倍数，例如，放大来自麦克风的信号；还有可能需要衰减信号而不是放大它们。在这种情况下，使用分贝（dB）表示，以对数标度将相关数量描述为比率。使用分贝表示的基本思路如下：

1）给定一个量，将其除以该量的参考值。参考值可以是一个"自然"值，如视觉阈值或听觉阈值，也可以是一个常量，如 1 或 $10^{-6}$。

2）取该比率以 10 为底的对数。

3）如果涉及的量与功率有关（功率、功率密度、能量等），则乘以 10：

$$p = 10\lg\frac{P}{P_0}[\mathrm{dB}]$$

4）如果涉及的量是场量（电压、电流、电力、压力等），则乘以 20：

$$v = 20\lg\frac{V}{V_0}[\mathrm{dB}]$$

例如，在视觉的例子中，参考值为 $10^{-6}\mathrm{cd/m^2}$，因此 $10^{-6}\mathrm{cd/m^2}$ 的亮度为 0dB，$10^{3}\mathrm{cd/m^2}$ 的亮度是 $10\lg(10^{3}/10^{-6}) = 90\mathrm{dB}$。人眼的视觉跨度为 120dB（在 $10^{-6} \sim 10^{6}\mathrm{cd/m^2}$ 之间）。

在处理特定范围的值时，可以选择参考值以适应该范围。例如，如果希望描述通常以毫瓦（mW）为单位的量，则参考值取为 1mW，功率值以分贝毫瓦（dBm）表示。同样，如果需要处理微伏（μV）范围内的电压，则参考值取为 1μV，结果以分贝微伏（dBμV）给出。例如，功率传感器可以说工作在 -30~20dBm 的范围内，这意味着它可以检测 0.001mW ~ 100mW 的功率（见例 1.8）。使用特定参考值只需将 0dB 的点置于该值，例如在 dBm 标度上，0dB 表示 1mW。而在正常标度上，0dB 表示 1W，因此指出所使用的标度是极其重要的，否则可能会出现混淆。有许多不同的标度，每个标度在使用的时候都要清楚地标明，以确保参考值是已知的。

如上所述，使用 dB 标度具有一定的实际优势，因此其被广泛使用。其中最重要的是：

- 该方法能够将一个非常大的范围缩小到一个窄的、容易理解的范围：功率比改变 10 相当于 10dB，场比改变 10 相当于 20dB。
- 对数标度意味着比率的乘积变成以分贝为单位的求和。
- 在许多情况下，如声学，dB 标度更适合设备（如扬声器）产生输出以及器官（如眼睛或耳朵）感知光、功率或压力等物理量的方式。

**例1.8：分贝的使用**

用于检测蜂窝电话传输的功率传感器的额定输入功率范围为-32~18dBm。根据功率计算传感器的范围和量程。

**解** 范围是以dBm为单位给出的，这意味着参考值为1mW。首先计算范围下限值：

$$p = 10\lg \frac{P}{1\text{mW}} = -32\text{dBm}$$

两边除以10得

$$\lg \frac{P}{1\text{mW}} = -3.2$$

现在，可以写成

$$\frac{P}{1\text{mW}} = 10^{-3.2} \rightarrow P = 10^{-3.2} = 0.00063\text{mW}$$

对于范围上限值，可以得到

$$p = 10\lg \frac{P}{1\text{mW}} = 20 \rightarrow \lg \frac{P}{1\text{mW}} = 2 \rightarrow P = 10^2 = 100\text{mW}$$

因此，范围为0.00063~100mW，量程为100-0.00063=99.99937mW。注意，以分贝为单位的量程是50dBm。（范围和量程将在第2章中详细讨论，这里使用的是它们的常识意义。）

**例1.9：电压放大和分贝**

音频放大器用于放大来自麦克风的信号。麦克风产生的峰值电压为10μV，放大器需要产生1V的峰值输出电压作为功率放大器的输入。以分贝为单位计算放大器的放大倍数。

**解** 放大器的放大倍数是输出电压和输入电压的比值：

$$a = \frac{V_{\text{out}}}{V_{\text{in}}} = \frac{1\text{V}}{10\mu\text{V}} = \frac{1}{10 \times 10^{-6}} = 10^5$$

因为这是一个电压比，可以写作

$$a = 20\lg 10^5 = 100\text{dB}$$

放大倍数常称为100dB，而不是100 000。

## 1.6.7 单位使用惯例

无论何时书写单位，它们的符号通常都是小写的（如m、s、kg、mol等）。如果单位是以人名命名的，则符号中代表人名的字母将大写（如A、K、Pa、dB、Hz等）。本惯例适用于基本单位、派生单位和常用单位。前缀的使用必须遵循表1.4。千（k）以上的前缀符号始终大写（如M、G、T等），而不超过千（包括千）的字符必须写成小写（如k、m、p等）。除了作为惯例外，这还避免了单位之间的混淆，例如m(mili-)与M(mega-)，与单位一样，拼写前缀时，它始终是小写的（如mili-、mega-、tera-、pico-等）。在某些情况下，为了避免与其他文本混淆，可以将单位放在括号中（通常是方括号），即在表达式中使用方括号（即$F = ma[\text{N}]$），但在数值后不使用方括号（即$F = 120\text{N}$）。

## 1.7 习题

### 传感器和执行器——概述

**1.1** **家庭中的传感器和执行器**。列出能够在普通家庭中找到的传感器和执行器。

**1.2** **设备中的传感器和执行器**。列出洗衣机中的传感器和执行器。这些设备包括正确执行任务所需的功能设备，以及保护用户、机器和家庭免受损害的安全设备。

**1.3** **识别换能器**。水银温度计是一种感测温度并根据水银随温度膨胀的刻度来指示温度的传感器-执行器。识别它的传感、传输和驱动功能。

**1.4** **识别传感器和执行器**。超声波传感器通常称为"超声波换能器"。识别当设备用作传感器和执行器时的换能过程。在你看来，它是无源传感器还是有源传感器？给出你的理由。

**1.5** **无源和有源传感器**。无源传感器不需要外部电源，而有源传感器需要外部电源。确定以下哪些传感器是有源的，哪些是无源的。

(a) 酒精温度计

(b) 汽车恒温器

(c) 水族馆内的酸碱度计

(d) 罐盖内的压力传感器

(e) 手机内的麦克风

(f) 洗碗机内的水位传感器

(g) 冰箱内的温度传感器

(h) 汽车内的加速度传感器

**1.6** **传感功能的识别**。思考并选择一种会飞的昆虫，比如蝴蝶。它必须拥有哪些传感器才能作为一个物种生存下去。列出感知机制及其在生存中的目的。

**1.7** **环境监测**。环境监测是保护地球、资源及众多生命形式的一项基本活动。考虑一下对河流的监测，应监测哪些属性以确保河流的健康？

**1.8** **传感器的分类**。室外温度计使用双金属条来检测和显示温度。它基于这样的一个事实：不同的金属对温度有不同的膨胀速率，因此带材的弯曲速率取决于温度。此特性用于动态显示温度的刻度盘。

(a) 该设备是传感器、执行器还是两者兼而有之？请给出解释。

(b) 该装置是有源的还是无源的？

(c) 允许该装置发挥作用的换能机制是什么？根据给出的信息进行解释。

**1.9** **识别传感器和换能器**。在古代，占卜棒是一种被普遍接受的探测地下水的方法（"方法"是一个人拿着一根叉状树枝或两根棍子，每只手一根，当探测到水时，树枝/棍子就会"移动"，或者人会有一种明显的感觉）。暂时假设这是一种有效的感知机制。如果是，什么是传感器，什么是换能器？

## 传感器和执行器的分类

1.10 **传感器的分类**。汽车发动机中的质量气流计在气流中使用热线,并测量将导线的温度保持在远高于环境温度所需的功率或电流。随着质量流量的增加,金属丝冷却,其电阻减小。测量恢复其温度所需的功率,该功率与空气的质量流量相关。根据此处提供的信息对传感器进行分类。

1.11 **执行器的分类**。一台小型直流电动机被用于驱动变速风扇来冷却计算机中的处理器。根据此处提供的信息对电动机进行分类。

1.12 **传感器的分类**。汽车上的氧气传感器可以检测排气系统中的氧气浓度。它由两个电极组成,中间有固体电解质,不需要外部电源,并产生一个电压作为输出。列出此传感器的所有可能分类。

1.13 **传感器/执行器的分类**。考虑电气设备的保险丝,其设计为在 2A 时延迟 100ms 断开。熔断器的工作原理是加热一根细金属丝,当温度达到熔点时,金属丝熔断。以所有可能的方式对设备进行分类。

1.14 **温度计的分类**。将习题 1.8 中描述的室外温度计分为传感器和执行器。

1.15 **温度传感器的分类**。热电偶是基于两种金属的结点产生与结点温度成正比的电势差(塞贝克效应)这一事实的一种装置。根据给出的信息对热电偶进行分类。

## 单位

1.16 **派生单位**。证明基本国际单位中的电阻单位欧姆(Ω)为 $kg \cdot m^2/(A^2 \cdot s^3)$。

1.17 **派生单位**。证明磁感应强度的单位特斯拉(T)在国际单位制中是 $kg/(A \cdot s^2)$。利用移动电荷上的磁力是电荷、速度和磁感应强度的乘积,即 $F_m = qv \times B$,其中 $q$ 是电荷,$v$ 是速度(矢量),$B$ 是通量密度(矢量)。

1.18 **单位的派生/换算**。以基本国际单位表示转矩单位(N·m)。

1.19 **单位的派生/换算**。证明功率单位瓦特(W)可以用基本国际单位表示为 $kg \cdot m^2/s^3$。

1.20 **单位换算**。虽然有些常用单位不是公制单位,但有时需要将这些单位转换为公制单位。例如,将导出的转矩单位从牛米(N·m)换算为常用单位磅力英尺(lbf·ft)。1 磅(lb)是相当于 0.453 592 37kg 的质量单位,而磅力(lbf)是力的单位,$F=mg$,其中 $m$ 是质量(以千克为单位)。1 英尺等于 12 英寸或者 12×0.025 4 = 0.304 8m。

1.21 **摩尔和质量**。计算一定量水的摩尔数,其中水是用精确的天平秤的,重量是 35 克力。

1.22 **质量和分子质量**。尿素是一种有机化合物,其化学式为 $(NH_2)_2CO$。计算一个分子的质量和化合物的分子质量。

1.23 **数字数据单位**。计算机中的存储设备额定容量为 1.5TB。
(a) 根据习惯的商业记数法,该设备可以存储多少字节和多少位的数据?
(b) 根据数字记数法,设备应包含多少字节和多少位的数据?

1.24 **数字数据单位**。使用基本的 8 位结构在硅中形成 256MB 存储芯片,则芯片包含多少个单独的位?

**1.25** 光纤中的功率损耗和分贝的使用。光纤的额定损耗为 4dB/km,假设输入光功率密度为 10mW/mm$^2$,那么 6km 长的光纤末端的光功率密度是多少?

**1.26** 声压和分贝。人耳的听力范围在 $2\times 10^{-5}$Pa(听觉阈值)~20Pa(疼痛阈值)之间(1Pa = 1N/m$^2$)。当超过 20Pa 时,听力可能会受到永久性损害。

(a) 计算人耳的声压量程(以 dB 为单位)。

(b) 近距离的喷气发动机会发出 5 000Pa 的声压,操作员必须佩戴听力保护器。听力保护器的最小衰减(以 dB 为单位)是多少?

**1.27** 里氏震级。里氏震级通常用来描述地震及其相对水平,可以将其看作对数震级的一种特殊形式。里氏震级的定义如下:

$$R_m = \lg \frac{A}{A_0}$$

其中 $A$ 是地震仪的最大偏移(即地震仪的振幅),$A_0$ 是根据地震仪到震中的距离计算的参考振幅。现考虑 8.0 级地震和 9.4 级地震。

(a) 就振幅(通常称为震动振幅)而言,这两次地震的实际强度之比是多少?

(b) 地震中释放的能量与振幅 $A^{3/2}$ 有关,其中 $A$ 是振幅。这两次地震释放的能量之比是多少?

# 参考文献

[1] T. Wildi, "Units and Conversion Charts," IEEE Press, New York, NY, 1991.

# 第 2 章
# 传感器和执行器的性能特征

**人类、感知和驱动**

除了生物体的自然感觉和驱动之外,感知和驱动几乎都是为了改善人类的生活和与外界更好地交互而存在的人为活动。不论我们是否发现,传感器和执行器在我们的生活中都无处不在。工业传感器不仅能够为我们生产许多日常生活中用得到的产品,还能在日常生活中保障我们的交通运输畅通无阻并保护我们的安全,除了工业传感器之外,还有两种类型的传感器和执行器值得关注。第一类设备包括用于维持和改善我们健康的设备,例如假肢,可植入式器官,辅助手术、医学测试,以及一些对组织和细胞进行操作的机器人,这类传感器和执行器是健康系统甚至生命系统的重要组成部分,它们包括 X 光成像、磁共振成像、计算机断层扫描、超声扫描和机器人手术系统等,还有其他各种传感器用来测试被测者身体中每一种可能存在的物质及其现在的状况。

第二类设备扩展了我们对宇宙的认识,让我们更好地了解宇宙,了解我们在宇宙中所处的位置,并最终与宇宙和谐相处。感知环境不仅有益于人类,而且有益于环境本身和其中的所有有机体。在地球之外,传感器可以保护我们免受辐射和太阳耀斑的影响,甚至可能避免与陨石的灾难性碰撞,但最重要的是,它们可以满足我们的好奇心。

## 2.1 引言

除了传感器或执行器的功能之外,工程师面临的最重要的问题是设备或系统的性能特征。如果我们需要感知温度,当然需要一个温度传感器。但是应该使用什么样的传感器以及如何确定传感器感应的温度范围?传感器需要多"准确"呢?传感器需要线性测量吗?传感器的重复性重要吗?传感器需要快速响应还是慢速响应?例如,如果我们使用电动机来定位打印机中的书写头或加工金属件,在选择传感器时,哪些性能特征是重要的?这些问题将在本章讨论。传感器和执行器的基本属性,即它们的性能特征,将根据它们与控制器的接口来定义。

器件的特征始于它的传递函数,即它的输入和输出之间的关系。这包括许多其他特性,如量程、频率响应、精度、可重复性、灵敏度、线性度、可靠性和分辨率等。当然,并不是所有特性对传感器和执行器都同等重要,性能的选择和权衡通常取决于应用。此外,选择器件时务必结合应用考虑,因为性能最佳的传感器或执行器可能并不是所有应用的最佳选择。

传感器和执行器的特性通常由制造商提供,工程师通常可以参考这些数据。然而,在某些情况下,人们会在规定范围之外使用器件来改善某一特性(例如,线性),或者将其用于非预期的用途(例如,将麦克风用作动态压力传感器或振动传感器)。在这些情况下,工程师需要评估其特性,至少得出其校准曲线,而不是依赖制造商的校准曲线。有时,现有的数据也可能缺乏某些信息,这同样需要再次进行评估。在这种情况下,工程师需要了解是什么因素影响了这些特性,以及可以采取什么措施来控制它们。

## 2.2 输入/输出特性

在我们正确定义输入和输出特性之前,最好先定义传感器和执行器的输入和输出。对于传感器,输入是激励或待测量(被测对象),输出可以是任何物理量,比如电压、电流、电荷、频率、相位或机械量,如位移。对于执行器,输入通常是电相关的物理量(如电压或电流),输出可以是电的或机械的物理量(如位移、力、千分表、指示灯、显示器等)。但我们应该明白,输入与输出的关系可能更为宽泛。它们可能是机械的,甚至是化学相关的。我们可以通过传递函数来描述这两种类型的器件,传递函数将输入和输出联系起来,而与输入和输出具体是什么无关。此外,我们还必须考虑输入和输出特性,如阻抗、温度和环境条件,以便为器件提供合适的工作条件。

### 2.2.1 传递函数

传递函数也称为传递特征函数。器件的输入/输出特征函数或响应描述的是器件的输出和输入之间的关系,通常由数学方程和给定范围内输入和输出的描述性曲线或图形表示来定义。该函数可以是线性或非线性的,单值或多值的,有时可能非常复杂。传递函数可以表示一维关系(单个输入和单个输出),也可以表示多维关系(多个输入和一个输出)。简单地说,它定义了传感器或执行器对给定的一个输入或一组输入的响应,是设计中使用的主要参数之一。除了线性传递函数之外,通常很难用数学方法来描述传递函数,尽管我们至少可以象征性地表示为

$$S = f(x) \tag{2.1}$$

其中 $x$ 是输入(传感器的激励,或者执行器的电流),$S$ 是输出。输出 $S$ 与输入 $x$ 的相关性表明,这个函数可以是(并且经常是)非线性的。

通常,传递函数将以图形方式给出,并且将被限制在输入和输出范围内。

图 2.1 显示了温度传感器的输入和输出关系。$T_1$ 和 $T_2$ 之间的范围近似为线性,可用以下传递函数描述:

$$aT + b = R \tag{2.2}$$

其中,$R$ 是传感器的电阻(输出),$T$ 是在 $T_1 < T < T_2$ 范围内感应的温度(输入)。

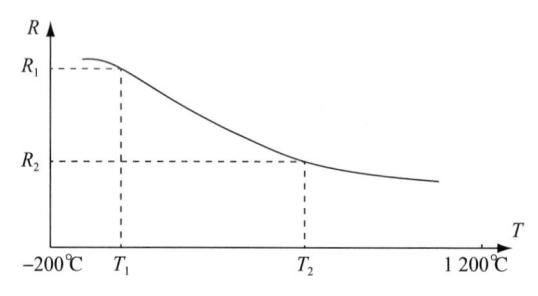

图 2.1 一个假设的温度传感器中的电阻-温度关系

然而，$T_1$ 以下和 $T_2$ 以上的范围是非线性的，需要更复杂的传递函数来描述，这些传递函数实际上可以通过实验获得，或者可以通过曲线拟合得到相应的多项式。在许多情况下，传感器被限制在线性范围内操作，在这种情况下，用图形表示就足够了。图 2.1 中的曲线包含有关传感器的附加数据，如量程、灵敏度和饱和度，这些将分别在 2.2.3 节、2.2.5 节和 2.2.6 节中讨论。除了一般曲线或其他一些对于其形状有描述的曲线（线性、二次的，等等）外，很少使用其他形式的传递函数。

通常，通过实验来校准传递函数是必要的。然而也有例外，热电偶传递函数可以使用高阶多项式，以非常精确的形式给出传递函数，如例 2.1 所示。

**例 2.1：热电偶的传递函数**

对于任何给定温度，热电偶（温度传感器）的输出（电压）由多项式给出，根据热电偶的类型不同，可以是三阶多项式到十二阶多项式。输出范围为 0~1 820℃ 的热电偶的输出电压由以下关系式表示：

$$V = (-2.467\,460\,162\,0 \times 10^{-1} T + 5.910\,211\,116\,9 \times 10^{-3} T^2 - \\ 1.430\,712\,343\,0 \times 10^{-6} T^3 + 2.150\,914\,975\,0 \times 10^{-9} T^4 - \\ 3.175\,780\,072\,0 \times 10^{-12} T^5 + 2.401\,036\,745\,9 \times 10^{-15} T^6 - \\ 9.092\,814\,815\,9 \times 10^{-19} T^7 + 1.329\,950\,513\,7 \times 10^{-22} T^8) \times 10^{-3} \text{mV}$$

这是一个相当复杂的传递函数（大多数传感器的传递函数要简单得多），并且是非线性的。该函数如此详细地进行描述的主要目的是在传感器范围内提供非常精确的表示（在本例中为 0~1 820℃）。传递函数如图 2.2 所示。

**例 2.2：对力传感器传递函数的实验评价**

将力传感器连接在一个电路中，该电路产生一列脉冲形式的数字输出。这些脉冲的频率是传感器的输出（实际上是包括传感器和将输出转换为频率的电路系统，后文称之为智能传感器）。绘制的测量值如图 2.3 所示。输入力的范围为 0~7.5N，输出频率介于 25.98kHz 和 39.35kHz 之间。如果传感器的误差是可以接受的，则在 1N 和大约 6N 之间的范围可以用作"线性"范围。低于 1N 和高于 6N 时，由于响应降低（饱和），输出不再可用。

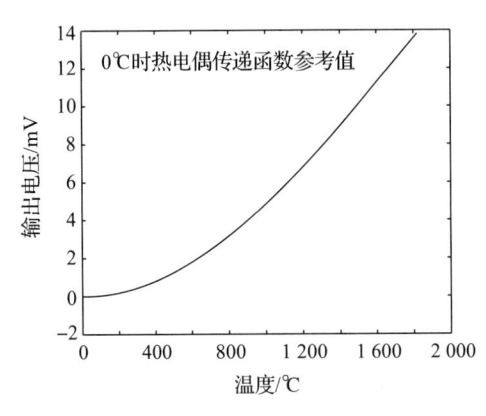

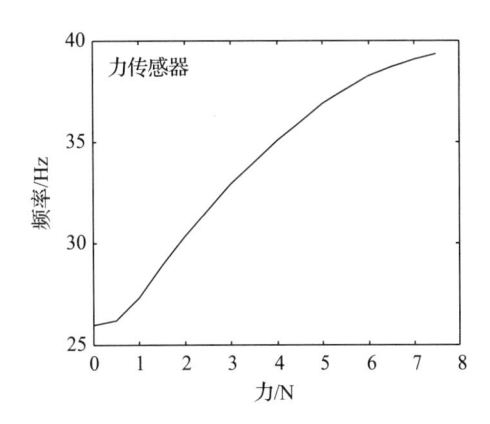

图 2.2　热电偶在 0~1 820℃ 范围内的传递函数

图 2.3　力传感器传递函数的实验评价

**注意**：如果认为传感器（或执行器）的响应可以在很大程度上线性化有用，那么可以通过适当的电路实现。另外，应该注意的是，曲线的非线性以及其饱和度可能是源于传感器本身、电路中的电子器件，或者两者兼而有之。

另一种类型的输入-输出特性函数是器件的频率响应。它可以称为传递函数，因为它在一个频率范围内给出了输入对应的输出响应。我们将简单地称之为频率响应，这将在2.2.7节中单独讨论。

传感器或执行器的输入和输出可以进一步由它们提供或需要的信号类型来表征。传感器的输出信号可以是电压或电流，也可以是频率、相位或任何其他可测量的量。执行器的输出通常是机械的，表现为运动或施加力的形式，但也有可能是其他形式，如光波或电磁波（用天线发射时，天线是执行器，接收时，天线是传感器），也可能是化学物质。在这些特性中，一些器件在非常低或非常高的电平下工作。例如，热电偶的输出通常为 $10\sim50\mu V/℃$，而压电传感器对运动的响应可以产生300V或更高的电压。比方说，磁性执行器在12V时可能需要20A，而静电执行器可能在500V（或更高）的电压下以非常低的电流工作。

### 2.2.2 阻抗和阻抗匹配

所有器件的内部阻抗可以是实数或复数。虽然我们可以将传感器和执行器都看作双端口设备，但在这里我们只关注传感器的输出阻抗和执行器的输入阻抗，因为这些都是接口所必需的，并且很容易测量。设备的阻抗范围很大，阻抗匹配的重要性再怎么强调也不为过。通常情况下，无法正确匹配一个器件意味着传感策略的失败，对于执行器来说，则可能意味着执行器及其驱动程序的物理损坏，甚至会更糟。

器件的输入阻抗定义为"在输出端口打开的情况下，通过输入端口的额定电压与由此产生的电流之比"（空载）。输出阻抗定义为"额定输出电压与端口短路电流之比"（即输出短路时的电流）。

这些特性之所以重要，是因为它们会影响器件的工作状态。为了理解这一点，我们首先考虑一个假设的应变计（应变传感器）的输出阻抗，该应变计在无应变时的输出电阻为500Ω，在较高应变时的输出电阻为750Ω。应变计是有源传感器，因此我们必须将其连接到电源，如图2.4a所示。随着应变的增加，传感器的电阻也会增加。应变是通过测量电阻的变化来测量的，这与传感器上的电压变化有关。在无应变时，该电压为2.5V（相当于500Ω），在测量应变时，该电压为3V（相当于750Ω）。假设现在我们将该传感器连接到一个输入阻抗也为500Ω 的处理器上。一旦连接好，传感器两端的电压就会在无应变状态下降至1.666V，在测量到的应变的状态下升至1.875V（见图2.4b和图2.4c）。这里需要注意两件事。首先是传感器的输出从2.5V降至1.666V。我们称之为处理器输入阻抗对传感器**加载**。其次，也是更为重要的，空载输出上升0.5V，连接时仅上升0.209V。这种变化可能被视为传感器灵敏度降低（见2.2.5节），除非采取特殊措施，否则可能使应变测量产生错误。在这种情况下，一般的解决方案是使处理器的输入阻抗尽可能高（理想情况下为无穷大），或者可以在传感器和处理器之间连接阻抗匹配电路。这种匹配电路必须具有非常高的输入阻抗和很低的输出阻抗。我们稍后将看到，这些电路是常用且可行的。

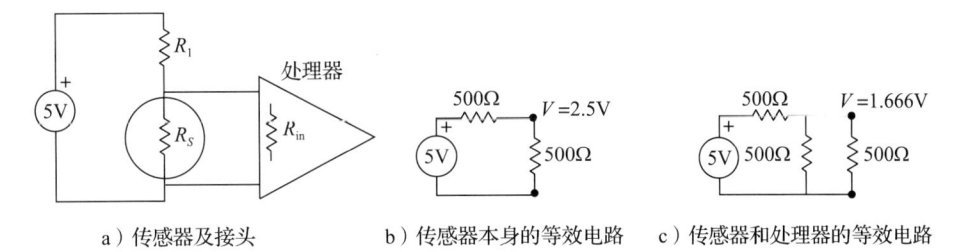

a）传感器及接头　　b）传感器本身的等效电路　　c）传感器和处理器的等效电路

图 2.4　连接到处理器的应变传感器

另外，如果传感器的输出是电流，则必须将其连接到尽可能小的外部阻抗，以避免传感器电流发生变化，否则必须使用低输入、高输出阻抗的匹配电路。这对于执行器来说也同样适用。

**例 2.3：力传感器**

一种力传感器被用于电子秤中以称量 1gf 到 1 000gf 的物品。当外力在 1~1 000gf（9.806 65mN~9.806 65N）之间变化时，传感器的电阻在 1MΩ~1kΩ 之间呈线性变化。为了测量电阻，将传感器连接到 10μA 的恒流电源，并测量传感器两端的电压。电压由内阻为 10MΩ 的电压表测量。配置如图 2.5a 所示。计算电压表接线产生的误差。在给定力的范围内，电压表的实际读数是多少？

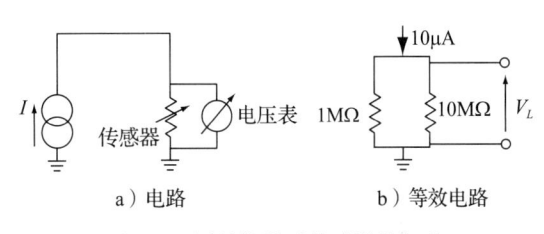

a）电路　　b）等效电路

图 2.5　测量仪器对传感器的加载

**解**　在连接电压表之前，传感器上的电压从 10V（质量为 1g）到 0.01V（质量为 1 000g）。连接电压表时，网络电阻较低，传感器两端的电压也较低。如图 2.5b 所示，电压表与传感器并联增加阻抗。网络电阻计算如下。

在质量为 1g 时：

$$R(1\text{g}) = \frac{R_S R_V}{R_S + R_V} = \frac{10^6 \times 10^7}{10^6 + 10^7} = \frac{10}{11} \times 10^6 = 0.909\,090 \times 10^6 \Omega$$

在质量为 1 000g 时：

$$R(1\,000\text{g}) = \frac{R_S R_V}{R_S + R_V} = \frac{10^3 \times 10^7}{10^3 \times 10^7} = \frac{1}{1.001} \times 10^3 = 0.999\,00 \times 10^3 \Omega$$

测量的电压为

$$V(1\text{g}) = I_S R(1\text{g}) = 10 \times 10^{-6} \times 0.909\,090 \times 10^6 = 9.09\text{V}$$

以及

$$V(1\,000\text{g}) = I_S R(1\,000\text{g}) = 10 \times 10^{-6} \times 0.999\,00 \times 10^3 = 0.009\,99\text{V}$$

1g 时的误差为 9.1%，而 1 000g 时的误差为 0.1%，实际读数是 0.909g 和 999g。1 000g 的

误差很小，可以接受，但测量 1g 时产生的误差太高了。测量仪器如果要达到更高的精度，电压表的阻抗必须增大。我们将在第 11 章中介绍，这也可以通过电子电路来实现。

在某些情况下，特别是在执行器中，输出的是功率而不是电压或电流。此时，我们通常感兴趣的是将最大功率从处理器传输到驱动介质（例如，通过扬声器从放大器转移到空气）。最大功率传输是通过共轭匹配实现的，简单地说，给定处理器的输出阻抗 $R+jX$，执行器的输入阻抗必须等于 $R-jX$。在纯电阻（实阻抗）的情况下，共轭匹配意味着处理器的输出电阻和执行器的输入电阻必须相同。一个非常简单的例子就是音频放大器。如果放大器的输出阻抗等于 8Ω，则扬声器输入阻抗为 8Ω 时，放大器的传输功率最大（参见例 2.4）。虽然不常见，但也有一些传感器会在这种模式下工作，在这种情况下，共轭匹配同样适用。

**例 2.4：执行器中的阻抗匹配**

一种音圈执行器（根据扬声器原理工作的执行器，我们将在第 5 章讨论）由放大器脉冲驱动。放大器提供了一个振幅：$V_S = 12V$。放大器的内部阻抗为 $R_S = 4Ω$。

（a）计算传输到阻抗匹配执行器的功率。
（b）证明传递给阻抗较低或较高的执行器的功率低于 a 中匹配执行器的功率。
（c）如果放大器的内阻抗为 0.5Ω，并提供相同的电压 12V，那么，向 4Ω 执行器提供的功率是多少？

**解**　因为执行器是脉冲驱动的，所以功率被认为是瞬时的，但是由于电压在整个脉冲持续时间内是恒定的，因此我们将把它当作直流电源来计算功率（即脉冲接通部分的功率）。

（a）匹配条件的等效电路如图 2.6 所示。执行器的电阻为 $R_L = 4Ω$，提供给执行器的功率为

$$P_L = \frac{V_L^2}{R_L} = \left(\frac{V_S}{R_S + R_L} R_L\right)^2 \frac{1}{R_L} = \left(\frac{12}{4+4} \times 4\right)^2 \frac{1}{4} = 9W$$

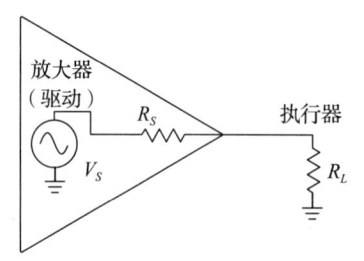

图 2.6　负载阻抗与处理器内部阻抗匹配的概念

**注意**：这恰好是电源提供的功率的一半，而另一半功率则以热量的形式消耗在电源的内阻上。

（b）如果执行器阻抗较低或较高，如 $R_L = 2Ω$，有

$$P_L = \frac{V_L^2}{R_L} = \left(\frac{V_S}{R_S + R_L} R_L\right)^2 \frac{1}{R_L} = \left(\frac{12}{4+2} \times 2\right)^2 \frac{1}{2} = 8W$$

同样，对于更高的执行器阻抗，例如 $R_L = 6Ω$，有

$$P_L = \frac{V_L^2}{R_L} = \left(\frac{V_S}{R_S + R_L} R_L\right)^2 \frac{1}{R_L} = \left(\frac{12}{4+6} \times 6\right)^2 \frac{1}{6} = 8.64W$$

显然，在匹配的阻抗下可以传递最大功率。

**注意**：匹配的确切条件是 $Z_L = Z_S^*$，如果 $Z_S$ 是复数 $Z_S = R_S + jX_S$，那么匹配的负载阻抗是 $Z_L = R_L - jX_S$。在这里所示的情况下 $X_S = 0$，因此匹配条件是 $R_L = R_S$。

(c)

$$P_L = \frac{V_L^2}{R_L} = \left(\frac{V_S}{R_S+R_L}R_L\right)^2 \frac{1}{R_L} = \left(\frac{12}{0.5+4}\times 4\right)^2 \frac{1}{4} = 28.44\text{W}$$

请注意，当放大器的内阻抗接近零时，提供给负载的功率趋于36W，放大器内阻抗耗散的功率趋近于零。这似乎与最大功率传输条件相矛盾。但是，请注意，如果负载（在本例中为0.5W）等于放大器的内阻抗，则提供给负载的功率为288W。

还有在高频下工作的传感器和执行器。阻抗匹配对于这些器件来说是一个更复杂的问题，我们将在第9章中对此进行简要讨论。这里只需说明一般要求，即传感器或执行器的连接不会产生电压或电流的反射。在这种情况下，传感器或执行器的阻抗必须等于处理器的输入阻抗。这一要求不能保证最大功率传输，只能保证无反射。

## 2.2.3 范围、量程、输入和输出满量程、分辨率，以及动态范围

传感器的**范围**是指激励的下限和上限工作值，即获得有效输出的最小输入和最大输入。通常，我们会说传感器的范围在最小值和最大值之间。例如，温度传感器可能在45℃和110℃之间工作，这就是范围点。

传感器的**量程**是指在可接受的误差范围内检测到的激励值的最高值和最低值之间的算术差（即范围值之间的差）。这也可以称为传感器的**输入满量程**（Input Full Scale，IFS）。**输出满量程**（Output Full Scale，OFS）是与传感器量程相对应的传感器输出上限和下限之间的差值。例如，传感器可测量的温度在-30℃到80℃之间，产生的输出电压介于2.5V和1.2V之间。IFS为80-(-30)=110℃，OFS为2.5-1.2=1.3V。IFS和OFS同样适用于执行器。

传感器或执行器的范围和量程以略微不同的方式表达了本质上相同的信息，因此它们通常可以互换使用。

传感器的**分辨率**是指它能对激励做出反应的最小增量。正是输入变化的大小导致了最小可辨别的输出。例如，传感器的分辨率可以说是0.01℃，这意味着温度每升高0.01℃，就会产生一个容易测量的输出。在通常的用法中，这有时被错误地称为灵敏度。分辨率和灵敏度是两个截然不同的属性（灵敏度是输出变化与输入变化的比率，将单独讨论）。模拟设备的分辨率被认为是无穷小的，也就是说，它们的响应是连续的，因此分辨率取决于我们识别变化的能力。通常，分辨率是由噪声级别定义的，因为要使信号可辨别，它必须大于噪声级别。传感器或执行器的分辨率通常由用于测量输出的仪器或处理器定义。例如，在0~100℃的温度范围内产生0~10V输出的传感器必须连接到仪器上才能检测该电压。如果该仪器是模拟的（例如，模拟电压表），则分辨率可能是0.01V（电压表的满刻度是1 000）或0.001V（10 000个刻度）。即使这样，在读取电压表读数时，也可以在刻度之间进行插值，从而增大分辨率。但是，如果电压表是数字的，并且增量为0.01V，这就是仪器的分辨率，也是由传感器和仪器组成的传感系统的分辨率。分辨率可以以激励为单位指定（例如，温度传感器为0.5℃，磁场传感器为1mT，接近传感器为0.1mm，等等），或者可以指定为量程的百分比（例如0.1%）。

执行器的分辨率是它所能提供的输出的最小增量。例如，一台直流电动机可以有无穷小

的分辨率,而步进电动机的分辨率为1.8°时,它的分辨率可能为200步/转。

在数字系统中,分辨率可以以位(例如 $N$ 位分辨率)或其他一些表达分辨率概念的方式来指定。在模数(A/D)转换器中,分辨率意味着转换器可以转换的离散倍数。例如,12位分辨率意味着器件可以解析 $2^{12} = 4\,096$ 步。如果转换器将5V输入数字化,则每一步为 $5/4\,096 = 1.221\,0^{-3}$V。在模拟端,分辨率可能被描述为1.22mV;但在数字端,它被描述为12位分辨率。在数码相机和显示器中,分辨率通常以总像素数的形式给出。因此,数码相机可以说具有数百万像素的分辨率。

**例2.5:系统分辨率**

假设一个信号被数字化,并用一个两位数的数字电压表测量,该电压表能够测量到1V的变化(经过适当的放大)。可能的测量值在0~0.99V之间,分辨率为0.01V或1%。在这种情况下,分辨率受到电压表(系统中的执行器)的限制,而信号是连续的,如果给出一个"更好"的电压表,我们很可能能够进一步解决它。我们将在第11章看到,A/D转换器的分辨率比这里显示的要高得多。

**例2.6:模拟和数字传感器的分辨率**

数字压力传感器的工作范围在100kPa(约1atm)到10MPa(约100atm)之间。该传感器是一种模拟传感器,产生的输出电压在1V(最低范围)到1.8V(最高范围)之间。数字输出显示屏使用 $3^{1/2}$ 位面板仪表直接显示压力( $3^{1/2}$ 位面板仪表有三个数字,这三个数字每个数字可以显示0到9,还有一个数字可以显示0和1)。假设显示器可以自动变换量程进行显示,即能够产生数字显示,那么传感器本身的分辨率是多少(模拟)?数字传感器的分辨率是多少?

**解** 该模拟传感器具有无限小的分辨率,其输出在1V到1.8V之间连续变化,也就是说,压力每变化 $9.9 \times 10^6$Pa,电压变化0.8V或80.8nV/Pa。当然,帕斯卡是一个非常小的单位,所以我们也可以说输出变化了80.8μV/kPa。也就是说,如果我们假设100nV的输出可以可靠地读出,那么传感器的分辨率是 $100/80.8 = 1.238$Pa。另外,如果输出只能读取10μV,则分辨率为 $10\,000/80.8 = 123.8$Pa。实际分辨率仅受测量电压的能力和可能存在的噪声限制。

数字仪表的面板显示范围为0.100MPa至10.00MPa。在0.100MPa至9.999MPa的范围内,分辨率明显为0.001MPa,即1kPa。在10.00MPa下,分辨率降至0.01MPa,即10kPa。注意,该限制是显示器本身所有的。

器件(传感器或执行器)的**动态范围**是器件的量程与器件能够识别的最小数量(分辨率)的比率。通常,可辨别的最低值作为噪声下限,即信号在噪声中"丢失"的电平。动态范围的使用在具有大量程的器件中特别有用,因此通常以分贝表示。由于该比率表示类功率(功率、功率密度)或类电压的量(电压、电流、力、场等),因此动态范围如下所示。

对于类电压的量:

$$动态范围 = 20\lg |量程/较低可测量|$$

对于类功率的量:

$$动态范围 = 10\lg |量程/较低可测量|$$

假设我们看一个 4 位数字电压表，它可以在 0~20V 之间进行测量。总量程是 19.99V，分辨率（最小增量）是 0.01V。动态范围是这样的：

$$动态范围 = 20\lg(19.99/0.01) = 20 \times 3.3 = 66 \text{dB} \tag{2.3}$$

以 0.01W 为增量测量 20W 以下的 4 位数字瓦特计的动态范围为

$$动态范围 = 10\lg(19.99/0.01) = 10 \times 3.3 = 33 \text{dB} \tag{2.4}$$

量程、IFS 和 OFS 通常在器件的输入和输出端（例 2.6 中的压力和电压）分别测量，但在某些动态范围非常大的情况下，也可以用分贝表示。这同样适用于执行器，但是动态范围通常用于传感器，执行器的输入和输出通常由范围定义，特别是当涉及运动时。

**例 2.7：温度传感器的动态范围**

硅温度传感器的测量范围在 0~90℃ 之间，其精度在数据表中定义为 0.5℃。计算传感器的动态范围。

由于没有给出分辨率，因此我们将精度作为最小可测量。一般来说，它们不一定是相同的。由于最小分辨率为 0.5℃，因此动态范围为

$$动态范围 = 20\lg\left(\frac{90}{0.5}\right) = 45.1 \text{dB}$$

**例 2.8：扬声器的动态范围**

扬声器的额定功率为 6W，需要最低功率为 0.001W 才能克服内耗。它的动态范围是多少？

显然，任何小于 1mW 的变化都不会改变扬声器锥体的位置，因此不会产生输出变化。所以，1mW 是可测量的最低功率，扬声器的动态范围为

$$动态范围 = 10\lg\left(\frac{6}{0.001}\right) = 37.78 \text{dB}$$

在数字传感器和执行器中，信号电平以位为增量变化。通常可以基于数字表示或等效的模拟信号来定义动态范围。在一个 $N$ 位的器件中，最高和最低的电平之比为 $2^N/1 = 2^N$。因此，动态范围可以写为

$$动态范围 = 20\lg(2^N) = 20N\lg(2) = 6.0206N \text{ [dB]} \tag{2.5}$$

**例 2.9：A/D 转换器的动态范围**

16 位模数 [A/D] 转换器（将在第 11 章中讨论）用于将一个模拟音乐的记录数据转换为数字格式，因此可以数字格式存储和回放（通过将其转换回模拟格式）。振幅在 -6V 和 +6V 之间变化。

（a）计算可以使用的最小信号增量。

（b）计算 A/D 转换的动态范围。

**解** （a）16 位 A/D 转换器可以表示信号的 $2^{16} = 65\,536$ 个电平。在这里讨论的情况中，最小的信号增量是

$$\Delta V = \frac{12}{2^{16}} = 1.831 \times 10^{-4} \text{V}$$

也就是说，信号以 0.1831mV 的增量表示。

(b) A/D 转换器的动态范围为

$$动态范围 = 6.020\ 6N = 96.33\text{dB}$$

## 2.2.4 准确度、误差和重复性

传感器执行过程中涉及的误差决定了器件的精度。误差可能有不同的来源，但它们都代表了器件实际输出与理想输出之间的偏差。输出中的误差（即传递函数中的误差）源于多种原因，包括材料、结构公差、老化、操作误差、校准误差、匹配（阻抗）或加载误差等。误差的定义相当简单，可以用测量值和实际值之间的差值表示。实际上，它可以有多种表现方式。

1）最明显的区别是 $e = |V - V_0|$，其中 $V_0$ 代表实际（正确）的值，$V$ 代表器件测量的值，通常误差是 $\pm e$。

2）可以将其表示为 IFS 的百分比：

$$e = [\Delta t / (t_{max} - t_{min})] \times 100$$

其中 $t_{max}$ 和 $t_{min}$ 是器件用于运行的最大值和最小值（范围值）。

3）可以根据预期的输出信号而不是激励来确定误差。同样，它可能仅仅是值之间的插值，也可能表示为 OFS 的百分比。

**例 2.10：传感误差**

热敏电阻被用于测量 -30℃ 和 +80℃ 之间的温度，并产生 2.8~1.5V 的输出电压。理想的传递函数如图 2.7 中实线所示。由于存在误差，传感精度为 ±0.5℃。误差可描述如下。

(a) 输入为 ±0.5℃。

(b) 作为输入范围的百分比：

$$e = [0.5/(80+30)] \times 100 = 0.454\%$$

(c) 就输出范围而言，如图 2.7 所

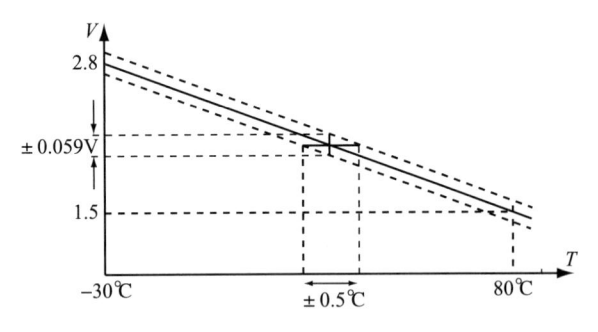

图 2.7 传递函数和误差极限

示，可以首先通过评估传递函数及其最大和最小极限值将范围之外的其他数据从曲线上去除，最后将得到的结果作为显示或用于计算的差值。通过这样计算，误差为 ±0.059V。也可以用 OFS 的百分比表示为 $\pm[0.059/(2.8-1.5)] \times 100 = 4.54\%$。请注意，准确度的表示方法取决于它是如何表达的。在大多数情况下，以被测对象或输入满量程百分比给出的误差是传感器准确度的最佳衡量标准。

一般来说，传递函数是非线性的，误差在整个传感器范围内变化，如图 2.8 所示。发生这种情况时，最大误差或平均误差可以代表器件误差。图 2.8 将误差极限或准确度极限作为限制实际传递函数的平行曲线。准确度极限与理想传递函数平行，不必是直线（见图 2.9）。在某些情况下，传感器可以在生产或安装过程中进行校准。在这种情况下，误差可以在校准

曲线附近，而不是在理想传递函数附近，如图2.9所示。实际上，对于特定的器件，实际的传递函数（校准曲线）相比于理想的传递函数更具有现实意义，但不适用于相同类型的其他设备，因为每个器件都必须单独校准。

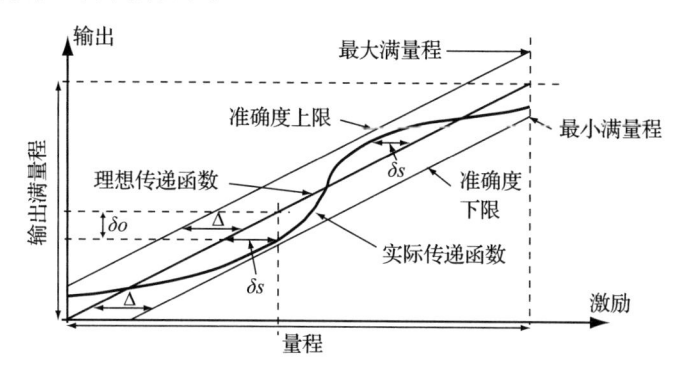

图2.8　非线性传递函数的误差和精度极限

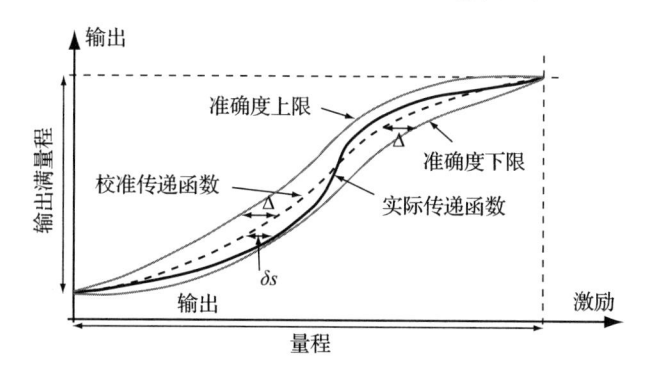

图2.9　非线性传递函数中的误差可以围绕校准传递函数而不是理想传递函数

到目前为止，人们通常认为误差是静态的。也就是说，它们不随着时间变化而变化。然而，误差也可以是动态的或时间相关的，但是误差的计算和意义与静态误差相同。

一些误差是随机的，而另一些是持续的或系统性的。如果器件的不同样本在特定参数中表现出不同的误差，或者如果特定设备在每次操作时表现出不同的误差值，那么这些误差称为随机误差。如果误差是恒定不变的，则称之为系统误差。器件可能同时存在系统误差和随机误差。

**例2.11：非线性误差**

在电容式加速度计中，两块板之间的距离与加速度产生的力有关，$F=ma$，其中 $m$ 是移动板的质量，$a$ 是加速度（见图2.10a）。弹簧产生回复力。力和两个板之间距离（电容）的关系由实验确定，并在下表中给出。确定响应的非线性导致的最大误差。

| $d$/mm | 0.52 | 0.5 | 0.48 | 0.46 | 0.44 | 0.42 | 0.4 | 0.38 | 0.36 | 0.34 | 0.32 | 0.3 | 0.28 | 0.26 |
|---|---|---|---|---|---|---|---|---|---|---|---|---|---|---|
| $F$/μN | 0 | 6 | 9 | 13 | 17 | 21 | 25 | 28 | 31 | 35 | 39 | 43 | 46 | 49 |

| $d$/mm | 0.24 | 0.22 | 0.2 | 0.18 | 0.16 | 0.14 | 0.12 | 0.1 | 0.08 | 0.06 | 0.04 | 0.02 | 0.012 | 0 |
|---|---|---|---|---|---|---|---|---|---|---|---|---|---|---|
| $F$/μN | 52 | 55 | 58 | 61 | 64 | 67 | 70 | 73 | 76 | 79 | 82 | 84 | 85 | 86 |

**解** 图 2.10b 给出了传递函数及其精度的上限和下限。最大误差为 8.0μN，出现在曲线的起点和终点（即 $d=0$mm 和 $d=0.520$mm）处。如果我们忽略这些极端情况，传感器可能不太精确，最大误差为 7.6μN，出现在 $d=0.22$mm 处。

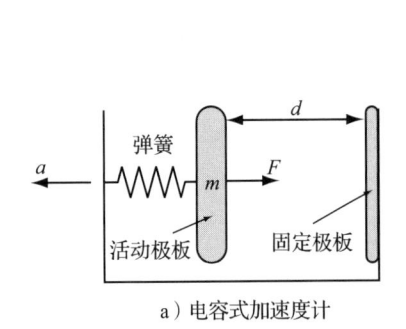

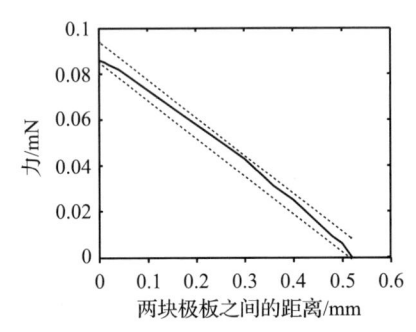

感应距离的误差为 0.04mm。这些误差来自所示的精度极限，因为理想传递函数是线性的（$F=ma=kx$，其中 $k$ 是弹簧常数，$x$ 是位移）。误差同样可以用满量程的百分比给出。位移误差为 $(0.04/0.52)100=7.69\%$，而力误差为 $(7.6/86)\times100=8.84\%$。

a）电容式加速度计　　　b）图2.10a中加速度计的传递函数，显示精度上限和下限

图 2.10　例 2.11 示意图

**注意**：一般来说，误差会由理想传递函数的精度极限决定。然而，此处是由非线性引起的误差，因此，误差在限制传递函数的两个精度极限之间。实际上，误差被视为理想传递函数的精度下限。

**重复性**。传感器和执行器的可重复性（有时称为再现性）是一个重要的设计特征，它仅表示在不同时间测量时，传感器或执行器在相同条件下表现出相同的值（即传感器的激励或执行器的输出）。它通常与校准相关联，并被视为一个误差。它是在相同的输入条件下，在不同时间获得的两个读数（两个校准读数或两个测量读数）之间的最大差值。通常，误差由 IFS 的百分比给出。

## 2.2.5　灵敏度和灵敏度分析

传感器或执行器的灵敏度定义为在给定输入变化下的输出变化，通常是输入的单位变化。显然，灵敏度代表传递函数的斜率，可以写作

$$s=\frac{\mathrm{d}}{\mathrm{d}x}[f(x)] \tag{2.6}$$

对于式（2.2）中的线性传递函数，其中输出为电阻（$R$），输入为温度（$T$），可以得到

$$s = \frac{dR}{dT} = \frac{d}{dT}(aT+b) = a\,[\Omega/℃] \tag{2.7}$$

特别要注意单位：在本例中，由于输出单位是欧姆（$\Omega$），而激励以摄氏度（℃）为单位，因此灵敏度单位是欧姆每摄氏度（$\Omega/℃$）。

灵敏度在整个量程内可能是恒定的（线性传递函数），在不同的区域也可能是不同的，或者在量程中的每个点也可能不同（见图2.8）。

通常，灵敏度与传感器有关。然而，只要可以为执行器定义传递函数，这一概念就可以扩展到执行器。因此，可以将扬声器的灵敏度定义为$dP/dI$，其中$P$是扬声器每单位电流$I$（输入到扬声器中）产生的压力（输出），或者将线性定位器的灵敏度定义为$dl/dV$，其中$l$是线性距离，$V$是定位器的电压（输入）。

灵敏度分析通常是一项困难的任务，尤其是当除激励信号之外，还有噪声存在时。此外，传感器的灵敏度通常是传感器各种组件的灵敏度的组合函数，包括一个或多个换能组件（如果涉及多个换能步骤）。此外，传感器可能相当复杂，具有多个换能步骤，每个换能步骤都有自己的灵敏度、噪声源和其他起作用的参数，例如非线性、精度等，其中一些可能是已知的，但是许多可能是未知的或者只是近似已知的。然而，灵敏度分析是设计过程中的一个重要步骤，尤其是在使用复杂传感器时，因为除了提供预期信号输出范围的信息外，还提供噪声和误差信息。灵敏度分析还可以提供一些线索，说明如何通过选择恰当的传感器、传感器的连接以及其他可以提高性能的措施（如放大器、反馈等），将噪声和误差的影响降至最低。

**例2.12：热电偶的灵敏度**

考虑例2.1中讨论的热电偶。其传递函数如下所示：

$$\begin{aligned}V = (&-2.467\,460\,162\,0\times10^{-1}T + 5.910\,211\,116\,9\times10^{-3}T^2 - \\ &1.430\,712\,343\,0\times10^{-6}T^3 + 2.150\,914\,975\,0\times10^{-9}T^4 - \\ &3.175\,780\,072\,0\times10^{-12}T^5 + 2.401\,036\,745\,9\times10^{-15}T^6 - \\ &9.092\,814\,815\,9\times10^{-19}T^7 + 1.329\,950\,513\,7\times10^{-22}T^8)\times10^{-3}\,\text{mV}\end{aligned}$$

传感器的灵敏度可以通过直接微分得到：

$$\begin{aligned}s = \frac{dV}{dT} = (&-2.467\,460\,162\,0\times10^{-1} + 1.182\,042\,223\times10^{-2}T - \\ &4.292\,137\,029\times10^{-6}T^2 + 8.603\,659\,9\times10^{-9}T^3 - \\ &1.587\,890\,036\times10^{-11}T^4 + 1.406\,220\,476\times10^{-14}T^5 - \\ &6.364\,970\,371\,1\times10^{-18}T^6 + 1.063\,960\,41\times10^{-21}T^7)\times10^{-3}\,\text{mV}/℃\end{aligned}$$

然而，这可能没有看起来那么有用。实际上，只要将温度值代入这个关系式中，就可以得到任何温度下的灵敏度。但是，假设我们需要使用传感器测量0～150℃之间的温度。首先，通过传递函数上各点之间的线性最佳拟合来获取灵敏度的单个"平均"值的方法可能更有用（见附录A）。通过这种方法处理，灵敏度就是传递函数的斜率。步骤如下：

1) 使用传递函数在多个点获得输出电压（点越多越好）。
2) 使用等式（A.12）来获得 $V=a_0+a_1T$ 形式的线性最佳拟合。
3) 该线性化传递函数的灵敏度为 $a_1$。

首先得到 $T=0℃$ 和 $T=150℃$ 之间 $V$ 的值，然后利用式（A.12）或式（2.19），得到线性传递函数为

$$V=a_0+a_1T=-0.021\,229\,39+6.155\,409\,78\times10^{-4}T\,[\text{mV}]$$

这与图 2.11 中的精确曲线（上面的八阶多项式）一起绘制。灵敏度现在就变成了

$$s=\frac{dV}{dt}=a_1=6.155\,409\,78\times10^{-4}\,\text{mV}/℃$$

最低灵敏度只有 $6.155\,4\mu\text{V}/℃$，但在热电偶中没有超出范围。

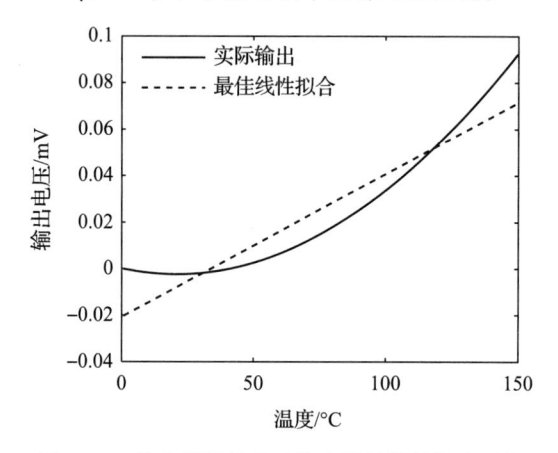

图 2.11 热电偶的传递函数和最佳线性拟合近似

为了理解涉及灵敏度分析的一些问题，这里考虑一个具有三个串联转换步骤的传感器。一个例子是光纤压力传感器，如图 2.12a 所示。

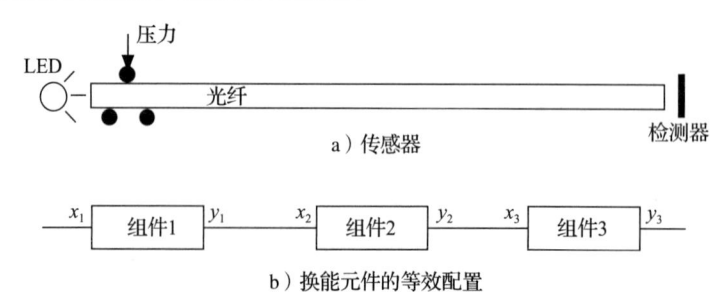

图 2.12 由光源、光纤压力传感器和处理器组成的传感系统

操作如下：光纤将激光或发光二极管产生的光传输到检测器，并对该信号的相位进行校准，然后读取压力数值。当在光纤上施加压力时，光纤被拉紧（即其长度略有变化）。这意味着光在光纤中传播的距离更长，它在检测器中的相位也会更大。这是一个复杂的传感器，包

括三个转换步骤。首先，电信号被转换成光并耦合到光纤中。然后，压力被转换成位移，在探测器中，光被转换成电信号。这些转换步骤中的每一步都有它自己的误差、传递函数以及灵敏度。

三个传感器串联在一起，它们的误差是相加的。每个传感器的灵敏度是

$$s_1 = \frac{dy_1}{dx_1}, \quad s_2 = \frac{dy_2}{dx_2}, \quad s_3 = \frac{dy_3}{dx_3} \tag{2.8}$$

其中 $y_i$ 是传感器 $i$ 的输出，$x_i$ 是其输入。首先假设系统中没有误差，则可以得到

$$S = s_1 s_2 s_3 = \frac{dy_1}{dx_1} \frac{dy_2}{dx_2} \frac{dy_3}{dx_3} \tag{2.9}$$

显然，$x_2 = y_1$（换能器 1 的输出是换能器 2 的输入），$x_3 = y_2$，可以更进一步得到

$$S = s_1 s_2 s_3 = \frac{dy_3}{dx_1} \tag{2.10}$$

这既简单又符合逻辑。式（2.10）中没有看到内部的转换步骤，这意味着我们只需要将传感器作为一个具有输入和输出的单元来考虑。

如果存在误差或噪声，并且假设每个换能器元件具有不同的误差，那么可以将换能器元件 1 的输出写成 $y_1 = y_1^0 + \Delta y_1$，其中 $y_1^0$ 代表没有错误的输出，假设我们知道组件的灵敏度，则可以写出组件 2 的输出：

$$y_2 = s_2(y_1^0 + \Delta y_1) + \Delta y_2 = y_2^0 + s_2 \Delta y_1 + \Delta y_2 \tag{2.11}$$

其中 $y_2^0 = s_2 y_1^0$ 是组件 2 没有错误的输出，$\Delta y_2$ 是组件 2 引入的误差。现在，这成为组件 3 的输入，可以得到

$$y_3 = s_3(y_2^0 + s_2 \Delta y_1 + \Delta y_2) + \Delta y_3 = y_3^0 + s_2 s_3 \Delta y_1 + s_3 \Delta y_2 + \Delta y_3 \tag{2.12}$$

最后三项是误差，当它们通过一系列单元进行传播时，这些误差被相加。显然，输出中的误差取决于中间的转换步骤。

现在考虑设计一个用来测量系统中两个位置之间压差的差分传感器，如图 2.13a 所示。图 2.13b 表示传递函数的输入和输出。首先假设没有误差并且每个传感器具有不同的传递函数，每个传感器的灵敏度是

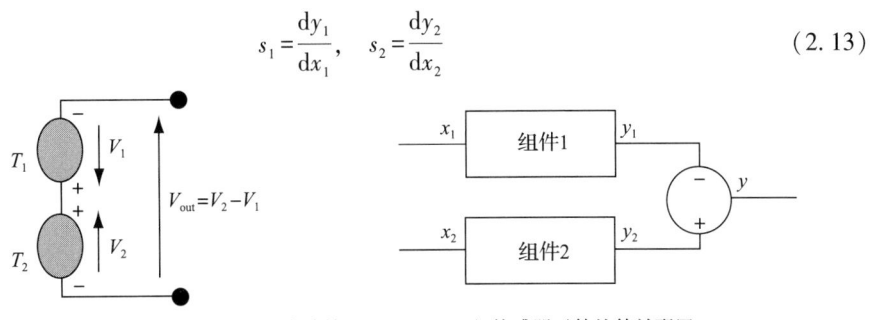

$$s_1 = \frac{dy_1}{dx_1}, \quad s_2 = \frac{dy_2}{dx_2} \tag{2.13}$$

a）两个传感器测量不同位置的温度，并反向连接　　b）传感器元件的等效配置

图 2.13　差分传感器

两个传感器的输出为 $y_1 = s_1 x_1$ 和 $y_2 = s_2 x_2$,则总输出为

$$y = y_2 - y_1 = s_2 x_2 - s_1 x_1 \tag{2.14}$$

如果两个传感器相同,那么 $s_1 = s_2 = s$,可以得到

$$y = s(x_2 - x_1) \tag{2.15}$$

差分传感器的灵敏度可以计算为

$$s = \frac{\mathrm{d}(y_2 - y_1)}{\mathrm{d}(x_2 - x_1)} \tag{2.16}$$

如果两个传感器是相同的,那么它们产生的误差将是相同的(或几乎相同)。因此,在计算两个输出之间的差值时,误差会互相抵消,差分传感器实际上是没有误差的。噪声是误差的一个来源,只要两个传感器都有噪声(共模噪声),噪声也会互相抵消。实际上,由于这两个传感器之间不匹配或是存在其他影响,例如它们可能被安装在不同的位置,因而会经历不同的条件,噪声并不会完全抵消。

**例 2.13:对噪声的灵敏度**

压力传感器的响应由实验确定,并在下表中给出。由于局部大气变化,气压噪声为 330Pa。计算由噪声产生的输出以及该噪声产生的输出误差。

| 压力/kPa | 100 | 120 | 140 | 160 | 180 | 200 | 220 | 240 | 260 | 280 | 300 | 320 | 340 | 360 | 380 | 400 |
|---|---|---|---|---|---|---|---|---|---|---|---|---|---|---|---|---|
| 电压/V | 1.15 | 1.38 | 1.6 | 1.86 | 2.1 | 2.35 | 2.6 | 2.89 | 3.08 | 3.32 | 3.59 | 3.82 | 4.05 | 4.29 | 4.54 | 4.78 |

要计算噪声引起的输出,首先要得到传感器的灵敏度。由于输出是经过实验得到的,因此我们首先需要通过数据获得一条最佳的拟合曲线,因为通过绘制数据(见图 2.14)可以看出,传感器输出不是完全线性的。附录 A [见式(A.12)] 给出了最小二乘过程,如下:

$$V = a_0 + a_1 P = -0.078\ 3 + 0.012\ 2P\ [\text{V}]$$

其中 $P$ 是压强,单位为千帕(kPa)。因此,灵敏度是

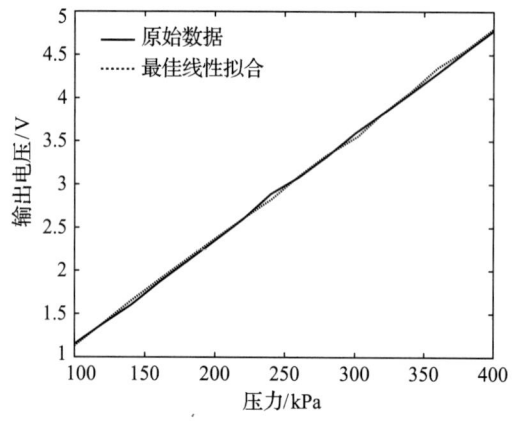

图 2.14 压力传感器的输出图:原始数据和最佳线性拟合

$$s = \frac{dV}{dP} = a_1 = 0.0122 \text{V/kPa}$$

传感器在任何压力下的输出都是由压力和噪声引起的［见式（2.11）或式（2.12）］。因为曲线是线性的，所以我们取一个合适的输入位置，比如 $P=200$kPa。加上噪声，总压力为 200.33kPa，输出为

$$V = 0.0122 \times 200.33 - 0.0783 = 2.365726 \text{V}$$

无噪声输出为

$$V = 0.0122 \times 200 - 0.0783 = 2.3617 \text{V}$$

输出噪声为 0.004V，误差为

$$误差 = \frac{2.365726 - 2.3617}{2.3617} \times 100 = 0.17\%$$

**例 2.14：使用差分感应探头对材料进行无损检测**

使用差分传感器的原因之一是消除共模效应，包括由温度变化和噪声以及许多其他因素引起的共模效应。差分传感器还会去除输出的平均值，只留下输出的变化。这为进一步处理信号（包括放大）提供了便利，并且在某些情况下，这对传感器的使用来说至关重要。

例如，考虑一个用于检测金属缺陷（如管道或平面上的裂纹，或检测飞机表面或发动机部件）的差分涡流探头。探头由两个线圈（传感器）组成，每个线圈直径为 1mm，间隔 2.5mm。每个线圈都有一个电感 $L$，该电感取决于线圈附近的电感大小。探头用于通过在材料上移动来检测钢材表面及任何可能存在的缺陷。随着前线圈接近缺陷，其电感下降，而后线圈又具有更高的电感。反过来，当前线圈移动通过缺陷时，它的电感增加到初始值，而后线圈的电感下降。电感差是探头的差分输出。图 2.15a 显示了两个线圈穿过缺陷时测得的电感。请注意，正如人们预期的那样，线圈的曲线变化是相同的，但变化发生在间隔 2.5mm 的地方。

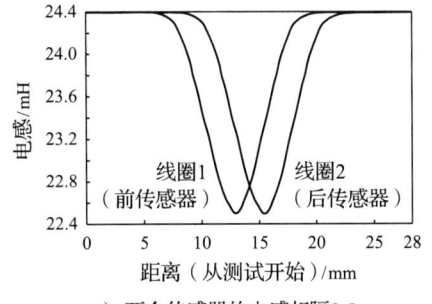

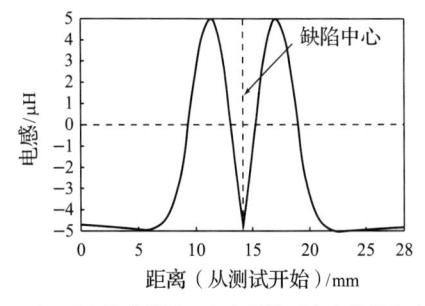

a）两个传感器的电感相隔 2.5mm  b）两个传感器因一个小缺陷而产生的差分电感

图 2.15 钢材中缺陷的涡流检测

当探头移动时，取得两个线圈在每个位置的电感之差，结果如图 2.15b 所示。这种差分电感反映了两个重要方面。首先，电感在零附近发生变化——大电感（约 24.4μH）被去除，剩下的就是由缺陷引起的电感变化，因为固体金属产生的电感对于两个传感器都是一样的。其次，当探头位于缺陷上方的中心时，信号为零，也就是说，在这一点上，两个线圈探查到

相同的情况，由于这些情况对两个线圈都是相同的，它们导致线圈电感发生相同的变化，并相互抵消。这使得该传感器能够识别缺陷的确切位置，这是测试的一个重要方面，因为肉眼可能看不到缺陷，或者缺陷可能在表面或涂层之下。当任意一个线圈越过缺陷边缘时，电感的变化最大，这也提供了缺陷大小的提示。

我们应该注意的是，对于两个传感器来说，其灵敏度都没有改变，每次输入变化时，输出的变化对两个传感器中的每一个都保持相同。

还有其他连接传感器的方式。例如，热电堆（"一堆热电偶"）是由 $n$ 个热电偶串联而成的传感器，以增加电输出，而所有热电偶的输入（温度）是相同的（它们被称为并联热连接），如图 2.16 所示。输出现在变成：

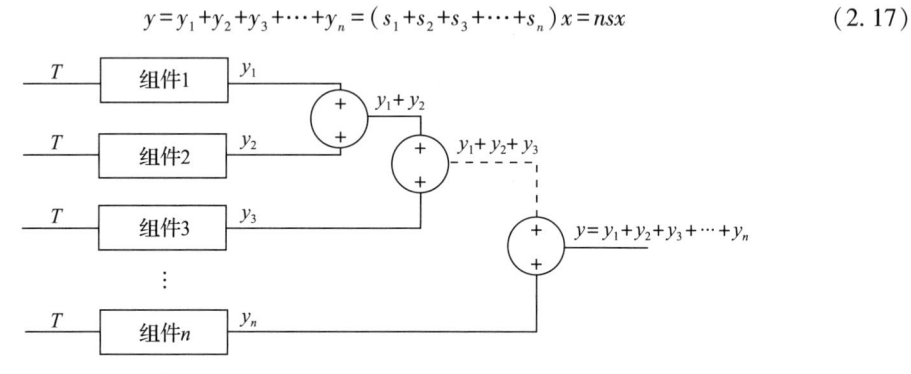

$$y = y_1 + y_2 + y_3 + \cdots + y_n = (s_1 + s_2 + s_3 + \cdots + s_n)x = nsx \qquad (2.17)$$

图 2.16 由 $n$ 个串联的热电偶组成的传感系统。输出是各个传感器输出的总和

这里假设所有热电偶都具有相同的传递函数（因此灵敏度也相同），则传感器的总体灵敏度为

$$s = ns \qquad (2.18)$$

可以看到传感器的灵敏度得到了显著提高，这也就是热电堆的价值。

因为输出是串联的，所以噪声和误差是相加的。由于输入是并联热连接，并且热电偶参数基本相同，所以误差也相同（或接近相同），所以输出误差是单个热电偶误差（或噪声）的 $n$ 倍。

## 2.2.6 迟滞、非线性和饱和度

**迟滞**（即滞后）是指从两个不同方向接近时，传感器在任何给定点的输出偏差（见图 2.17）。具体来说，这意味着在给定的激励值下，当激励值增加和减少时，输出是不同的。例如，如果在 50℃ 的额定温度下测量温度，则当温度升高时，输出可能从 5V 变为 4.95V，但当温度降低到原来温度时，输出可能为 5.05V。这是一个 0.5% 的误差（在这个理想的例子中，OFS 是 10V）。迟滞的来源可能是机械的（摩擦、移动构件的松弛）、与电相关的（例如铁磁性材料中的磁滞），或者是由于具有固有迟滞性的电路元件造成的。迟滞也存在于执行器中，在运动的情况下，比在传感器中更常见，此时可能具体表现为定位错误。此外，迟滞也可能是出于特定目的而人为引入的。

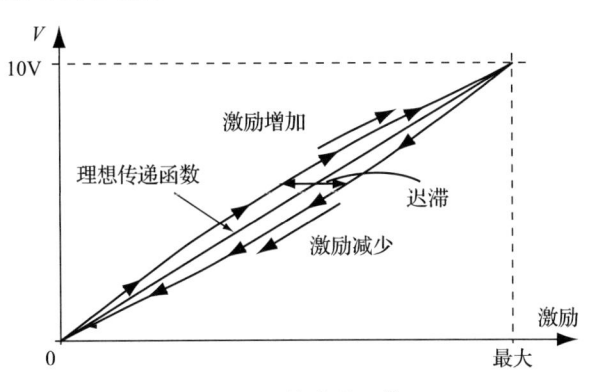

图 2.17 传感器迟滞

**非线性**可能是传感器的固有特性（见图 2.1），也可能是器件的理想线性传递函数的偏差而导致的误差。因为非线性传递函数是器件的一个特性，所以它无所谓好坏，人们只需要使用它或围绕它来进行设计。然而，非线性误差是影响器件精度的一个因素。它必须为设计者所知，必须加以考虑，并且尽可能将其最小化。如果传递函数是非线性的，则跨量程线性的最大偏差表示为器件的非线性。然而，这种线性度量并不总是可行的或理想的。因此，有各种有效的方法来定义传感器或执行器的非线性。如果传递函数接近线性，则可以画一条近似直线作为参考线性函数。有时，这只是通过连接传递函数的端点（范围值）来完成的（图 2.18 中的直线 1）。另一种方法是通过实际曲线绘制最小二乘直线（图 2.18 中的直线 2），通常首先在曲线上选择合理数量的点，然后，给定选定（或测量）的输入和输出值对 $(x_i, y_i)$，通过计算斜率 $a_1$ 和轴截距 $a_0$ 绘制直线 $y = a_0 + a_1 x$，数据的线性最佳拟合［见式（A.12）］为

$$a_0 = \frac{\left\{\sum_{i=1}^{n} y_i\right\}\left\{\sum_{i=1}^{n} x_i^2\right\} - \left\{\sum_{i=1}^{n} x_i\right\}\left\{\sum_{i=1}^{n} x_i y_i\right\}}{n \sum_{i=1}^{n} x_i^2 - \left\{\sum_{i=1}^{n} x_i\right\}^2}$$

$$a_1 = \frac{n \sum_{i=1}^{n} x_i y_i - \left\{\sum_{i=1}^{n} x_i\right\}\left\{\sum_{i=1}^{n} y_i\right\}}{n \sum_{i=1}^{n} x_i^2 - \left\{\sum_{i=1}^{n} x_i\right\}^2}$$

(2.19)

这提供了通过传递函数点的"最佳"拟合（在最小平方意义上），并可用于测量实际传感器或执行器的非线性。如果使用这种方法，非线性是这条线的最大偏差。

这两种方法都有许多变种。在某些情况下，传感器只能在其量程的小部分范围内工作。在这种情况下，无论哪种方法都可以应用于这部分量程之中。

有时会采用另一种方法：在这个缩小的范围内取一个中点，通过所选的点画出传递函数的切线，并将该切线作为定义非线性部分的"线性"传递函数（见图 2.18 中的直线 3）。不

用说，每种方法都会产生不同的非线性值，虽然这些值是有效的，但用户需要了解所使用的确切方法，这是很重要的。

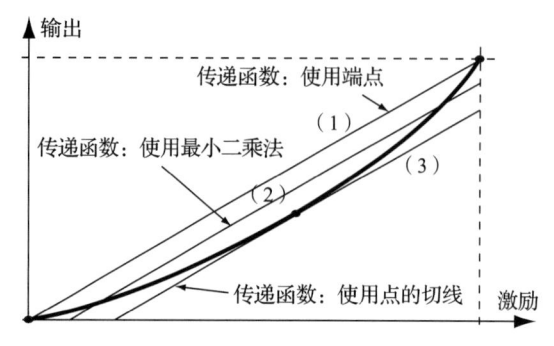

图 2.18 非线性传递函数的线性逼近

还应该注意的是，尽管有上述情况，非线性不一定都不好或一定要校正。事实上，在有些情况下，非线性响应优于线性响应，有些传感器和执行器是被人为精心设计成非线性的。这里举一个例子：电位器常被用来控制音量，尤其是在音频系统中，尽管当前大多数音量控制系统倾向于数字化，并且许多是线性的，但我们的听觉却不是线性的，而是对数的。这使得耳朵能够对微小的压力变化（低至 $10^{-5}$Pa）以及高达 60Pa 的高压（高功率声音）做出反应。通常情况下给定的范围在 0dB 和 130dB 之间。为了适应这种自然反应，音量控制电位器也被设计成对数的形式，甚至有些数字电位器也是对数的，以这样的设计来符合我们耳朵的反应。下面的例子对此问题进行了讨论，但更重要的一点是，这种非线性响应是为了满足特定的需要而设计的，此时，非线性响应反而更好。

**例 2.15：旋转对数电位器**

一个 100kΩ 的旋转对数电位器在滑块处于 300° 的位置时表示从零电阻转到了 100kΩ。图 2.19a 显示了电位器的工作原理，图 2.19b 表示滑块相对于起始点的角位置的电阻关系函数。

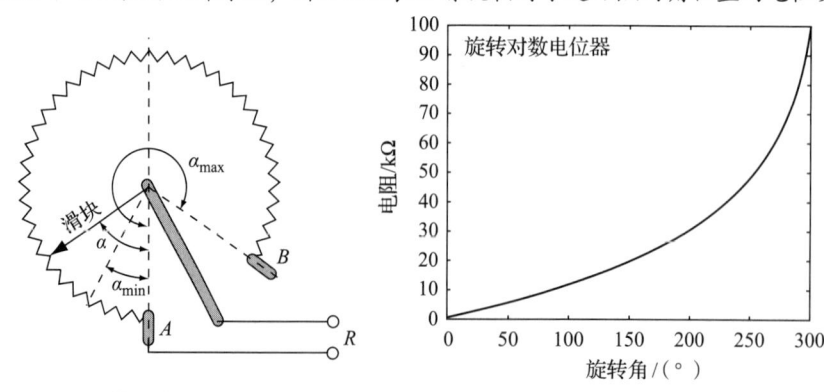

a) 旋转对数电位器结构示意图　　b) 滑块丝锥与点A之间的电阻是角α的函数

图 2.19　电位器工作原理及滑块相对于起始点角位置的电阻关系函数

第 2 章　传感器和执行器的性能特征　　47

电位器（有时称为游标）移动中心抽头到任何位置时的电阻计算如下：

$$R = 100\,000 \left[ 1 - \frac{1}{K} \lg\left( \frac{\alpha_{max} - \alpha + \alpha_{min}}{\alpha_{min}} \right) \right] \; [\Omega]$$

其中归一化因子 $K$ 是

$$K = \lg\left( \frac{\alpha_{max}}{\alpha_{min}} \right)$$

并且 $\alpha_{max} = 300°$ 和 $\alpha_{min} = 10°$ 分别是滑块的最大和最小角度位置，这两个位置之间的电阻是可测量的，$\alpha$ 是滑块角位置。该公式确保在 $\alpha = 0$ 时，电阻为零，在 $\alpha = 300°$ 时，电阻为 $100k\Omega$。请注意，例如在 $\alpha = 150°$ 时，电阻是 $18.48k\Omega$，在 $\alpha = 225°$ 时，电阻增加到 $37.08k\Omega$。

**注意：**
1) 也有一种反对数电位器，其中电阻最初迅速增加，然后趋于平稳。
2) 有些对数电位器实际上是指数的而不是对数的。它们之所以被称为对数，是因为它们的响应在对数尺度上是线性的。

最后，值得一提的是我们选择使用什么物理量，一个适当的选择可以使结果截然不同。在第 5 章中，我们将讨论电阻式力传感器，即电阻随着施加的力而变化的传感器。自然地，在这种类型的传感器中，测量的是电阻，但是电阻相对于所施加的力是高度非线性的。如果测量电导（电阻的倒数）而不是电阻，则传递函数是完全线性的。虽然这两种情况下力的表现形式都很简单，但是如果我们施加一个电流源并测量传感器上的电压，就会得到对力的非线性响应。另外，如果我们使用一个恒压源并测量通过传感器的电流，则曲线是线性的，这说明传感器对力的响应是线性的。例 2.16 中展示了一个经过实验评估的电阻力传感器，用于说明这些问题。选择响应的选项并不总是可用的，但如果可用，则可以大大简化接口。

**例 2.16**：同一传感器中的线性和非线性传递函数

电阻式力传感器的响应通过实验测量其电阻，并将电阻作为施加力的函数得到，如下所示：

| 力/N | 0 | 44.5 | 89 | 133 | 178 | 222 | 267 | 311 | 356 | 400 | 445 | 489 | 534 |
|---|---|---|---|---|---|---|---|---|---|---|---|---|---|
| 电阻/$\Omega$ | 910 | 397 | 254 | 187 | 148 | 122 | 108 | 91 | 80 | 72 | 65 | 60 | 55 |

图 2.20a 显示了电阻随力变化的曲线图，如预期的那样是高度非线性的。图 2.20b 中给出了电导随力变化的图，在测量范围内是线性的。如果认为线性响应是可取的，则只需在传感器上施加恒定电压源，直接测量其电流，而不是测量电阻或电压。

**饱和**是当传感器或执行器不再对输入做出响应或者它们的响应降低时的行为，通常发生在量程的末端或末端附近，表明输出不再是输入的函数或者更可能是一个急剧衰减的函数。在图 2.1 中，传感器在 $T_1$ 以下和 $T_2$ 以上的点表现出饱和状态。无论是传感器还是执行器，人

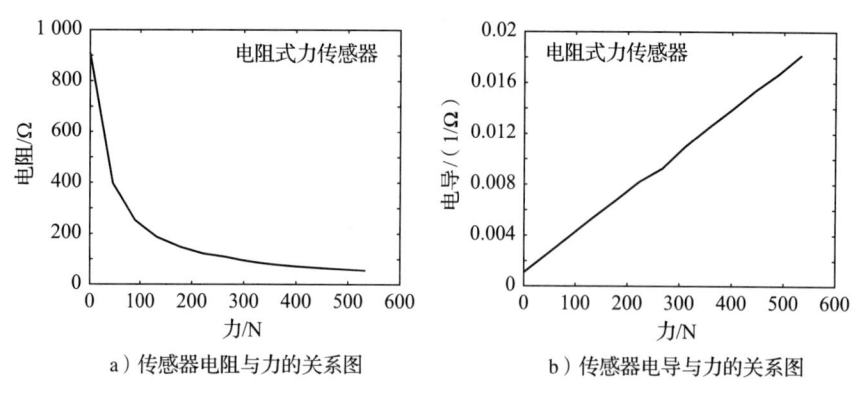

a）传感器电阻与力的关系图　　　　b）传感器电导与力的关系图

图 2.20　传感器的电阻传递函数

们都应该避免饱和区域，原因有两个：首先，感应大多是不准确的，灵敏度和响应通常会降低；其次，在某些情况下，饱和状态可能会损坏设备，特别是在执行器中，这可能意味着任何额外的输入功率都不会增加设备的输出功率（即灵敏度降低），从而导致内部发热和可能的损坏。

### 2.2.7　频率响应、响应时间和带宽

设备的**频率响应**（也称为**频率传递函数**）表示设备响应谐波（正弦）的输入能力。通常，频率响应将器件的输出（如幅度或固定输入的增益）表示为输入频率的函数，如图 2.21 所示，有时还会给出输出的相位（对幅度-相位的响应称为伯德图）。频率响应是很重要的，因为它表明了满足输出要求的激励的频率范围（即不会由于设备不能在某个频率或频率范围内工作而导致误差增加或恶化）。

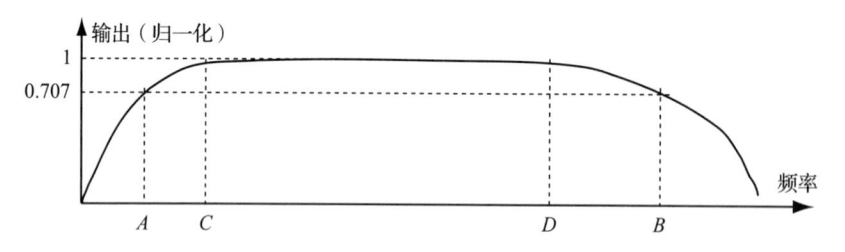

图 2.21　半功率点的器件频率响应示意图

对于要求在一定频率范围内工作的传感器和执行器，频率响应提供了三个重要的设计参数。一个是器件的**带宽**。这是图 2.21 中两个预先约定的点 $A$ 和点 $B$ 之间的频率范围，这些点几乎总被认为是半功率点（在此部分的功率是平坦区域的一半）。半功率点的增益（幅度）为平坦区域的增益的 $1/\sqrt{2}$，或者是 70.7%。通常，频率响应以分贝给出，在这种情况下，半功率点是增益降低 3dB 的点（$10\times\lg 0.5 = -3\text{dB}$ 或者是 $20\times\lg(\sqrt{2}/2) = -3\text{dB}$）。第二个参数是**有效频率范围**或**平坦频率范围**（或**静态范围**），顾名思义，这是平坦带宽的一部分。然而，大多

数器件的频率响应与图 2.21 所示的理想响应相比都有一些距离。因此，有效频率范围可能比带宽小得多（取决于应用需要多平坦），或者可能是平坦性和宽度之间的折中。一个例子如图 2.22 所示，其中给出了假设的扬声器的频率响应，带宽在 70Hz 和 16 500Hz 之间，通常表示为 16 500-70=16 430Hz（半功率点之间的差值），12 000Hz 的响应也被称为谐振（在这种情况下最大，但也可以最小）。平坦区域并不完全平坦，但我们可以合理地将 120~10 000Hz 之间的范围视为"平坦"的，在这个区域，扬声器会如实地再现输入信息。频率响应曲线上的半功率点被视为**截止频率**，原则上表明超出该频率，器件就"失效"了。当然，截止频率在很大程度上是任意频率，设备可以在该频率之外运行，但响应会降低。在某些情况下不存在下截止频率，这表明器件对低至直流的输入也有响应。

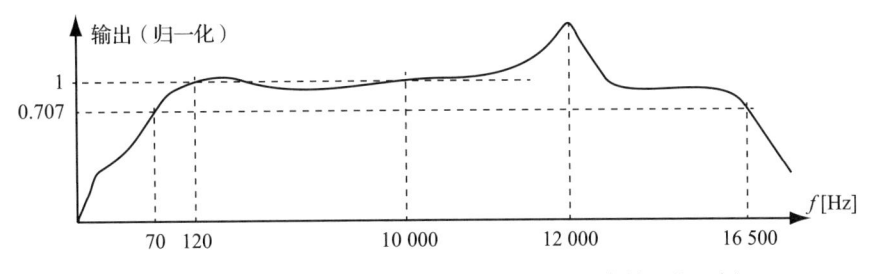

图 2.22 非平坦频率响应器件的带宽定义（频率轴不按比例）

与频率响应相关的是器件的**响应时间**（或延迟时间），它表示输入阶跃变化时输出达到稳态（或稳态的给定百分比）所需的时间，这通常是为温度传感器或热执行器等响应缓慢的器件所指定的特征参数。通常，响应时间是在输入单位阶跃变化时达到稳态输出的 90% 所需的时间。器件的响应时间取决于器件的惯性（机械、热和电）。例如，在温度传感器中，可能仅仅取决于传感器主体达到其试图测量的温度所需的时间（热时间常数），或者取决于电容和电感导致的设备固有的电时间常数。显然，这意味着响应时间越长，传感器就越难以跟踪激励的快速变化，因此其频率响应（带宽）就越窄。响应时间是工程师必须考虑的一个重要设计参数。通常，由于响应时间主要与机械预热时间常数有关，并且这些通常与物理尺寸有关，较小的传感器往往具有较短的响应时间，而较大的传感器往往响应较慢（响应时间较长）。响应时间通常由响应缓慢的器件指定，按照频率设计快速动作装置。

**例 2.17：磁传感器的频率响应**

用于检测导电结构缺陷的磁传感器的频率响应如图 2.23 所示。这种传感器被称为涡流传感器（实际上是一个相当简单的线圈），是检测管道内部或外部缺陷的常见传感器。频率响应相当窄，表明传感器是谐振的，在这种情况下，中心频率约为 290kHz。然而，谐振不是很尖锐，表明这是一个有损耗的谐振电路。在这种类型的器件中，人们试图在谐振频率附近的频率下工作。传感器的输出通常是恒流源供电时的电压或恒压源供电时的电流（也就是说，根据传感器的供电方式，测量传感器两端的电压或传感器中的电流）。输出的振幅和相位与缺陷的大小、类型和位置有关。涡流传感器将在第 5 章讨论。

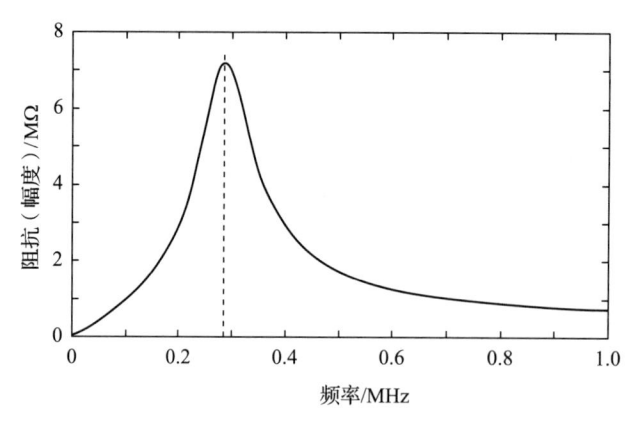

图 2.23 涡流传感器频率响应

## 2.2.8 校准

校准是通过实验来确定传感器或执行器的传递函数。通常，当传递函数未知或装置必须在低于制造商规定的公差下工作时，需要对装置进行校准。由于公差表示设备传递函数与理想值之间的最大偏差（有时是典型偏差），如果设备需要在较小的公差下工作，则必须为特定设备指定准确的传递函数。例如，我们可能希望使用在 0~100℃ 的满量程上公差为 5% 的热敏电阻（即测量值的变化为 ±5℃）来测量温度（精度为 ±0.5℃）。实现这一目标的唯一方法是先建立传感器的传递函数。为了获得最佳效果，必须对每个设备都这样处理。我们可以通过两种方法实现这一点。

一种方法是假设传递函数的方程是已知的，此时，必须通过实验确定方程中的常数。假设上述热敏电阻在给定的量程点之间具有线性传递函数，如 $R=aT+b$，其中 $T$ 是测得的温度，$R$ 是传感器的电阻，$a$ 和 $b$ 是常数。为了建立热敏电阻的传递函数，我们必须指定常数 $a$ 和 $b$，为此，我们需要在两个不同的温度 $T_1$ 和 $T_2$ 下进行两次测量，然后可以得到

$$V_1 = aT_1 + b, \quad V_2 = aT_2 + b \tag{2.20}$$

解 $a$ 和 $b$ 得

$$a = \frac{V_1 - V_2}{T_1 - T_2}, \quad b = V_1 - \frac{V_1 - V_2}{T_1 - T_2}T_1 = V_1 - aT_1 \tag{2.21}$$

现在可以将这种关系提供给处理器，并由此通过传递函数 $R=aT+b$ 推导出测量的温度。

如果使用更复杂的函数来描述传递函数，可能需要测量更多量，但不论在什么情况下都必须确定关系中的常数。例如，假设执行器的输出力为 $F=aV+bV^2+cV^3+d$。这里需要分别确定常数 $a$、$b$、$c$ 和 $d$，进行四次测量并解出一个由四个方程组成的方程组。

在校准过程中，测量者应该小心选择器件量程内的测量点，尤其是对于非线性传递函数，在量程内测量点的距离应该大致相等。对于线性函数，任意两点都可以，但即使这样，它们也不应该彼此太靠近。

第二种方法是假设不知道传递函数，通过一系列实验来确定。通常需要进行多次测量来

设置和读取最终的电阻 $R_i$。这些不同的电阻值代表传递函数的各个点。绘制这些点，然后将最佳拟合曲线穿过这些点。结果可能得到一条由这些点定义的（或多或少）线性曲线，在这种情况下，可以使用附录 A 式（A.12）中描述的线性最小二乘法。否则，可能需要通过这些点进行多项式拟合［参见附录 A 中的式（A.21）］。或者，可以将这些点整理到一个表格中再提供给处理器（特别是这是一个微处理器时），然后处理器可以通过编程来检索这些值，并可能在它们之间插值，以获得介于两个测量值之间的激励。这种线性分段近似可能就足够了，特别是如果在校准的过程中使用了足够多的点时。

校准是使用传感器或执行器的关键步骤，应极其小心地进行。测量时必须细致，仪器尽可能精确，并且条件尽可能接近传感器或执行器的工作条件。人们还应该确定校准中的误差，或者至少对误差有一个较好的估计。

### 2.2.9 激励

激励是指传感器或执行器运行所需的电源，它可以规定设备工作的电压范围（比如 2~12V）、电流范围、功耗、最大激励温度函数，有时还有频率，并与其他规范（如机械性能和电磁兼容性限制）一起定义了传感器的正常工作条件，不遵循额定值可能导致错误输出或设备过早故障。

### 2.2.10 死区

死区是指器件在特定输入范围内缺乏响应或不敏感。在这个可能很小的范围内，输出保持不变，除非这种不敏感性在工作时是可以接受的，否则器件不应在此范围内运行。例如，在零附近的小范围内对输入没有响应的执行器可能是可接受的，但在正常范围内不变化的执行器可能是不可接受的。

### 2.2.11 可靠性

可靠性是对器件质量的测量统计，表明器件在正常运行条件下，在规定的时间段或周期数内，无故障地执行其规定功能的能力。可靠性可以用运行的小时数或年数来表示，也可以用一个样本的循环次数或故障次数来表示，包括传感器和执行器在内的电子元件以多种方式进行评级。

**故障率**是指在每个给定时间段内（通常为每小时）设备发生故障的组件数。**平均无故障工作时间**（Mean Time Between Failures，MTBF）是一种更常用的确定设备可靠性的方法。MTBF 是故障率的倒数：MTBF = 1/故障率。用于评价可靠性的另一个常用术语是**期限内故障值**（Failure In Time，FIT），该指标给出了设备运行 $10^9$ 设备-小时内的故障数。设备-小时数可以由任意数量的设备和运行时长（小时）组成，只要其乘积是 $10^9$（例如，$10^6$ 台设备测试 1 000 小时），它也可以用更少的设备-小时数来完成，并将其调整到所需的值。例如，可以对 1 000 个设备进行 1 000 小时的测试，并将结果乘以 1 000。

可靠性数据通常由制造商提供，并基于加速寿命测试。尽管规格表通常不会提供很多有关可靠性或获得可靠性数据所用方法的实验数据，但大多数制造商会根据要求提供这些数据，有些制造商还可能根据测试标准（如适用）提供认证数据。

值得注意的是，可靠性在很大程度上受设备运行的客观条件影响，高温、高电压和高电流以及环境条件（如湿度）会降低可靠性，有时甚至会显著降低，所以必须考虑超过额定值的所有情况，并对可靠性数据进行相应的降额处理。在某些情况下，这些数据可以从制造商或专门研究可靠性问题的专业机构处获得，计算器也可以让用户估计可靠性。

### 例 2.18：故障率

为了测试一个组件，对 1 000 个相同的组件进行 750 小时的测试，其中 8 个组件在测试中被检测出故障，故障率是

$$FR = \frac{8}{750 \times 1\,000} = 1.067 \times 10^{-5}$$

也就是故障率是 $1.067 \times 10^{-5}$ 故障数/小时。平均无故障工作时间为 MTBF = 93 750 小时，由此也可以估计出期限内故障值，因为设备-小时数是 $750 \times 1\,000 = 750\,000$，所以得到的期限内故障值（$10^9$ 设备-小时数的故障数）是

$$FIT = \frac{8}{750 \times 1\,000} \times 10^9 = 10\,666$$

这个（虚构的）组件可靠性极低。期限内故障值的典型值为 2~5，平均无故障工作时间通常以十亿小时为单位进行测量。

## 2.3 仿真

传感器和执行器可以是相对简单或非常复杂的设备，通常包括多个组件，比如包括机械、电气和化学部分。它们一起工作以实现设备的某些特定规格的功能。在设计、分析或使用传感器和执行器的过程中，必须考虑各种影响，包括刺激、负载、电气规格、设备运行的环境、运行限制、安全和许多其他因素。如果人们要设计传感器或执行器，则必须对其进行构建、测试和修改，直到获得满意的解决方案为止，这可能是一个漫长的过程。在系统中使用传感器和执行器时，面临着一个类似的问题：必须对设备或其运行的系统的原型进行测试，通常测试的时间较长，以确保测试人员正确操作和器件正常运行，并测试所有可能的条件。为了减少设计时间、工作量和成本，设计者或用户可以借助于设备或系统的仿真。

仿真是基于数学模型来模仿设备、系统或过程的一种尝试。模型必须代表系统中涉及的所有组件的特性。正确定义模型之后，仿真将代表系统、设备或过程的运行。显然，对真实系统的仿真仅与其所使用的模型一样好。但是，假设模型是准确的或至少是良好的近似值，那么仿真的结果应与实际系统的运行密切对应。这就是仿真的价值：它允许人们执行所有必要的"实验"，直到获得合适的设计，而无须构建任何物理设备。当构建物理设备或将传感/驱动系统组合在一起时，应该与仿真设计结果一样或非常接近。

根据各种模型，可以使用不同类型的仿真工具。其中一些与传感器和执行器有关，有些

则与之无关。一些仿真器是为特定目的而设计的，例如，用于模拟电子电路设计或者传热分析。在某些情况下，使用系统最低组件的模型在细粒度级别进行仿真非常重要，而在其他情况下，使用更高级别的子系统就足够了。如果对一个传感器进行建模，就必须模拟它的所有组件，无论它们看起来有多小或微不足道。另外，如果要模拟一辆汽车的性能，对传感器的组件进行建模是不必要且不实际的，但是有必要通过模型引入传感器，以便可以考虑这些传感器的特性。应该清楚的是，当分析传感器和执行器的性能时，某些仿真将比其他仿真更为重要。例如，电路或热传递的仿真显然是有用的，而交通模拟器则没有必要。仿真工具在各种平台上可以广泛使用，许多仿真工具都可以在互联网上找到，而且通常是免费的。一些仿真工具由制造商提供，以支持自身的产品，但也可用于更一般的模拟。为了设计验证，仿真工具通常与计算和设计软件包集成在一起。

## 2.4 习题

### 传递函数

**2.1** **简化传递函数中的误差**。在例 2.1 中，忽略除前三项之外的所有项，将传递函数简化为三阶函数。计算 0~1 800℃ 范围内的最大误差。

**2.2** **位置传感器的传递函数**。小型位置传感器的传递函数通过实验进行估计，位置是通过测量定位物体相对于静止位置所需要对抗的恢复力来计算的，下表中给出了测量值。

（a）求解最适合这些数据的线性传递函数。

（b）求解二阶多项式形式的传递函数（$y=a+bf+cf^2$），其中 $y$ 是位移，$f$ 是恢复力，求解常数 $a$，$b$ 和 $c$。

（c）将原始数据与（a）和（b）中的传递函数一起绘制，并讨论选择近似值时的误差。

| 位移/mm | 0 | 0.08 | 0.16 | 0.24 | 0.32 | 0.4 | 0.48 | 0.52 |
|---|---|---|---|---|---|---|---|---|
| 力/mN | 0 | 0.578 | 1.147 | 1.677 | 2.187 | 2.648 | 3.089 | 3.295 |

**2.3** **传递函数的解析式**。在某些情况下，传递函数可用作解析式表达。卡伦德-范·杜森方程是用于电阻温度传感器的一种常见的传递函数（将在第 3 章中讨论），它可以计算在温度 $T$ 时传感器的电阻：

$$R(T)=R_0[1+AT+BT^2+C(T^4-100T^3)][\Omega]$$

其中常数 $A$，$B$ 和 $C$ 是通过直接测量传感器中使用的特定材料的电阻来确定的，$R_0$ 是传感器在 0℃ 时的电阻。用于校准的典型温度是氧点（-182.962℃；液态氧与其蒸汽态之间的平衡点）、水的三相点（0.01℃；冰、液态水和水蒸气之间的平衡温度点）、沸点（100℃；液态水和水蒸汽之间的平衡点）、锌点（419.58℃；固态锌和液态锌之间的平衡点）、银点（961.93℃）和金点（1 064.43℃），以及其他一些温度。现在考虑一个铂电阻传感器，其在 0℃ 时的标称电阻为 25Ω。为了校准传感器，在氧点测得的电阻为

6.2Ω，在沸点测得的电阻为35.6Ω，在锌点测得的电阻为66.1Ω。
   - (a) 计算系数 $A$、$B$ 和 $C$，并绘制-200℃和600℃之间的传递函数。
   - (b) 计算在-182.962℃、100℃和419.58℃下使用卡伦德-范·杜森方程所产生的误差。

2.4 **温度传感器的非线性传递函数**。温度传感器的传递函数将传感器的电阻作为温度的函数，如下所示：

$$R(T) = R_0 e^{-\beta(1/T_0 - 1/T)}$$

温度单位为 K，$T_0$ 为参考温度，$T$ 是所测量的电阻的温度，$R_0$ 是传感器在 $T_0$ 处的电阻。$\beta$ 是特定传感器的恒定特性，通常由制造商提供。已知传感器的特性是在 $T_0 = 25℃$ 时，$R_0 = 100\text{k}\Omega$，$\beta = 3560$。传感器的电阻在85℃下为13 100Ω，在25℃下为100kΩ。
   - (a) 假设测量准确，在85℃时传递函数的误差是多少？
   - (b) 如果建立了基于85℃和25℃的测量值的新传递函数，则在0℃和100℃的范围内使用制造商的数据时，最大误差百分比是多少？它在什么温度下发生？

2.5 **RLC 电路的频率响应**。一个电路由一个电感（$L = 50\mu\text{H}$）、一个电容（$C = 1\text{nF}$）和一个电阻（$R = 100\Omega$）组成，三者串联连接。电感的阻抗随频率的变化为 $jwL$，电容的阻抗为 $-j/\omega C$，其中 $\omega = 2\pi f$，频率 $f$ 的单位为 Hz。电阻不根据频率改变。将振幅为10V，频率为0~2MHz 的正弦电压连接到电路，并测量电流。
   - (a) 根据0~2MHz之间的频率计算并绘制电路中电流的大小。
   - (b) 计算（a）中的响应带宽。

## 阻抗匹配

2.6 **负载对执行器的影响**。假设在匹配的条件下由放大器驱动输入阻抗为8Ω的扬声器，这意味着放大器的输出阻抗等于8Ω。在这些条件下，放大器将最大功率传输到扬声器，此时将第二个相同的扬声器与第一个并联，以更好地在房间内传播声音。放大器提供的输出电压 $V = 48\text{V}$。
   - (a) 证明两个扬声器的总功率低于接入第二个扬声器之前提供给单个扬声器的功率。
   - (b) 如果希望保持相同的总功率，并且两个扬声器仍与放大器并联连接，那么它们的阻抗是多少？

2.7 **负载影响**。压电传感器的额定值表明，在一定的激励下，传感器在空载时提供150V的输出。测量传感器的短路电流，发现其为10μA（通过电流表使输出短路）。为了测量传感器的输出电压，在传感器上连接一个内阻为10MΩ的电压表。
   - (a) 计算电压表的实际读数以及由于电压表阻抗而导致的读数误差。
   - (b) 电压表的阻抗必须是多少才能将读数误差降低到1%以下？

2.8 **阻抗匹配效应**。当检测到的压力在100~500kPa之间变化时，压力传感器产生的输出在0.1~0.5V之间变化。为了读取压力，将传感器连接到放大倍数为10的放大器上，以便输出在1V和5V之间变化，便于解释所检测的压力。如果传感器的内部阻抗为1kΩ，并且放大器的输入阻抗为100kΩ，求解放大器的输出电压范围。

**2.9** **电动机的功率输出**。直流电动机的转矩与电动机的转速呈线性关系，如图 2.24 所示。求出电动机的功率传递函数，即速度与功率的关系，并证明最大机械功率是在空载转速或失速转矩的一半时获得的。

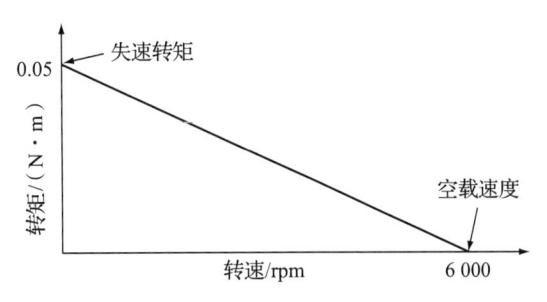

图 2.24 直流电动机的转速-转矩线性关系

**注意**：功率是转矩和角速度的乘积。

**2.10** **执行器的功率传递和匹配**。功率放大器可以模拟为内部阻抗串联的理想电压源，而负载可以模拟为阻抗，如图 2.25 所示。放大器的内部阻抗为 $Z_{in}=(8+j2)\Omega$

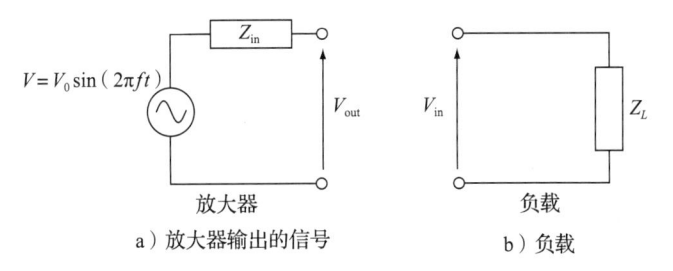

图 2.25 功率传递和匹配

(a) 如果在 $0\sim20\Omega$ 之间变化的电阻性负载为 $V_0=48\text{V}$，计算并绘制提供给负载的功率。

(b) 如果负载在 $Z_L=(8+j0)\Omega$ 和 $Z_L=(8+j20)\Omega$ 之间变化，$V_0=48\text{V}$，计算并绘制提供给负载的功率。

(c) 证明如果 $Z_L=Z_{in}^*=(8-j2)\Omega$，则传递到负载的功率最大。

(d) 普通扬声器的电阻分别为 $4\Omega$、$8\Omega$ 和 $16\Omega$，如果放大器提供 $V_0=32\text{V}$，请分别计算三个扬声器的输出功率。

(e) 如何从物理角度解释（c）中的结果？

**2.11** **频率相关阻抗的匹配**。给定一个电阻为 $8\Omega$ 的执行器。测量其电感为 1mH。执行器在 $10\sim2\,000\text{Hz}$ 的频率范围内使用。将执行器与驱动源匹配时，方案如下：

1) 使用输出电阻等于 $8\Omega$、峰值电压为 12V 的电源。

2) 使用输出阻抗为 $8+j0.006f\,[\Omega]$ 的电源，其中 $f$ 是频率（赫兹），电源峰值电压为 12V。

3) 使用输出阻抗为 8-j0.006f[Ω] 的电源，其中 f 是频率（赫兹），电源峰值电压为 12V。

（a）计算并绘制三个方案提供给执行器的输出功率。

（b）三个方案中哪一个更好，为什么？

## 范围、量程、输入和输出满量程以及动态范围

**2.12** **人耳是一种独特的灵敏的传感器**。人耳的感知范围以压力或单位面积功率给出。耳朵的感知范围低至 $2\times10^{-5}$Pa（约为大气压的十亿分之一），在 20Pa（疼痛阈值）下仍能正常感知。或者，范围可以从 $10^{-12}\sim10$W/m$^2$，计算耳朵所受压力和功率的动态范围。

**2.13** **人眼的动态范围**。人眼的灵敏度从大约 $10^{-6}$cd/m$^2$（黑夜，杆状视觉，基本上是单色的）到 $10^6$cd/m$^2$（明亮的阳光），试计算人眼的动态范围。

**2.14** **扬声器的动态范围**。扬声器的额定功率为 10W，也就是说，它能产生 10W 的声功率。由于它是一个模拟执行器，最小量程点没有很好地定义，但有一个克服摩擦所需的最小功率。我们假设它是 10mW，那么扬声器的动态范围是多少？

**注意**：扬声器的动态范围有多种测量方法，其中一些是为了提高销量，而不说明扬声器的物理特性。

**2.15** **频率计的动态范围**。数字频率计需要测量微波传感器的频率，其频率在 10MHz～10GHz 之间，如果频率计以 100Hz 的增量变化，那么频率计的动态范围是多少？

**2.16** **显示器的动态范围**。液晶显示器的对比度为 3 000∶1，即它所能显示的最高亮度和最低亮度之间的比率。亮度是显示器单位面积每立体角的功率，以分贝为单位计算显示器的动态范围。

**注意**：在显示器中，动态范围通常以对比度表示，而在数码相机中，动态范围通常以 f 光圈表示，但如果有必要，这些光圈也可以用分贝表示。例如，对比度为 1 024∶1 的数码相机的动态范围为 $2^{10}$ 或 10 个光圈。

**2.17** **数模转换器和动态范围**。数字信号处理器，特别是那些处理音频和视频数据的处理器，必须有较大的动态范围。如果信号处理器 A/D 转换的动态范围必须至少为 89dB，那么 A/D 转换器的位数是应该是多少位？

## 灵敏度、准确度、误差和可重复性

**2.18** **非线性传递函数的线性逼近**。给定温度传感器的响应为

$$R(T) = R_0 e^{\beta\left(\frac{1}{T}-\frac{1}{T_0}\right)} \ [\Omega]$$

式中，$R_0$ 是温度 $T_0$ 时传感器的电阻，$\beta$ 是一个常数，取决于传感器的材料。温度 $T$ 和 $T_0$ 以 K 为单位。当给定温度在 25℃时，$R(T)=1\ 000\Omega$，在 0℃时为 3 000Ω。传感器用

于 -45℃ 和 120℃ 之间。$T_0 = 20℃$。

(a) 估计该传感器的 $\beta$ 值并绘制预期量程的传感器传递函数。

(b) 将传递函数近似为连接端点的直线，用满量程的百分比计算预期的最大误差。

(c) 将传递函数近似为线性最小二乘近似，用满量程的百分比计算预期的最大误差。

2.19 **应变计的灵敏度**。应变计是一种电阻传感器，它根据施加在其上的力产生的应变来改变电阻。应变表示为 $\varepsilon$，是响应力的伸长（或收缩）除以传感元件的长度。在一个应用中，将两个不同的传感器在完全相同的应变下使用，这两个传感器的传递函数是

$$R_1 = R_{01}(1+5.0\varepsilon) \, [\Omega]$$
$$R_2 = R_{02}(1+2.0\varepsilon) \, [\Omega]$$

$R_{01}$ 和 $R_{02}$ 是两个传感器在不施加应变时的电阻，$\varepsilon$ 是应变，$g_1 = 5.0$ 和 $g_2 = 2.0$ 是两个传感器的灵敏度，计算由两个应变计组成的新应变计的灵敏度：

(a) 如果传感器串联在一起，计算应变计的灵敏度。

(b) 如果传感器并联在一起，计算应变计的灵敏度。

(c) 从（a）和（b）可以看出，传感器串联时灵敏度增加，并联时灵敏度降低。为简单起见，请使用两个相同的传感器，再计算其灵敏度。

2.20 **质量流量传感器**。质量流量传感器通过测量进入发动机的空气质量，得出以下数据。质量以 [kg/min] 为单位，以 [V] 为单位输出：

| $M$/(kg/min) | 输出/V | $M$/(kg/min) | 输出/V | $M$/(kg/min) | 输出/V |
| --- | --- | --- | --- | --- | --- |
| 0 | 0.014 | 14.18 | 2.743 | 29.628 | 3.7 |
| 0.4 | 0.105 | 14.695 | 2.8 | 34.48 | 3.9 |
| 0.63 | 0.299 | 15.835 | 2.872 | 40.153 | 4.1 |
| 1.658 | 0.83 | 17.282 | 3 | 43.354 | 4.2 |
| 3.305 | 1.327 | 19.14 | 3.12 | 50.58 | 4.4 |
| 6.645 | 1.924 | 20.225 | 3.2 | 59.11 | 4.6 |
| 9.977 | 2.341 | 21.849 | 3.3 | 69.167 | 4.8 |
| 12.409 | 2.599 | 25.458 | 3.5 | 81.014 | 5 |

(a) 求解数据的线性最佳拟合曲线，绘制原始数据和线性最佳拟合曲线，计算数据的最大非线性。

(b) 找出数据的抛物线最佳拟合曲线。根据数据计算抛物线最佳拟合的最大偏差，并根据（a）中计算的线性最佳拟合曲线计算抛物线最佳拟合曲线的最大偏差。

(c) 使用（a）中的线性最佳拟合曲线来计算传感器的灵敏度。

(d) 使用（b）中的抛物线最佳拟合曲线计算传感器的灵敏度，并与（c）比较。

2.21 **氧气传感器的灵敏度**。用于控制发动机排气的氧气传感器具有以下传递函数：

$$V = CT \ln\left(\frac{P_{atm}}{P_{exhaust}}\right)$$

其中 $C = 2.1543 \times 10^{-5}$ 是一个常数，$T$ 是开氏温度，$P_{atm} = 20.6\%$ 是大气中氧气的浓度，$P_{exhaust}$ 是发动机所排气体中氧气的浓度。废气中的氧气浓度为 1%~12%，氧气传感器的工作温度为 650℃。

(a) 为了简化信号的处理，使用两个测距点获得了传递函数的线性近似。基于这种简化，计算输出中的最大误差，以及这种误差在什么氧气浓度下会出现？

(b) 计算传感器的最小和最大灵敏度，及其对应的位置。

(c) 如果发动机关闭，传感器的读数是多少？

(d) 如果温度从 625℃ 到 675℃ 变化，那么传感器输出的最大误差是多少？此时的温度是多少？

## 迟滞

**2.22 转矩传感器中的迟滞。** 通过向其施加静态转矩来校准转矩传感器（即施加一定的转矩，测量传感器的响应，然后增加或减小转矩以测量曲线上的另一个点），获得以下数据。第一组通过增加转矩获得，第二组通过减小转矩获得。

| 施加转矩/(N·m) | 2.3 | 3.14 | 4 | 4.84 | 5.69 | 6.54 | 7.39 | 8.25 | 9.09 | 9.52 | 10.37 | 10.79 |
|---|---|---|---|---|---|---|---|---|---|---|---|---|
| 感应转矩/(N·m) | 2.51 | 2.99 | 3.54 | 4.12 | 4.71 | 5.29 | 5.87 | 6.4 | 6.89 | 7.1 | 7.49 | 7.62 |

| 施加转矩/(N·m) | 10.79 | 10.37 | 9.52 | 9.09 | 8.25 | 7.39 | 6.54 | 5.69 | 4.84 | 4 | 3.14 | 2.3 |
|---|---|---|---|---|---|---|---|---|---|---|---|---|
| 感应转矩/(N·m) | 7.68 | 7.54 | 7.22 | 7.05 | 6.68 | 6.26 | 5.8 | 5.29 | 4.71 | 4.09 | 3.37 | 2.54 |

(a) 使用二阶最小二乘法逼近并绘制转矩传感器的传递函数。

(b) 计算迟滞引起的最大误差占满量程的百分比。

**2.23 施密特触发器。** 迟滞不一定具有负面作用，在电子电路中使用迟滞可以实现特定的目的。施密特触发器就是其中之一。它是一种电子电路，其输出电压（$V_{out}$）根据输入电压（$V_{in}$）变化如下：

$$\text{如果 } V_{in} \geq 0.5 V_0, \quad V_{out} = 0$$
$$\text{如果 } V_{in} \leq 0.45 V_0, \quad V_{out} = V_0$$

(a) 已知 $V_0 = 5V$，在 $0 \leq V_{in} \leq V_0$ 的条件下画出传递函数。

(b) 假设输入为正弦电压 $V_{in} = 5\sin(2\pi ft)$，其中 $t$ 为时间，信号频率为 $f = 1000Hz$。将输入和输出绘制为时间的函数，在这种情况下，施密特触发器有什么作用？

**2.24 机械迟滞。** 弹簧经常用于传感器中，特别是在感测力时，这要利用以下性质：在施加力的作用下，弹簧会根据公式 $F = -kx$（胡克定律）收缩（或伸展），其中 $F$ 是施加的力，$x$ 是弹簧的收缩或伸展长度，$k$ 是称为弹簧系数的常数，负号表示压缩会缩短弹簧的长度。但是，弹簧系数与力有关，并且在收缩和伸展状态下具有略微不同的变化。结合图 2.26a 中的弹簧及图 2.26b 中给出的力-位移曲线，思考下列问题：

(a) 解释曲线的含义，尤其是附加力不会改变位移的水平线的含义。

(b) 由于迟滞，位移的最大误差占满量程的百分比是多少？

(c) 由于迟滞引起的力的最大误差占满量程的百分比是多少？

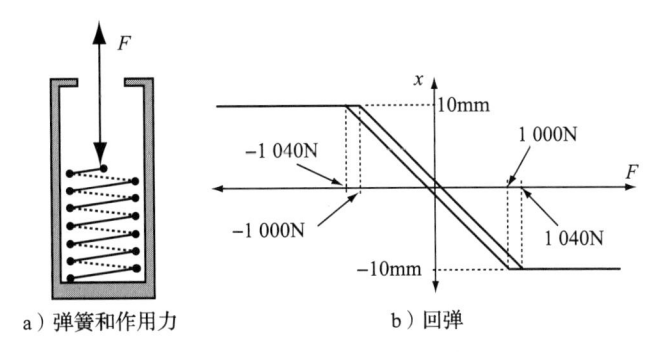

图 2.26 弹簧的机械迟滞

**2.25 恒温器中的迟滞**。迟滞通常有意内置于传感器和执行器中。一个简单的例子是常见的恒温器，其设计为在特定温度下关闭，然后在稍有不同的温度下重新打开，开启和关闭温度必须不同，否则，恒温器的状态将不确定，到达设定温度后它将迅速打开和关闭。迟滞可以是机械迟滞，热迟滞或电子迟滞。考虑一个旨在控制家庭温度的恒温器，设定温度为 18℃，但恒温器具有 ±5% 的迟滞。

(a) 对于 15~24℃ 之间的温度，如果要打开加热器以保持房间温暖，求解恒温器的传递函数。

(b) 对于与 (a) 相同的温度范围，如果要打开空调以保持房间凉爽，求解恒温器的传递函数。

(c) 在 (a) 中，加热器在什么温度下开启？在什么温度下关闭？

(d) 在 (b) 中，空调在什么温度下开启？在什么温度下关闭？

## 死区

**2.26 由于连接松弛而导致的死区**。使用标称电阻为 100kΩ 的线性旋转电位器对传感器（如麦克风）上的电压进行采样。轴的旋转松弛度为 5°，即如果一个人将其沿一个方向旋转到某个点，然后再以相反的方向旋转，则轴一定要旋转 5°，然后滑块才会响应。如果满量程旋转为 310°，根据电阻和满量程的百分比计算连杆松弛引起的误差。

## 可靠性

**2.27 可靠性**。电子元器件的数据表显示平均无故障工作时间（MTBF）在 20℃ 下测试为 $4.5 \times 10^8$ h。在 80℃ 时，MTBF 降至 62 000 小时。计算两个温度下组件的故障率（FR）和期间内故障值（FIT）。

**2.28 可靠性**。在测试压力传感器的可靠性时，如果已经对 1 000 个传感器进行了 850h 的测试。在此期间有 6 个传感器发生故障，那么传感器的 MTBF 是多少？

# 第3章
# 温度传感器和热执行器

**人体和热量**

一个人一天消耗的热量多达 2 000 千卡，如果要在 24 小时内消耗掉这些热量，相当于 $2\,000 \times 1\,000 \times 4.184 = 8.368 \times 10^6$ J 的能量，这些能量可以对应为 $8.368 \times 10^6 / (24 \times 3\,600) = 96.85$ W（近似 100W）的平均功率，在睡觉时这个量会降低，而运动时则会升高。一个人在运动时会做功，输出 1.5kW 的平均功率。但事实是，人体既需要消耗能量，也需要通过由此产生的热量来调节体温，并满足自身的能量需求。人体需要的温度范围很窄。大多数人的正常体温是 37℃，但是它会有一定的波动，女性的平均体温约比男性低 0.5℃。体温超过 38℃ 时人就会发烧，这是由于身体无法调节体温，从而造成体温升高（通常是由于疾病）。过热疗法导致的体温升高不是发烧，而是身体对外界热量、药物或刺激物做出的反应。超过 41.5℃，身体就会进入一种高热状态，这可能导致严重的副作用，甚至会有死亡的危险。体温过低（低体温症）同样很危险。体温过低是指身体核心温度低于 35℃，通常是因为身体暴露在极度寒冷的环境中或长期浸泡在冷水中，但也可能是由于身体受到创伤。人体的热量调节是由大脑中的下丘脑控制的，体温调节可以通过多种方法来实现，比如出汗、增加或降低心率、发抖和收缩血管等。

## 3.1 引言

温度传感器是世界上最古老的传感器（除了磁罗盘之外），它可以追溯到科学时代的初期。早期的温度计在 17 世纪初被发现并加以应用。大约 17 世纪中期，Robert Boyle 等人提出了温度测量标准。不久之后，大约在 1700 年，由 Lorenzo Magalotti、Carlo Renaldini、Isaac Newton 和 Daniel Fahrenheit 制定的一些温度标准开始投入使用。到 1742 年，除了开尔文温标，所有的温度标准，包括摄氏温标（1742 年由 Andres Celsius 发明），都已经建立起来了。继 Leonard Carnot 关于热机和热量的研究之后，开尔文勋爵于 1848 年提出了以他的名字命名的绝对温标，并建立了绝对温标与摄氏温标的关系。温度标准得到了进一步的发展和改进，到 1927 年国际实用温度标准建立，温度标准又得到进一步修正以提高精度。

经典的温度计很明显是一种传感器，尽管在其常见的配置中，它并不提供输出信号（见 3.2 节），它的输出结果是可以直接读取的。温度传感技术的发明并不落后于温度计的发展。

1821 年，Thomas Johann Seebeck 发现了塞贝克效应；1826 年，Antoine Cesar Becquerel 利用塞贝克效应发明了第一个现代温度传感器——**热电偶**（thermocouple）；几年后，塞贝克效应成为一种公认的温度测量方法。塞贝克效应是热电偶和热电堆的基础，而热电偶和热电堆是工业温度传感的主要工具。第二个效应为佩尔捷效应（Peltier effect），是由 Charles Athanase Peltier 在 1834 年发现的，该效应与塞贝克效应相关。它用于感知，但更多时候用于冷却、加热和热电发电。塞贝克效应很早就被用于感知领域，而佩尔捷效应直到发现半导体才开始应用，因为这个效应在半导体中的作用要比在导体中大得多。这些热电效应将在 3.3 节以及在第 4 章中结合光学传感（尤其是红外部分）进行详细讨论。

1821 年 Humphry Davy 发现了金属的电导率随温度升高而下降的规律，随后 William Siemens 在 1871 年提出了一种基于铂金属电阻-温度关系的温度测量方法。该方法已成为电阻温度探测器（RTD）所采用的热阻式传感器的基础。该方法在半导体领域的应用催生了热敏电阻以及各种其他有用的传感器，包括半导体温度传感器。

温度传感技术已得到广泛应用。许多可用的传感器在构造上看似简单，但非常精确。它们有时需要特殊的仪器且要特别小心才能达到精度要求。热电偶就是一个很好的例子。热电偶可以说是应用最广泛的温度传感器，特别是即使在高温条件下，它也是一种非常精密的仪器，其输出信号很小，需要用到特殊的测量技术、特殊的连接器、噪声消除和校准，以及参考温度。然而在热电偶的基本结构中，它只是"将两个不同的导体焊接起来"，以形成一个连接点。其他的似乎更简单，将一段铜线（或任何其他金属）连接到欧姆表上就可以制造出高质量的即时热阻式传感器。通过测量温度可以间接地测量其他物理属性，这使得温度传感器的使用更加广泛。例如，使用温度传感器测量气流速度或流体流量（测量流动空气或液体的冷却作用）和辐射强度，尤其是通过测量温升来确定由微波和红外光谱的照射所引起的辐射能量的吸收。

还应注意的是，热执行器也很重要。金属、流体和气体会随温度的升高而膨胀，这使得它们可以被应用于驱动装置。在许多情况下，感知和驱动可以直接实现。例如，利用水柱、酒精、汞柱或气体的体积膨胀可以直接或间接地表示温度，同时这种膨胀可用于驱动拨盘或开关。直读式烹饪温度计和恒温器都属于这种类型。另一个简单的例子是通常用于汽车方向指示器的双金属开关，它的传感元件可以直接驱动开关，不需要中间控制器。

## 温度、热导率、热量和热容的单位

热力学温度的国际单位是开尔文（K），是以绝对零度为基础的。日常工作的常用温度单位是摄氏度（℃）。除了参考零度外，两者是相同的。开氏温标的零度是绝对零度，而摄氏温标的零度是以水的三相点为基础的。因此，0℃ 相当于 273.15K，绝对零度是 0K 或 −273.15℃。三种常用温标之间的转换如下：

从 ℃ 到 K：$N[℃] = (N+273.15)[K]$

从 ℃ 到 ℉：$P[℃] = (P \times 1.8 + 32)[℉]$

从 K 到 ℃：$M[K] = (M-273.15)[℃]$

从℉到℃：$Q[\text{℉}]=(Q-32)/1.8[\text{℃}]$

从K到℉：$S[\text{K}]=(S-273.15)\times1.8+32[\text{℉}]$

从℉到K：$U[\text{℉}]=(U-32)/1.8+273.15[\text{K}]$

热量是能量的一种形式。因此，它的国际单位的导出单位是焦耳（J）。焦耳是一个很小的单位，所以通常会使用兆焦耳（MJ）、吉焦耳（GJ）甚至太焦耳（TJ）作为单位，同时还有更小的单位，小到纳焦耳（nJ）甚至阿托焦耳（aJ）。虽然有一整套的能量单位，还有一些度量单位和习惯单位，但我们在这里只提到一些比较常见的单位。1焦等于1瓦·秒（1J=W·s）或1牛·米（N·m），但可能更常用的是千瓦时（kWh，1kWh=3.6MJ）。另一个常用的能量单位是卡路里（cal），尤其是在表示热能时。卡路里是一个热化学单位，1cal=0.239J。在美国，卡路里通常指1 000卡路里或千卡（kcal），即通常所说的卡路里在美国实际上是1 000卡或239J。卡路里和瓦时都不是国际单位，两者都被认为是过时的单位，本文不鼓励使用这两种单位。

**热导率**，表示为$k$或者$\lambda$，单位是瓦特每米开尔文[W/(m·K)]，表示材料的导热能力。**热容**（记作$C$）表示让一种物质的温度发生一定变化所需要的热量。热容的国际单位制单位是焦耳每开尔文（J/K）。**摩尔热容**单位通常用于化学传感器中，其单位为焦耳每摩尔开尔文[J/(mol·K)]。其他会用到的量是**比热容**[J/(kg·K)]，即1kg物质提升1K所需的热量，以及**体积热容**[J/(m³·K)]，即1m³物质提升1K所需的热量。比热容的单位通常还有焦耳每克开尔文[J/(g·K)]，体积热容的单位还有焦耳每立方厘米开尔文[J/(cm³·K)]。

## 3.2 热阻式传感器

大部分热阻式传感器可分为两种基本类型：RTD（电阻温度探测器）和**热敏电阻**。RTD是指基于固体导体的热阻式传感器，形态通常为金属线或薄膜。在这些器件中，传感器的电阻随温度的增加而增加，即所用材料的电阻具有正温度系数（PTC）。硅基RTD也得到了发展，具有明显的优势，体积比基于导体的RTD小得多，而且具有电阻更高和温度系数更高的优势。热敏电阻是基于半导体的器件，通常具有负温度系数（NTC），但也存在正温度系数（PTC）的热敏电阻。

### 3.2.1 电阻温度探测器

早期这种类型的传感器是由适合的金属制成的，如铂、镍或铜，这取决于实际应用、温度范围，通常还取决于成本。所有的RTD都是基于所用金属的温度电阻系数（TCR）引起的电阻变化工作的。长为$L$、横截面积恒为$S$、电导率为$\sigma$的导体的电阻（见图3.1）可表示为

$$R=\frac{L}{\sigma S}[\Omega] \tag{3.1}$$

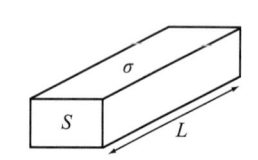

图3.1 用几何学计算长度为$L$、横截面积为$S$的导体的电阻

材料本身的电导率与温度有关，并给出如下公式：

$$\sigma = \frac{\sigma_0}{1+\alpha(T-T_0)} \left[\frac{S}{m}\right] \quad (3.2)$$

其中 $\alpha$ 为导体的 TCR，$T$ 为温度，$\sigma_0$ 为导体在参考温度为 $T_0$ 时的电导率。$T_0$ 通常是 20℃，但必要时也可以是其他温度。因此，导体电阻和温度的函数为

$$R(T) = \frac{L}{\sigma_0 S}[1+\alpha(T-T_0)][\Omega] \quad (3.3)$$

或

$$R(T) = R_0[1+\alpha(T-T_0)][\Omega] \quad (3.4)$$

其中 $R_0$ 为参考温度 $T_0$ 下的电阻。在大多数情况下，温度 $T$ 和 $T_0$ 是用摄氏度表示的，但如果两者给出的温标相同，也可以用开尔文表示。

虽然这一关系是线性的，但系数 $\alpha$ 通常很小，电导率 $\sigma_0$ 很大。例如，对于铜，在 $T_0=$ 20℃时，$\sigma_0=5.8\times10^7$S/m，$\alpha=0.0039$/℃ [系数也可表示为（$\Omega$/（$\Omega\cdot$℃））]。取一根横截面面积 $S=0.1$mm$^2$、长度 $L=1$m 的导线，其电阻变化为 $6.61\times10^{-5}\Omega$/℃，20℃情况下导线的基本电阻为 $0.017\Omega$，变化了 0.39%。因此，要想让传感器实用，导体就必须又长又薄，或者要满足足够低的电导率。大的温度系数通常也很有用，因为若电阻的变化大，随后的信号处理就会比较容易。表 3.1 给出了一些常用材料的 TCR 和电导率。

**表 3.1 选定材料的电导率和 TCR（在 20℃的条件下，除非另有说明）**

| 材料 | 电导率[1] $\sigma$/(S/m) | TCR[3]/(1/℃) |
| --- | --- | --- |
| 铜（Cu） | $5.8\times10^7$ | 0.0039 |
| 炭（C） | $3.0\times10^5$ | −0.0005 |
| 康铜（60%Cu，40%Ni） | $2.0\times10^6$ | 0.00001 |
| 铬（Cr） | $5.6\times10^6$ | 0.0059 |
| 锗（Ge） | 2.2 | −0.05 |
| 金（Au） | $4.1\times10^7$ | 0.0034 |
| 铁（Fe） | $1.0\times10^7$ | 0.0065 |
| 汞（Hg） | $1.0\times10^6$ | 0.00089 |
| 镍铬（NiCr） | $1.0\times10^6$ | 0.0004 |
| 镍（Ni） | $1.15\times10^7$ | 0.00672 |
| 铂（Pl）[2] | $9.4\times10^6$ | 0.003926（在 0℃的情况下） |
| 硅（Si）（纯） | $4.35\times10^{-6}$ | −0.07 |
| 银（Ag） | $6.1\times10^7$ | 0.0016 |
| 钛（Ti） | $1.8\times10^6$ | 0.042 |
| 钨（W） | $1.8\times10^7$ | 0.0056 |
| 锌（Zn） | $1.76\times10^7$ | 0.0059 |
| 铝（Al） | $3.6\times10^7$ | 0.0043 |

[1] 一些资料列出了电阻率 $\rho$ 来替代电导率 $\sigma$[S/m]，可以用欧姆表测量（$\rho=1/\sigma$[$\Omega\cdot$m]）。

[2] 铂是一种特别重要的材料，在使用中有不同的 TCR 等级。TCR 通常在 0℃的情况下给出。在 0℃时，最常见的 TCR 为 0.00385（欧洲曲线）、0.003926（美国曲线）、0.00375（常用于薄膜传感器）。纯铂的 TCR 在 0℃是 0.003926。一些正在使用的合金的 TCR 分别为 0.003916 和 0.003902（在 0℃时）。其他等级可以通过将纯铂与铑等材料合金化制成。

[3] 材料的 TCR 随温度变化而变化（见习题 3.9）。例如，纯铂在 20℃的 TCR 是 0.003729/℃。

式（3.3）有助于建立 RTD 的物理特性，并有助于了解电阻如何随温度变化。然而，在实践中人们通常不知道用于生产传感器的材料的特性。在 0℃ 时，RTD 的标称电阻就是典型的可应用数据，还有范围（比如 -200～+600℃）和其他数据（比如自热、精确度等）都可获得。传递函数可以通过两种方法得到。首先，制造商要遵守现有标准，这些标准规定了传感器的使用系数 α。例如，根据标准 EN 60751，在处理铂 RTD 时规定了 α=0.003 85（有时也称为"欧洲曲线"）。其他的值包括 0.003 926（"美国曲线"）、0.003 916 和 0.003 902 等，该系数与铂的等级有关（见表 3.1）。这个值是传感器标准的一部分。这样我们就可以建立如下的近似传递函数：

$$R(T) = R(0)(1+\alpha T) \, [\Omega] \tag{3.5}$$

其中 $R(0)$ 就是 0℃ 时的电阻，$T$ 是已知电阻的温度。这是一个近似值，因为 α 本身与温度有关。

为了改进这一点，电阻作为温度的函数是根据实际测量建立的关系和给定的条件计算得出的，再次以相同的标准表示如下：

对于 $T \geq 0℃$ 的情况，

$$R(T) = R(0)(1+aT+bT^2) \, [\Omega] \tag{3.6}$$

其中，每种材料的系数 $a$ 和 $b$ 是在固定温度下计算的（见习题 3.6）。例如，铂（根据 EN 60751 标准，α=0.003 85），系数为

$$a = 3.908\,3 \times 10^{-3}, \quad b = -5.775 \times 10^{-7}$$

对于 $T < 0℃$ 的情况，

$$R(T) = R(0)[1+aT+bT^2+c(T-100)T^3] \, [\Omega] \tag{3.7}$$

则系数为（也根据 EN 60751 标准，α=0.003 85）：

$$a = 3.908\,3 \times 10^{-3}, \quad b = -5.775 \times 10^{-7}, \quad c = -4.183 \times 10^{-12}$$

这些关系式称为卡伦德-范·杜森方程或卡伦德-范·杜森多项式。不同于多项式，卡伦德-范·杜森方程可以用设计表格列出各种温度下的电阻值。对于其他的 α 值，虽然系数不同，但都是由标准规定的或根据精确测量计算出来的。应该注意的是，对于接近公称温度的小传感器区间，温度曲线几乎是线性的，式（3.5）就足够精确。式（3.6）和式（3.7）仅在较大区间或低温和高温下进行传感时才需要（见例 3.3）。

**例 3.1：线轴式传感器**

该传感器的线轴采用磁体线轴（铜线用薄层聚氨酯绝缘），线轴直径为 0.2mm，总长为 500m。现在想使用该线轴作为温度传感器来测量冷冻机的温度，测量范围为 -45～+10℃。将传感器直接连接到 1.5V 的电池上，使用毫安表来测量通过的电流，用毫安表的示数来表示温度。

（a）计算在最低和最高温度下传感器的电阻和相应的电流。

（b）计算传感器耗散的最大功率。

**解** 不考虑温度，一段导线的电阻可表示为

$$R = \frac{l}{\sigma S}[\Omega]$$

其中 l 是导线的长度，S 是导线的横截面积，σ 是导线的电导率。

电导率与温度有关。表 3.1 给出，铜在温度为 20℃ 时的电导率 $\sigma_0 = 5.8 \times 10^7 \text{S/m}$。电阻可以用式（3.3）求得：

$$R(T) = \frac{l}{\sigma_0 S}[1 + \alpha(T - 20)][\Omega]$$

铜的温度电阻系数 α 已在表 3.1 中给出，则在 -45℃ 时，

$$R(-45) = \frac{500}{5.8 \times 10^7 \times \pi \times (0.0001)^2}[1 + 0.0039(-45 - 20)] = 204.84\Omega$$

在温度为 +10℃ 时，

$$R(+10) = \frac{500}{5.8 \times 10^7 \times \pi \times (0.0001)^2}[1 + 0.0039(10 - 20)] = 263.7\Omega$$

电阻在 -45~+10℃ 温度范围内的变化区间为 204.84~263.7Ω，则电流为

$$I(-45) = \frac{1.5}{204.84} = 7.323\text{mA}$$

和

$$I(+10) = \frac{1.5}{263.7} = 5.688\text{mA}$$

在毫安表灵敏度为 29.72μA/℃ 的条件下，电流与温度呈线性关系。这个电流数值不是很大，但即使用最简单的数字万用表也能测量 10μA 或约 0.3℃ 的温度变化。如果使用微安表则更好，可以将分辨率降至 1μA 或 0.03℃ 左右。

耗散的功率为

$$P(+10) = I^2 R = (5.688 \times 10^{-3})^2 \times 263.7 = 8.53\text{mW}$$

和

$$P(-45) = I^2 R = (7.323 \times 10^{-3})^2 \times 204.84 = 10.98\text{mW}$$

低功率性是温度传感器的一个重要特性，因为我们很快可以看到，传感器中耗散的功率会产生自热现象，从而导致误差。同时我们还要注意这个传感器的绝对简单性。

**例 3.2：线绕式 RTD 电阻和灵敏度**

该传感器由纯铂丝制成，直径为 0.1mm，在 0℃ 下铂丝的电阻为 25Ω。这里假设 TCR 不随温度改变。

（a）求满足条件的电线长度。
（b）求 RTD 在 100℃ 下的电阻。
（c）求传感器的灵敏度，以欧姆每摄氏度为单位 [Ω/℃]。

**解** （a）电阻可以使用式（3.3）所示的温度函数求得：

$$R(T) = \frac{l}{\sigma_0 S}[1 + \alpha(T - 20)][\Omega]$$

铂在0℃下的TCR（α系数）如表3.1所示，但是电导率是在20℃的情况下给出的。RTD在0℃下的电阻为

$$25 = \frac{l}{9.4 \times 10^6 \times \pi \times (0.05 \times 10^{-3})^2}[1+0.003\,926(0-20)] = 12.481\,54l\,[\Omega]$$

由此可得：

$$l = \frac{25}{12.481\,54} = 2.003\,\text{m}$$

则传感器需要长度为2m的铂线。

(b) 在温度为100℃时，

$$R(100) = \frac{2.003}{9.4 \times 10^6 \times \pi \times (0.05 \times 10^{-3})^2}[1+0.003\,926(100-20)] = 35.652\,\Omega$$

电阻在0~+100℃范围内的变化区间为25~35.652Ω。

(c) 任意温度下的灵敏度计算是通过先计算该温度下的电阻，再计算温度升高1℃后的电阻，然后将后者减掉前者而得到的。在一定温度T下，我们可以得到：

$$R(T) = \frac{l}{\sigma_0 S}[1+\alpha(T-20)]\,[\Omega]$$

在温度T+1下，有

$$R(T+1) = \frac{l}{\sigma_0 S}\{1+\alpha[(T+1)-20]\}\,[\Omega]$$

两者的差可以表示为

$$R(T+1) - R(T) = \frac{l}{\sigma_0 S}[1+\alpha(T+1-20)] - \frac{l}{\sigma_0 S}[1+\alpha(T-20)] = \frac{l\alpha}{\sigma_0 S}\,[\Omega]$$

注意这个表达式是函数R(T)的斜率。我们可以得到：

$$\Delta R = \frac{l\alpha}{\sigma_0 S} = \frac{2.003 \times 0.003\,926}{9.4 \times 10^6 \times \pi \times (0.05 \times 10^{-3})^2} = 0.106\,5\,\Omega$$

因此题目所求灵敏度为0.106 5Ω/℃。

**核查**：由于电阻与温度呈线性关系，因此各处的灵敏度都是一样的，所以我们可以把电阻代入温度为100℃时的情况中：

$$R(100) = R(0) + 100 \times \Delta R = 25 + 100 \times 0.106\,5 = 35.65\,\Omega$$

产生的微小差异是因为计算过程中进行了四舍五入。

**例3.3：RTD表示法和精度**

规定-200~+600℃范围内的RTD在温度为0℃时的标准电阻为100Ω。工程师可以选择使用式（3.5）的近似传递函数或式（3.6）和式（3.7）的精确传递函数。设$\alpha = 0.003\,85/℃$。

(a) 计算在极限值处使用近似传递函数所引起的误差。

(b) 如果使用的温度范围是-50~+100℃，那么误差是多少？

**解** (a) 由式（3.5）可知，在温度为600℃时，

$$R(600) = R(0)(1+\alpha T) = 100(1+0.003\,85 \times 600) = 331\,\Omega$$

在温度为-200℃时，
$$R(-200) = 100(1-0.003\,85 \times 200) = 23\,\Omega$$

由式（3.6）可知，
$$R(600) = R(0)(1+aT+bT^2) = 100(1+3.908\,3 \times 10^{-3} \times 600 - 5.775 \times 10^{-7} \times 600^2) = 313.708\,\Omega$$

由式（3.7）可知，
$$R(-200) = 100[1+3.908\,3 \times 10^{-3} \times (-200) - 5.775 \times 10^{-7} \times 200^2 - 4.183 \times 10^{-12} \times (-200)^3] = 18.52\,\Omega$$

用近似公式计算的电阻在温度为600℃时上涨了5.51%，在温度为-200℃时上涨了24.19%。这个偏差是不能被接受的，因此我们不能对整个区间使用近似公式——必须使用卡伦德-范·杜森关系式。

（b）由式（3.5）可知，在温度为100℃时，
$$R(100) = R(0)(1+\alpha T) = 100(1+0.003\,85 \times 100) = 138.5\,\Omega$$

在温度为-50℃时，
$$R(-50) = 100(1-0.003\,85 \times 50) = 80.75\,\Omega$$

由式（3.6）可知，
$$R(100) = 100(1+3.908\,3 \times 10^{-3} \times 100 - 5.775 \times 10^{-7} \times 100^2) = 138.505\,5\,\Omega$$

由式（3.7）可知，
$$R(-50) = 100[1+3.908\,3 \times 10^{-3} \times (-50) - 5.775 \times 10^{-7} \times 50^2 - 4.183 \times 10^{-12} \times (-50)^3] = 80.306\,3\,\Omega$$

用近似公式计算的电阻在温度为100℃时降低了0.039 7%，在温度为50℃时降低了0.552%。这种偏差是可以接受的，在这里可以使用近似公式。

在设计RTD时，必须尽量减少张力和拉力对导线的影响。其原因是对导体的拉伸改变了导体的长度和横截面积（等体积），这对电阻的影响与温度的变化对电阻的影响完全相同。导体上应变的增加会使导体的电阻增大，这个效应将在第6章讨论应变计时再详细探讨。在第6章中，我们会看到与之对立的问题——温度的变化会引起应变读数的误差，而这些误差必须得到补偿。

导线式RTD的一个特点是电阻相对较小。如果要有较大的电阻，就需要非常长或非常细的导线。另一个需要考虑的因素则是成本。大电阻RTD需要更多的材料，而且由于大多数RTD的材质是铂，因此材料成本很高。对于导线传感器来说，满足条件的电阻只有几欧姆到几十欧姆，却可以制造出具有更大电阻的薄膜传感器。在导线传感器中，线是由非常细的均匀导线缠绕在一个直径很小的线圈上（通常是，但不总是），然后线圈支在如云母或玻璃等适合的支架上。如果电线的总长度小，就不需要这根支架，而线圈，或有时只是一段电线，可以自由放置或绕着螺纹把它固定在钉子上。根据预期的用途，电线和支架可能封闭在一个中空玻璃（通常为耐热玻璃）管中和穿过玻璃管的导线相连接；或者是封闭在一个高导电金属（通常是不锈钢）中，以便使热量更好地传递到传感导线上，使传感器响应更快；或者封闭在陶瓷外壳中以用于一些具有更高温度需求的应用中。它们也可以用于平面、环绕，或者其他形式的特定应用中。

当需要制作精密传感器时，铂和铂合金因其优异的机械性能和热性能而成为首选材料。特别是铂，即使在高温下铂仍具有稳定的化学性质且抗氧化、耐腐蚀，可制成化学纯度高的细丝，并能承受恶劣的环境条件。因为这些特点，所以它在高达 850℃ 高温和低于-250℃ 的低温下仍可继续使用。另外，铂对应变和化学污染物非常敏感，因为它的导电性强，所以所需的导线长度很长（长度取决于所需的电阻）。总之，用铂制成的传感器的物理体积很大，不适用于温度梯度高的地方。

对于稳定性和温度要求较低的应用环境，可以使用价格较低、性能稍差的镍、铜和其他导电材料作为替代材料。金属镍可以在-100~500℃ 的温度范围内使用，但它的 $R$-$T$ 曲线和其他材料不同，不呈线性。金属铜具有很好的线性度，但最好在-100~300℃ 的温度范围内使用。在较高的温度下，金属钨通常是一个比较好的选择。

薄膜传感器就是在热稳定的非导电陶瓷上沉积一层合适的材料（如铂或其合金之一）来制造的，这种陶瓷必须是良好的导热体。然后，薄膜可以被蚀刻成一条长条（通常是弯曲的长条），传感器会被封装在环氧树脂或玻璃中得以保护。最终的封装体通常很小（只有几毫米长），如果应用情况和所需电阻不同，其尺寸也会有所不同。薄膜传感器的常用电阻是 100Ω，但也有应用大到 2 000Ω 的电阻。薄膜传感器体积小，而且相对便宜，是现代传感器的常用选择，特别是当不需要精度非常高的铂丝传感器时。图 3.2 是导线和薄膜 RTD 的原理图。

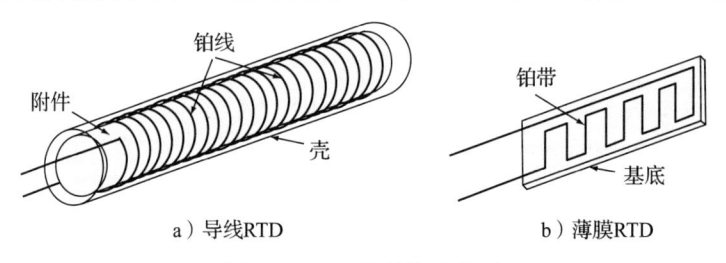

a）导线RTD  b）薄膜RTD

图 3.2　RTD 的结构示意图

RTD 通常用于相对较小的电阻中，特别是线性 RTD。正因如此，精密传感中的一个重要问题是导线的电阻，导线必须由与外部电路兼容的其他材料（铜、镀锡铜等）制成。导线的电阻也会随温度的变化而变化，这些影响会增加传感电路中的误差，因为这些电阻是不可忽略的（除了一些大阻值的薄膜 RTD）。因此，一些商业传感器有双线、三线或四线的配置，如图 3.3 所示。这些配置的目的是便于对导线进行补偿。我们会在第 11 章中看到这是如何做到的，但这里应该注意双线传感器的导线不能补偿，而三线和四线传感器允许补偿导线电阻，而且会应用于具有高精度要求的传感中。为什么这些配置十分重要，我们应该注意到如果从 A 和 B 之间测量的总电阻减去图 3.3b 中的 A-A 电阻，就可以得到 RTD 的电阻而无须考虑导线的电阻。图 3.3c 和图 3.3d 的配置也可以实现类似的补偿，但在第 11 章我们会知道一些其他通常更有效且更容易实现的方法。

热阻式传感器必须在其设计的温度范围内进行校准。标准中已经给出了校准程序和校准温度。

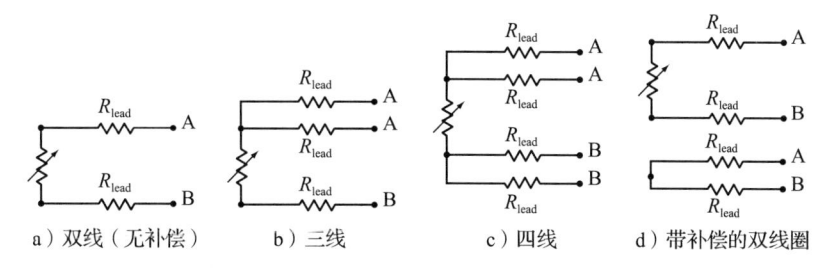

a）双线（无补偿）　　b）三线　　c）四线　　d）带补偿的双线圈

图 3.3　RTD 的连接方式。三线和四线结构（图 3.3b~图 3.3d）可以对导线进行温度变化和电阻补偿

根据材料、温度范围、结构和测量方法的不同，热阻式传感器的精度会有很大差异。一般的精度在±0.01℃到±0.05℃之间。当然也有精度更高和更低的传感器。

RTD 的稳定性用摄氏度每年（℃/年）为单位来衡量，铂传感器的稳定性为 0.05℃/年甚至更少。其他材料的稳定性则较差。

**1. RTD 电阻的自热**

在第 11 章中，我们将讨论测量电路中传感器的连接。在这一点上，需要指出的是，许多温度传感器（包括热阻式传感器）容易产生误差，这是由于用于测量其电阻的电流在其内部产生的热量使其自身温度升高而引起的。当然这是有源传感器都存在的问题，但在温度传感器中尤为明显。温度的升高可以定性地理解为：传感器中的电流越强，输出信号越强。这对于电阻很小的导线传感器来说尤其重要。另外，在导体中耗散的功率与电流的平方成正比，而这种功率会提高传感器的温度，从而引入误差。功率可以用 $P_d = I^2 R$ 定量计算，$I$ 是电流（DC 或 RMS），$R$ 是传感器的电阻。在许多传感器中，功耗遵循着一种更为复杂的关系。因此电流和温升之间的关系可能非常复杂。通常情况下，为了让设计者在设计传感器读数时补偿这些误差，制造商会给出传感器的部分规格，如每单位功率的温升（℃/mW）或每度温升的功率（mW/℃）。一般误差为 0.01~0.2℃/mW，具体取决于传感器和冷却条件（流动的空气还是静止的空气，与散热器的接触，在静止的流体中还是移动的流体中，等等）等环境因素。

**例 3.4：RTD 的自热**

设一个在-200~+850℃温度范围内工作的自热 RTD，在温度为 0℃时的标准电阻为 100Ω。其在空气中的自热在数据表中为 0.08℃/mW（一般是在 1m/s 的低空速情况下）。假设如下条件，计算由自热导致的最大预期误差：

(a) 通过在传感器上施加 1V 的恒定电压来测量电阻。
(b) 通过在传感器上施加 10mA 的恒定电流来测量电阻。

**注意**：这两种测量方法都在 0℃时提供 10mA 的标称电流。

**解**　首先，我们需要使用式（3.6）和式（3.7）计算在温度量程极值时的电阻。由公式可得：

$$R(-200) = R(0)[1+aT+bT^2+c(T-100)T^3]$$
$$= 100[1+3.9083\times10^{-13}\times(-200)-5.775\times10^{-17}\times200^2-$$
$$4.183\times10^{-12}\times(-200-100)\times(-200)^3] = 18.52\Omega$$

和

$$R(850) = R(0)(1+aT+bT^2)$$
$$= 100(1+3.9083\times10^{-3}\times850-5.775\times10^{-7}\times850^2)$$
$$= 390.48\Omega$$

(a) 对于一个恒定电压源，在-200~850℃的温度范围内，我们可以将功耗写为

$$P(-200) = \frac{V^2}{R} = \frac{1}{18.52} = 54\text{mW}$$

和

$$P(850) = \frac{V^2}{R} = \frac{1}{390.48} = 2.56\text{mW}$$

温度为-200℃时，误差为 $54\times0.08 = 4.32$℃；温度为850℃时，误差为 $2.56\times0.08 = 0.205$℃。因此在温度为-200℃时有最大误差，约为4.3℃或者2.15%。在850℃时，误差只有0.2℃。

(b) 若使用电流源，我们可以得到下式：

$$P(-200\text{℃}) = I^2R = (10\times10^{-3})^2\times18.52 = 1.85\text{mV}$$

和

$$P(850) = I^2R = (10\times10^{-3})^2\times390.48 = 39\text{mV}$$

则温度为-200℃时的误差为 $1.85\times0.08 = 0.148$℃，即在区间范围内的最低温度时，误差只有0.148℃。

温度为850℃时的误差为 $39\times0.08 = 3.12$℃，即在区间范围内的最高温度时，误差为3.12℃或者0.37%。

在这两种方法中，误差都会随着温度的变化而变化。使用电流源的方法可以减少误差范围。想要减小误差，我们可以减小电流，但电流不能太小。此外，还可能会遇到测量困难和噪声等不利情况。

**2. 响应时间**

大多数温度传感器，特别是体积较大的温度传感器，响应速度都比较慢。制造商会在传感器规格中给出这个数值，一般情况下是几秒左右（90%的稳定状态）。它的范围在水中可以短至0.1s，在空气中可以到100s。响应时间也会随着流动或静止的水或空气的变化而变化，通常情况下这些数据是可测量的。线性RTD因其物理尺寸而响应时间最长。典型的规格是针对在移动的空气和流动的水中的50%和90%的稳态响应（见例3.5）。如果需要，在其他响应级别和条件下，可以指定响应时间。响应时间是通过施加阶跃变化的温度 $\Delta T$ 来测量的，测量的是传感器达到某一温度所需的时间（通常是通过测量传感器的电阻来推导其温度）。例如，50%的稳态意味着传感器达到了等于其阶跃变化之前的初始值加上阶跃温度的50%。达到这个温度所需的时间是传感器到达稳态时响应时间的50%。

**例 3.5：RTD 的响应时间规格**

在例 3.4 中，响应时间是在移动的空气和流动的水中通过如下实验估算的：当在空气中进行测量时，RTD 处于温度为 24℃、运动速度约为 1m/s 的流动空气中。当时间 $t=0$ 时，打开加热器将空气加热到 50℃。在进行流水测试时，RTD 被放置在环境温度为 24℃ 的管道中。当时间 $t=0$ 时，将温度为 15℃ 的水流以约 0.4m/s 的速度注入。通过这两种方式测量所得的数据如下表所示，通过这些数据可以得到传感器的电阻，并计算出传感器的温度。

流动空气中的 RTD：

| 时间/s | 0 | 1 | 2 | 3 | 4 | 5 | 6 | 7 | 8 | 9 | 10 |
|---|---|---|---|---|---|---|---|---|---|---|---|
| 温度/℃ | 24 | 25 | 26.4 | 28.6 | 31.6 | 35 | 38.3 | 40.5 | 42.1 | 43.5 | 44.4 |
| 时间/s | 11 | 12 | 13 | 14 | 15 | 16 | 17 | 18 | 19 | 20 | |
| 温度/℃ | 45.6 | 46 | 46.6 | 47.1 | 47.5 | 47.7 | 48 | 48.2 | 48.5 | 48.8 | |

在水流中的 RTD：

| 时间/s | 0 | 0.05 | 0.1 | 0.15 | 0.2 | 0.25 | 0.3 | 0.35 | 0.4 | 0.45 | 0.5 |
|---|---|---|---|---|---|---|---|---|---|---|---|
| 温度/℃ | 24 | 23.1 | 21.7 | 20.3 | 18.8 | 17.6 | 16.8 | 15.9 | 15.6 | 15.3 | 15.2 |
| 时间/s | 0.55 | 0.6 | 0.65 | 0.7 | 0.75 | 0.8 | 0.85 | 0.9 | 0.95 | 1.0 | |
| 温度/℃ | 15.1 | 15 | 15 | 15 | 15 | 15 | 15 | 15 | 15 | 15 | |

(a) 估算在空气中 50% 及 90% 稳态的响应时间。

(b) 估算在水中 50% 和 90% 稳态的响应时间。50%、90% 稳态的响应时间表示传感器已达到最终预期读数的 50% 或 90%。

**解** 在很多情况下，数据会以图的形式给出，但在本例中，我们将数据制成了表格，允许直接计算响应时间。

(a) 在空气中 50% 稳态的情况下测量，指的是在 $24+(50-24) \times 0.5 = 37℃$ 的情况下测量。在 90% 稳态的情况下测量，指的是在 $24+(50-24) \times 0.9 = 47.4℃$ 的情况下测量。

响应时间可以根据以上表格（使用表格值之间的线性插值）进行估算：50% 稳态的响应时间大约是 5.5s，90% 稳态的响应时间大约是 14.75s。

(b) 在水中，阶跃是负的，等于 -9℃。因此，50% 稳态指的是传感器温度达到 $24+(15-24) \times 0.5 = 19.5℃$ 的情况，而 90% 稳态指的是传感器温度达到 $24+(15-24) \times 0.9 = 15.9℃$ 的情况。使用上表并在值之间进行插值，可得如下结果：50% 稳态的响应时间大约是 0.23s，90% 稳态的响应时间大约是 0.35s。

### 3.2.2 硅电阻传感器

半导体的导电性用量子效应来解释是最好的。我们将在第 4 章中结合光导效应讨论半导体中的量子效应，但是为了理解半导体的量子效应，有必要指出一些影响导电性的热效应。为此，我们可以使用半导体中价电子与传导电子的经典模型和已知的关系来进行研究。价电子是被束缚在原子上而不能自由移动的电子。传导电子可以自由移动并影响通过半导体的电流。在纯半导体中，大多数电子是价电子，并被称为在价带中。一个电子要想进入传导带，就必须获得额外能量，在进入传导带时会留下一个空穴（带正电荷的粒子）。这种能量称为带隙能量，能量的大小与具体的材料有关。在我们讨论的例子中，额外的能量来自热量，当然也可以来自辐射（光、核和电磁）。根据这个描述，温度越高，可用电子（和空穴）的数量就越多，通过器件的电流就越高（即电阻越小）。随着温度的升高，电阻减小，因此像硅这样的纯半导体通常具有 NTC 特性。当然，材料特性比这里给出的要复杂得多，必须考虑许多参数，如载流子迁移率（本身可能取决于温度）和半导体的纯度水平等。

半导体很少被用作纯质（本征）材料。更常见的是，杂质通过一个称为掺杂的过程被引入本征材料中。具体来讲，在硅中掺杂诸如砷或锑等 N 型杂质，在一定温度下会出现相反的效应。一般情况下对于 N 型硅，可以在 200℃ 以下观察到 PTC。在 200℃ 以上的情况下，本征（纯质）硅的性质占主导地位，表现为 NTC。在较高的温度下，这些解释是成立的，能量高的话无论掺杂与否，都会自发地产生载流子（将它们移动到传导带）。当然，对于硅半导体器件的实际传感应用，我们应关注的是 200℃ 以下的温度范围。

半导体的电导率由下列关系给出：

$$\sigma = e(n\mu_e + p\mu_h)\,[\text{S/m}] \tag{3.8}$$

其中 $e$ 是电子的电荷（$1.602\times10^{-19}$C），$n$ 和 $p$ 是物质中电子和空穴的浓度（单位为粒子/cm³），$\mu_e$ 和 $\mu_h$ 分别是电子和空穴的迁移率 [通常单位为 cm²/(V·s)]。这种关系清楚地表明，电导率取决于材料的类型，因为浓度和迁移率都取决于材料，也取决于温度。在本征材料中，电子和空穴的浓度是相等的（$n=p$），但在掺杂材料中，电子和空穴的浓度显然不相等。然而，浓度是通过**质量作用定律**联系在一起的：

$$np = n_i^2 \tag{3.9}$$

其中 $n_i$ 是固有浓度。当一种载流子的浓度通过掺杂而增加时，另一种载流子的浓度则成比例地减少。在极限范围内，一种载流子占主导地位，而材料则会变成 N 型或 P 型。在这种情况下，半导体的电导率是

$$\sigma = en_d\mu_d\,[\text{S/m}] \tag{3.10}$$

其中 $n_d$ 为掺杂剂的浓度，$\mu_d$ 为其迁移率。

电导率的关系适用于所有半导体，我们可以根据半导体的性质来计算电导率。因为载流子的浓度与温度有关，所以电导率是非线性的。然而，电导率随温度的变化可以被用于测量温度。一类非线性较小的硅基温度传感器被称为**硅电阻传感器**。因为非线性的减少是基于结构和适当的掺杂剂，这使得所应用的传感器具有比金属基传感器高得多的灵敏度，但正如设计者预期的，其可应用的温度范围要窄得多。

硅电阻传感器呈现一定程度的非线性，灵敏度为 0.5~0.7%/℃。它们可以像大多数基于硅的半导体器件一样在有限的温度范围内工作（-55~+150℃）。从物理上讲，这些传感器非常小，由一个硅芯片制成，上面有两个电极，通常用环氧树脂或玻璃进行封装。在设备量程内的温度（通常为 25℃）下指定可用电阻约为 1kΩ。因为传感器自热的问题，通过这些传感

器的电流必须保持在最低限度。总的来说，这些设备设计简单而且便宜，但是它们的精度有限，大多数设备的误差在1%~3%。硅电阻传感器的归一化电阻如图3.4所示。

硅电阻传感器的传递函数由制造商以表、图（类似于图3.4）或多项式的形式给出。这些规范适用于单个传感器或一类传感器，并且取决于结构和材料。电阻可以用卡伦德-范·杜森方程写成：

$$R(T) = R(0)[1+a(T-T_0)+b(T-T_0)^2+HOT][\Omega]$$
(3.11)

其中 $R(0)$ 是在 $T_0$ 时的电阻，HOT（高阶项）是一个校正项，特别是在高温下可以加到方程中以适应特定的曲线。系数来自被评估的特定传感器的响应时间（见例3.6）。

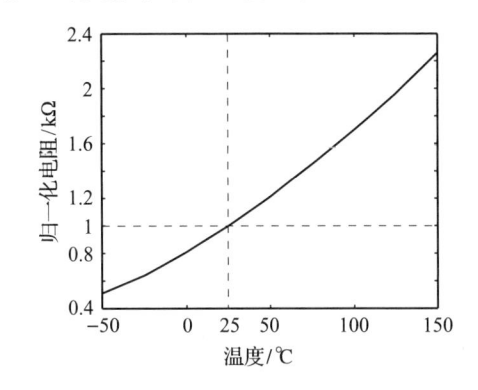

图3.4 硅电阻传感器的归一化电阻（25℃）与温度的关系。在25℃下1kΩ标称电阻用虚线的交点表示

### 例3.6：硅电阻传感器

式（3.11）的前两项描述了硅电阻传感器，在温度为25℃时，1kΩ参考电阻的系数为 $a = 7.635×10^{-3}$，$b = 1.731×10^{-5}$。该传感器用于0~75℃的温度范围。计算线性电阻的最大偏差，其中线性响应由式（3.4）给出，温度系数为0.013/℃。

**解** 我们最好先计算响应和绘制响应的曲线，以便观察传感器的输出结果。响应曲线如图3.5所示。显然输出（电阻）的最大误差是在最低温度处产生的。当温度为0℃时，使用式（3.4），有

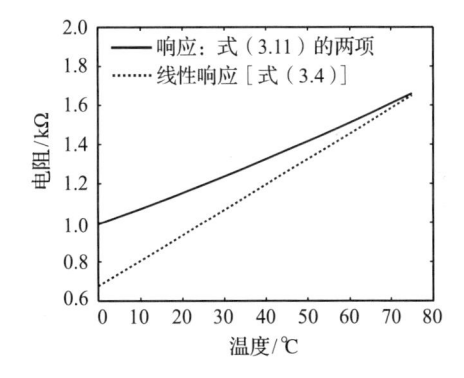

图3.5 硅电阻传感器的响应显示了近似线性公式与二阶公式之间的偏差

$$R(0) = R_0[1+\alpha(T-T_0)] = 1\,000[1+0.013(0-25)] = 675.0\Omega$$

使用式（3.11），有

$$R(0) = R_0[1+a(T-T_0)+b(T-T_0)^2]$$
$$= 1\,000[1+7.635×10^{-3}(0-25)+1.731×10^{-5}(0-25)^2]$$
$$= 992.4\Omega$$

差值为317.4Ω，百分比是31.98%，显然，线性公式不能用于实际应用。在应用这类传感器时，可以通过存储在微处理器中的查询表或直接求其表达式来测量获得传感器的电阻，将电阻值代入式（3.11），从而计算出温度。

## 3.2.3 热敏电阻

热敏电阻（与热量相关的电阻器）是与其他半导体器件一起出现的，并从20世纪60年

代开始被用于温度传感。顾名思义,热敏电阻是与热量相关的电阻器,由具有高温系数的半导体金属氧化物制成。大多数金属氧化物半导体是 NTC 材料,它们在参考温度(通常为25℃)下的电阻相当大。热敏电阻的简单模型如下:

$$R(T)=R_0 e^{\beta(1/T-1/T_0)}=R_0 e^{-\beta/T_0}e^{\beta/T}\ [\Omega] \quad (3.12)$$

其中 $R_0\ [\Omega]$ 是热敏电阻器在参考温度 $T_0\ [K]$ 下的电阻,$\beta\ [K]$ 是**材料常数**,而且代表设备中使用的特定材料,$R(T)\ [\Omega]$ 是热敏电阻的电阻值,$T\ [K]$ 是感测到的温度。这种关系显然只是近似的,而且是非线性的。式(3.12)的逆关系也很有用,特别是在根据测量的电阻估计温度时,并且通常用于传感:

$$T=\frac{\beta}{\ln[R(T)/R_0 e^{-\beta/T_0}]}\ [K] \quad (3.13)$$

利用 Steinhart-Hart 方程可以改进式(3.12)中的模型,计算出电阻为

$$R(T)=e^{\left(x-\frac{y}{2}\right)^{1/3}-\left(x+\frac{y}{2}\right)^{1/3}}\ [\Omega],\quad y=\frac{a-1/T}{c},\quad x=\sqrt{\left(\frac{b}{3c}\right)^3+\frac{y^2}{4}} \quad (3.14)$$

常数 $a$、$b$ 和 $c$ 从热敏电阻响应的三个已知点进行估算。我们也会经常使用逆关系对温度进行估算:

$$T=\frac{1}{a+b\ln(R)+c\ln^3(R)}\ [K] \quad (3.15)$$

式(3.12)和式(3.14)建立了适用于很多应用的热敏电阻的近似传递函数。

由于设备之间的差异很大,因此经常要像第 2 章所提到的那样,通过校准来建立传递函数。在大多数情况下,用式(3.15)来计算系数 $a$、$b$、$c$,再用式(3.14)将电阻写成温度的函数。热敏电阻的系数通常由制造商评测,并以表格形式给出供校正使用。同样,如果使用传递函数的简化形式,利用式(3.13),可以很容易地求出材料常数 $\beta$。

通过改变器件的形状等各种方法来微调设备可以获得更高精度的热敏电阻模型。生产方法本身也会影响传递函数。热敏电阻有许多生产方法。第一种,珠状热敏电阻(见图 3.6a)本质上是将两个导体(高质量热敏电阻用铂合金,廉价热敏电阻用铜或铜合金)通过热处理连接,形成小体积金属氧化物,然后在珠子上涂上一层玻璃或环氧树脂制成的。第二种方法是生产带有表面电极的芯片(见图 3.6b),然后将表面电极连接到引线上,并将器件进行封装。芯片可以很容易地裁剪出特定的电阻值。第三种生产方法是按照标准的半导体生产方法(见图 3.7b)将半导体沉积在衬底上。这些方法在集成设备和复杂传感器(如辐射传感器)中非常重要。虽然生产方法很重要,但封装可能更重要,因为封装是确保电阻长期稳定的主要手段。这种封装是各种热敏电阻之间的主要区别之一。

好的热敏电阻是使用玻璃封装的,而环氧树脂灌封常用于比较便宜的器件中。有时为了在恶劣的环境中保护电阻,还会添加不

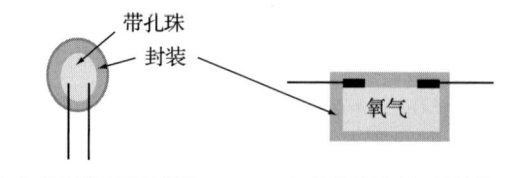

a)珠状热敏电阻的结构　　b)晶片热敏电阻的结构

图 3.6 热敏电阻结构

锈钢护套。图 3.7a 显示了两个用环氧树脂封装的珠状热敏电阻和两个芯片热敏电阻的图片。器件的尺寸也由生产方法决定（珠状热敏电阻最小），这决定了器件的热响应情况。通常情况下，因为热敏电阻的物理尺寸较小，所以其热响应相对较短。

a）两种常见的热敏电阻，芯片在
左边和右边，两个珠在中间

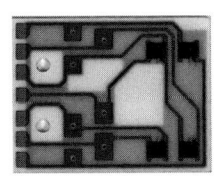

b）在陶瓷衬底上沉积热敏电阻（热敏
电阻是右边四个黑色的矩形区域）

图 3.7　用不同方法生产的热敏电阻

虽然大多数热敏电阻都是 NTC 器件，但 PTC 器件也可以由特殊材料制成。这些特殊材料通常是用钛酸钡（$BaTiO_3$）或钛酸锶（$SrTiO_3$）并添加掺杂剂制成，以使其具有半导体的特性。这些材料的电阻值很大而且传递函数高度非线性。然而，在一个很小的有用范围内，它们表现出一个带有正温度系数的轻度非线性曲线。与 NTC 热敏电阻不同，PTC 热敏电阻在有效范围内曲线陡峭（电阻变化很大），因此在该范围内比 NTC 更敏感。总的来说，PTC 热敏电阻不像 NTC 热敏电阻那么常见，但是它们有一个优点是所有 PTC 器件（包括线绕传感器）所共有的。如果将它们连接到电压源，那么随着温度升高，电流会减小，因此它们不会因为自热而过热。这是一种内在的保护机制，这在高温应用中非常有用。相反，NTC 热敏电阻在上述条件下会过热。

热敏电阻与 RTD 类似，会因为自热而产生误差。典型值在水中是 0.01℃/mW，在空气中为 1℃/mW。然而，由于热敏电阻的阻值范围很广，可以达到几兆欧的超高灵敏度，因此通过热敏电阻的电流通常很小，一般情况下自热不是问题。另外，一些热敏电阻可以非常小，这就可以利用它的特性来达到目标要求的效果。在一些情况下，可以利用热敏电阻的自热特性，用电流故意加热热敏电阻。这方面的例子将在第 6 章中详细讨论。自热会由制造商以和 RTD 相似的方式进行规范。

过去热敏电阻的长期稳定性一直是一个问题，因为所有的热敏电阻阻值都会随着老化而发生变化，尤其是在生产之后。基于这个原因，热敏电阻在装运前要在高温下保存特定的一段时间。好的热敏电阻陈化后的偏差可以忽略不计，这使得它可以在 0.25℃ 的数量级进行精确测量，并具有极好的重复性。

热敏电阻的温度范围比硅 RTD 要宽，高温可以超过 1 500℃，低温也可以低于 -270℃。热敏电阻由于成本低、体积小、工作所需的接口简单，常常是许多消费产品中的首选传感器。

**例 3.7：NTC 热敏电阻**

热敏电阻在 25℃ 时标准电阻为 10kΩ。为了评测热敏电阻的阻值，在温度为 0℃ 时测出的电阻为 29.49kΩ。计算并画出热敏电阻在 -50~+50℃ 的电阻。

**解**　要用式（3.12），我们必须先求出系数 $\beta$。具体过程如下：

$$R(0) = 29\,490 = 10\,000 e^{\beta((1/273.15)-(1/(273.15+25)))} \;[\Omega]$$

为了计算 $\beta$，将上式写为

$$\ln\left(\frac{29\,490}{10\,000}\right) = \beta(1/273.15 - 1/298.15)$$

或者

$$\beta = \ln\left(\frac{29\,490}{10\,000}\right)\left(\frac{1}{1/273.15 - 1/298.15}\right) = 3.523 \times 10^3 \text{K}$$

现在，电阻的表达式为

$$R(T) = 10\,000 e^{3.523\times 10^3 \times (1/T - 1/298.15)}\;[\Omega]$$

在 $-50$℃时的电阻为 $530\,580\Omega$，在 $+50$℃时的电阻为 $4\,008\Omega$：

$$R(T=223.15\text{K}) = 10\,000 e^{3.523\times 10^3 \times (1/223.15 - 1/298.15)} = 530\,580\Omega$$

$$R(T=323.15\text{K}) = 10\,000 e^{3.523\times 10^3 \times (1/323.15 - 1/298.15)} = 4\,008\Omega$$

注意热敏电阻在这个大区间范围内的非线性（见图 3.8）。同时，因为这是一个近似值，假设 $\beta$ 是在区间范围内的温度下计算（或给出）得到的，那么该区间范围越窄，$\beta$ 就越接近真实值。显然，前提是假定 $\beta$ 与温度无关。在本例中，$\beta$ 是使用 $T_0=25$℃和 $T=0$℃计算得出的，但任何两种温度的已知电阻都是可以使用的。在规格表中，标准温度 $T_0=25$℃，$T=85$℃。

## 3.3 热电式传感器

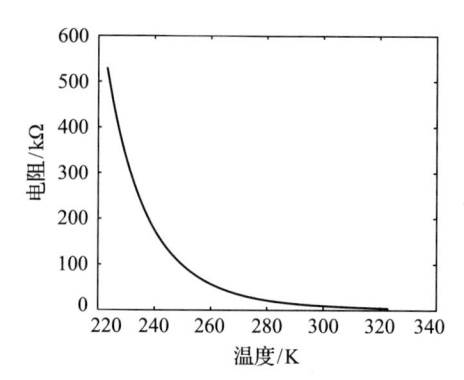

图 3.8 热敏电阻在 $-50$℃（223.15K）和 50℃（323.15K）之间的响应

正如引言中所述，热电式传感器是最古老的传感器之一，其中一些最有用、最常用的热电式传感器已经使用了 150 多年。然而，乍一看这似乎很奇怪，因为热电式传感器产生的信号很小，很难测量，而且还会受到噪声问题的干扰。或许热电式传感器（尤其是早期热电式传感器）能够成功的主要原因是它们是无源传感器——它们可以直接产生电磁（电压），因此，我们所需要做的就是测量电压。在早期没有放大器和控制器的情况下，人们仍然可以测量电压，尽管数值很小，但还是可以获得准确的温度读数，而且技术水平不高的人也可以制作热电式传感器。热电式传感器还有其他特性，这些特性确保它们即使在现代也是卓越的存在。除了发展良好、简单、坚固耐用、廉价之外，热电式传感器可以在接近绝对零度到 2 700℃的整个实际应用温度范围内工作。没有其他的传感器技术（除了红外温度传感器）能和它相比，有些传感器甚至都适应不了这个区间范围的一小部分。

实际上只有一种热电式传感器，一般称为**热电偶**，但是会在命名和构造上有所不同。热电偶通常是指由两个不同导体组成的结点。多个这样的结点串联起来被称为**热电堆**。半导体热电偶和热电堆具有相似的功能，但也可以起相反的作用，比如产生热量或进行冷却，因此可以用作执行器。这些装置通常被称为**热传导发电机**（Thermoelectric Generator，TEG），有时也称为佩尔捷电池，它们可以用于驱动，也可以用作传感器。

热电偶是以塞贝克效应为基础的，塞贝克效应是另外两种效应——佩尔捷效应和汤姆森效应的总和。这两种效应以及由此产生的塞贝克效应可以描述如下：

佩尔捷效应是当结点中有电流流过产生电动势时，在两种不同材料的结点处产生或吸收的热量。这种效应要么通过在结点上连接一个外部电动势来实现，要么由结点本身产生，这取决于不同的操作模式。但无论哪种情况，都必须有电流流过结点。这种效应在制冷和加热领域，特别是在便携式冰箱和冷却电子元件方面都得到了应用。1834 年，Charles Athanase Peltier 发现了这个效应，此后，自 20 世纪 60 年代起，该效应作为太空计划的一部分一直发展到现在。现有的器件都从半导体，特别是高温半导体材料的发展中受益匪浅。

1892 年，William Thomson（开尔文勋爵）发现了**汤姆森效应**，汤姆森效应的内容是，一根载流导线如果沿其长度不均匀受热，那么由于导线中电流的方向不同（由热到冷或由冷到热），导线会吸收或辐射热量。

**塞贝克效应**是在两种不同导电材料之间的结点处产生电动势。如果两个导体的两端都连接了起来，且当两个结点之间保持温差时，热电电流就会流过闭合电路（见图 3.9a）。或者，如果电路是开路的（见图 3.9b），那么开路上将出现电动势。热电偶传感器测量的正是这个电动势。1821 年，Thomas Johann Seebeck 发现了这种效应。

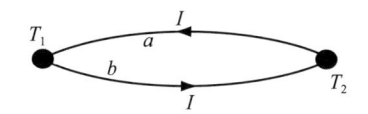

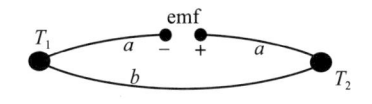

a）热电电流在由两个温度不同的结点组成的电路中流动　　b）在开路中形成电动势

图 3.9　塞贝克效应示意图

在下面的简化分析中，我们假设图 3.9b 中的两个结点处于不同的温度 $T_1$ 和 $T_2$，导线是均匀的。然后我们可以定义每根导线上的塞贝克电动势 $a$ 和 $b$：

$$\text{emf}_a = \alpha_a(T_2 - T_1), \quad \text{emf}_b = \alpha_b(T_2 - T_1) \tag{3.16}$$

在这些关系中，$\alpha_a$ 和 $\alpha_b$ 是用微伏每摄氏度（μV/℃）和所涉及材料的性质（所选材料的绝对塞贝克系数，见表 3.2）给出的绝对塞贝克系数。因此，由两根导线 $a$ 和 $b$ 组成的热电偶所产生的热电动势为

$$\text{emf}_T = \text{emf}_a - \text{emf}_b = (\alpha_a - \alpha_b)(T_2 - T_1) = \alpha_{ab}(T_2 - T_1) \tag{3.17}$$

表 3.2　指定（热电系列）元件的绝对塞贝克系数

| 材料 | $\alpha$/(μV/K) | 材料 | $\alpha$/(μV/K) | 材料 | $\alpha$/(μV/K) | 材料 | $\alpha$/(μV/K) |
| --- | --- | --- | --- | --- | --- | --- | --- |
| P 型硅 | 100~1 000 | 金（Au） | 0.1 | 铝（Al） | -3.2 | 镍（Vi） | -20.4 |
| 锑（Sb） | 32 | 铜（Cu） | 0 | 铂（Pt） | -5.9 | 铋（Sb） | -72.8 |
| 铁（Fe） | 13.4 | 银（Ag） | -0.2 | 钴（Co） | -20.1 | N 型硅 | -1 000~-100 |

$\alpha_{ab}$ 是组合材料 $a$ 和 $b$ 的相对塞贝克系数（见表 3.3）。这些系数可用于各种组合材料，并表明了热电偶的灵敏度。表 3.3 列出了一些复合材料的塞贝克系数。其他相关的塞贝克系数可以从表 3.2 的绝对系数和其他材料的类似的表中通过一个绝对系数减去另一个绝对系数得到。

表 3.3　一些组合材料的相对塞贝克系数

| 材料 | 25℃时的相对塞贝克系数/($\mu V/℃$) | 0℃时的相对塞贝克系数/($\mu V/℃$) |
| --- | --- | --- |
| 铜/康铜 | 40.9 | 38.7 |
| 铁/康铜 | 51.7 | 50.4 |
| 镍铬合金/镍铝合金 | 40.6 | 39.4 |
| 镍铬合金/康铜 | 60.9 | 58.7 |
| 铂（10%）/铂铑合金 | 6.0 | 7.3 |
| 铂（13%）/铂铑合金 | 6.0 | 5.3 |
| 银/钯 | 10 | |
| 康铜/钨 | 42.1 | |
| 硅/铝 | 446 | |
| 碳/碳化硅 | 170 | |

塞贝克系数相当小——最大的系数也只有约每度几微伏到每度几毫伏。这意味着在许多情况下，热电偶的输出必须经过放大才能用于实际应用。同时，这也意味着在连接热电偶时必须特别小心，避免来自外部源的感应电动势等引起的噪声信号和误差。直接测量输出——这是过去使用这些传感器的主要方法——如果严格用于温度测量，并且不需要对输出进行进一步的处理，仍然是可实现的。然而现在更常见的情况是，输出信号会用来完成一些动作（打开或关闭火炉，在打开煤气之前检测火焰等），这意味着至少一些调节信号和控制器会被用来影响执行器的动作。

热电偶的运作（也就是上面总结的热电定律）基于以下三个定律：

1) **均质电路定律**：仅靠热量并不能在均质电路中建立热电电流。这个定律决定了不同材料的结点的必要性，因为单个导体不足以产生电动势，从而产生电流。

2) **中间材料定律**：如果所有结点的温度都相同，在任意数量的不同材料组成的电路中，**热电动势（emf）的代数和为零**。这就证明了这样一个事实：只要添加到电路中的结点保持在相同的温度，附加的材料就可以连接到热电电路中，而且不会影响电路的输出。同时，该定律表明电压是可以相加的，因此多个结点可以串联起来增加输出（热电堆）。

3) **中间温度定律**：两个结点在温度 $T_1$ 和 $T_2$ 产生的塞贝克电压为 $V_1$，在温度 $T_2$ 和 $T_3$ 产生的塞贝克电压为 $V_2$，在温度 $T_1$ 和 $T_3$ 产生的塞贝克电压为 $V_3$，它们之间的关系为 $V_3 = V_1 + V_2$。该定律建立了热电偶的校准方法。

**注意**：某些资料中一共列出了五条定律，做了更详细的研究。这里列出的三个定律已包含在内，描述了所有观察到的效应。

基于上述原理，热电偶通常成对使用（但也有例外和变化），一个结点用来感知温度，而第二个结点作为参考温度，参考温度通常是较低的温度，但也可以是较高的温度。如图 3.10 所示，电压表表示传感器连接的设备（通常是放大器）。电路中不同材料之间的任何连接都会增加在该结点处产生的电动势。在相同温度下，可以添加任意一对结点而不改变输出。在图 3.10 中，输出是由结点 2 和结点 1 产生的，因为结点 3 和结点 4 相同（一个在材料带 $b$ 和 $c$ 之间，一个在材料带 $c$ 和 $b$ 之间），且温度也相同。因此，这对结点不产生净电动势。结点 5 和结点 6 也产生零电动势，因为它们是相同材料之间的结点，在任何温度下都产生零电动势。注意，每一个连接（到参考结点的连接和到测量仪器的连接）都必然会增加两个结点。这表明了感知的策略：任何未被感知的结点或非参考结点必须是在相同的材料间或成对出现，而且这对结点中的两个结点必须保持在相同的温度下。另外，在传感器到参考结点或测量仪器之间使用完整导线是一种有效的预防措施。如果需要通过拼接来延长长度，则必须使用相同材料制成的导线，以避免产生额外的电动势。

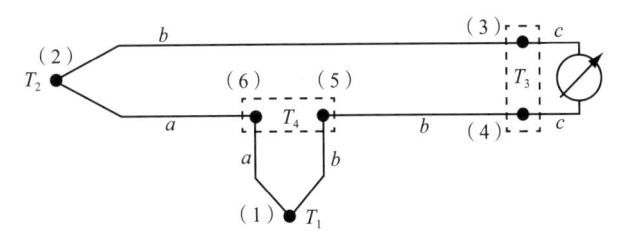

图 3.10　测量热电偶（热结点 2）和参考热电偶（冷结点 1）以及通过连接引入的附加结点

热电偶的连接有很多方法，每一种都有自己的优点。最常见的连接如图 3.11a 所示。两个结点（在材料 $b$ 和 $c$ 之间及材料 $a$ 和 $c$ 之间）会被放置在所谓的**均匀温度区**或**等温区**中。等温区可以是一个小接线盒，也可以是两个非常接近的结点——只要能保证它们处于相同的温度。在这种情况下没有冷结点，但是会增加一个补偿电路以确保结点 $b$-$c$ 和 $a$-$c$ 上的电动势和补偿电位一起"模拟"冷结点的效果。补偿电路保证在参考温度（通常为 0℃）下输出为零。

如果使用如图 3.10 所示的参考结点，关键问题是温度是已知且恒定的。在这种情况下，参考结点的温度可以分别通过传感器（通常是 RTD，有时是热敏电阻，但在任何情况下都不会是热电偶）和用来补偿参考结点温度变化的读数进行测量。参考结点的温度可以保持为水-冰混合物间的温度，以保证温度为 0℃（如果水被污染或大气压力改变，可能会发生一些变化）。即使没有在电路中加入特定的补偿，也应该监测冰浴的温度。水-冰混合物的另一种替代品是沸水，但要采取同样的预防措施。这两个温度也通常被用于热电偶的校准。在正常的操作中，使用水-冰混合物或沸水很不方便。在许多应用中，使用了图 3.11a 中的方法，不需要参考结点或固定温度，因此避免了使用参考结点时所涉及的误差，而且解决了维持已知恒定温度的问题。但是它确实需要测量温度区域的温度和补偿电路，该电路提供从参考结点估计出的等效电动势。此外，这里的温度传感器不可以是热电偶。图 3.11a 中测量的电动势表达式如下：

$$\text{emf} = \alpha_{ba}T_2 - (\alpha_{bc}+\alpha_{ca})T + \text{emf}_{comp}\ [\mu V] \tag{3.18}$$

其中 $\alpha_{ba}$、$\alpha_{bc}$、$\alpha_{ca}$ 为相对塞贝克系数。在式（3.18）中，$\alpha_{ba}T_2$ 是值得关注的，而 $(\alpha_{bc}+\alpha_{ca})T$ 可视为参考电动势的一部分，该系数在温度 $T$ 下进行测量。这一项可以用三种材料的绝对塞贝克系数表示如下：

$$(\alpha_{bc}+\alpha_{ca})T = [(\alpha_b - \alpha_c) + (\alpha_c - \alpha_a)]T = (\alpha_b - \alpha_a)T = \alpha_{ba}T \tag{3.19}$$

式（3.18）就可以变成

$$\text{emf} = \alpha_{ba}T_2 - \alpha_{ba}T + \text{emf}_{comp}\ [\mu V] \tag{3.20}$$

加上补偿电动势 $\text{emf}_{comp}$ 以确保可以正确测量 $T_2$。补偿电路的目的是消除 $\alpha_{ba}T$。也就是说，由补偿电路提供的电动势必须满足以下关系：

$$\text{emf}_{comp} = \alpha_{ba}T\ [mV] \tag{3.21}$$

其中 $T$ 是温度区温度。在这些条件下，测量到的基于 $T_2$ 的电动势为 $\text{emf} = \alpha_{ba}T_2$。还应该注意的是，系数 $\alpha_{ba}$ 是感应结点的相对塞贝克系数，因此补偿值和感应结点的灵敏度有关。

想要了解补偿方法，需要参考图 3.11b，用电势差 $V_{BA}$ 代替冷结点。电阻 $R_1$ 等于 RTD 在 0℃ 时的电阻，用 $R_T$ 表示。电阻器 $R_2$ 的阻值与 $R_1$ 相同，根据所使用的热电偶类型的要求，每摄氏度产生一个电势差。通常情况下，RTD 是电阻阻值约为 100Ω 的铂 RTD，参考电位 $V^+$ 可以在一个任意的电平上进行调节，通常是 5~12V。点 $A$ 的电位（又称电势）可以表示为

$$V_A = \frac{V^+}{R_1 + R_2} R_1\ [V] \tag{3.22}$$

点 $B$ 的电势随温度变化如下：

$$V_B = \frac{V^+}{R_2 + R_0(1+\alpha T)} R_0(1+\alpha T)\ [V] \tag{3.23}$$

其中 $\alpha$ 为 RTD 的电阻温度系数，$R_0$ 为 RTD 在 0℃ 时的电阻。取代冷结点的电势为

$$\text{emf}_{comp} = V_{BA} = \frac{V^+}{R_2 + R_0(1+\alpha T)} R_0(1+\alpha T) - \frac{V^+}{R_1 + R_2} R_1\ [V] \tag{3.24}$$

这个关系式可用于计算电阻 $R_2$，因为对于任何给定类型的热电偶，$V_{BA}$ 在任何温度下都是已知的。例 3.8 说明了电阻的实际计算过程。

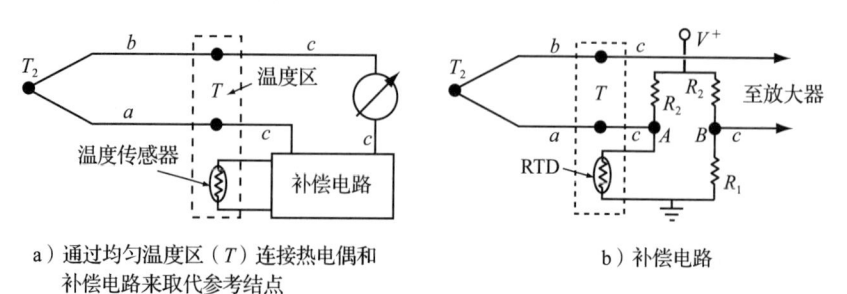

a）通过均匀温度区（$T$）连接热电偶和补偿电路来取代参考结点

b）补偿电路

图 3.11 热电偶的常见连接方式及补偿电路

上面讨论的补偿方法确实有一个小缺点：温度区的温度范围不能与 RTD 的参考温度相差

太多。其原因是在 RTD 的参考温度下补偿电路可以产生零电动势（这点可以由式（3.24）和图 3.11b 证实）。只要温度范围相对较小，该方法就非常准确实用（见例 3.8）。

**例 3.8：K 型热电偶的冷结点补偿**

如图 3.11b 所示，使用铂 RTD 对铬镍-铝镍热电偶进行冷结点补偿。RTD 在 0℃ 的电阻为 100Ω，TCR 系数为 0.003 85。K 型热电偶的相对塞贝克系数（灵敏度）在 0℃ 时为 39.4μV/℃（见表 3.3）。

（a）假设给定 10V 的电压源，计算这种类型热电偶所需的电阻 $R_2$。

（b）若温度区域是 $T=27℃$，计算温度在 45℃ 时的测量误差并解释误差的来源。

**解** 我们可以直接使用式（3.24）。由于塞贝克系数是以每摄氏度给出的，因此温度 $T$ 可以取 0℃ 以上（或以下）的任何值。这里为了方便取 1℃，$R_1=100Ω$，可得

（a）

$$39.4\times10^{-6}=\frac{10}{R_2+100(1+0.003\ 85\times1)}\times100\times(1+0.003\ 85\times1)-\frac{10}{100+R_2}\times100$$

或

$$39.4\times10^{-6}=\frac{1\ 003.85}{R_2+100.385}-\frac{1\ 000}{100+R_2}$$

通过交叉相乘分离 $R_2$ 可得

$$R_2^2-97\ 515.351R_2+10\ 038.5=0$$

解方程可得

$$R_2=97\ 515.3Ω$$

我们将把 97 500Ω 作为一个可用于商业制造的电阻。

（b）温度区域为 27℃，由上述电路可以得出电动势 [同样代入式（3.24）]：

$$\text{emf}_{\text{comp}}=\frac{10}{97\ 500+100(1+0.003\ 85\times27)}\times100\times(1+0.003\ 85\times27)-\frac{10}{97\ 500+100}\times100$$

$$=1.063\ 857\text{mV}$$

$\alpha_{ba}T$ [见式（3.19）] 为

$$\alpha_{ba}T=39.4\times10^{-6}\times27=1.063\ 8\times10^{-3}\text{V}$$

因此包含补偿的电路的电动势为 [代入式（3.20）]：

$$\text{emf}=39.4\times10^{-6}\times45-1.063\ 8\times10^{-3}+1.063\ 857\times10^{-3}=1.773\ 057\text{mV}$$

该值对应的温度 $T_2$ 为

$$T_2=\frac{1.773\ 057\times10^{-3}}{39.4\times10^{-6}}=45.001\ 45℃$$

可以看到误差很小，只有 0.003%。

误差的主要来源是电阻 $R_2$，因为我们选择了一个可以商业化生产的电阻器。更精确的数值可以减少误差（电阻器可以用可调电阻器或电位器来代替）。还有其他的误差来源，其中最重要的是热电偶的非线性传递函数（我们将在下文中讨论）。在实践中，我们还应该注意电阻

器本身有一定的容限，以及一些温度依赖性，这会增加误差。总的来说，这种方法是非常准确的，而且经常用于热电偶传感。

### 3.3.1 实际考虑

上面已经讨论了热电偶的一些性质。制作结点所用的材料是影响热电偶输出电动势、温度范围和电阻的重要因素。为了更好地选择热电偶和热电偶材料，标准组织制定并提供了热电偶参考表。一共有三个可用的基本表。第一种称为热电系列表，所选材料见表3.4。这个表中的每一种材料相对于上面的所有材料都是负热电性的，相对于下面的所有材料都是正热电性的。这也表明，一对热电偶彼此距离越远，产生的电动势输出越大。

表3.4 热电系列：在特定温度下特定元件和合金

| 100℃ | 500℃ | 900℃ | 100℃ | 500℃ | 900℃ |
|---|---|---|---|---|---|
| 锑 | 镍铬合金 | 镍铬合金 | 90%铂,10%铑 | 铂 | 钴 |
| 镍铬合金 | 铜 | 银 | 铂 | 钴 | 镍铝合金 |
| 铁 | 银 | 金 | 钴 | 镍铝合金 | 镍 |
| 镍铬铁合金 | 金 | 铁 | 镍铝合金 | 镍 | 康铜 |
| 铜 | 铁 | 90%铂,10%铑 | 镍 | 康铜 | |
| 银 | 90%铂,10%铑 | 铂 | 康铜 | | |

第二个标准表列出了以铂-67为参照的各种材料和各种常见热电偶的塞贝克系数，如表3.5和表3.6所示。在这些表格中，每种类型（E、J、K、R、S和T）中的第一种材料是正的，第二种材料是负的。表3.5给出了热电偶基本元件相对于铂-67的塞贝克电动势。例如，J型热电偶使用的是铁和康铜，因此，列JP列出了铁相对于铂-67的塞贝克电势，而列JN列出了康铜相对于铂-67的电动势。把两者相加得到J型热电偶的对应值，见表3.6。因此，例如，从表3.5中在温度为0℃处取JP和JN的值（粗体所示）并相加，即17.9 + 32.5 = 50.4μV/℃，得出表3.6中J列的0℃下的塞贝克系数（粗体所示）。还要注意的是，这些表格列出了元件和热电偶在高温或低温下的使用限制，塞贝克系数随温度而变化。这说明热电偶的输出不能是线性的，接下来我们会看到这一点。

表3.5 关于铂-67的塞贝克系数

| 温度/℃ | 热电偶类型——塞贝克系数/(μV/℃) ||||||
|---|---|---|---|---|---|---|
| | JP | JN | TP | TN,EN | KP,EP | KN |
| 0 | **17.9** | **32.5** | 5.9 | 32.9 | 25.8 | 13.6 |
| 100 | 17.2 | 37.2 | 9.4 | 37.4 | 30.1 | 11.2 |
| 200 | 14.6 | 40.9 | 11.9 | 41.3 | 32.8 | 7.2 |
| 300 | 11.7 | 43.7 | 14.3 | 43.8 | 34.1 | 7.3 |
| 400 | 9.7 | 45.4 | 16.3 | 45.5 | 34.5 | 7.7 |
| 500 | 9.6 | 46.4 | | 46.6 | 34.3 | 8.3 |
| 600 | 11.7 | 46.8 | | 46.9 | 33.7 | 8.8 |
| 700 | 15.4 | 46.9 | | 46.8 | 33.0 | 8.8 |

(续)

| 温度/℃ | 热电偶类型——塞贝克系数/(μV/℃) |  |  |  |  |  |
|---|---|---|---|---|---|---|
|  | JP | JN | TP | TN,EN | KP,EP | KN |
| 800 |  |  |  | 46.3 | 32.2 | 8.8 |
| 900 |  |  |  | 45.3 | 31.4 | 8.5 |
| 1 000 |  |  |  | 44.2 | 30.8 | 8.2 |

表 3.6 各类热电偶的塞贝克系数

| 温度/℃ | 热电偶类型——塞贝克系数/(μV/℃) |  |  |  |  |  |
|---|---|---|---|---|---|---|
|  | E | J | K | R | S | T |
| −200 | 25.1 | 21.9 | 15.3 | 5.3 | 5.4 | 15.7 |
| −100 | 45.2 | 41.1 | 30.5 | 7.5 | 7.3 | 28.4 |
| 0 | 58.7 | **50.4** | 39.4 | 8.8 | 8.5 | 38.7 |
| 100 | 67.5 | 54.3 | 41.4 | 9.7 | 9.1 | 46.8 |
| 200 | 74.0 | 55.5 | 40.0 | 10.4 | 9.6 | 53.1 |
| 300 | 77.9 | 55.4 | 41.4 | 10.9 | 9.9 | 58.1 |
| 400 | 80.0 | 55.1 | 42.2 | 11.3 | 10.2 | 61.8 |
| 500 | 80.9 | 56.0 | 42.6 | 11.8 | 10.5 |  |
| 600 | 80.7 | 58.5 | 42.5 | 12.3 | 10.9 |  |
| 700 | 79.8 | 62.2 | 41.9 | 12.8 | 11.2 |  |
| 800 | 78.4 |  | 41.0 | 13.2 | 11.5 |  |
| 900 | 76.7 |  | 40.0 |  |  |  |
| 1 000 | 74.9 |  | 38.9 |  |  |  |

第三个表称为热电参考表，给出了热电偶在一定温度范围内作为第 $n$ 阶多项式产生的热电动势（其实就是传递函数），并且给出了多项式的系数。标准表提供了 0℃ 温度下的参考结点电动势。这些表确保热电偶输出的准确表示，并可由控制器来精确表示热电偶所感测的温度。

实际上一共有两个表。一个提供热电偶输出（与参考零度温度），而第二个提供与输出电动势对应的温度。表示传递函数的示例参照表 3.7（显示了 E 型热电偶的表项，即多项式的系数）以及表 3.8（显示了逆多项式的系数，即给定电动势和温度的多项式的系数）。表 3.8 还显示了传感器在不同温度范围内的预期精度。应当注意的是，温度以摄氏度表示，电动势以微伏表示。

表 3.7 在 0℃ 下参考结点的 E 型热电偶（镍铬合金-康铜）的标准热电参考表（传递函数）

$$\text{emf} = \sum_{i=0}^{n} c_i T^i [\mu V]$$

| 温度区间/℃ | −270~0 | 0~1 000 |
|---|---|---|
| $c_0$ | 0 | 0 |
| $c_1$ | 5.866 550 870 8×10$^1$ | 5.866 550 871 0×10$^1$ |

(续)

|  |  |  |
|---|---|---|
| $c_2$ | $4.541\ 097\ 712\ 4\times10^{-2}$ | $4.503\ 227\ 558\ 2\times10^{-2}$ |
| $c_3$ | $-7.799\ 804\ 868\ 6\times10^{-4}$ | $2.890\ 840\ 721\ 2\times10^{-5}$ |
| $c_4$ | $-2.580\ 016\ 084\ 3\times10^{-5}$ | $-3.305\ 689\ 665\ 2\times10^{-7}$ |
| $c_5$ | $-5.945\ 258\ 305\ 7\times10^{-7}$ | $6.502\ 440\ 327\ 0\times10^{-10}$ |
| $c_6$ | $-9.321\ 405\ 866\ 7\times10^{-9}$ | $-1.919\ 749\ 550\ 4\times10^{-13}$ |
| $c_7$ | $-1.028\ 760\ 553\ 4\times10^{-10}$ | $-1.253\ 660\ 049\ 7\times10^{-15}$ |
| $c_8$ | $-8.037\ 012\ 362\ 1\times10^{-13}$ | $2.148\ 921\ 756\ 9\times10^{-18}$ |
| $c_9$ | $-4.397\ 949\ 739\ 1\times10^{-15}$ | $-1.438\ 804\ 178\ 2\times10^{-21}$ |
| $c_{10}$ | $-1.641\ 477\ 635\ 5\times10^{-17}$ | $3.596\ 089\ 948\ 1\times10^{-25}$ |
| $c_{11}$ | $-3.967\ 361\ 951\ 6\times10^{-20}$ |  |
| $c_{12}$ | $-5.582\ 732\ 872\ 1\times10^{-22}$ |  |
| $c_{13}$ | $-3.465\ 784\ 201\ 3\times10^{-26}$ |  |

表 3.8  E 型热电偶逆多项式的系数

$$T=\sum_{i=0}^{n} c_i E^i\ [\ ℃\ ]$$

| 温度区间/℃ | $-200\sim0$ | $0\sim1\ 000$ |
|---|---|---|
| 电压区间/μV | $E=-882\ 5\sim0$ | $E=0\sim76\ 373$ |
| $c_0$ | 0.0 | 0.0 |
| $c_1$ | $1.697\ 728\ 8\times10^{-2}$ | $1.705\ 703\ 5\times10^{-2}$ |
| $c_2$ | $-4.351\ 497\ 0\times10^{-7}$ | $-2.330\ 175\ 9\times10^{-2}$ |
| $c_3$ | $-1.585\ 969\ 7\times10^{-10}$ | $6.543\ 558\ 5\times10^{-12}$ |
| $c_4$ | $-9.250\ 287\ 1\times10^{-14}$ | $-7.356\ 274\ 9\times10^{-17}$ |
| $c_5$ | $-2.608\ 431\ 4\times10^{-17}$ | $-1.789\ 600\ 1\times10^{-21}$ |
| $c_6$ | $-4.136\ 019\ 9\times10^{-21}$ | $8.403\ 616\ 5\times10^{-26}$ |
| $c_7$ | $-3.403\ 403\ 0\times10^{-25}$ | $-1.373\ 587\ 9\times10^{-30}$ |
| $c_8$ | $-1.156\ 489\ 0\times10^{-29}$ | $1.062\ 982\ 3\times10^{-35}$ |
| $c_9$ |  | $-3.244\ 708\ 7\times10^{-41}$ |
| 误差区间/℃ | $0.03\sim-0.01$ | $0.02\sim-0.02$ |

这些多项式被认为是精确的。我们应该避免对多项式进行截断，因为任何截断都可能造成较大的误差。

附录 B 用表和显式多项式的形式给出了最常见热电偶类型的热电参考表。

**例 3.9  热电参考表**

镍铬-康铜热电偶一般用于蒸汽发生器，工作温度通常在 350℃。为了测量温度，建议使用 100℃（沸水）的参考极点，因为这样在蒸汽装置中更容易维护。此外，为了简化接口，建议参考电动势只使用多项式中的前三项。

(a) 计算在标准温度（350℃）下热电偶产生的热电动势。
(b) 计算仅使用多项式的前三项时所产生的误差。

**解** (a) 表3.7中的多项式给出了0℃下参考结点的镍铬合金-康铜热电偶（E型）的输出。我们使用前三项的计算结果，并从中减去参考结点的电动势，电动势也用三项多项式进行计算，有

$$\text{emf}(T) = 5.866\,550\,871\,0 \times 10 T + 4.503\,227\,558\,2 \times 10^{-2} T^2 + 2.890\,840\,721\,2 \times 10^{-5} T^3\,\mu V$$

其中 $T = 350$℃，代入式中可得电动势为 $27\,289\mu V$ 或者 $27.289 mV$。用相同的关系式可以得出 $100$℃时的参考电动势为 $6.345\,8 mV$。因此所测电动势为

$$\text{emf} = 27.289 - 6.345\,8 = 20.943\,2\,mV$$

(b) 使用表3.7中的完整多项式，我们可以得到

$$\text{emf}(350) = 24.964\,4\,mV$$

参考电动势（在100℃时采用九阶多项式进行计算）为

$$\text{emf}_{\text{ref}} = 6.318\,9\,mV$$

因此电动势是

$$\text{emf} = 24.964\,4 - 6.318\,9 = 18.645\,5\,mV$$

误差为

$$\text{error} = \frac{20.943\,2 - 18.645\,5}{18.645\,5} \times 100 = 12.32\%$$

需要注意的是，误差是由不完全的多项式产生的，与参考温度无关。然而，使用零度参考温度将产生更高的输出和更低的误差。

结合了(a)和(b)的结果的0℃的参考值，其误差是

$$\text{error} = \frac{27.289 - 24.964\,4}{24.964\,4} \times 100 = 9.31\%$$

表3.9列出了常见的热电偶类型，并列出了它们的基本范围和传递函数以及一些附加特性。还有许多其他的热电偶可用于商业领域并且可以制造。图3.12显示了两个带有外置结点的镍铬-镍铝合金热电偶（K型）。

**表3.9 常用热电偶类型及其一些性能**

| 材料 | 25℃时的灵敏度/($\mu V/℃$) | 标准类型名称 | 建议温度范围/℃ |
| --- | --- | --- | --- |
| 铜/康铜 | 40.9 | T | 0~400（-270~400） |
| 铁/康铜 | 51.7 | J | 0~760（-210~1 200） |
| 镍铬合金/镍铝合金 | 40.6 | K | -200~1 300（-270~1 372） |
| 镍铬合金/康铜 | 60.9 | E | -200~900（-270~1 000） |
| 铂（10%）/铂铑合金 | 6.0 | S | 0~1 450（-50~1 760） |
| 铂（13%）/铂铑合金 | 6.0 | R | 0~1 600（-50~1 760） |
| 银/钯 | 10 | | 200~600 |
| 康铜/钨 | 42.1 | | 0~800 |
| 硅/铝 | 446 | | -40~150 |

（续）

| 材料 | 25℃时的灵敏度/($\mu$V/℃) | 标准类型名称 | 建议温度范围/℃ |
| --- | --- | --- | --- |
| 碳/碳化硅 | 170 | | 0~2 000 |
| 铂（30%）/铂铑合金 | 6.0 | B | 0~1 820 |
| 镍/硅铬合金 | | N | −270~1 260 |
| 钨（5%）铼合金/钨（26%）铼合金 | | C | 0~2 320 |
| 镍（18%）钼合金/镍（0.8%）钴合金 | | M | −270~1 000 |
| 镍铬金合金/铁 | 15 | | 1.2~300 |

注：表中所示的温度范围是推荐的温度范围。标准范围在括号里，高于推荐的范围。热电偶的灵敏度是用于热电偶的两种材料组合的相对塞贝克系数（见表3.3）。

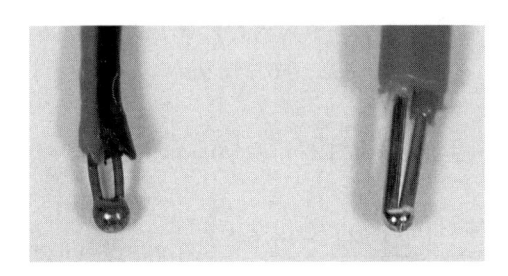

图 3.12 显示结点的镍铬-镍铝合金热电偶（K 型）

**例 3.10：热电偶使用中的误差**

人们在使用热电偶时必须小心处理，并正确地对其进行连接，否则输出的数值会出现显著的误差。为了理解这一点，我们可以考虑使用一个 K 型热电偶（镍铬-镍铝）来测量玻璃吹制工作室熔炉中玻璃的温度。

吹制玻璃所需的温度为 900℃。使用图 3.13a 中有 0℃ 镍铬-镍铝参考结点的配置测量热电电压。在连接过程中，参考结点的导线无意中被颠倒了，现在的配置如图 3.13b 所示。接线盒的环境温度为 30℃。

a) 正确连接的参考结点    b) 反向连接的参考结点

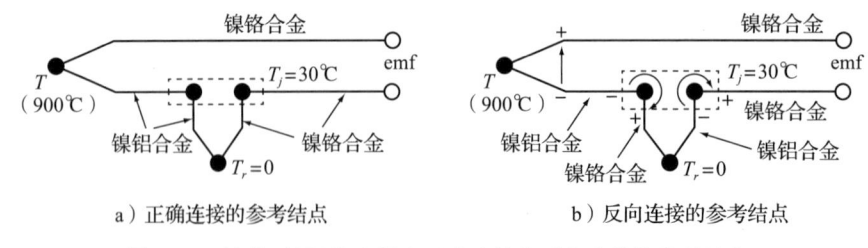

图 3.13 镍铬-镍铝热电偶中正确连接和反向连接的参考结点

(a) 计算由于连接错误引起的测量电压误差。
(b) 测量仪器显示的温度是多少？

**解** (a) 图 3.13b 中温度区的两个连接接头实际上是两个 K 型热电偶，这个热电偶的极性与图中所示的测量热电偶的极性相反。这减少了输出电动势的净效应，因此显示较低的温度。

为了计算电动势，我们可以使用附录 B 中 B.2 节所提到的 K 型热电偶的多项式。感应结的电动势为可写为

$$E = -1.760\,041\,368\,6 \times 10^1 + 3.892\,120\,497\,5 \times 10^1 \times 900 + 1.855\,877\,003\,2 \times \\ 10^{-2} \times 900^2 - 9.945\,759\,287\,4 \times 10^{-5} \times 900^3 + 3.184\,094\,571\,9 \times 10^{-7} \times \\ 900^4 - 5.607\,208\,448\,89 \times 10^{-10} \times 900^5 + 5.607\,505\,905\,9 \times 10^{-13} \times \\ 900^6 - 3.202\,072\,000\,3 \times 10^{-16} \times 900^7 + 9.715\,114\,715\,2 \times 10^{-20} \times 900^8 - \\ 1.210\,472\,127\,5 \times 10^{-23} \times 900^9 + 1.185\,976 \times 10^2 \times e^{-1.183\,432 \times 10^{-4}(900-126.968\,6)^2} \\ = 37\,325.915\,\mu V$$

在温度区的两个连接点处的电动势为

$$E = -1.760\,041\,368\,6 \times 10^1 + 3.892\,120\,497\,5 \times 10^1 \times 30 + 1.855\,877\,003\,2 \times \\ 10^{-2} \times 30^2 - 9.945\,759\,287\,4 \times 10^{-5} \times 30^3 + 3.184\,094\,571\,9 \times 10^{-7} \times \\ 30^4 - 5.607\,284\,488\,89 \times 10^{-10} \times 30^5 + 5.607\,505\,905\,9 \times 10^{-13} \times 30^6 - \\ 3.202\,072\,000\,3 \times 10^{-16} \times 30^7 + 9.715\,114\,715\,2 \times 10^{-20} \times 30^8 - \\ 1.210\,472\,127\,5 \times 10^{-23} \times 30^9 + 1.185\,976 \times 10^2 \times e^{-1.183\,432 \times 10^{-4}(30-126.968\,6)^2} \\ = 1\,203.275\,\mu V$$

仪器上的净电动势为

$$\text{emf} = \text{emf}(900) - 2 \times \text{emf}(30) = 37.325\,9 - 2 \times 1.203\,3 = 34.919\,3\,mV$$

误差是正确值与实际读数之间的差值，也就是

$$\text{误差} = 37.325\,9 - 34.919\,3 = 2.406\,6\,mV$$

这个误差是由于两个反向连接而产生的，因此每个误差为 1.203 3 mV。

(b) 为求出该读数对应的温度，我们使用逆多项式并代入 $E = 34\,919.3\,\mu V$：

$$T = -1.318\,058 \times 10^2 + 4.830\,222 \times 10^{-2} \times 34\,919.3 - 1.646\,031 \times 10^{-6} \times \\ 34\,919.3^2 + 5.464\,731 \times 10^{-11} \times 34\,919.3^3 - 9.650\,715 \times 10^{-16} \times 349\,19.3^4 + \\ 8.802\,193 \times 10^{-21} \times 34\,919.3^5 - 3.110\,810 \times 10^{-26} \times 34\,919.3^6 \\ = 839.97\,℃$$

这表示温度读数的误差为 6.67%。

## 3.3.2 半导体热电偶

从表 3.2 可以看出，像 P 型硅和 N 型硅这样的半导体（掺杂 P 和掺杂 N 的硅）具有绝对的塞贝克系数，比导体的塞贝克系数高一个数量级。使用半导体的优点主要在于在 N 或 P 型半导体和金属（通常是铝）的结点处或在 N 和 P 型材料的结点处会产生较大的电动势。此外，这些结点可以通过标准的半导体制造技术在集成电子中得到广泛应用。不过它们有一个主要缺点——这些结点能发挥作用的温度范围有限。硅一般不能在低于-55℃ 或者高于 150℃ 的环境下工作。然而，有一些半导体，例如碲化铋（$Bi_2Te_3$）的工作温度范围可以扩大到 225℃，

而较新的材料温度范围可达 800℃ 左右。大多数半导体热电偶会用于热电堆中的传感，有的则用于冷却和加热（佩尔捷电池）。热电堆在这里会被视为执行器，因为热电堆的主要目的是发电或冷却/加热。其实佩尔捷电池也可以用作传感器，因为它们的输出与整个电池的温度梯度成正比。就其性质和用途而言，它们与其他半导体热电偶相似。

### 3.3.3 热电堆和热传导发电机

热电堆是由若干热电偶组成的，并把它们的电动势串联在一起。这样设置的目的是提供比单结更高的输出。

这种类型的排列如图 3.14 所示。注意，虽然电输出是串联的，但热输入是并联的（所有冷结点处于一个温度，所有热结点处于另一个温度）。如果单个结点对的输出是 $emf_1$，而热电堆中有多个结点对，则热电堆的输出是 $n×emf_1$。热电堆的使用可以追溯到上世纪末，如今被广泛应用于各个领域。特别是半导体热电偶很容易生产并与电子器件集成，从而形成先进集成传感器的基础。我们将在第 4 章再次讨论这些问题，这里热电堆还会被用于红外传感器。金属基热电堆既可用作传感器，也可用作发电机。

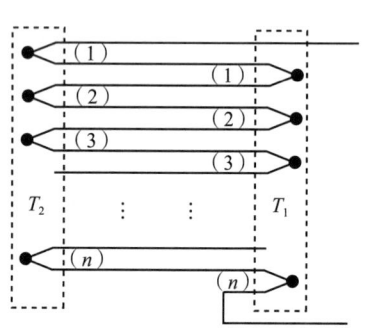

图 3.14 热电堆原理

有的热电堆传感器可以检测煤气炉中的先导火焰，其标准输出为 750mV（0.75V），检测时使用几十个热电偶在高达 800℃ 的温度下工作（见例 3.11）。其他热电堆组件用于燃气发电机，为远程小型装置发电。

半导体热电堆由晶体半导体材料制成，如碲化铋（$Bi_2Te_3$），用于两用冷却器/加热器的冷却和加热，最初用于户外和医疗材料的运输。这些也可以用作传感器，可以有几伏的输出电压。在这种类型的半导体热电堆中，将基半导体掺杂成 N 型和 P 型材料之间的结，并被加工成具有各向异性热电特性的定向多晶半导体。由于结点较小，我们可以将数百对结点集成到一个器件上，以产生 20V 的电压或更高的输出。

图 3.15a 展示了一些热电器件（佩尔捷电池），主要用于冷却电子元件，如计算机处理器。图 3.15b 为其内部结构，其中冷结点用热连接的方法连接到一个陶瓷板，热结点则连接到对面的板上。结点按行串联起来。结点对的数量可以非常高，通常是 31、63、127、255 等

a）各种佩尔捷元件　　　　b）佩尔捷电池结构细节

图 3.15　佩尔捷元件及电池结构

(在一个结点矩阵中连接奇数个引线,通常是 $n \times n$)。常见的工作在 12V 以下(或产生 12V)的冷却电池通常包含 127 个结点对。在冷却装置中的换向电流会产生热量。

**例 3.11:热电式煤气炉先导传感器**

我们需要在煤气炉中设置一个热电堆来感应先导火焰,以确保在没有先导火焰的情况下燃气阀门不会被打开。热电堆需要为温度为 650℃ 的火焰提供 750mV 的热电电压(emf)。冷结点由炉体提供,温度为 30℃。

(a) 哪些热电偶可用于此应用?请选择合适的热电偶。

(b) 对于(a)中的选择,需要多少个热电偶?

(c) 可以使用佩尔捷电池来达到这个目的吗?

**解** (a) 除 T 型、半导体热电偶和其他一些热电偶外,我们还可以使用许多其他热电偶,例如康铜-钨热电偶。K 型(镍铬-铝)、J 型(铁-康铜)或 E 型(镍铬-康铜)热电偶也可以。因为 E 型热电偶能够产生更高的电磁场,所以我们选择 E 型热电偶来制作热电堆,此方案需要的热电偶更少。

(b) 我们使用表 3.7 中的系数计算单个热电偶的电动势,参考温度为 30℃。在温度为 650℃ 时:

$$\begin{aligned}emf =& 5.866\,550\,871\,0 \times 10^1 \times 650 + 4.503\,227\,558\,2 \times 10^{-2} \times 650^2 + 2.890\,840\,721\,2 \times \\& 10^{-5} \times 650^3 - 3.305\,689\,665\,2 \times 10^{-7} \times 650^4 + 6.502\,440\,327\,0 \times 10^{-10} \times \\& 650^5 - 1.919\,749\,550\,4 \times 10^{-13} \times 650^6 - 1.253\,660\,049\,7 \times 10^{-15} \times 650^7 + \\& 2.148\,921\,756\,9 \times 10^{-18} \times 650^8 - 1.438\,804\,178\,2 \times 10^{-21} \times 650^9 + \\& 3.596\,089\,948\,1 \times 10^{-25} \times 650^{10} = 49\,225.67\mu V\end{aligned}$$

当温度为 30℃ 时:

$$\begin{aligned}emf =& 5.866\,550\,871\,0 \times 10^1 \times 30 + 4.503\,227\,558\,2 \times 10^{-2} \times 30^2 + 2.890\,840\,721\,2 \times \\& 10^{-5} \times 30^3 - 3.305\,689\,665\,2 \times 10^{-7} \times 30^4 + 6.502\,440\,327\,0 \times 10^{-10} \times \\& 30^5 - 1.919\,749\,550\,4 \times 10^{-13} \times 30^6 - 1.253\,660\,049\,7 \times 10^{-15} \times 30^7 + \\& 2.148\,921\,756\,9 \times 10^{-18} \times 30^8 - 1.438\,804\,178\,2 \times 10^{-21} \times 30^9 + \\& 3.596\,089\,948\,1 \times 10^{-25} \times 30^{10} = 1\,801.022\mu V\end{aligned}$$

650℃ 下的电动势是 49.226mV。30℃ 下的电动势为 1.801mV。所以,当参考温度为 30℃ 时,650℃ 下的电动势为 49.226−1.801=47.425mV。

对于一个 750mV 的输出,需要

$$n = \frac{750}{47.425} = 15.8 \rightarrow n = 16$$

(c) 不能,但也许也可以。大多数佩尔捷电池的材料是基于低温半导体的,因此不能直接使用。然而,我们可以使用高温佩尔捷电池,但即使没有这些,也可以将带冷结的佩尔捷电池放置在炉体上,并提供一种金属结构来将先导火焰的热量传导到佩尔捷电池的热表面,同时确保热表面的温度不超过约 80℃(大多数佩尔捷电池的工作温差低于 50℃,介于热表面和冷表面之间)。佩尔捷电池的优势在于它在给定热电电压下的物理尺寸，而且它能产生比金属热电堆更高的电动势。

## 3.4 PN结温度传感器

现在我们回到半导体，假设掺杂一个本征半导体，一部分为P型，另一部分为N型，如图3.16a所示。

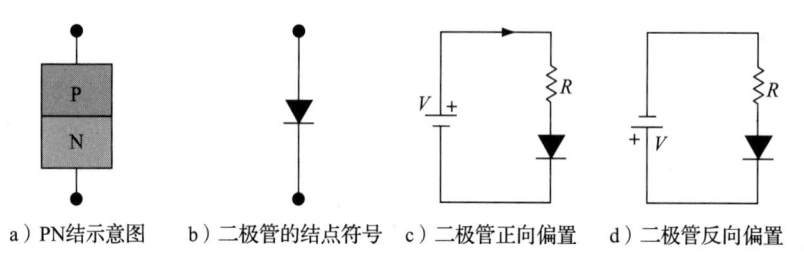

a) PN结示意图　　b) 二极管的结点符号　　c) 二极管正向偏置　　d) 二极管反向偏置

图3.16　PN结

这样就制作出了一个PN结，通常如图3.16b所示，一般称为二极管。箭头指示的方向表示电流（空穴）的流动方向。电子以相反的方向流动。当正向偏置时（见图3.16c），二极管导电，当反向偏置时（见图3.16d），二极管不导电。PN结的电流-电压（$I\text{-}V$）特性如图3.17所示（此处为硅二极管）。

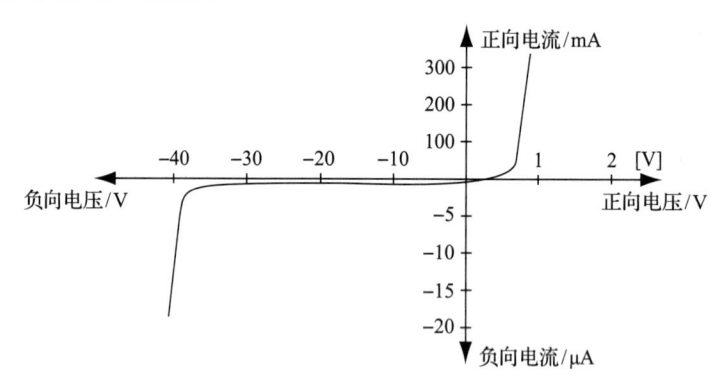

图3.17　硅二极管的 $I\text{-}V$ 特性

当PN结点正向偏置时，通过二极管的电流与温度有关。这种电流可以被测量并用来指示温度。或者，可以测量二极管两端的电压（几乎总是一个更可取的方法）以及它对温度的依赖性作为传感器的输出。这种类型的传感器称为PN结温度传感器或带隙温度传感器。这种传感器特别有用，因为它可以很容易地集成在微电路中，而且输出呈线性。任何一个二极管或晶体管中的结点都可用于此目的。

假设PN结是正向偏置的，其 $I\text{-}V$ 特性可以由以下关系描述：

$$I = I_0(e^{qV/nkT} - 1) \, [\text{A}] \tag{3.25}$$

其中 $I_0$ 为饱和电流（一个几纳安培量级的小电流，主要由温度效应产生），$q$ 为电子的电荷数，$k$ 为玻尔兹曼常数，$T$ 是热力学温度（K）。$n$ 是 1 和 2 之间的常数，这取决于许多属性，包括所涉及的材料等，并且可以被视为器件的一个属性。在 PN 结温度传感器中，电流 $I$ 相比于 $I_0$ 要大得多，因此-1 这一项可以忽略。同样，对于这种类型的传感器，一般 $n=2$，所以二极管中的正向电流约为

$$I \approx I_0 e^{qV/2kT} \, [\text{A}] \tag{3.26}$$

即使影响 PN 结特性的条件是未知的，我们仍能通过测量给定范围内的温度来校准一个结点。从式（3.26）可以看出，电流与温度之间的关系是非线性的。通常，二极管两端上的电压更容易检测，而且更具有线性，公式如下：

$$V_f = \frac{E_g}{q} - \frac{2kT}{q} \ln\left(\frac{C}{I}\right) \, [\text{V}] \tag{3.27}$$

其中，$E_g$ 为材料的带隙能量（以焦耳为单位，我们在第 4 章中将对其进行更充分的讨论，具体值见表 4.3），$C$ 是与二极管温度无关的常数，$I$ 是通过结点的电流。如果电流是恒定的，那么电压是温度的线性函数，斜率为负。斜率（$dV/dT$）明显与电流有关，并随半导体材料的变化而变化。对于硅，斜率在 1.0mV/℃ 和 10mV/℃ 之间变化，具体大小取决于电流。图 3.18 显示了-50~150℃ 温度范围内硅二极管在室温下的电压，约为 0.7V（在已知温度下，通过二极管的电流越大，二极管的正向压降越高）。式（3.27）可用于设计基于几乎所有可用的二极管或晶体管的传感器。一般来说，我们可以使用已知的硅带隙能量值，通过测量二极管在给定温度和电流下的正向压降来得到常数。

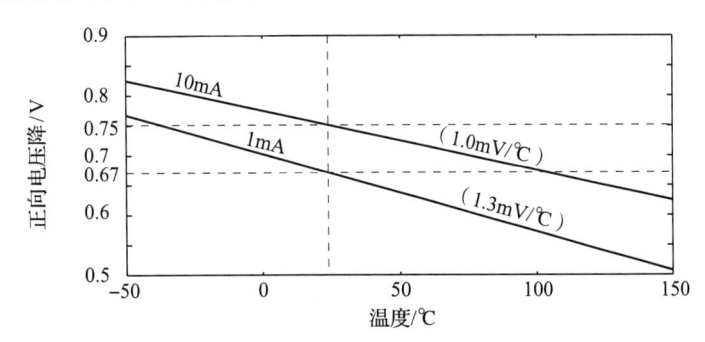

图 3.18　正向偏置 PN 结的电压降与温度的关系（1N4148 硅开关二极管，实验估算）

当我们使用二极管作为温度传感器时，需要一个稳定的电流源。在大多数实际应用中，如图 3.19 所示，可以使用带有较大电阻的电压源来偏置结点以产生 100~200μA 的小电流。因为 $V_f$ 会随温度变化，所以这种偏置方法仅适用于常用应用或传感量程较小的情况。灵敏度要在 1mV/℃ 和 10mV/℃ 之间，热

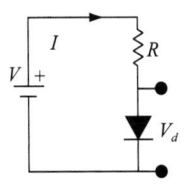

图 3.19　带基本电流源的正向偏置 PN 结。$R$ 必须很大才能产生小电流，受 $V$ 的变化影响不大

时间响应小于1s。

正如其他热传感器一样，当PN结温度传感器连接到电源时，必须考虑到自热。自热效应与热敏电阻相似，一般在0.02~0.5℃/mW这一量级上。我们将在第11章讨论电流源问题时介绍更复杂的偏置方法。PN传感器可以与包括电流调节在内的所有相关组件一起集成在硅片上，其结构可能相当复杂。这些传感器的灵敏度通常可以提高到10mV/℃左右，并且可以被校准以产生与摄氏、华氏或开氏温标成比例的输出。这种器件通常连接到一个恒压源上（例如5V），并产生与所选量程成正比的输出电压，其具有出色的线性度和精度，精度通常在±0.1℃左右。这些传感器可以测量的温度范围很小，不能超过基材的工作范围。通常情况下硅传感器的可测量范围在-55~+150℃之间，虽然它们可以被设计为具有更宽的工作温度范围，然而有些器件的额定工作范围更小（通常成本更低）。图3.20显示了三种不同封装的PN结温度传感器。

图3.20 PN结温度传感器

**例3.12：硅二极管作为温度传感器**

本文提出了一种用于汽车传感器的硅二极管，其能感测的环境温度在-45~+45℃之间。为了确定二极管的响应，二极管的正向偏置电流为1mA，它的正向压降在0℃时为0.712V。硅的带隙能量为1.11eV。计算：

（a）感应环境温度量程内传感器的预期输出。

（b）传感器的灵敏度。

（c）当二极管在静止空气中的自热规格为220℃/W时，计算测量温度的误差。

**解** 我们首先计算式（3.27）中的常数$C$，要从已知的0℃下电压降中计算出温度区间端点的正向电压降。

（a）在温度为0℃时，我们可以得到

$$V_f = \frac{E_g}{q} - \frac{2kT}{q}\ln\left(\frac{C}{I}\right) = 0.712 = \frac{1.11 \times 1.602 \times 10^{-19}}{1.602 \times 10^{-19}} - \frac{2 \times 1.38 \times 10^{-23} \times 273.15}{1.602 \times 10^{-19}}\ln\left(\frac{C}{10^{-3}}\right) [\text{V}]$$

注意，1eV=1.602×10⁻¹⁹J，温度的单位是开尔文。因此：

$$0.712 = 1.11 - 0.04706\ln\left(\frac{C}{10^{-3}}\right) \rightarrow \ln(10^3 C) = \frac{0.712 - 1.11}{-0.04706} = 8.457$$

可得

$$e^{8.457} = 10^3 C \rightarrow C = \frac{e^{8.457}}{10^3} = 4.7$$

正向电压在-45℃和+45℃时分别为

$$V_f(-45) = \frac{E_g}{q} - \frac{2kT}{q}\ln\left(\frac{C}{I}\right) = \frac{1.11 \times 1.602 \times 10^{-19}}{1.602 \times 10^{-19}} - \frac{2 \times 1.38 \times 10^{-23} \times (273.15-45)}{1.602 \times 10^{-19}}\ln(4.7 \times 10^3)$$
$$= 0.777\,65\text{V}$$

和

$$V_f(+45) = \frac{E_g}{q} - \frac{2kT}{q}\ln\left(\frac{C}{I}\right) = 1.11 - \frac{2 \times 1.38 \times 10^{-23} \times (273.15+45)}{1.602 \times 10^{-19}}\ln(4.7 \times 10^3) = 0.646\,54\text{V}$$

正向电压降在-45℃时为0.777 65V，在+45℃时为0.646 54V。

（b）由于式（3.27）与温度呈线性关系，器件的灵敏度为两个端点之间的差除以温差：

$$s = \frac{0.646\,54 - 0.777\,65}{90} = 1.457\text{mV/℃}$$

与图3.18相比，很明显，这里选择的二极管比图3.18中描述的灵敏度要低一些。

（c）自热效应导致温度上升220℃/W或0.22℃/mW。由于通过二极管的电流为1mA，则在-45℃时耗散功率为

$$P(-45) = 0.777\,65 \times 10^{-3} = 0.778\text{mW}$$

温度上升了0.778×0.22=0.171℃，正向电压降低了0.171×1.457=0.249mV。这里温度读数的误差为0.38%。

在温度为45℃时：

$$P(+45) = 0.646\,54 \times 10^{-3} = 0.647\text{mW}$$

温度上升了0.647×0.22=0.142℃，正向电压降低了0.142×1.457=0.207mV。温度读数的误差是0.32%。这些误差很小，但不可以忽略不计。

## 3.5 其他温度传感器

几乎所有可以测量的物理量和现象都与温度有关，因此，原则上传感器几乎可以围绕其中的任何一个物理量来进行设计。例如，光在光纤中的速度和其相位、空气或流体中的声速、压电薄膜振动的频率、金属片的长度、气体的体积等，都与温度有关。我们不会讨论这种类型中所有可能的传感器，而是在这里简要地讨论几个有代表性的传感器。

### 3.5.1 光学和声学传感器

光学温度传感器有两种基本类型。一种是非接触式传感器，用来测量热源的红外辐射。通过适当的校准，可以准确地感知并测量热源的温度。我们会在第4章中讨论红外辐射传感器。然而，还有许多其他基于材料光学特性的温度传感器。例如，硅这种材料的折射率与温度有关，光通过介质的速度与折射率成反比。可以通过比较被加热的硅光纤中传输的光束与参考光纤中光束的相位来测量温度。这种类型的传感器是一种干涉型传感器，特别是当光纤很长的时候，传感器就会变得非常敏感。

声学传感器也能以类似的方式工作，但由于声音的速度较低，因此可以直接通过穿越一

段已知距离的声音信号的飞行时间来进行测量。一般这种类型的传感器包括一个产生声音信号的源，如扬声器或超声波发射器（一种非常类似于扬声器的器件，但体积较小，且工作频率更高），还有一个接收器（麦克风或超声波接收器）。我们将充满气体或流体的管子放置在要测量的温度下，然后让声源将声波传到管子中，在管子的另一端放置麦克风或第二个超声波装置（作为接收器），如图 3.21 所示。发送一个信号并测量信号的发送时间和到达接收器的时间之间的延迟。用管子的长度除以时间差（飞行时间）就可以得到声速。然后可以通过校准来读取温度。例如，如果管内充满空气，空气中的温度和声速之间的关系是

$$v_s = 331.5\sqrt{\frac{T}{273.15}}\left[\frac{\text{m}}{\text{s}}\right] \tag{3.28}$$

其中，$T$ 为热力学温度（K），在 273.15K（0℃）时的速度为 331.5m/s。在一些装置中，可能不用管道，而是用可以感应到温度的物质代替（见图 3.21b）。

a）声音通过充满液体的通道传播　　b）声音通过工作流体本身传播

图 3.21　声学温度传感

声音在水中的速度也与温度有关，这种依赖性可以用来测量温度，或者温度可以被用来补偿由于温度而引起的声速的变化。在海水中，声速既取决于深度，也取决于盐度。如果不考虑盐度和深度（即表面的常规水），那么它们之间经过简化的关系是

$$v_s = a + bT + cT^2 + dT^3 [\text{m/s}], \quad a = 1449, \quad b = 4.591,$$
$$c = -5.304 \times 10^{-2}, \quad d = 2.374 \times 10^{-4} \tag{3.29}$$

其中 $a = 1449$m/s 为温度为 0℃ 时声音在水中的速度，$T$ 的单位是摄氏度。其他项可以视为对第一项的校正。在海水中或在其他深度的水中，需要其他校正项。

## 3.5.2　热机械传感器和执行器

热机械传感器和执行器是一种重要且常见的温度传感器和执行器。一般是因为温度改变了其长度、压力、体积等物理性质，我们可以通过这些特性的变化来测量温度，并可以起到驱动的作用。基于这个原因，以及因为传感器和驱动器通常很难区分，这些器件将会放在一起讨论。一种常见的例子是金属长度的变化或气体体积的变化，另一个例子则是玻璃温度计，该传感器通过其中液体（水银或酒精）毛细管柱的高度变化（液体体积膨胀与收缩）来指示温度。这种类型的传感器具有直接读取温度的特点，而且不需要中间处理阶段，通常不需要外部电源。

图 3.22 显示了一个基于气体（或可膨胀的液体，如酒精）膨胀的传感器的简单示例。气体的体积，也就是活塞的位置，与被测温度成正比。

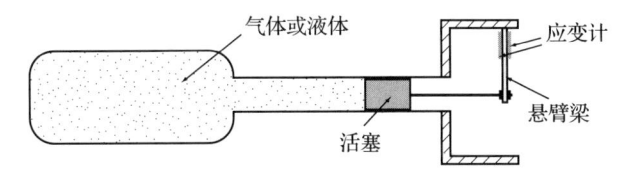

图 3.22　基于气体（或可膨胀的液体）膨胀的温度感应。活塞可以用隔膜代替

介质的体积取决于膨胀系数 $\beta$。由温度变化引起的体积变化为

$$\Delta V = \beta V \Delta T \, [m^3] \tag{3.30}$$

其中 $V$ 是体积，$\Delta T$ 是温度的变化。系数 $\beta$ 是材料的一种特性，通常在特定温度下（一般为 20℃）以摄氏度的形式给出。材料在一定温度 $T$ 下的体积为

$$V = V_0 [1 + \beta (T - T_0)] \, [m^3] \tag{3.31}$$

其中 $V_0$ 为参考温度为 $T_0$ 时的体积。

在许多固体和流体（各向同性材料）中，体积膨胀系数 $\beta$ 与线性膨胀系数 $\alpha$ 之间的关系是

$$\alpha = \frac{\beta}{3} \tag{3.32}$$

如有必要，还可以将表面膨胀系数定义为

$$\gamma = \frac{2\beta}{3} \tag{3.33}$$

就气体而言，情况有些不同，因为膨胀效果取决于气体膨胀的条件，当然，只有体积膨胀才有物理意义。对于理想气体，在等压膨胀（即气体压力不变）时，体积膨胀系数为

$$\beta = \frac{1}{T} \tag{3.34}$$

其中 $T$ 为热力学温度。

气体的膨胀也可以由理想气体定律推导出来，表述如下：

$$PV = nRT \tag{3.35}$$

其中 $P$ 为压强，单位是帕斯卡；$V$ 是体积，单位是立方米；$T$ 为温度，单位是开尔文；$n$ 是气体的量，单位是摩尔；$R$ 为气体常数，单位是摩尔，等于 8.314 462J/(K·mol) 或 0.082 057 3L·atm/(K·mol)。这个关系式表达了气体的状态，可作为温度的函数，用于计算定容条件下的压力或定压条件下的体积。然后我们可以用式（3.31）和式（3.34）中的系数或用式（3.35）所示的理想气体定律计算气体的体积。计算方法的选择取决于相应的条件（参见习题 3.32）。

表 3.10 给出了一些金属、流体和其他材料的线性膨胀系数和体积膨胀系数。应该指出，有些材料的系数很低，而另一些材料的系数比较高，特别是流体。显然优先使用乙醇或水这

样的液体是有利的，因为液体可以膨胀的体积很大，可以使传感器/执行器更加灵敏。当然，气体可以膨胀得更大，因此气体传感器具有更高的灵敏度和更快的响应时间。但是，这种传感器将是非线性的。

表 3.10 某些材料在 20℃时，每摄氏度的线性膨胀系数和体积膨胀系数

| 材料 | 线性膨胀系数 ($\alpha$)，$\times 10^{-6}$/℃ | 体积膨胀系数 ($\beta$)，$\times 10^{-6}$/℃ |
|---|---|---|
| 铝 | 23.0 | 69.0 |
| 铬 | 30.0 | 90.0 |
| 铜 | 16.6 | 49.8 |
| 金 | 14.2 | 42.6 |
| 铁 | 12.0 | 36 |
| 镍 | 11.8 | 35.4 |
| 铂 | 9.0 | 27.0 |
| 磷青铜 | 9.3 | 27.9 |
| 银 | 19.0 | 57.0 |
| 钛 | 6.5 | 19.5 |
| 钨 | 4.5 | 13.5 |
| 锌 | 35 | 105 |
| 石英 | 0.59 | 1.77 |
| 橡胶 | 77 | 231 |
| 水银 | 61 | 182 |
| 水 | 69 | 207 |
| 乙醇 | 250 | 750 |
| 蜡 | 1 600 ~ 66 000 | 50 000 ~ 200 000 |

可以通过多种方式来测量活塞的位置（见图 3.22）。活塞可以驱动电位器，产生的电阻可以作为温度的量度。或者可以连接一个镜子，镜子会随压力的增加而倾斜，光束会偏转，或者可以测量膜片中的应变来获得温度。甚至可以驱动指针来直接指示温度。在图 3.22 所示的配置中，温度是用测量悬臂梁应变的应变计来检测的（在第 6 章将讨论应变计）。图 3.23 展示了这种传感器的一个非常敏感的实现方法。这种传感器称为戈莱盒（Golay cell，有时也称为热气动传感器），被捕获的气体（或液体）将使膜片展开，利用光束的位置表示温度。

虽然可以使用气体或液体，但气体的热容较低（升温所需的能量较少），因此具有更好的响应时间。

我们将在第 4 章中看到，这种装置也可以用来测量红外辐射。显然，活塞的膨胀和由此产生的运动也可用于驱动，或者像酒精和水银温度计

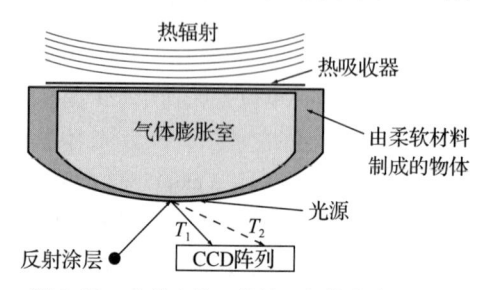

图 3.23 戈莱盒是一种基于气体膨胀的热气动传感器。电荷耦合器件（CCD）阵列是一种光传感器，将在第 4 章讨论

那样,用于直接指示温度(一种传感器-执行器)。然而,大多数基于膨胀的执行器会使用金属,下文将对此进行讨论。

**例 3.13:酒精温度计**

医用体温计将使用如图 3.24 所示的薄玻璃管制造,其温度测量范围为 34~43℃。小泡(用作乙醇的容器)的体积是 1cm³。为了正确读取温度,刻度设计为 1cm/℃(每变化 0.1℃,酒精柱将升高 1mm)。假设玻璃不膨胀(即体积膨胀系数可以忽略不计),计算生产温度计所需的玻璃管的内径。

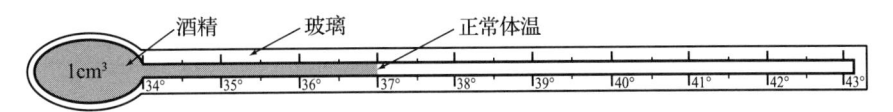

图 3.24 酒精温度计

**解** 我们可以用式(3.30)来计算在 9℃ 内(43~34℃)温度计中酒精体积的变化。这种体积上的变化是两个端点刻度(9cm)之间细管的体积:

$$\Delta V = \beta V \Delta T = 750 \times 10^{-6} \times 1 \times 9 = 6750 \times 10^{-6} \text{cm}^3$$

这里我们使用了乙醇的体积膨胀系数(假设这个系数与 20℃ 时相同)。取体温计的内径 $d$,可得

$$\pi \frac{d^2}{4} \times L = \Delta V \rightarrow d = \sqrt{\frac{4\Delta V}{\pi L}} \text{ [cm]}$$

其中 $L$ 是管的长度(此处为 9cm)。因此:

$$d = \sqrt{\frac{4\Delta V}{\pi L}} = \sqrt{\frac{4 \times 6750 \times 10^{-6}}{\pi \times 9}} = 3.09 \times 10^{-2} \text{cm}$$

玻璃管的直径必须为 0.309mm。这实际上是一根毛细管。因为很薄,酒精会被染色(通常是红色或蓝色),玻璃管的表面装有圆柱形透镜,以便于人们读取温度。

液体温度计不像以前那么常见了,但仍然可以找到它们,特别是户外温度计。

一些最古老的温度传感器利用了金属随温度热膨胀的特性,构成温度到位移的直接转换。这些通常被用作直读传感器,因为这种机械膨胀可以作为执行器,也可以驱动刻度盘或其他类型的指示器。

以长度为 $l$ 的棒或导线制成的导体,其长度会随着温度的升高而变长。如果在温度为 $T_1$ 时,长度为 $l_1$,有 $T_2 > T_1$,$l_2 > l_1$,则有

$$l_2 = l_1[1 + \alpha(T_2 - T_1)] \text{ [m]} \tag{3.36}$$

如果 $T_2 < T_1$,则金属条会收缩,因此可以用长度的变化来表示所测温度。系数 $\alpha$ 被称为金属的线性膨胀系数(表 3.10 给出了一些材料的系数)。虽然其膨胀系数很小,但它仍然是可测量的,只要我们能够有效地利用这个效应,就可以让它成为一种有用的传感方法。有两种基本方法可以使用。一种如图 3.25 所示,这是一个简单的推动指示器的长杆。温度升高会使刻度盘上的箭头移动(或旋转)。另一种方法是旋转电位器或按压压力计,在这种情况下,电

信号可以用来直接指示温度或连接到处理器来进行处理。虽然这个原则比较合理，但因为产生的膨胀很小（见表3.10），以及膨胀迟滞和机械松弛，这种方法实际应用起来很困难。然而，这种方法经常用于微机电系统（MEMS），在这种系统中，几微米的膨胀就足以影响必要的驱动。我们将在第10章中讨论 MEMS 中的热驱动（请参考例 3.14）。蜡是一个例外（特别是石蜡），它的系数很大。各种成分的蜡一般用于自动恒温器的直接驱动，特别是应用于车辆中（见习题 3.36 和习题 3.37）。

图 3.25 用可膨胀的金属条制作的简单的直接指示器，拨号盘用来指示温度

### 例 3.14：线性热微执行器

这种执行器是由一根细长弯曲的铬丝制成的，如图 3.26a 所示，电流通过电线对其进行加热。自由端作为执行器（它可以用来关闭开关或倾斜光学开关的反射镜，我们将在第 10 章中讨论这些应用）。如果铬丝的温度可以在 25~125℃ 之间变化，那么执行器长度的最大变化量是多少？图中的尺寸是在温度为 20℃ 时给定的。

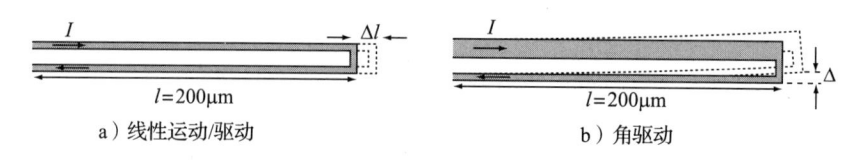

图 3.26 热微执行器

**解** 我们可以直接应用式（3.36）得到

$$l(25) = 200[1+30\times 10^{-6}\times (25-20)] = 200.03\mu m$$

和

$$l(125) = 200[1+30\times 10^{-6}\times (125-20)] = 200.63\mu m$$

执行器的长度变化了 0.6μm。这看起来可能很小，但这是可测量的且是线性的，并且作为微执行器，对于许多应用来说足够了。热执行器是一些简单、常用的微器件。宏观层面上困扰热执行器的主要问题是响应时间慢和所需的功率较大，但在微器件中并不受影响。较小的物理尺寸使它们具有足够的响应能力，并且器件所需的功率也很低。

还要注意的是，如果悬臂的结构（例如上部）做得更厚一些，那么这部分会被加热到一个较低的温度，因为它可以散发更多的热量，整个框架会随着电流的增加而向上弯曲。框架尖端的位置可以由框架内的电流控制（见图 3.26b）。

图 3.27a 所示的双金属条是一种有效地实现金属膨胀的方法。两种膨胀系数不同的金属结

合在一起。假设上面一层的膨胀系数比下面一层的大,当温度升高时,顶层会进一步膨胀,因此自由移动端会向下移动(见图 3.27b)。如果温度降低,自由移动端则会向上移动。这可以用来移动刻度盘或拉伸测量仪进而测量移动,也可以用来关闭或打开一个开关。双金属传感器也被用于汽车的方向指示器,利用电流通过双金属材料来感知通过指示灯的电流,形成如图 3.28a 所示的开关。双金属棒加热后向下弯曲,断开开关。灯熄灭后,双金属元件冷却下来,然后向上移动与灯重新连接。与大多数热机械器件一样,双金属传感器实际上是一个传感器-执行器。图 3.28b 显示了一系列小型双金属恒温器。

a)基本结构

b)随温度的位移

c)线圈式双金属温度传感器

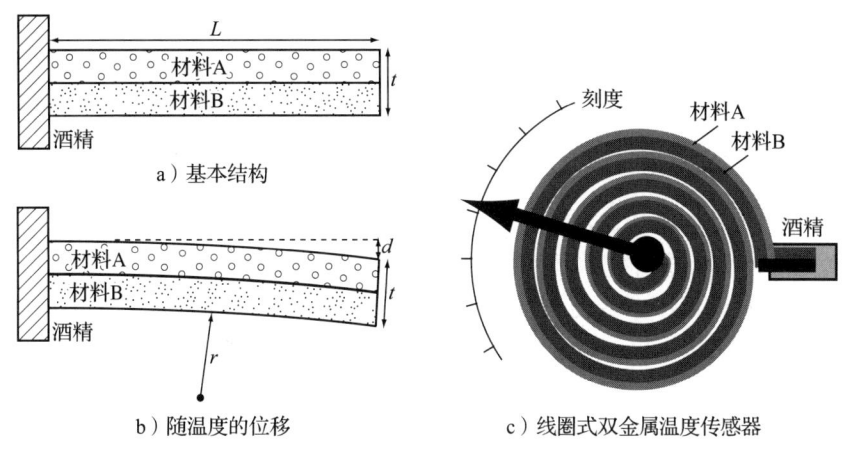

图 3.27 双金属传感器

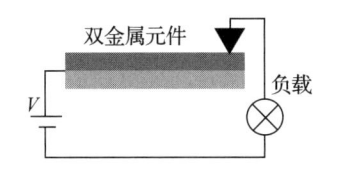

a)用于汽车方向指示器的双金属开关原理图

b)小型双金属恒温器

图 3.28 汽车方向指示器双金属开关原理图及小型双金属恒温器

双金属原理也可以直接用于表盘指示,如图 3.27c 所示。在这里,双金属材料的带钢被弯曲成一个线圈,温度的变化导致带钢的长度发生较大变化,而带钢的变化使表盘随温度成比例地旋转。

双金属条自由移动端的位移可以用近似表达式计算。在图 3.27b 中,自由移动端的位移为

$$d = r\left[1-\cos\left(\frac{180L}{\pi r}\right)\right] [\text{m}] \tag{3.37}$$

其中

$$r = \frac{2t}{3(\alpha_u - \alpha_l)(T_2 - T_1)} [\text{m}] \tag{3.38}$$

其中，$T_1$ 为双金属杆平坦时的参考温度，$T_2$ 为感测温度，$t$ 为杆的厚度，$L$ 为杆的长度，$r$ 为弯曲半径或翘曲半径。$\alpha_u$ 为双金属片上层导体的线性膨胀系数，$\alpha_l$ 为双金属片下层导体的线性膨胀系数。

图 3.27c 中的线圈式双金属温度传感器可以利用两种不同材料膨胀的差异来转动表盘（通常情况下）。内、外带长度的差异使得线圈旋转，并且因为整体长度很长，所以变化相对较大（见例 3.15）。许多简单的温度计都基于这种类型（尤其是户外温度计）。图 3.29 展示了一个室内恒温器。上面的双金属线圈是一个温度计，用来指示室温，下面的线圈是恒温器线圈。底部的玻璃灯泡是一个由双金属线圈激活的水银开关。

图 3.29 双金属温度计和恒温器。上面的双金属线圈是温度计，下面的是恒温器。双金属线圈可以激活上面的水银开关

这里讨论的传感器/执行器类型是消费产品中最常见的一些类型，因为这类传感器/执行器设计简单、坚固、不需要电源，至少已经经过验证，因此没有必要更换它们。这类传感器最常见的是厨房温度计（肉类温度计）、电器、恒温器和室外温度计。

如上所述，这些装置作为执行器同样实用，因为它们可以将热量转化为位移。在某些情况下，这种驱动是一种自然选择，例如转向指示器的开关、恒温器和简单的热机械温度计。

双金属原理利用的是金属的线性膨胀特性，而气体和液体的体积膨胀可用于传感和驱动，正如戈莱盒和酒精温度计那样。也有一些固体材料，当发生相变时，其体积会显著地膨胀或收缩，例如水在结冰时体积会膨胀约 10%。这类物质中比较有趣的一种材料是石蜡。根据蜡的成分，当它熔化时，其体积会膨胀 5%~20%（见表 3.10）。更重要的是从驱动的角度来看，可以使不同成分的蜡在特定的温度下熔化，而且熔化的过程是渐进的，蜡会首先变软（并轻微膨胀），然后熔化，再进一步膨胀。当它凝固时，就会发生相反的情况。在这个过程中会有一种固有的迟滞现象，这种现象一般比较有用，所有这些特性都被用于汽车发动机的恒温器中。恒温器（例如图 3.30 所示的汽车恒温器）本质上是一个气缸和一个活塞，气缸中填充了一个固体蜡球。在运行过程中，当发动机达到预设温度时，在熔化的蜡的推动下活塞会打开冷却水管。恒温器不仅可以冷却发动机，还可以通过关闭水管来确保发动机迅速升温，直到达到适当的温度，然后，随着温度的升高或下降，活塞会随之打开或关闭，从而将发动机冷却液的温度保持在一个较小的范围内，进而确保发动机效率的最大化。

这种类型的恒温器有各种形状、大小和温度设置。在生产过程中，通过选择蜡的成分来确定温度。温度范

图 3.30 汽车恒温器

围在20~175℃的蜡球应用得比较广泛，但并非全部用于汽车，可参考习题3.36和习题3.37。

**例3.15：双金属线圈温度计**

户外双金属温度计采用线圈的形式制作，如图3.27c所示。线圈有6匝，当温度计处于20℃的环境中时，内圈半径为10mm，外圈半径为30mm，双金属带材厚度为0.5mm，由铬（外带）和镍（内带）制成，且具有耐腐蚀的特性。温度计的工作温度为−45~+60℃。请估算温度从−45℃变化至+60℃时指针的角度变化。

**解** 准确地计算出角度的变化是不可能的，因为还受到其他的参数影响。然而我们可以进行假设，如果这条带材是直的，那么每个导体必须按式（3.36）进行展开。这两种金属膨胀系数的差异会使它们卷绕起来，因此，我们将计算外部带材长度的变化，这个变化是导致指针移动的原因（镍带作为内带，膨胀系数较低，是导致带材卷曲的原因）。为了能够近似地计算指针的角度，我们首先用平均半径计算带材的长度。然后，我们计算它在−45℃和+60℃时的长度。两者之间的差异会让带材沿着内环移动。

线圈的平均半径是

$$R_{\text{avg}} = \frac{30+10}{2} = 20\text{mm}$$

带材在标准温度（20℃）下的长度为

$$L = 6(2\pi R_{\text{avg}}) = 6 \times 2\pi \times 20 \times 10^{-3} = 0.754\text{m}$$

当在温度的两个极限端点处时，我们可以得到：

$$L(-45) = 0.754[1 + 30 \times 10^{-6} \times (-45-20)] = 0.75253\text{m}$$

和

$$L(60) = 0.754[1 + 30 \times 10^{-6} \times (60-20)] = 0.7549\text{m}$$

长度的变化为 $\Delta L = 0.7549 - 0.75253 = 0.002375\text{m}$，即2.375mm。

为了估计指针移动的角度，我们认为这个变化很小，因此内环保持相同的半径。如果周长为$2\pi r$，$\Delta\alpha = (\Delta L/2\pi r) \times 360°$，则有

$$\Delta\alpha = \frac{\Delta L}{2\pi r_{\text{内}}} \times 360 = \frac{0.002375}{2 \times \pi \times 0.01} = 13.6°$$

也就是说，图3.27c所示的刻度变化了13.6°。

## 3.6 习题

### 温度和热量的单位

**3.1** 将热力学温度（0K）转换成摄氏度和华氏度。

**3.2** 卡路里（卡，cal）是能量单位，1cal = 0.239J。那么1cal代表多少电子伏特（eV）？电子伏特是使电子（电荷为$1.602 \times 10^{-19}$C）在等于1V的电势差上移动所需要的能量。

## 电阻温度探测器

**3.3 简易 RTD。** 制作一个 RTD 相对比较容易。设一个由磁线（用聚合物绝缘的铜线）制成的铜制 RTD，其导线粗 0.1mm，标准电阻要求是在温度为 20℃ 时阻值为 120Ω。绝缘聚合物的厚度忽略不计。

(a) 导线至少要多长？

(b) 假设将铜线缠绕成直径为 6mm 的单螺旋绕组，以便将其封装在不锈钢管中，那么 RTD 的最小长度是多少？

(c) 计算 RTD 在 -45~120℃ 下的阻值范围。

**3.4 RTD 自热及传感误差。** 设封装在陶瓷体中的铂线 RTD 的温度范围为 -200~+600℃。它在 0℃ 时的标准电阻为 100Ω，TCR 为 0.003 85/℃。该传感器的自热为 0.07℃/mW。传感器由有固定的 100Ω 内阻的 6V 恒压源供电，传感器上的电压可以直接测量。计算 0~100℃ 的温度感应误差范围。画出误差和温度的函数曲线。最大误差是多少？在什么温度下会产生最大误差？请解释。

**3.5 电灯泡的温度感应。** 白炽灯使用钨丝作为发光灯丝，将其加热到足以发光的温度。导线的温度可以直接从额定功率和导线在低温时的电阻来估计。设一个 120V，100W，在室温（20℃）条件下电阻阻值为 22Ω 的灯泡：

(a) 计算灯泡点亮时灯丝的温度。

(b) 这类间接传感可能产生的误差来源是什么？请解释。

**3.6 RTD 电阻的精确表示。** 卡伦德-范·杜森多项式［式（3.6）和式（3.7）］既可以与普通 RTD 材料的数据一起使用，也可以通过测量确定多项式的系数。假设有人决定推出一个由镍铬（一种镍铬合金）制成的新型 RTD，其工作范围在 -200~900℃ 之间。为了评估新型传感器的性能，必须确定式（3.6）和式（3.7）中的常量 $a$、$b$ 和 $c$。测量电阻时的确切温度可以由一些共同的校准点保证。常用的校准点是氧点（-182.962℃，液态和气态的平衡点）、水的三相点（0.01℃，冰、液态水和水蒸气之间的平衡温度点）、沸点（100℃，水和水蒸气的平衡点）、锌点（419.58℃，固液锌的平衡点）、银点（961.93℃）、金点（1 064.43℃）等。通过选择合适的温度点并测量在这些温度点的电阻，就可以确定其系数。RTD 的电阻测量如下：在氧点时 $R = 45.94Ω$，在沸点时 $R = 51.6Ω$，在锌点时 $R = 58Ω$，在银点时 $R = 69.8Ω$。本文所使用的镍铬合金在温度为 20℃ 时的 TCR 为 0.000 4/℃。

(a) 利用氧点、沸点和锌点得出卡伦德-范·杜森多项式的系数。

(b) 用氧点、锌沸点和银点计算卡伦德-范·杜森多项式的系数，并与（a）相比较。

(c) 计算在 -150℃ 和 800℃ 温度下的电阻阻值。将（a）和（b）的系数与式（3.5）的系数的结果进行比较。有哪些误差？

**3.7 温度梯度对精度的影响。** 线性 RTD 通常是较长的传感器，在某些应用或在温度快速变化的情况下应注意到传感器本身的温度梯度。为了理解这种效应，假设有一根长度为 10cm，20℃ 下标准电阻为 120Ω 的铂丝。

(a) 计算如果一端处于80℃的环境下，另一端处于降低1℃的环境下。假设传感器内部的分布是线性的，计算在80℃时的温度读数。

(b) 当传感器中心温度为79.25℃，且温度服从抛物线分布时，计算（a）情况下的温度读数。

3.8 **间接温度传感：高温温度传感器**。使用颜色进行比较是一种比较古老且成熟的高温传感方法，特别是熔融金属和熔融玻璃的高温传感。前提是，如果熔融材料的颜色和控制加热灯丝的颜色相同，那么它们的温度也必须相同。选择出合适的对比灯丝，这种方法就可以非常准确，而且是一种完全非接触的传感方法。这种类型的传感器使用灯丝（封装在真空灯中），通过可变电阻加热，读出的电压和电流如图3.31所示。

(a) 设读数为$V$，对应的颜色为$I$，20℃下灯丝的电阻阻值为$R_0$，TCR为$\alpha$，计算其感应温度。

(b) 在实际的传感器中，灯丝是由钨丝制成的，当温度为20℃时，其电阻阻值为1.2Ω。在特定的应用场景中，测得灯丝在500mA的电流下的电压为4.85V。那么该传感器的感应温度是多少？

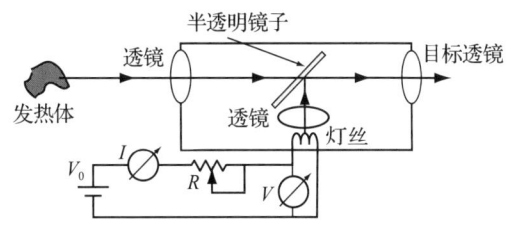

图3.31 高温温度传感器

(c) 讨论这类测量可能涉及的误差。

3.9 **TCR及其与温度的关系**。TCR不是恒定的，它取决于给定或对它进行评测计算时的温度。然而，无论温度$T_0$是多少，只要测出（或给出）$T_0$下的系数$\alpha$，式（3.4）中的公式在任何温度下都是正确的。这里假设在温度为0℃时，$\alpha = 0.00385$/℃（铂金）。

(a) 计算温度为50℃时的系数$\alpha$。

(b) 推广（a）中的结果：设给定$T_0$℃温度下为$\alpha_0$，那么$T_1$温度下的$\alpha_1$是多少？

## 硅电阻传感器

3.10 **半导体电阻式传感器**。半导体电阻式传感器是由一个截面为2mm×0.1mm，长4mm的简单矩形棒制成的。在20℃下的本征载体浓度为$1.5 \times 10^{10}$/cm$^3$，电子和空穴的迁移率分别为1 350cm$^2$/(V·s)和450cm$^2$/(V·s)。这里使用的器件的TCR是$-0.012$/℃，且不受掺杂剂的影响。

(a) 如果使用本征材料，请计算传感器在75℃下的电阻阻值。

(b) 如果现在材料中掺杂了浓度为$10^{15}$/cm$^3$的N型掺杂剂。请计算传感器在75℃下的电阻阻值。

(c) 如果掺杂了和（b）中浓度相同的P型掺杂剂，那么请计算在75℃下传感器的电阻阻值是多少。

3.11 **硅电阻传感器及其传递函数**。硅电阻传感器在25℃下的标准电阻为2 000Ω。为了计算它的传递函数，分别测得在0℃下和90℃下的电阻为1 600Ω和3 200Ω。假设电阻由二阶卡伦德-范·杜森多项式方程给出，计算方程的系数并绘制传感器从 0~100℃ 的传递函数曲线。

**3.12 硅电阻传感器。** N 型硅电阻温度传感器是一种 2mm 宽、0.1mm 厚、10mm 长的薄膜。载流子的迁移率随温度降低而降低，设载流子密度在感兴趣的范围内保持不变。用于传感器的 N 型掺杂硅的电子浓度为 $10^{17}/cm^3$，而硅的本征浓度为 $1.45 \times 10^{10}/cm^3$。为了描述传感器的特性，在 25℃、100℃、150℃下的电子和空穴的迁移率如下：

| 温度 | 25℃ | 100℃ | 150℃ |
|---|---|---|---|
| 电子迁移率/$[cm^2/(V \cdot s)]$ | 1 370 | 780 | 570 |
| 空穴迁移率/$[cm^2/(V \cdot s)]$ | 480 | 262 | 186 |

（a）以二阶多项式的形式给出传感器的传递函数（电阻与温度）。
（b）计算并绘制传感器的灵敏度曲线。
（c）三种温度下的电阻和其灵敏度各是多少？

## 热敏电阻

**3.13 热敏电阻传递函数。** NTC 热敏电阻的传递函数最好使用式（3.14）或式（3.15）中的斯坦哈特-哈特模型来近似。为了计算这些常数，在三种温度下测量热敏电阻的阻值并得到以下结果：在 0℃ 时 $R=1.625k\Omega$，在 25℃ 时 $R=938\Omega$，在 80℃ 时 $R=154\Omega$。
（a）使用斯坦哈特-哈特模型求出热敏电阻的传递函数。
（b）使用参考温度 25℃ 下的电阻，利用式（3.12）简化模型，然后求热敏电阻的传递函数。
（c）在 0~100℃ 范围内画出两个传递函数曲线，并讨论它们之间的差异。

**3.14 热敏电阻传递函数。** 一种在 20℃ 下电阻阻值为 $100k\Omega$ 的新型热敏电阻被用于检测 -80~+100℃ 之间的温度。预期该热敏电阻的传递函数是一个二阶多项式。为求其传递函数，在 -60℃ 和 +80℃ 下测量热敏电阻的阻值分别为 $320k\Omega$ 和 $20k\Omega$。
（a）用二阶多项式求出并画出所求区间内的传递函数。
（b）计算温度为 0℃ 时热敏电阻的预期阻值。

**3.15 热敏电阻简化传递函数。** 需要计算在 0~120℃ 温度范围内热敏电阻的传递函数。热敏电阻在 20℃ 时的电阻为 $10k\Omega$。在 0℃、60℃、120℃下测量出的电阻分别为 $24k\Omega$、$2.2k\Omega$ 和 $420\Omega$。使用式（3.12）中的简单指数表达式来推导模型。由于模型只有一个变量 $\beta$，因此我们可以选择三个温度中的任意一个来推导传递函数。
（a）依次使用三个测量值推导传递函数。并比较 $\beta$ 的值。
（b）计算三个传递函数在三个温度时的误差。
（c）画出三个传递函数并进行比较。讨论推导简化模型时温度的差异和"恰当"温度的选择。

**3.16 热敏电阻的自热。** 一个在 25℃ 下标准电阻为 $15k\Omega$ 的热敏电阻携带的电流为 5mA。环境温度为 30℃（用热电偶测量得出）时，热敏电阻的阻值为 12.5kΩ。现在电流被消除，热敏电阻的阻值下降到 12.35kΩ。计算由于热敏电阻的自热导致的误差，单位为摄氏度每毫瓦（℃/mW）。

## 热电式传感器

**3.17** **不适当的结温**。K 型热电偶测量温度 $T_1$ 和参考温度 $T_r$ 如图 3.32 所示。在以下条件下计算电压表的读数：

(a) $T_1 = 100℃$，$T_r = 0℃$，结点 $x-x'$ 和 $y-y'$ 都在各自的温度区间（$c$ = 镍铬合金，$a$ = 镍铝合金）。

(b) $T_1 = 100℃$，$T_r = 0℃$，结点 $y-y'$ 在一个温度区间。结点 $x-x'$ 在一个相差 5℃ 的温度区间（$x$ 在较高温度下）。

(c) (a) 和 (b) 哪个读数是正确的？使用不正确的读数产生的温度误差是多少？

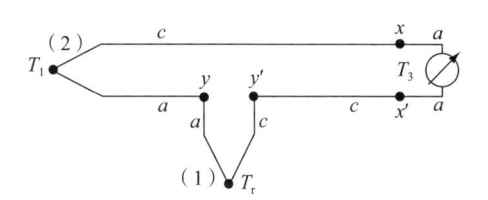

图 3.32 K 型热电偶的连接

**3.18** **热电偶导线的延伸**。K 型热电偶测量出的温度为 $T_1 = 100℃$，参考温度为 $T_r = 0℃$。在特定的应用中，有必要延长到传感结点的导线的长度，如图 3.33 所示。$y-y'$ 和 $z-z'$ 都在 25℃ 的温度区。在以下条件下（$c$ = 镍铬合金，$a$ = 镍铝合金）计算电压表的读数：

(a) 不存在延伸部分（即 $x$ 和 $w$ 是同一个点，并且 $x'$ 和 $y'$ 是同一个点）。

(b) 延伸部分由一对铜线构成。$x-x'$、$y-y'$、$z-z'$ 和 $w$ 结点保持在 25℃ 的温度区。

(c) 为了提高精度，加长延伸部分与连接处的导线，镍铝丝在顶部，镍铬丝在底部。结点 $x-x'$、$y-y'$ 和 $z-z'$ 在 25℃ 的温度区内。结点 $w$ 点在 20℃。计算温度读数为 $T_1$ 时的误差。

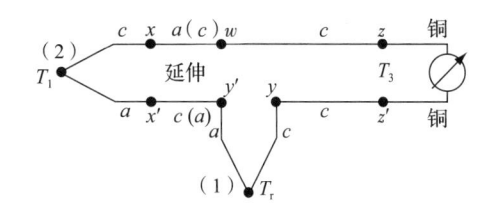

图 3.33 热电偶导线的延伸

(d) 为了进一步减少误差，颠倒延伸部分，现在镍铬线在顶部，镍铝线在底部，而连接条件与 (c) 相同。这样能解决问题吗？请对此进行解释。

**3.19** **具有测量温度的参考结点**。图 3.34 中的配置用于温度传感系统。感应结点和参考结点都是 K 型热电偶。感应结点测量熔融玻璃的温度为 950℃，而参考热电偶的温度测量值为 54℃。标记为 $A$ 和 $B$ 的两个结点也和参考结点在同一个温度区域内。温度区 $T_1$ 包含与测量仪器的连接。

(a) 使用表 3.6 计算电压表测量的电动势。

(b) 说明如何通过考虑参考结点的电动势，在 K 型热电偶的热电参考表中得到基本相同的电动势，并讨论两种方法之间的区别。

（c）说明如果参考结点保持在 0℃，输出值是否与热电温度 $T$ 参考表中预测的输出相同。

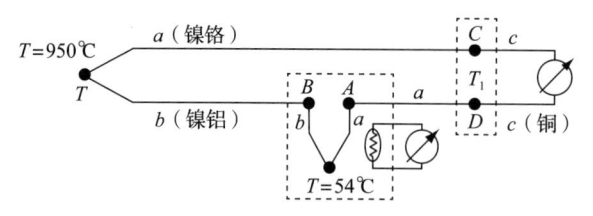

图 3.34 冷结点的温度感应

**3.20** **T 型热电偶的热电参考电动势和温度。**铜-康铜（T 型热电偶）的参考电动势和参考温度表见附录 B（B.3 节）。这些表的参考温度为 0℃。

（a）用第一项（传递函数的一阶近似值）计算温度为 200℃ 时热电偶的电动势，再使用前两项（传递函数的二阶近似值）、前三项，以此类推，直到计算出完整的八阶多项式。参考温度为 0℃。

（b）计算使用降阶近似值与使用所有八阶近似值相比所产生的误差。将误差作为项数的函数画出来。你能从这些结果中得出什么结论？

（c）取（a）中所得的八阶近似值，并使用第一项（一阶近似）、前两项（二级近似）、前三项，以此类推，最多用六项，计算与电动势对应的温度。将结果与标准温度（200℃）进行比较。用不同的近似方法计算出的温度有什么误差？从这些计算中你可以得出什么结论？

**3.21** **R 型热电偶的热电参考电动势和温度。**铂铑合金（R 型热电偶）的参考电动势和参考温度表见附录 B（B.7 节）。这些表的参考温度为 0℃，如图 3.10 所示，两个都是 R 型结点。任何其他结点对都在自己的温度区内。假设在以下条件下，计算热电偶在 1 200℃ 时的电动势：

（a）参考温度为 0℃。

（b）参考温度为 100℃。

**3.22** **E 型热电偶冷端补偿。**考虑使用图 3.11 所示的铂 RTD 的镍铬-康铜热电偶的冷端补偿。RTD 在 0℃ 时的电阻为 120Ω，TCR 系数为 0.003 85/℃。E 型热电偶在 0℃ 时的相对塞贝克系数（灵敏度）是 58.7μV/℃（见表 3.3）。

（a）设有一个 5V 的稳压源，计算补偿这种类型热电偶所需的电阻 $R_2$。

（b）如果温度区 $T=25℃$，计算在 45℃ 时的温度测量误差。用式（3.20）计算 E 型热电偶的电动势。

（c）假设用同样的结构来检测 400℃ 的温度，误差是多少？讨论误差的来源。使用附录 B 的 B.4 节中 E 型热电偶的逆多项式计算 $T_2=1\,200℃$ 时的电动势。

## 半导体热电偶

**3.23** **高温热电堆。**在容易获得燃料（如天然气）的偏远地区，热电堆有时可以为特定需求提供电力，如通信设备和管道的负极保护等。假设有下面的例子：需要一个热电堆来提供 12V 的直流电源用于紧急制冷。采用如下方法：热结点要加热到 450℃。冷结点与一个带有翅片的导电结构连接，通过空气冷却，预计温度在 80℃ 和 120℃ 之间波动，具体取决于空气温度和风速。因为是高温环境，佩尔捷电池也不实用，因此建议使用 J 型热电偶。

(a) 计算确保最低输出 12V 所需要的结点数量。

(b) 输出电压的范围是多少？

**3.24 汽车热交换器。** 一个更有趣的尝试是在汽车和卡车上使用佩尔捷电池来替代交流发电机，在这个过程中回收一些因排放废气中的热量而损失的能量。这种装置是按圆柱形排列的结点，会放置在排气管上方，其内部的热结点和排气管的温度一致。外部的冷结点通过圆柱体外表面的一组冷却散热片（或通过循环散热器冷却剂）来保持温差。假设热结点和冷结点之间的最小温差可以保持在 60℃，计算需要多少个节点来为在 24V 电压下运行的卡车提供最低 27V 的电压。由于结点的温度范围和高灵敏度（见表 3.9），因此用于连接的材料是碳/碳化硅。

**注意：** 已经建成能够供应大约 5kW 电力的原型机。然而这类设备仍存在一些问题。因为需要高温材料，所以其价格相对昂贵，而且只能在排气管达到正常工作温度后才能供电。

## PN 结温度传感器

**3.25 二极管温度监测。** 当在 20℃ 下的二极管中通过 1mA 的电流时，砷化镓（GaAs）功率二极管的带隙能量为 1.52eV，正向电压为 1.12V。通过测量结点的正向电压作为监测二极管的温度的手段。

(a) 计算作为温度传感器的二极管在 1mA 恒定正向电流下的灵敏度。

(b) 计算作为温度传感器的二极管在恒定正向电流为 10mA 时的灵敏度。

(c) 计算在恒定温度为 25℃ 时的二极管对电流变化的灵敏度。

**3.26 PN 结传感器的误差。** 当使用 PN 结传感器时，应该注意两个主要误差。一个是结点的自热，另一个是通过二极管的电流变化引起的误差。假设现在有一个锗二极管，已知正向压降为 0.35V，电流为 5mA，环境温度为 25℃。传感器的自热参数在器件数据表中已经给出，为 1.3mW/℃。

(a) 计算传感器在 50℃ 时的灵敏度，忽略自热的影响。

(b) 假设由于电源的变化，二极管中的电流会产生 ±10% 的变化。计算由于这种变化引起的测量结电压误差百分比。根据上面给出的值估算（$V_f = 0.35V$，$T = 25℃$，$I = 5mA$）。

(c) 计算当电流为 5mA，环境温度为 50℃ 时自热造成的测量温度误差。

(d) 讨论这些误差和它们的相对重要性，以及减少这些误差的方法。

## 光学和声学传感器

**3.27 海水中的声学温度传感。** 为了探测接近水面的平均水温，设定超声波发射器和接收器的间距为 1m，用微处理器测量超声波的传播时间，如图 3.35 所示。由于在海水中声速与温度有关，因此时间可以用来直接指示温度。

(a) 计算传感器的灵敏度。

(b) 在海水温度范围为 0~26℃ 的情况下，计算并绘制测量的飞行时间和温度的函数。

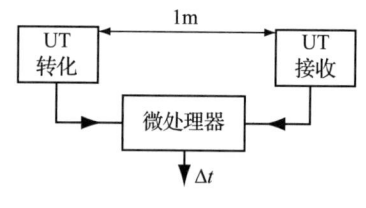

图 3.35 超声波水温传感器

**注意：** 这种类型的传感器可能不是人们特意制造的，但是如果超声波测量被用于其他目的，那么温度也可以由此推导出来。

**3.28 温度变化引起的超声波自动聚焦和误差。** 超声波传感器被用作照相机自动对焦镜头的测距仪，工作原理是基于测量超声波束到达被测物体并返回到相机的传播时间。假设自动调焦系统的校准温度为 20℃。

(a) 计算空气温度变化时距离的误差百分数。

(b) 如果被摄物离相机 3m 远，那么在 −20℃ 和 +45℃ 时测量的实际距离是多少？

## 热机械传感器和执行器

**3.29 水银温度计。** 水银温度计由玻璃制成，如图 3.24 所示。在实验室中使用这个温度计，温度计刻度为 0.5℃/mm，温度范围为 0~120℃。如果细管的直径是 0.2mm，那么所需水银的体积为多少？

**3.30 气体温度传感器。** 如图 3.22 所示，气体温度传感器由一个小容器和一个活塞组成。活塞的直径为 3mm。如果气体在 20℃ 时的总体积为 1cm$^3$，请计算传感器的灵敏度，单位为毫米每摄氏度（mm/℃）。假设气体的压力不变。

**3.31 充液戈莱盒。** 戈莱盒是一个带有柔性膜的圆柱形容器，如图 3.36 所示。其半径为 $a$ = 30mm，高度约为 $h$ = 10mm。薄膜在圆柱体边缘和半径为 $b$ = 10mm 的刚性圆盘之间拉伸。当戈莱盒因加热而膨胀时，刚性圆盘升起，拉伸薄膜，在此过程中，圆柱体上方形成一个锥形，如图 3.36b 所示。盒子中充满了乙醇，通过使用附着在膜上的小镜子和镜子反射出的激光束来读取输出。图 3.36a 中的单元格显示温度为 0℃ 时膜的表面完全平整。在距离镜面 60mm 的刻度上（使用光学传感器）读取反射的激光束（也就是说，刻度是一个半径为 60mm 的圆的一部分）。

(a) 计算传感器在约为 0℃ 的温度变化时的灵敏度。注意，光的反射角等于入射角，反射角是通过相对于入射点的法线测量的。由于检测到的量是温度（输入），输出是刻度上的线性长度，因此灵敏度是毫米每摄氏度（mm/℃）。

(b) 假设传感器能够区分刻度上 0.1mm 的光束间隔，计算在 0℃ 左右温度微小变化时戈莱盒的分辨率。

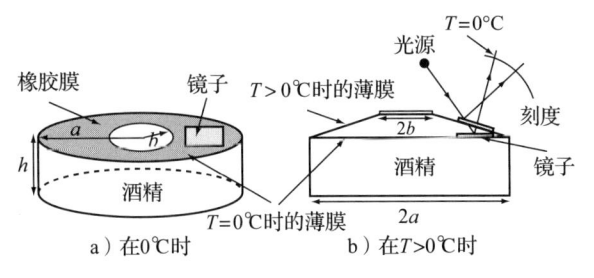

图 3.36 充满液体的戈莱盒

3.32 **活塞式戈莱传感器**。由一个充满空气的玻璃容器和一个活塞制成一个温度传感器，如图 3.37 所示。气体在 0℃ 时的总体积是 10cm³，活塞的位置表示容器刻制的温度。假设气体为理想气体，且活塞没有摩擦（即内部压力等于外部压力）。

(a) 如果外部压力是恒定的，等于 1atm（1 013.25mbar 或 101 325Pa），计算传感器的灵敏度，单位为摄氏度每毫米活塞位移。

(b) 外界压力由 950mbar（95 000Pa）的低压变为 1 100mbar（110 000Pa）的高压时，读数的最大误差是多少？

(c) 从 (a) 和 (b) 我们可以得出什么结论？

图 3.37 活塞式戈莱传感器

3.33 **热机械执行器**。一种简单执行器的气体可以随温度变化而膨胀，该执行器是由圆柱形的，如图 3.38 所示。在这种结构中，当容器内的气体膨胀时，盖子向上移动。假设容器的两个部分可以适当地密封，并且环境压力是恒定的，顶盖的位移可以用来影响驱动。假设容器直径为 10cm，高度为 4cm，环境温度为 20℃，气压 1atm（即在这些条件下容器是完全封闭的），请计算：

(a) 如果没有外力作用，计算执行器的灵敏度，单位为 mm/℃。

(b) 如果施加如图 3.38 所示的压力，计算执行器的灵敏度，单位为 mm/℃，

(c) 如果盖子被阻止移动，在 50℃ 时执行器产生的力是多少？

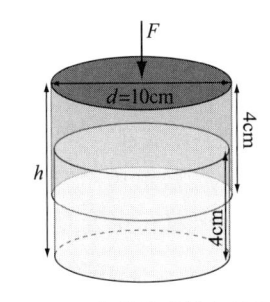

图 3.38 一个简单的热机械执行器

3.34 **双金属恒温器**。如图 3.39 所示，恒温器由双金属

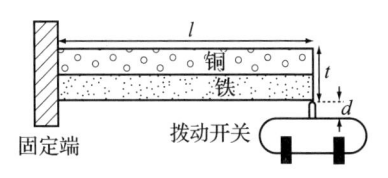

图 3.39 双金属恒温器

棒和快速开关组成，用于控制一个小腔室中的温度。快速开关的操作方式是按压一个条状弹簧，当弹簧被推到超过某一点时，就会打开（或关闭，取决于开关的类型）触点。当弹簧释放时，触点关闭（或打开）。在这种情况下，操作开关所需的开关距离为 $d=0.5\text{mm}$。双金属棒的厚度为 $t=1\text{mm}$，由铁（底部）和铜（顶部）制成。

(a) 假设在室温 20℃ 下双金属棒刚好碰到开关执行器，而恒温器必须在 350℃ 时打开开关，则题目所需的最小杆长是多少？

(b) 如果距离 $l$ 最小可以调整到 25mm，那么恒温器可以设置的最高温度是多少？

3.35 **线圈双金属温度计**。一种线圈双金属温度计的工作范围为 0~300℃。假设线圈内径为 10mm，计算生产一个 30°圆形规格的带材所需的长度。这条带子是由铜（外金属）和铁（内金属）制成的。假设当带材膨胀时，所有的线圈都保持其各自的直径。表盘直接由内侧线圈转动。

3.36 **汽车恒温器：原理**。汽车发动机上的恒温器在 104℃ 时是完全开启的。它的工作原理是在一个气缸中使用一个固态的蜡球，蜡球可以在特定温度下熔化，并会膨胀。在 68℃ 时，蜡球会熔化，其体积会膨胀 12%。当温度高于熔化温度时，液体继续膨胀，膨胀系数为 $0.075/℃$。采用的配置是一个直径 $d=15\text{mm}$ 的直筒式气缸，活塞直接连接到一个圆盘上，该圆盘可以阻止水流进入发动机（见图 3.40）。圆盘必须移动 $a=6\text{mm}$ 的距离才能完全打开。

(a) 计算为达成这一目的所需的蜡球的体积和气缸的长度。

(b) 在 69℃ 时开口（距离 $a$）是多少？

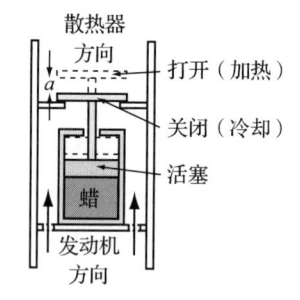

图 3.40 汽车恒温器：原理

3.37 **汽车恒温器：实用的设计**。汽车恒温器的实用配置如图 3.41 所示。活塞直径已经减少到 3mm，气缸的直径和习题 3.36 中一样保持不变。在实际设计中，活塞推着恒温器的框架，气缸顶着弹簧向下移动。假设固体蜡球填满气缸直到活塞底部。

(a) 计算在 104℃ 下气缸移动 $a=6\text{mm}$ 所需的蜡球体积。使用习题 3.36 中给出的数据。

(b) 气缸在 68℃ 时的位移是多少？

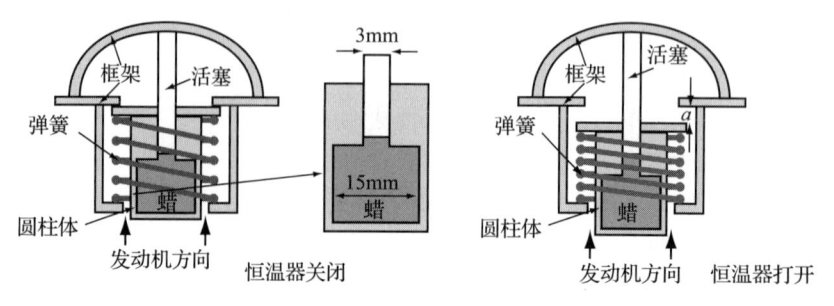

图 3.41 改良的汽车恒温器

# 第4章
# 光学传感器和执行器

## 眼睛

像其他脊椎动物的眼睛一样，人眼是一种奇妙而复杂的传感器，让我们能够感知周围世界中微小的细节和真实的颜色。事实上，眼睛就像一台摄像机。它由一个透镜系统（角膜和晶状体）、一个光圈（虹膜和瞳孔）、一个成像平面（视网膜）和一个镜头盖（眼睑）组成。当人和捕食动物的眼睛看着前方时，就可以形成具有出色深度感知的双目视觉。许多捕食动物虽然有可以侧视的眼睛（这类眼睛能够扩大视野），但它们拥有的是单眼视觉，因此缺乏深度感知的能力。眼睑除了保护眼睛外，也会分泌眼泪以及润滑剂（结膜）来保持眼睛清洁和湿润，并和睫毛一起防止灰尘和异物进入眼睛。眼球的前壁由角膜构成，角膜是一种透明的固定晶状体。这是一个独特的器官，因为它没有血管，只能由眼泪和眼球内的液体滋养。晶状体的后面是虹膜，虹膜控制进入眼内的光线的强度。在虹膜的外围，有一系列缝隙，可以让液体从眼球内流出。它将营养物质传递到眼睛前部，并缓解眼压（如果眼压没有得到很好的调节，人就会患上青光眼，这种病会影响到视网膜，最终可能会导致失明）。再后面则是晶状体，晶状体可以调节，它由睫状肌控制，可以让眼睛聚焦近至10cm，远至无限远的物体上。当睫状肌丧失某些功能时，晶状体的聚焦能力就会受损，需要采取矫正措施（戴眼镜或进行手术）。而晶状体本身随着时间的推移会逐渐浑浊（白内障），这种情况下需要更换晶状体。在眼睛的后部有一个光学传感器——视网膜，它由两种细胞组成：感知颜色的锥形细胞（视锥细胞）和负责弱光（夜间）视觉的杆状或圆柱形细胞（视杆细胞）。视锥细胞分为三种类型，每种类型分别对红光、绿光和蓝光敏感，视网膜内共约有600万个视锥细胞，其中大部分位于中央（黄斑）。视杆细胞则主要分布在视网膜的外围部分，负责弱光视觉。视杆细胞不能感知颜色，但比视锥细胞敏感500倍。而且视杆细胞也比视锥细胞多得多——其数量多达1.2亿个。视网膜通过视觉神经与大脑中的视觉皮层相连。虽然眼睛的晶状体是可以调节的，但眼球的大小也在视觉中起着作用。眼球大的个体近视，眼球小的往往远视。

人眼的灵敏度在大约为$10^{-6}\text{cd/m}^2$（在黑暗的夜晚，视杆细胞主导视觉，看到的基本是单色）到$10^{6}\text{cd/m}^2$（在明亮的阳光下，视锥细胞主导视觉，看到的是全彩色）之间。这是一个很大的动态范围（120dB）。眼睛的光谱敏感度分为四个有重叠的区域：蓝色视锥细胞的灵敏度在370~530nm之间，灵敏度峰值为437nm；绿色视锥细胞的灵敏度在450~640nm之间，灵敏度峰值为533nm；红色视锥细胞的灵敏度则在480~700nm之间，灵敏度峰值为564nm。视杆细胞的灵敏度在400~650nm之间，峰值为498nm。这个峰值在蓝绿色范围内，因此弱光下的视觉往往是深绿色的。

还应该注意的是，许多动物的眼睛都有着和人类眼睛一样的构造，但这不是唯一一种眼睛结构。从简单的光敏细胞（让生物体能检测到光线但不能产生图像）到由成千上万只简单的单个"眼睛"组成的复眼（适合探测运动，但只能产生"像素化"的图像），眼睛的结构多达十几种。

## 4.1 引言

光学是关于光的学科，光是一种电磁辐射，它要么表现为电磁波，要么表现为光子（具有量子能量的粒子）。在继续之前，值得一提的是，"光"具体指的是可以被人眼所感知的电磁辐射中的可见光谱（见图4.1），但是因为频率低于或高于该光谱时，辐射的行为都是相似的，所以"光"通常被扩展为更宽的光谱范围，其中包括红外线（IR）辐射（频率低于可见光或"低于红光"）和紫外线（UV）辐射（频率高于可见光或"高于紫光"）。甚至连术语也被改变了，我们有时会将此类光称为红外线或紫外线。这些术语是不正确的，但被广泛使用。而被称为光的范围是在430~750THz(1THz = 1 012Hz)之间，这是根据人眼反应来定义的。在描述光的特性时，我们更常用波长来进行描述，波长的定义是指光波在一个周期内传播的距离，单位为米（m），或波长$\lambda = c/f$，其中$c$是光速，$f$是频率。可见光区的波长范围在700nm（深红色）~400nm（紫色）之间。然而，红外和紫外辐射的范围没有被很好地定义，在图4.1中，红外辐射的低频区域与微波辐射的高频区域重叠（有时这个高频范围被称作毫米波辐射），而紫外辐射的高频区域则延伸到了X射线的光谱。为便于本章讨论，我们将红外光谱的范围统一为1mm~700nm，紫外光谱的范围为400~1nm。统一各种光的辐射范围是因为感知的原理相似，并且效果基本相同。还应该指出的是这里的辐射指的是电磁辐射，该辐射有别于核辐射或放射性辐射。

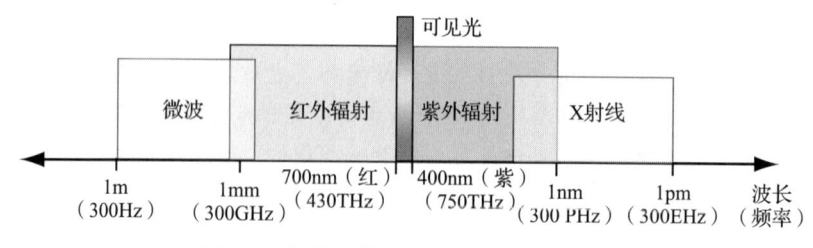

图4.1 红外辐射、可见光、紫外辐射光谱

光学传感器指的是检测电磁辐射的传感器，电磁辐射通常具有远红外到紫外辐射的宽光学范围。传感方法可以通过将光直接转换成电量的方式来实现，如光伏（PV）或光导传感器。或者采用间接的方法，例如可以将被测量首先转换成温度变化，然后再转换成电学量，例如无源红外（PIR）传感器和辐射热计。

还有第三种光的传感方法，该方法基于光的传播及其效应（反射、传输和折射），这里不讨论，因为光学方面的原理涉及的通常不是传感机制，而是一种中间传导机制。尽管如此，为了完整性起见，我们还是会简要地提及其物理原理。

## 4.2 光学单位

光学中使用的单位似乎比大多数单位都要模糊。因此，在这一点上讨论这些是很有用的。首先，国际单位制（SI）规定了**发光强度**（光强）的度量单位，坎德拉（cd）（见1.6.1节）。坎德拉被定义为在给定方向上发出频率为 $540 \times 10^{12}$ Hz，且辐射强度为 1/683 W/sr 的单色辐射光源的发光强度。简而言之，坎德拉是辐射强度的度量单位。

其他单位也经常使用。**流明**（光通量）是坎德拉球面度（cd·sr），是功率的度量单位。**勒克斯**（lux，照度的度量单位）是每平方米坎德拉球面度（cd·sr/m$^2$），因此是一种功率密度。光学单位总结详见表4.1。

表 4.1 光学量及其单位

| 光学量 | 名称 | 单位 | 导出单位 | 注解 |
| --- | --- | --- | --- | --- |
| 光强 | 坎德拉（Candela） | [cd] | [W/sr] | 每球面度辐射功率 |
| 光通量 | 流明（Lumen） | [cd·sr] | [W] | 功率辐射 |
| 照度 | 勒克斯（Lux） | [cd·sr/m$^2$] | [W/m$^2$] | 功率密度 |
| 亮度 | 每平方米坎德拉（Candela per meter square） | [cd/m]$^2$ | [W/sr·m$^2$] | 光强密度 |

**例 4.1：光学单位的转换**

点光源在空间中均匀地向各个方向发射（例如，从地球上看，太阳可以被看作一个点光源）。给定辐射的总功率为 100W，计算在距离光源 10m 处光源的光强和照度。

**解** 由于一个球体中有 $4\pi$ 单位立体角，那么光强就是

$$光强 = \frac{100}{4\pi} = 7.958 \text{W/sr}$$

已知 1cd 是 1/683 W/sr，那么光强为

$$光强 = \left(\frac{100}{4\pi}\right) \times 683 = 7.958 \times 683 = 5435.14 \text{cd}$$

虽然照度的单位是 cd·sr/m$^2$，但最好从辐射功率开始使用它。这种光源分布在半径 $R = 10$m 的球体上，所以我们可以得到照度：

$$照度 = \frac{100}{4\pi R^2} = \frac{7.958}{10^2} = 0.0796 \text{lux}$$

值得注意的是，光强是一个仅取决于光源的固定值，而照度也取决于与光源的距离。

**注意**：均匀辐射源称为各向同性辐射源。

## 4.3 材料

在第 3 章和接下来的章节中讨论的传感器/执行器利用了许多物理原理。但除此之外，它们还利用了特定的材料特性，无论是元素、合金，还是其他形式的可用材料，包括合成的和自然生成的盐、氧化物和其他材料等。我们将讨论一些材料，尤其是与半导体材料结合时，可以先记住元素周期表，这对我们或许会有一些帮助。许多材料的特性并不专属于某个单一元素，而是属于一个组（通常是元素表中的一列），并且如果特定列中的某个元素可以用于给定的目的，同一列中的其他元素可能具有相似的特性，并且同样有用。例如，如果钾可以用于生产光电池的阴极，那么应该也可以使用锂、钠、铷和铯来生产。但是，这一规则也有明显的限制。例如氢和钫也在同一列，但并不会使用它们。第一个原因是氢一般是气体状态，第二个原因是钫具有放射性。同样地，如果砷化镓（GaAs）可以用于制作半导体，那么锑化铟（InSb）也可以用于制作半导体，等等。在讨论热电偶时，我们已经了解了一些原理。第 VIII 列中的元素镍、钯和铂与来自 IB 和 IIB 列的元素一起用于各种类型的热电偶。我们将经常提到元素周期表，但也会提到许多具有特定性质的简单或复杂的化合物，并发现这些化合物在传感器和执行器中很有用。本章将主要关注半导体，在后续章节中将讲解其他材料的重要性。

## 4.4 光辐射的影响

### 4.4.1 热效应

光（辐射）与物质的相互作用导致能量以两种截然不同的方式被吸收。一种是热效应，通常被认为是吸收电磁能，另一种是量子效应。热效应是基于介质吸收电磁能并通过增加原子运动转化为热量。这种热量可以被感知和转换为入射辐射的测量值。这里我们会这样理解，即通过提高材料的温度，使电子获得动能，并在获得足够能量的情况下释放，当然，这种相互作用可以用于传感。

### 4.4.2 量子效应

**1. 光电效应**

第二种效应为量子效应，由光子控制，而光子是辐射的粒子状态的表现。在这种光的表示中，以及在一般的辐射中，能量以束（光子）的形式传播，其能量由普朗克方程给出：

$$e = hf \, [\text{eV 或 J}] \tag{4.1}$$

其中，$h = 6.6262 \times 10^{-34}$ J·s 或 $4.1357 \times 10^{-15}$ eV·s，$h$ 是普朗克常数，$f$ 是频率，单位是 Hz。$e$ 是光子能量，显然与频率相关。频率越高（波长越短），光子能量就越高。在量子模式下，能量通过光子和电子的弹性碰撞传递给材料。电子从这个过程中获得能量，这种能量能使电子通过克服材料的**逸出功**从材料表面释放出来。任何过剩的能量都会给电子带来动能。这一理论最初是由 Albert Einstein 在他的光子理论中提出的,他在 1905 年用光子理论解释了光电效应(因此获得了诺贝尔奖),表示为

$$hf=e_0+k\,[\,\text{eV}\,] \tag{4.2}$$

其中 $e_0$ 是逸出功,即电子离开材料表面所需的能量(见表 4.2)。对于每种材料,逸出功都是一个给定的常数。$k=mv^2/2$ 表示电子在材料外可能具有的最大动能。也就是说,电子在材料外能达到的最大速度为 $v=\sqrt{2k/m}$,其中 $m$ 为电子的质量。

**表 4.2　选定材料的逸出功**

| 材料 | 逸出功(eV) | 材料 | 逸出功(eV) |
| --- | --- | --- | --- |
| 铝 | 3.38 | 镍 | 4.96 |
| 铋 | 4.17 | 铂 | 5.56 |
| 铬 | 4.0 | 钾 | 1.6 |
| 钴 | 4.21 | 硅 | 4.2 |
| 铜 | 4.46 | 银 | 4.44 |
| 锗 | 4.5 | 钨 | 4.38 |
| 金 | 4.46 | 锌 | 3.78 |
| 铁 | 4.4 | | |

注:$1\text{eV}=1.602\times10^{-19}\text{J}$。

根据式(4.2),能量高于逸出功的光子将释放电子并传递动能。那么实际上每个光子都会释放一个电子吗?这取决于过程的量子效率。量子效率是释放的电子数($N_e$)与吸收的光子数($N_{ph}$)的比值:

$$\eta=\frac{N_e}{N_{ph}} \tag{4.3}$$

量子效率的典型值在 10%~20%,这就意味着并非所有的光子都会释放电子。

显然,要释放电子,光子能量必须高于材料的逸出功。由于这个能量只取决于频率,光子能量等于逸出功的频率称为**截止频率**。当光子频率比截止频率低时,量子效应不存在(除了隧道效应),只有热效应。当光子频率比截止频率高时,就会出现热效应和量子效应。因此,低频辐射(特别是红外辐射)只能引起热效应,而高频辐射(紫外线辐射及以上)中则主要是量子效应。

接下来要讨论的光电效应是许多传感方法的基础。在这些方法中,材料都会释放其表面的电子。

**例 4.2:光电发射的最长波长**

考虑一种用于光探测的光电设备。

(a) 若它的表面覆盖着钾元素,那么这个仪器能够探测到的最长波长是多少?

(b) 在波长为 620nm 的红光辐射下,一个释放的电子的动能是多少?

**解**　(a) 光子能量在式(4.2)中给出,光子能量等于逸出功,我们可以得到:

$$hf = e_0 \rightarrow f = \frac{e_0}{h}[\text{Hz}]$$

因为光子以光速传播，所以频率可写成

$$f = \frac{c}{\lambda}[\text{Hz}]$$

其中 $c$ 是光速，$\lambda$ 是波长，则最长可检测波长为

$$\lambda = \frac{ch}{e_0} = \frac{3\times 10^8 \times 4.1357\times 10^{-15}}{1.6} = 7.7544\times 10^{-7}\text{m}$$

我们可以得到的波长是 775.44nm。从图 4.1 中可以看出，其非常接近 IR 区域。

（b）在 620nm 处，频率为 $c/\lambda$，由式（4.2）可计算动能为

$$k = hf - e_0 = 4.1357\times 10^{-15} \times \frac{3\times 10^8}{620\times 10^{-9}} - 1.6 = 0.4[\text{eV}]$$

这个动能相当低，因为红光具有接近光电器件响应的最长波长。

**2. 量子效应：光导效应**

许多现代传感器都基于固态量子效应，尤其是半导体中的量子效应。尽管由于光电效应，一些电子仍然可能离开表面，但是当半导体材料受到光子作用时，它们也可以将能量转移到材料主体中的电子。如果这种能量足够高，这些电子就会变成可移动电子，使得材料的电导率增加，从而导致通过材料的电流增加。这种电流或其效应是撞击材料的辐射强度（可见光、紫外辐射，以及较小程度的红外辐射）的量度。这种效应的模型如图 4.2 所示。电子在价带中通常会束缚在晶体内的晶格点上（即在组成晶体的原子上），并有特定的密度和动量。价电子是与单个原子结合的电子。共价电子也是与原子结合的，但在晶体中两个相邻的原子之间共享。只有当电子的能量大于材料的能隙（带隙能量），且导带中该位置的动量与价带中电子的动量相同（动量守恒定律）时，电子才能移动到导带中。这种能量可能是由热提供的，但此处我们感兴趣的是从光子吸收的能量。如果辐射的频率足够高（能量足够的光子），价电子或共价电子可能会从它们原来的位置被释放出来，并穿过带隙进入导带（见图 4.2a）。

a）光子能量足够高，可以使电子穿过带隙，留下一个空穴　　b）光子能量太低，导致电子和空穴的重组

图 4.2　光导效应的模型

这种转变有两种可能的机制。在直接带隙材料中，导带顶部和导带底部的动量是相同的，只要电子从与光子的相互作用中获得足够的能量，就可以在不需要改变动量的情况下通过。

在间接带隙材料中，电子必须与晶格相互作用来获得或释放动量，然后才能占据导带中的某个位置。晶格振动是这一过程的特征，称为声子，与直接带隙材料相比，这是一个效率较低的过程。电子在导带中可以作为电流自由移动。当电子离开它们原本所在的位置时，就会留下一个"空穴"，这就是一个简单的正电荷载体。这个空穴可能被一个几乎没有额外能量的相邻电子占据（不像光子释放的原始电子，参见图4.2b），因此，在半导体中，电流是由电子和空穴的净浓度引起的。电子的释放表现为导带中电子浓度和价带中空穴浓度的变化。介质的电导率取决于两种载体的浓度及其迁移率：

$$\sigma = e(\mu_e n + \mu_p p) \, [\text{S/m}] \tag{4.4}$$

其中 $\sigma$ 是电导率，$\mu_e$ 和 $\mu_p$ 是电子和空穴的迁移率 [迁移率单位为 $m^2/(V \cdot s)$ 或 $cm^2/(V \cdot s)$]，$n$ 和 $p$ 分别为电子和空穴的浓度（carriers/$m^3$ 或 carriers/$cm^3$）。这种电导率的变化或由此产生的电流变化就是光导传感器中辐射强度的基本量度。

这种效应被称为**光导效应**，因为半导体的带隙相对较小，所以这种效应在半导体中最为常见。这种效应也存在于绝缘体中，但是绝缘体带隙非常大，因此除非在非常高的能量下，否则很难释放电子。在导体中，价带和导带重叠（没有带隙），大多数电子可以自由移动，这表明光子对介质的导电性影响很小甚至没有影响。因此，半导体是光导效应传感器的优先选择，而导体常用于基于光电效应的传感器。

从表4.3中可以清楚地看出，有些半导体更适合低频辐射，而有些则更适合高频辐射。带隙越低，半导体在低频（波长更长，因此光子能量更低）的探测效率就越高。

表4.3 选定半导体的带隙能量、最长波长和工作温度

| 材料 | 带隙/eV | 最长波长 $\lambda_{max}/\mu m$ | 工作温度/K |
| --- | --- | --- | --- |
| ZnS | 3.6 | 0.35 | 300 |
| CdS | 2.41 | 0.52 | 300 |
| CdSe | 1.8 | 0.69 | 300 |
| CdTe | 1.5 | 0.83 | 300 |
| Si | 1.2 | 1.2 | 300 |
| GaAs | 1.42 | 0.874 | 300 |
| Ge | 0.67 | 1.8 | 300 |
| PbS | 0.37 | 3.35 | |
| InAs | 0.35 | 3.5 | 77 |
| PbTe | 0.3 | 4.13 | |
| PbSe | 0.27 | 4.58 | |
| InSb | 0.18 | 6.5 | 77 |
| GeCu | | 30 | 18 |
| Hg/CdTe | | 8~14 | 77 |
| Pb/SnTe | | 8~14 | 77 |
| InP | 1.35 | 0.95 | 300 |
| GaP | 2.26 | 0.55 | 300 |

注：半导体的性质随掺杂物和其他杂质而变化，所显示的值仅应视为具有代表性的数值。

这种材料的最长波长称为**最大有效波长**，超过这个波长，所造成的影响可以忽略不计。例如，InSb（锑化铟）的最大波长为 5.5μm，所以它在近红外范围内非常有用，而且它的带隙非常低，因此非常敏感。事实上，这种材料在室温（300K）下可能完全不能用于感测，因为在这个温度下，大多数电子处于导带中，并且这些传导载流子可以作为光子产生载流子的热背景噪声。因此，需要对这些较长波长的传感器进行冷却以降低热噪声，才能使其发挥作用。表 4.3 的第 4 列显示了材料的（最高）工作温度。

**3. 光谱灵敏度**

每种半导体材料都有其敏感的光谱范围，一般是频率或波长的函数。其上限（最长波长或最小能量）由带隙决定（在图 4.3 中约为 1 200nm）。在带隙之上，材料的响应（即光子相互作用导致的导带中传导电子的浓度变化）稳定增加到最大值，然后降低，如图 4.3 所示。响应的增加和减少是由于电子密度和动量在价带的中间最高，而在价带边界处逐渐减小到零。由于动量守恒定律，电子只能通过导带跃迁到动量相同的位置，并且这种概率随着能量的增加而增加（波长减小）；但是当价带中的大部分电子被移走后，电子跃迁到动量更大的位置的概率就会降低，当电子能量等于导带顶部和价带底部之间的差时（图 4.2 的 $e_{top}-e_{bottom}$），这个概率就会趋于零。在图 4.3 中，这种情况会在大约 650nm 处产生。

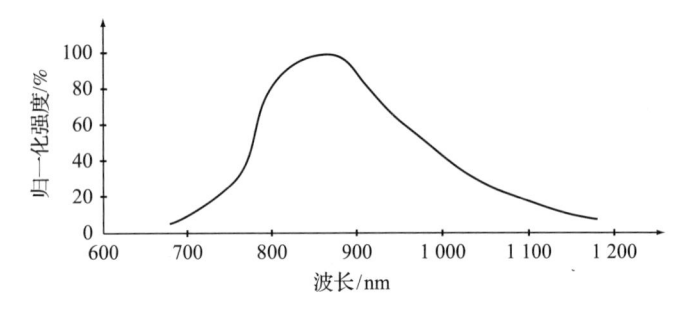

图 4.3 半导体的光谱灵敏度

**4. 隧穿效应**

另一个重要的量子效应是半导体器件中的**隧穿效应**。这种奇特效应的一种简单的解释是，尽管载流子可能没有足够的能量"越过"缝隙，但它们却可以"穿过"缝隙。

尽管这种解释不可靠，但隧穿效应却是真实存在的，这是量子力学的直接结果，薛定谔方程就预测了这个效应。隧穿效应解释了微观层面上的行为，这种行为无法通过经典物理学来解释，但这种现象却在宏观层面上表现出来。基于这种效应的半导体器件，特别是隧道二极管是很常见的，而且这种效应在光学传感器中也被广泛使用。

## 4.5 基于量子的光学传感器

光学传感器分为两大类：**量子传感器**（或探测器）和**热传感器**（或探测器）。（光学传感器通常称为探测器。）量子光学传感器是基于上述量子效应的任何传感器，包括光电和光导传感器以及光电二极管和光电晶体管（光导传感器的变体）。热光学传感器大多出现在红外区域（特别是远红外区域），并有多种变体，包括 PIR 传感器、有源远红外（AFIR）传感器、辐射热计等其他传感器，我们将很快在下文看到它们。

### 4.5.1 光导传感器

**光导传感器**，光导传感器有时被称为光敏电阻传感器或光敏电池，它可能是最简单的光学传感器。光导传感器由连接在两个导电电极上的半导体材料制成，并通过透明窗口暴露在光线下。传感器的原理图如图 4.4a 所示。这些传感器使用的材料有硫化镉（CdS）、硒化镉（CdSe）、硫化铅（PbS）、锑化铟（InSb）等，选用什么样的材料具体取决于传感器的工作波长范围和传感器的其他必要特性，其中硫化镉是最常见的制作材料。

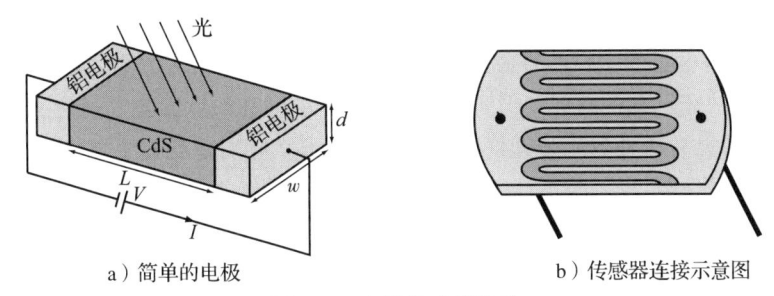

a）简单的电极　　　　　b）传感器连接示意图

图 4.4　光导传感器结构

从结构方面考虑，电极通常被设置在光导层的顶部，而光导层又被放置在衬底层的顶部。针对不同需求，电极结构可能非常简单（见图 4.4a），也可能弯曲或呈梳状（见图 4.4b）。在任何一种情况下，电极之间暴露的区域都是敏感区域。图 4.5 展示了一些不同尺寸和结构的传感器。光电导体是一个有源传感器，因此使用时必须将其连接到电源，该传感器的输出是流过它的电流或其上的电压，但随着光强变化的是半导体的电导率，即它的电阻。

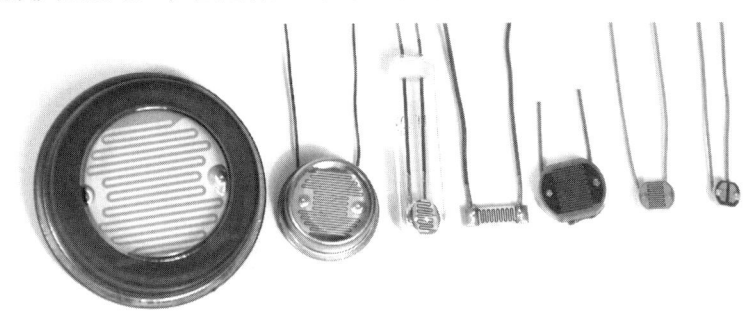

图 4.5　光导传感器示例。最右边的传感器电极较简单，其他则是梳状电极

如式（4.4）中所示，器件的电导率是由电子 $e$ 的电荷、电子和空穴的迁移率（$\mu_e$ 和 $\mu_p$）以及其他各种来源的电子 $n$ 和空穴 $p$ 的浓度所决定的。在没有光的情况下，这种材料会表现出所谓的暗电导性，反过来又产生暗电流。根据结构和材料的不同，器件的电阻可能会非常高

（几兆欧姆），也可能只有几千欧姆。当传感器被照亮时，它的电导率随载流子浓度（过量载流子浓度）的变化而变化（电导率增加，因此电阻减小）。

电导率的变化可以表示为

$$\Delta \sigma = e(\mu_e \Delta n + \mu_p \Delta p) \, [\text{S/m}] \tag{4.5}$$

其中 $\Delta n$ 和 $\Delta p$ 为辐射（光）产生的过量载流子浓度。载流子是由辐射以一定的生成速率（每单位体积每秒的电子或空穴数）产生的，但它们也以一定的速率进行复合。产生和复合速率取决于多种属性，包括材料的吸收系数、尺寸、入射功率密度（辐射的）波长和载流子寿命（载流子寿命是多余载流子衰变-复合所需的时间）。载流子的产生和复合同时存在，在给定的光照下，当它们相等时，载流子浓度就达到了稳态。

在这种情况下，电导率的变化可以写成

$$\Delta \sigma = eg(\mu_n \tau_n + \mu_p \tau_p) \, [\text{S/m}] \tag{4.6}$$

其中 $\tau_n$ 和 $\tau_p$ 分别是电子和空穴的寿命，$g$ 是载流子生成速率（每单位体积每秒生成的载流子数）。这些性质取决于已知的材料，但实际上也同样受温度和浓度影响。虽然载流子的产生是成对的，但是如果已有一种载流子密度占主导地位，那么相对于这种载流子的密度，另一种类型的过剩载流子密度可以忽略不计。如果电子占主导地位，这种材料就被称为 N 型半导体，如果主导载流子是空穴，那么这种半导体被称为 P 型半导体。在每种情况下，相反类型的载流子浓度可以忽略不计，电导率的变化是由主导载流子引起的。

光敏电阻的一个重要特性是它对辐射的灵敏度（有时称为它的效率）。灵敏度也称为增益，可以表示为

$$G = \frac{V}{L^2}(\mu_n \tau_n + \mu_p \tau_p) \, [\text{V/V}] \tag{4.7}$$

其中，$L$ 是传感器的长度（电极之间的距离），$V$ 是传感器两端的电压。注意式（4.7）中的单位是伏特/伏特，因此这是一个无量纲的量。灵敏度表示输入辐射的每个光子产生的载流子的比率。为了提高灵敏度，我们应该选择具有高载流子寿命的材料，但也要尽可能减少光敏电阻的长度。后者通常通过图 4.4b 所示的曲折结构来实现（另见图 4.5）。弯曲的形状确保了对于给定的暴露区域，减小了两个电极之间的距离，它还降低了传感器的电阻，如图 4.4a 所示，电阻可表示为

$$R = \frac{L}{\sigma w d} [\Omega] \tag{4.8}$$

其中 $wd$ 是器件的横截面积，$\sigma$ 是其电导率。

过剩载流子密度取决于光电导体吸收的功率。给定图 4.4a 中入射到光电导体顶面上的辐射功率密度 $P\,[\text{W/m}^2]$，并假设该功率的一小部分 $T$ 渗透到光电导体中（其余部分从表面反射出去），进入器件的功率表示为 $PTS = PTwL\,[\text{W}]$。根据定义，这是器件在单位时间内吸收的能量。由于光子的能量是 $hf$，因此我们可以把单位时间释放的过剩载流子对的总数写成

$$\Delta N = \eta \frac{PTwL}{hf} \left[ \frac{\text{载流子数量}}{\text{s}} \right] \tag{4.9}$$

其中 $\eta$ 是材料的量子效率（一种已知的给定性质，取决于所用的材料）。后者表明了该材料将光子能量转换为载流子的效率有多高，并清楚地表明并非所有的光子都参与了这一过程。我们假设载流子的产生在整个光电导体中是均匀的（这个假设只对薄的光电导体有效），可以计算出每秒每单位体积生成载流子的速率：

$$\Delta n/s = \eta \frac{PTwL}{hfwLd} = \eta \frac{PT}{hfd} \left[ \frac{\text{载流子数量}}{\text{m}^3 \cdot \text{s}} \right] \tag{4.10}$$

如前所述，复合速率影响净过剩载流子密度。载流子密度（浓度）则由产生速率乘以载流子寿命 $\tau$ 得到：

$$\Delta n = \eta \frac{PT\tau}{hfd} \left[ \frac{\text{载流子数量}}{\text{m}^3} \right] \tag{4.11}$$

光产生的多数和少数过剩载流子具有相同的密度。

式（4.11）中的一些项不一定与浓度相等，有可能只是估计值，也可能与温度有关。然而这个方程显示了光强与过量载流子浓度之间的联系以及电导率对光强的依赖性。

其他需要考虑的参数是传感器的响应时间、它的暗电阻（取决于掺杂物）、传感器量程的电阻范围以及传感器的光谱响应（即传感器可用的光谱部分）。这些特性取决于所使用的半导体以及生产传感器的制造工艺。

光导传感器中的噪声是另一个重要因素。大部分噪声是由热引起的，波长越长，噪声越大。因此许多红外传感器必须先经过冷却才能正常工作。另一种噪声源是载流子产生和重组速率的波动。这种噪声在较短的波长下尤其重要。

从传感器生产的角度来看，光敏电阻传感器是通过将材料沉积在衬底上而制成的单晶半导体，也可以是通过烧结（本质上是一种非晶半导体，由压缩的粉末材料在高温下烧结形成光导层）制成。通常情况下，沉积法制造的传感器是最便宜的，而单晶传感器是最昂贵的，但具有更好的性能，我们可以根据需求选择特定的方法。例如，表面积较大的传感器可能需要通过烧结的方法来制造，因为大型单晶既难以制造，价格也更昂贵。

**例 4.3：光敏电阻的特性**

由于半导体成分的可变性，难以获得可靠的数据，因此许多半导体通过实验来确定其特性，不过，对于 CdS 传感器来说，可以获得一些可靠的数据并加以运用。为了了解光敏电阻的特性，我们可以考虑一个简单的 CdS 结构，如图 4.4a 所示，其长度为 4mm，宽度为 1mm，厚度为 0.1mm。电子在 CdS 中的迁移率约为 $210 \text{cm}^2/(\text{V} \cdot \text{s})$，空穴的迁移率约为 $20 \text{cm}^2/(\text{V} \cdot \text{s})$。载流子的暗浓度约为 $10^{16}$ 载流子数量$/\text{cm}^3$（电子和空穴都是如此）。当光密度为 $1\text{W}/\text{m}^2$ 时，载流子密度增加 11%：

(a) 计算材料在黑暗条件下和给定光照条件下的电导率和传感器的电阻。

(b) 假设光产生载波的速率为 $10^{15}$ 载流子数量$/\text{s}/\text{cm}^3$，估计传感器的灵敏度。

**解** (a) 电导率可以直接由式（4.4）计算，我们可以得到以下结果：

$$\sigma = e(\mu_e n + \mu_p p) = 1.602 \times 10^{-19} \times (210 \times 10^{16} + 20 \times 10^{16})$$

$$= 0.36846 [\text{S/cm}]$$

因为迁移率和载流子密度的单位是西门子每厘米（S/cm），所以我们将结果乘以100（1m=100cm），得到 $\sigma=36.85\mathrm{S/m}$。

（b）在光照条件下，载流子密度增加了1.11倍，我们可以得到：

$$\sigma = e(\mu_e n + \mu_p p)$$
$$= 1.602 \times 10^{-19} \times (210 \times 10^{16} \times 1.11 + 20 \times 10^{16} \times 1.11)$$
$$= 0.409 [\mathrm{S/cm}]$$

则光照条件下的电导率为 $\sigma=40.9\mathrm{S/m}$。

电阻可以由式（4.9）得出：

$$R = \frac{L}{\sigma W H} = \frac{0.004}{36.85 \times 0.001 \times 0.0001} = 1085.5 [\Omega]$$

$$R = \frac{L}{\sigma W H} = \frac{0.004}{40.9 \times 0.001 \times 0.0001} = 978.0 [\Omega]$$

需要注意的是，电阻与载流子密度的增加成正比，但载流子密度的增加与照度不具有线性关系。基于这个原因，电阻一开始下降得相当快，但随后趋于稳定，因为在高照度下，可释放到导带中的载流子越来越少。

如果我们有电子和空穴寿命的信息，那么传感器的灵敏度就可以从式（4.7）直接计算出来。在没有这些信息的情况下，可以从式（4.5）和式（4.6）导出：

$$e(\mu_e \Delta n + \mu_p \Delta p) = eg(\mu_n \tau_n + \mu_p \tau p) \rightarrow (\mu_n \tau_n + \mu_p \tau_p) = \frac{(\mu_e \Delta n + \mu_p \Delta p)}{g}$$

因此可以将式（4.7）改写为

$$G = \frac{V}{L^2} \left( \frac{\mu_e \Delta n + \mu_p \Delta p}{g} \right)$$
$$= \frac{V}{(0.004)^2} \left( \frac{210 \times 10^{-4} \times 1.0 \times 10^{16} + 20 \times 10^{-4} \times 1.0 \times 10^{16}}{10^{15}} \right)$$
$$= 14\,375 \mathrm{V/V}$$

注意，我们已经将迁移率单位转换为 $\mathrm{m}^2/(\mathrm{V \cdot s})$，但载流子密度和载流子产生速率的单位不需要转换，因为它们分别出现在分子和分母中。这里得出了14 375V/V的灵敏度，也就是说，对于电极之间每1V的电势差，一个光子就能产生14 375个载流子。这是一个非常大的灵敏度，是典型CdS传感器的灵敏度。

最常见的廉价传感器材料是CdS和CdSe。这些器件具有很高的灵敏度（$10^3 \sim 10^4$），但响应时间较短，通常约为50ms，而且这些器件可以通过沉积来制造，构成沉积电极，形成如图4.4b和图4.5所示的典型梳状结构，该结构使得电极之间的距离变得很短，而且可以保证其拥有一片较大的感知区域。CdS和CdSe还可以通过烧结来制造传感器。CdS在较短的波长（紫色）下响应好，而CdSe在较长的波长（红色）下响应好，这些传感器的光谱响应覆盖了可见光范围，我们也可以将一些材料组合在一起以适应特定的响应。PbS通常以薄膜的形式进行沉积，它可以将响应转移到红外（IR）区域（1 000~3 500nm），并将响应时间提高到200ms

以内，但与典型的红外传感器一样，PbS 的热噪声会增加，因此在使用前需要冷却。由 InSb 制成的单晶传感器就是一个例子。这种类型的传感器可以在约 7 000nm 的区域工作，并且响应时间小于 50ns，但必须经过冷却才能在更长的波长下工作，通常将该传感器冷却到 77K（通过液氮）。对于红外区域的特殊应用，特别是在远红外区域，可以使用碲化镉汞（HgCdTe）和硼化锗（GeB）。这些器件中，特别是硼化锗（GeB），如果冷却到 4K（通过液氦），那么可以将工作的范围扩展到 0.1mm 左右。

一般来说，对任何材料制成的传感器进行冷却，都可以将其光谱响应扩展到更长的波长，但这种操作往往会降低其响应速度。另外，经过冷却的传感器也提高了灵敏度，并降低了热噪声。远红外的许多应用是在军事或空间方面。这些专用传感器必须由单晶制成，并且必须封装在一个符合低温要求的环境中。

### 4.5.2 光电二极管

如果半导体二极管的结暴露在光辐射下，那么光子产生的过剩载流子就会以纯半导体的方式增加导带中的现有电荷。二极管本身可以是正向偏置（见图 4.6a）、反向偏置（见图 4.6b）或无偏置（见图 4.6c）的。图 4.6d 显示了二极管的电流-电压（$I-V$）特性。在图 4.6 中的三种配置中，正向偏置模式在光传感器中是没有用的，因为在这种模式下，正常电流（不是由光子引起的）比光子产生的电流大。在反向偏置模式下，二极管携带微小电流（即"暗"电流），相比之下，由光子产生的电流增加较大。在这种模式下，二极管以类似于光导传感器的方式工作，因此称为二极管的**光导模式**。如果二极管没有偏置，那么它将在**光伏（PV）模式**下作为传感器（或执行器）工作（见图 4.6c）。

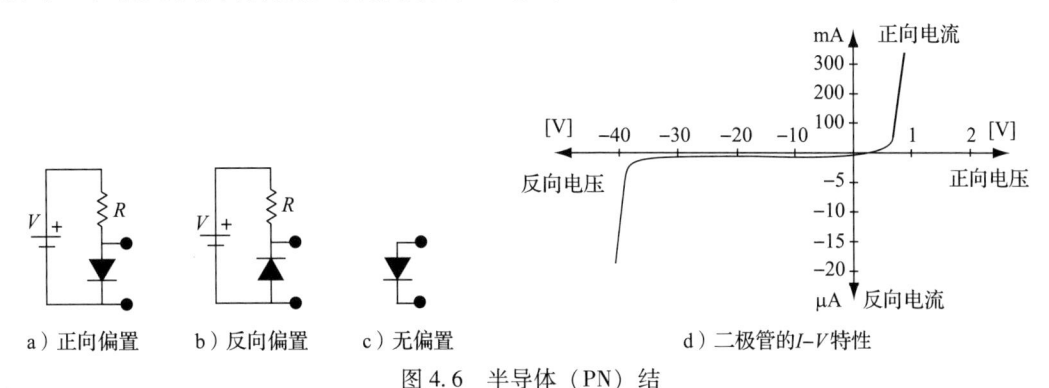

a）正向偏置　　b）反向偏置　　c）无偏置　　d）二极管的 $I-V$ 特性

图 4.6　半导体（PN）结

光导模式下（见图 4.6b）二极管的等效电路如图 4.7a 所示。除了在理想二极管（$I_d$）中存在的电流，还有由"暗"电阻 $R_0$ 和通过结电容（$I_c$）的电流定义的漏电流（$I_0$）。串联电阻 $R_s$ 是由连接二极管的导线引起的。光子从结的 P 或 N 侧的价带释放电子。这些电子和由此产生的空穴流向各自的极性（电子流向正极，空穴流向负极），从而产生电流，在二极管中没有偏置电流的情况下，该电流构成唯一的电流（二极管被反向偏置）。实际上，会有一个小的漏电流，在等效电路中为 $I_0$。

a) 等效电路　　　　　　　　b) I–V 特性

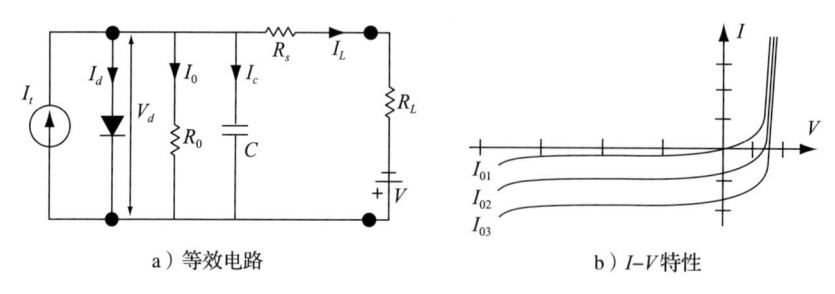

图 4.7　以光导模式（反向偏置）连接的光电二极管

电子被正极吸引加速，在这个过程中，特别是在二极管的反向电压很高时，这些电子可以与其他电子产生碰撞，并通过带隙释放，这种效应称为**雪崩效应**，并导致可用载流子倍增。在这种模式下工作的传感器称为**光电倍增管传感器**。

在任何二极管中，正向偏置模式下的电流为

$$I_d = I_0 (e^{eV_d/nkT} - 1) \, [\text{A}] \tag{4.12}$$

其中 $I_0$ 为漏（暗）电流，$e$（在指数中）为电子的电荷，$V_d$ 为结间电压，又称电压势垒或内置电势，$k$ 为玻尔兹曼常数（$k = 1.380\,648\,8 \times 10^{-23}\,\text{kg} \cdot \text{m}^2/\text{s}^2/\text{K}$），$T$ 为热力学温度 [K]，$n$ 为效率常数，也称为理想因子，值在 1 到 2 之间变化。在理想二极管和许多实际情况下，它等于 1（但在 3.4 节，它等于 2）。这种关系清楚地表明了二极管电流对温度和偏置电压的依赖性。然而，在反向偏置模式下，只有电流 $I_0$ 可以流动，而且在大多数实际应用情况下它很小，通常可以忽略不计。

光子产生的电流表示为

$$I_p = \frac{\eta P A e}{hf} \, [\text{A}] \tag{4.13}$$

其中 $P$ 为辐射（光）功率密度 $[\text{W/m}^2]$，$f$ 为频率 [Hz]，$h$ 为普朗克常数。其他的量都是与所用的二极管或半导体有关的常数。$\eta$ 为量子吸收效率，$A$ 为二极管的暴露面积（$\eta P A$ 为结吸收的功率）。二极管外部可用的总电流为（使用 $n = 1$）：

$$I_L = I_d - I_p = I_0 (e^{eV_d//kT} - 1) - \frac{\eta P A e}{hf} \, [\text{A}] \tag{4.14}$$

这是光电二极管传感器在正向或反向偏置条件下测量的电流（取决于结两端的电压）。在反向偏置条件下，第一项可以完全忽略，因为 $I_0$ 很小（约为 10nA），并且 $V_d$ 是负的。作为第一个近似值，特别是在低温条件下，我们可以得到光电二极管电流的一个简单关系式：

$$I_L \approx \frac{\eta P A e}{hf} \, [\text{A}] \tag{4.15}$$

测量时，该电流给出了二极管吸收功率的直接读数，从这个读数中我们可以看出它不是恒定的，因为这取决于频率，除了单色辐射之外，吸收的功率本身也与频率有关。随着输入功率的增大，二极管的特性曲线发生变化，如图 4.7b 所示，该结果导致反向电流增加，这与预期的一致。

只要 N 区、P 区或 PN 结暴露在辐射下，任何二极管都可以作为光电二极管。然而，为了改善普通二极管的一种或多种光导特性（通常是暗电阻和响应时间），我们已经对它们的材料和结构进行了特定的改变。以图 4.8 所示的平面扩散型二极管为例，该二极管由 P 层和 N 层以及两个触点组成。紧接 P 层正下方的区域是耗尽区，该区域的特征是几乎完全没有载流子。这本质上是一个普通的二极管。为了增加暗电阻（降低暗电流），可以在 P 层上覆盖一层薄薄的二氧化硅（$SiO_2$，见图 4.8a）。在 P 层和 N 层之间添加一层半导体本征层，这就产生了所谓的 PIN 光电二极管，由于本征层电阻更高，暗电流更低，结电容也更低，因此响应时间更短（见图 4.8b）。而 PNN+ 结构的情况正好相反，通过在二极管底部放置一层薄的高导电层，减少了二极管的电阻，并且提高了低波长灵敏度（见图 4.8c）。另一种改变二极管响应的方法是使用肖特基结。在这种二极管中，结是通过在 N 层上使用一薄层溅射导电材料（金）形成的（肖特基结是一个金属-半导体结，见图 4.8d）。这样就形成了一个在 N 层上面有一个非常薄的外层（金属）的二极管，而且它的长波长（IR）响应也得到了改善。如前文所述，具有高反向偏置电压的二极管可以在雪崩模式下工作，可以增加电流并提供增益或放大（**光电倍增管二极管**）。产生雪崩效应的主要条件是要在结点上建立高强度的反向电场（大约为 $10^7$V/m 或者更高），以提供足够的电子加速度。此外必须保证低噪声。雪崩光电二极管可用于高灵敏度、弱光的场合。

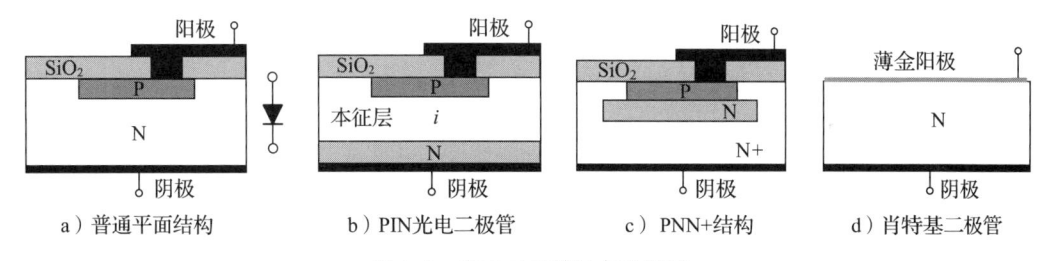

a）普通平面结构　　b）PIN光电二极管　　c）PNN+结构　　d）肖特基二极管

图 4.8　光电二极管的各种结构

光电二极管有多种封装形式，包括表面贴装，塑料和小罐封装。图 4.9a 显示了一种用作 CD 播放器中反射激光检测器的二极管，它们也可用在光电二极管的线性阵列中，如图 4.9b 所示，该图显示了一个包含 512 个单元的线性阵列，该阵列可用作扫描仪的传感器。它们既

a）作为CD播放器传感器的光电二极管，安装在支架上　　b）单个集成电路中的光电二极管线性阵列（512个光电二极管），用作扫描仪的传感器元件。顶部的盖子是玻璃的，光线可以通过透明的缝隙进入

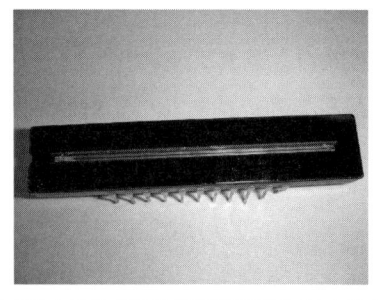

图 4.9　光电二极管及其线性阵列

可用于红外光谱,也可用于可见光范围,有些还可以扩展到紫外光谱甚至 X 射线范围。许多光电二极管都有一个简单的透镜,该透镜可以用来增加结点处的功率密度。

**例 4.4:光电二极管作为光纤通信的检测器**

数字通信链路使用了波长为 800nm 的红色激光器,其输出功率为 10mW。该光纤链路长 16km,由衰减为 2.4dB/km 的光纤制成。在链路的接收端,由光电二极管检测脉冲,通过一个 1MΩ 的电阻来测量输出,如图 4.10 所示。假设激光器发射一系列脉冲,并且两端都没有损耗,也就是说激光器产生的所有功率都进入光纤,二极管的所有功率都被二极管吸收,试计算接收到的脉冲幅值。假设二极管的暗电流(漏电流)为 10nA,系统工作在 25℃。当温度上升到 50℃ 时,脉冲的振幅会如何变化?

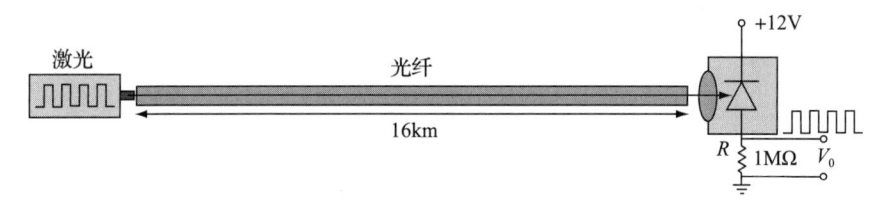

图 4.10 光源(激光器)和用作检测器的光电二极管之间的光纤通信链路

**解** 我们首先用式(4.12)计算二极管电流,然后用式(4.13)计算光子电流,或者可以用式(4.14)计算总电流。但是在这之前,我们需要知道辐射功率密度 $P$,它可由入射功率密度和沿光纤的衰减计算得出。激光器产生的功率为 10mW,但是在计算进入二极管的功率时,我们需要考虑损耗。所以,首先计算输入功率 $P$,单位为 dB:

$$P = 10 \times 10^{-3} \text{W} \rightarrow P = 10\lg(10 \times 10^{-3}) = -20 \text{dB}$$

沿光纤的总衰减为 $2.4 \times 16 = 38.4 \text{dB}$。因此,以分贝为单位的光纤末端功率为

$$P = -20 - 38.4 = -58.4 \text{dB}$$

现在,我们将此功率换算为以 W 为单位的量:

$$10\lg P_0 = -58.4 \rightarrow \lg P_0 = -5.84 \rightarrow P_0 = 10^{-6.84}$$
$$= 1.445 \times 10^{-6} \text{W}$$

现在,我们可以利用式(4.14)进行计算,但是我们注意到 $\eta P A$ 是二极管接收到的总功率,根据问题的表述,它等于 $P_0$。因此,我们可以得到

$$I_L = I_0(e^{eV_d/kT} - 1) - \frac{P_0 e}{hf} = 10 \times 10^{-9}(e^{1.61 \times 10^{-19} \times (-12)/1.3806488 \times 10^{-23} \times 298} - 1) - \frac{1.445 \times 10^{-6} \times 1.61 \times 10^{-19}}{6.6262 \times 10^{-34} \times 3.75 \times 10^{14}}$$
$$= -10 \times 10^{-9} - 936.3 \times 10^{-9} \text{A}$$

显然,温度引起的电流可以忽略不计。现在,我们可以计算电阻两端的输出电压。当激光光束关闭时,通过光电二极管的电流为 10nA,输出电压为

$$V_0 = 10 \times 10^{-9} \times 1 \times 10^6 = 10 \text{mV}$$

当光束开启时,电流增加到 946.3nA,此时输出电压为

$$V_0 = 946.3 \times 10^{-9} \times 1 \times 10^6 = 946.3 \text{mV}$$

也就是说，脉冲会使电压从电平"0"的 10mV 变化到电平"1"的 0.946V。但这可能不足以实现接口连接，因此该电压可能需要放大。

在温度为 50℃ 的情况下，由于取决于温度的电流分量可以忽略不计，因此问题的答案基本上是相同的，但是这个结论并不具有普适性。

### 4.5.3 光伏二极管

光电二极管也可以在光伏模式下工作，如图 4.11a 所示。在这种模式下，二极管是一个发电装置，因此不需要偏置。光伏二极管最著名的结构是太阳能电池，这是一种暴露面积特别大的光电二极管。

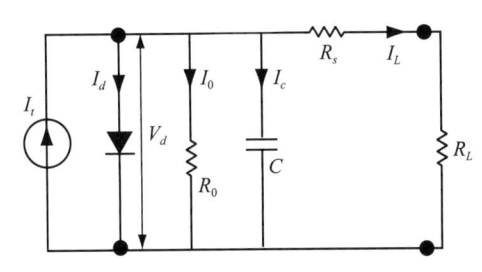

a）光电二极管以光伏模式连接（PV 电池的等效电路），二极管无偏置

b）一种特定类型的光电二极管，即光伏电池或太阳能电池。这里显示了两种类型，右边的用于计算器

图 4.11　PV 电池的等效电路及两种类型

所有的光电二极管都可以在这种模式下工作，但一般来说，二极管的表面积越大，它的结电容就越大。这种电容是导致 PV 电池时间响应降低的主要原因。在其他方面，工作在光伏模式下的光电二极管与工作在光导模式下的光电二极管都具有相同的特性，但也有不足之处。比如因为没有偏置，雪崩效应在这种模式下是不可能存在的。图 4.11a 显示了 PV 电池的等效电路，图 4.11b 展示了两个小型 PV（太阳能）电池。

虽然光伏二极管通常用于太阳能发电的光伏阵列以及为小型电器（如计算器）供电的小型阵列，但它本身也是一种非常简单的光传感器，只需要一个电压表就可以测量其光功率密度或光强。

虽然光伏二极管工作时没有偏置，但在正常工作时，结的两端会产生电压，总电流可以用式（4.14）来表示，其中第一项是正常二极管电流，第二项是光电流。在二极管的工作中，必须说明两个重要的特性，首先是短路电流，如果二极管短路，二极管上的电压为零，此时唯一可能存在的电流就是光电流。因此：

$$I_{sc} = -I_p = -\frac{\eta P A e}{hf}[\text{A}] \tag{4.16}$$

第二项是开路电压，在开路电压下二极管的正常电流等于光电流，即式（4.14）中的负载电流为零。开路电压 $V_{oc}$ 可以用这个等式来衡量：

$$I_0(e^{eV_{oc}/nkT}-1) = \frac{\eta PAe}{hf} \tag{4.17}$$

显然，$V_{oc}$ 等于内置电势或势垒电位，这取决于材料、掺杂物，以及载流子浓度和温度。式（4.16）和式（4.17）中的效率 $\eta$ 是电池的总效率，并且是电池量子吸收系数和转换系数的乘积。一般效率因子 $n$ 等于 1，除非对于特定光电二极管的特性另有说明。

**例 4.5：弱光下太阳能电池的特性**

为了建立太阳能电池的传递函数，必须测量电池的输入功率或功率密度以及电池的输出电压或功率。特别是在弱光下，电池的转换效率很低，而且传递函数很大程度上取决于负载（参见图 4.11a 中 $R_L$）。一块太阳能电池的面积为 11cm×14cm，连接一个 1kΩ 的负载，暴露在人造光源下，然后测量输出电压。输出电压与输入功率的关系如图 4.12a 所示。这条曲线的特征表明，电池在某些（较高）功率密度下趋于饱和输出。由于照度较低，这种特殊的太阳能电池只能提供几毫瓦的功率。

转换效率是太阳能电池的重要参数之一。该参数定义为输出功率与输入功率的比值，通常用百分比表示。与其他所有特性一样，转换效率取决于负载和工作点（输入功率）。这里所用电池的转换效率计算如下：

$$\text{eff} = \frac{P_{\text{out}}}{P_{\text{in}}} \times 100\% = \frac{V^2/R_L}{P_d \times S} \times 100\%$$

其中 $P_d$ 为输入功率密度 [mW/cm²]，$S$ 为电池面积 [cm²]（在这种情况下是 11cm×14cm = 154cm²），$R_L$ 是负载 [kΩ]，$V$ 为输出电压 [V]。效率如图 4.12b 所示。效率在 0.174mW/cm² 时达到最大值 7.78%，之后开始下降，趋于饱和。需要再次注意的是，最大效率点取决于照度水平和负载。好的太阳能电池的转换效率在 15%~30% 之间。

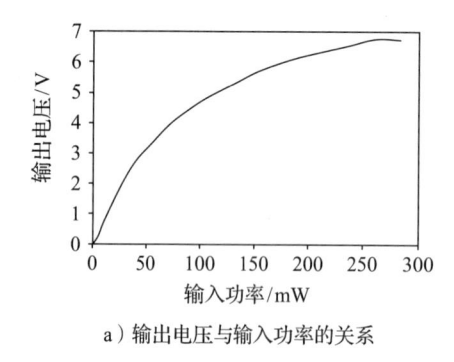

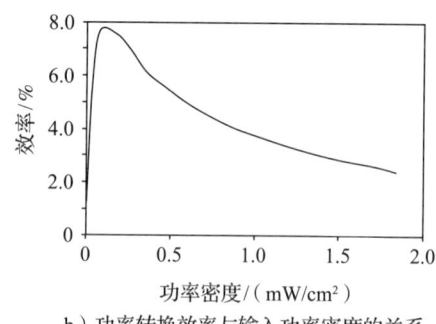

a）输出电压与输入功率的关系
b）功率转换效率与输入功率密度的关系

图 4.12 弱光下太阳能电池的特性

**例 4.6：光学位置传感器**

位置传感器的制作方法如下：通过在太阳能电池表面的不透明材料上切割出一个三角形狭缝，形成一个三角形曝光区（见图 4.13）。这就构成了传感器的固定部分。移动部分置于固定部分之上，该部分包括两个部件。一个是固定光源。在光源和固定狭缝之间是一个薄的矩形开口，只允许光通过这个开口，该开口为 $t$ m 宽，光源的照度为 $I$ lux。狭缝的位置就是传感器的输出位置。因为 h（距离）越大，电池上的光功率就越大，太阳能电池的电压就越大。假设电压输出与太阳能电池的入射功率呈线性关系 $V=kP$，其中 $P$ 是入射功率，$k$ 为电池的常数，求出电池的测量电压与狭缝位置 $h$ 之间的关系。

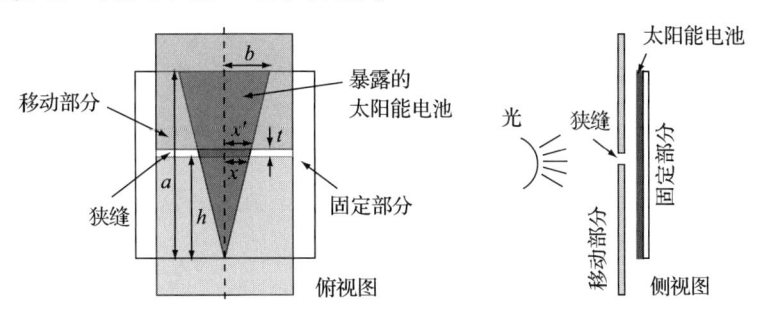

图 4.13 光学位置传感器。因为曝光缝隙的宽度取决于位置，所以顶层的狭缝通过曝光缝隙的宽度来指示具体位置

**解** 因为随着 $h$ 的增加，被照亮的狭缝的宽度会增加，所以到达电池的光量也会增加。照度的单位是 lux，lux 的单位是瓦/每平方米。因此，到达电池的功率与宽度为 $t$ 的矩形所覆盖的三角形狭缝的面积成正比。我们可以计算出这个面积，然后再乘以照度，最后得到功率 $P$。但需要注意的是，1lux 等于 $(1/683)W/m^2$。当然，输出电压是立即可用的。

假设缝隙处于高度为 $h$，则暴露的面积为

$$S = \frac{(2x'+2x)t}{2} = (x'+x)t \, [m^2]$$

为了计算 $x$ 和 $x'$，我们注意到：

$$\frac{b}{a} = \frac{x}{h} = \frac{x'}{h+t}$$

因此：

$$x = \frac{b}{a}h, \quad x' = \frac{b}{a}(h+t) \, [m]$$

我们知道

$$S = \left[\frac{b}{a}(h+t) + \frac{b}{a}h\right]t = \frac{bt}{a}(2h+t) \, [m^2]$$

到达电池的功率可以表示为

$$P = SI = \frac{btI}{a}(2h+t) \, [W]$$

式中，$I$ 为照度，单位为 $[W/m^2]$。输出电压可以表示为

$$V = kP = 2k\frac{btI}{a}h + k\frac{bt^2I}{a} \, [V]$$

这样我们就得到了实测电压与高度 $h$ 的线性关系。还要注意的是，灵敏度的提高可以通过增大 $b$、$t$ 和 $I$ 这几个量来实现。

### 4.5.4 光电晶体管

作为对光电二极管讨论的延伸,光电晶体管可以看作两个背对背连接的二极管,如图 4.14 所示为 NPN 晶体管。在所示偏置下,上二极管(集电极-基极结)是反向偏置的,而下二极管(基极-发射极结)是正向偏置的。在普通晶体管中,注入基极的电流通过以下简单的关系被放大:

$$I_c = \beta I_b \, [\text{A}] \tag{4.18}$$

其中 $I_c$ 是集电极电流,$\beta$ 是晶体管的放大倍数或增益,其值取决于多种因素,包括结构、使用的材料、掺杂物等。发射极电流 $I_e$ 为

$$I_e = I_b(\beta+1) \, [\text{A}] \tag{4.19}$$

上述关系适用于任何晶体管。光电晶体管的独特之处在于其产生基极电流的方式。当一个晶体管制成光电晶体管时,通常会取消它的基极连接,这样有利于辐射到达集电极-基极结。光电晶体管像普通晶体管一样工作,由集电极-基极结(反向偏置)与光子的相互作用提供它的基极电流,这里描述的晶体管也称为双极结型结晶体管。这个名字使其区别于其他类型的晶体管,其中一些我们将在后面遇到。

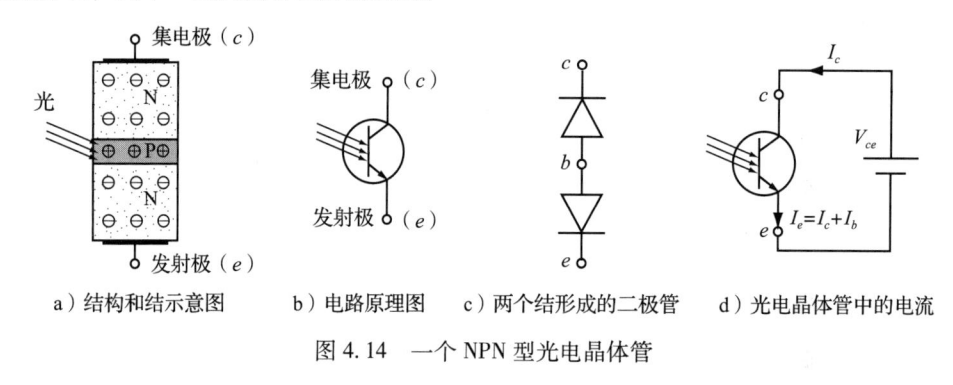

a) 结构和结示意图　b) 电路原理图　c) 两个结形成的二极管　d) 光电晶体管中的电流

图 4.14　一个 NPN 型光电晶体管

在黑暗条件下,集电极的电流很小,几乎完全是由漏电流引起的,这里表示为 $I_0$。这使得集电极和发射极的暗电流为

$$I_c = I_0\beta, \quad I_e = I_0(\beta+1) \, [\text{A}] \tag{4.20}$$

当结被光照射时,二极管电流就是由式(4.13)中的光子产生的电流:

$$I_b = I_p = \frac{\eta P A e}{h f} \, [\text{A}] \tag{4.21}$$

此时集电极和发射极电流可以表示为

$$I_c = I_p \beta = \beta \frac{\eta P A e}{h f}, \quad I_e = I_p(\beta+1) = (\beta+1)\frac{\eta P A e}{h f} \, [\text{A}] \tag{4.22}$$

其中漏电流在最终关系中被忽略,就像光电二极管一样。显然,除了由晶体管结构提供的放大系数 $\beta$ 之外,光电晶体管的操作与光电二极管的操作是相同的。因为即使对于最简单的晶体管,$\beta$ 的数量级也在 100 左右(甚至高得多),并且在大部分工作范围内,数据放大是呈线

性的（见图4.15a），所以光电晶体管是一种非常有用的器件，通常用于检测和传感。

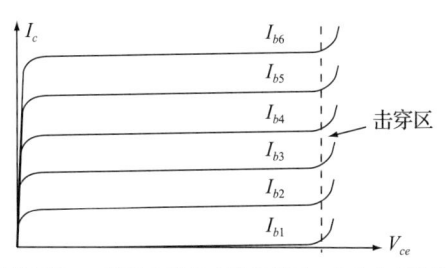

a）晶体管的 $I$-$V$ 特性与基极电流的关系。在光电晶体管中，基极电流是由光子相互作用提供的

b）装有透镜的光电晶体管

图4.15 晶体管的 $I$-$V$ 特性与基极电流的关系以及装有透镜的光电晶体管

因为放大倍数较高，所以光电晶体管可以在低照度下工作。可由放大引起的热噪声也是一个重要的问题，尤其对流经基极-发射极结的电流而言，它就像一个普通的二极管。后者的关系在式（4.12）中给出，其中 $I_0$ 是暗电流。尽管这个电流很小，但由于二极管处于正向偏置，以及晶体管的放大，最终温度对其影响是显著的。

在许多情况下，因为对于晶体管来说结非常小，有时会用一个简单的透镜将光集中到结上。图4.15b 显示了一个装有透镜的光电晶体管。光导传感器、光电二极管和光电晶体管可以直接感知和测量它们所吸收的辐射功率，也可以很方便地感测在传感器敏感范围内产生或改变辐射的其他量或效应。因此，我们可以使用它们来检测位置、距离、尺寸、温度、颜色变化、计数和质量控制等。

**例4.7：光电晶体管的灵敏度**

图4.15a 显示了晶体管的 $I$-$V$ 特性与基极电流之间的关系。在光电晶体管中，基极电流是不可测量的。电流是结上光功率密度的函数。下面对光电晶体管中电流与入射光功率密度的关系进行实验估算。下表中显示了选定的值，所有测量值都被绘制在图4.16 中。由于光功率密度在 $0\mu W/cm^2$ 到约 $400\mu W/cm^2$ 之间的曲线是线性的，因此传感器的灵敏度可以用表中的任意两列来表示。取表格的第1列和第8列的值，我们发现传感器在线性范围内的灵敏度为

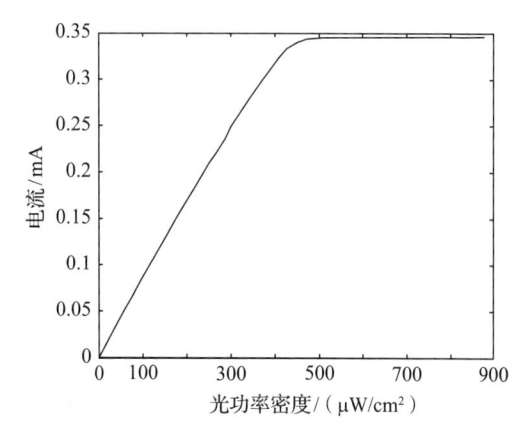

图4.16 光电晶体管中的集电极电流与输入光功率密度的函数关系。注意 $400\mu W/cm^2$ 以上为饱和状态

$$s = \frac{0.13 - 0.00182}{152 - 2} = \frac{0.12818}{150} = 0.8545 \mu A/(\mu W/cm^2)$$

| 光功率密度/($\mu W/cm^2$) | 2 | 9.57 | 20.7 | 46.2 | 60.4 | 83.9 | 113 | 152 | 343 | 409 |
|---|---|---|---|---|---|---|---|---|---|---|
| 电流/mA | | 0.001 82 | 0.008 64 | 0.018 2 | 0.040 9 | 0.053 2 | 0.073 2 | 0.097 8 | 0.13 | 0.28 | 0.324 |

## 4.6 光电传感器

光电传感器也包括光电倍增管，光电传感器的工作原理基于光电效应（又称光电发射效应）。如4.4.2节所述，能量为$hf$的光子撞击材料表面就会产生光电效应。当光子的能量高于材料的逸出功时，辐射就会被电子吸收并将电子从表面发射出去。可以说，如果交换的能量足够高，光子和电子之间的碰撞过程就会释放电子。这种效应已经被直接应用于光电传感器（有时称为光电池）的开发。事实上，这种类型的光学传感器是最古老的光学传感器之一。

### 4.6.1 光电传感器原理

光电传感器的原理如图4.17所示。为了有效地发射电子，阴极是由一种具有较低逸出功的材料制成的。由于阳极和阴极之间的电势差，这些电子会被加速移向阳极。电路中的电流与辐射强度成正比。传感器的量子效率是每光子发射的电子数，量子效率在很大程度上取决于阴极的材料（影响其逸出功）。可以使用金属材料，但大多数金属的效率很低。我们更经常使用铯基材料，因为它的逸出功较低，而且具有相当宽的光谱响应，可达1 000nm左右（远至红外区域），也可延伸到紫外区域。在较旧的装置中，高电阻阴极用钽或铬等金属制成，并涂有碱性化合物（锂、钾、钠或铯，更常见的是这些物质的化合物，参见元素周期表）。

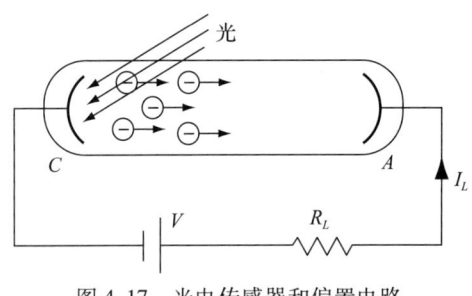

图4.17 光电传感器和偏置电路

这提供了必要的低逸出功。电极装在真空管或低压惰性气体（氩气）管中，气体通过自身的电离使得发射电子和气体间的原子发生碰撞，从而增加了传感器的增益（定义为每个入射光子发射的电子数）。较新的器件则会使用负电子亲和（NEA）表面，这是通过将铯或氧化铯蒸发到半导体表面形成的一种结构。

传统的光电传感器需要较高的工作电压（有时需要几百伏）来提供有用的检测电流。但NEA器件的工作电位则要低得多。

### 4.6.2 光电倍增管

光电倍增管是经典的光电传感器。光电传感器中的电流很小（发射的电子数量很少），而光电倍增管就是将可用电流倍增，从而产生比简单的光电管敏感得多的传感器。光电倍增管的结构示意图见图4.18。它由真空管（或低压充气管）组成，真空管由金属、玻璃或金属包裹的玻璃制成，除此以外还有一个用于接收辐射的窗口。基本光电池的光电阴极和光电阳极保持不变，但中间多了一个电极序列，如图 4.18a 所示。中间电极也称为**倍增电极**，由铍铜（BeCu）等低逸出功材料制成，并与前面的倍增电极形成电势差，如图 4.18b 所示。具体操作如下：入射辐射撞击阴极并释放若干电子，假设为 $n$ 个。这些电子通过电势差 $V_1$ 向第一个倍增电极加速运动，这些电子现在有足够的能量来释放，假设每个碰撞的电子释放 $n_1$ 个电子，那么从第一个倍增电极发射的电子数是 $n \times n_1$，然后这些电子加速碰撞到第二个倍增电极，以此类推，直到它们最终到达光电阳极。光电倍增管的倍增效应使得每个光子撞击阴极时都能使大量的电子到达阳极。假设有 $k$（10~14 并不常用）个倍增电极，$n$ 是每个倍增电极的平均电子发射数（次级电子），增益可写为

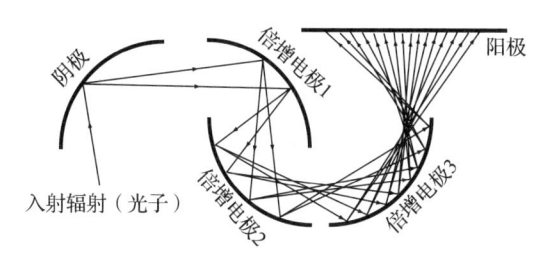

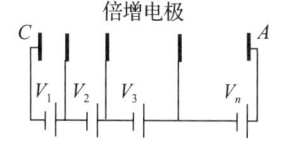

$$G = n^k \tag{4.23}$$

a）光电倍增管的基本结构

b）倍增电极和光电阳极的偏置。阳极和阴极之间的典型电势差约为 600V，两个倍增电极之间的电势差为 60~100V

图 4.18　光电倍增管的基本结构以及倍增电极和光电阳极的偏置

这个增益就是光电倍增管的电流放大倍数，增益的大小取决于光电倍增管的结构、倍增电极的数目和加速电极间的电压。但是为了获得最佳性能，还必须考虑其他因素。首先，电子必须"被迫"同一时间在电极之间传输，以避免信号失真。为了做到这一点，倍增电极通常被塑造成曲面，同时也将电子导向下一个倍增电极。出于同样的目的，特别是当光电倍增管用于成像时，还会增加额外的栅格和板条以减少传输时间并改善信号质量。

与所有这类传感器一样，它也有噪声源，但由于有了倍增效应，噪声在光电倍增器中的影响更大。其中，由热辐射引起的暗电流是最关键的，它既与电势有关也与温度有关。光电倍增管中的暗电流可表示为

$$I_0 = aAT^2 e^{-E_0/kT} \,[\text{A}] \tag{4.24}$$

其中 $a$ 是一个常数，取决于阴极材料，一般在 0.5 左右，$A$ 是一个通用常数，等于 120.173A/cm$^2$，$T$ 是热力学温度，$E_0$ 是阴极材料的逸出功 [e·V]，$k$ 为玻尔兹曼常数。因为式（4.24）中除温度外的所有项都是常数的，所以暗电流可以被看作热电子电流或噪声。在光电倍增管中，这种电流很小，因为阴极的温度很低，在这种条件下热辐射很低。但由于光电倍增管的高增益，会有 1~100nA 的暗电流。此外，离散电子的电流波动会产生散粒噪声，电子的统计扩散会产生倍增噪声，这些噪声也限制了器件的灵敏度。光电倍增管的一个主要问题是对磁场的敏感性。由于磁场对移动的电子施加作用力，因此这些力会迫使电子偏离它们的正常路径，从而降低它们的增益，更关键的是这种变化会使信号失真。

但通过适当的构造（包括对传感器进行冷却以减少暗电流），我们可以制造出非常灵敏的传感器。这些传感器会应用于一些如夜视系统等光线很弱的场合。例如一个光电倍增管传感器可以放置在望远镜的焦点上，以观察空间中非常微弱的物体。

光电倍增管在**图像增强器**中应用得更为广泛，它会使用各种方式（包括静电透镜和磁透镜）来增加由于辐射而产生的电流。因为它们的输出有时就是图像本身，所以它们有时被称为光对光探测器。图 4.19 显示了一个小型光电倍增管。

光电倍增管也有很多缺点，包括噪声问题（如上面讨论的）、尺寸、对高电压的需求（有些超过 2 000V）以及成本。因为这些因素，除了在夜视场景中的一些应用之外，倍增管在很大程度上被电荷耦合器件（CCD）所取代，因为电荷耦合器件具有光电倍增管的许多优点，同时解决了与光电倍增管相关的大部分问题。

图 4.19 光电倍增管。光线从左侧的顶部圆形表面射入。在上面看到的曲面是倍增电极

**例 4.8**：光电倍增管中的热离子噪声

为增加灵敏度，我们可以将钾覆在一个有 10 个倍增电极的光电倍增管的阴极上。计算在 25℃ 时由阴极和阳极的热量产生的暗电流，假设每个入射光子的能量足够释放 6 个电子，并且每个加速电子释放 6 个电子。

**解** 钾的逸出功为 1.6eV（见表 4.2），室温为 273.15+25 = 298.15K，玻尔兹曼常数 $k = 8.62 \times 10^{-5}$ eV/K，我们可以得到

$$I_0 = aAT^2 e^{-E_0/kT} = 0.5 \times 120.173 \times 10^4 \times (298.15)^2 e^{-1.6/8.62 \times 10^{-5} \times 298.15}$$
$$= 4.9 \times 10^{-17} A$$

仅为 $4.9 \times 10^{-17}$A，由于每个加速的电子释放 6 个电子，因此光电倍增管的增益为

$$G = n^k = 6^{10} = 6.05 \times 10^7$$

在阳极由热离子引起的电流为

$$I_a = 4.9 \times 10^{-17} \times 6.05 \times 10^7 = 2.96 \times 10^{-9} A$$

这刚好低于 3nA。

正是因为这些非常小的暗电流，光电倍增管才变得如此有用，并且它的使用一直延续到半导体时代。

## 4.7 电荷耦合传感器和探测器

电荷耦合器件（CCD）通常由导电衬底制成，衬底上沉积有 P 型或 N 型半导体层。如图 4.20a 所示，在它上面有一层由二氧化硅制成的薄绝缘层，该绝缘层将硅与它上面的透明

导电层绝缘。这种简单廉价的结构称为金属氧化物半导体（MOS），导体（也称为栅极）和衬底组成电容器。栅极相对于衬底正向偏置（对于 N 型半导体）。这种偏置会在半导体中形成耗尽区，并与二氧化硅层一起使这种结构成为一个电阻非常高的器件。当光辐射照射到器件上时，它会穿透栅极和氧化层，然后释放耗尽层中的电子。释放的电荷密度与入射辐射强度成正比。这些电荷会被吸引到栅极，但由于不能通过氧化层，它们会被困在栅极。有很多方法可以测量电荷（以及产生电荷的辐射强度）。其中最简单的方法如图 4.20b 所示，我们可以反向偏置 MOS 器件，让电子通过电阻放电，器件上光强可以通过电阻器的电流直接测量。CCD 的主要价值在于建立以成像为目的的 MOS 器件的一维（线性阵列）或二维阵列。在这种情况下不可能直接使用图 4.20b 中的方法。一般的方法是通过操纵栅极电压，用一种"音乐椅"的顺序将每个单元的电荷移动到下一个单元。在这种方法中，每步都会传输一个单元，电阻器中的电流每步会对应于一个特定的单元。如图 4.21a 所示，对于一行二维数组，在扫描结束后阵列可以再次扫描以读取新的图像。二维阵列的扫描如图 4.21b 所示。数据一次垂直移动一行，也就是说，所有单元会将数据向下移动一行，而最下面的一行会移动到移位寄存器中。扫描停止后，移位寄存器向右移动以获得一行的信号（类似于图 4.21a）。然后移动下一行，以此类推，直到扫描完整个阵列。

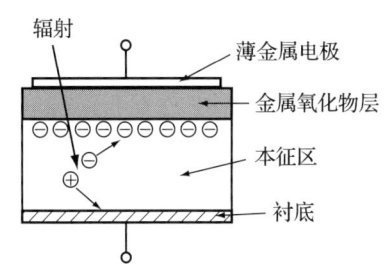

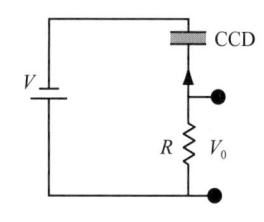

a）在正向偏置模式下，电子在MOS层下堆积　　b）在反向偏置模式下，电荷通过外部负载放电来检测

图 4.20　基本 CCD 单元

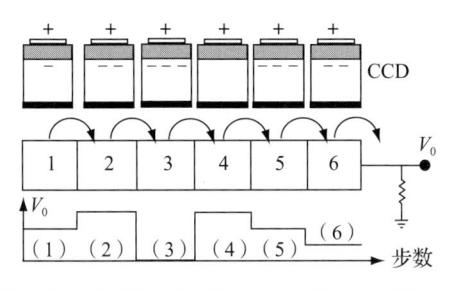

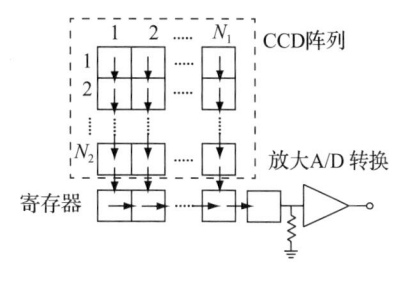

a）电荷逐步向边缘移动（通过控制栅极电压），并通过电阻放电　　b）二维扫描 $N_1 \times N_2$ 图像

图 4.21　一种检测电荷耦合器件阵列中电荷的方法

实际上，每个电池单元配备三个电极，每个电极覆盖电池单元的三分之一，并且上述时间步长由三个脉冲或相位组成。每一行中的所有第一电极相互连接，所有第二电极相互连接

形成第二相，所有第三电极相互连接形成第三相。各相依次供电，将每一行中的所有电荷向下移动电池单元的三分之一。经过三次脉冲后，每一行的电荷转移到下一行，获得的信号通常被放大和数字化，并用于产生图像信号，之后该图像信号就可以在电视屏幕或液晶显示器等阵列上显示。当然，这个基本过程有很多变体。例如为了感知颜色，我们可以使用滤光器将颜色分离成基本色［一种方法是分离成红-绿-蓝（RGB）］。每一种颜色都会被单独感知并构成信号的一部分。这样一个彩色CCD中每个"像素"包含四个单元，一个对红色有反应，两个对绿色有反应（我们的眼睛对绿色最敏感），一个对蓝色有反应。在一些更高质量的成像系统中，每种颜色都是在单独的阵列上检测的，然而单个阵列和滤光器的布置会更加经济实惠。

图像传输中的一个重要问题是传输图像时所需的时间。随着CCD器件分辨率的提高，这个问题变得更加重要。另一个问题则与在图像传输过程中敏感阵列的遮蔽有关。这些问题可以通过多种方式解决。最有效的办法是使用快门，用快门来打开曝光阵列，然后在图像传输期间关闭。虽然这样做可以得到最佳的图像质量，但它的速度较慢，因而得到的帧率也相对较低。另一种方法是帧传输方法，这种方法不需要快门，而是将两个相同的CCD阵列并排放置，其中一个曝光以创建图像，而另一个被掩蔽，用于在获取下一个图像时存储图像。图像按照所需的帧率传输到掩码阵列，然后在获取下一图像期间从存储阵列传输该图像。这样做可以得到更高的帧率，但是因为图像是连续采集的，因此图像也会很模糊。这也是一个价格更为昂贵的解决方案，因为这种方法需要两个相同的CCD。第三种方法是行间传输，即使用一个列数加倍的数组，使用交替的列来进行存储。虽然像素的数量是帧传输方法的两倍，但是图像从曝光列到存储列的传输要快得多，因此图像的拖尾更少，从而可以产生更高分辨率的图像。这里的主要问题是生产一个两倍于$2N$像素的阵列相比于生产两个$N$像素的阵列要贵得多。但不管传输方法如何，图像都是使用图4.21中描述的过程创建的。

CCD是电子照相机和录像机的核心，但它也可以用于扫描仪（通常使用线性阵列）。通过将CCD冷却到低温，可以将它们用于光非常弱的应用场合。在这样的条件下，它们的灵敏度要高得多，主要是因为热噪声的降低使它有更好的信噪比。所以在这种模式下，CCD在大多数应用中已经成功地取代了光电倍增管。

**例4.9：CCD成像中的一些考虑**

CCD在相机和摄像机中使用得非常普遍，因为与其他成像设备相比，CCD价格便宜，而且可以在芯片上生产，是小型化产品的理想选择。分辨率通常被定义为像素的数量，在保持小的表面积的同时可以非常高，这种优势允许使用小镜头和最小的运动来聚焦和变焦。在极端情况下成像区域可能相当大，有数百万像素。然而即使是一个简单的相机也是包含一个几百万像素的成像传感器，所以图像的传输不仅仅是一个常规传输图像的过程，也是一个图像传输的限制过程，例如它定义了记录图像的速度。

以一个1 200万像素的4∶3格式的数码相机为例，这个相机的成像有3 000列4 000行（结构示意图见图4.21b）。每行有三个步骤，3 000行的传输将需要9 000个步骤。每一行首先被转移到一个4 000位的寄存器中，为了产生信号，寄存器必须一次移出一个单元。假设每个操作花费相同的时间，在从 CCD 检索图像之前，需要执行 3 000×3×4 000＝36×10$^6$ 个步骤。假设一个步骤可以在 50ns 内完成，那么要完成上述个数的步骤至少需要 1.8s。

当然，这样的话便意味着相机无法用这样的分辨率来录制视频。录制视频的数码相机一般采用低分辨率格式，通常是视频图形阵列（VGA）或高清（HD）格式。例如，在 VGA 格式下，摄像机只能记录 640×480 像素每帧。通过所需的三个步骤，传输需要 640×3×480 = 921 400 步。在相同的 50ns 步长下，这需要 46ms 且允许 21 帧/s 的频率，这样才足以拍摄出高质量的视频。

当然有许多方法可以并且正在被用来提高性能，尽量用简单实用的方法解决所涉及的问题。还应该注意的是，高时钟速度并不是很实用，因为功耗随频率线性增加，在小型电池驱动的相机中也必须考虑这个因素。

有些相机和成像系统可能包含数亿像素。在这些系统中，图像的提取可能需要相当长的时间，但是质量和分辨率都是有保证的。

## 4.8　基于热量的光学传感器

辐射的热效应（即辐射转化为热量）在较低频率（较长的波长）下最显著，因此在光谱的红外部分这个效应最为有用。实际上我们测量的是与辐射相关的温度。基于这个原理的传感器有不同的名称，有的比较传统，有的具有描述性。早期的这类传感器称为热释电传感器（来源于希腊语 πγρ，"火"）。辐射热计（源自希腊语 bolé，"射线"，也可以翻译为射线计）也是一种热辐射传感器，可能会有各种不同的结构，但都包括一种或另一种形式的吸收元件和一个温度传感器，有些基本上就是热敏电阻，可用于整个辐射范围，包括微波和毫米波测量。辐射热计可以追溯到 1878 年，最初用于探测太空中低水平的辐射。它还有一些其他的名称，比如无源红外（PIR）和有源远红外（AFIR），不仅更具有描述性，而且覆盖面也更广，涵盖了许多类型的传感器。

实际上只要能找到一种把辐射转化为热量的机制，几乎所有温度传感器都可以用来测量辐射。由于大多数温度传感方法已经在第 3 章中介绍，因此在这里我们将讨论用于探测辐射的具体方案以及各种已知的与热辐射传感器结合使用的温度传感元件。

一般来说，热辐射传感器分为两类：PIR（包括辐射热计）和 AFIR。在无源传感器中，辐射被吸收并转化为热量，使感应元件的测量温度升高，产生辐射功率的指示。在有源传感器中，设备由电源进行加热，功率会由于辐射而产生变化（例如，保持设备温度恒定所需的电流），由此给出辐射的指示。

### 无源红外传感器

无源红外传感器有两个基本组件：一个作为吸收器件，将辐射转化为热量，而另一个则是温度传感器，将这种由热量导致的温升感知为电信号。在不涉及传热和热容问题的情况下（这些在第 3 章中进行了详细讨论），传感器的吸收器件必须尽可能多地吸收传感器表面的入射辐射功率,同时快速地响应辐射功率密度的变化。通常吸收器是由具有良好导热性的金属制成(黄金是高质量传感器中的常见选择)的,并且通常会被涂成黑色以增加吸收率。吸收器的体积一般很小,以提高对辐射变化的响应(快速加热/冷却),从而保持合理的响应时间。吸收器和传感器被封装或放置在充满气体或真空的密封腔内,以避免空气运动的冷却效应引起的传感信号变化。吸收器位于一个透明(对红外辐射)窗口的后面,该窗口通常由硅制成,但也可使用其他材料(如锗、硒化锌等)。传感器材料和结构的选择在很大程度上决定了器件的灵敏度、光谱响应和物理结构。

**1. 热电堆 PIR**

在这种类型的设备中,传感是由热电堆完成的。热电堆由多个热电偶组成,这些热电偶在电学上串联,但在热学上并联(即它们暴露在相同的热条件下)。基于热电效应,热电偶在两种不同材料制成的结处产生一个较小的电势。这里可以使用任意两种材料,但某些材料组合会产生更高的电势差(见 3.3 节)。热电偶只能测量温差,因此热电堆由冷热交替的结构组成,如图 4.22 所示。所有"冷"结保持在已知(已测量)的较低温度,所有"热"则保持在感应温度。在实际装置中,冷结会被放置在一个相对较大的框架上,该框架具有较高的热容量,因此当热结与吸收器接触时,温度将缓慢地波动,吸收器的体积较小,且热容量较低(见图 4.22)。此外,框架可以被冷却,或在框架上使用参考传感器,使得温差可以被正确地监测,并使之与传感器处的辐射功率密度相关。

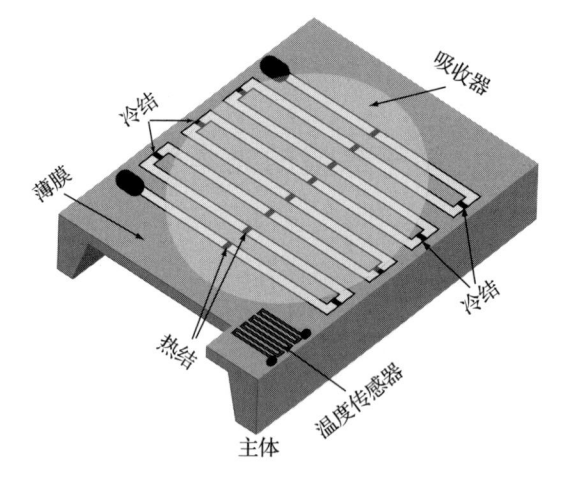

图 4.22 PIR 传感器的结构内用于感知温度的热电堆(在红外吸收器下)。温度传感器监测冷结的温度

虽然可以使用任意一对材料,但大多数 PIR 都会使用晶体或多晶硅和铝,因为硅具有非常高的热电系数,并且与传感器的其他组件兼容,而铝具有低温度系数,并且可以很容易地沉积在硅表面。其他常用材料(主要是过去使用的)是铋和锑。热电偶的输出是硅和铝的塞贝克系数之差(见 3.3 节)。

PIR 传感器主要用于感应近红外辐射,但在红外辐射范围内,它们的使用也很常见。当被冷却后,它们可以在更远的红外辐射下使用。PIR 传感器最常见的应用之一是运动检测(检测由运动引起的瞬态温度)。但是,为了达到这个目的,我们会经常使用下一部分中的热释电传感器,因为它们比 PIR 传感器更简单且更便宜。

**例 4.10:用于红外探测的热电堆传感器**

红外传感器用于探测森林中的热点以预防火灾。该传感器如图 4.22 所示,有 64 对使用硅/铝材料的结构(见表 3.3 和表 3.9)。硅/铝热电偶的灵敏度为 $S = 446\mu V/℃$。吸收器由 10mm 厚,面积为 $2cm^2$ 的薄金箔制成,并涂上黑色以增加它的吸收能力。黄金的密度 $\rho = 19.25 g/cm^3$,比

热容 $C_s = 0.129 \text{J/g/°C}$（即吸收器需要吸收 0.129J/g 才能使温度上升 1°C）。吸收器不是理想吸收器，其转换效率只有 85%（即 85% 的传入热量被吸收）。这里将效率表示为 $e = 0.85$。传感器的窗口面积 $A = 2\text{cm}^2$，我们假设传感器需要 $t = 200\text{ms}$ 才能达到热稳态（即吸收器的温度在给定的辐射功率密度下稳定到一个恒定值）。这个温度是由吸收的热量和热量损失一起导致的。被传感器可靠测量的冷热结之间的温差为 0.1°C 时，假设输入是红外辐射的功率密度，计算传感器的灵敏度。

**解** 因为输入是功率密度（即 $\text{W/m}^2$ 或 lux），而温度升高是由热量（能量）引起的，因此热容是功率密度和时间的乘积。给定一个功率密度 $P_{in}[\text{W}\cdot\text{m}^2]$，传感器接收到的功率是功率密度和吸收器面积的乘积。当转换效率为 85% 时，经过 200ms 吸收的热量为

$$w = P_{in}tAe = P_{in} \times 0.2 \times 2 \times 10^{-4} \times 0.85 = 3.4 \times 10^{-5} P_{in}[\text{J}]$$

为了求出吸收器因此热量而升高的温度，这里除以箔片的热容量，记作 $C$。这只是比热系数乘以吸收器的质量。其中吸收器的质量是

$$m = 10 \times 10^{-6} \times 2 \times 10^{-4} \times 19.25 = 3.85 \times 10^{-5}\text{g}$$

因此，吸收器的热容为

$$C_a = C_s m = 0.129 \times 3.85 \times 10^{-5} = 4.96665 \times 10^{-6}[\text{J/K}]$$

我们将吸收的热量除以 $C_a$，由此得到吸收器的温升：

$$T = \frac{w}{C_a} = \frac{P_{in}tAe}{C_a} = \frac{3.4 \times 10^{-5}}{4.96665 \times 10^{-6}} P_{in} = 6.846 P_{in}[\text{K}]$$

因为最低可测温度变化是 0.1°C，我们可以得到使温度升高所需的功率密度：

$$P_{in} = \frac{0.1}{6.846} = 1.46 \times 10^{-2} \text{W/m}^2$$

得到的功率密度是 14.6mW/m²。

根据定义（当然，假设是一个线性传递函数），灵敏度是输出除以输入，我们有输入功率密度。现在，我们需要计算相同温差（0.1°C）下热电偶的输出。我们有一个有 64 对结的热电堆，灵敏度为 446mV/°C，输出的温差为 0.1°C 时有

$$V_{out} = 446 \times 64 \times 0.1 = 2854.4 \mu\text{V}$$

因此，传感器的灵敏度为

$$s = \frac{V_{out}}{P_{in}} = \frac{2854.4}{1.46 \times 10^{-2}} = 1.955 \times 10^5 \mu\text{V}/(\text{W}\cdot\text{m}^2)$$

在实际情况中，这意味着传感器将在输入功率密度为 $10^{-5}\text{W/m}^2$ 时产生 $1.955\mu\text{V}$ 的输出。这种灵敏度足以满足从天文学应用到高灵敏度运动感知的大多数低功率检测。

**2. 热释电传感器**

热释电效应是对通过晶体的热流做出反应而产生电荷的一种效应。产生电荷的数目与温度的变化成正比，因此这种效应可以看作热流感应而不是温度感应。然而在本节背景下，我们讨论的重点是关于辐射的测量，因此热释电传感器最好被看作用来感测辐射的变化。基于这个原因，热释电传感器已经在运动传感中得到了应用，其中背景温度并不重要，只是因为

"暖"源的运动而被传感。热释电是在 1824 年由 David Brewster 正式命名的，但这种效应是 1717 年由 Louis Lemery 在电气石晶体中发现的。有趣的是，在公元前 314 年 Theophrastus 的著作中描述了这种效应：当电气石被加热时，稻草和灰烬碎片会被吸引到电气石上。这种吸引力是由于热而产生的电荷引起的。早在 19 世纪末，人们就用罗谢尔盐［酒石酸钾钠（$KHC_4H_4O_6$）］制成了热释电传感器。现在还有许多其他材料可用于制作热释电传感器，包括钛酸钡（$BaTiO_3$）、钛酸铅（$PbTiO_3$），以及钛酸锆铅（PZT，$PbZrO_3$）材料、聚氯乙烯（PVF）和聚偏二氟乙烯（PVDF）。当热释电材料暴露于温度变化为 $\Delta T$ 的环境中时，其产生的电荷 $\Delta Q$ 为

$$\Delta Q = P_Q A \Delta T \, [\mathrm{C}] \tag{4.25}$$

其中 $A$ 为传感器面积，$P_Q$ 为热释电电荷系数，定义为

$$P_Q = \frac{\mathrm{d}P_s}{\mathrm{d}T} \left[\frac{\mathrm{C}}{\mathrm{m}^2 \cdot \mathrm{K}}\right] \tag{4.26}$$

$P_s$ 是材料的自发极化［$\mathrm{C/m}^2$］参数，自发极化是与材料的介电常数相关的一种特性。

传感器中潜在的电势变化 $\Delta V$ 为

$$\Delta V = P_V h \Delta T \, [\mathrm{V}] \tag{4.27}$$

其中 $h$ 为晶体厚度，$P_V$ 为其热释电电压系数，有

$$P_V = \frac{\mathrm{d}E}{\mathrm{d}T} \left[\frac{\mathrm{V}}{\mathrm{m}^2 \cdot \mathrm{K}}\right] \tag{4.28}$$

其中 $E$ 为传感器的电场。两个系数（电压和电荷系数，见表 4.4）与材料的介电常数相关，其关系如下所示：

$$\frac{P_Q}{P_V} = \frac{\mathrm{d}P_s}{\mathrm{d}E} = \varepsilon_0 \varepsilon_r \, [\mathrm{F/m}] \tag{4.29}$$

根据定义，传感器的电容为

$$C = \frac{\Delta Q}{\Delta V} = \varepsilon_0 \varepsilon_r \frac{A}{h} \, [\mathrm{F}] \tag{4.30}$$

表 4.4 热释电材料及其部分性质

| 材料 | $P_Q$/[C/(m² · K)] | $P_V$/[V/(m · K)] | $\varepsilon_r$ | 居里温度/℃ |
| --- | --- | --- | --- | --- |
| TGS（单晶体） | $3.5 \times 10^{-4}$ | $1.3 \times 10^6$ | 30 | 49 |
| $LiTaO_3$（单晶体） | $2.0 \times 10^{-4}$ | $0.5 \times 10^6$ | 45 | 618 |
| $BaTiO_3$（陶瓷） | $4.0 \times 10^{-4}$ | $0.05 \times 10^6$ | 1 000 | 120 |
| PZT（陶瓷） | $4.2 \times 10^{-4}$ | $0.03 \times 10^6$ | 1 600 | 340 |
| PVDF（聚合物） | $0.4 \times 10^{-4}$ | $0.4 \times 10^6$ | 12 | 205 |
| $PbTiO_3$（多晶体） | $2.3 \times 10^{-4}$ | $0.13 \times 10^6$ | 200 | 470 |

注：TGS=硫酸三甘氨酸

因此，我们可以将传感器两端的电压变化写成

$$\Delta V = P_Q \frac{h}{\varepsilon_0 \varepsilon_r} \Delta T \, [\mathrm{V}] \tag{4.31}$$

显然，电压的变化与温度的变化呈线性关系。需要再次注意的是，我们这里的重点不是测量温度的变化，而是引起温度变化的辐射的变化。还需要注意的是，所有传感器都必须在居里温度下的环境中工作（在居里温度下，它们的极化会消失）。表 4.4 提供了一些常用的热释电传感器材料的特性。

热释电传感器的结构很简单。如图 4.23a 所示，热释电传感器由两个电极之间的热释电材料的薄晶体组成。也有一些传感器会使用双元件，如图 4.23b 所示。第二种元件可以作为第一种元件的参考。振动或非常迅速的热变化等常见模式效应可能会造成误差，可以在使用中屏蔽第二种元件免受辐射的干扰，这样就可以补偿这种误差。在图 4.23b 中，这两个元件可以串联，也可以并联。

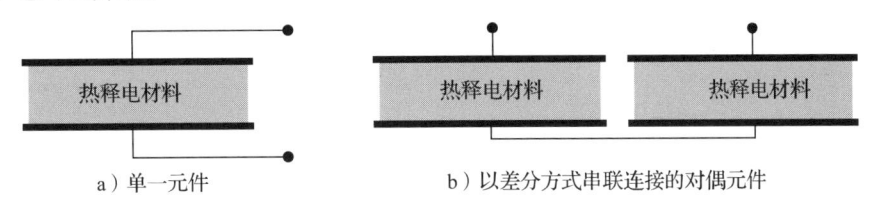

a）单一元件　　　　b）以差分方式串联连接的对偶元件

图 4.23　热释电传感器的基本结构

在热释电传感器中最常用的材料是硫酸三甘氨酸（TGS）和钽酸锂晶体，但陶瓷材料和复合材料也很常用。

在运动检测的应用中，特别是人体（有时是动物）的运动检测，红外辐射的温度变化（4~20mm 之间）会引起传感器两端电压的变化，然后用它来启动开关或其他类型的指示器。

衰减时间是所有热释电传感器的一个重要特性，在这段时间内电极上的电荷会扩散，衰减时间为 1~2s，这是因为材料的电阻非常高。但是，衰减时间也取决于设备的外部连接，这个响应时间对于传感器检测慢动作的能力是非常重要的。

图 4.24 所示为用于运动检测的双红外传感器，该器件包括一个工作电压为 3~10V 的差分放大器，视野为水平 138°（窗口宽度）和垂直 125°，器件的光学带宽（灵敏度区域）为 7~14mm（近红外区域）。

图 4.24　一种 PIR 运动检测传感器。这是一个双传感器，注意金属包装和窗口（4mm×3mm）

### 例 4.11：运动传感器

一个基于 PZT（压电陶瓷）制作的运动传感器可被用于当有人进入房间时自动打开房间内的灯这一场景。该传感器由两块导电板组成，中间有一块 PZT 芯片（8mm 宽，10mm 长，

0.1mm 厚），它们组成一个电容。其中一块板暴露在外，而另一块则连接到传感器的本体上并保持适当的温度。当有人进入房间时，人体产生的红外辐射会使暴露在外的板的温度暂时升高 0.01℃。当温度消散后，两块板又达到相同的稳态温度。基于这一原理，传感器可以检测物体运动，但不能检测物体是否存在。计算板上产生的电荷以及由于温度上升而在传感器上产生的电势差。

**解** 由式（4.25）可以计算温度升高产生的电荷，由式（4.31）可以计算电势差。但是我们将从式（4.31）开始，先计算电压的变化，然后根据电荷和电容之间的关系，即式（4.30）计算电荷的变化。

板间电压的变化量为

$$\Delta V = P_Q \frac{h}{\varepsilon_0 \varepsilon_r} \Delta T = 4.2 \times 10^{-4} \times \frac{0.1 \times 10^{-3}}{1\,600 \times 8.854 \times 10^{-12}} \times 0.01$$
$$= 0.029\,6\,\text{V}$$

这是一个很小的电压，但因为参考电压（即在没有运动的情况下的输出）为零，所以小的输出电压也很容易测量。

温度变化产生的电荷取决于电容，后者为

$$C = \frac{\varepsilon_0 \varepsilon_r A}{h} = \frac{1\,600 \times 8.854 \times 10^{-12} \times 0.008 \times 0.01}{0.1 \times 10^{-3}} = 1.133\,3 \times 10^{-8}\,\text{F}$$

产生的电荷是

$$\Delta Q = C \Delta V = 1.133\,3 \times 10^{-8} \times 0.029\,6 = 3.355 \times 10^{-10}\,\text{C}$$

很显然，为了产生有用的输出（即打开继电器或电子开关），必须放大输出。假设输出需要（通常）5V，那么要将电压放大约 170 倍才能产生所需的输出。我们将在第 11 章中讨论这些问题，可以发现实际上可以用电荷放大器来实现放大。采用这种方法的主要原因是，热释电传感器的阻抗非常高，而传统的电压放大器的输入阻抗要低得多。电荷放大器具有很高的输入阻抗，更适合这样的应用。

### 3. 辐射热计

辐射热计是一种非常简单的辐射功率传感器，适用于整个电磁辐射光谱，但在微波和远红外范围内最为常用。它可由任意测温装置组成，但通常会使用一个小 RTD 或热敏电阻。装置会直接吸收辐射，导致其温度产生变化。这种增加的温度与感知位置的辐射功率密度成正比。温度变化会引起感应元件电阻阻值的变化，这个变化与被感应位置的功率或功率密度有关。虽然这个装置有许多不同的变体，但它们的工作原理基本上是一样的。除此以外，要测量的是由辐射引起的温升，因此重点是考虑背景温度（即空气的温度）。这可以通过单独的测量或通过屏蔽辐射的第二个辐射热计来完成（在微波的情况下，通常被金属外壳屏蔽）。辐射热计对辐射的灵敏度可写为

$$\beta = \frac{\alpha \varepsilon_s}{2} \sqrt{\frac{Z_T R_0 \Delta T}{(1 + \alpha_0 \Delta T)[1 + (\omega \tau)^2]}} \tag{4.32}$$

其中 $\alpha=(\mathrm{d}R/\mathrm{d}T)/R$ 为辐射热计的电阻温度系数（TCR），$\varepsilon_s$ 为其表面发射率，$Z_T$ 为辐射热计的热阻，$R_0$ 为其在背景温度下的电阻，$\omega$ 为频率，$\tau$ 为热时间常数，$\Delta T$ 为温度的升高量。显然，理想的辐射热计在背景温度下应具有较大的电阻和较高的热阻。另外，它们实际的体积也必须很小，因为这有利于降低热阻。

在构造方面，辐射热计被设计成非常小的热敏电阻或 RTD，且通常作为单个元件或集成器件。无论在什么情况下，重要的是将传感元件与支撑它的结构绝缘，以便提高其热阻抗。这可以仅仅通过用引线将传感器悬挂起来实现，有时也可以通过将传感器悬挂在硅槽上来实现。

式（4.32）表示了传感涉及的所有参数，该等式相当复杂。尽管辐射热计涉及计算吸收的能量和这种能量引起的温升，但它的分析通常比计算简单，正如在例 4.11 中所做的那样。1878 年，Samuel Langley 发明了第一个辐射热计，它由两片涂有炭黑以增加吸热的薄铂条（后来被铁条取代）制成，一条暴露在辐射中，而另一条则屏蔽掉辐射。通过测量由吸收的热量引起的电阻变化，得到其灵敏度为 $10^{-5}\mathrm{℃}$。Samuel Langley 利用这个辐射热计测量宇宙的电磁辐射。同样，一个涂有吸收层的小热敏电阻就可以成为相当灵敏的辐射热计。微辐射热计和辐射热计阵列也存在并用于许多红外照相机中。

辐射热计是最古老的用于测量辐射功率的设备之一，微波领域的许多应用也采用辐射热计，包括天线辐射图的绘制、红外辐射的探测、微波设备的测试等。

## 4.9 有源远红外传感器

有源远红外（AFIR）传感器可以被认为是一个形式最简单的电源，它可以将传感元件加热到高于环境温度，并保持其温度恒定。当使用 AFIR 传感器来感测辐射时，额外的热量通过辐射提供给传感器。为了保持温度恒定，我们必须降低提供给传感器的功率，而功率差是辐射功率的量度。实际上，这个过程更加复杂。通过电路将传感器加热到恒温 $T_s$ 所需要的功率为

$$P = P_L + \Phi\ [\mathrm{W}] \tag{4.33}$$

其中 $P=V^2/R$ 是由电阻加热器提供的热量（$V$ 是加热元件的电压，$R$ 是其电阻），$\Phi$ 是被传感的辐射功率。$P_L$ 是功率损耗，主要是通过传感器传导时产生的：

$$P_L = \alpha_s(T_s - T_a)\ [\mathrm{W}] \tag{4.34}$$

其中 $\alpha_s$ 是损耗系数或热导率（这取决于材料和结构），$T_s$ 是传感器的温度，$T_a$ 是环境温度。给定供电功率 $P=V^2/R$，传感器的表面积为 $A$，总辐射率为 $\varepsilon$，电导率为 $\sigma$，感知温度 $T_m$ 为

$$T_m = \sqrt[4]{T_s^4 - \frac{1}{A\sigma\varepsilon}\left[\frac{V^2}{R} - \alpha_s(T_s - T_a)\right]}\ [\mathrm{℃}] \tag{4.35}$$

通过测量加热元件两端的电压，我们可以很容易地得到辐射功率的读数。如果 $T_s$、$T_a$ 的单位是 ℃，那么 $T_m$ 的单位也是 ℃，或者这三种温度都用 K 来表示。

尽管 AFIR 装置比简单的 PIR（包括辐射热计）复杂得多，但这种装置的优点是灵敏度

高，并且不受热噪声的影响，这是其他红外传感器所不具备的。在较低的环境温度下尤其如此。因此，在不适合使用 PIR 的情况下，AFIR 装置可用于低对比度辐射测量。

## 4.10 光学执行器

当讨论光学器件时，我们并不能马上弄清楚什么是光学执行器，因为我们倾向于认为光学执行器是执行某种运动的设备。但其实，根据我们对执行器的定义，实际上有很多光学执行器，而且非常常见。比如使用激光束进行眼科手术、加工材料或在磁光硬盘中记录数据等。其他的还包括在光纤上传输数据、使用红外遥控设备传输命令、使用 LED 或激光照射 CD 以读取数据、在超市扫描 IPC 代码，甚至打开房间的灯等应用。在第 10 章，我们将讨论如光开关等其他例子。

光驱动既可以是低功率的也可以是高功率的。在光纤通信或光隔离器（将在第 12 章讨论）等光链路中，发射元件（执行器）是红外或可见光范围内的低功率 LED（见图 4.25），LED 产生的能量可能只有几毫瓦。而另一方面，工业激光器，如二氧化碳（$CO_2$）激光器（其中二氧化碳气体被激发并在 10mm 左右的红外区域产生光束），可以为各种工业加工应用提供数百千瓦的有用功率，包括机械加工、表面处理和焊接。激光器介于两者之间，主要是中等功率（几瓦到几百瓦）的二氧化碳激光器，用于医疗应用，包括外科手术、皮肤消融和缝合。光驱动的其他应用还有测距，特别是在军事领域，以及速度探测和测量。激光驱动还可以用于生产电子元件，用于设备的裁剪，还可用于在 CD-ROM 上记录数据，它是通过在表面上刻画图案来代表某些数据。

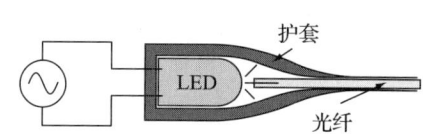

图 4.25 一条光链路。LED 光强的波动代表了沿光纤传输的数据

此处描述的这种类型的光学执行器的一个很好的例子是数据的磁光记录，这是一种高密度数据记录的常用方法。原理如图 4.26 所示，其主要基于两个原理。首先一束聚焦到一个小点上的激光束，可以在几纳秒内将圆盘表面加热到高温。然后当铁或其氧化物等铁磁性材料被加热到一定温度（约 650℃）以上时，该材料就会失去磁性。这个温度称为**居里温度**，用于记录介质的特定材料（主要是

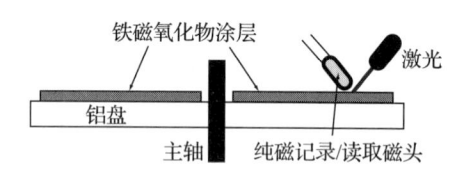

图 4.26 磁光记录。激光束将记录介质加热到居里温度以上，同时记录磁头提供记录数据所需的磁场

$Fe_2O_3$）的温度特性。当冷却时，记录磁头的磁场将材料磁化。为了在某点记录数据，首先打开激光器，然后将该点加热到居里温度以上，此时，需要在该点记录的数据由记录磁头以低强度磁场的形式提供。然后关闭激光器，在磁场存在的情况下，该点冷却到居里温度以下，从而永久保存数据。数据擦除是通过加热光点并在没有磁场的情况下冷却来完成的。数据仅使用磁头进行读取。这种方法的优点是数据密度比纯磁记录要高得多，纯磁记录需要更大的磁场，而磁场又在更大的表面上延伸，因此该方法只有在数据密度较低的情况下才具有实用性。

## 4.11 习题

### 光学单位

**4.1** **光量**。各向同性光源（在空间中向各个方向均匀辐射的光源）在 10m 的距离处产生 $0.1cd/m^2$ 的亮度。光源的功率是多少？

**4.2** **光灵敏度**。许多光学仪器（如摄像机）都是根据以勒克斯为单位的灵敏度进行评定的，尤其是用来表示低灵敏度时。当遇到诸如 "灵敏度：0.01 lux" 这样的规格时，功率密度的灵敏度是多少？

**4.3** **电子伏特和焦耳**。普朗克常数是 $6.6261 \times 10^{-34}$ J·s 或 $4.1357 \times 10^{-15}$ eV·s，用不同的单位证明这两个量是相同的。

### 光电效应

**4.4** **光子能量和电子动能**。用于紫外传感的光电器件由铂阴极制成，假设一个光子发射一个电子，计算波长在 400nm～1pm 之间的紫外光发射的电子的动能范围。

**4.5** **逸出功与光电效应**。铜的逸出功是 4.46eV。
(a) 计算能从铜中发射出电子的最低光子频率。
(b) 光子的波长是多少，发生在什么范围的光辐射中？

**4.6** **光电传感器中的电子密度**。一种光电传感器，其阴极是半径 $a=2cm$ 的圆盘，该圆盘表面涂有碱化合物，其逸出功为 $e_0=1.2eV$，量子效率为 15%。传感器暴露在阳光下。假设功率密度为 $1200W/m^2$，并且功率在红（700nm）到紫（400nm）范围的光谱上均匀分布，试计算每秒发射的平均电子数。

**4.7** **光电传感器的输出功、动能和电流**。对一种阴极材料未知的光电传感器进行实验评估。在记录辐射波长的同时，测量传感器中的电流（见图 4.17）。从发射 1150nm 的红外辐射开始观察。入射辐射的功率密度保持在 $50\mu W/cm^2$。
(a) 计算阴极的逸出功。
(b) 如果现在用同样的功率密度照射光电传感器，但是使用的是波长为 480nm 的蓝光，那么释放的电子的动能是多少？
(c) 假设每个光子释放一个电子。如果阴极面积为 $2.5cm^2$，计算传感器中的电流。

### 光导效应和光导传感器

**4.8** **带隙能量和光谱响应**。半导体光学传感器需要响应到 1400nm，才可以用作近红外传感器。试求可用于此目的的半导体带隙能量范围是多少？

**4.9** **锗硅和砷化镓光导传感器**。在 298K 条件下，锗、硅和砷化镓的本征浓度和迁移率如下：

| 参数 | 锗（Ge） | 硅（Si） | 砷化镓（GaAs） |
|---|---|---|---|
| 本征浓度 $n_i$ [/cm$^3$] | $2.4 \times 10^{13}$ | $1.45 \times 10^{10}$ | $1.79 \times 10^6$ |
| 电子迁移率 $\mu_e$ [cm$^2$/(V·s)] | 3 900 | 1 500 | 8 500 |
| 空穴迁移率 $\mu_p$ [cm$^2$/(V·s)] | 1 900 | 450 | 400 |

比较三种材料（长 2mm，宽 0.2mm，厚 0.1mm）分别作为光导体时的传感器的暗电阻。这里计算的电阻是传感器的标称电阻。

**4.10 砷化镓光导传感器**。砷化镓（GaAs）光导传感器由一个 2.5mm 长、2mm 宽、0.1mm 厚的小型矩形芯片制成（结构见图 4.4a）。一束波长为 680nm，强度为 10mW/cm$^2$ 的红光垂直入射于表面。半导体为 N 型，电子浓度为 $1.1 \times 10^{19}$ 电子数/m$^3$。GaAs 中电子和空穴的迁移率分别为 8 500cm$^2$/(V·s) 和 400cm$^2$/(V·s)。假设器件表面的所有入射功率都被吸收，且量子效率为 0.38，试计算：

(a) 传感器的"暗"电阻。
(b) 当光线照射在传感器上时，传感器的电阻。电子的复合时间约为 10 $\mu$s。

**4.11 改进型砷化镓光导传感器**。为了改进习题 4.10 中描述的传感器，采用了图 4.4b 中的弯曲形状，保持总暴露面积不变（5mm$^2$），但将电极之间的距离减少到 0.5mm。

(a) 计算传感器的"暗"电阻。
(b) 计算传感器的电阻和光线照射时的灵敏度。
(c) 为了提高性能，将电极之间的距离减少到 0.25mm，同时将总暴露面积也减少到 3.5mm$^2$ 以容纳所需的额外电极面积。计算传感器的灵敏度，并与（b）中的灵敏度进行比较。
(d) 将（a）到（c）中的结果与矩形传感器的结果进行比较，并评价两个器件的灵敏度。

**4.12 本征硅光导传感器**。假设光导传感器由本征硅制成，结构尺寸如图 4.27 所示。本征浓度是 $1.5 \times 10^{10}$ 载流子数量/cm$^3$，电子和空穴的迁移率分别为 1 350cm$^2$/(V·s) 和 450cm$^2$/(V·s)。电子和空穴的载流子寿命取决于浓度和光照的变化，但简单起见，我们假设它们在 10ms 内是恒定的。同时假设 50% 的入射功率被硅吸收，传感器的量子效率为 45%。

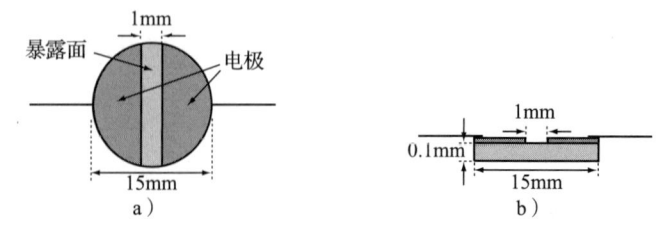

图 4.27 光导传感器

(a) 求出一般情况下，在给定波长下器件对输入功率密度的灵敏度。
(b) 在 480nm 波长下，1mW/cm$^2$ 的灵敏度是多少？
(c) 截止波长，也就是传感器不能使用的波长是多少？

## 光电二极管

**4.13 光导模式下的光电二极管。** 光电二极管反向连接并与较小的反向电压相连，以确保反向电流较低。漏电流为 40nA，传感器的工作温度为 20℃。结的面积为 1mm²，电源为 3V，如图 4.28 所示。电阻器的阻值是 240Ω。计算黑暗条件下以及用功率密度为 5mW/cm² 的红色激光束（800nm）照射 R 时的电压。假设量子效率为 50%。

**4.14 光电二极管正向偏置。** 光电二极管正向偏置如图 4.29 所示，因此二极管两端的电压为 0.2V，流经二极管的暗电流为 10nA。

(a) 在温度为 20℃ 的黑暗环境下，电压 $V_0$ 达到多少才能使二极管偏置？

(b) 当以一定的功率密度照明，并加上（a）中的电压 $V_0$ 时，偏置变化到 0.18V。计算二极管在 800nm 处吸收的总功率。

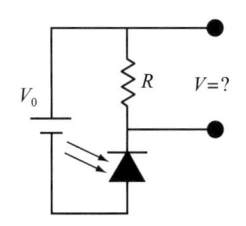

图 4.28 光电二极管处于光导模式 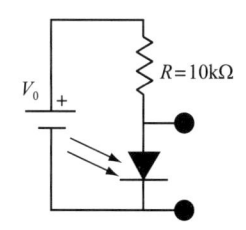　　图 4.29 光电二极管正向偏置

**4.15 黄昏/黎明灯的开关。** 许多照明系统，包括街道照明，都会根据光线的强度自动开启和关闭。为此，建议在图 4.30 所示的配置中使用光电二极管。该二极管具有可忽略的暗电流，暴露面积为 1mm²，量子效率为 35%。电子开关的设计使得打开灯时电阻 R 两端上的电压必须是 8V 或更低，要关闭灯，电压必须是 12V 或更高。晴天时，地面可提供的功率密度为 1 200W/m²。

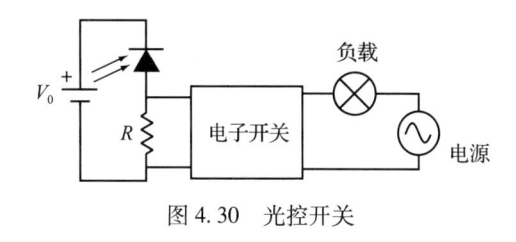

图 4.30 光控开关

(a) 计算电阻 R，使灯在可用功率密度（晚上）为白天正常光照的 10%（或更少）时打开。假设辐射的平均波长为 550nm。

(b) 早上使电灯关闭的功率密度是多少？

(c) 如果已知晚上的平均光波长趋向于红色，平均波长为 580nm，早上的趋向于蓝色，平均波长为 520nm，再次回答（a）和（b）中的问题。

## 光伏二极管

**4.16 太阳能电池作为执行器：发电。** 使用太阳能电池发电在小型装置、遥感器和监测站等独立设备中很常见。为了加强理解，假设有一个整体能量转换效率为 30% 的太阳能电池板（即 30% 的太阳能电池表面的可用能量被转换为电能）。面板面积为 80cm×100cm，该位置的最大太阳能密度为 1 200W/m²。面板分为 40 个等大小的电池，电池间串联连接。假设电池在整个可见光谱（400~700nm）上具有相同的响应，量子效率为 50%，40 块电池串联的内阻为 10Ω。每个电池的漏电流为 50nA。计算太阳能电池可以提供的最大功率，并指出必要条件。

**4.17 太阳能电池的总效率。** 太阳能电池板在太阳辐射强度为 1 400W/m² 的最佳条件下（即太阳垂直辐射，功率密度最大），向 10Ω 负载提供 0.8A 的电流。面板是由各个电池单元组成的，每个电池面积为 10cm×10cm，电池串联连接。使用可见光范围内的平均波长 550nm 作为辐射波长。

(a) 计算在规定条件下太阳能电池的总转换效率。

(b) 如果电池的总效率可以提高到 30%，那么电池在 10Ω 负载下所能提供的最大功率是多少？假设内阻为 10Ω。

**4.18 太阳能电池作为光功率密度传感器。** 用于检测背景照度的简单光传感器由测量开路电压的小型太阳能电池组成。太阳能电池在 700nm（红色）到 400nm（紫色）的光谱之间具有 80% 的平均量子光谱效率，并且其暴露面积为 2cm²。暗电流为 25nA，效率常数为 $n=1$。试在室温（25℃）下计算：

(a) 光谱中段（550nm）太阳能电池的空载电压。

(b) 传感器对红光和紫光功率密度的灵敏度。

**4.19 光伏温度传感器。** 光伏电池可用来感测温度，如下所示：一个小型硅太阳能电池采用一个工作在 450nm 波长的蓝色 LED 实现照明。开路电压的测量值作为温度的指示值。该电池的量子光谱效率为 75%，效率常数（理想系数）为 2，暗电流为 25nA。这个 LED 的输出是 28 流明。由于 LED 的光辐射模式和电池及其结构的反射，只有 64% 的光输出功率到达传感器表面。计算并绘图：

(a) 画出电池的输出电压随温度变化的函数曲线。

(b) 传感器的灵敏度。

(c) 该装置作为温度传感器的有效范围是多少？

## 光电晶体管

**4.20 光电晶体管作为探测器。** 再次思考例 4.4，但是这次光电二极管被一个偏置的光电晶体管所取代，如图 4.31 所示。光电晶体管的增益为 50。对于给定的输入脉冲序列，求出与输入相关的输出，并计算预期的电压水平。假设所有到达光电晶体管的功率都会被基极-发射极结吸收。

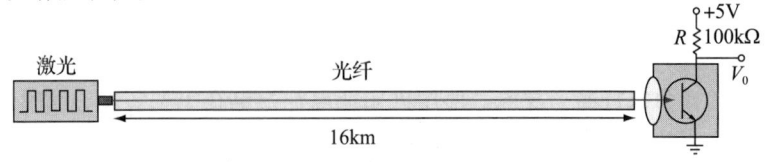

图 4.31 光电晶体管在光链路中作为探测器

**4.21 光电晶体管和饱和电流。** 图 4.32 中的光电晶体管在其线性范围内工作。在输入功率密度为 $1\text{mW/cm}^2$ 时，集电极和发射极之间的测量电压为 $V_{ce} = 10.5\text{V}$。计算作为光伏传感器的光电晶体管的量程，也就是说，计算最小功率密度（通过晶体管的电流为零）和最大功率密度（通过晶体管的电流饱和）。饱和状态下电压 $V_{ce}$ 为 $0.1\text{V}$。忽略暗电流的影响。

**4.22 温度对光电晶体管的影响。** 再次考虑图 4.32 中的配置，其中 $R = 1\text{k}\Omega$，晶体管的放大（增益）为 100。当光强为 $1\text{mW/cm}^2$、温度为 $20°\text{C}$ 时，集电极-发射极电压等于 $8\text{V}$。如果光被移走，集电极-发射极电压上升到 $11.8\text{V}$。如果温度上升到 $50°\text{C}$，计算集电极-发射极电压。假设 $V_{be}$ 不随温度和光强变化，暗电流为 $10\text{nA}$，讨论其结果。

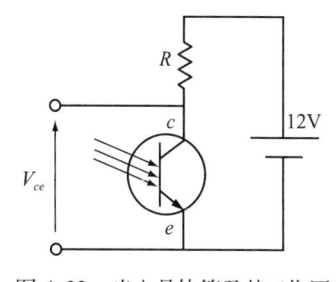

图 4.32 光电晶体管及其工作原理

**注意：** $V_{be}$ 随温度降低，速率为 $1.0\sim2.0\text{mV/°C}$（见 3.4 节），但我们在这里忽略此变化。

## 光电传感器和光电倍增管

**4.23 光电倍增管中的电流和电子速度。** 为了对光电倍增管中的过程有所了解，考虑以下简化的配置。如图 4.33 所示，将半径为 $a = 20\text{mm}$ 的圆形阴极与原型样机隔开 $d = 40\text{mm}$，并连接电势差 $V = 100\text{V}$。阴极由钾基化合物制成，其逸出功 $e_0 = 1.6\text{eV}$，量子效率 $\eta = 18\%$。

(a) 如果波长为 $475\text{nm}$、强度为 $100\text{mW/cm}^2$ 的蓝光照射在阴极上，计算器件中的预期电流。

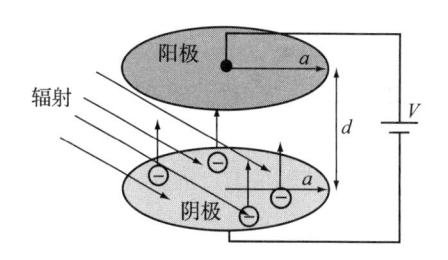

图 4.33 光电倍增管基本原理图

(b) 计算电子到达阳极时的速度，给定电子质量为 $m_e = 9.1094 \times 10^{-31}\text{kg}$。

**4.24 光电倍增管在可见光范围内的灵敏度极限。** 给定一个光电倍增管，它的最高灵敏度出现在波长较短的地方。假设波长为 $400\text{nm}$（紫光）。如果阴极的逸出功 $e_0 = 1.2\text{eV}$，量子效率为 $20\%$，如果检测要求在单位时间阴极面积的每平方毫米至少发射 10 个电子，计算光电倍增管能辨别的最低照度。

## CCD 传感器和探测器

**4.25 用 CCD 传输图像的数码摄像机。** 数码彩色摄影机需要 $680\text{px} \times 620\text{px}$ 的图像格式才能在电视屏幕上显示。假设流畅视频需要达到 25 帧/s（PAL 或 SECAM 格式），计算从 CCD 检索图像所需的步进过程的最小时钟频率。忽略创建图像所需的时间。

**4.26 CCD 传感器用于高清视频图像传输。** 高清录像机中的 CCD 传感器设置为 1 080 像素×1 920 像素/帧，输出为 48 帧/s。传感器采用线间传递的方法，在其他列被曝光的同时传送交替列。

(a) 假设使用图 4.21b 中的基本过程进行传输，计算传输图像所需的最小时钟频率。

(b) 有效帧率是多少？

## 辐射热计

**4.27 直接传感辐射热计。** 1880 年，Samuel Langley 使用了由两条长 7mm、宽 0.177mm、厚 0.004mm 的铁条制成的辐射热计，不像后来的辐射热计使用单独的吸收器和温度传感器，该辐射热计直接测量铁条的电阻，其中一条暴露在辐射中，另一条保持在环境温度下。铁条与铁条之间的电阻差被用来表示温度。上面描述的辐射热计是用来测量来自恒星的红外辐射的。环境温度为 25℃，可测条带之间的最小电阻差为 0.001Ω，计算可测量的辐射的最低功率密度。假设吸收效率为 85%，时间常数为 0.8s。铁的性质是：电导率为 $1.0\times10^7$ S/m，TCR = 0.006 5/℃，密度为 7.86g/cm$^3$，比热容为 0.46J/(g·K)。

## 热电堆 PIR 传感器

**4.28 热电堆 PIR 传感器。** 如图 4.22 所示，设计了一个在高温下工作的红外传感器，该传感器有 32 对碳/碳化硅结（见表 3.3）。碳/碳化硅热电偶的灵敏度 $S = 170\mu V/℃$。吸收器由 10μm 厚，面积为 2cm$^2$ 的薄钨箔制成，涂上黑色以增强吸收。钨的密度为 19.25g/cm$^3$（与黄金相同），比热容 $C_s = 24.27$J/(mol·K)。吸收器的转换效率为 80%。传感器的窗口面积 $A = 5$cm$^2$，传感器需要经过 $t = 300$ms 时才能达到热稳态，也就是说，在给定的辐射功率密度下，吸收器的温度稳定在一个恒定值。如果冷热结之间的温差为 0.5℃ 时可在传感器中可靠测量，试计算传感器的灵敏度。

**4.29 热电堆红外传感器。** 在 20mW/cm$^2$ 的红外辐射下，红外传感器输出为 5mV。为了提高灵敏度，使用铝/硅热电偶，因为它们的输出为 446μV/℃。采用面积为 4cm$^2$，厚度为 20mm 的铝质吸收器，吸收率达 80%。铝的密度为 2.712g/cm$^3$，比热容为 0.897J/(g·K)。要求的输出必须在 100ms 内获得。

(a) 吸收器的温度升高了多少？

(b) 计算获得所需输出需要的热电偶数量。

(c) 若用分辨率为 100μV 的数字电压表测量器件的输出，该传感器的有效分辨率是多少？

## 热释电传感器

**4.30 热释电运动传感器。** 此处需要用一个 PZT 运动传感器来检测物体在其范围内的运动。该传感器是一个双元件（见图 4.23），以减少非物体运动所引起的温度变化的影响。

(a) 计算每个元件厚度为 0.1mm 时的灵敏度。一个元件暴露在红外光源下，另一个则被屏蔽。
(b) 展示如何实现共源热（同等影响两个元件的热源）的温度补偿。

**4.31** 运动传感器的时间常数。一个热释电传感器是由一个小的钛酸钡（$BaTiO_3$）芯片做成的，该芯片的面积为 10mm×10mm，厚度为 0.2mm，夹在两个金属电极之间。除了表 4.4 中给出的特性外，钛酸钡的电导率为 $2.5×10^{-9}$S/m。
(a) 计算除去热量后电荷衰减的时间常数。
(b) 该传感器用作运动传感器，在夜间可以自动触发相机来拍摄野生动物。当猫跑过传感器时，将产生 0.1℃ 的温差，并触发摄像头。如果极板上产生的电荷至少有一半必须在传感器重新触发摄像头前放电，那么需要多长时间才能检测到下一个事件？
(c) 为了使传感器更快地放电，可以在传感器两端连接一个电阻。如果传感器必须在 250ms 内准备好触发，那么连接传感器的电阻必须是多少？除了更短的重新触发时间之外，在传感器两端连接一个更小的电阻还有什么附加作用？

## 光学执行器

**4.32** 光链路中的功率耦合。光链路在数据通信中非常常见（见图 4.10 和习题 4.20）。然而，如果操作不当，将光功率耦合到光纤可能是一件非常低效的事情。考虑两种将电源从 LED 耦合到光纤的方式，如图 4.34 所示。在图 4.34a 中，光纤被简单地放在 LED 的前面，而在图 4.34b 中使用了中间光导。

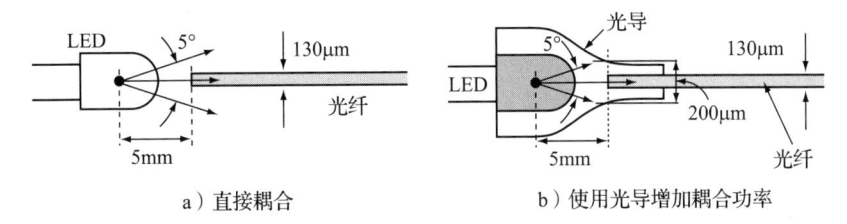

图 4.34 将光耦合到光纤

(a) 如果 LED 在 5° 锥体上均匀辐射 10mW，并且光纤直径为 130mm，使用图 4.34a 中的方法计算耦合到光纤的功率。忽略光纤和空气界面上可能出现的任何反射。LED 光源与光纤表面之间的距离为 5mm。
(b) 图 4.34b 中耦合了多少功率？假设所有的功率都以均匀的功率密度沿着光导穿过光导的截面，并且没有一个能从光导的外表面逸出。光导和光纤一样具有圆形截面。
(c) 假设用相同功率的激光器代替 LED。激光束是准直的（光束的横截面在光的传播过程中保持恒定），直径为 150μm，光束横截面的功率密度均匀。图 4.34 中的两种配置中耦合了多少功率？将其与（a）和（b）中的结果进行比较。

**4.33** 磁光记录。在硬盘存储设备中，数据的写入是通过磁光方法完成的。写入是通过将数据写入的位置加热到存储介质的居里温度,并在该点冷却到居里温度以下时向该点施加代表数据的磁场来实现的(见图 4.26)。数据被写在涂在导电盘上的氧化铁($Fe_2O_3$)上。假设需要 80% 的写入时间来加热光点。激光束的直径为 1μm,功率为 50mW。存储介质厚度为 100nm,热容为 23.5J/(mol·K),密度为 5.242g/cm³。居里温度是 725℃。

(a) 计算环境温度为 30℃ 时驱动器的最大写入数据速率。

(b) 讨论提高写入数据速率的可能方法。

(c) 讨论在实际应用中会使写入数据率降低的因素。

**4.34 激光皮肤消融术**。一种用于重塑皮肤表面的美容方法是利用激光将皮肤表面烧蚀一个很小的深度。典型的处理过程是使用脉冲红外激光器。考虑以下情况:在红外波段(通常波长为 2 940nm)工作的激光器以 250μs 宽的脉冲向皮肤传递能量,然后将组织内的水分蒸发。激光束的直径为 0.7mm,可穿透皮肤 10mm。假设所有的能量都被皮肤吸收,而且脉冲宽度太短,热量无法传导到邻近的组织,计算激光束的功率和每个脉冲中被皮肤吸收的能量。皮肤组织含有 64% 的水,其正常温度为 34℃。水的比热容为 4.187J/(g·K),蒸发潜热为 2 256J/g。

# 第 5 章
# 电磁传感器和执行器

**鳐鱼、鲨鱼、鳗鱼、鸽子、趋磁细菌和鸭嘴兽**

电场和磁场在大自然中无处不在,且发挥着重要的作用。许多生物已经找到了利用这些基本力进行感知和驱动的方法,尤其是电场就常被用于感知和驱动。例如,鳐鱼、鲨鱼以及部分种类的鲇鱼、鳗鱼和鸭嘴兽都能感知到猎物产生的电场。动物通过使用特殊的凝胶状小孔来感知电场,这些小孔形成了被称为洛伦齐尼瓮的电感受器。这种对电场的感知可以是被动的也可以是主动的:鲨鱼和鳐鱼通过感知猎物的肌肉和神经产生的弱电场来定位猎物,这种是被动感知;有些动物,如电鱼,可以产生电场来主动对猎物进行电定位,这是主动感知。幼鲨也会使用相同的基本感觉系统,当探测到电定位场时,它就会一动不动,以此来保护自己。最著名的利用电定位的例子是鸭嘴兽,它在夜间用嘴中的电感受器进行捕猎。驱动同样常见,主要用于击昏猎物,也可以用于保护自己。在大约 70 种鳐类中,电鳐可以产生电荷并像电池一样释放电荷。这些电荷是在一对由控制神经系统的"极板"组成的可发电器官中产生的。鳐鱼将这些生物电池并联,以产生低电压、高电流电源。电压范围通常在 8~200V,电流可以达到几安培。另一例使用生物电池的是电鳗。因为电鳗生活在导电性不及海水的淡水中,所以它的"极板"通过串联来产生更高的电压,在 1A 电流下,瞬时电压可以高达 600V。

磁场在感知中也同样重要。现在我们已经了解到鸟类可以感知地球的磁场,并且它们可以利用这种能力进行导航。例如,鸽子喙的上部组织中有一个由磁性微粒组成的生物复合体,鸽子利用它定位磁场。科学家甚至在人脑中也发现了磁性微粒的痕迹,这表明在遥远的过去,人类可能也具有利用地磁场来进行导航的能力。此外,细菌也能利用电磁石来沿着地球的磁场线移动。磁螺旋菌(magnetospirillum magneticcum)这种细菌就利用磁性微粒沿磁场方向定位,使其能够到达富氧环境。

## 5.1 引言

无论是数量还是类型,电磁传感器和执行器的类别都比其他类型的传感器应用更广,因为在大多数情况下,传感器会利用材料的电特性来工作。事实上,我们也可以说,即使不属于这一类的传感器也"属于"这一类。热电偶温度计利用导体和半导体中的电效应———一种电现象。光学传感器要么基于电磁波传播，要么基于量子传播，通过与传感器的原子结构中的电子相互作用来进行测量，这两种方式都利用了电现象。常见的执行器，尤其是大功率的执行器，要么是电动的，要么是具有磁性的。然而，为了简单起见并遵循控制每类传感器所涉及的原理数量的基本思想，我们将其分为以下几种类型：

1）基于电气和静电原理的传感器和执行器，包括电容式传感器（接近度、距离、电平、材料特性、湿度和其他量，如力、加速度和压力）以及相关的电场传感器和执行器。这类传感器包括 MEMS 器件，将在第 10 章中单独讨论。

2）基于直接测量阻抗的传感器，包括电流和电压的 AC 和 DC 感测、位置和电平感测等传感器。

3）基于静态和低频时变磁场的磁传感器和执行器，包括用于驱动的电动机和阀门、磁场传感器（霍尔元件传感器、用于位置、位移、接近度等的感应传感器），以及很多其他传感器，包括磁致伸缩与磁阻传感器和执行器。

4）基于电磁场辐射效应的电磁传感器，我们将在第 9 章中对其进行讨论。

我们可以将这里讨论的传感器和执行器分为电的、磁的和电阻式的。通常，我们会简单地称它们为电磁设备，这个术语涵盖了所有这些设备（包括第 9 章中要讨论的设备）。

所有电磁传感器和执行器均基于电磁场及其与物理介质的相互作用。事实证明，介质中的电场和磁场与大量因素相互影响。因此可以根据需要设计出任何数量或效果的电磁传感器。

在介绍传感器之前，我们需要了解以下定义：

电场是存在于电荷或带电单元的力。当电荷静止或以恒定速度移动时，电场可以说是静态的；如果电荷加速或减速，那么电场是随时间变化的。

在导电介质或空间中移动的电荷会引起电流，而电流会产生磁场。当电流恒定（直流）时，磁场是静态的，当电流随时间变化时，磁场是与时间相关的。

当电流随时间变化时，会同时产生电场和相应的磁场，这种场简称为电磁场。电磁场意味着电场和磁场同时存在。但是，也可以用电磁场指代单独存在的电场或磁场，例如，静电场可以看作与时间无关的零磁场的电磁场。虽然各种场的特性不同，但是它们都可以用麦克斯韦方程组来描述。

电磁执行器基于两种基本力之一：电力（最好理解为相反极性电荷之间的吸引力或相同极性电荷之间的排斥力）和磁力。磁力表现为载流导体对同方向电流的吸引或对反方向电流的排斥。最著名的例子是两个永磁体之间的力的作用。

## 5.2 单位

如 1.6 节所述，基本国际单位制中，电流的基本单位是安培（A）。但是，电磁学包含了大量基于电磁学定律和关系的派生单位。电流本身有时被指定为密度，有时被定义为单位面积的电流［安培每米$^2$（A/m$^2$）］，有时被定义为单位长度的电流［安培每米（A/m）］。这些都可作为电流密度。除了作为电流单位的安培之外，最常见的单位可能是伏特，它被定义为单位电荷的能量。电荷本身可以以库仑（C）或安培秒（A·s）为单位，但是电荷通常以密度的形式出现：库仑每米（C/m）、库仑每平方米（C/m$^2$）或库仑每立方米（C/m$^3$）。电压的单位一般表示为伏特（V）、焦耳每库仑（J/C）、牛米每库仑（N·m/C），或者如 1.6 节中国际单位制形式：kg·m$^2$/(A·s$^3$)。功率的单位为瓦特（W），数值为电压和电流的乘积。一般情况下，功率的单位还可表示为力乘以速度，即 N·m/s 或 J/s，但在电气工程中最常使用瓦特或安培伏特（A·V）为单位。功和能量通常以焦耳（J）为单位，但是在测量和表述电能时，习惯上使用瓦特乘以时间为基本单位，例如瓦时（W·h）或其倍数，例如 kW·h。能量密度（每单位体积）用于表示能量存储容量，单位为焦耳每立方米（J/m$^3$）。

根据欧姆定律，**电阻**为电压与电流之比（V/A），单位为欧姆（Ω）。**电导率、介电常数、磁导率**是介质的三个基本电特性。电导率是**电阻率**的倒数，电阻率是材料电阻的量度，单位为 Ω·m。电导率是衡量介质传导电流能力的标准，单位为 1/(Ω·m)。电导的单位为 1/Ω，称之为西门子（S），由此可推导电导率的单位为西门子每米（S/m）。**电容**为电荷与电压之比，单位为法拉（F）（见例 1.4）。此外，**电场强度**的单位为伏特每米（V/m）或牛顿每库仑（N/C）。介电常数的单位为法拉每米（F/m），这是一个很容易从库仑定律推导出来的单位（将在本章稍后讨论）。还可以将**电通量密度**定义为电场强度和介电常数的乘积，电通量密度的单位为库仑每平方米（C/m$^2$），而整个区域的电通量密度积分为区域的电通量，电通量的单位为库仑（C）。

磁场通常根据磁通量密度（也称磁感应强度）或磁场强度给出。根据安培定律，磁场强度的推导单位是安培每米（A/m）。磁感应强度的单位是特斯拉（T），推导单位是 [N/(A/m) 或者 kg/(A·s$^2$)]。常用的磁感应强度的非度量单位是高斯（g，1T = 10 000g）。将区域内的磁感应强度积分后结果为**磁通量**，磁通量的推导单位为（T·m$^2$），标定单位韦伯（Wb）。因此，磁感应强度也可以表示为韦伯/米$^2$（Wb/m$^2$），明确地表明它是一个密度。磁通量与电流之比为**电感**，单位为韦伯每安培（Wb/A）或特斯拉平方米每安培（T·m$^2$/A），也称为亨利（H）。

介质的磁导率是磁感应强度和磁场强度之比，单位为 T·m/A。一般 T·m$^2$/A 表示为亨利，因此磁导率的单位也可以表示为亨利/米（H/m）。另一种不常使用的磁性量是**磁阻或磁阻率**，单位为 1/亨利（1/H）。此外，频率的单位为周期每秒（cycle/s）或赫兹（Hz）。与频率相关的有角频率（也称为角速度），单位为弧度每秒（rad/s）。

有时还会用到其他一些参考单位，例如，信号的相位（度或弧度表示）、衰减和相位常数、功率密度等，但这些最好在使用的上下文中定义（其中一些量将在第 9 章中介绍）。上述的电流密度、电场和磁场强度，以及电通量和磁通量密度是具有幅度和方向的矢量，其余是只考虑幅度的标量。功率可以表示为标量或矢量，但我们在此处将严格地视其为标量。表 5.1 总结了许多电气和磁性量的数量和单位。

表 5.1　电磁量及其单位

| 电磁量 | 单位 | 注释 | 符号 |
| --- | --- | --- | --- |
| 电流 | A | 国际单位 | $A$ |
| 电流密度 | A/m、A/m$^2$ | 矢量 | $J, \boldsymbol{J}$ |
| 电压 | V | 也为电动势 | $V$ |
| 电荷 | C、A·s |  | $Q, q$ |
| 电荷密度 | C/m、C/m$^2$、C/m$^3$ |  | $\rho_l, \rho_s, \rho_v$ |
| 介电常数 | F/m |  | $\varepsilon$ |
| 电场强度 | V/m、N/C | 矢量 | $E, \boldsymbol{E}$ |
| 电通量密度 | C/m$^2$ | 矢量 | $D, \boldsymbol{D}$ |
| 电通量 | C |  | $\Phi、\Phi_e$ |
| 功率 | W、A·V |  | $P$ |
| 能量 | W·h、J |  | $W$ |
| 能量密度 | J/m$^3$ |  | $w$ |
| 电阻 | Ω |  | $R$ |
| 电阻率 | Ω·m |  | $\rho$ |
| 电导率 | S/m、1/Ω·m | $\sigma = 1/\rho$ | $\sigma$ |
| 电容 | F |  | $C$ |
| 磁感应强度 | T、g、Wb/m$^2$ | 矢量 | $B, \boldsymbol{B}$ |
| 磁场强度 | A/m | 矢量 | $H, \boldsymbol{H}$ |
| 磁通量 | T·m$^2$、Wb |  | $\Phi、\Phi_m$ |
| 电感 | Wb/A、H |  | $L$ |
| 磁导率 | H/m |  | $\mu$ |
| 磁阻 | 1/H |  | $\mathcal{R}$ |
| 频率 | Hz |  | $f$ |
| 角速度 | rad/s | $\omega = 2\pi f$ | $\omega$ |

## 5.3　电场：电容传感器和执行器

电场传感器和执行器是根据定义电场及其效应的物理原理工作的传感器和执行器。主要的器件类型是电容式的。由于电容和电场强度都可以为研究电路提供简单方法，因此本节将讨论电容。虽然部分传感器（例如电荷传感器）可能用电场解释更好，但总的来说，关于电容及其在感知和驱动中应用的讨论涵盖了彻底理解所涉及原理所必需的大多数内容，而无须研究电场行为的复杂性。

所有电容传感器都是基于直接或间接激励引起的电容变化来工作的。首先，应该注意的是，根据定义，电容是器件上电荷与电压的比值：

$$C = \frac{Q}{V} \left[ \frac{C}{V} \right] \tag{5.1}$$

电容以库仑每伏特（C/V）表示，单位为法拉（F）。因为电压定义为两点之间的电势差，所以由连接了电势差的两个导电体定义电容。如图 5.1 所示，电池给物体 B 带正电荷 Q，给物体 A 带等量的负电荷 -Q。任何两个导体，不论它们的大小和它们之间的距离是怎样的，都具有电容。单个导体的电容也可以根据该导体的电荷和相对于无穷大的电势差来定义，这是两个导体的一种特殊情况。当它们之间有电势差时，物体带电，并且满足式（5.1）中的关系。但是，电容与电压或电荷无关——它仅取决于物理尺寸和材料特性。

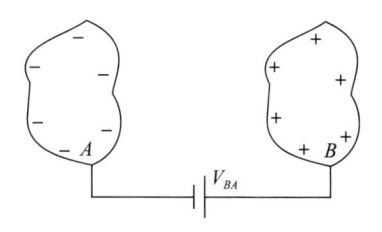

图 5.1 电容示意图

为了理解原理，我们从两块平行极板之间的电容开始研究，如图 5.2 所示。首先假设两块极板之间的距离 d 很小，则器件的电容为

$$C = \frac{\varepsilon_0 \varepsilon_r S}{d} [\text{F}] \tag{5.2}$$

其中 $\varepsilon_0$ 是真空介电常数，$\varepsilon_r$ 是极板间介质的相对介电常数，$S$ 是极板的面积，$d$ 是极板之间的距离。$\varepsilon_0$ 是等于 $8.854 \times 10^{-12}$ F/M 的常数，而 $\varepsilon_r$ 是介质的介电常数与真空介电常数（$\varepsilon_0$）之比，因此是无量纲的。介电常数体现了材料的电学性质，是可测量的。通常假定电容器的极板之间的材料是非导电介质，即电介质。表 5.2 列出了一些常见电介质的相对介电常数。

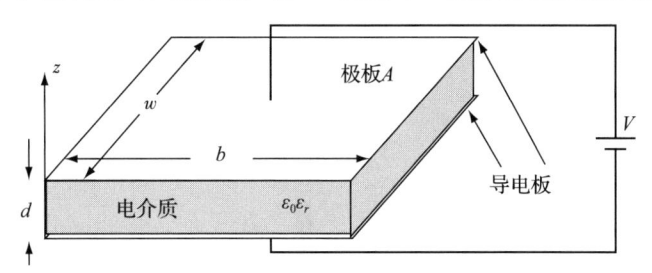

图 5.2 连接到直流电源的平行极板电容器

表 5.2 各种材料的相对介电常数

| 材料 | $\varepsilon_r$ | 材料 | $\varepsilon_r$ | 材料 | $\varepsilon_r$ |
| --- | --- | --- | --- | --- | --- |
| 石英 | 3.8~5 | 纸 | 3.0 | 二氧化硅 | 3.8 |
| 砷化镓 | 13 | 电木 | 5.0 | 石英 | 3.8 |
| 尼龙 | 3.1 | 玻璃 | 6.0 (4~7) | 雪 | 3.8 |
| 石蜡 | 3.2 | 云母 | 6.0 | 泥（干） | 2.8 |
| 有机玻璃 | 2.6 | 蒸馏水 | 81 | 木材（干） | 1.5~4 |
| 聚苯乙烯泡沫 | 1.05 | 聚乙烯 | 2.2 | 硅 | 11.8 |
| 铁氟龙 | 2.0 | 聚氯乙烯 | 6.1 | 乙醇 | 25 |
| 钛酸锶钡 | 10 000.0 | 锗 | 16 | 琥珀 | 2.7 |
| 空气 | 1.000 6 | 甘油 | 50 | 有机玻璃 | 3.4 |
| 橡胶 | 3.0 | 尼龙 | 3.5 | 氧化铝 | 8.8 |

式（5.2）中任何量的改变都会影响电容，并且可以感测到变化的量。很多因素都可以导致这些量改变，包括位移或任何可能引起位移的因素（压力、其他力）、接近度、介电常数（例如湿度传感器）。式（5.2）描述了一种特殊情况下的电容，并且是通过假设两块极板之间的电场强度不会泄漏到极板之间的空间之外（包括到达边缘）而获得的，这样可以得到一个简单的表达式。在其他情况下，当 $d$ 不是特别小或者极板用其他排列方式排列（见图5.3）时，我们不能直接计算电容的值，但仍然可以有如下表达式：

$$C \propto [\varepsilon_0, \varepsilon_r, S, 1/d] \tag{5.3}$$

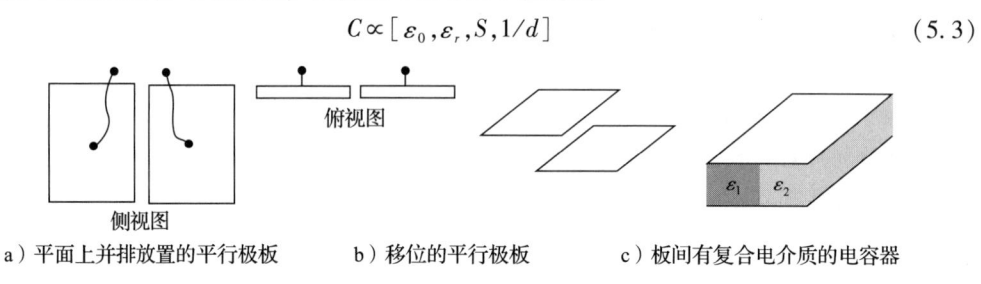

a）平面上并排放置的平行极板　　b）移位的平行极板　　c）板间有复合电介质的电容器

图 5.3　极板的不同排列方式

也就是说，电容与介电常数和导体（极板）的面积成正比，与导体之间的距离成反比。平行板电容器只是一种可能的器件。只要涉及两个导体，它们之间就会有可定义的电容。图 5.4 所示是一些常用于传感的有用电容结构。第 6~10 章中会涉及许多电容传感器，但是在这里我们将讨论由位置、接近度、位移和液位影响的电容传感器和执行器。

a）圆柱形传感器　　b）改进的平行极板传感器　　c）极板在平面上的平行极板传感器

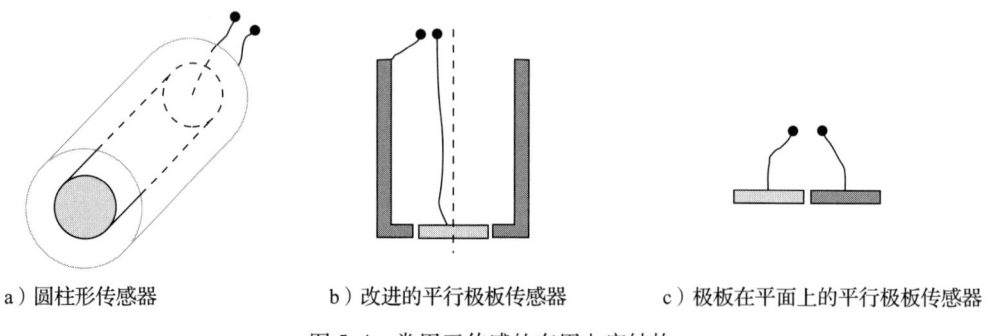

图 5.4　常用于传感的有用电容结构

## 5.3.1　电容式位置、接近度和位移传感器

由式（5.2）可知，根据位置和位移，可以通过三种基本方式来改变器件的电容：
- 图 5.5 展示了多种情况，使双导体电容器（通常是极板或管）中的一个导体相对于另一个导体移动。在图 5.5a 中，传感器由单块极板制成，而第二块极板是相对于其感测距离（接近度）的导体。虽然这是一种有效的方法，但它不是一个可以直接获得的传感器，而是一个必须事先构建的传感器，这意味着只能相对于导电表面感测到接近度。这种类型的位置传感器如图 5.6 所示，一块极板被固定，而另一块极板被移动装置推动。位置的改变导致了电容的变化。电容与距离成反比，当测量距离很小时，传感器的输出是线性的。

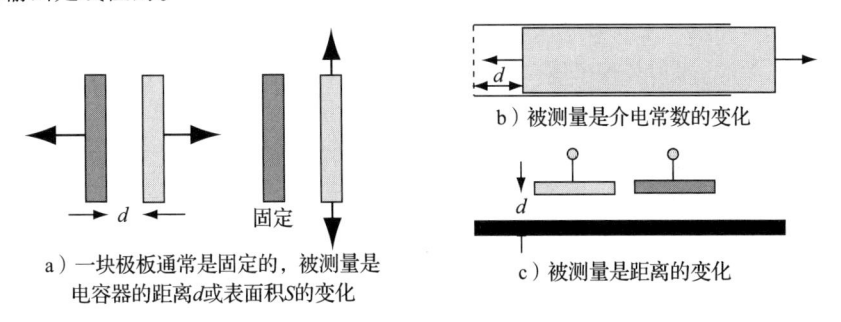

a) 一块极板通常是固定的，被测量是电容器的距离$d$或表面积$S$的变化

b) 被测量是介电常数的变化

c) 被测量是距离的变化

图 5.5 用于位置、接近度和位移传感的电容传感器的布置

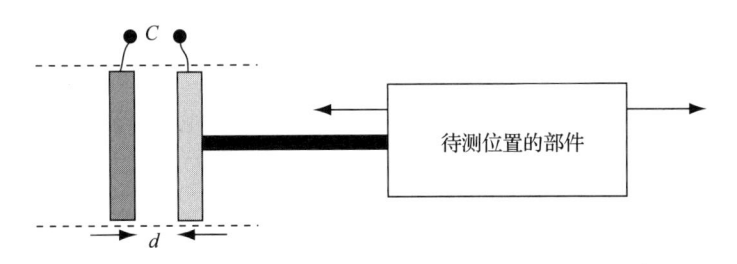

图 5.6 电容式位置传感器示意图

- 如图 5.5b 所示，极板保持固定，但电介质是移动的。这种情况在实际应用中是常见的。例如，电介质是液体的，不同的液位代表不同的介电系数，可以将电介质连接到一个浮子上来感测液位，或者可以通过器件推动电介质来感测极板间介电质的长度。该器件的优点在于它是线性的，并且电介质的运动范围相当大，因为它可以接近电容器的宽度。
- 另一种配置是通过保持极板彼此相对固定，如图 5.5c 所示，并检测到表面的距离。现实中这种情况也比较常见，因为传感器是独立的，并且不需要外部电连接或物理布置即可感测距离或位置。但是，电容与距离之间的关系是非线性的，并且因为电场不会延伸得很远，所以测量的距离会受到限制。

**例 5.1：小型电容式位移传感器**

可以用两块小极板构建一个能够精确感测位移的小型传感器，如图 5.5a 所示。这些极板既可以彼此相对移动，也可以侧向滑动。此处讨论的传感器如下：

(a) 两块极板的面积均为 4mm×4mm，彼此相对或相向移动，最小位移为 0.1mm，最大位移为 1mm（见图 5.7a）。

(b) 两块极板的面积均为 4mm×4mm，距离固定为 0.1mm。它们以 0~2mm 的位移范围侧向滑动（见图 5.7b）。

**解** (a) 根据图 5.7a，使用式 (5.2) 中的可变距离 $d(0.1\text{mm} < d_v < 1\text{mm})$ 计算电容。下

表的第一行显示了该信息。电容以皮法（pF）为单位。因为极板很小，所以电容也很小，并且边缘效应很可能会在使用平行极板电容器公式计算电容时产生误差。为了了解这种效应是什么，电容也使用称为矩量法的方法进行数值计算，使用这种方法可以精确计算电容，并且不需要使用式（5.2）中的近似电容公式。第二行显示使用矩量法（一种数值技术）获得的结果（同样可以使用电容表完成此操作）。

| $d_v$/mm | 0.1 | 0.15 | 0.2 | 0.25 | 0.3 | 0.35 | 0.4 | 0.45 | 0.5 | 0.6 | 0.7 | 0.8 | 0.9 | 1.0 |
|---|---|---|---|---|---|---|---|---|---|---|---|---|---|---|
| $C$/pF | 1.89 | 1.15 | 0.862 | 0.7 | 0.595 | 0.520 | 0.465 | 0.422 | 0.388 | 0.337 | 0.3 | 0.273 | 0.251 | 0.234 |
| $C$/pF | 1.42 | 0.944 | 0.708 | 0.567 | 0.472 | 0.405 | 0.354 | 0.315 | 0.283 | 0.236 | 0.202 | 0.177 | 0.157 | 0.142 |

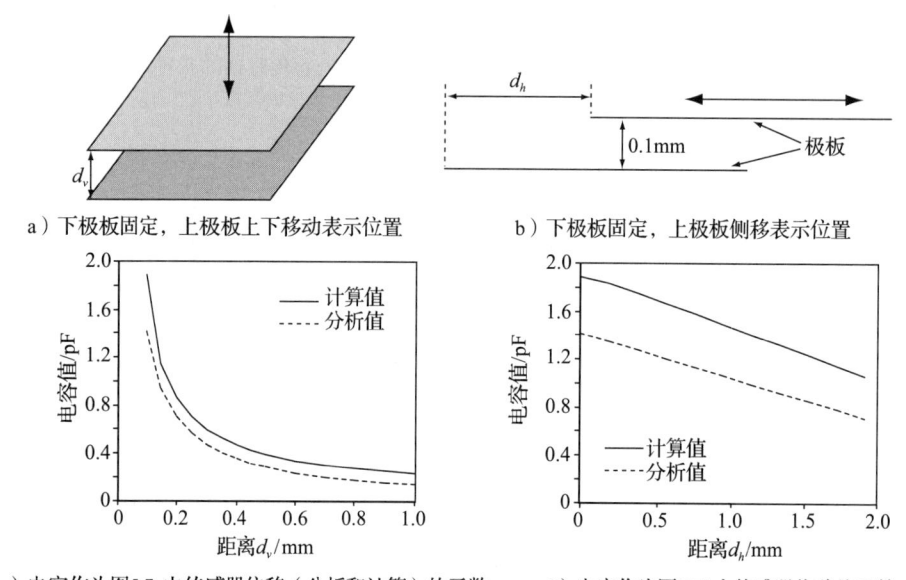

a）下极板固定，上极板上下移动表示位置

b）下极板固定，上极板侧移表示位置

c）电容作为图5.7a中传感器位移（分析和计算）的函数

d）电容作为图5.7b中传感器位移的函数

图5.7 电容式位移传感器

（b）下表中第一行显示了使用式（5.2）中上极板的水平偏移量 $d_h$（0.0mm<$d_h$<2mm）来计算电容所获得的结果，单位为皮法。第二行显示使用矩量法计算获得的电容值。

| $d_h$/mm | 0.0 | 0.2 | 0.4 | 0.6 | 0.8 | 1.0 | 1.2 | 1.4 | 1.6 | 1.8 | 2.0 |
|---|---|---|---|---|---|---|---|---|---|---|---|
| $C$/pF | 1.89 | 1.83 | 1.75 | 1.67 | 1.58 | 1.49 | 1.41 | 1.32 | 1.23 | 1.15 | 1.06 |
| $C$/pF | 1.42 | 1.35 | 1.27 | 1.2 | 1.13 | 1.06 | 0.992 | 0.921 | 0.850 | 0.779 | 0.708 |

显然，使用式（5.2）计算的结果和实验结果似乎有很大不同，尤其是当极板很小时，差距很大，而极板越大，极板之间的距离越小，分析和数值越接近。但是，这两个结果的图表却有一定的关系，如图5.7c和图5.7d所示。首先，每个图中的两组结果在形状上基本相同，但是相互之间有一定的偏移。其次，方法（b）的线性度更高，但灵敏度较低（电容的变化较小）。两者都可以在正确校准后正常使用，实验显示的传感器数值是准确的，而分析计算给出的是理论值，不是有用的准确数据。

在大多数接近传感器中,图 5.5c 中的方法是最实用的,但是使用该方法的传感器的实际构造有些不同。典型的接近传感器结构如图 5.8a 所示:空心圆柱导体形成传感器的第一块极板,圆柱体下部开口处的圆盘构成第二块极板。整个结构可以用外部导线屏蔽封装,也可以封装在绝缘外壳中,该器件的电容 $C_0$ 取决于自身的尺寸、材料和结构。当下部圆盘附近存在物体时,传感器的有效介电常数就会发生改变,并且电容值会增加,通过电容的改变来表征传感器与表面之间的距离。这种传感器的优点在于它可以感应到任何形状的导体或非导体的距离,缺点是其输出不是线性的。相反,感测距离 $d$ 越小,传感器的灵敏度越高。传感器的尺寸对其量程和灵敏度有很大影响,大直径传感器的量程较大但灵敏度相对较低,而小直径传感器的量程较小但灵敏度较高。图 5.8b 显示了一些具有不同物理尺寸和感应距离的电容式接近传感器,可用于感应导电表面或在预设定的距离处开启。

a)一种实用的电容式接近传感器结构　　b)电容式接近传感器实物

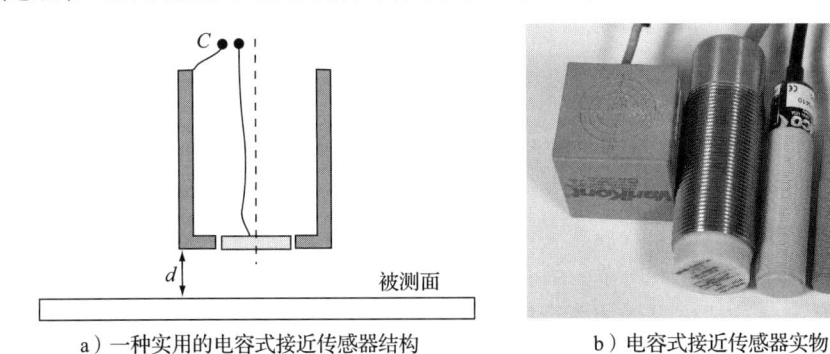

图 5.8　电容式接近传感器结构与实物

电容式位置传感器和接近传感器可以用其他方式制成。示例如图 5.9 所示。该传感器有两块固定极板和一块移动极板。当极板处于中间位置时,由于 $C_1 = C_2$,其电位相对于地面为零。当极板向上移动时,其电位变为正($C_1$ 增大,$C_2$ 减小);当极板向下移动时,电位为负($C_2$ 增加,$C_1$ 减少)。这种类型的传感器往往比以前的传感器更具有线性特性,但是固定极板之间的距离必须很小,因此运动范围也必须很小,否则电容将小到难以测量。此外,还有旋转极板型的电容传感器,可以用来感知旋转运动。还有一些是圆柱形的,或者做成任何方便的形状,比如梳形(见图 5.10)。

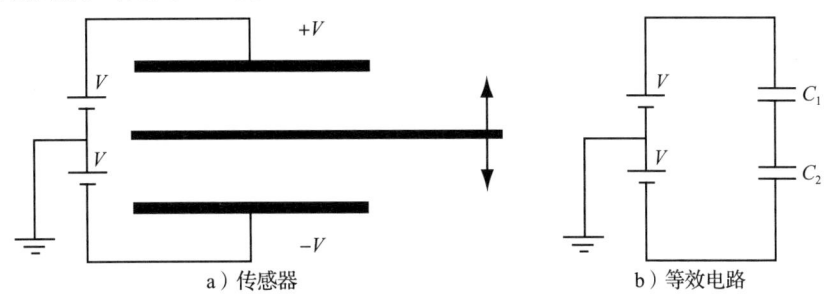

a)传感器　　b)等效电路

图 5.9　改进线性的位置传感器布置

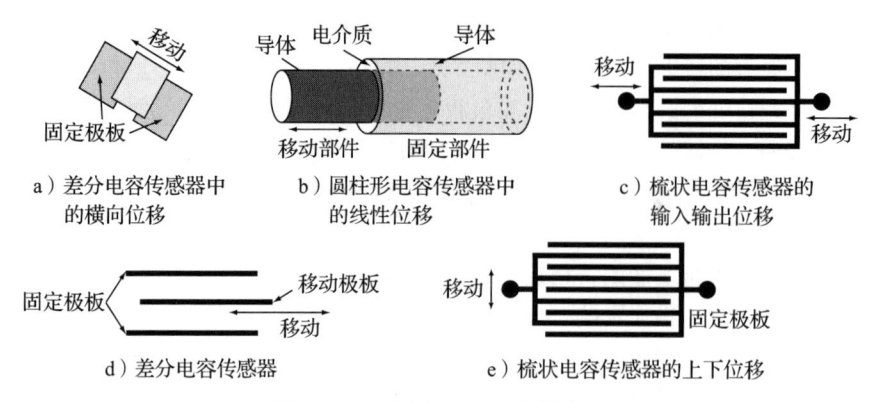

a）差分电容传感器中的横向位移　　b）圆柱形电容传感器中的线性位移　　c）梳状电容传感器的输入输出位移

d）差分电容传感器　　e）梳状电容传感器的上下位移

图 5.10　不同类型的电容传感器

## 5.3.2　电容式液位传感器

我们可以通过任何位置测量液位或者用接近传感器来直接或间接地使用浮子感测流体表面的位置的方法测量液体表面的位置，其中通过浮子感测流体表面的方法是通过改变线性或者旋转电容器的电容来实现的。液位检测中，最简单、最直接的方法之一是让电解质流体充满构成电容器的两个导电表面之间的空间。例如，平行板电容器的电容与两个极板之间的介电常数成线性比例。因此，极板之间的流量越大，电容就越大，从而可以通过电容的大小来度量极板之间液体的液位。液位传感器的平行板电容器如图 5.11 所示。流体表面下方的极板部分的电容为 $C_f$：

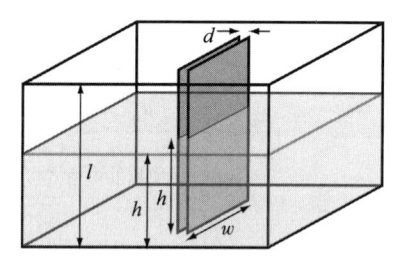

图 5.11　电容式液位传感器原理（液体必须是不导电的）

$$C_f = \frac{\varepsilon_f h w}{d} [\text{F}] \tag{5.4}$$

其中 $\varepsilon_f$ 是流体的介电常数，$h$ 是流体的高度，$w$ 是极板的宽度，$d$ 是极板之间的距离。电容器在流体上方的部分的电容为 $C_0$：

$$C_0 = \frac{\varepsilon_0 (l-h) w}{d} [\text{F}] \tag{5.5}$$

其中 $l$ 是电容器的总高度。传感器的总电容是两者的总和：

$$C = C_f + C_0 = \frac{\varepsilon_f h w}{d} + \frac{\varepsilon_0 (l-h) w}{d} = h \left[ \frac{(\varepsilon_f - \varepsilon_0) w}{d} \right] - \frac{\varepsilon_0 l w}{d} [\text{F}] \tag{5.6}$$

显然，这种关系是线性的，线性范围从最小电容 $C_{\min} = \varepsilon_0 l w / d$（$h=0$）到最大电容为 $C_{\max} = \varepsilon_f l w / d$（$h=l$）。传感器的灵敏度的计算方法为 $dC/dh$，并且也明显是线性的。

虽然使用平行板电容器可以近似理想地表示上述结果，但仍是以假设了磁场不受极板的尺寸约束（即忽略边缘效应）为前提，所以结果还是理想值。实际值会由于这些影响，存在轻微的非线性，这种非线性取决于极板之间的距离。此外，应该注意的是，该方法仅适用于诸如油、燃料、淡水（主要指蒸馏水）等非导电液体。对于具有轻微导电性的液体，则必须在极板上涂绝缘介质。例 5.2 描述了这种简单、坚固的传感器的一种更为常见的实现方式。

**例 5.2：电容式燃油表**

图 5.12a 所示为一个燃油表示意图。一个长电容器是由两根浸入燃料中的同轴管制成的，同轴管之间充满燃料。储罐高度为 $d=500$ mm，同轴管的长度也如图 5.12a 所示，内管的半径 $a=5$ mm，外管的半径 $b=10$ mm。燃油的相对介电常数 $\varepsilon_r=15$。

a）液位传感器（或燃油表）　　　b）给定值的传递函数

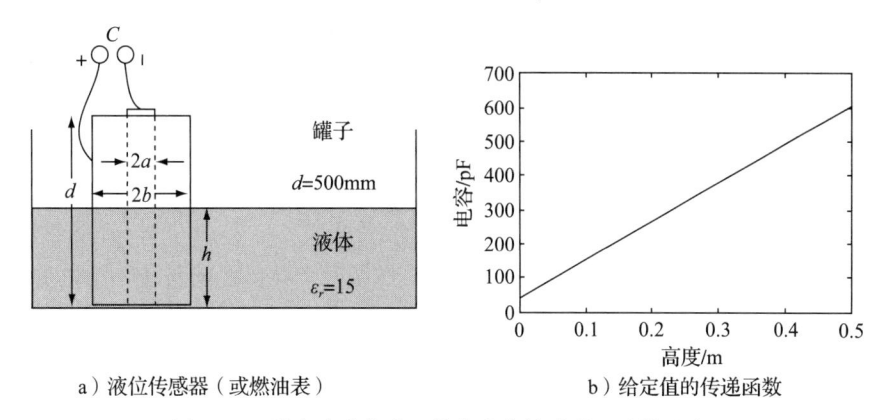

图 5.12　具有改进传递函数的液位传感器（或燃油表）

（a）求出燃油表的传递函数（电容是燃油高度 $h$ 的函数）。
（b）计算燃油表的灵敏度。

**解**　空油箱的电容为 $C_0$。长度为 $d$（等于储罐的高度）、内径为 $a$、外径为 $b$ 的同轴电容器的电容为

$$C_0 = \frac{2\pi\varepsilon_0 d}{\ln(b/a)} [\text{F}]$$

如果将电容器中的液体填充到高度 $h$，则设备的电容为

$$C_f = \frac{2\pi\varepsilon_0}{\ln(b/a)}(h\varepsilon_r + d - h) = \frac{2\pi\varepsilon_0}{\ln(b/a)}(\varepsilon_r - 1)h + \frac{2\pi\varepsilon_0}{\ln(b/a)}d [\text{F}]$$

计算得出传递函数为

$$C_f = \frac{2\pi \times 8.854 \times 10^{-12}}{\ln(10/5)}(14h + 0.5) = 1\,123.62h + 40.13 [\text{pF}]$$

其中 $\varepsilon_r$ 是燃料的相对介电常数。显然，电容 $C$ 相对于 $h$（从 $h=0$ 到 $h=d$）是线性的。传感器的灵敏度为

$$s = \frac{dC_f}{dh} = \frac{2\pi\varepsilon_0}{\ln(b/a)}(\varepsilon_r - 1) \left[\frac{\text{F}}{\text{m}}\right]$$

灵敏度由液体的介电常数和两个管的尺寸决定。数值等于 1 123.62 pF/m。

图 5.12b 显示了燃油表的计算传递函数。实际上，由于电容器的边缘效应，对于非常低

水平和非常高水平的液位，传递函数是略微非线性的。为了获得最佳的性能，内部和外部导体之间的距离应该很小，以减少边缘效应，从而减少在非常低和非常高的水平上由边缘效应导致的非线性。空罐的电容为 $C_0$ = 40.13pF，满罐时，电容为 561.81pF。

这种类型的电容式燃油表通常用于船舶的柴油油箱和飞机油箱，这个设计可以用于任何非导电液体，例如油或水，只要管子上涂有绝缘涂层即可。

电容式传感器是可以制造的最简单、最坚固的传感器之一，且在现实中的应用远不止于此，接下来的章节将介绍更多的传感器。但是大多数情况下，电容都很小，电容的变化则更小，因此，它们需要特殊的转换方法来表示电容。通常，我们将传感器作为振荡器的一部分进行连接而不是直接用传感器测量直流电压，振荡器的频率取决于电容，而频率通常以数字的方式进行测量。另外还可以使用交流电源，而不是感应电容，感应电路的阻抗或相位。这部分我们将在第 11 章中继续讨论。

### 5.3.3 电容执行器

电容执行器的原理非常简单，如图 5.1 所示。当在两个导体之间连接一个电势时，它们将获得电性相反的电荷。根据库仑定律，电荷相互吸引将两个导体拉近，这种由电荷和电场强度决定的力称为库仑力。在给定电场强度 $E[\text{V/m}]$ 以及电荷 $Q[\text{C}]$ 的情况下，电场对电荷施加的力 $F$ 为

$$F = QE\,[\text{N}] \tag{5.7}$$

电场强度和力都是矢量，即它们在空间中具有大小和方向。在平行板电容器中，极板之间的电场强度为

$$E = \frac{V}{d}\left[\frac{\text{V}}{\text{m}}\right] \tag{5.8}$$

其中电场强度从带正电的极板指向带负电的极板，方向垂直于极板，且极板上的电荷电性相反，相互吸引。在图 5.2 所示的特殊情况下，通过式（5.1）代替式（5.7）中的 $Q$，用式（5.8）中的 $E$ 求出力，只是式（5.8）中的电场强度必须除以 2。也就是说，下极板对上极板产生的力为下极板在上极板位置处的电场强度乘以上极板的电荷数。利用式（5.2）计算平行板电容器的电容。综上，库仑力的计算公式为

$$F = \frac{CV^2}{2d} = \frac{\varepsilon_0 \varepsilon_r S V^2}{2d^2}\,[\text{N}] \tag{5.9}$$

和之前一样，如果我们不能假设平行极板之间的距离 $d$ 足够小，那么由方程式计算得出的库仑力将存在误差。但我们仍然可以期望一般的关系是成立的，也就是说，库仑力 $F$ 与 $S$、$\varepsilon$ 和 $V^2$ 成正比，与 $d^2$ 成反比。

如果存在力，那么我们也可以根据力是能量随距离变化的速率来定义能量：

$$F = \frac{\mathrm{d}W}{\mathrm{d}l}\,[\text{N}] \tag{5.10}$$

因此，能量可以表示为

$$W = \int_0^d F \cdot dl = \frac{\varepsilon_0 \varepsilon_r S V^2}{2d} = \frac{CV^2}{2} [\text{J}] \quad (5.11)$$

也可以写成

$$W = \frac{\varepsilon(Sd)}{2}\left(\frac{V^2}{d^2}\right) = \frac{\varepsilon E^2}{2} v [\text{J}] \quad (5.12)$$

其中 $v$ 是电容器极板之间的空间体积，$\varepsilon$ 是介质的介电常数，$E = V/d$ 是极板之间的电场强度。$\frac{\varepsilon E^2}{2}$ 的数学单位为焦耳每立方米（$\text{J/m}^3$），可以表示电容器中的能量密度。

给定一个固定导体，第二个导体如果连接到相对于第一个导体产生的电势差的位置，就会相对于固定导体移动。如图 5.13 所示，这种相对运动可用于定位，或如此处所示，用作静电扬声器。

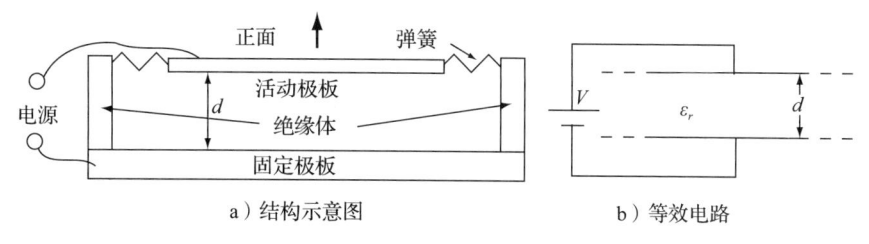

图 5.13　电容执行器的结构示意图和等效电路

a）结构示意图　　　b）等效电路

然而，由式（5.9）可知，因为 $\varepsilon_0$ 非常小，所以相应的库仑力很小。为了增强器件的实用性，或者保证极板之间的距离足够小，从而使极板之间只能移动有限的距离，或者提高极板间的电压值。在 MEMS 执行器中，极板之间的距离足够小，但是为了防止电压击穿，电压值也很低。而在静电扬声器和耳机中，极板位移必须很大，因此必须使用高电压，最高可达几千伏。

但是，如图 5.14a 中非对称的平行板电容器所示，静电执行器的移动作用力不止两极板之间的垂直吸引力，还有水平分量吸引力。吸引力不仅会缩小极板之间的距离，还会拉近它们之间的水平间距。这种思想也可用于图 5.14b 中的可旋转装置，通过库仑力影响旋转运动。其中，极板之间的距离是固定的，但是极板可以相对于彼此旋转，直到它们完全重叠。

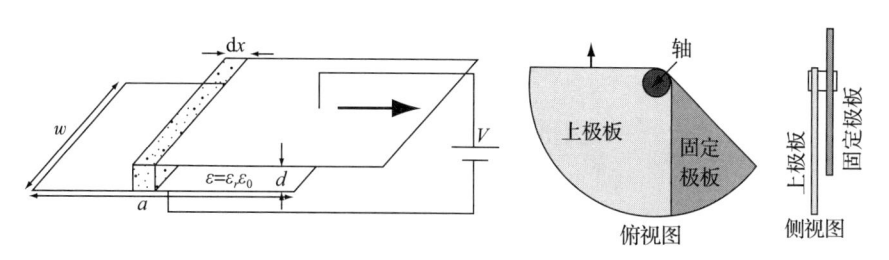

a）线性执行器。与上极板相隔一定距离 $d$ 的下极板是固定的。上极板可以相对于下极板移动

b）旋转式电容执行器。上极板在极板上电荷的影响下转动

图 5.14　电容执行器

通过添加弹簧来恢复旋转体的初始位置，这样就可以将其制成非常精确的定位器（参见例 5.4）。再通过虚位移原理就可以计算出所涉及的力，再次参考图 5.14a 中的极板，假设上极板向左的虚位移为 $dx$，极板之间的体积变化量为 $dv = wddx$，其中 $w$ 是极板的宽度，$d$ 是极板之间的距离。由运动引起的能量变化为 $dW$，其值必然等于 $Fdx$，而能量密度定义为 $\dfrac{\varepsilon E^2}{2}$，则等式可以写成：

$$Fdx = dW = \frac{\varepsilon E^2}{2} wddx \tag{5.13}$$

横向力的大小为

$$F = \frac{\varepsilon E^2}{2} wd \, [\text{N}] \tag{5.14}$$

当侧向力为零时，该力将极板推向彼此中心。

**例 5.3：静电执行器**

图 5.13 所示为一个小型静电执行器。当未在极板上施加电压时，活动极板的面积 $S = 10\text{cm}^2$，间距 $d = 3\text{mm}$。固定极板上弹簧的等效弹性常数 $k = 10\text{N/m}$。

（a）根据活动极板从其静止位置移动不超过 1mm 的限制，计算可施加的最大电压幅度。

（b）如果施加由（a）中计算的电压，那么器件可产生的最大力是多少？

（c）如果施加的电压大于（a）中计算的电压，会发生什么情况？

**解** （a）式（5.9）中给出了活动极板与执行器之间的静电力：

$$F = \frac{\varepsilon_0 S V^2}{2d^2} \, [\text{N}]$$

其中 $\varepsilon_0$ 是空气的介电常数，$S$ 是活动极板的面积，$d$ 是活动极板与底面之间的距离。随着极板的移动，弹簧的回复力会阻碍该运动，并趋于将极板恢复到其原始位置。因此，力的方程可表达为

$$F(x) = \frac{\varepsilon_0 S V^2}{(d-x)^2} - kx \, [\text{N}]$$

其中 $x$ 是极板到其静止位置的距离。在 $x = 1\text{mm}$ 处，力的值为零。因此，最大电压为

$$V = \sqrt{\frac{2kx(d-x)^2}{\varepsilon_0 S}} \rightarrow$$

$$V(x=1\text{mm}) = \sqrt{\frac{2 \times 10 \times 10^{-3} \times (3 \times 10^{-3} - 10^{-3})^2}{8.854 \times 10^{-12} \times 10^{-3}}} = 3\,005.9 \, [\text{V}]$$

（b）如图 5.15a 所示，由于静电力与弹簧的回复力相抵消，因此在 $x = 0$ 处力的值最大，为 4.4mN。由图 5.15a 可知，力随 $x$ 的增加而减小，并在 $x = 1\text{mm}$ 处变为零。

（c）如果电压增加到 3 005.9V 以上，则 $x = 1\text{mm}$ 处的静电力将大于回复力，并且极板将继续向下移动。由于静电力的增加速度快于回复力，极板将继续向下移动，直至与执行器的主体发生碰撞，因此设计中采用了相应的措施以防止这种情况出现，而且需要注意，在 $x =$

1mm 处，静电力最小。当 $V=3\,200$ V 时，$0<x<2$mm。如图 5.15b 所示，最小力随电压的增加而增加，并且最小力出现在较小的位移 $x$ 处。

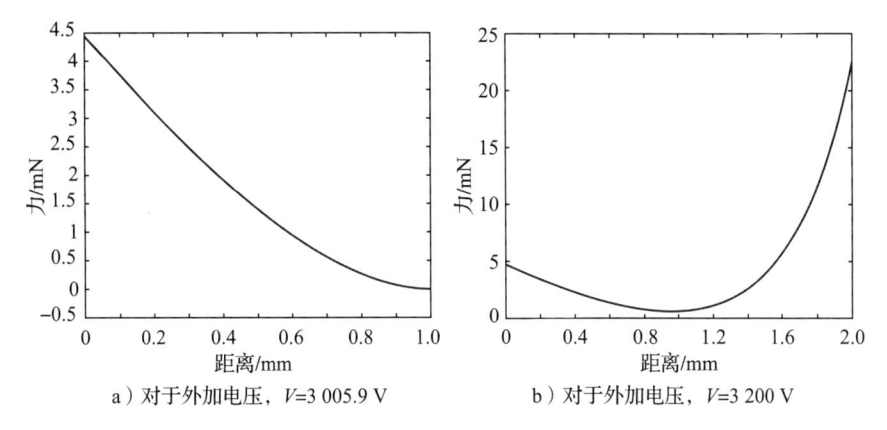

a）对于外加电压，$V=3\,005.9$ V

b）对于外加电压，$V=3\,200$ V

图 5.15　力作为图 5.14 中极板位移的函数

### 例 5.4：旋转式电容执行器

参考图 5.14b 中的旋转式电容执行器。该执行器由两个半径为 $a=5$cm 的半圆形极板制成，并用一片厚度为 $d=0.5$mm 且介电常数为 $\varepsilon=4\varepsilon_0$ 的塑料片隔开。假设极板之间的距离足够小，且忽略活动极板与塑料之间的摩擦，则根据平行板电容器的公式进行以下计算：

（a）根据外加电压的函数计算活动极板施加的力。
（b）根据外加电压的函数计算活动极板可提供的转矩。

**解**　（a）参考图 5.16，使用式（5.13）和式（5.14）就可以计算出库仑力：假设下极板旋转角度为 $\mathrm{d}\theta$，则体积的变化率是

$$\mathrm{d}v = \frac{(a\mathrm{d}\theta)ad}{2}\,[\mathrm{m}^3]$$

其中，$a\mathrm{d}\theta$ 表示弧长，点状表面的面积近似为三角形面积，则这种（微）移动引起的能量变化是

$$\mathrm{d}W = \varepsilon\frac{E^2}{2}\mathrm{d}v = \frac{\varepsilon V^2}{4d^2}a^2 d\mathrm{d}\theta = \frac{\varepsilon V^2 a^2}{4d}\mathrm{d}\theta\,[\mathrm{J}]$$

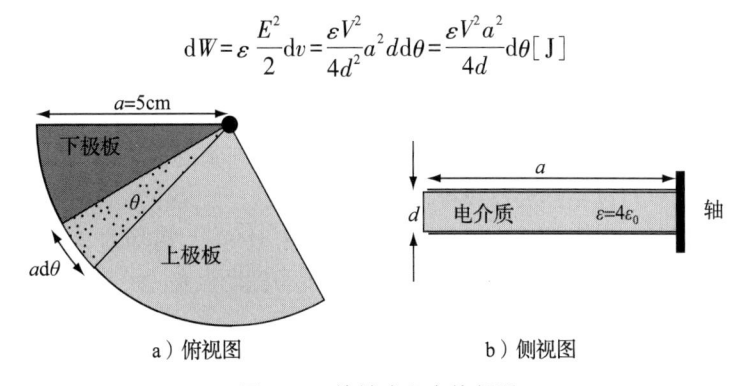

a）俯视图

b）侧视图

图 5.16　旋转式电容执行器

根据定义，力是能量的变化率：

$$F = \frac{dW}{d\theta} = \frac{\varepsilon V^2 a^2}{4d} [\text{N}]$$

可以看出，该力取决于施加的电压、极板之间的介电常数、距离以及极板的半径。代入本例的数值，计算可得：

$$F = \frac{4 \times 8.845 \times 10^{-12} \times (0.05)^2}{4 \times 0.0005} V^2 = 44.27 \times 10^{-12} V^2 [\text{N}]$$

（b）转矩是力与径向距离的乘积。因为力作用在重心上，所以我们必须计算其准确位置或近似位置。常见几何图形的重心位置可以在表中找到。四分之一圆盘的重心位于分割线上距轴的径向距离为 $4a\sqrt{2}/3\pi$ 处。因此，转矩为

$$T = Fl = \frac{\varepsilon V^2 a^2}{4d} \cdot \frac{4a\sqrt{2}}{3\pi} = \frac{\varepsilon V^2 a^3 \sqrt{2}}{3\pi d} [\text{N} \cdot \text{m}]$$

代入数值，可得到：

$$T = \frac{4 \times 8.845 \times 10^{-12} \times (0.05)^3 \sqrt{2}}{3 \times \pi \times 0.0005} V^2 = 1.33 \times 10^{-12} V^2 [\text{N} \cdot \text{m}]$$

正如预期的那样，力和转矩都非常小，但是它们会随着施加的电压而迅速增加。虽然这种执行器不常出现在常规应用中，但在 MEMS 器件中很实用，这将在第 10 章讨论。

## 5.4 磁场：传感器和执行器

磁传感器和执行器是受磁场（具体是由磁通密度 $B$）及其效应控制的传感器和执行器。磁通密度也称为磁感应强度，因此这种传感器也称为（磁）感应传感器。然而，因为感应还有其他含义，详细的分类将稍后进行讨论。正如研究传感器和执行器那样，我们将尽量依赖磁场的简单性质，而不深入探究理论的本质（因为这需要充分理解麦克斯韦方程）。因此，许多内容将通过电感、磁路和磁力定性地进行解释，而无须使用麦克斯韦方程，所以结果是近似值。

首先，我们可以借助永磁体来理解磁场。磁体间的力通过空间相互作用，而"磁场"存在于磁铁周围，通过它实现力的相互作用。这个力场实际上就是磁场（见图 5.17a）。电流流过线圈时也可以产生磁场（见图 5.17b）。由于图 5.17 中的两个场是相同的，因此它们的源必须相同，由此得出结论：所有磁场都是由电流产生的。对于永磁体来说，电流由自旋电子产生，是原子电流。磁铁可以相互吸引或排斥，可以吸引铁，但是不能吸引铜，这是因为不同的材料具有不同的磁性，而磁性取决于材料的磁导率 $\mu [\text{H/m}]$。磁场的"强度"通常由磁感应强度 $B[\text{T}]$ 或磁场强度 $H[\text{A/m}]$ 决定。磁感应强度与磁场强度的关系为

$$B = \mu_0 \mu_r H [\text{T}] \tag{5.15}$$

其中 $\mu_0 = 4\pi \times 10^{-7} \text{H/m}$ 是真空磁导率，$\mu_r$ 是介质的相对磁导率，表示为介质的磁导率与真空磁导率之比，因此它是与自然界中每种材料相关的无量纲量。表 5.3~表 5.6 列出了部分材料的

磁导率，并根据其相对磁导率进行了分类。如果 $\mu_r<1$，则称这些材料为抗磁性材料；如果 $\mu_r>1$，则称这些材料具有顺磁性。如果 $\mu_r\gg1$，则称这些材料具有铁磁性（类铁），铁磁性材料在磁场中具有重要作用。还有其他类型的磁性材料（铁氧体、磁性粉末、磁性流体、磁性玻璃等），我们将在后面进行讨论。软磁性材料是指磁化强度可逆的材料，即在施加外部磁场后它们不会变成永磁体，而硬磁性材料是指施加外部磁场后保持磁化的材料，因此常用于生产永磁体。

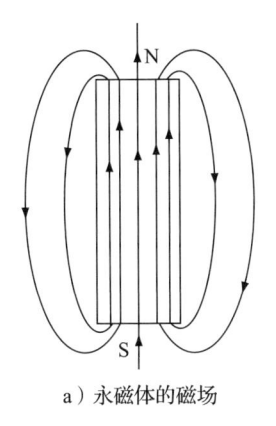

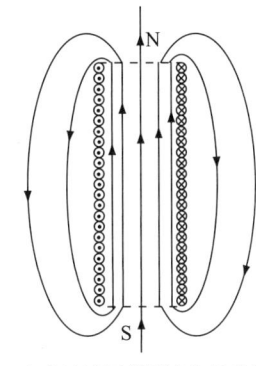

a）永磁体的磁场　　　　　　b）电流流过线圈产生的磁场

图 5.17　磁场

表 5.3　各种抗磁性和顺磁性材料的磁导率

| 抗磁性材料 | 相对磁导率 | 顺磁性材料 | 相对磁导率 |
| --- | --- | --- | --- |
| 银 | 0.999 974 | 空气 | 1.000 000 36 |
| 水 | 0.999 999 1 | 铝 | 1.000 021 |
| 铜 | 0.999 991 | 钯 | 1.000 8 |
| 汞 | 0.999 968 | 铂 | 1.000 29 |
| 铅 | 0.999 983 | 钨 | 1.000 068 |
| 金 | 0.999 998 | 镁 | 1.000 006 93 |
| 石墨（碳） | 0.999 956 | 锰 | 1.000 125 |
| 氢 | 0.999 999 998 | 氧 | 1.000 001 9 |

表 5.4　各种铁磁性材料的磁导率

| 材料 | 相对磁导率 | 材料 | 相对磁导率 |
| --- | --- | --- | --- |
| 钴 | 250 | 坡莫合金（镍 78.5%） | 100 000 |
| 镍 | 600 | $Fe_3O_4$（磁铁矿） | 100 |
| 铁 | 6 000 | 铁氧体 | 5 000 |
| 超坡莫合金（钼 5%，镍 79%） | $10^7$ | 高磁导率合金（镍 75%，铜 5%，铬 2%） | 100 000 |
| 钢（碳 0.9%） | 100 | 铁钴磁性合金 | 5 000 |
| 硅钢（硅 4%） | 7 000 | | |

表 5.5　各种软磁性材料的磁导率

| 材料 | 相对磁导率（最大值） | 材料 | 相对磁导率（最大值） |
| --- | --- | --- | --- |
| 铁（0.2%不纯） | 9 000 | 超级坡莫合金（钼5%，镍79%） | $10^7$ |
| 纯铁（0.05%不纯） | $2\times10^5$ | 铁钴磁性合金 | 5 000 |
| 硅钢（硅3%） | 55 000 | 镍 | 600 |
| 坡莫合金 | $10^6$ | | |

表 5.6　各种硬磁性材料的磁导率

| 材料 | 相对磁导率 | 材料 | 相对磁导率 |
| --- | --- | --- | --- |
| 铝镍钴合金 | 3~5 | 钐钴合金 | 1.05 |
| 铁氧（素）体（钡-铁） | 1.1 | 钕铁硼合金 | 1.05 |

磁性材料，特别是铁磁性材料，除了上面讨论的特性之外，还具有两个相关且重要的特性：一是磁滞，二是磁化曲线的非线性。磁滞现象如图 5.18 所示，磁感应强度曲线随着磁化强度的变化而变化，且磁化强度的增加和减少会产生不同的磁感应强度曲线。磁化曲线围绕的面积与损耗有关。从感测的角度来看，曲线越窄，反磁化就越容易。这表明这些材料适合作为在交流电环境下工作的器件（例如电动机或变压器等）的磁芯。宽的磁化曲线意味着磁化不容易逆转，这类材料通常用在永磁体中。

a）磁滞（磁化）曲线

b）铁磁性材料的磁导率曲线

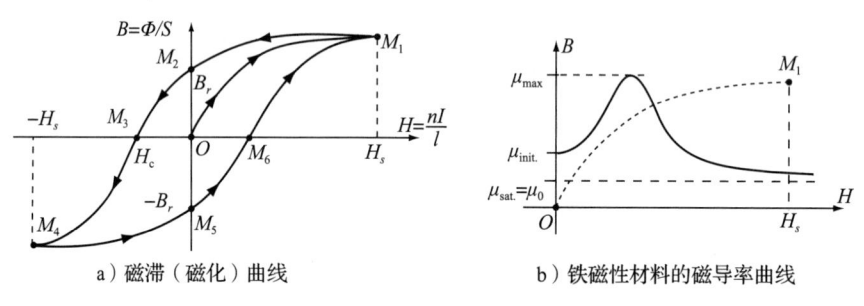

图 5.18　磁滞曲线和磁导率曲线（铁磁性材料）

磁导率是磁化曲线的斜率，如图 5.18b 所示，因为曲线的斜率随点的变化而变化，所以磁导率是非线性的。

电流和磁感应强度之间具有重要的关系。假设有一条无限长的直线，流过它的电流为 $I$，并置于磁导率为 $\mu=\mu_0\mu_r$ 的介质中，则磁感应强度的大小为

$$B=\mu_0\mu_r\frac{I}{2\pi r}[\text{T}] \tag{5.16}$$

其中 $r$ 是从导线到计算出磁场的位置之间的距离，磁场的方向如图 5.19a 所示。如果我们放置一个坐标系（在这种情况下是圆柱形的），电流沿着 $z$ 轴，那么这个场可以描述为一个矢量：

$$B=\hat{\phi}\mu_0\mu_r\frac{I}{2\pi r}[\text{T}] \tag{5.17}$$

其中，磁场垂直于电流这一现象是我们观察的要点，电流方向与磁场之间的关系如图 5.19b 所示（右手定则）。

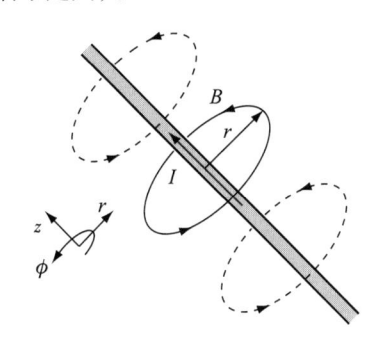

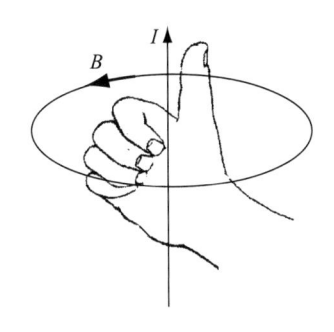

a）长直载流导体的磁场　　　　b）电流方向与磁场的关系（右手定则）

图 5.19　电流与磁场

现实中，导线可能不是很长，或者会缠绕成线圈，但基本关系仍然成立：电流和磁导率越大，或电流与磁场之间的距离越短，磁感应强度就越大。式（5.16）仅适用于长而细的导线。在其他配置中，磁感应强度可能会大不相同。如图 5.20a 所示，在每单位长度有 $n$ 匝的长螺线管中，磁感应强度是恒定的，表示为

$$B = \hat{z} \mu_0 \mu_r n I \, [\text{T}] \tag{5.18}$$

螺线管外部的磁感应强度为零。如图 5.20b 所示，平均半径为 $r_0$，横截面积为 $S$，均匀缠绕在圆环上的 $N$ 匝环形线圈中的磁感应强度为

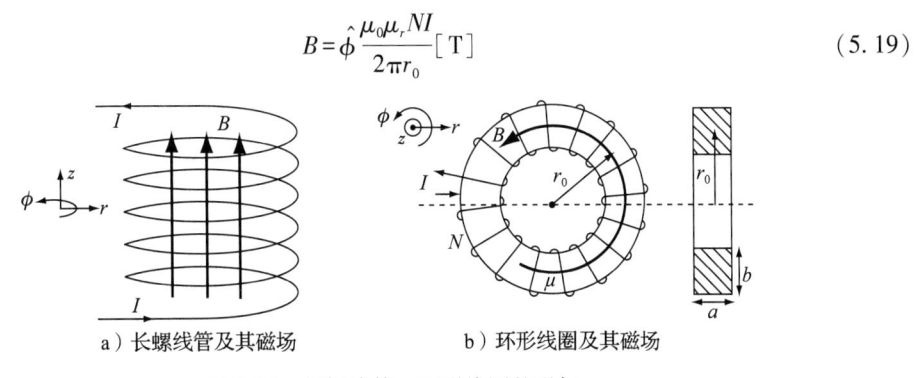

$$B = \hat{\phi} \frac{\mu_0 \mu_r N I}{2 \pi r_0} [\text{T}] \tag{5.19}$$

a）长螺线管及其磁场　　　　b）环形线圈及其磁场

图 5.20　长螺线管、环形线圈的磁场

环形线圈外的磁感应强度为零。在其他情况下，磁感应强度则更复杂，并且无法对其进行分析计算。

如果我们在一个区域上对磁感应强度进行积分，可以获得该区域上的磁通量：

$$\Phi = \int_S B \cdot dS \, [\text{Wb}] \tag{5.20}$$

当然，如果 $B$ 在区域 $S$ 上是恒定的，且相对于表面呈 $\theta$ 角，那么磁通量的标量积为 $\phi = BS\cos\theta$，

如式（5.20）中的标量积所示。

电荷在磁场 $B$ 中以速度 $v$ 移动时会受到一个力，这个力称为洛伦兹力，即

$$F = qv \times B [\text{N}] \qquad (5.21)$$

其中力垂直于 $v$ 和 $B$ 的方向。洛伦兹力的大小可以写为

$$F = qvB\sin\theta_{vB} [\text{N}] \qquad (5.22)$$

其中 $\theta_{vB}$ 是电荷 $q$ 的运动方向与磁场 $B$ 的方向之间的角度（见图 5.21a）。在大多数传感应用中，电荷不是在空间中移动（个别情况除外），而是在导体中移动。此时，力由导体中的电流决定，而不是由电荷决定。起始关系如式（5.21）所示，每单位体积包含 $n$ 个电荷的体积内的电流密度为

$$J = nqv [\text{A/m}^2] \qquad (5.23)$$

也就是说，式（5.21）中的力可以写成每单位体积的力：

$$f = J \times B [\text{N/m}^3] \qquad (5.24)$$

或者，可以在电流密度流动的体积上对上式进行积分，以计算出作用在电流上的总力：

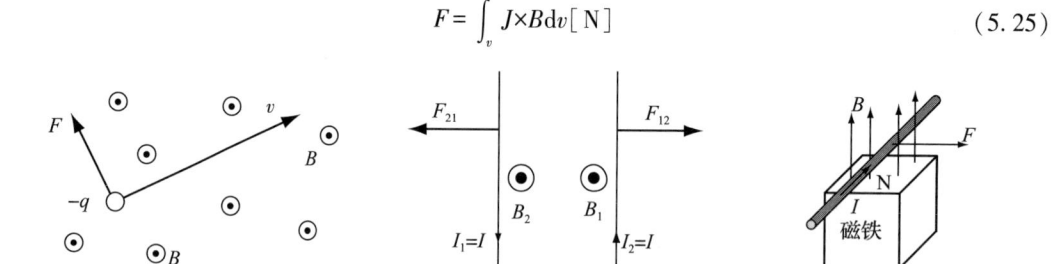

$$F = \int_v J \times B \mathrm{d}v [\text{N}] \qquad (5.25)$$

a）移动电荷的力和磁场之间的关系　　b）反向流动的电流对彼此施加的力　　c）磁铁对载流导线施加的力

图 5.21　磁场和电场中的力

如前所述，力密度的大小可以写为 $f = JB\sin\theta$，其中 $\theta$ 是磁感应强度和电流密度之间的夹角。

图 5.21b 显示了电流方向相反的两根导线之间的相互作用力，力的方向相反，并且有将导线分开的趋势。力的大小可以由式（5.17）和式（5.25）进行估算。如果两根导线的电流方向相同或磁场方向相反，则导线就会相互吸引。对于长度为 $L$、承载电流为 $I [\text{A}]$ 的长导线，在磁感应强度为 $B[\text{T}]$ 的环境中，库仑力可以表示为

$$F = BIL [\text{N}] \qquad (5.26)$$

其他情况相对复杂，但是库仑力都与 $B$、$I$ 和 $L$ 成正比。如图 5.21c 所示，单根载流导线将被永磁体吸引或排斥。利用这个原理可以制成磁执行器，并且与电场执行器不同，因为 $B$、$I$ 和 $L$ 可以控制并且可以很大，所以磁执行器的力相比于电场执行器要大得多。虽然这部分内容非常简单，但是足以帮助我们定性地理解磁性器件，并向我们解释传感器和执行器的工作原理与方式。

## 5.4.1 电感传感器

电感是磁性器件的一种特性,就像电容是电子器件的一种特性一样。电感定义为磁通量与电流之比:

$$L=\frac{\Phi}{I}\left[\frac{\text{Wb}}{\text{A}}\right] \quad \text{或} \quad [\text{H}] \tag{5.27}$$

电感的单位为亨利(H)。由式(5.17)和式(5.20)可知,因为 $\Phi$ 与电流线性相关,所以电感与电流无关。所有磁性器件都具有电感,在电磁体中,磁通量是由通过导体的电流产生的,因此电感最常与电磁体相关联,且导体通常为线圈形式。我们将电感定义为两种形式:

1) 自感:电路(导体或线圈)本身产生的磁通量与产生它的电流之比。也就是说,式(5.20)中的磁通量是通过器件本身产生的磁通量,通常表示为 $L_{ii}$。

2) 互感:电路 $i$ 在电路 $j$ 中产生的磁通量与电路 $i$ 中产生该磁通量的电流之比,通常表示为 $M_{ij}$。

图 5.22a 所示为自感,图 5.22b 所示为互感。因此我们可以知道,任何两个电路(导体、导体线圈)之间都存在互感。只要两个电流中的任何一个有磁场(通量)耦合,这两个电路之间就存在互感。该耦合可以是大的(紧密耦合的电路),也可以是小的(松散耦合的电路)。

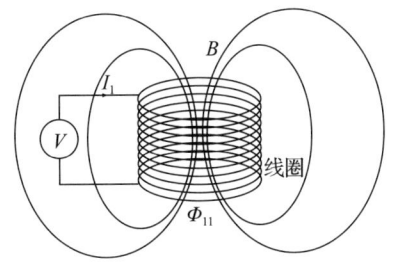

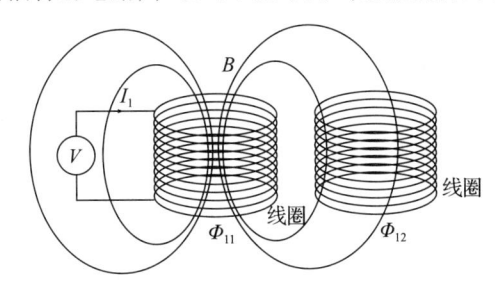

a) 自感    b) 自感和互感。互感是由连接两个线圈的磁通引起的

图 5.22 电感的概念

因为电感取决于导线的形状及其他细节,所以电感的测量相对容易,但是计算并不容易。然而,对于具有特殊形状的线圈,它们的电感通常有精确的或近似的计算公式。例如,半径为 $r$、每米 $n$ 匝的长圆形线圈,自感可以近似表示为

$$L=\mu n^2 \pi r^2 [\text{H/m}] \tag{5.28}$$

环形线圈的自感可以相对容易地计算出来,短线圈和直导线电感的其他近似公式也是可用的。

我们还应当注意,电感上的电压和流经电感的电流之间的关系严格来说是交流关系,电感器上的电压与通过电感的电流之间的关系为

$$V=L\frac{dI(t)}{dt}[\text{V}] \tag{5.29}$$

其中,$I(t)$ 是电感器中的电流,$L$ 是其总电感。因为该电压的极性与提供电流的电源的极性相反,所以称为反电动势。

如果将一个 N 匝的线圈放置在另一个线圈产生的磁场中，则感应电压（通常称为感应电动势或电动势）为

$$\text{emf} = -N\frac{d\Phi}{dt}\ [\text{V}] \tag{5.30}$$

公式中的负号表示产生磁通的电流与线圈中感应的电压之间的相位差。如图 5.22b 所示，由线圈 1 产生的磁场在线圈 2 中产生的感应电压为 $-N_2 d\Phi_{12}/dt$，其中 $N_2$ 是右侧线圈的匝数，$\Phi_{12}$ 是左侧线圈在右侧线圈中产生的磁通量。显然，式（5.30）是通用的，在该公式中，磁通量估算得越准确，感应电动势就计算得越准确。在某些情况下，这相对容易，但在另一些情况下则不然。

变压器的原理也与自感和互感的概念有关。在包含两个或多个线圈的变压器中，施加到一个电路（或线圈）上的交流电压会在耦合到驱动线圈上的其他电路中产生电压，如图 5.23 所示。当左边的线圈接通交流电时，$N_1$ 和 $N_2$ 匝的线圈都会产生磁通，通过耦合在右侧线圈的两侧产生电压。线圈 1 产生的所有磁通量都通过铁磁性材料（例如铁）制成的磁路与线圈 2 耦合。耦合电路的电压和电流关系如下：

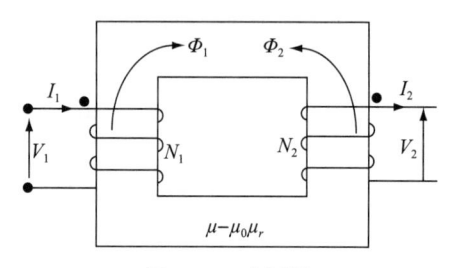

图 5.23 变压器

$$V_2 = \frac{N_2}{N_1}V_1 = \frac{1}{a}V_1, \quad I_2 = \frac{N_1}{N_2}I_1 = aI_1 \tag{5.31}$$

其中 $a = N_1/N_2$ 是变压比。当一个线圈产生的磁通量不全通过另一个线圈时，变压比必须乘以一个耦合系数，表示两个线圈的耦合程度。例如，当铁芯由磁导率低的材料制成、铁芯未闭合或没有铁芯时，两个线圈之间存在耦合系数，这种类型的变压器称为松散耦合的变压器。

电感式传感器、执行器大多根据自感、互感或变压器的原理制作。但我们应当注意，这些传感器是有源元件，需要连接到电源才能产生输出。接通电源时，线圈产生了上述磁场，可以说传感器对该磁场的变化做出了响应。输出有时基于磁感应强度给出，灵敏度和误差有时也是如此，但更多时候是根据传感器产生的输出电压给出。类似的考虑也适用于执行器。

感应传感器最常见的感应类型是位置（接近度）、位移和材料成分。接下来将利用电感和磁路的原理对其进行介绍，其他一些间接使用电感和磁感的传感器将在本章和后面的章节中介绍。

**1. 电感式接近传感器**

如图 5.24a 所示，电感式接近传感器至少包含一个线圈（感应器），当电流通过时，线圈（感应器）会产生相应磁场。线圈的电感取决于线圈的尺寸、匝数和周围的材料。线圈的电流和直径决定了线圈中磁场的大小，从而确定了传感器输出的范围和量程。如图 5.24b 所示，当传感器靠近被测表面时，如果被测表面为铁磁性材料，那么线圈中的电感就会增加；如果被测表面是非铁磁性的，则线圈的电感不会改变或变化很小。但在之后的介绍中我们会看到，如果非铁磁性材料具有导电性且磁场是交变的，那么线圈的电感也会随着传感器的接近而增加。传感器一般使用"电感计"和校准曲线（传递函数）来设计。电感计一般由交流电流源

和电压表或交流电桥组成。通过测量电感器两端的电压，可以估算阻抗，并且由于公式 $Z=R+j\omega L$（$R$ 是欧姆电阻，$\omega=2\pi f$ 是角频率），因此可以使用电感 $L$ 来测量线圈的位置或被测表面的接近程度。这里我们假设 $R$ 是常数，但即使它不是常数，空气中的阻抗（没有被感测到）也是已知的（或者可以被测量到），这可以用于校准。

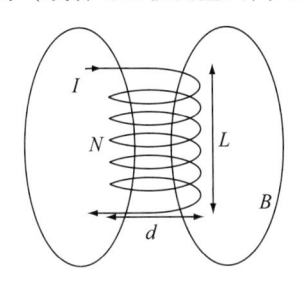

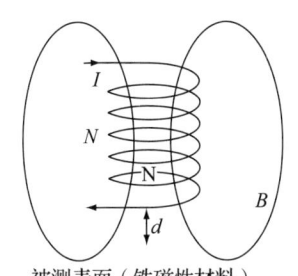

a）空气中的线圈（无感应表面）　　b）线圈产生的磁场与被测表面相互作用，改变其电感

图 5.24　基本的电感式接近传感器

图 5.24 所示设备的优点是简单，但它是一个高度非线性的传感器，在实际应用中需要做一些性能上的改善。首先，添加由铁氧体材料[粉末状磁性材料，例如，粘结物质中的氧化铁（$Fe_2O_3$）或其他铁磁氧化物，并烧结成所需的形状]制成的磁芯以增加传感器的电感。铁氧体具有高电阻材料（低电导率）的优点。此外，如图 5.25a 和图 5.25b 所示，可以在传感器周围放置一个屏蔽罩，以防止传感器侧面或背面的物体影响。这样可以将磁场投射到传感器的前面，从而增加磁场（电感）和传感器的量程。图 5.25b 中的传感器有两个线圈：一个用作参考，另一个用作传感。参考线圈的电感保持恒定，并且两者保持平衡。当感测到物体表面时，传感线圈的电感会增加，参考线圈和传感线圈之间的不平衡可作为距离的量度（差分传感器）。如图 5.25c 所示，其他传感器可能采用闭合磁路，该电路将磁场集中在间隙中，并且因为磁场被限制在构成磁芯的铁磁性材料中，所以传感器通常不需要屏蔽。通常，场和传感器响应只能借助一些数字工具才能进行精确计算，但在许多情况下，也可以很容易地通过实验的方法来确定。

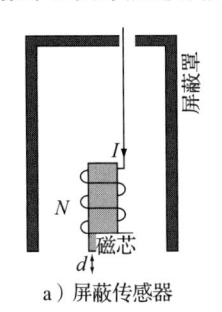

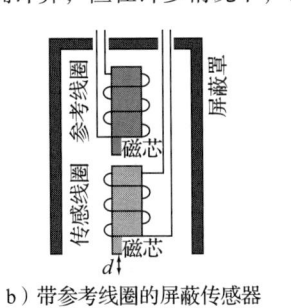

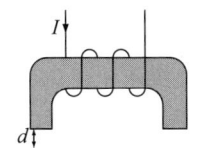

a）屏蔽传感器　　b）带参考线圈的屏蔽传感器　　c）采用闭合磁路将磁场集中在小间隙的传感器

图 5.25　实际的接近传感器

在某些情况下，特别是在变压器和闭合磁路中，对于图 5.25c 所示的传感器，可以根据磁路的概念使用近似方法来计算电感、磁通量或感应电路电压等参数。在这种方法中，磁通量

被视为"电流",术语 $NI$(即线圈匝数和电流的乘积)被视为"电压",电阻被视为"磁阻"。基本概念如图 5.26 所示。长度为 $l_m[\text{m}]$、磁导率为 $\mu[\text{H/m}]$ 和截面积为 $S[\text{m}^2]$ 的磁路部件的磁阻为

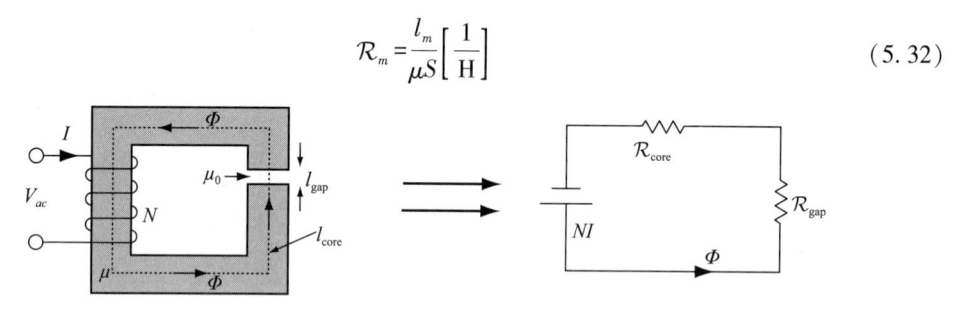

$$\mathcal{R}_m = \frac{l_m}{\mu S} \left[\frac{1}{\text{H}}\right] \tag{5.32}$$

图 5.26 磁路的概念及其具有修正量的等效电路

通过这些初步准备,可以得到电路中的磁通为

$$\Phi = \frac{\sum NI}{\sum \mathcal{R}_m} [\text{Wb}] \tag{5.33}$$

在图 5.26 所示的情况下,有两种磁阻,一种是由磁芯中的路径($l_{\text{core}}$)产生的磁阻,另一种是由间隙中的路径($l_{\text{gap}}$)产生的磁阻。

线圈中的感应电压、力和磁场等其他量都可以从这些关系中计算出来。

然而,等效电路可以用来模仿线圈中的磁感应效应,但磁通量必须在闭合电路中"流动",就像电流必须在闭合电路中流动一样。当磁芯的磁导率很高时,可以用等效电路进行近似表示。当磁导率较低时,例如在间隙中,间隙的长度必须很短,以防止磁通量"扩散"出去并使电路的假设失去它的作用。不过等效电路法对于近似计算还是有用的。磁路可以用直流或交流电源进行等效。

**例 5.5:涂层厚度传感器**

如图 5.25c 所示,涂层厚度传感器内置一个霍尔元件(霍尔元件是一种磁场传感器,即一个可以量化磁感应强度的传感器,将在 5.4.2 节中讨论),并将其嵌入其中一个表面,如图 5.27a 所示。传感器的核心是由硅钢制成的(因为硅钢具有高磁导率和低电导率,所以通常用于电磁设备)。线圈的匝数 $N=600$,并提供 $I=0.1\text{A}$ 的直流电流。传感器磁芯的横截面积 $S=1\text{cm}^2$,平均磁路长度 $l_c=5\text{cm}$,磁芯硅钢的相对磁导率为 5 000,钢的相对磁导率为 1 000。该传感器可以可靠地用于测试钢、铸铁、镍及其合金等铁磁性材料上的涂层厚度,还可以感应钢上镀锌或铜等镀层的厚度。此处要求为 $0.01 \sim 0.5\text{mm}$ 的涂层厚度建立传感器的传递函数和灵敏度。被测量是涂层厚度,但实际上测量的量是由场传感器测量的磁感应强度。

**解** 首先,计算磁芯、间隙的磁阻,估算出钢的磁阻。然后计算磁通量,最后计算出磁感应强度与间隙厚度的关系。磁芯、间隙的磁阻是

$$\mathcal{R}_c = \frac{l_c}{\mu_c S} = \frac{5 \times 10^{-2}}{5\,000 \times 4\pi \times 10^{-7} \times 10^{-4}} = 7.957 \times 10^4 \left[\frac{1}{\text{H}}\right]$$

同时

$$\mathcal{R}_g = \frac{l_g}{\mu_0 S} = \frac{l_g}{4\pi \times 10^{-7} \times 10^{-4}} = 7.957 \times 10^9 l_g \left[\frac{1}{H}\right]$$

注意，由于空气的低磁导率，间隙的磁阻比铁芯的磁阻要高得多。

钢的长度可以测量出来，其横截面积则假定等于磁芯的横截面积。实际上，该未知量将成为传感器校准的一部分。基于这个假设，我们可以得到钢的磁阻为

$$\mathcal{R}_s = \frac{l_s}{\mu_s S} = \frac{0.03}{1\,000 \times 4\pi \times 10^{-7} \times 10^{-4}} = 2.387 \times 10^5 \left[\frac{1}{H}\right]$$

现在，我们可以计算磁芯、间隙和基底中的磁通量：

$$\Phi = \frac{NI}{\mathcal{R}_c + 2\mathcal{R}_g + \mathcal{R}_s} = \frac{600 \times 0.1}{7.957 \times 10^4 + 2 \times 7.957 \times 10^9 l_g + 2.387 \times 10^5}$$

$$= \frac{60}{3.183 \times 10^5 + 2 \times 7.957 \times 10^9 l_g} [\text{Wb}]$$

注意，由于间隙的磁阻比钢或磁芯的磁阻至少大四个数量级，因此可以忽略钢和磁芯的磁阻，获得上面的近似通量。磁感应强度是磁通量除以横截面积：

$$B = \frac{\Phi}{S} = \frac{1}{1 \times 10^{-4}} \left(\frac{60}{3.183 \times 10^5 + 2 \times 7.957 \times 10^9 l_g}\right)$$

$$= \frac{6}{3.183 + 1.592 \times 10^5 l_g} [\text{T}]$$

我们可以忽略分母中的第一项，因为它很小，但这对于非常小的 $l_g$ 值是不正确的。我们现在可以通过输入 0.01~0.5mm 的间隙值来建立传递函数。传递函数如图 5.27b 所示。函数曲线是高度非线性的，但是，磁感应强度和涂层厚度之间的关系却是可用的。通常将结果取反，计算出 1/B 的值并将其与涂层厚度相对应。如图 5.27b 所示，结果是一条线性曲线，这样更容易读取输出。输出单元可以直接根涂层厚度进行校准。

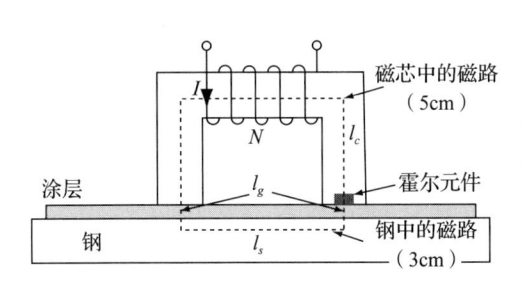

a) 几何形状和尺寸

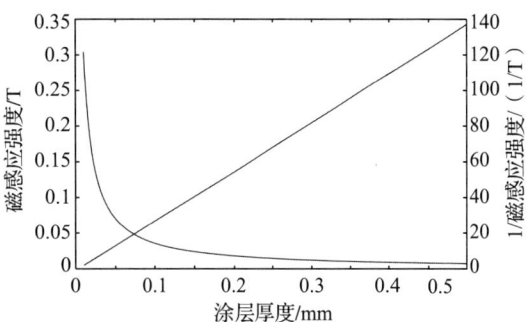

b) 测量的磁感应强度（B）作为涂层厚度的函数，磁感应强度的倒数（1/B）作为涂层厚度的函数

图 5.27 涂层厚度传感器

**2. 涡流接近传感器**

由直流电流驱动的电感式接近传感器仅对导电或不导电的铁磁性材料敏感，对非铁磁性导电介质不敏感。另一种由交流电驱动的电感式接近传感器对导电材料敏感，无论是铁磁的还是非铁磁的。这种类型的传感器被称为涡流传感器。涡流这个名称来自交流磁场的基本特性，它可以在导电介质（无论是否是铁磁性的）中感应出电流，如图 5.28 所示。

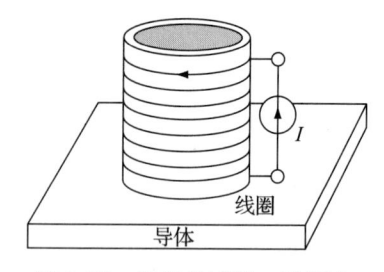

图 5.28 涡流传感器。线圈中的交流电在导电板中产生涡流

这里有两个相关的现象在起作用。首先，导体中产生的电流称为涡流，因为它们在闭环中流动，导致产生的电场与产生该电流的原始电场相反（楞次定律），从而减小了通过传感器线圈的净通量。其次，在被感测的导体中流动的电流会消耗功率。感应线圈被迫提供了比额定功率更多的功率，因此，在给定恒定电流的情况下，其有效阻抗会增加。从绝对值或从被测电压（给定电流）的幅度和相位的变化，可以很容易地感测到从 $Z=R+j\omega L$ 到 $Z'=R'+j\omega L'$ 的阻抗变化。渗透到导电介质中的交流磁场从表面向内呈指数衰减，且涡流和其他相关量也是如此：

$$B=B_0 e^{-d/\delta}[\text{T}] \quad 或 \quad J=J_0 e^{-d/\delta}[\text{A/m}^2] \tag{5.34}$$

其中 $B_0$ 是表面的磁感应强度，$J_0$ 是表面的涡流密度，$d$ 是介质中的深度，$\delta$ 是趋肤深度。趋肤深度定义为电场（或电流密度）在表面衰减至其值的 $1/e$ 的深度，平面导体的趋肤深度可以表示为

$$\delta=\frac{1}{\sqrt{\pi f \mu \sigma}}[\text{m}] \tag{5.35}$$

其中，$f$ 是磁场的频率，$\mu$ 是磁导率，$\sigma$ 是材料的电导率。显然，磁导率取决于频率、电导率和磁导率。由此可知，与趋肤深度相比，被感应的导体必须足够厚。或者，可能需要在更高频率下操作以减小趋肤深度。

图 5.29 显示了许多用于工业控制的电感式接近传感器。电容式或电感式接近传感器可用于感应距离。但当被测距离较大时，它们的传递函数过于非线性且其量程太小，无法实现准确的测量。因此，接近传感器经常被用作开关，以便在达到某个预设距离时提供清晰的指示。

与电容式传感器一样，电感式传感器可以根据阻抗的变化产生电输出，如电压，但电感器通常是振荡器的一部分，输出为频率，LC 振荡器是最常见的，它的频率可以表示为 $f=1/2\pi\sqrt{LC}$。

图 5.29 电感式接近传感器

图 5.30a 显示了两个用于材料无损检测的涡流传感器。顶部的传感器是一个绝对的 EC 传感器（或探头），它包含单个线圈，用于测量导电材料因存在小缺陷而引起的阻抗变化（绝对值）。底部传感器包含两个相隔距离很短的小线圈，用作差分传感器（见例 5.6）。顶部传感器的工作频率为 100kHz，其线圈嵌入电介质中。底部传感器的工作频率为 400kHz，其线圈嵌

入了铁氧体。图 5.30b 显示了用于探测管内缺陷的两个差分涡流探头。顶部传感器的直径为 19mm，运行频率为 100kHz，用于检测核反应堆蒸汽发生器中不锈钢管的缺陷。底部的线圈用于检测空调管道（8mm）中的裂纹和瑕疵，工作频率为 200kHz。输出是两个线圈的输出之差。

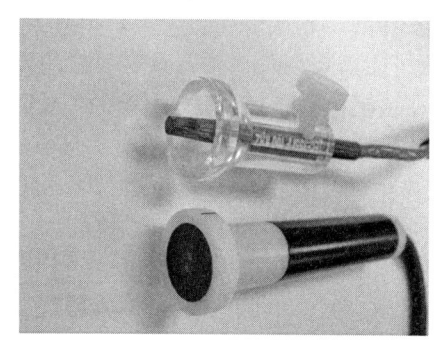

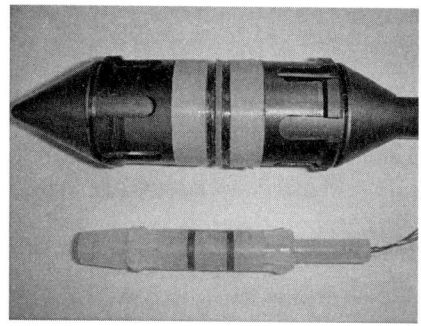

a）用于材料无损检测的涡流传感器　　b）检测油管缺陷的涡流传感器（差分）

图 5.30　不同的涡流传感器

**例 5.6：涡流探伤检测**

位置传感的思想可用于材料的无损检测，以帮助检测导电介质中的裂纹、孔洞和内部的异常。如图 5.31a 所示，其中一根厚铝导体上有一个深度为 2.4mm 的孔，表示一个缺陷。将两个直径分别为 1mm 且相距 3mm 的小线圈紧贴铝表面放置，并以较小的增量向右滑动（图 5.30a 中的底部探针用于这些测量）。测量每个线圈的电感，根据两个电感之间的差别来判断是否存在缺陷。因为是用差分的思想测量，所以在噪声较多的环境下特别有用。

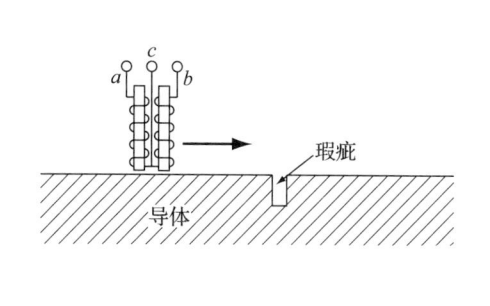

a）探针和几何结构　　b）以线圈前后电感之差表示的输出

图 5.31　差分探头，涡流无损检测

图 5.31b 显示了电感与探头中心位置的关系图，该探头距孔中心约 18mm，并从孔中心移出 18mm。由于两个探头相同，因此在相同条件下，它们的电感相同，输出均为零。当传感器离孔较远，或者当探针位于孔的中心时，输出为零。在其他任何地方，一个线圈将比另一个线圈具有更高或更低的电感，因此输出可变。由于缺陷附近的电感较低，在前线圈和后线圈之间取差，因此曲线呈现首先下降（负差），然后上升为正差的形式。

在实际测试中，一般向线圈提供恒定的交流电流，并且测量两个线圈之间的电势。电位很复杂，但是会以与电感相同的方式变化。

**3. 位置和位移传感：可变电感传感器**

位置和位移通常被理解为测量从一个点到另一个点的精确距离或一个点相对于另一个点的行程。这要求所涉及的传感器测量精确，并且可能需要相关传感器具有线性的传递函数。方法之一是使用可变电感传感器，有时也称为可变磁阻传感器。磁阻是电阻的等效磁性术语，其定义如下［另见式（5.32）］：

$$\mathcal{R} = \frac{l}{\mu S} \left[ \frac{1}{H} \right] \tag{5.36}$$

磁阻随着磁路长度的增加而增加，并且与横截面积和磁导率成反比。磁阻则通过磁导率与电感相关，减小磁阻会增加电感，反之，增加磁阻会减小电感。通常，可以通过在磁路中添加一个间隙并更改该间隙的有效长度来改变线圈的磁阻。

改变线圈电感的最简单方法之一是为其提供一个可移动的磁芯，如图5.32所示。在该传感器中，可移动磁芯移得越远，磁路的磁阻就越小，电感也越大。如果磁芯由铁磁性材料制成，则电感会增加，而非铁磁性导电材料会降低电感（参见涡流接近传感器的说明）。这种类型的传感器称为**线性可变电感传感器**。这里的线性是指运动是线性的，而传递函数不一定是线性的。通过感测电感，可以测量磁芯的位置。也可用于测量压力或其他可能产生线性位移的东西。

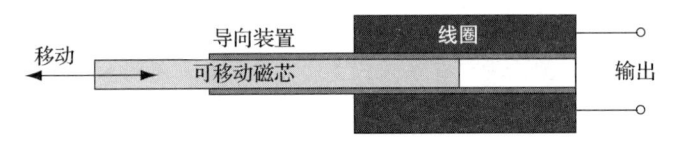

图5.32 具有可移动磁芯的电感式传感器

基于变压器思想的位移传感器具有更好的性能。如图5.33所示，变压器位移传感器基于以下两个相关原理之一：改变变压器两个线圈之间的距离（线圈之间的耦合发生变化），或者通过在固定两个线圈的同时移动磁芯来改变两个线圈之间的耦合系数。第二种变压器的变体是**线性可变差动变压器**（LVDT），将在稍后进行讨论。要了解这些原理，首先考虑图5.33a。假设在初级线圈两端连接了恒定的交流电压 $V_{ref}$，次级线圈中的感应电压为输出电压：

$$V_{out} = k \frac{N_2}{N_1} V_{ref} \, [\, V \,] \tag{5.37}$$

其中，$k$ 是一个耦合系数，它取决于线圈之间的距离以及线圈与附近可能存在的任何其他材料（例如屏蔽层、外壳等）中的介质。给定校准曲线，可以直接测量的输出电压是线圈之间距离的量度。如图5.33b所示，同样的关系成立，除了现在移动磁芯改变了线圈之间的耦合，从而改变了次级线圈上的输出电压。

## 第 5 章 电磁传感器和执行器

a）改变线圈之间的距离

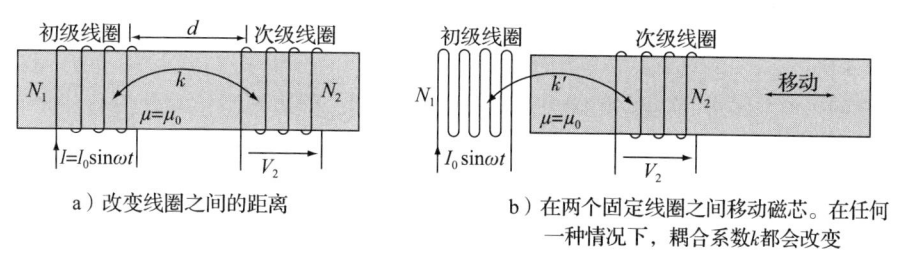

b）在两个固定线圈之间移动磁芯。在任何一种情况下，耦合系数k都会改变

图 5.33 LVDT 的原理

我们可以通过串联图 5.33a 中的两个线圈并测量线圈的电感来制成另一种类型的位置传感器。后者的电感为 $L_{11}+L_{22}+2L_{12}$，其中 $L_{12}$ 是它们之间的互感，值为 $L_{12}=k\sqrt{L_{11}L_{22}}$。耦合系数 $k$ 取决于两个线圈之间的距离，通过测量总电感，可以测量一个线圈相对于另一个线圈的位置。这种设备称为**线圈位移传感器**。

实际的 LVDT 传感器如图 5.34 所示。这类似于可变电感传感器，但是现在在输出电路中有两个线圈，它们的电压相减。如图 5.34a 所示，当磁芯关于线圈对称时，传感器的输出为零。如图 5.34b 所示，如果磁芯向左移动，则线圈 2 上的电压降低，而线圈 1 上的电压保持不变，因为只有参考（初级）线圈和线圈 2 之间的耦合发生了变化。总电压现在增加了，并且其相位为正。当磁芯向右移动时，情况则相反，但相位此时为负。该相位变化用于检测运动方向，而输出电压是磁芯从零输出位置移动距离的度量。这些设备在相对较小的运动范围内，输出是线性的且非常灵敏。参考线圈由稳定的正弦波源以恒定频率驱动，磁芯是铁磁性的。整个传感器被屏蔽，没有磁场延伸到传感器外部，因此输出不会受到外部磁场的影响。通过滑动磁芯，可以进行精确测量，这种运动常用于工业控制和机床应用中位移的精确测量。

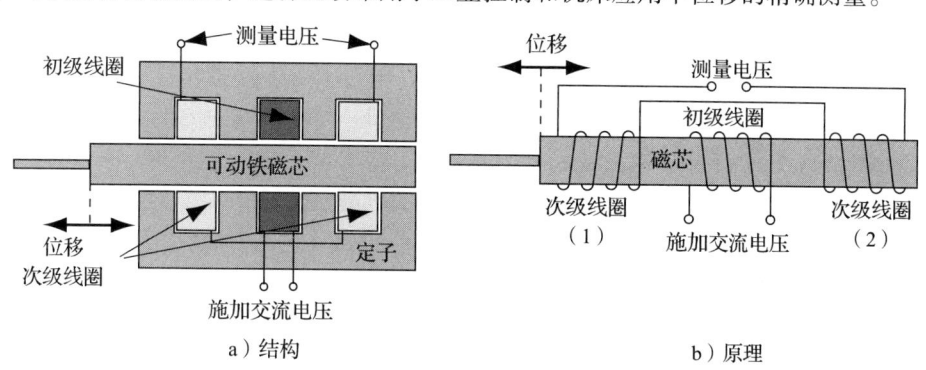

a）结构

b）原理

图 5.34 动芯 LVDT

LVDT 传感器非常坚固耐用，且具有各种尺寸，可以满足多种需求，例如有些场景下需要传感器的尺寸不大于 10mm。在大多数实际应用中，输出通常是通过测量电压得出的，且电压输出不需要放大，零交叉相位检测器（比较器）则可以检测相位，检测器的相关介绍详见第 11 章。电源的频率相对于磁芯的运动频率必须足够高（通常高 10 倍），以避免 LVDT 响应慢

导致输出电压出现误差。LVDT 的供能可以来自交流电源或直流电源（通过内部振荡器提供正弦电压）。典型的工作电压高达 25V，而输出通常低于 5V。分辨率可以很高，线性范围约为线圈组件长度的 10%~20%。尽管 LVDT 的功能是位置检测，但也可以检测任何与位置有关的其他量。例如可以使用 LVDT 来检测液位、压力、加速度等。

LVDT 的一种变体是基于角位移和旋转位置感测的**旋转可变差动变压器**（RVDT）。它的操作与 LVDT 设备相同，但是旋转运动对其结构施加了某些限制。在图 5.35 中的 RVDT 包括一个铁磁芯，该铁磁芯根据角度位置与次级线圈耦合。移动磁芯被塑造为可在传感器的有效范围内获得线性输出的某种形状，量程最大为 ±40°，量程之外，输出变为非线性并且不再可用。

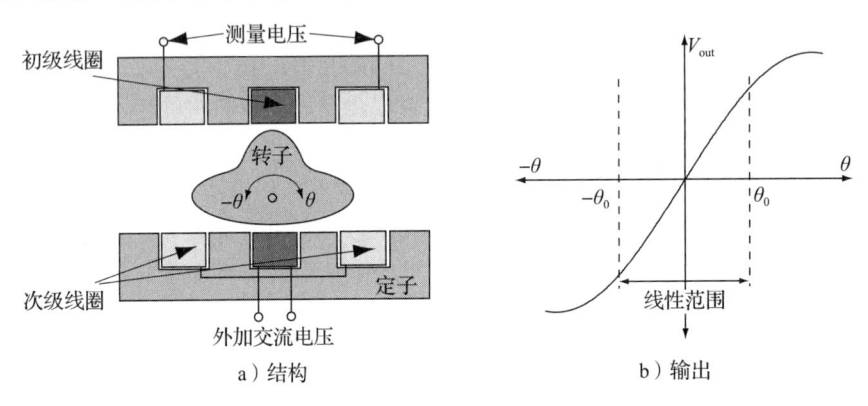

图 5.35 RVDT 示意图

## 5.4.2 霍尔效应传感器

霍尔效应是由 Edward H. Hall 在 1879 年发现的。霍尔效应存在于所有导电材料中，但在半导体中尤为明显且有用。要理解其原理，我们可以先考虑一个导电介质块，由外部电提供的电子流过它，如图 5.36 所示。导体上磁感应强度为 $B$，与电流方向的夹角 $\theta = 90°$，电子流的速度为 $v$。根据式（5.22），在流动的电子上施加了既垂直于电流又垂直于电场的力。由于力与电场强度有关，$F = qE$，因此我们可以把导体中的电场强度写成

$$E_H = \frac{F}{q} = vB\sin\theta \, [\text{V/m}] \tag{5.38}$$

$H$ 表示这是霍尔电场，并且垂直于电流方向。为了用流过元件的电流来改写公式，我们注意到电流密度可以写为 $J = nqv \, [\text{A/m}^2]$，其中 $nq$ 是电荷密度（$n$ 是每立方米的电子数，$q$ 是电子的电荷），$v$ 是电子的平均速度。因此，霍尔电场强度为

$$E_H = \frac{nqvB\sin\theta}{nq} = \frac{JB\sin\theta}{nq} \left[\frac{\text{V}}{\text{m}}\right] \tag{5.39}$$

电流密度是电流 $I$ 除以垂直于电流的横截面积或 $J = I/Ld$：

$$E_H = \frac{IB\sin\theta}{nqLd} \left[\frac{\text{V}}{\text{m}}\right] \tag{5.40}$$

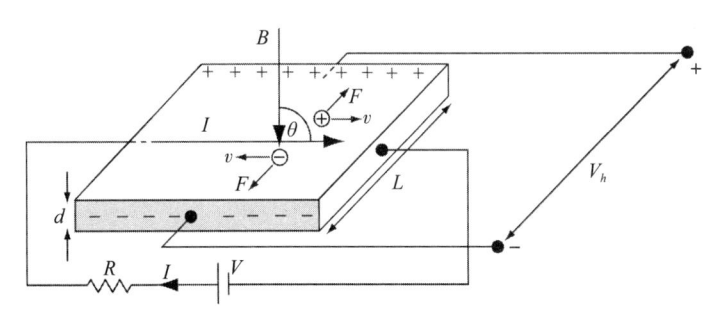

图 5.36　霍尔元件。当电流水平地流过时，远处和近处表面的两个相对电极测量霍尔电压。垂直于元件的磁感应强度的分量（此处显示为 B）是感测到的量

该力将电子拉向导体的前表面，因此在背面（正）和正面（负）之间会产生电压。电势差是电场强度 E 沿着长度 L 的路径的积分。因为霍尔元件通常很小，所以我们可以假设 E 沿 L 是恒定的：

$$V_H = EL = \frac{IB\sin\theta}{qnd}[\text{V}] \tag{5.41}$$

这个电压就是**霍尔电压**。特别是在测量中，角度 $\theta$ 通常为 90°，则霍尔电压可表示为

$$V_H = \frac{IB}{qnd}[\text{V}] \tag{5.42}$$

其中 d 是霍尔板的厚度，n 是载流子密度［电荷/m³］，q 是电子的电荷［C］。

我们应该注意，如果电流或磁场改变方向，则霍尔电压的极性将翻转。因此，霍尔效应传感器是极性相关的，如果传感器设置正确，这种特性可以很好地用于测量场的方向或运动方向。

**霍尔系数**（$K_H$）与材料有关，单位为 $1/qn$［m³/C］（或［m³/(A·s)］）：

$$K_H = \frac{1}{qn}\left[\frac{\text{m}^3}{\text{A}\cdot\text{s}}\right] \tag{5.43}$$

严格来说，因为 q 是电子的电荷，所以导体中的霍尔系数 $K_H$ 为负。**霍尔电压**通常表示为

$$V_{out} = K_H \frac{IB}{d}[\text{V}] \tag{5.44}$$

以上关系适用于所有导体。在半导体中，霍尔系数取决于空穴和电子的迁移率以及浓度，如下所示：

$$K_H = \frac{p\mu_h^2 - n\mu_e^2}{q(p\mu_h + n\mu_e)^2}\left[\frac{\text{m}^3}{\text{A}\cdot\text{s}}\right] \tag{5.45}$$

其中 p 和 n 分别是空穴和电子密度，$\mu_h$ 和 $\mu_e$ 分别是空穴和电子迁移率，q 是电子的电荷。由此计算的系数很大，以至于所有实用的霍尔传感器都基于半导体。实际上，式（5.44）和式（5.45）可以用于测量材料的性质，例如基于霍尔电压的电荷密度和迁移率。从式（5.45）中还应注意，

空穴和电子密度会影响霍尔系数。使用 N 型掺杂剂进行掺杂会产生负系数，而大量的 P 型掺杂剂会使系数为正。存在系数为零的某个掺杂水平，该掺杂水平可以直接从式（5.45）计算得出。

霍尔系数也可以与介质的电导率有关。因为电导率与电荷的迁移率有关，所以对于导体中的电导率有

$$\sigma = nq\mu_e \, [\text{S/m}] \tag{5.46}$$

在半导体中，电导率取决于电子和空穴的迁移率：

$$\sigma = qn\mu_e + qp\mu_h \, [\text{S/m}] \tag{5.47}$$

因此，导体中的霍尔系数可以写成

$$K_H = \frac{\mu_e}{\sigma} \left[\frac{\text{m}^3}{\text{A} \cdot \text{s}}\right] \tag{5.48}$$

在半导体中，可以写成

$$K_H = \frac{q(p\mu_h^2 - n\mu_e^2)}{\sigma^2} \left[\frac{\text{m}^3}{\text{A} \cdot \text{s}}\right] \tag{5.49}$$

原则上，电导率越低，霍尔系数越高。但是，这仅在一定条件下是正确的。随着电导率的降低，器件的电阻增加，器件中的电流减小，从而降低了霍尔电压［见式（5.44）］。

这里还应该指出，在掺杂半导体中，通过质量作用定律，电子和空穴浓度的乘积与本征浓度有关：

$$np = n_i^2 \tag{5.50}$$

本征材料是其中 $n_i = n = p$ 的材料。

这些关系清楚地表明，霍尔效应可以用来测量电导率，且任何影响介质电导率的量也可以影响霍尔电压。例如，由于光导效应，半导体的导电率发生变化，暴露于光下的半导体霍尔元件会有读取错误的情况出现（请参见第 4.4.2 节）。

霍尔系数因材料而异，在半导体中区别特别大。例如，硅的霍尔系数约为 $-0.02 \text{m}^3/\text{A} \cdot \text{s}$，但它取决于掺杂剂和温度以及其他参数。该传感器对于给定的电流和尺寸，其霍尔系数相对于磁场是线性的。但霍尔系数还与温度有关，如果需要精确感测，还必须考虑温度这个影响因素，并对其进行补偿。由于大多数材料中的霍尔电压都非常小（约为 50mV/T），且大多数感应场小于 1T，因此必须对霍尔电压进行放大。例如，地球的磁场只有大约 50μT，所以一个霍尔传感器在地球磁场中的输出约为 2.5μV。不过电压量容易测量，且霍尔传感器简单、线性、价格便宜并且可以集成在半导体器件中，因此是最常用的磁场传感器。霍尔传感器有各种形式、大小、灵敏度和阵列形式。测量中涉及的误差主要是由温度变化引起的，但是如果霍尔板的尺寸很大，也会由于其积分效应而引入平均误差。有些影响可以通过适当的电路或补偿传感器来进行补偿。典型的传感器是由 P 型或 N 型掺杂的半导体制成的矩形薄片，砷化铟（InAs）和锑化铟（InSb）是最常用的材料，因为它们的载流子密度很大，因此霍尔系数很大，但是也可以使用灵敏度降低的硅。传感器通常由两个横向电阻来标识：受控电流流经的受控电阻，霍尔电压产生的输出电阻。

在实际应用中，电流通常保持恒定，所以输出电压与磁场成正比。该传感器可用于测量通量

第 5 章 电磁传感器和执行器 185

密度（前提是可以结合适当的补偿），也可简单地用作检测器或操作开关。操作开关在旋转感测中非常常见，其本身可用于测量轴位置、旋转频率［rpm］、差速位置、转矩等。图 5.37a 显示了一个感测轴旋转的传感器。每次小磁铁经过时，霍尔元件中都会感应出电动势，该电动势指示轴的旋转。除此之外，该设备还可以测量很多其他量，例如角位移。霍尔元件是许多电动机和驱动器以及许多其他应用的组成部分，在这些应用中，通过这些传感器来检测和控制旋转。

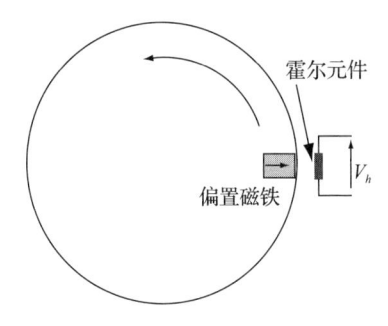

a) 感测轴的旋转。小磁铁（箭头表示磁场方向），每次经过霍尔元件时都会产生一个电压脉冲 $V_h$

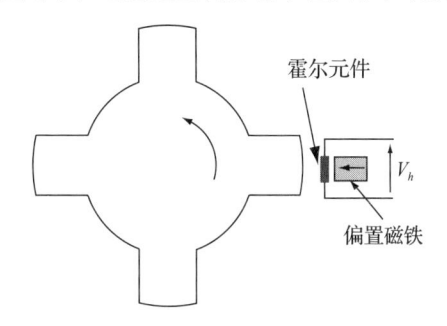

b) 霍尔元件感测四缸发动机中的旋转磁极的位置，以在正确的时间按顺序启动适当的气缸

图 5.37 感测轴的旋转及用于位置感测的传感器

霍尔元件是成对制造的，彼此隔开一小段距离，用于检测磁场中的梯度而不是磁场本身。这在位置和存在感测中特别有用，在位置和存在感测中，霍尔元件用来感知铁磁介质的边缘，例如变速器或电子点火系统中的齿轮。一些传感器带有自己的偏置磁铁来产生磁场，在车载电子设备中还可能具有模拟或数字输出。这些设备利用铁磁材料感测磁场的变化。如图 5.37b 所示，这种用于位置感测的传感器在电子点火系统（图中显示为四缸应用）中很常见，每当一个金属电极经过时，霍尔元件就会产生一个脉冲，磁极的材料必须是铁磁性的（铁）。霍尔元件还可以用于其他设备中，利用线性和角度，是最简单的位置感测方法之一。

如图 5.38 所示，霍尔元件可以用于直接感测功率，功率是电流和电压的乘积。测量方法如下：电压连接到线圈上，该线圈在霍尔元件两端产生磁场。改变传感器中的控制电流，根据霍尔电压与功率成正比，如果校准得当，则可以直接测量功率。

霍尔元件传感器通常被认为是直流器件。然而，它们可以用于感应相对较低频率的交变磁场。霍尔元件的规格表给出了

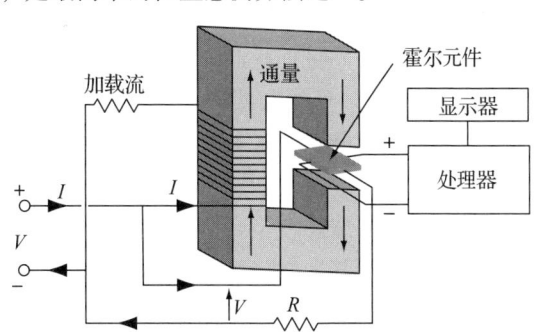

图 5.38 单个霍尔元件直接感测功率

它们的响应和最大可用频率。图 5.39 显示了三个霍尔元件/传感器。

最后，应该再次强调的是，霍尔传感器直接测量的唯一量是磁感应强度，但是可以通过巧妙地将传感器与机械和电气装置结合使用来使它们感测整个范围的量，其中图 5.37 和

图 5.38 中的例子很具有代表性。

**图 5.39** 各种霍尔元件。左侧为双霍尔元件，带有偏置磁铁和数字输出。中间为模拟霍尔传感器。右侧为霍尔元件芯片，安装在一个小玻璃纤维片上。芯片的大小是 1mm×1mm

**例 5.7：使用霍尔元件测量磁感应强度和磁通量**

霍尔元件的主要功能是感应磁场，但它也可以感应与磁场有关的任何量。图 5.40 使用霍尔系数为 $-10^2 \mathrm{m^3/A \cdot s}$ 的硅元件，霍尔元件的尺寸为 $a = 2\mathrm{mm}$，$b = 2\mathrm{mm}$，其厚度为 $c = 0.1\mathrm{mm}$。计算霍尔元件的响应：

（a）对于在电动机中常见的 0~2T 的磁感应强度，如果使用分辨率为 2mV 的数字电压表测量霍尔电压，那么可测量的最小场是多少？

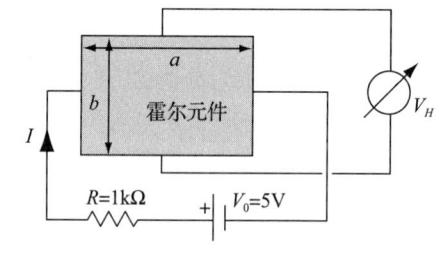

**图 5.40** 偏置霍尔元件。磁感应强度垂直于霍尔元件板

（b）对于 0~10μWb，霍尔元件的输出电压是多少？

**解** 如式（5.44）所示，直接测量磁感应强度。虽然磁通量不能直接被测量，但是由于 $\Phi = BS$，因此我们可以先测量出磁感应强度 $B$，然后再计算出磁通。所以：

（a）磁感应强度与霍尔电压之间的关系为

$$V_\mathrm{out} = K_H \frac{I_H B}{d} = 0.01 \times \frac{5 \times 10^{-3}}{0.1 \times 10^{-3}} B = 0.5B\,[\mathrm{V}]$$

对于从 0T 到 2T 变化的磁感应强度，线性传递函数从 0V 变化到 1V。器件的灵敏度为 0.5V/T。1mV 对应 1/500 = 0.002T，因此，2mV 电压表可测量 4mT 的最小通量密度。但 4mT = 4 000μT，比 60μT 的地面磁感应强度高得多，并不是特别敏感，但是该传感器对于更高的磁场很有用。

（b）为了测量通量，我们记得通量是通量密度在整个面积上的积分。由于传感器的面积 $S = 4 \times 10^{-6}\mathrm{m^2}$，很小，我们可以假设通量密度在整个区域内恒定，因此只需将通量密度乘以面积即可：

$$\Phi = BS\,[\text{Wb}]$$

但是因为我们已经感测到了通量密度，那么感测到的霍尔电压应为

$$V_{\text{out}} = K_H \frac{I_H B}{d} = K_H \frac{I_H BS}{Sd} = K_H \frac{I_H \Phi}{Sd}$$

$$= 0.01 \times \frac{5 \times 10^{-3}}{0.1 \times 10^{-3} \times 4 \times 10^{-6}} \Phi = 1.25 \times 10^5 \Phi\,[\text{V}]$$

灵敏度为 $1.25 \times 10^5$ V/Wb。对于 $0 \sim 10\mu$Wb 的范围，输出电压将在 $0 \sim 1.25$V 之间变化。使用同一电压表的最小可测量通量为 $0.016 \times 10^{-6}\mu$Wb 或 $0.016\mu$Wb。

**例 5.8：发动机的转速**

为了对速度进行调节，我们需要感测发动机的转速。为此，如图 5.41a 所示，将霍尔元件用作传感器。轴上增加了两个对称的凸起（需要两个凸起来保持质量平衡）。当轴与元件的凸起部分对齐时，轴与元件的间距为 1mm；当轴与元件的凸起部分不对齐时，轴与元件的间距为 2mm。使用图 5.41b 中的电路偏置霍尔元件，计算其最小和最大读数时，电路的霍尔系数为 $0.01$m$^3$/A·s，厚度为 0.1mm。假定轴和铁环的介电常数非常高，霍尔元件的磁导率与空气相同，为 $\mu_0$，线圈匝数为 200 匝，电流为 0.1A。

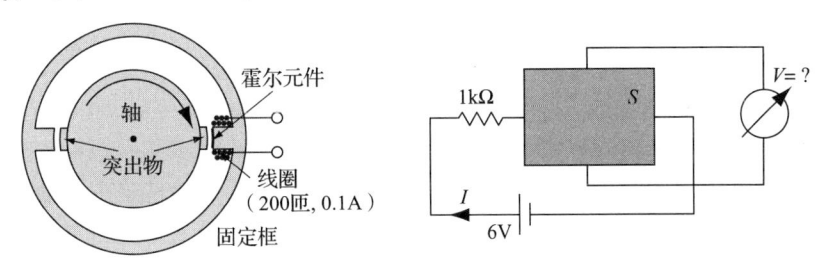

a）包括磁化线圈和霍尔元件的几何形状　　　b）霍尔元件的电气连接

图 5.41　一种发动机转速传感器

**解**　因为铁环的磁导率很大，所以我们可以忽略它的磁阻，这意味着间隙中的磁通仅取决于两个间隙的长度，且通过两个间隙时磁通必须闭合。由式（5.36）开始，每个间隙的磁阻为

$$\mathcal{R}_g = \frac{l_g}{\mu_0 S}\left[\frac{1}{\text{H}}\right]$$

其中 $S$ 是间隙的横截面积。先计算出磁通量，然后除以面积 $S$ 即可得出磁感应强度。间隙中的通量为

$$\Phi_g = \frac{NI}{2\mathcal{R}_g} = \frac{NI\mu_0 S}{2l_g}\,[\text{T}\cdot\text{m}^2]$$

通量密度为

$$B_g = \frac{\Phi_g}{S} = \frac{NI\mu_0}{2l_g}\,[\text{T}]$$

由式（5.44）可得：

$$V_{out} = K_H \frac{I_H B}{d} = K_H \frac{I_H N I \mu_0}{2l_g} [\text{V}]$$

其中，$I_H$ 是霍尔元件中的偏置电流（此处为 6mA），$I$ 是线圈中的电流（0.1A）。对于 1mm 的间隙（有两个相同的间隙，每侧一个），输出电压的最大值为

$$V_{max} = 0.01 \times \frac{6 \times 10^{-3}}{0.1 \times 10^{-3}} \times \frac{200 \times 0.1 \times 4\pi \times 10^{-7}}{2 \times 1 \times 10^{-3}} = 0.0075 \text{V}$$

对于 2mm 的间隙，输出电压的最小值为

$$V_{min} = 0.01 \times \frac{6 \times 10^{-3}}{0.1 \times 10^{-3}} \times \frac{200 \times 0.1 \times 4\pi \times 10^{-7}}{2 \times 2 \times 10^{-3}} = 0.00375 \text{V}$$

输出电压的范围为 3.75~7.5mV，当输出电压为 3.75mV 时，霍尔元件不在间隙中，当输出电压为 7.5mV 时，霍尔元件在间隙中。输出信号是一个近似的正弦信号，该信号以两倍于轴旋转速率的频率从 7.5mV 的峰值变化到 3.75mV 的谷值。例如，以 4 000rpm 旋转的发动机轴产生的频率为 (4 000/60)×2 = 133.33Hz。该频率经过测量（可能在放大信号和数字化之后）和适当校准后得出了频率的实际值。

## 5.5 磁流体力学传感器和执行器

除了上面讨论的内容以外，式（5.21）和式（5.25）中的力关系还可以通过多种方式用于感测和驱动。磁力作用于电荷，因此也作用于电流，根据霍尔效应，大多数磁驱动都是基于这个原理。磁力能在运动的介质（如等离子体，带电的气体，液体和固体导体）中产生力，因为它常应用于移动带电的气体、液体和熔融金属上，所以这种现象也称为磁流体力学（MHD），但原理与电动机和发电机基本相同。图 5.42a 是 MHD 发生器（即传感器），图 5.42b 是 MHD 泵或执行器。两者都包含一个含有导电介质的通道，且介质必须包含能进行磁场作用的电荷。电荷可以是导体或带电等离子体中的自由电荷。

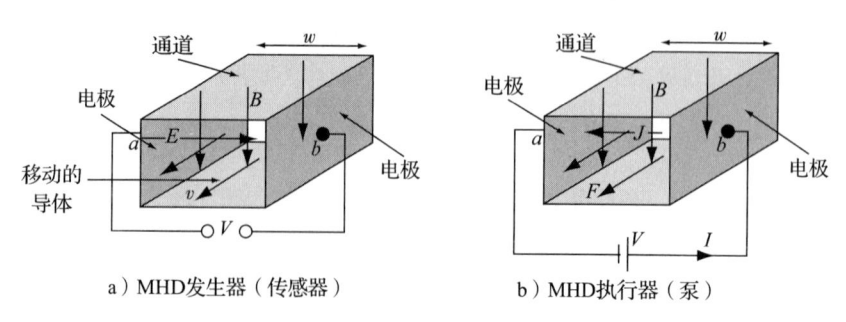

a）MHD 发生器（传感器）　　b）MHD 执行器（泵）

图 5.42　MHD 发生器和执行器

### 5.5.1 磁流体力学发生器或传感器

如图 5.42a 所示，通道中的介质以速度 $v$ 移动。磁场基于式（5.21）作用于移动电荷：

第 5 章　电磁传感器和执行器　189

$$F = qv \times B = qE \, [\text{N}] \tag{5.51}$$

其中电荷上受到的力可以用产生该力的电场强度来表示。这意味着移动的带电介质会产生电场强度，方向如图 5.42 中水平箭头所示。

因此，在两个电极之间产生的电势差为

$$V_{ba} = -\int_a^b E \cdot dl = -\int_a^b (v \times B) \cdot dl = vBw \, [\text{V}] \tag{5.52}$$

这是 MHD 产生和感测的基本原理：通过测量电极两端产生的 MHD 电压可以感测带电介质的速度。然而，为了发展潜力，必须有可以分离的电荷，或者在宏观层面上，介质的电导率必须不为零。

### 5.5.2　磁流体力学泵或执行器

如图 5.42b 所示，可以通过使电流垂直于磁场流过通道来使生成过程颠倒过来。通道中的电流密度在导电介质上产生一个力，该力使得泵送的物质流出通道。由式（5.25）可计算力的大小：

$$F = \int_v J \times B dv \, [\text{N}] \tag{5.53}$$

该力可用于泵送任何导电液体（例如熔融金属或海水）、导电气体（等离子体）或固体导体。

MHD 系统非常简单，并且不需要移动元件。在适当的条件下，它可以产生巨大的力（因此也能产生加速度）。另外，除了用于泵送熔融金属，MHD 还可以用于低效的发电和驱动，它已被应用于传感器和执行器的许多领域中。执行器被应用于军事和太空领域，例如泵送器、粒子加速器和可使固体物体在轨道炮中加速的加速器，这是为军事和空间应用而提供的装置。

MHD 流量传感器如图 5.43 所示。两个线圈，一个在顶部，另一个在底部，它们能在上下两个表面之间产生磁感应强度（这也可由两个永磁体完成）。

水等流体必须具有自由离子（主要是 $Na^+$ 和 $Cl^-$）才能使系统正常工作。幸运的是，包括水在内的大多数流体都具有足够的溶解盐来为 MHD 传感提供离子。输出与流体速度和施加的磁感应强度成正比。假设通量密度在整个通道宽度上保持恒定，测量的电压与流体速度成比例：

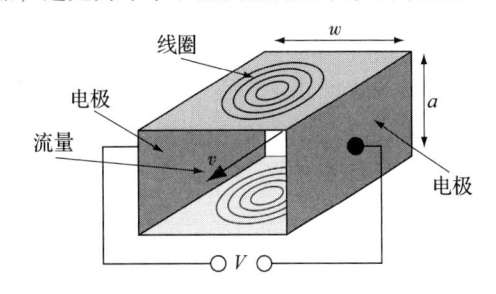

图 5.43　一种 MHD 流量传感器

$$V = Bwv \, [\text{V}] \tag{5.54}$$

传感器还可以检测流量（体积/秒，例如）：

$$Q = wav = \frac{aV}{B} \left[ \frac{\text{m}^3}{\text{s}} \right] \tag{5.55}$$

这种方法可以用于检测船相对于水的速度，尤其是在海水中，因为海水具有大量的自由离子。此外，图 5.42b 中的基本驱动方法还可以应用于许多方面。图 5.44 显示了用于熔融金属

（铝、镁、钠等）的泵。如图所示，熔融金属在配备有两个侧电极的导管中流动。熔融导体上的力由式（5.53）给出，磁感应强度 $B_0$ 由线圈中的电流 $I_0$ 产生。积分体积是泵体积的一部分，其中由单独的源产生的电流 $I$ 和磁感应强度相互作用，或近似为 $abd$。因此，假设该部分的电流均匀，并且电源产生电流 $I$，则电流密度约为 $I/bd$，而线圈和电枢产生的磁感应强度为 $B_0$，那么力可以估算为

$$F = B_0 \frac{I}{bd} abd = B_0 Ia \, [\text{N}] \tag{5.56}$$

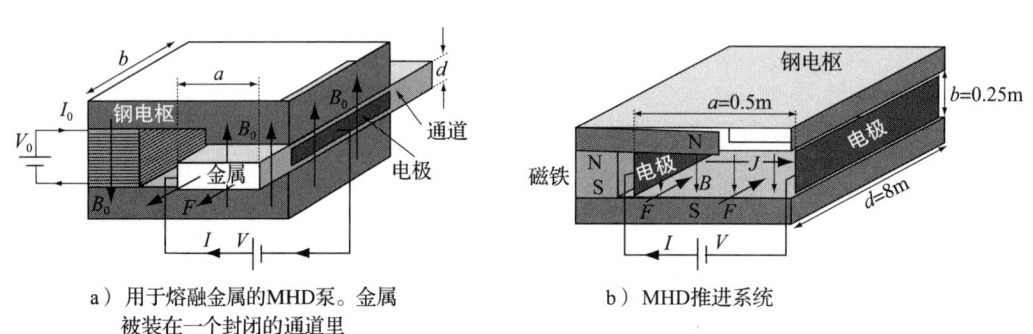

a）用于熔融金属的MHD泵。金属被装在一个封闭的通道里

b）MHD推进系统

图 5.44 熔融金属泵

因为在所示的体积内磁感应强度和电流密度不一定是恒定的，所以该力只是一个近似值，但是这个值是一个很好的近似值，特别是在高导电介质中，如熔融金属。因为熔融金属没有机械相互作用，所以泵相对于其他方法具有明显的优势。但设备（尤其是线圈）必须适当冷却，且它的功耗很大。

式（5.56）中的力与先前在式（5.26）中发现的在磁场 $B_0$ 中作用在长度为 $a$，电流为 $I$ 的载流导线上的力相同。这意味着作用在电动机上的力相同，但是 MHD 这个名称有助于区分看起来非常不同的应用。

**例5.9：海水中的电磁推进**

基于 MHD 泵的原理，人们提出了一种在海水中推进船舶的简单方法。图 5.44b 为其执行器尺寸。磁场用永磁体产生磁感应强度恒为 0.8T。海水的电导率为 4S/m。

（a）根据所示尺寸，计算在海水中对船只产生 10t 推力（$10^5$N）所需的功率。

（b）作为比较，假设使用同一装置泵送熔融钠（在 98℃）以冷却核反应堆。产生相同的力所需的功率是多少？熔融钠的导电性为 $2.4 \times 10^7$ S/m。

**解** （a）由式（5.56）可知力的计算公式：

$$F = B_0 Ia \, [\text{N}]$$

由于 $B_0$ 已知，因此我们需要计算出所需的电流大小。当 $F$ 等于 $10^5$N（或 10t）时，可以得到电流：

$$I = \frac{F}{Ba} = \frac{100\,000}{0.8 \times 0.5} = 250\,000 \text{A}$$

为了计算出功率的大小，我们需要计算通道的电阻，可得：

$$R = \frac{a}{\sigma bd} = \frac{0.5}{4 \times 0.25 \times 8} = 0.062\,5\,\Omega$$

所需的功率为 3.9GW。

显然，这不是一个实用的装置。产生 10t 推力的 3.9GW 的电源不是一个可行的系统。要满足以上条件，电压源必须提供 15.625kV 的直流电，即使忽略了电源需求，产生这么多直流电也不是一件容易的事。然而，如（b）部分所示，该方法在正确的条件下是有效的。

（b）这里改变的是通道的电阻：

$$R = \frac{a}{\sigma bd} = \frac{0.5}{2.4 \times 10^7 \times 0.25 \times 8} = 1.042 \times 10^{-8}\,\Omega$$

因此，所需的功率为

$$P = I^2 R = \frac{a}{\sigma bc} = (250\,000)^2 \times 1.042 \times 10^{-8} = 621.25\,\text{W}$$

电源的额定电压只有 26mV。尽管这里的例子有些特殊，但是低压、高电流电源相比于高压、高电流电源更容易构建。然而，人们也可以使用变压器将交流电压降低到所需水平，然后对其进行整流来满足要求。或者也可以使用特殊的（单极）发电机来产生这种低压大电流电源。

## 5.6 磁阻效应和磁阻传感器

磁阻是磁场对导体或半导体电阻的影响。存在磁场时，介质的电阻通过两种机制发生变化。第一种机制正如上面结合霍尔效应所讨论的那样，电子被磁场吸引或排斥。第二种机制存在于某些材料中，在这些材料中，由于存在电流，内部磁化的方向随着外部磁场的施加而改变，这表现在介质电阻的变化上。

如图 5.36 所示，因为使用了相同的基本结构，所以基于第一种机制的磁阻和霍尔元件非常相似，但不具有霍尔电压电极。如图 5.45a 所示，这种效应存在于所有材料中，但在半导体中尤为明显。如图 5.45b 所示，电子像霍尔元件一样会受到磁场的影响，它们受到磁力的作用，将呈弧形流动。磁感应强度越大，电子受到的力也就越大，流动的弧度也随之变大。这种现象有效地迫使电子走了更长的路径，同时也意味着对电子流动的阻力增加了，尤其当板的有效长度较大时更为明显。因此，可以建立起磁场和电流之间的关系，对于大多数器件而言，这种关系和 $B^2$ 成正比，并且取决于所用材料（通常是半导体材料）的载流子迁移率。但确切的关系相当复杂，取决于器件的几何形状。在此简单地假设以下情况成立：

$$\frac{\Delta R}{R_0} = kB^2 \tag{5.57}$$

其中 $k$ 可被视为校准函数。图 5.45c 所示为一种对磁阻特别有用的配置，称为科尔比诺圆盘，圆盘的中央有一个电极，周边有第二个电极。通过这样布置电极，电子从一个电极流向另一个电极时采用长螺旋路径，可以提高设备的灵敏度。

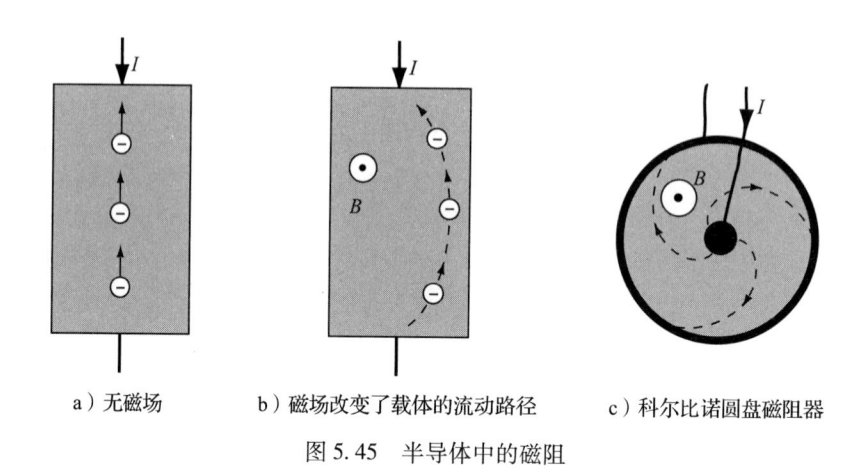

a）无磁场　　　　b）磁场改变了载体的流动路径　　　c）科尔比诺圆盘磁阻器

图 5.45　半导体中的磁阻

磁阻的使用方式类似于霍尔元件，但是因为不需要建立控制电流，因此它的使用更为简单，只需要测量电阻。该装置是一种双终端器件，由与霍尔元件相同类型的材料制成，使用的材料大多是砷化铟和锑化铟。磁阻器通常用于不能使用霍尔元件的场景。这个器件的一个重要应用是用在磁阻读取头中，可以感应与记录数据相对应的磁场。

第二种类型的磁阻传感器甚至比上面讨论的基本元件更加灵敏，当电流流过时，可以改变磁场中的电阻。这些具有高度各向异性的金属，由于磁场的存在而改变了磁化方向。这种效应称为**各向异性磁阻**（AMR），由 William Thomson（开尔文勋爵）于 1857 年发现。

在商业磁阻传感器中，最常用的结构之一是将磁阻材料暴露在要测量的磁场中。如图 5.46 所示，当电流通过磁阻材料时，样品内部则会产生与电流方向平行的磁化矢量。在施加磁场后，内部磁化强度会改变方向，改变角度为 $\alpha$。样品的电阻变为

$$R = R_0 + \Delta R_0 \cos^2\alpha \ [\Omega] \quad (5.58)$$

其中 $R_0$ 是无磁场时的电阻，$\Delta R_0$ 是特定材料预期的电阻变化率，这两者都是材料本身的属性。

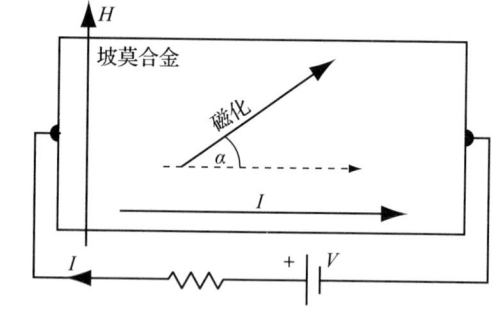

图 5.46　各向异性磁阻传感器的工作原理

角度 $\alpha$ 与施加的电场成比例，并且取决于材料。一些各向异性磁阻材料及特性如表 5.7 所示。

表 5.7　一些各向异性磁阻材料及特性

| 材料* | 电阻率 $\rho = (1/s) \times 10^{-8} \Omega \cdot m$ | $\Delta\rho/\rho\%$ | 材料* | 电阻率 $\rho = (1/s) \times 10^{-8} \Omega \cdot m$ | $\Delta\rho/\rho\%$ |
| --- | --- | --- | --- | --- | --- |
| Fe19Ni81 | 22 | 2.2 | Ni70Co30 | 26 | 3.2 |
| Fe14Ni86 | 15 | 3 | Co72Fe8B20 | 86 | 0.07 |
| Ni50Co50 | 24 | 2.2 | | | |

注：材料成分中的数值代表百分比，例如，Fe19Ni81 是指材料包含 19% 的铁和 81% 的镍）。

磁阻传感器通常采用电桥配置，电桥中有四个元件。这样可以调整漂移并增加传感器的

输出。总体而言，AMR 传感器非常灵敏，可以在较低的磁场下工作，包括电子罗盘和磁性读数头。一些表现出增强的磁阻特性的材料通常称为巨磁致伸缩（GMR）材料，它们常用于灵敏的 GMR 传感器中，来感应强度比较低的磁场。

## 5.7 磁阻传感器和磁致伸缩执行器

磁致伸缩效应是指材料在磁场的影响下会收缩或膨胀，以及由于材料内部的磁性壁的运动引起的应力而导致磁化强度变化。磁致伸缩材料的磁态和机械态之间的这种双向效应是一种用于驱动和感测的转换能力。这种效应是某些材料的固有属性，大多数材料没有这种特性，但是其他材料则具有很强的磁致伸缩性。James Prescott Joule 于 1842 年首次观察到这种效应，有两种效果，二者的相互关系如下：

### 效果及其相互作用

焦耳效应是由于施加磁化而引起的磁致伸缩样品的长度变化。这是最常见的磁致伸缩效应，通过**磁致伸缩系数 λ** 表示，磁致伸缩系数 λ 被定义为：随着材料磁化强度从零增加到饱和值，长度会随之变化的程度。这个定义虽然晦涩，但这种效应很常见：变压器磁芯的磁化和消磁所导致的嗡嗡声便是由这种效应引起的。

相对于焦耳效应，当材料受到机械应力时，导致材料磁导率变化的现象称为**维拉里效应**。磁导率的变化可以是正的或负的。当磁导率增加时，可以看成正的维拉里效应，当磁导率降低时，可以看成负的维拉里效应。

磁致伸缩样品的扭转。当轴向磁场施加到样品上并且电流流过磁致伸缩样品本身时，两者之间的相互作用会产生扭转效应。这种效应被为**魏德曼效应**，它与它的逆效应一起用于转矩磁致伸缩传感器中。

相对于魏德曼效应的逆效应，即受磁致伸缩材料在存在转矩时产生轴向磁场的效应称为**马特西效应**。

包括铁、钴和镍在内的过渡金属及其某些合金会表现出磁致伸缩效应。部分磁致伸缩材料的磁致伸缩系数如表 5.8 所示。有些材料表现出所谓的"超磁致伸缩"，它们的磁致伸缩系数超过 1 000μL/L，例如各种金属（金属玻璃）材料和 Terfenol-D。因为这种特性，它们正迅速成为磁致伸缩传感器和执行器的首选材料。

表 5.8　一些材料的饱和磁致伸缩或磁致伸缩系数

| 材料 | 饱和磁致伸缩（磁致伸缩系数）/(μm/m) | 饱和磁感应强度/T |
|---|---|---|
| 镍 | −28 | 0.5 |
| 49Co，49Fe，2V | −65 | |
| 铁 | 5 | 1.4~1.6 |
| 50Ni，50Fe | 28 | |

(续)

| 材料 | 饱和磁致伸缩（磁致伸缩系数）/(μm/m) | 饱和磁感应强度/T |
|---|---|---|
| 87Fe，13Al | 30 | |
| 95Ni，5Fe | −35 | |
| 钴 | −50 | 0.6 |
| $CoFe_2O_4$ | −250 | |
| 铁镓合金（$Ga_{0.19}Fe_{0.81}$） | 50~320 | |
| Terfenol-D（$Tb_{0.3}Dy_{0.7}Fe_2$） | 2 000 | 1.0 |
| 玻璃合金（非晶态金属）(58.2Zr，15.6Cu，12.8Ni，10.3Al，2.8Nb) | 20 | 1.5 |
| Metglas-2605SC（81Fe，3.5Si，13.5B，2C） | 30 | 1.6 |

磁致伸缩系数是针对每种材料的饱和磁化强度给出的，因此代表单位长度的最大膨胀（或最大应变）。对于任何其他磁感应强度，应变都是成比例的。如果在饱和磁感应强度 $B_m$ 处按表 5.8 给出了饱和磁致伸缩，则在假定是线性的情况下，对应任何值下的 $B$，单位长度的膨胀（应变）为

$$\left(\frac{\Delta L}{L}\right)_B = \left(\frac{\Delta L}{L}\right)_{B_m} \times \left(\frac{B}{B_m}\right) \tag{5.59}$$

对于给定的长度 $L_0$，必须将上述值乘以 $L_0$ 才能得出器件的绝对膨胀量。

磁致伸缩材料的使用最早可追溯到 20 世纪初，例如电话听筒、水听器、磁致伸缩振荡器、转矩计和扫描声呐等。最早的电子传感器/执行器之一是第一个电话接收器（雷伊斯电话），由 Johann Philipp Reis 于 1861 年基于磁致伸缩进行了测试。

磁致伸缩设备（执行器）的应用包括超声波清洁器、高强度线性电动机、自适应光学定位器、主动振动或噪声控制系统、医疗和工业超声波、泵和声呐等。另外，还设计了磁致伸缩线性电动机、反作用质量执行器和调谐减振器。不太明显的应用包括高周期加速疲劳试验台、探雷、助听器、剃须刀磨刀器和地震探测器等。超声波磁致伸缩换能器已被开发用于外科手术工具、水下声呐以及化学和材料加工等。

通常，磁致伸缩效应很小，需要用间接方法来测量。但还是有些设备可以直接测量伸缩效应。基本磁致伸缩设备的操作如图 5.47 所示。

有许多方法可以通过磁致伸缩装置来感测各种量。最简单、最灵敏的方法之一就是使用磁致伸缩材料作为简单变压器的核心。5.8 节对

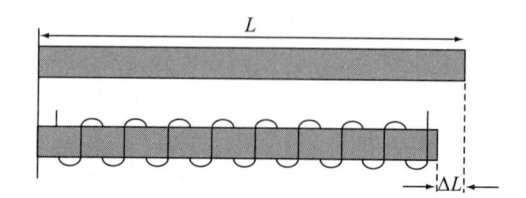

图 5.47 基本磁致伸缩设备的操作

此进行了讨论。然而，磁致伸缩大多是应用于执行器的，这将在下面简要描述。不过也可以间接使用例如位置、应力、应变和转矩等磁致伸缩效应来感测各种效应。

旋转轴的非接触式磁致伸缩转矩传感器如图 5.48 所示。它由一个紧紧套在轴上的预应力马氏体时效钢套（含 18%的镍，8%的钴，5%的钼和少量钛、铜、铝锰和硅的钢）和两个涡流传感器组成，如图 5.48a 和图 5.48b 所示，它们相互之间成 90°，与轴的轴线成 45°。转矩传感器基于两个准则：首先，磁致伸缩钢由于受到压力，压缩后磁导率降低，由于维拉里效应，磁力减小。当钢被拉紧时，其应力会增加，由于正维拉里效应，磁导率也会增加。图 5.48a 显示了主要的压缩线和拉伸线，它们位于轴的轴心 45°处，因此如图 5.48b 所示，选择涡流传感器的方向。其次，由于交流驱动线圈产生涡电流，涡流通过趋肤效应对磁导率产生影响。磁导率的降低将导致涡流更深地渗透到钢套中，而磁导率的增加将导致较浅的渗透［较低的趋肤深度，见式（5.35）］。因此，现在需要做的就是将涡流感应的这些变化与引起磁导率变化的转矩联系起来。

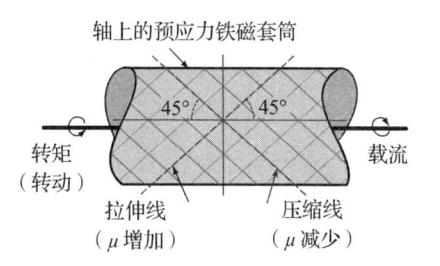

a）显示拉伸和压缩线的预应力铁磁套筒

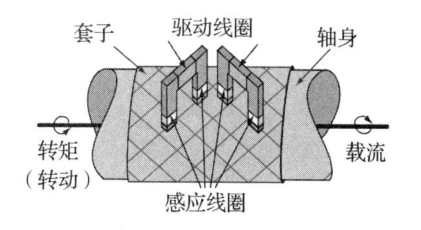

b）沿着压缩和拉伸线放置的两个C芯磁传感器形成一个高频变压器，其中磁通过套管闭合

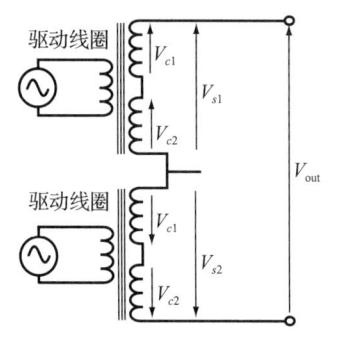

c）表示设备差分输出的线圈连接

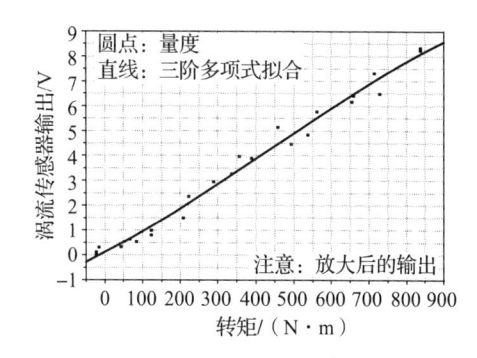

d）转矩传感器的传递函数

图 5.48 磁致伸缩转矩传感器

涡流传感器由一个位于 U 形磁芯中心的驱动线圈和两个位于其尖端的拾波线圈组成。它们充当高频变压器，并且在拾波线圈中感应的电压取决于马氏体时效钢环中的应力条件，通量通过该应力环闭合，涡流传感器芯的开口端应非常靠近旋转的套筒，但不要接触，这样可以最大化输出。每个传感器上的两个感应线圈相互串联，以便使它们的电压相加。如图 5.48c 所示，两个涡流传感器的感应线圈以差模方式连接。

为了方便理解，首先假设转矩为零。由于两个传感器以差模方式连接，因此净输出为零。随着转矩的增加，一个传感器的输出将会增加，而另一个传感器的输出则会减少。它们之间的差异是两个传感器中电压变化的总和。记录此电压或者根据需要进行放大从而给出转矩读数。对于以 200rpm 旋转的轴，这种类型的传感器的实验输出如图 5.48d 所示。正如所预期的那样，测量会引入一些误差，并且尽管传感器的响应不是完全线性的，但接近线性响应。实线显示为实验数据的多项式拟合，并用作传感器的校准曲线。

## 磁致伸缩执行器

磁致伸缩执行器非常独特，具有两种不同的作用。一种是上面讨论的由焦耳和魏德曼效应产生的收缩（或伸长）或转矩效应，另一种是当脉冲磁场施加到磁致伸缩材料上时可能产生的应力或冲击波。

其中第一个体积很小（见表 5.8），但它可以产生很大的力，如图 5.49 所示，可以直接用于准确、可逆的微定位。现实中这已被用来在小型结构中移动微镜以偏转光线（在其他小型结构中也是如此），图 5.50 所示的"微动"（inchworm）电动机（也称微型尺蠖电动机）就是运用了这个原理。在这个装置中，一根镍棒被放置在两个磁力驱动的夹具之间。

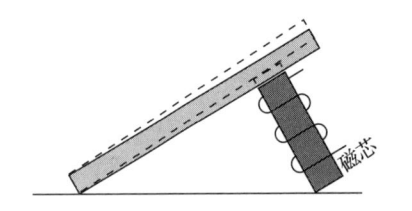

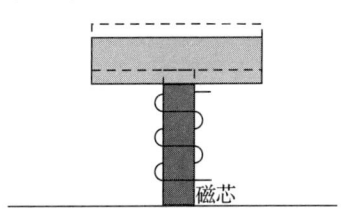

a）倾斜镜子进行光学测量　　b）移动或定位块。驱动线圈会使磁芯收缩（或扩展）。卸下电流会将其恢复为原始长度

图 5.49　使用磁致伸缩执行器进行微定位

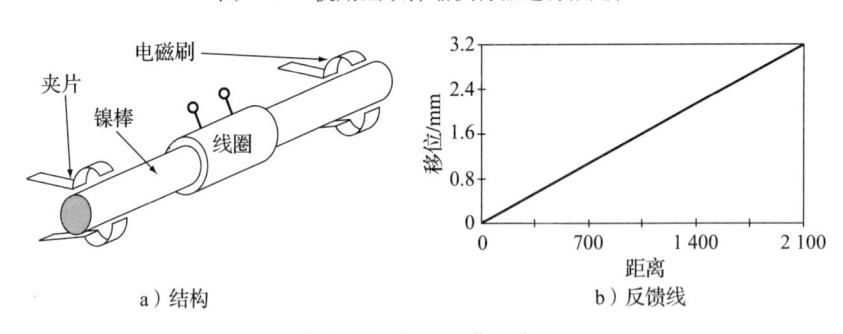

a）结构　　b）反馈线

图 5.50　微型尺蠖电动机

棒上的线圈会产生必要的磁致伸缩。首先固定线圈 A，然后接通线圈电流，则夹片 B 向左收缩。然后，固定 B，断开 A，线圈中的电流被切断。夹片 A 延伸至棒的原始长度，实际上，镍条现在已经向左移动了距离 $\Delta L$，该距离取决于磁致伸缩系数和镍条中的磁场。尽管每个步骤中的运动只有几微米，并且运动必然很慢，但这是一种线性运动器件，可以施加相对较大的力并可以用于精确定位。同理，我们可以通过反转夹片和电流脉冲的顺序实现向右运动。

**例 5.10：线性磁致伸缩执行器**

因为磁致伸缩的效应相对较小，所以许多磁致伸缩执行器需要放大磁致伸缩元件的机械伸长或收缩范围。考虑图 5.51a 中的执行器。磁致伸缩棒长 30mm，并配有一个椭圆环或壳体，其目的是将水平磁致伸缩运动放大为壳体垂直方向上的运动，并且壳体隔绝了外部的大部分磁场，任何给定的磁致伸缩棒的延伸都需要较低的电流。磁致伸缩棒由 Terfenol-D 制成，线圈可以在棒中产生从 0T 到 0.4T 不等的磁场。计算壳体的垂直收缩范围。

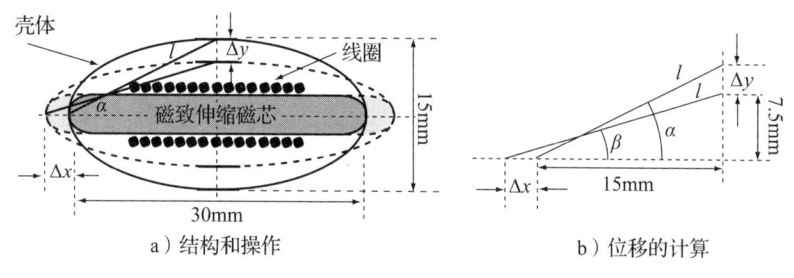

图 5.51 一种具有机械放大作用的实用磁致伸缩执行器

a) 结构和操作　　b) 位移的计算

**解**　尽管我们可以根据表 5.8 立即计算出磁致伸缩棒的水平位移，但我们需要先进行一些三角计算，才能将其转化为壳体的垂直位移。为此，如图 5.51b 所示，我们将垂直轴点与水平轴点用一条长度为 $l$ 的线连接起来，该线与水平轴的夹角为 $\alpha$。当施加磁场时，磁致伸缩棒伸长（Terfenol-D 的磁致伸缩系数为正），水平轴点向左侧移动，垂直轴点向下方移动。这条线现在与水平轴的夹角为 $\beta$，但它的长度保持不变。从这两个角度以及水平和垂直位移来看，可以写出几何公式：

$$l\cos\beta = l\cos\alpha + \Delta x, \quad l\sin\beta = l\sin\alpha - \Delta y$$

从第二种关系可以得出

$$\sin\beta = \frac{l\sin\alpha - \Delta y}{l} \rightarrow \cos\beta = \sqrt{1-\sin^2\beta} = \frac{1}{l}\sqrt{l^2-(l\sin\alpha - \Delta y)^2}$$

然后将其代入第一个等式，有

$$\sqrt{l^2-(l\sin\alpha-\Delta y)^2} = l\cos\alpha + \Delta x$$

两边同时平方并整理，得到

$$l^2-(l\sin\alpha-\Delta y)^2 = (l\cos\alpha+\Delta x)^2 \rightarrow \Delta y^2 - 2l\sin\alpha\Delta y + \Delta x^2 - 2l\sin\alpha\Delta x$$
$$= l^2 - l^2\sin^2\alpha - l^2\cos^2\alpha$$

因为 $\sin^2\alpha + \cos^2\alpha = 1$，所以等式右边等于 0。这样我们就得到一个二阶等式，变量 $\Delta y$ 未知，变量 $\Delta x$、$l$ 和 $\alpha$ 已知。化简并取一个正根，我们得到

$$\Delta y = l\sin\alpha - \sqrt{l^2\sin^2\alpha - \Delta x(\Delta x + 2l\cos\alpha)} \ [\text{m}]$$

在图 5.51a 中，角度 $\alpha$ 为

$$\alpha = \arctan\left(\frac{7.5}{15}\right) = 26.565°$$

长度 $l$ 为

$$\frac{15}{l} = \cos 26.565° \rightarrow l = \frac{15}{\cos 26.565°} = 16.77\text{mm}$$

现在，我们可以根据表 5.8 计算 $\Delta x$。由于在 1T 的饱和通量密度下，$\Delta l/l = 2\,000\mu\text{m/m}$，因此长度为 30mm 的棒材在 0.4T 的通量密度的条件下总膨胀为

$$\Delta l = \left(\frac{\Delta l}{l}\right)_{B_m} \times \left(\frac{B}{B_m}\right) l = 2\,000 \times 10^{-6} \times \left(\frac{0.4}{1.0}\right) \times 30 = 2.4\text{mm}$$

由图 5.51b 及 $\Delta l = 2\Delta x$，可以计算出 $\Delta y$：

$$\Delta y = l\sin\alpha - \sqrt{l^2\sin^2\alpha - \Delta x(\Delta x + 2l\cos\alpha)}$$
$$= 16.77\sin 26.565° - \sqrt{(16.77)^2 \times \sin^2 26.565° - 1.2 \times (1.2 + 2 \times 16.77 \times \cos 26.565°)}$$
$$= 3.163\text{mm}$$

由于两侧移动相同的距离，因此壳体移动的距离是原来的两倍。总运动距离为 6.326mm。计算得，该结构产生了 $6.326/2.4 = 2.64$ 的放大倍数。

## 5.8 磁力计

一般来说，磁力计是测量磁场的设备，因此，任何可以测量磁场的系统都可以称为磁力计。然而，磁力计一方面是指非常精确的传感器或磁场感测，另一方面是指包括一个或多个传感器的完整的磁场测量系统。这类被用于低场感测的传感器统称为磁力计。这里将讨论代表磁力计灵敏度范围的三种方法，从简单的线圈磁力计开始讨论。

### 5.8.1 线圈磁力计

为了理解基本的感测方法，我们将从最简单的情况开始，例如图 5.52 中的小线圈。在该线圈中，跨线圈测量的电动势（电压）为

$$\text{emf} = -N\frac{\text{d}\Phi}{\text{d}t}[\text{V}]$$

其中

$$\Phi = \int_S BS\sin\theta_{BS}[\text{Wb}] \tag{5.60}$$

其中 $\Phi$ 是通过线圈的磁通量，$N$ 是线圈的匝数，$\theta_{BS}$ 是磁感应强度 $B$ 的方向与线圈平面之间的夹角。这种关系称为法拉第感应定律。由公式可知磁通量是在线圈面积上的积分量。这种基本装置表明，要测量局部磁场，线圈的面积必须很小，而灵敏度取决于匝数和频率的大小。从图 5.52 可以看出，只能检测到磁场的变化（由于图 5.52a 中的运动或图 5.52b 中磁场的交流特性）。如果磁场是与时间相关的，那么也可以使用固定线圈来进行检测。

这种基本装置还有很多其他形式。首先，差分线圈可用于检测磁场中的空间变化。在其他磁力计中，线圈的电动势是不测量的。相反，磁力计的线圈是 LC 振荡器的一部分，因此频

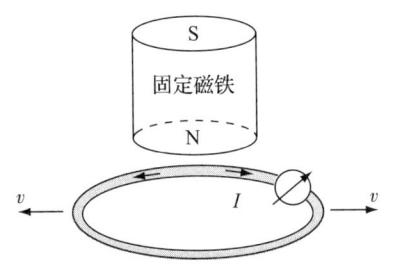

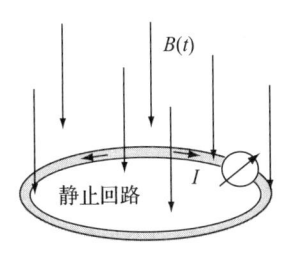

a）线圈在恒定的磁场中运动。感应电动势（因此电流）取决于线圈在直流磁场中的运动

b）时变磁场作用下静止线圈的感应电流

图 5.52　小型搜索线圈的操作

率取决于电感。任何导电或铁磁性材料都会改变电感，从而改变频率。这就产生了一种相对灵敏的磁力计，常用于探雷或物体检测器（管道探测、"寻宝"）等领域。尽管简单线圈因为它的配置通常不被认为是特别敏感的磁力计，但由于其简单性并且经常被使用，并且如果经过适当的设计和使用，它也可能是相当灵敏的，例如，基于两个线圈以差分传感器为基础的磁力计就相当敏感，它们已被用于机载磁监视，矿物勘探和潜艇检测等领域。

**例 5.11：线圈磁力计**

用一个简单的线圈就可以制造出非常灵敏的磁力计。比如一种检测和追踪埋在墙壁中的载流导线或绘制房屋电力线附近磁场的设备。如图 5.53 所示，传感器本身就是一个简单的线圈。基于式（5.60）的线圈产生的电动势被放大并被显示，或者发出警报。这里给出的线圈有 1 000 匝，平均直径为 4cm，我们希望计算出由交流磁场产生的输出。假设需要至少 20mV 的输出来克服背景噪声，那么在 60Hz 时，电力线产生的最低磁感应强度是多少？

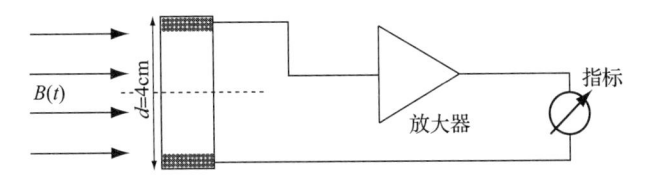

图 5.53　线圈磁力计。除非磁场很高，否则通常需要放大器

**解**　我们假设线圈平面上的磁感应强度是均匀的，由于磁感应强度是正弦曲线，因此磁感应强度可以写为

$$\text{emf} = -N\frac{\text{d}\Phi(t)}{\text{d}t} = -NS\frac{\text{d}B(t)}{\text{d}t} = -NS\frac{\text{d}}{\text{d}t}B\sin(2\pi ft)$$
$$= -2\pi fNSB\cos(2\pi ft)\ [\text{V}]$$

磁感应强度的负号仅表示电动势相对于磁感应强度的相位，故计算时可以忽略，对于 20mV 的电动势，磁感应强度为

$$B = \frac{\text{emf}}{2\pi fNS} = \frac{20\times 10^{-3}}{2\pi\times 60\times 1\ 000\times \pi(2\times 10^{-2})^2} = 4.22\times 10^{-5}\text{T}$$

这与地球磁感应强度处于相同的数量级（大约为 60μT）。

---

**注意：**
1）该器件只能检测时间相关的磁场。
2）可以通过增加匝数、线圈尺寸、频率或磁感应强度的方法来提高灵敏度。
3）这里概述的原理是许多简单的磁力计或"测试仪"的基础，从墙壁上的"火线探测器"到一般磁场测量使用的"高斯计"，包括电磁兼容性测试和通过使用大型差分磁力计检测地磁场变化来检测矿物。

### 5.8.2 磁通门磁力计

我们可以在磁通门传感器的基础上制造更灵敏的磁力计。磁通门传感器也可以用作通用磁传感器，但它比上述简单的传感器（如磁阻式传感器）要复杂得多。因此，它最常用于其他磁传感器灵敏度达不到的应用领域，例如用于电子罗盘，或用于探测人类心脏产生的磁场或者太空中磁场。这些传感器已经存在了几十年，但它们是专门为科学研究应用而制造的仪器，这些仪器相当大、笨重且复杂。最近，由于新的磁致伸缩材料的发展，它们已经可以作为现成的传感器来使用，这使得它们可以小型化，甚至可以集成到混合半导体电路中。新的制造技术有望在未来改善这些情况，随着尺寸的减小，它们的用途将会更广。

磁通门磁力计的概念如图 5.54a 所示。其基本原理是比较两种电流：一种是使磁芯在一个方向饱和所需的驱动线圈电流，另一种是使磁芯在相反方向饱和所需的电流。这种差异是由外部磁场造成的。实际上，没有必要使磁芯饱和，而是将磁芯置于其非线性范围内（见图 5.18）。大多数铁磁性材料的磁化曲线是高度非线性的，这意味着几乎任何铁磁性材料都是适用的。在实际应用中，线圈是用交流电源（正弦波或方波，但更多是三角波）驱动的，在没有外部磁场的情况下，整个线圈的磁化是均匀的，因此感应线圈将产生零输出。垂直于感应线圈的外部磁场会改变磁化强度，磁芯此时变为不均匀磁化，在感应线圈中产生的电动势大约是几毫伏/微特斯拉 [mV/μT]。之所以叫磁通门，是因为磁通在磁芯中朝相反的方向转换。如图 5.54b 所示，使用简单的棒杆也可以达到同样的效果。此时，两个线圈一个缠绕在

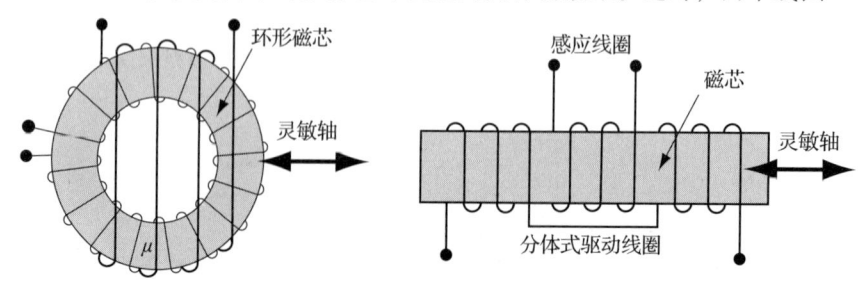

a）环形实现，灵敏轴如图所示　　　　b）棒状或薄膜状实现，灵敏度沿着棒的长轴变化

图 5.54　磁通门磁力计的原理

另一个线圈上，该装置对棒杆方向的磁场很敏感，但原理是相同的，输出取决于沿着棒杆的磁导率（非线性）的变化。磁致伸缩薄膜（金属玻璃是常见的选择）是一种特别有用的配置，如图 5.54b 或类似配置所示。由于磁致伸缩材料具有高度的非线性，因此基于这种材料制作的传感器非常灵敏，灵敏度为 $10^{-9} \sim 10^{-6}$ T。传感器可以设计成两个轴或三个轴。例如，在图 5.54a 中，第二个感应线圈可以垂直于第一个线圈缠绕。这个线圈对垂直于其区域的磁场很敏感，整个传感器此时就变成了两轴传感器。磁通门传感器还可用于集成电路，其中坡莫合金是首选材料，因为它可以沉积在薄膜中，而且它的饱和场很低。尽管如此，目前集成磁通门传感器的灵敏度还是比传统的磁通门传感器的要低一些（在 $100\mu$T 的数量级上），但仍高于许多其他磁场传感器。

为了更好地理解磁通门传感器的工作原理，我们考虑一种特殊且非常有用的形式，即所谓的脉冲位置磁通门传感器。在这种类型的传感器中，驱动线圈中的电流是三角形的，并且在磁芯中产生同样的类似三角形的磁通量。这个磁通可以被认为是一个参考磁通。外部磁场（即被测的磁场）会产生一个额外的磁通，该磁通可以与内部参考磁通相加或相减，但在任何情况下，它都会在感应线圈中产生电动势。这是测量的磁通。然后比较两个电动势——一个来自参考磁通，另一个来自感测磁通。当参考磁场高于测量磁场时，输出为高电平，而当参考磁场低于测量磁场时，输出为零（我们将在第 11 章中看到，这可以通过一个称为比较器的简单电路来实现）。例 5.12 讨论了这种传感器，并模拟了一种实现方式，以在构建它之前能够预测其灵敏度。

**例 5.12：脉冲位置磁通门传感器：仿真结果**

为了理解仿真在设计中的价值并理解磁通门传感器的操作原理，基于脉冲定位原理，我们设计了如图 5.54a 所示的磁通门传感器。首先对传感器和电路进行仿真，此处显示的结果与仿真结果相同。这使得我们能够获得无噪声的结果，然后才构建实际的电路。为此，需要将磁芯、线圈和电子电路的特性引入仿真中，并生成适当的信号。在这种情况下，模拟了一个内半径为 19.55mm，外半径为 39.25mm，截面面积为 231mm$^2$，饱和磁感应强度为 0.35T，相对磁导率为 5 000 的环形磁芯。该磁芯绕有 12 圈的驱动线圈和 50 圈的感应线圈。三角参考信号在 $-4.5$V 和 $+4.5$V 之间以 2.5kHz 的频率振荡。仿真可以产生任意数量的所需结果，这里展示其中 3 个。图 5.55a 显示了由内部三角脉冲发生器产生的磁芯磁感应强度，为范围从 $+1$mT 到 $-1$mT 的对称通量密度。图 5.55b 显示了当检测到的外部磁感应强度 $B_e$ 为 500$\mu$T 时磁芯中的磁感应强度。图 5.55b 中的磁感应强度是参考（驱动）磁感应强度和测量磁感应强度之和，从零线上移可以看出。该装置检测磁感应强度的过零点，结果是图 5.55c 中的输出脉冲，显示了两个比较点之间的时间宽度。脉冲位置可视为图 5.55c 中所示脉冲与未加磁场时脉冲位置（过零）之间的距离，在图 5.55b 中表示为 $p$。或者，可以测量图 5.55b 所示的时间 $\Delta t$。图 5.55d 显示了表示线性关系的仿真传递函数，灵敏度为 88ms/T。这看起来可能不是很大，但考虑到可以方便而准确地测量 1$\mu$s 的时间，该设备可以轻松测量约 10$\mu$T 的磁感应强度。基于本例中描述的仿真实现和测试的器件如图 5.56 所示。

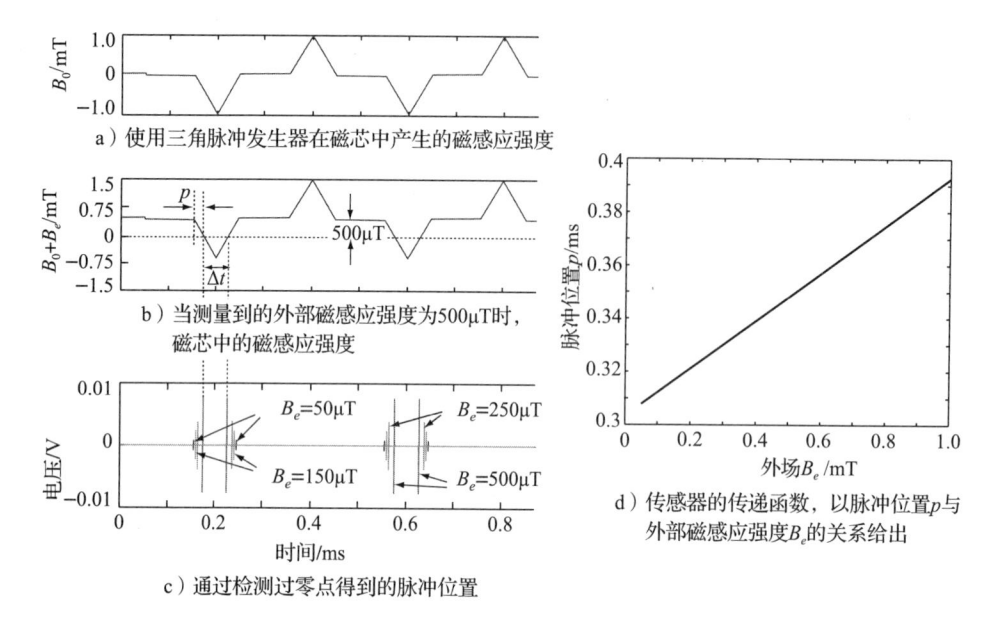

图 5.55　不同状态下的磁感应强度以及脉冲位置和传递函数

图 5.56　磁通门传感器的实现。请注意右上角的环形线圈。在此实现方式中，基于微处理器，磁感应强度以数字形式显示在左边的显示器上

## 5.8.3　超导量子干涉仪

到目前为止，超导量子干涉仪（Superconducting Quantum Interference Device，SQUID）是所有磁力计中最灵敏的，可以感应到 $10^{-15}$T 的通量密度，但这种性能是有代价的——它们在非常低的温度下工作，通常是在 4.2K（液氦）下工作。因此，它们似乎不是那种人们可以简单地从货架上取下来就能使用的传感器类型。然而令人惊讶的是，尽管成本相对较高，温度

更高的 SQUID 和集成的 SQUID 确实存在。之所以把它们包含在这里，是因为它们代表了传感的极限，并在生物磁场传感和材料完整性测试方面有特定的应用。

SQUID 是以约瑟夫森结为基础的，约瑟夫森结由两个被一个小的绝缘间隙隔开的超导体组成（由 Brian David Josephson 于 1962 年发现）。如果两个超导体之间的绝缘体足够薄，超导电子就可以通过隧道。为此，最常见的结是半导体中的氧化物结，但也有其他类型。基底材料通常是铌或铅（90%）-金（10%）合金，氧化层形成在由基底材料制成的小电极上，然后夹在中间形成结。

SQUID 有两种基本类型：只有一个约瑟夫森结的射频（RF）SQUID 和通常有两个结的直流（DC）SQUID。DC SQUID 的生产成本更高，但更敏感。

如果两个约瑟夫森结并联（环路），穿过这两个结的电子就会相互干扰。这是由电子的量子力学波函数之间的相位差引起的，取决于通过回路的磁场强度。所产生的超导电流会随外加磁场的变化而变化。外部磁场会引起对通过环路的超导电流的调制，我们可以对其进行测量（见图 5.57）。超导电流由感应环路在外部设置（如图 5.57a 所示的单个环路用于测量磁场，而如图 5.57b 所示的两个环路用于测量磁场梯度），也可以由超导环路直接产生。输出是由电流变化而引起的结两端电压的变化，由于结是电阻性的，因此这种变化在放大后是可以测量的。

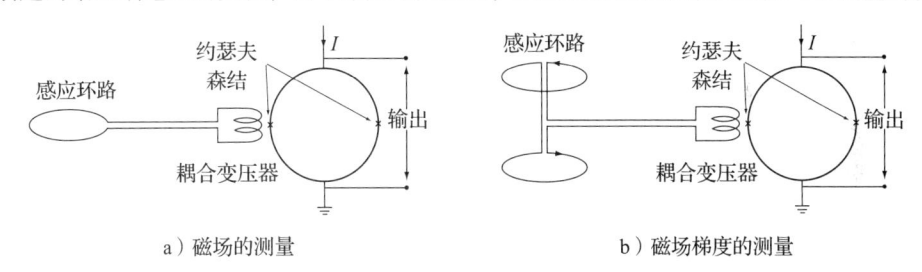

a）磁场的测量　　　　　　　b）磁场梯度的测量

图 5.57　SQUID 的结构和工作原理

RF SQUID 的工作方式与此相同，除了只有一个结并且环路由高频（20~30MHz）振荡的外部谐振电路驱动。测量环路中内部磁通的任何变化（由于外部的感应磁场）都会改变谐振频率，然后检测谐振频率并作为磁场的度量。

SQUID 的主要困难在于其所需的冷却条件和必要的体积。然而，它是一个非常有用的传感器，无论何时何地，所需的成本和体积都是合理的。它专门用于脑磁图（测量大脑磁场）、一些无损检测等应用和研究。

## 5.9　磁执行器

我们已经讨论过磁致伸缩执行器，但还有许多其他类型的磁执行器，其中大多数是更加常规的。具体地说，整个电动机组构成了大多数常规（和一些不太常规）驱动应用的主体。磁驱动通常是最佳选择的主要原因与能量密度有关。举个很有启发意义的例子：如果我们把自己限制在电驱动上，则存在两种基本类型的力。第一种是库仑力，它作用于电场中的电荷

（见5.3.3节）；第二种是磁力，它作用于磁场中的电流，如5.4节中的洛伦兹力所定义的那样，它们产生的能量密度如下所示。

电能密度：

$$w_e = \frac{\varepsilon E^2}{2} \left[\frac{J}{m^3}\right] \tag{5.61}$$

磁能密度：

$$w_m = \frac{B^2}{2\mu} \left[\frac{J}{m^3}\right] \tag{5.62}$$

其中 $E$ 是电场强度，$B$ 是磁感应强度。作为比较，假设我们在一台1T的电动机中使用一个共同的磁感应强度 $B$。电动机中铁的磁导率约为 $1\,000\mu_0 = 1\,000 \times 4\pi \times 10^{-7}$ H/m，这使得电动机中的能量密度为

$$w_m = \frac{1^2}{2 \times 1\,000 \times 4\pi \times 10^{-7}} \approx 400 \text{J/m}^3 \tag{5.63}$$

另一方面，大多数普通电介质的相对介电常数都小于10。当电场强度为 $10^5$ V/m（这是一个非常大的电场强度），介电常数为 $10\varepsilon_0 = 8.845 \times 10^{-11}$ F/m 时，纯电动执行器的能量密度为

$$w_e = 8.854 \times 10^{-11} \frac{10^{10}}{2} \approx 0.45 \text{J/m}^3 \tag{5.64}$$

---

**注意**：在大多数情况下，绝对最大电场强度不可能在没有击穿的情况下超过几百万 V/m，因此将电场增加到绝对最大值只会使能量密度增加大约一个数量级。

---

显然，磁执行器能够以比电动执行器更小的体积施加更大的力。此外，产生相当大的磁场通常比产生大的电场要容易得多，而且也安全得多。然而，值得一提的是，电力和电动执行器在MEMS中有其独特的应用领域，其中所需的力很小，并且低能量密度是可以接受的（请参阅第10章）。它们也可用于静电过滤器和除尘器，在这种情况下，很小的力就足以作用在带电的灰尘颗粒，并将其收集在电极上。静电驱动对于复印机和打印机的工作也至关重要，它们使用静电力将碳粉颗粒分布在打印介质上。

但不可避免的是，大多数电动执行器都是基于磁力的，其中电动机的作用尤为突出。然而，有许多类型的电动机和相关设备，如音圈执行器和螺线管。下面将详细讨论电动机和螺线管，但首先，我们从一种称为音圈执行器的特殊类型的磁执行器开始，因为对它的讨论还涉及电动机的基础原理。

### 5.9.1 音圈执行器

音圈执行器的名称源自其最初（也许是最广泛使用）的实现方式——电磁扬声器。在音圈执行器的大多数应用中，没有使用声音，只是在操作上相似。执行器基于线圈中的电流与永磁体或另一个线圈的磁场之间的相互作用。为了理解这一点，考虑图5.58所示的扬声器机械装置的基本结构（扬声器将在第7章中单独讨论）。间隙中的磁场是径向的，对于载流环

路，力由式（5.26）（洛伦兹力）给出，其中 $L$ 是环路的周长，并且假设磁场是均匀的，当有 $N$ 转时，力可以表示为 $NBIL$。当然，磁场不一定是均匀的，线圈也不一定是圆形的，但这是一个简单的配置，大多数扬声器都使用这种配置。电流越大，力就越大，因此扬声器音盆的位移也就越大。通过反转电流，线圈朝相反的方向移动。在继续讨论之前，我们应该注意以下几点：

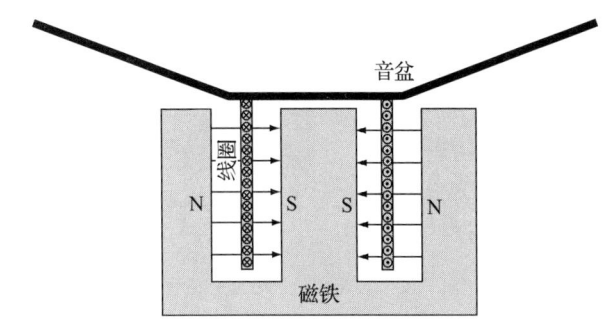

图 5.58　扬声器的结构，显示了磁场和线圈中电流之间的相互作用

1）对于给定的磁场，力与电流成正比。在这种情况下（以及在许多音圈执行器中），它与电流呈线性关系，这是该设备的一个重要特性。

2）线圈或磁场越大，力就越大。

3）通过允许线圈移动，因为移动的质量与其他执行器相比较小，因此其机械响应就更好。基于这个原因，扬声器能够以 15kHz 的频率运行，而电动执行器可能需要几秒钟的时间才能反转。

4）也可以使线圈固定并允许磁体移动。

5）如果有必要，执行器中的磁场可由电磁体产生。

6）在这里我们注意到，通过简单的反转动作就可以将音圈执行器变成传感器。如果我们在磁场中移动线圈，则线圈中感应的电压将由法拉第感应定律通过式（5.60）给出。扬声器就变成了麦克风，而更一般的音圈执行器就变成了传感器。

7）在没有电流的情况下，因为没有内在的保持力或齿槽力，也没有摩擦力，执行器将完全脱离。然而，在某些情况下，可以使用复位弹簧将执行器返回到其静止位置，就像在扬声器中所做的那样。

8）移动是有限的，并且通常很短。

9）旋转运动也可以通过选择特定的线圈和磁体配置来实现（参见图 5.59b）。

10）执行器是直接驱动装置。

在这些特性中，音圈执行器除在扬声器中使用之外还具有如此大的吸引力的主要原因是，它们较小的质量使得其在高频下具有非常高的加速度（高达 50g，并且对于非常短的冲程可达 300g），从而使其成为快速定位系统（例如在磁盘驱动器中定位读/写磁头）的理想候选者。与其他电动机相比，其可实现的力很小，但肯定不可忽略（最高达 5 000N），并且它们可以处理的功率也很大。

a）圆柱形线性音圈执行器，如图所示已拆卸。磁体和安装线圈组件的间隙在正面可见

b）旋转音圈执行器，用作磁盘驱动器中的磁头定位器。在梯形线圈下可以看到两个永磁体。钢盖使线圈上方的磁路闭合，但为了显示线圈，已将其移除

图 5.59 不同类型的音圈执行器

音圈执行器通常用于需要高速精确定位的场景。由于它们几乎没有磁滞且摩擦最小，因此无论是作为线性定位器还是作为角度定位器，它们都非常精确。没有其他执行器能与它们的响应和加速度相提并论。它们与微处理器的接口通常比其他类型的电动机更简单，并且易于集成控制和反馈。

音圈执行器种类繁多，但典型的是图 5.59a 中的圆柱形线性音圈执行器和图 5.59b 中的旋转音圈执行器。与扬声器一样，在圆柱形线性执行器中，磁场是径向的。连接到移动的传动轴上的线圈从中心位置移入和移出，移动的最大行程由线圈长度和圆柱形磁体的长度定义。为了使运动与电流成线性比例，线圈在整个运动范围内必须处于均匀磁场内。这些执行器的额定值基于冲程、力（以牛顿为单位）、加速度和功率来确定。

**例 5.13：音圈执行器中的力和加速度**

考虑图 5.60a 所示的音圈执行器。线圈缠绕在内芯上的塑料模板上，假设线圈有 400 匝，工作所需电流为 200mA，并且线圈始终处于均匀磁场区域。磁场本身是由永磁体产生的，在执行器移动部分占据的空间内的任何地方，磁感应强度都等于 0.6T。给定的尺寸为 $a = 2$mm、$b = 40$mm 和 $c = 20$mm。当移动部件的质量为 45g 时，计算执行器的力和加速度。

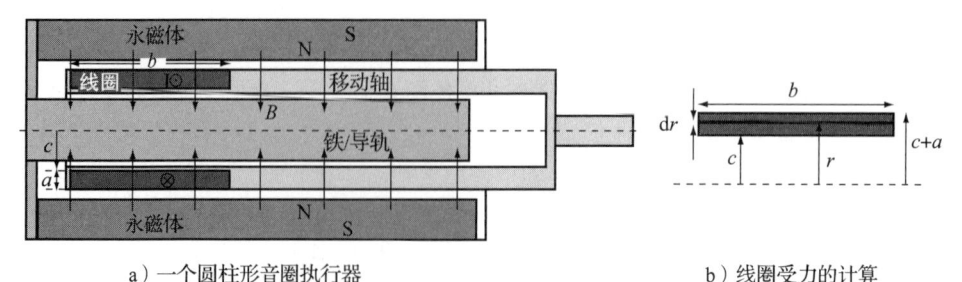

a）一个圆柱形音圈执行器

b）线圈受力的计算

图 5.60 圆柱形音圈执行器及线圈受力计算

**解** 使用式（5.26），因为其给出了一段导线上的力，但我们将稍微修改该式以适应此配置。由于线圈的长度随着线圈的位置而变化（即长度为 $2\pi r$，其中 $r$ 是线圈的半径），因此我们首先通过将电流乘以匝数，然后除以线圈的横截面面积来计算线圈横截面中的电流密度：

$$J = \frac{NI}{ab} = \frac{400 \times 0.2}{0.002 \times 0.04} = 1 \times 10^6 \text{A/m}^2$$

现在，我们定义一个厚度为 $dr$，半径为 $r$ 的电流环，如图 5.60b 所示。这个环中的总电流为

$$dI = Jds = Jbdr \, [\text{A}]$$

电流环的长度被认为是它的周长，因为磁感应强度就是作用在这段长度的电流上的，则这个电流环上的力为

$$dF = BLdI = B(2\pi r)Jbdr \, [\text{N}]$$

因此，线圈上的总力为

$$F = 2\pi BJb \int_{r=c}^{r=c+a} rdr = 2\pi BJb \left[ \frac{r^2}{2} \right]_{r=c}^{r=c+a} = \pi BJb \left[ (c+a)^2 - c^2 \right] \, [\text{N}]$$

代入数据得：

$$F = \pi BJb \left[ (c+a)^2 - c^2 \right] = \pi \times 0.6 \times 1 \times 10^6 \times 0.04 \left[ (0.02+0.002)^2 - 0.02^2 \right]$$
$$= 6.33 \text{N}$$

根据牛顿定律，我们可以计算出加速度为

$$F = ma \rightarrow a = \frac{F}{m} = \frac{6.33}{0.045} = 140.67 \text{m/s}^2$$

它的作用力为 6.33N，加速度略高于 14g，是一个相当不错的执行器（$g = 9.81 \text{m/s}^2$）。

---

**注意：** 可以通过增大移动线圈的半径、增加匝数或增大线圈中的电流来增大作用力。另外，增加圈数和物理尺寸会提高线圈的质量，因此往往会降低加速度，并且必然会缩短执行器的响应时间。

---

## 5.9.2 作为执行器的电动机

所有执行器中最常见的是多种类型以及它们相应变体的电动机。试图在这里讨论所有的电动机以及它们的原理和应用是完全不可能的——已经有许多书这么做了。然而，重要的是要讨论一些与它们用作执行器时相关的更突出的问题。同样，从一开始就应该理解，电动机可以用作并且经常用作传感器。实际上，许多电动机都可以用作发电机，它们可以感应运动、旋转、线性和角度位置，以及影响它们的其他量，例如风速、流速等。此处将讨论其中一些传感器的应用，但目前我们将集中讨论它们作为执行器的用途。

在此阶段我们还应认识到的是，大多数电动机都是磁性装置，它们通过载流导体之间或载流导体与永磁体之间的吸引或排斥来工作，其方式类似于音圈执行器。与音圈执行器不同的是，电动机中除了永磁体或电磁体外，还包括磁性材料（主要是铁），以增加和集磁感应强度，从而在尽可能小的体积内提高功率、效率和可用转矩。它们在大小和功率上的差异是

令人震惊的。有些电动机真的很小，例如，手机中用作振动器的发动机直径为 4~6mm，长度不超过 20mm，有些是扁平的，只有一个小按钮的大小。另外，提供数百兆瓦电力的发动机用于钢铁和采矿行业。也许最大的发动机是发电厂的发电机——这些发电机可以产生 1 000MW 或更大的功率。然而，这些设备在操作上没有根本的区别。

顾名思义，电动机（或称发动机）以某种形式传递运动。因此，许多设备可以称为发动机，例如，时钟中的发条弹簧机构就是一个真正的发动机。

以驱动为目的，一般有三种类型的电动机：连续旋转电动机、步进电动机和线性电动机。其中，最为人们所熟知的是连续旋转电动机。然而，步进电动机的应用比人们意识到的要广泛得多，而线性电动机虽然不那么普遍，但在专门的系统中得到了越来越多的应用。在连续旋转电动机中，只要向电动机供电，轴就朝一个方向旋转。有些电动机可以换向（如直流电动机），有些则不能。步进电动机提供预定大小的离散运动或步进。给予电动机的脉冲将使其转动一定角度（通常为 1°~5°）。为了进一步移动它，电动机需要一个附加的脉冲。这对定位来说很有帮助，因为这些电动机的精确且可重复的步进非常有用。线性电动机介于两者之间。首先，它们的运动是线性的，而不是旋转的。因此，它们不可能是真正连续的，并且必须是可逆的。通常，它们是步进电动机，但在其线性运动的范围内可以是连续的。

当用于驱动时，电动机通常需要某种形式的控制。人们可能需要控制速度、运动方向、步数、所施加的转矩等。这些控制通常由微处理器和接口电路（第 11 章和第 12 章）完成，并成为系统驱动策略的一部分。还有一类重要的电动机是所谓的无刷直流（Brushless DC，BLDC）电动机，它介于连续电动机和步进电动机之间。它的重要性来自其控制，因此，它在大量应用中被使用，尤其是在数据存储驱动器、一些旋转工具和玩具（例如玩具飞机）、无人机、空调压缩机以及电动飞机中。

在接下来的几节中，我们将简要讨论电动机的一些重要特性，如转矩、功率、速度等，以及常见的用于驱动的电动机类型。虽然没有具体的功率范围，但我们应该理解的是，超大型电动机有小型电动机所没有的特殊要求（机械结构、电源、冷却等）。因此，此处的讨论应被视为与小型低功率电动机有关。

**1. 工作原理**

所有的电动机都是基于磁极之间的排斥或吸引原理工作的。首先讨论图 5.61a，两块磁铁保持垂直分离，但下面的磁铁可以自由地水平移动。两个相对的磁极相互吸引，下面的磁铁将向左移动，直到它与上面的磁铁对齐。图 5.61b 与之类似，但现在两个磁铁相互排斥，下面的磁铁将向右移动。在这个非常简单的例子中，这就是磁体运动的范围，但这是电动机的第一个也是最基本的原理。静止的磁极称为定子，移动的磁极称为转子（对于线性电动机，则称为滑块）。

为了使它成为更有用的设备，考虑图 5.62a。在这里，配置略有不同，但是原理还是一样的。此时假定磁场（可能由永磁体或电磁体产生）在时间和空间上都是恒定的。如果我们向线圈施加一个电流，并假设线圈最初与磁场成一定角度，如图 5.62b 所示，则在线圈的上部和下部各有一个力，有 $F=BIh$ [式（5.26）中的洛伦兹力，其中 $B$ 是磁感应强度，$I$ 是电流，

a）吸引力　　　　　　　　　　　　b）排斥

图 5.61　两个磁极之间的力。在此示意图中，上面的磁铁固定（定子），下面的磁铁自由移动（转子）

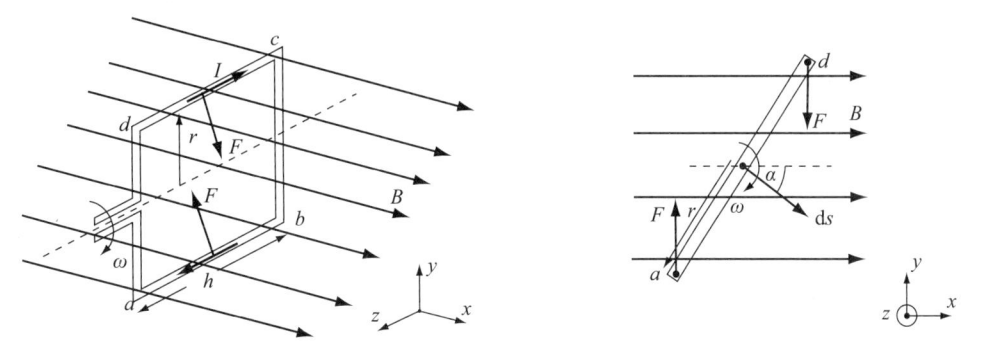

a）力使环路向右旋转，直到环路的区域面积垂直于磁场为止　　　b）力与环路位置之间的关系

图 5.62　磁场中的一个环路，显示环路中作用在电流上的力

$h$ 是构件的长度］。该力将使线圈旋转到右半圈，直到线圈垂直于磁场。请注意，洛伦兹力始终垂直于电流和磁场。为了使电动机在线圈到达此位置时连续运行，回路中的电流会反向（换向），并且假设由于惯性，线圈会稍微旋转超过垂直位置，则力现在将继续使其沿顺时针方向旋转额外的半圈，以此类推。还要注意，线圈上的力是恒定的（与位置无关）。显然，必须解决一些额外的问题，否则整个循环可能会卡在垂直位置。然而，在不使问题复杂化的前提下，从这种配置中可以明显看出，电动机产生力，作用在回路上的力产生转矩。后者可表示为

$$T = 2BIhr\sin\alpha\,[\mathrm{N\cdot m}] \tag{5.65}$$

其中 $r$ 是线圈的半径。如果使用多个线圈，则将力以及由此产生的转矩乘以线圈数 $n$。这种特殊的配置是需要换向的，这个需求可以通过机械或电子的方式来实现。图 5.63a 显示了机械换向器和产生磁场的永磁体定子的相同配置，这是一台简单的直流电动机。当线圈旋转时，换向器也随之旋转。在每圈结束时，与电刷的接触会在适当的时刻使电流反向。线圈的数量可以增加到两个，如图 5.63b 所示。在这种情况下，换向器上有四个接头，因此每个线圈均按照适当的顺序通电，以确保连续旋转。在这类电动机的实际应用中，使用了更多的绕圆周等距分布的线圈，并连接有附加的换向器。这增加了转矩，并由于换向而使电动机工作得更加平稳。大多数小型直流电动机都是以这种配置或其改型制造的。一种特别的修改方式是使用电磁体作为定子，并为磁场添加额外的磁极（也要等距分布）。图 5.64 显示了一个带有两个定子磁极和八个旋转线圈的小型电动机（请注意它们的缠绕方式）。铁的加入增加了力和转矩。这种电动机被称为交直流两用电动机，可以在直流电或交流电上运行，并且可能是交流供电的手动工具中最常见的电动机。它们可以产生相当大的转矩，但这种电动机噪声很大。

通常，定子线圈与转子线圈串联连接（串联交直流两用电动机），但也可以并联连接。

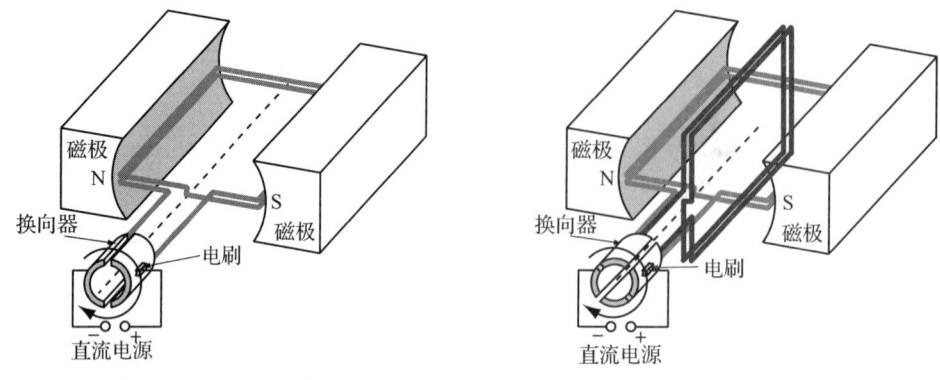

a）带有两个换向接头的单线圈　　b）两个垂直线圈，每个线圈有一对换向接头。电刷是静止的

图 5.63　换向直流电动机

图 5.64 中的电动机是一种用于手动工具的高速交直流两用电动机。它还显示了这些电动机中常见的一个问题，即在正常操作中，当电刷（碳触头）在换向器上滑动时，会因产生火花而损坏换向器。随着时间的推移，这些电刷也会磨损，从而降低电动机的性能。

在许多应用中，尤其是在低功率直流应用中，这种基本配置的一种改进是使用一对（或更多对）永磁体产生磁场，并由绕组产生多个磁极，如图 5.65a 和图 5.65b 所示。在这种情况下，转子上

图 5.64　交直流两用电动机的转子和定子。注意线圈的缠绕方法和对换向器的损坏

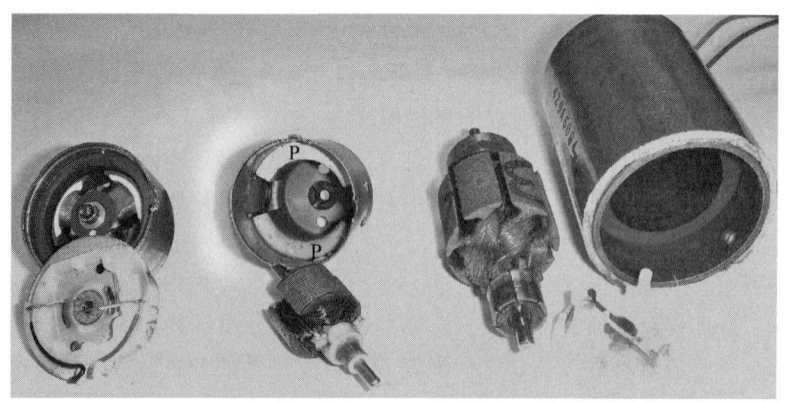

a）三极转子　　b）两极定子　　c）七极转子，两极定子。滑动的"电刷"在图的底部可见。在大型电动机中，电刷由碳或石墨制成

图 5.65　三个小型电动机，分别显示转子、定子和换向器

有三个磁极，定子上有两个磁极（在图 5.65b 中标记为 P），确保电动机永远不会在零动力情况下卡住。换向器的工作方式与之前相同，但是因为有三个线圈，所以一次只能给一个或两个线圈通电（取决于旋转位置）。图 5.65c 显示了一个类似但稍大的电动机，该电动机具有七个磁极，并且机械换向器上的触点数量相同。这些电动机通常用在小型驱动器、玩具以及无绳手持工具中，可以通过简单地反转源的极性来反转。

### 例 5.14：换向直流电动机的转矩

基于图 5.63a 的永磁直流电动机具有一个绕有方形线圈的铁转子。这保证了线圈所在的定子和转子之间的间隙中的磁感应强度恒定而且较高。假设磁极产生 0.8T 的磁感应强度，线圈长 60mm，半径为 20mm，匝数为 240 匝。

（a）计算线圈中电流为 0.1A 时，电动机可以产生的最大转矩。

（b）假设现在添加了第二个线圈，如图 5.63b 所示，那么（a）中的答案将如何变化？

**解** 线圈中的磁感应强度是恒定的，这为力和转矩提供了一个简单的表达式。

（a）线圈上的转矩取决于线圈的位置，当磁感应强度平行于线圈的面积时转矩最大［参见图 5.62 和式（5.65）］，垂直时转矩最小。单个环路上的力已在上面计算得出，由式（5.26）可得：

$$F = BIL \ [\text{N}]$$

在这里讨论的电动机中，长度 $L = 0.06\text{m}$，半径 $r = 0.02\text{m}$，电流 $I = 0.1\text{A}$，磁感应强度 $B = 0.8\text{T}$。由于线圈匝数 $N = 240$ 匝，因此作用在线圈上的总力为（图 5.62b 中的力 $F$）：

$$F = NBIL = 240 \times 0.8 \times 0.1 \times 0.06 = 1.152\text{N}$$

无论线圈的位置如何，力都是恒定的。但是，当线圈与磁场平行时，转矩最大，因为力 $F$ 垂直于线圈的平面。因此，最大转矩为

$$T = 2Fr = 2 \times 1.152 \times 0.02 = 0.046\text{N} \cdot \text{m}$$

（b）转矩与（a）中相同，但（a）中的转矩在半圈内从最大值变化到最小值（零），而（b）中的转矩在四分之一圈内从最大值变化到最小值，随着电动机的旋转产生更加平稳的转矩。

### 2. 无刷电子换向直流（BLDC）电动机

直流电动机对于简单的应用可能已经足够了，但是其控制（速度和转矩控制）有些复杂。此外，机械换向器会产生电噪声（会产生火花，因此磁场会干扰电子电路），并且会随着时间的推移而磨损。对于要求更高的设备，例如磁盘驱动器、无人机、空调压缩机、风扇等，可以使用该电动机的一种变体，其中换向以电子方式进行。另外，这类电动机的物理结构通常是不同的，以便能够安装在狭窄的空间中或直接与集成电路结合。这些电动机通常是扁平的，转子往往只是一个圆盘。另一个重要的方面是，由于换向是电子的，因此线圈是固定的，而磁铁是旋转的。这些电动机可以看作步进电动机的一种（我们接下来将讨论步进电动机），但是无刷直流电动机通常用于连续旋转，因此在这里对其进行讨论。

要了解它们的工作情况，可以参考图 5.66。图中展示了一个小型 BLDC 电动机，定子由六个线圈组成。转子已从轴承中取出并倒置，以露出定子和转子的结构。线圈直接放置在印

a）分离的转子和定子的视图　　b）转子的近距离视图，显示了各个磁体之间的间隔（较浅的条带）

图 5.66　一种扁平的电子换向直流电动机（无刷直流电动机或 BLDC 电动机）

刷电路板上。如图 5.66a 所示，转子有一个由八个独立磁体组成的环，这些磁体的面朝线圈的一侧（图中朝上）具有交替的磁场（通过分割磁体的亮线可以区分每个单独的磁体，如图 5.66b 所示。还要注意放置在三个线圈中间的三个霍尔元件，这些元件用于检测旋转磁体的位置，以控制旋转的速度和方向。电动机的运行依赖于两个原则。首先，定子和转子的节距不同（六个线圈，八个磁体）。其次，感测磁体的位置，并且将该信息用于驱动线圈、测量速度以及反转旋转方向。通过驱动连续的线圈对，可以使该装置向一个方向或另一个方向旋转。从三个霍尔元件获得切换线圈的准确时序，如图 5.67 所示。假设初始条件如图 5.67a 所示，霍尔元件感测到线圈相对于磁体的初始状态，从而可以定义可预测的旋转方向。为避免杂乱，磁体在圆形线圈的后面显示，其极性在圆周边缘显示。线圈显示为灰色圆圈，其极性（面向磁体的一侧）用黑色表示。线圈的电气连接如图 5.67e 所示（这里是三相星形连接）。现在，假设在图 5.67e 中的 $a$ 点和 $b$ 点之间连接了一个给定极性的电压。线圈 1 和 4 以及线圈 2 和 5 被驱动，其极性如图 5.67a 所示。也就是说，线圈 1 和 4 面向磁体的是 S（南）极，而线圈 2 和 5 面向磁体的是 N（北）极。

线圈 1 将排斥磁体 1 并吸引磁体 2，线圈 4 将排斥磁体 5 并吸引磁体 6。类似地，线圈 2 将排斥磁体 2 并吸引磁体 3，线圈 5 将排斥磁体 6 并吸引磁体 7。这将使转子（磁体）逆时针旋转，直到线圈 1 与磁体 2 居中对准且线圈 4 与磁体 6 居中对准。接下来，通过在图 5.67e 的 $b$ 点和 $c$ 点之间连接相同极性的电压，以相同的方式驱动线圈 2 和 5 以及线圈 3 和 6（如图 5.67b 所示）。此时，线圈 2 将排斥磁体 3 并吸引磁体 4，线圈 5 将排斥磁体 7 并吸引磁体 8，线圈 3 将排斥磁体 4 并吸引磁体 5，线圈 6 将排斥磁体 8 并吸引磁体 1。同样，磁体被迫向左旋转，直到线圈 2 与磁体 4 居中对准，线圈 5 与磁体 8 居中对准，如图 5.67c 所示。现在，重复这个过程，但是线圈 3 和 6 以及线圈 1 和 4 是通过在点 $c$ 和 $a$ 之间连接具有适当极性的电压来驱动的。线圈 3 和 6 分别吸引磁体 6 和 2，线圈 1 和 4 分别吸引磁体 3 和 7，磁体再次逆时针旋转，直到线圈 3 与磁体 6 对准，线圈 6 与磁体 2 对准，如图 5.67d 所示。查看图 5.67d，

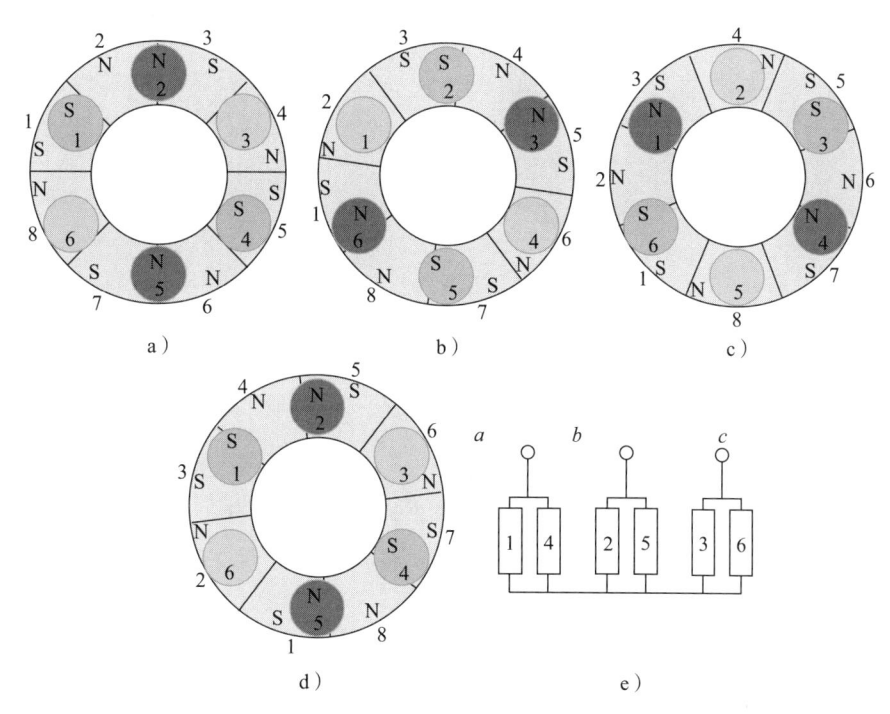

图 5.67　图 5.67a~图 5.67d 表示扁平无刷直流电动机的工作。圆圈表示线圈，线段表示具有交替极性（标记）的磁体。图 5.67e 表示线圈的连接。在每个步骤中，在 $a$ 与 $b$，$b$ 与 $c$ 或 $c$ 与 $a$ 之间连接一个具有适当极性的电压

可以看出其与图 5.67a 所示状态相同。在上述三个步骤的最后，转子已逆时针旋转了 1/4 圈。现在无限重复该序列。这就是所谓的三相操作，可以通过数字方式完成，因为所需要的只是确定磁体的位置，并按照上述顺序驱动相对的线圈，在每个步骤中驱动两对线圈。请注意，通过使线圈电流反向，N 极会逆着磁体运行，并且旋转方向相反。

这种类型的电动机是大多数数字设备（如磁盘驱动器）和许多其他设备的常见选择，因为它可以非常容易地控制，并且其控制本质上是数字的。但是，这种电动机也可以用于其他应用，并且效果更好。在这种情况下，这类电动机的优势是速度可以被轻松地控制。人们可以利用三相定时来实现对速度的任意控制。然而，在磁体和线圈的实际结构、形状和数量等方面有许多变化。图 5.68a 显示了另一种形式，在这种情况下，磁体被放置在转子边缘的内侧，线圈缠绕在磁芯上以增加转矩。用于电动模型飞机的三相 BLDC 电动机如图 5.68b 所示，其转速最高可达 70 000 转每分（rpm）。

BLDC 电动机的另一项改进是省去了用于感应的霍尔元件，并且使用线圈本身作为传感器，通过监测线圈在非驱动期间的感应电动势来进行定位，这允许在无传感器模式下控制电动机。虽然控制更为复杂，但是不需要单独的霍尔元件来感测位置，图 5.68b 中的电动机就是这种类型。

a）电子换向直流电动机的定子（左）和转子（右）。磁体放置在转子的内部边缘上。还要注意用于感应转子的三个霍尔元件

b）无传感器BLDC电动机。注意定子周围的永磁体

图 5.68　电子换向直流电动机的定子和转子，以及无传感器 BLDC 电动机

### 例 5.15：BLDC 电动机的运行

图 5.67 所示的 BLDC 电动机按照图 5.69a 给出的脉冲序列运行。在该序列中，$V_{ab}$ 在 $a$ 处为正，在 $b$ 处为负，$V_{bc}$ 在 $b$ 处为正，在 $c$ 处为负，$V_{ca}$ 在 $c$ 处为正，在 $a$ 处为负。它的六个线圈连接在一起，如图 5.67e 所示。

假设线圈绕组的配置为：当电流通过线圈向下流动时，其南磁极面向转子磁体，而当电流向上流动时，其北磁极面向转子磁体。

（a）计算给定脉冲的转速（以 rpm 为单位）。

（b）给出使电动机以 900rpm 的速度反向转动需要的电压 $V_{ab}$、$V_{bc}$、$V_{ca}$。

**解**　（a）图 5.69a 中的三个脉冲产生的序列如图 5.67 所示。然而，这只是一圈的四分之一，也就是说，在施加上述三个脉冲的情况下，线圈 1 从磁体 1 和 2 之间的原始位置移动到磁体 3 和 4 之间的新位置。在磁体 5 和 6 之间移动需要三个脉冲，然后在磁体 7 和 8 之间移动需要三个脉冲，最后三个脉冲在磁体 1 和 2 之间移动，这正是序列开始的地方。这意味着总共需要 12 个脉冲，每个脉冲宽度为 10ms 才能完成旋转。转速为 $60/(12\times10\times10^{-3}) = 500$rpm。

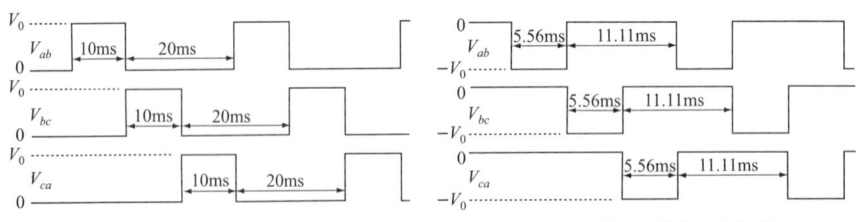

a）以每分钟500转的速度旋转

b）以每分钟900转的速度旋转

图 5.69　图 5.67 中电动机的脉冲序列以不同速度旋转

（b）所需的电压如图 5.69b 所示。电压 $V_{ab}$、$V_{bc}$、$V_{ca}$ 显示为负，但这仅表示电动机将由连接电压 $V_{ba}$（极性在 $b$ 处为正，在 $a$ 处为负）、$V_{cb}$（在 $c$ 处为正，在 $b$ 处为负）和 $V_{ac}$（在 $a$ 处为正，在 $c$ 处为负）驱动。为了使转子以 900rpm 的转速旋转，脉冲宽度必须为 $\Delta t = 60/(900\times 12) = 5.555\times10^{-3}$s。

**3. 交流电动机**

除了直流电动机，还有各种各样的交流电动机。最常见的传统电动机是感应电动机中的一些变种的电动机类型。在不详细介绍其结构的情况下，我们可以先回到图 5.62 来理解感应电动机，但此时的磁感应强度是一个交流场。此外，旋转线圈短路（未连接外部电流）。交流磁场和线圈起到变压器的作用，并且由于线圈短路，在线圈中感应出了交流电流。

根据楞次定律，线圈中的电流一定会产生一个相反的磁场，然后迫使线圈旋转。因为此时没有换向，所以连续旋转是通过旋转磁场来实现的。也就是说，假设提供了一个垂直于图 5.62 所示磁场的附加场，然后可以在线圈旋转半圈后将该磁场打开，使线圈继续旋转。在实践中的做法的不同之处是，我们通过使用交流电源的相位来形成旋转磁场，如图 5.70 所示，用于三相交流电动机（图中显示了用作转子的磁体，而短路的线圈充当的也正是磁体）。当电源的相位随时间变化时，它们会产生旋转磁场，从而拖动转子，影响旋转。

感应电动机在电器中非常常见，因为它们工作时的噪声小、效率高，最重要的是以恒定的速度旋转，该速度仅取决于磁场的频率和磁极的数目。它们也用于需要恒速的控制装置。除了开和关，感应电动机的控制比直流电动机要复杂得多，特别是当需要变速时。一个小型感应电动机如图 5.71 所示。

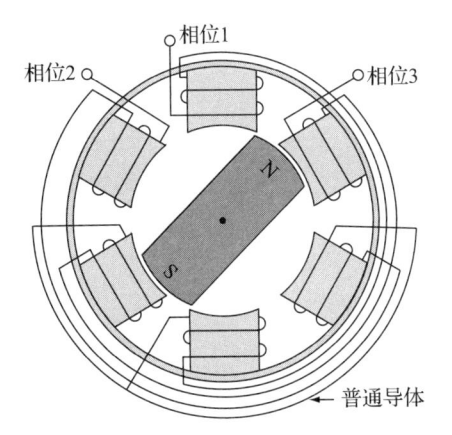

图 5.70　一种基于磁场旋转的电动机。在感应电动机中，磁体由短路的线圈代替

图 5.71　小型感应电动机

当然，还有其他具有特定性能特征的交流电动机类型。

**4. 步进电动机**

步进电动机是增量旋转或线性运动电动机，它们通常被视为"数字"电动机，因为每个增量的大小都是固定的，增量由一系列脉冲产生。要了解它们的运行，我们首先考虑图 5.72a 的配置，这是一台两相步进电动机，使用永磁体作为转子，可以简单地描述其运行，所示电流对应于被驱动的两个相位（$Ph_1 = 1, Ph_2 = 1$）。通过适当地驱动两个线圈，可以使转子逐步旋转，这两个线圈又限定了定子的磁极。要查看步进序列，请参见图 5.72b。

通过驱动两个垂直线圈，磁体保持与线圈 1 垂直对齐。此时，如果按图 5.72c 驱动两个线

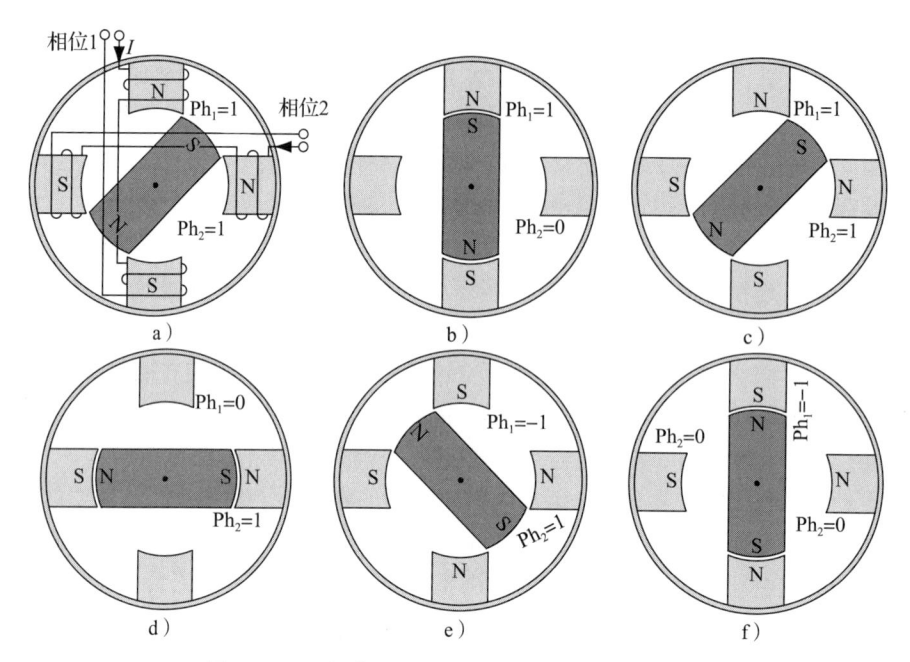

图 5.72 两相步进电动机的示意图及半步进序列

圈，转子将向右旋转，在旋转 45°时静止。这是此步进电动机中可能的最小旋转或步进，称为半步进。如果现在使垂直线圈断电，而水平线圈保持通电，则磁铁将再旋转四分之一圈到图 5.72d 中的位置。在下一步中，垂直线圈中的电流为负，水平线圈中的电流为正，得到图 5.72e 中的情况。反转垂直线圈电流并将水平线圈设置为零（无电流，见图 5.72f），电动机至此完成半圈的旋转。这款简单的电动机步进速度为 45°，需要八步才能旋转完一整圈。如果要沿相反方向旋转，则必须反转表 5.9 中的序列。上面的序列表明了以下内容：

1）步长（步数）取决于定子中的线圈数目，以及后面会提到的转子中的磁极数目。
2）在每一步只使用一个定子线圈（单相）就可以完成全步进（在本例中是 90°）。
3）转子中更多的线圈和更多的磁极将产生更小的步进。
4）转子和定子中的磁极数目必须是不同的（转子中的极数更少）。
5）转子中的磁场可以由永磁体或线圈产生。我们会发现这两者都不是真正必要的。步进电动机可以单独使用铁转子来制造。

表 5.9 将图 5.72 中电动机顺时针旋转一整周（八步）所需的顺序如下

| 步进 | $S_1$ | $S_2$ | 步进 | $S_1$ | $S_2$ |
| --- | --- | --- | --- | --- | --- |
| 1 | 1 | 1 | 5 | -1 | -1 |
| 2 | 0 | 1 | 6 | 0 | -1 |
| 3 | -1 | 1 | 7 | 1 | -1 |
| 4 | -1 | 0 | 8 | 1 | 0 |

注：0 表示无电流，1 表示正向电流，-1 表示反向电流。反转序列将使电动机逆时针旋转。步进 2、4、6 和 8 显示了全步进序列。

从前面的讨论可以清楚地看出，尽管图 5.72 中的结构能够进行半步进，但它也可以通过跳过表 5.9 中的第 1 步、第 3 步、第 5 步和第 7 步来完成全步进（即以 90°为增量）。也就是说，同一步进电动机可以在一个序列中更快或更慢地移动。

假设图 5.72 中转子的永磁体被一块未磁化的铁代替。由于定子线圈产生的磁场会使铁磁化（即电磁体将吸引这块铁），上述操作仍然能正常运行，此时转子的制造要简单得多。这种类型的步进电动机称为**可变磁阻式步进电动机**，是生产步进电动机的常用方式。电动机的原理如图 5.73a 所示。要使它工作，我们首先将标记为 2 的线圈通电使其运行，此时转子会逆时针移动一步。然后，将标记为 3 的线圈通电，转子向左移动一步，以此类推。而通过反转顺序（先驱动 3 号线圈，然后驱动 2 号线圈，以此类推），我们可以实现电动机在相反方向的旋转。

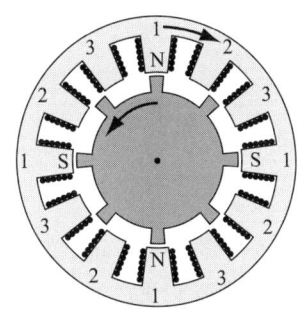

a) 一种实际的步进电动机，定子有12个磁极，转子有8个磁极。该电动机为三相可变磁阻式步进电动机

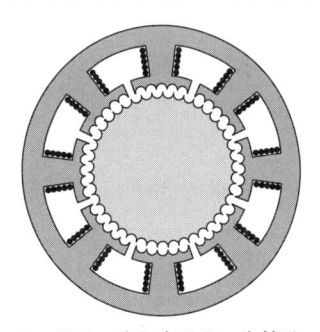

b) 8极（40齿）定子和50齿转子可变磁阻式步进电动机

图 5.73　步进电动机

假设定子磁极数为 $n_s$，转子磁极（本例中为齿）数为 $n_r$。定子和转子的节距定义为

$$\theta_s = \frac{360°}{n_s}, \quad \theta_r = \frac{360°}{n_r} \tag{5.66}$$

则步进电动机的步长为

$$\Delta\theta = |\theta_r - \theta_s| \tag{5.67}$$

在图 5.73a 所示的例子中，定子有 12 个磁极，转子有 8 个磁极。因此，全步进角可以计算如下：

$$\theta_s = \frac{360°}{12} = 30°, \quad \theta_r = \frac{360°}{8} = 45°, \quad \Delta\theta = |45° - 30°| = 15° \tag{5.68}$$

遵循上述原理，通过适当的驱动可以实现半步进。例如，通过驱动线圈 1，得到如图所示的情况。如果同时驱动线圈 1 和线圈 2，转子将逆时针移动半步（参见例 5.17）。该步进电动机全步长可达 15°。因为驱动序列在三个步进后会沿着某一方向重复，所以该步进电动机为三相步进电动机。请注意，这里定子的磁极数大于转子的磁极数。反之，转子磁极数大于定子磁极数也同样有效，并且通常与可变磁阻式步进电动机结合使用。

如图 5.73b 所示，为了简化结构，转子由 $n_r$ 个齿组成，定子由固定数目的磁极（例如 8 极）组成，并且每个磁极都是齿形的。注意，在本例中，转子的齿（50 个）比定子的齿（40

个）多，产生的步长为1.8°（360/40~360/50）。图中电动机为一个四相电动机（它需要一个有4个脉冲的序列，无限重复）。

### 例5.16：200步/转电动机

200步/转电动机是一种最常见的步进电动机。它通常由定子中的8个磁极组成，每极分为5个齿，共40个齿。转子有50个齿，如图5.73b所示。全步距角的计算如下。

定子齿距为

$$\theta_s = \frac{360°}{40} = 9°$$

转子齿距为

$$\theta_r = \frac{360°}{50} = 7.2°$$

因此，全步长为

$$\Delta\theta = 9° - 7.2° = 1.8°$$

每转的步数为360°/1.8°=200。

**注意**：通过将转子一分为二，并以1/2齿的速度移动一半的转子，同一电动机能够实现半步进（0.9°/步或400步/转）。也可以像上述例子和下面例子所讨论的，通过适当地驱动线圈来实现半步进而不需要拆分转子，参见例5.17。

### 例5.17：可变磁阻式步进电动机的半步进

考虑如图5.73a所示的可变磁阻式步进电动机，给出产生顺时针方向的半步进运动的驱动序列。

**解** 从图5.73a所示的位置开始，也就是说，序列的第一步是驱动线圈1。为了顺时针移动，需要将转子齿吸引到与其对齐的定子齿的左侧（在这种情况下，该齿与磁极1对齐），这意味着我们必须驱动线圈3和1。这会将转子移动到图5.74a所示的位置。接下来，我们驱动线圈3得到图5.74b所示的结果。此时，同时驱动线圈3和2（见图5.74c），然后驱动线圈2，再同时驱动线圈1和2。下一步是单独驱动线圈1回到图5.73a中的起始步骤。因此，驱动序列为1→1+3→3→3+2→2→2+1。

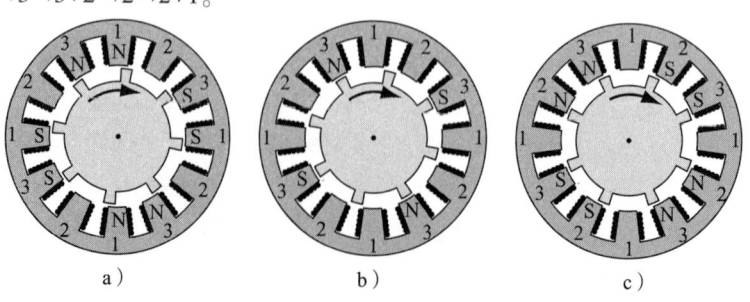

图5.74 图5.73a中所示的可变磁阻式步进电动机半步进所需的序列。从图5.73a中的位置开始，这三幅图显示了前三个半步以及必要的线圈驱动序列

一般来说，可变磁阻式步进电动机更为简单，生产成本更低。但是，当不通电时，其转子可以自由旋转，因此无法保持其位置不变。步进电动机中的永磁转子具有一定的保持能力，在断电条件下仍将保持转子位置不变。

在以上描述中，步进电动机有一个转子和一个定子。为了使电动机的节距越来越小（步长更小），我们可以在单个轴上使用多个转子。这种电动机称为多堆叠式步进电动机，它们可以通过保持一组磁极（转子或定子上的）相等来实现这个目标，但也可以改变另一组磁极的间距，从而实现更精细的步进。因为现在节距在堆叠之间而不是在一个堆叠之内变化，所以实现更细的节距是可能的。缺点是其驱动序列比单转子电动机更加复杂。通常，定子和各转子的齿数相同，但两个转子之间相距半个齿（对于两叠转子）。图 5.75a 中显示了一个八极（定子）、双堆叠电动机的例子。该电动机的每个转子上有 50 个齿，定子上有 40 个齿。转子被磁化，所示电动机的步长为 1.8°，但通过适当的驱动能够实现 0.9°的步长。我们不再深入讨论这些电动机，因为它们与单叠电动机在本质上没有什么不同。

a）具有永磁转子的双堆叠步进电动机（1.8°步长）　　b）两个小型步进电动机。左侧为磁盘驱动器上的电动机，右侧为喷墨打印机的进纸电动机

图 5.75　不同类型的步进电动机

步进电动机从小到大有各种尺寸，目前是精确定位和驱动的首选电动机。但是，它们本身比直流电动机等其他电动机更昂贵、功耗更低。但由于其简单的控制和准确性，以及可以通过数字控制器驱动，且每相仅需一个晶体管或金属氧化物半导体场效应晶体管即可提供所需电流，额外的成本通常也可以让人理解。

人们可以很容易地在工业控制中找到步进电动机，就像在打印机、扫描仪和照相机等消费产品中找到它们一样容易。在这些应用中，电动机能够以准确、可重复的步长在可预测的序列中步进，以实现快速定位。这些电动机通常具有较低的惯性，因此可以在两个方向上快速响应。在这方面，它们完全能够融入快速系统，同时仍然保持其直接驱动的能力。两个小型步进电动机如图 5.75b 所示。

**5. 线性电动机**

传统电动机自然适合旋转运动。然而，旋转电动机不能直接满足线性驱动的需求。在这种情况下，可以使用凸轮、螺杆驱动器、皮带等将旋转运动转换为直线运动。另一种越来越流行的选择是采用线性电动机。事实上，我们已经讨论了两种线性运动的方法，一种在 5.7

节（微动磁致伸缩电动机），另一种在 5.9.1 节（音圈执行器）。

无论是连续运动还是步进运动的线性电动机，都可以看作一个被切割并展平的旋转电动机，这样转子就可以在定子上直线滑动，如图 5.76 所示。请注意，滑块或平移器（等效于转子）可以具有任意数量的磁极，为清楚起见，这里只显示了四个。从图 5.76a 中的初始状态开始，驱动滑动杆，吸引其向右移动。当它们经过定子磁极时将其换向，极性改变，如图 5.76b 所示，再次迫使其向右运动。这只是一台换向的直流电动机。向左移动需要相反的序列。基于此描述，上述任何电动机，包括感应电动机，都可以被构造为线性电动机。根据应用的不同，定子可能很长（例如列车的直线驱动器中，定子的长度有可能等于钢轨的长度），也可能相当短。

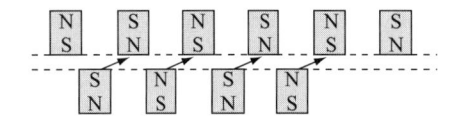

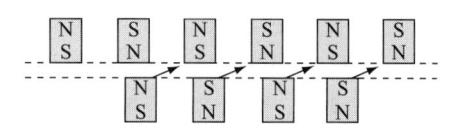

a）平移器（底部）向右移动，直到其在定子磁极下方居中　　b）平移器的极性被转换，以产生新的步进

图 5.76　线性电动机原理

如图 5.77 所示，可以制造一个可变磁阻式线性步进电动机。该电动机等效于图 5.73a 中的旋转电动机。但是，此时节距是以长度为单位（每步多少毫米）来度量的。在这个序列中，我们假设定子磁极被驱动，并且转子仅仅是一个纯齿状铁片（可变磁阻式电动机）。序列如下：从图 5.77a 中的配置开始，标记为 1 的磁极被交替驱动为 N 和 S。滑块向右移动，直到齿 A 与磁极 1 对齐为止，如图 5.77b 所示。此时，磁极 3 像之前一样被驱动，滑块再次向右移动，直到齿 B 与磁极 3 对齐为止，如图 5.77c 所示。最后，驱动磁极 2，完成循环，此时滑块和定子之间的关系与序列开始时一样。转子中的永磁极也可以实现同样的效果。从图 5.77 可

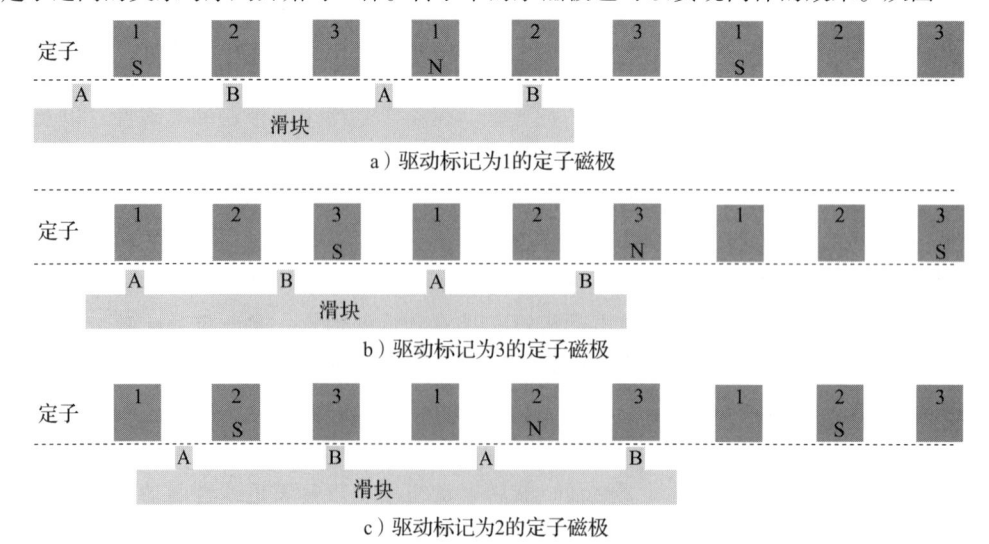

a）驱动标记为1的定子磁极

b）驱动标记为3的定子磁极

c）驱动标记为2的定子磁极

图 5.77　定子驱动的三相线性步进电动机的运行

以看出，定子和滑块的节距是不同的。定子中每四个磁极对应滑块中三个齿。因此，每一步等于定子的节距的一半（即在每一步中，一个齿从两个磁极的中间移动到下一个磁极的中心，反之亦然）。当然，我们可以通过改变齿数来改变节距。在此处描述的电动机中，向右运动的序列为 1→3→2。将顺序更改为 (3→1→2) 就可以实现向相反的方向移动。

在许多线性步进电动机中，驱动滑块比驱动定子更实用，因为定子可能很长，而滑块通常很短，但原理都是一样的。图 5.78 展示了一种可变磁阻式线性步进电动机（包括永磁极），其中滑块与定子分离并反转以露出其磁极（四个磁极，每个磁极上有六个齿）。它们相隔 1mm。定子上的齿略小，使该装置可以实现精细的步进运动。

使用电动机作为执行器还涉及许多其他问题，有些是机械问题，有些是电气问题。它们的一些用途，包括交流电机的启动方法、逆变器、电源、保护方法等，不在本文讨论范围之内。

图 5.78　一种可拆卸的线性步进电动机，带有驱动平移器，图中显示了平移器和定子的磁极

**6. 伺服电动机**

5.9.2 节中讨论的步进电动机的优点之一是，能够基于精确且可重复的步长轻松地实现定位。但步进电动机除了功率相对低以外，还具有一些明显的缺点。这些问题包括效率低、负载低、加速度低、转矩与惯性比较低以及显著的噪声，特别是在高速运行时。此外，如果错过一个或多个步骤，定位能力将会受到影响，除非向控制器中引入某种形式的反馈。而伺服电动机可以克服其中许多问题。尽管名为伺服电动机，但它并不是另一种类型的电动机。相反，它是一个包括常规电动机和反馈机制的系统，与闭环控制器相结合，可以实现精确的角度或直线定位，并可以控制电动机的速度和加速度。这些系统在自动化、机器人技术、加工和机械中的 CNC（计算机数控）、自动对焦镜头、从玩具到飞机的自动驾驶中的 RC（无线电控）以及许多其他应用中都至关重要。电动机可以是与编码器耦合的直流或交流电动机。图 5.79 显示了一种用于机器人和模型车辆遥控的小型伺服电动机。

图 5.79　一种用于机器人和模型应用的小型伺服电动机

根据所使用的编码器类型和应用，控制策略各不相同，但通常需要在控制器要求的条件（例如位置）与编码器生成的位置信号之间进行比较。两者之间的差为误差信号，然后控制器通过沿正确方向旋转电动机来使误差信号最小化。当误差信号为零时，可以获得电动机的正确位置。电动机中简单数字控制策略的一个示例如图 5.79 所示，由电位器（用作编码器）产生的内部脉宽调制（PWM）信号和外部提供的位置指令（也是 PWM 信号）组成。PWM 信号由一系列

固定频率的脉冲组成,其中信息由脉冲的宽度进行表示(将在第 11 章中详细讨论)。如果两个脉冲的宽度匹配,则电动机停止运行。负差使电动机沿一个方向旋转,而正差使电动机沿相反方向旋转。在大多数这种类型的伺服电动机中,运动被限制在一定的度数内。PWM 信号的频率通常为 50Hz,脉冲宽度根据电动机的运动范围在 1~2ms 之间。电动机通常采用小而轻的封装,在低工作电压下能提供相当大的转矩。

工业控制中需要更复杂的编码和更高的功率,以及对电动机速度和加速度的控制,并可能采用额外的机制(如用于速度控制和调节的调速器),但以上概述的原理至少在基本级别上适用于大多数伺服电动机。

### 5.9.3 磁螺线管执行器和电磁阀

磁螺线管执行器是一种电磁体,其设计目的是通过利用电磁体施加在铁磁材料上的力来影响线性运动。为了理解其运行,考虑图 5.80a 中的配置,线圈在任何地方都会产生磁场,包括固定铁片和活动铁片之间的间隙。我们将活动铁片称为活塞。在闭合的磁路中,如图 5.80b 所示的螺线管,其活塞和固定铁片之间的气隙中的磁感应强度(近似)为

$$B = \frac{\mu_0 NI}{L}[\text{T}] \tag{5.69}$$

其中 $N$ 是线圈中的匝数,$I$ 是线圈中的电流,$L$ 是间隙的长度(见图 5.80a)。这个公式是近似的,因为它忽略了活塞和固定铁片之间气隙之外的磁场的影响,并且当 $L$ 接近零或 $L$ 很大时不适用,它还假定了计算磁感应强度的横截面积是恒定的。然而,在许多情况下,它提供了很好的磁感应强度近似值,尤其是在图 5.80b 所示的情况下,由于铁的高磁导率,磁场通过铁结构闭合。这里使用的方法称为"虚位移法",类似于式(5.14)中用于获得静电力的方法。施加在活塞上的力为

$$F = \frac{B^2 S}{2\mu_0} = \frac{\mu_0 N^2 I^2 S}{2L^2}[\text{N}] \tag{5.70}$$

其中 $B$ 为间隙中的磁感应强度,由垂直于铁片表面的线圈产生,$S$ 为活塞的横截面积,$\mu_0$ 是间隙中自由空间(空气)的磁导率。

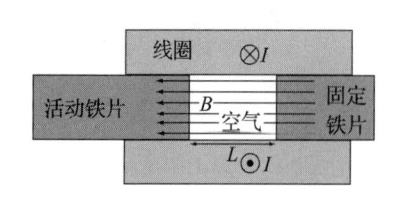

a)线圈在固定铁片和活动铁片之间的间隙中产生磁场

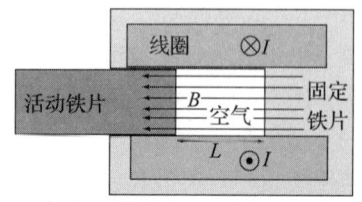

b)一种更实用的构造,可确保磁通量闭合并增加磁感应强度,从而增加作用力的大小

图 5.80 磁螺线管执行器

活塞上的力趋向于封闭间隙,该运动是电磁阀执行器产生的线性运动。随着活塞关闭间

隙，因为 $L$ 减小，力会增加。图 5.80b 所示的结构更为实用，因为它在活塞中产生轴向磁场，并关闭外部磁场，从而使活塞处的总磁场更大。在这种形式下，该装置用作简单的通止执行器，也就是说，通电时间隙关闭，断电时间隙打开。这种类型的装置通常用于电动释放门上的插销中、作为打开/关闭流体或气体阀门的手段或用于与自动变速器中的齿轮等机械装置啮合。小型线性螺线管执行器的示例如图 5.81a 所示。线性活塞的一种改进方式是旋转或角度螺线管执行器，其示例如图 5.81b 所示。在此示例中，转子可以沿任一方向移动半圈。转子与线性情况下的活塞等效，由永磁体制成，以增加作用力。

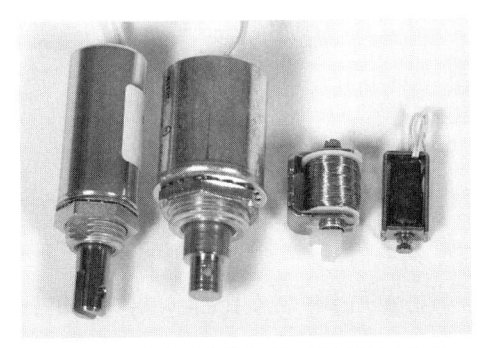

a）两个线性螺线管执行器。活塞显示在设备的中间，并连接到由它们驱动的物体上

b）角度螺线管执行器。此处，转子（相当于活塞）是永磁体

图 5.81 不同类型的螺线管执行器

基本的螺线管执行器常被用作阀门的运动机构，其基本配置如图 5.82 所示。这些阀门在流体和气体的控制中非常常见，并且有多种尺寸、结构和功率级别。它们不仅存在于工业生产过程中，还存在于洗衣机、洗碗机、冰箱等家用电器，以及汽车和各种其他产品中。在这种情况下，执行杆（活塞）作用在弹簧上，通过适当地驱动经过螺线管的电流，其运动可以根据速度和施加的力来控制。类似的结构几乎可以操作和控制任何需要线性（或旋转）运动的物体。然而，执行杆的行程相对较小，在 10~20mm 范围内，并且通常会更小。

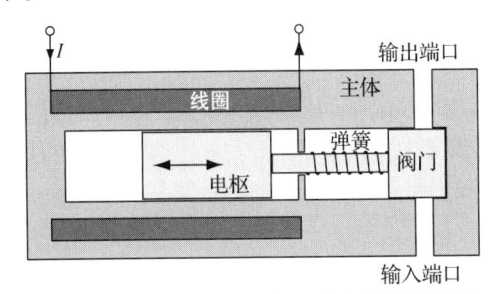

a）阀门螺线管执行器的原理，显示了线圈和复位弹簧。在本例中，阀门会关闭或打开一个孔

b）一种用于流体流量控制的电螺线管阀门，由磁线圈（28V或110V交流电）控制

图 5.82 阀门螺线管执行器的原理及实体图

一种用于流体流量控制的磁阀如图 5.82b 所示。图 5.83 显示了一个用于控制气流的较小的阀门。螺线管的直径约为 18mm，长为 25mm，工作电压为 1.4V，电流为 300mA。

图 5.83 一种用来控制流向活塞的气流的阀门

a) 螺线管和阀门　　b) 螺线管的细节

**例 5.18：由线性螺线管执行器产生的力**

螺线管执行器有一个直径为 18mm 的圆柱形活塞，总行程为 10mm（图 5.80b 中的 L）。线圈匝数为 2 000 匝，并以 500mA 的恒定电流源供电。计算螺线管可以施加的初始力（即当间隙为 10mm 时）以及活塞移动 5mm 后的力。

**解** 初始力是最重要的参数，因为该力必须起作用才能产生动作（例如打开锁）。可以直接由式（5.70）计算得出，其中 $N=2\,000$，$I=0.5$A，$L=0.01$m，$\mu_0=4\pi\times10^{-7}$H/m，则产生的力为

$$F=\frac{\mu_0 N^2 I^2 S}{2L^2}=\frac{4\pi\times10^{-7}\times2\,000^2\times0.5^2\times(\pi\times0.009^2)}{2\times0.01^2}=1.599\text{N}$$

经过 5mm 的行程后，$L=0.005$，力为

$$F=\frac{\mu_0 N^2 I^2 S}{2L^2}=\frac{4\pi\times10^{-7}\times2\,000^2\times0.5^2\times(\pi\times0.009^2)}{2\times0.05^2}=6.395\,5\text{N}$$

正如预期的那样，该力是初始力的 4 倍，因为 L 为初始的 1/2。

**注意**：这些螺线管产生的力不大，但足以打开阀门、打开门锁或拉动机械杠杆来释放装置。另外，它们通常在线圈中消耗相对较大的功率，因此倾向于间歇使用。但是，也有可以连续打开的电磁阀。还要注意，由于在式（5.70）的推导中使用了假设，因此此处执行的计算仅对 L>0 有效。通过考虑铁的路径和磁性的影响，我们可以进行更精确的计算。

## 5.10　电压和电流传感器

在大多数情况下，电压和电流作为传感器的输出进行测量，或者提供给执行器。但是，电压和电流的检测本身很重要，因为它经常被用来影响其他条件。例如，电源输出的控制和

调节需要控制输出电压或电流。要在电力线上保持恒定电压或调节汽车内的电压，需要对电压和电流进行类似的检测。保险丝和断路器是检测电路中电流的器件，当电流超过预设值时断开电路电源，其他装置保护电路不受过压影响。

有许多检测电流和电压的方法，最常见的有电阻法和电感法，但人们也经常使用霍尔元件来检测电压和电流（见例 5.21），另外还有电容法。接下来将讨论直流和交流电压和电流检测的一些原理。

### 5.10.1 电压检测

电位器是一个可变分压器，如图 5.84 所示。尽管使用电位器的目的可能有所不同，但在所有情况下，输入电压 $V_{in}$ 都会被分压以产生输出电压 $V_{out}$，该输出电压可以被视为对电压 $V_{in}$ 的"采样"。即

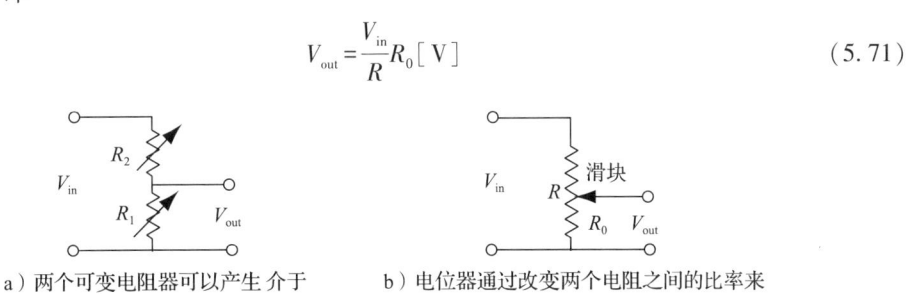

$$V_{out} = \frac{V_{in}}{R} R_0 \ [\text{V}] \tag{5.71}$$

a) 两个可变电阻器可以产生介于 0 和 $V_{in}$ 之间的任何输出电压

b) 电位器通过改变两个电阻之间的比率来实现这一点，而它们的总和保持不变

图 5.84 电位器用作电阻分压器

在图 5.84a 中，$R = R_1 + R_2$，$R_0 = R_1$。电位器有多种物理实现方式。电位器可以是旋转或线性器件，并且其采样可以是线性或非线性的，其中对数电位器在许多应用中是很常见的。在旋转电位器中，电阻建立在圆形路径上，滑块在轴上旋转，对部分电阻进行采样来产生输出。对数标度电位器的电阻是非线性的，在对数标度上变化（有关对数电位器的讨论，请参见例 2.15），并且显示可以是直线的或旋转的。类似地，线性标度电位器也可以是直线的或旋转的。还有具有多匝功能的电位器和无轴的电位器（通常称为微调器），通常使用螺丝刀进行一次或不定期的调整。电子电位器可以产生相同的效果，即通过电子方式对部分电压进行采样。图 5.85 显示了各种类型和尺寸的电位器。通过使用电压 $V_{out}$，电位器可以检测图 5.84 中的电压 $V_{in}$，该电压可能很高，可以调整到比较方便的水平。有时，当 $V_{in}$ 值很高时，我们必须对其使用分压器。该电位器对于直流和交流电压检测同样适用。

普通变压器是另一种检测电压的方法，但此时电压必须是交流电。该变压器已在 5.4.1 节中进行了讨论，如图 5.86 所示。输出电压通过匝数比与输入电压相关，如式（5.31）所示。以图 5.84a 为参考，输出电压为

$$V_{out} = \frac{V_{in}}{N_1} N_2 \ [\text{V}] \tag{5.72}$$

图 5.85 各种类型和尺寸的电位器

与电位器不同，图 5.86a 中的变压器还将采样电压与输入电压隔离开，该特性在混合高低电压时尤为重要，尤其是在基于安全原因需要避免与输入电压接触的情况下。尽管存在可变变压器（见图 5.86b），但它们并不常见，并且与具有恒定匝数比的标准变压器不同，可变变压器的匝数比是可变的。实际上，它是电位器的一种。尽管可变变压器看起来很有用，但由于它们体积大，价格昂贵，而且大多数设计都没有隔离输入和输出，因此人们并不经常使用这种传感器。

电压也可以通过电容分压器以电容方式进行检测，如图 5.87a 所示。输出电压为

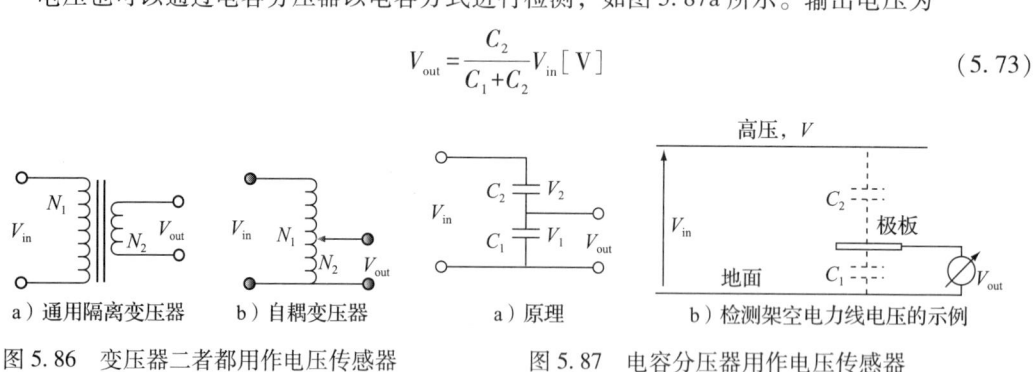

$$V_{out} = \frac{C_2}{C_1+C_2} V_{in} [\text{V}] \tag{5.73}$$

a）通用隔离变压器　　b）自耦变压器　　　　a）原理　　　　　　b）检测架空电力线电压的示例

图 5.86　变压器二者都用作电压传感器　　图 5.87　电容分压器用作电压传感器

电容方法对于无法直接测量的高压测量（采样）特别有用。它同样适用于直流或交流电源。例如，我们可以设想在高压设备中检测高压线路的电压，如图 5.87b 所示。在地面上方一定高度的导线或小极板会形成电容 $C_1$，高压线和极板之间形成电容 $C_2$。一旦测量到（或知道）这两个电容，极板上的电压就可以被校准以监控线路上的电压。之后，我们就可以在极板上检测到线路电压的变化。这种方法很具有吸引力，但基于许多原因而难以实现，尤其是测量仪器（电压表）引起的负载，该负载需要极高的阻抗。然而，在某些应用中，这是一种有用的方法（参见例 5.19）。

**例5.19：高压电源中的电压监控**

在特定应用中，有许多装置都使用高压电源。例如，砂纸通常是在涂上一层胶水后，使用超过100kV的电压将磨料颗粒吸引到纸上制成的。考虑如图5.88所示的这种类型的系统。高压电源施加在长2m，宽1.2m且相距30cm的顶面和底面之间，形成一个电容器。磨料颗粒被放置在底面表面并被吸引到顶部，黏附在纸上。一块面积为S的小极板与下导电面相距很小的一段距离。极板和地之间的电势差连接到微处理器，以监控极板上的高压。如果高压可以在0~100kV之间变化，微处理器工作在5V，那么小极板到底面的距离为多少？

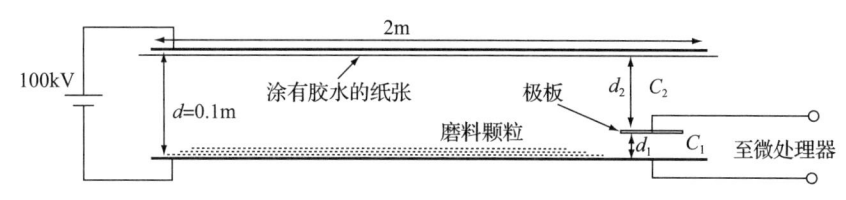

图5.88 砂纸生产机中用作电压传感器的小型电容器

**解** 大的极板彼此相当靠近，形成了平行板电容器。因此，极板之间的电场强度是均匀的，尽管小极板的面积可能不大，但是电容器$C_1$和$C_2$都可以被认为是平行板电容器。假设极板面积为S，我们可以得到（作为近似）：

$$C_1 = \frac{\varepsilon_0 S}{d_1}, \quad C_2 = \frac{\varepsilon_0 S}{d_2} [\text{F}]$$

输入电压为100kV时，输出电压不得超过5V。因此：

$$V_{\text{out}} = \frac{C_2}{C_1 + C_2} V_{\text{in}} = \frac{\varepsilon_0 S/d_2}{\varepsilon_0 S/d_1 + \varepsilon_0 S/d_2} \times 100 \times 10^3 = \frac{d_1}{d_1 + d_2} \times 10^5 = 5\text{V}$$

因为$d_1 + d_2 = d = 30\text{cm}$，所以我们可以将其写成：

$$V_1 = \frac{10^5}{0.3} \times d_1 = 5 \rightarrow d_1 = \frac{1.5}{10^5} = 15 \times 10^{-6} \text{m}$$

请注意，极板的面积是无关紧要的。此外，极板必须防尘，而且距离$d_1$非常小（15μm）。除了这些小困难外，该方法是可行的。

## 5.10.2 电流检测

大多数电流传感器实际上是电压传感器或电流-电压转换器。同样，电流检测也有许多可以使用的方法。在其最简单的形式中，与要检测的电流串联的电阻提供与电流成比例的电压，如图5.89所示。这种简单的方法通常用于检测电源、电动机和转换器中的电流，其中检测到的电流用于控制电流或功率。为了不影响器件的电流和电压，传感电阻必须很小，通常为几分

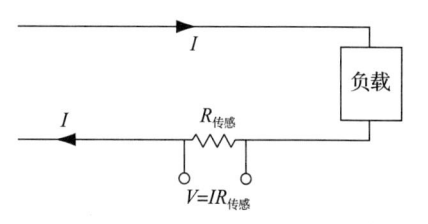

图5.89 作为电流传感器的电阻器。测量已知的小型电阻器上的电压来表示负载中的电流

之一欧姆，但根据电流的不同，它又必须足够大，能够产生 10~100mV 数量级的压降。该电压可以被放大来产生实际应用中必要的控制电压。

另一种常用到交流电的场景是电流互感器，如图 5.90a 所示。实际上，它是一台常规变压器，被检测的电流在单匝的初级绕组中流动，次级绕组的匝数为 $N_2$。电流 $I$ 在初级绕组上产生一个电压，该电压在次级绕组上产生 $N_2$ 倍的电压（参见图 5.90b）。测量出的该电压即可表示导体中的电流。电流互感器有两种基本类型：一种是实心变压器，如图 5.90a 所示，它要求检测到的电流流过铁芯。为了方便使用，一些电流互感器具有铰链铁芯，可以用类似夹子的方式打开，并在测量电流的导体上闭合。第二种类型不使用铁芯，而是基于罗戈夫斯基线圈，如图 5.91 所示。这种方法将线圈均匀地缠绕在圆环上，然后取出圆环，导线的一端穿过线圈本身，这样线圈的两端都可以在线圈的一端使用。这意味着罗戈夫斯基线圈可以放在导体上，便于测量。线圈本身可以进行封装，从而得到物理保护并保持其形状。传感器基于以下原理：载流导线会产生磁感应强度 $B$，如式（5.17）所示。

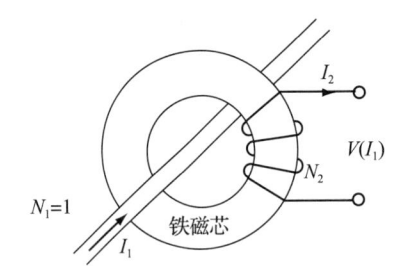

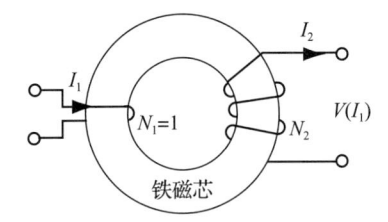

a）作为电流传感器的电流互感器　　b）带载流导体的等效电路显示为单回路

图 5.90　电流互感器和带载流导体的等效电路

罗戈夫斯基线圈没有磁芯，因此，其磁导率为 $\mu_0$（空气或封装材料的磁导率，通常为塑料）。如果线圈的平均半径为 $a$，则线圈中心的磁感应强度为

$$B = \mu_0 \frac{I}{2\pi a} [\text{T}] \quad (5.74)$$

测得的量是线圈中的电动势。假设线圈的半径为 $b$ 且匝数为 $N$ 匝，则根据式（5.60）计算电动势，因此我们首先需要计算磁通量：

$$\Phi = \int_S B \mathrm{d}s \approx BS = B\pi b^2 = \frac{\mu_0 I b^2}{2a} [\text{Wb}] \quad (5.75)$$

如果电流是与时间相关的，我们假设其形式为 $I(t) = I_0 \sin(\omega t)$，其中 $\omega = 2\pi f$，$f$ 为频率，由式（5.60）可得：

$$|\text{emf}| = N\frac{\mathrm{d}\Phi}{\mathrm{d}t} = N\frac{\mu_0 I_0 b^2}{2a}\omega\cos(\omega t)[\text{V}] \quad (5.76)$$

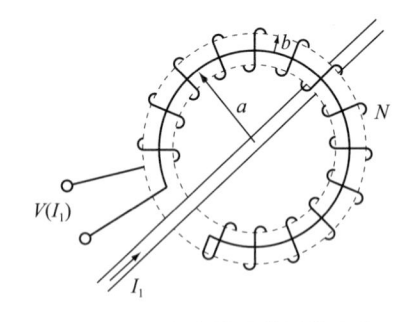

图 5.91　罗戈夫斯基线圈作为电流传感器。由于它不是一个闭合的线圈，因此与图 5.90 中的电流互感器相比，可以更容易地安装在导体周围

或

$$|\text{emf}| = \left(N\frac{\mu_0 b^2}{2a}\omega\right)I_0\cos(\omega t)\,[\text{V}] \tag{5.77}$$

这提供了相对于电流呈线性的电压,并且可以足够大,以便直接测量或在放大之后再进行测量。我们还应注意,对于此类线圈,频率越高,输出电压越高。

如果用图 5.90a 所示的铁磁芯线圈代替罗戈夫斯基线圈,则在上述所有关系中,自由空间的磁导率 $\mu_0$ 将被替换为铁磁芯的磁导率 $\mu$。由于铁磁材料的磁导率高得多,因此在相同的匝数下,线圈能够产生更大的电动势(或者获得相同的电动势需要更少的圈数)。在大多数应用中,铁磁芯呈环状,该环平均半径为 $a$、横截面半径为 $b$,且匝圈均匀地缠绕在磁芯上。这种布置的唯一缺点是,被测量电流的载流导线必须穿过铁磁芯,除非铁磁芯是铰接的,这样它就可以像手持式钳形电流表那样围绕导线打开和关闭。

**例 5.20:用于室内电源监控的电流传感器**

此处需要一个基于罗戈夫斯基线圈的电流传感器来检测进入房屋的电流。在最大预期电流为 200A(均方根[RMS])的情况下,需要使用最大电压幅度为 200mV RMS 的传感器,以便可以将其直接连接至数字电压表上,并且在 0~200mV 刻度范围内直接读取电流。设计一个可实现此目的的罗戈夫斯基线圈。载流导体的直径为 8mm,电网中的交流电为 60Hz 的正弦波。

**解** 式(5.77)中罗戈夫斯基线圈的输出表明我们可以控制三个参数:线圈的平均半径 $a$(但 $a$ 必须大于 4mm 才能安装在导体上),线匝的半径 $b$ 和匝数。由于分母中有 $a$,因此它应尽可能地大。我们将线圈的直径任意设置为 5cm,则 $a = 0.025$m。然后,我们求解 $b^2N$,然后确定 $b$ 和 $N$,以获得合理的结果。根据定义,峰值电流为 $I_0 = 200\sqrt{2} = 282.84$A。但是,因为需要的电压为 RMS 值,所以我们将使用 RMS 值。

最大电动势为

$$\text{emf} = N\frac{\mu_0 I_0 b^2 \omega}{2a} = \frac{4\pi \times 10^{-7} \times 200 \times 2\pi \times 60}{2 \times 0.025}b^2 N = 0.2 \rightarrow$$

$$b^2 N = \frac{0.02}{0.192\pi^2} = 0.1055$$

也就是说,乘积 $b^2N$ 必须为 0.105 5。由于 $b$ 不能太大,我们将线圈的直径设为 10mm($b = 0.005$m)。由此可得:

$$N = \frac{0.1055}{b^2} = \frac{0.1055}{0.005^2} = 4\,222$$

计算得到的匝数很大,但也不是不能实现的。由于可以使用直径小于 0.05mm 的电磁线,因此线圈将需要大约两层紧密缠绕的导线。而对于更粗的导线,比如直径为 0.1mm 的线匝,大约需要紧密缠绕四层。

此处使用的参数可以更改。使用更大直径的线圈将需要更多的匝数,而更大的线匝直径将需要更少的匝数。还要注意,如果我们使用的是高磁导率的磁芯,则匝数会根据磁芯的相对磁导率而减少，但是线圈将是闭合的，因而这类线圈不再是罗戈夫斯基线圈。

式（5.17）[或式（5.74）] 表明，载流为 $I$ 的长导线产生的磁感应强度 $B$ 与电流成正比，与距导线的距离 $r$ 成反比。可以通过测量由电流产生的磁感应强度来设计电流传感器：

$$I = \left(\frac{2\pi r}{\mu}\right) B [\text{A}] \tag{5.78}$$

其中 $r$ 是测量磁感应强度时距导体的距离，$\mu$ 是该位置的磁导率。磁感应强度可以用一个小线圈来测量，但更多情况下是使用霍尔元件来测量，霍尔元件的表面垂直于磁感应强度，如图 5.92 所示。

根据式（5.44），由测量电流 $I$ 产生的磁感应强度 $B$ 所产生的霍尔电压为

$$V_{\text{out}} = K_H \frac{I_H B}{d} = \left(K_H \frac{I_H \mu}{d\, 2\pi a}\right) I [\text{V}] \tag{5.79}$$

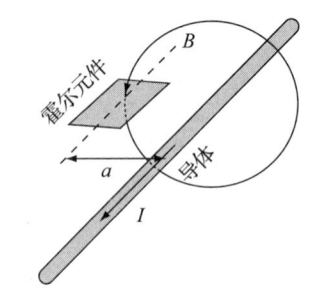

图 5.92 利用霍尔元件的电流传感器原理。霍尔元件嵌入在导体穿过的塑料环（未显示）中

在此关系式中，$I_H$ 是通过霍尔元件的偏置电流（参见图 5.36），$d$ 是霍尔元件的厚度，$\mu$ 是霍尔元件所嵌入材料的磁导率（假设它是非磁性的），$K_H$ 为霍尔系数。

**例 5.21：电流传感器**

使用霍尔元件来构建电流传感器，以测量电流产生的磁感应强度。霍尔元件嵌在一个不导电的环中，该环紧密地装配在导线上，使其与导线保持恒定距离 $a$，其表面垂直于导线产生的磁感应强度，如图 5.92 所示。（未显示该环，因为它仅具有机械功能，不会影响霍尔元件的读数。）使用霍尔系数为 $0.01\text{m}^3/\text{A}\cdot\text{s}$ 的小型霍尔元件，在距导体中心 $a = 10\text{mm}$ 的固定距离处，使用例 5.7 中的霍尔元件和偏置，计算传感器对 0A 和 100A 之间电流的响应。

**解** 首先，我们使用式（5.17）计算给定电流的磁通密度范围，有

$$B = \frac{\mu_0 I}{2\pi r} = \frac{4\pi \times 10^{-7} I}{2\pi \times 0.01} = 2 \times 10^{-5} I [\text{T}]$$

然后将其代入式（5.44）得：

$$V_{\text{out}} = K_H \frac{I_H B}{d} = K_H \frac{I_H \times 2 \times 10^{-5} I}{d} = 0.01 \times \frac{5 \times 10^{-3}}{0.1 \times 10^{-3}} 2 \times 10^{-5} I$$
$$= 10^{-5} I [\text{V}]$$

由式（5.79）可以直接得到同样的结果。对于 100A 的最大导体电流，将产生 1mV 的输出。因此，当电流在 0~100A 之间变化时，输出将在 0~1mV 之间线性变化。灵敏度为 $10^5$V/A，这样的输出电压显然需要放大才能实际使用。

### 5.10.3 电阻传感器

电阻检测本身有点用词不当，因为人们检测不到电阻。相反，我们能够测量电压和电流，二者之间的比值就是目标电阻（$R = V/I$）。或者，对于恒定的电压，测量电流就足够了，或者

对于恒定的电流，仅需要测量电压。从这个意义上讲，电阻检测是电压和电流检测的组合。因此，对于电阻，最恰当的描述为电流和电压传感器的换能器。然而，有些传感器用电阻来表示输出是最方便的，特别是因为测量电阻就像测量电压一样简单，而且欧姆表是很常见的仪器。我们在第3章讨论应变计时就已经看到了这一点，并且在以后的章节中我们还将在其他传感器中再次看到这一点。在本节中，我们将讨论特定的传感器，其中电阻是位置、距离或电平等激励的函数。这里不会讨论激励改变传感元件的电导率从而改变其电阻的传感器（例如，参见第3章中关于RTD、热敏电阻和应变计的讨论以及第4章中关于光电传感器的讨论）。其他电阻传感器将在后面的章节中继续讨论。

一些最简单的电阻传感器基于可变电阻的原理——电阻随位置的变化而变化，如图5.93所示。在图5.93a中，移动部件（此处为在固定块上滑动的导电块，通常可能具有不同的电导率）会根据其位置改变设备的总电阻。通过其他方式也能达到此效果，例如，如图5.93b所示，移动部件可以旋转电位器或移动电位器上的滑块，并可以测量$A$与$B$之间或$B$与$C$之间的电阻。如果同时测量两个电阻，则将获得一个差分传感器，其输出是距中心点距离的函数。在这些简单的示例中，位置或距离很容易与电阻相关，但也可以测量其他的激励，例如液位、弹簧上的力以及许多其他激励。其共同点是受激励影响的可变电阻。电阻感应还可以与执行器结合使用，用于监控位置并向执行器提供反馈。

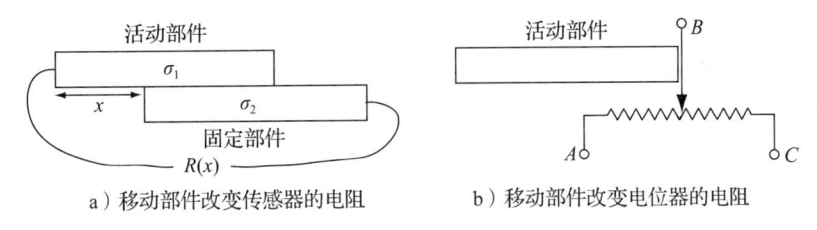

a）移动部件改变传感器的电阻　　b）移动部件改变电位器的电阻

图5.93　电阻式位置传感器

尽管电磁感应的原理似乎并不是特别复杂，但是它简单、准确且成本比较低。

**例5.22：石墨位置传感器**

石墨是一种天然存在的碳，但也可以人工生产。一种简单的位置传感器由半径$a=10\text{mm}$的石墨杆制成。将杆放置在一根内径$a=10\text{mm}$，外径$b=11\text{mm}$的石墨管中，如图5.94所示。管和杆的长度均为250mm，导电率均为$2\times10^5\text{S/m}$。根据位移$x$计算装置的电阻。

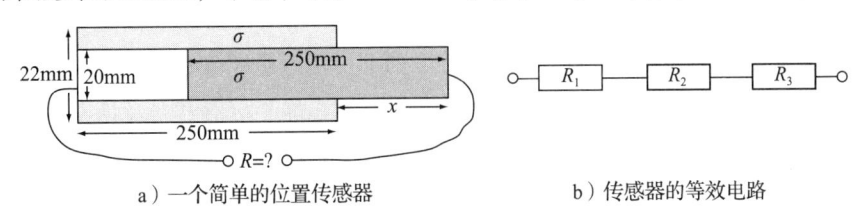

a）一个简单的位置传感器　　b）传感器的等效电路

图5.94　简单的位置传感器及其等效电路

**解**　该装置可以看作由三部分组成，杆伸出管外的部分长度为$x[\text{m}]$，杆在管内部的部分

长度为 $(0.25-x)$ [m]，以及长度为 $x$ [m] 的管段。传感器的电阻是三个部分的电阻之和，如图5.94b所示。电阻由式（3.1）计算。

长度为 $x$ 的杆的电阻为

$$R_1 = \frac{x}{\sigma s} = \frac{x}{\sigma \pi a^2} [\Omega]$$

中间部分是半径为 $b$ 的实心杆，其电阻为

$$R_2 = \frac{0.25-x}{\sigma \pi b^2} [\Omega]$$

第三部分的电阻为

$$R_3 = \frac{x}{\sigma \pi (b^2 - a^2)} [\Omega]$$

传感器的电阻为 $x$ 的函数：

$$R(x) = R_1 + R_2 + R_3 = \frac{x}{\sigma \pi a^2} + \frac{0.25-x}{\sigma \pi b^2} + \frac{x}{\sigma \pi (b^2 - a^2)} [\Omega]$$

$$R(x) = \frac{1}{\sigma \pi} \left( \frac{1}{a^2} - \frac{1}{b^2} + \frac{1}{(b^2-a^2)} \right) x + \frac{0.25}{\sigma \pi b^2} [\Omega]$$

代入给定的值得：

$$R(x) = \frac{1}{2 \times 10^5 \times \pi} \left( \frac{1}{0.01^2} - \frac{1}{0.011^2} + \frac{1}{(0.011^2 - 0.01^2)} \right) x + \frac{0.25}{2 \times 10^5 \times \pi \times 0.011^2}$$
$$= 0.0786x + 0.00329 [\Omega]$$

电阻的变化范围为：从杆全部在管内时的 $3.29m\Omega(x=0)$ 到完全伸出时的 $25.18m\Omega(x=0.25m)$。尽管电阻很低，并且可能难以精确测量，但其范围还是相当大的。电导率较低的材料将产生较高的电阻，例如，可以使用不导电的杆和管，并用石墨涂覆接触表面（杆的外表面和管的内表面）来实现。

## 5.11 习题

### 电容式传感器和执行器

**5.1 电容式位置传感器。** 位置传感器的制作方法如下：两根非常薄的导电管，将其中一根放入另一根导管内，使二者同轴，由特氟龙（聚四氟乙烯）层隔开，并且可以在两个预设限制值 $x_1=10mm$ 和 $x_2=50mm$ 之间移动，如图5.95所示。管长 $L=60mm$。

(a) 假设电场可能仅存在于两个管重叠的区域中，计算两个管之间的最小电容和最大电容。

(b) 展示如何将此设备用作传感器；试计算 $a=4mm$，$b=4.5mm$，$x_1=10mm$，$x_2=50mm$，以及特氟龙的相对介电常数 $\varepsilon_r=2.0$ 时的灵敏度。

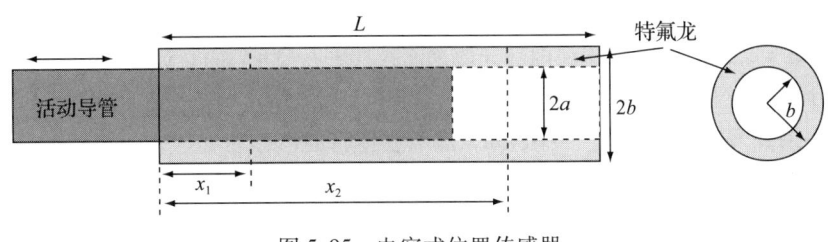

图 5.95 电容式位置传感器

5.2 **电容式水温传感器**。基于水的介电常数与温度高度相关的事实，可以使用电容式传感器直接测量水的温度。当温度从 0℃ 变化到 100℃ 时，水的相对介电常数 $\varepsilon_w$ 从 90 变化到 55。

(a) 如图 5.96 所示，给出一个由两个同轴导电管组成的传感器，在两个导电管之间充满水，假设介电常数的变化与温度呈线性关系，计算其灵敏度。

(b) 如果使用分辨率为 0.2pF 的数字电容表，那么传感系统检测温度的分辨率是多少？

5.3 **微力电容式执行器**。使用图 5.97 中的配置可以制作一个简单的电容式执行器。两个同轴的导电管形成一个电容器。它们之间的空间包含一个由电介质制成的空心管，该空心管可以在两个管之间自由移动。假设移动部件位于距离电容器边缘任意距离 $x$ 的位置，尺寸如图所示。

(a) 计算执行器能够施加的力，该力是连接在圆筒两端的外加电压的函数（对外部圆筒为正，对内部圆筒为负）。

(b) 试从物理角度证明，无论施加电压的极性如何，运动都只能是向内的。

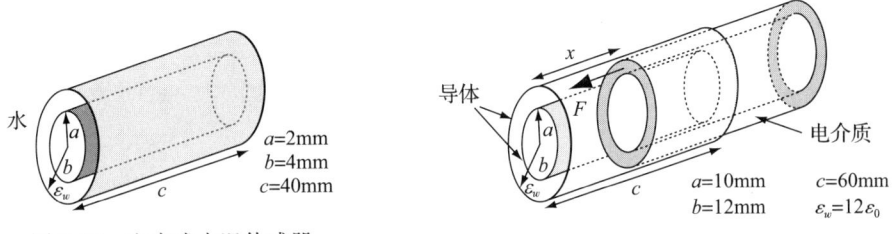

图 5.96 电容式水温传感器

图 5.97 电容式执行器

**注意**：例 5.2 给出了同轴电容器的电容公式。但是作为近似，特别是在内部半径不是特别小的情况下，可以使用式（5.2）将其视为平行板电容器，其中 $S$ 为外部导体和内部导体之间的平均面积。这同样适用于电容器中的电场强度。

5.4 **电容式执行器**。图 5.95 中的位置传感器可以通过在外部导体和内部导体之间施加电压并允许内部导体移动，从而制成微力执行器。该执行器的示意图如图 5.98 所示。当施加电压时，内部导体向右移动，将弹簧压缩一段距离，该距离取决于所施加的电压，内部导体由弹簧保持其位置。尺寸为：$a=20\text{mm}$，$b=21\text{mm}$，并且两个导体之间电介质的介电常数为 $\varepsilon_r=12\varepsilon_0$。外部导体和内部导体之间连接一个 20kV 的直流电源。

(a) 计算执行器能够对弹簧施加的力。
(b) 如果弹簧的弹性系数 $k=40\text{N/m}$，那么导体将向内移动（压缩弹簧）的距离是多少？
(c) 证明传感器的长度 $L$ 并不重要，只要它相对于内部导体的最大位移更长即可。

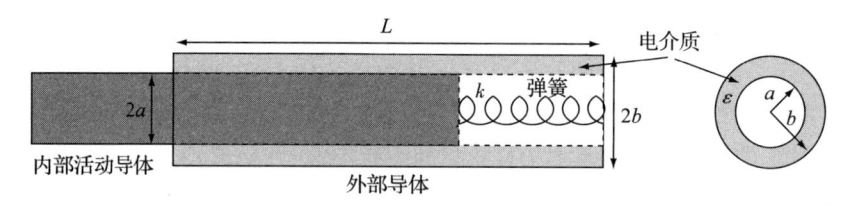

图 5.98 电容式执行器

5.5 **电容式燃油表**。在例 5.2 中的燃油表中，要求提供一种装置，满足：（1）确保不会使油箱溢出；（2）确保当油箱显示为空时，其中仍有一些燃料剩余。为此，在仪表的液体上添加一个内半径为 $a$、外半径为 $b$、厚度为 $t$ 的环状的浮漂。浮漂材料的密度使其体积露出液体表面 1/2（见图 5.99）。这里增加了两个开关，一个在顶部，一个在底部，以提供空和满的信号。浮漂的相对介电常数为 $\varepsilon_f=4$，厚度 $t=5\text{cm}$。使用与例 5.2 相同的尺寸和数据，计算：

(a) 燃油表的传递函数。
(b) 仪表显示的最小和最大电容。
(c) 如果油箱容量为 400L，激活相应开关时油箱中的最小和最大燃油量。
(d) 如果仪表的分辨率最低可至 5pf，其对燃油量的分辨率。

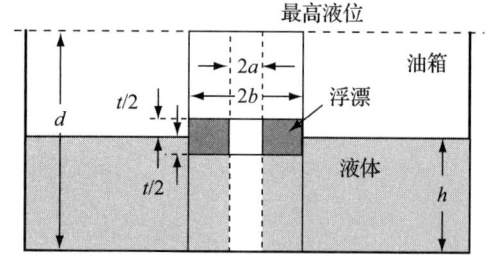

图 5.99 电容式燃油表

## 磁性传感器和执行器

5.6 **狗用隐形围栏**。在这种类型的系统中，导线被埋在地表下，并以给定频率的电流通过该导线。狗戴着一个由拾波线圈和电子器件组成的小装置，该装置通过几个压在狗皮肤上的电极向狗传递高压脉冲。

该脉冲是无害的，但它产生的疼痛感足以使狗远离这个地方。在隐形围栏中，导线以 10kHz 的频率传输 0.5A（幅度）的正弦电流。狗携带着一个由匝数为 150、直径为 30mm 的线圈制成的传感器。

(a) 如果将检测电平设置为 $200\mu\text{V}$ RMS（即狗将接收到的校正脉冲的电平），那么在狗"感觉到"栅栏存在的情况下，距导线的最远距离是多少？
(b) 得到（a）中结果的必要条件是什么？

5.7 **磁性密度传感器**。流体的密度可以使用以下磁性传感器来进行检测。密封浮漂（即封闭容器）的底部装有一定量的铁，装有液体的容器底部的线圈由电流 $I$ 驱动，如图 5.100 所示。线圈中的电流增加，直到浮漂悬浮在液体中，其顶部位于液体的表面。浮漂的密度（包括铁）记为 $\rho_0$，体积为 $V_0$。线圈对浮漂施加的力等于 $kI^2$，其中 $k$ 是一个给定的常数，该常数取决于浮漂中铁的含量、线圈的大小以及到浮漂的距离。线圈中的电流为测量值。

(a) 求出传感器的传递函数，即求出液体的密度 $\rho$ 和测得的电流 $I$ 之间的关系。

(b) 计算传感器的灵敏度。

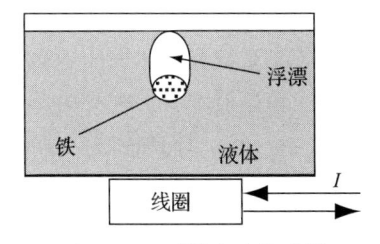

图 5.100　磁性密度传感器

5.8　**LVDT**。一种小型 LVDT 的设计如图 5.101 所示，其工作在频率为 1kHz、振幅为 12V 的正弦源下。初级线圈匝数为 600，次级线圈为分体线圈［标记为（1）和（2）］，每个线圈的匝数为 300，使得当活动铁磁芯居中时（$x=0$，如图 5.101 所示），测得的输出电压为零。当铁磁芯从中心位置向右移动时，初级线圈与次级线圈（1）之间的耦合系数为 $k_1 = 0.8 - 0.075|x|$，$|x| \leq d/4$，而初级线圈与次级线圈（2）之间的耦合系数为 $k_2 = 0.8$。$x$ 以 mm 为单位。当铁磁芯从中心位置向左移动时，线圈（1）的系数为 $k_2$，线圈（2）的系数为 $k_1$。定子和铁磁芯的长度均为 $d = 100$mm。

(a) 计算输入范围为 $-d/4 \leq x \leq d/4$ 时的传递函数（RMS 输出电压）。

(b) 计算传感器的灵敏度。

5.9　**涂层厚度传感器**。图 5.102 中的传感器可用于检测汽车等铁磁性表面的涂层厚度。磁芯由相对磁导率为 $\mu_{rc} = 1100$ 的铁氧体制成，车身由钢材制成，厚度为 0.8mm，相对磁导率为 $\mu_{rs} = 240$。所示的尺寸是磁芯和钢材的平均路径长度。线圈（1）的匝数为 $N_1 = 100$，由振幅为 0.1A、频率为 60Hz 的正弦电流驱动。线圈（2）的匝数为 $N_2 = 200$，并连接到交流电压表，测量电压 $V$ 的 RMS 值。磁芯的横截面为 10mm×10mm。假设钢材截面中的磁通量在 10mm×0.8mm 的横截面上流动。计算：

(a) 若涂层厚度为 $\tau$[mm]，计算传感器的传递函数。

(b) 计算传感器的灵敏度。

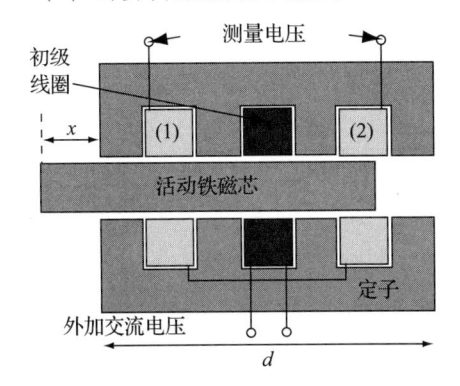

图 5.101　一种线性可变差动变压器（LVDT）

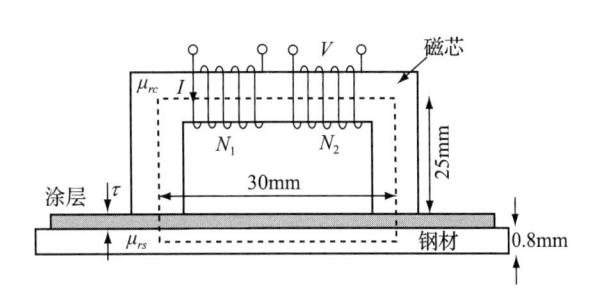

图 5.102　涂层厚度传感器

## 霍尔效应传感器

**5.10 导体中的霍尔效应**。导体中的霍尔效应很小，可以由式（5.43）计算。为了了解霍尔系数和霍尔电压的数量级，考虑一种通过在基板上沉积金属金制成的霍尔传感器。传感器本身的大小为 2mm×4mm，厚度为 0.1mm。金的自由电荷密度为 $5.9\times10^{28}$ 电子/$m^3$。计算传感器检测磁感应强度时的霍尔系数和灵敏度。假设磁场垂直于极板，且 15mA 的电流沿极板的长边流动。

**5.11 硅中的霍尔效应**。一种霍尔元件由大小为 1mm×1mm、厚 0.2mm 的小硅晶片制成。所使用的 N 型硅中多数载流子密度为 $1.5\times10^{15}$ 载流子数量/$cm^3$，而本征载流子密度为 $1.5\times10^{10}$ 载流子数量/$cm^3$。空穴的迁移率为 $450cm^2/V\cdot s$，电子的迁移率为 $1\,350cm^2/V\cdot s$。计算：

(a) 霍尔元件的霍尔系数。

(b) 在流过传感器的固定电流为 10mA 时，霍尔传感器在检测磁场时的灵敏度。假设施加的磁感应强度垂直于硅板。

(c) 假设本征材料被用于制造霍尔元件。使用晶片的尺寸来计算霍尔元件的电阻，并解释为什么这种霍尔元件不是一个实用的器件。

**5.12 零霍尔系数半导体**。如果半导体器件必须工作在强磁场中，并且如果不是为了测量磁场，则霍尔电压可能不利于器件的工作。在这种情况下，对半导体进行掺杂以产生零霍尔系数可能是有用的。所需的 N 对 P 浓度之比是多少？

(a) 对于硅（Si）器件。硅中空穴的迁移率为 $450cm^2/V\cdot s$，电子的迁移率为 $1\,350cm^2/V\cdot s$。

(b) 对于砷化镓（GaAs）器件。砷化镓中空穴的迁移率为 $400cm^2/V\cdot s$，电子的迁移率为 $8\,800cm^2/V\cdot s$。

(c) 对于零霍尔系数应用，两种材料中哪一种更实用？为什么？

**5.13 功率传感器**。一种功率传感器按图 5.38 制成，作为小型设备直流功率计的一部分。使用磁导率非常大的小型铁磁芯，霍尔元件放置在图中所示的小间隙中。磁芯在 1.4T 的磁感应强度下饱和，霍尔元件的霍尔系数 $K_H = 0.018m^3/A\cdot s$，厚度 $d=0.4mm$。间隙略大，为 $l_g=0.5mm$，因此霍尔元件紧贴在间隙中。忽略霍尔元件和线圈的电阻。

(a) 假设线圈匝数为 $N$，电阻为 $R$，阻性负载为 $R_L$，求出霍尔电压和负载功率之间的关系式（这是传感器的传递函数）。

(b) 假设线路电压恒定为 12V，并且线圈匝数 $N=100$，求传感器可以检测的最大功率。

(c) 如果霍尔元件以 5mA 的电流工作，则传感器在（b）中条件下的读数是多少？

(d) 功率传感器的灵敏度是多少？

**5.14 载流子密度传感器**。考虑测量金属合金中的载流子密度。为了进行测量，将金属切成 25mm 长、10mm 宽、1mm 厚的矩形板。该金属放置在两个钕铁硼（NeFeB）磁体之间，通过磁盘产生恒定为 1T 的磁感应强度。1A 的电流流过极板，测得极板上的电压为 7.45μV（见图 5.103）。

(a) 在给定磁感应强度和电流方向的情况下，指出电压的极性。

(b) 计算金属合金中的载流子密度。

**5.15 N 型硅的掺杂浓度。** 作为生产控制的手段，我们需要估计 N 型硅样品中的载流子密度，为此制备了一个长 2mm、宽 1mm、厚 0.1mm 的样品，并按图 5.36 或图 5.103 所示连接，电流为 10mA。将样品放置在钕铁硼（NeFeB）永磁体的两极之间，磁体产生的磁感应强度为 0.8T，垂直于样品表面，在样品两端测得的霍尔电压为 80μV。假设多数载流子占主导地位，计算样品中的载流子浓度。

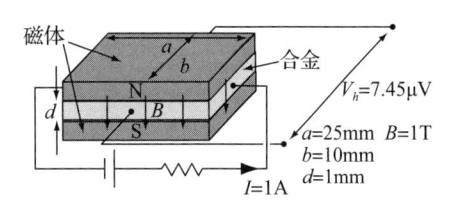

图 5.103 载流子密度传感器

## 磁流体动力传感器和执行器

**5.16 用于潜艇推进的磁流体动力执行器。** 潜艇使用磁流体动力泵进行移动。该泵以长 $d=8$m、高 $b=0.5$m、宽 $a=1$m 的通道形式制成（结构见图 5.44b）。磁场在整个通道中沿所示方向处恒等于 1T，$I=100$kA 的电流通过图中所示的电极和电极之间的水，对水产生作用力。海水的电导率为 4S/m。

(a) 计算泵产生的力。

(b) 计算两个电极之间所需的电势。

(c) 将所需功率与传统潜艇中的 1 600HP（马力）柴油发动机所需功率进行比较，评价这种推进方法的实用性。1HP = 745.7W。

**5.17 磁流体动力发电机。** 一种磁流体动力发电机以长为 1m、横截面为 10cm×20cm 通道的形式制成（见图 5.104）。窄边两极之间产生的磁感应强度为 0.8T。喷射燃烧室用于驱动燃烧气体通过通道，并且在气体中加入导电离子以在通道中产生 100S/m 的有效电导率。燃烧室以 200m/s 的速度驱动气体，有效地使通过通道的气体成为等离子体。

(a) 计算发电机的输出电压（电动势）。

(b) 如果输出电压的变化不能超过 5%，计算其可以产生的最大功率。

(c) 在 (b) 中条件下计算发电机的发电效率。

(d) 最大功率传输条件下的负载功率是多少？

(e) 定性地指出这种方法如何用于传感，以及它能感应到的量是什么？

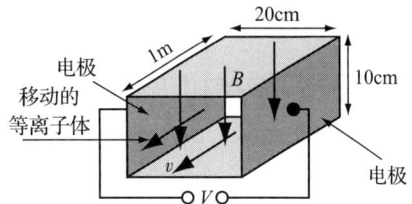

图 5.104 磁流体动力发电机

**5.18 磁流量计。** 磁流量计可以按如下方式进行制造（见图 5.105）。流体在方形横截面的通道中流动，在两个相对的侧面上，有两个线圈产生向下恒定的磁感应强度 $B_0$。流体中含有正离子和负离子（Na⁺、Cl⁻等）。假设通道中的磁感应强度恒定且均匀，这迫使正电荷和负电荷流向两个相对的电极。

(a) 计算流动流体的电势差，该电势差为其速度 $v$ 的函数，并指出其极性。通道的横截面积为 $a\times a\,[\mathrm{m}^2]$。

(b) 计算传感器对流量的灵敏度。流量以每秒体积（即 $\mathrm{m}^3/\mathrm{s}$）来衡量。讨论提高设备灵敏度的实际方法。

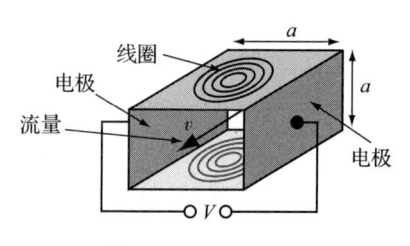

图 5.105　磁流量计

5.19　**轨道炮（磁力）**。轨道炮的制造原理如图 5.106 所示。直径为 $a$ 且中心间隔距离为 $d$ 的两个圆柱状导体（轨道）被一个可沿轨道自由移动的导电弹丸所短路。当施加电流时，导体中的电流产生的磁感应强度会在弹丸上产生作用力。

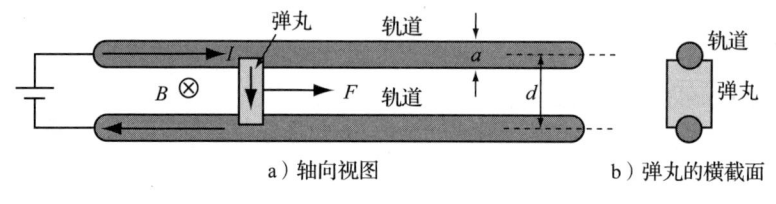

图 5.106　轨道炮

(a) 给定 $a=10\mathrm{mm}$，$d=40\mathrm{mm}$ 和 $I=100\,000\mathrm{A}$，则弹丸上的力是多少？

(b) 如果弹丸的质量为 100g，计算弹丸在 5m 长轨道上的加速度和出口速度，弹丸从一端开始运动，从另一端离开。

(c) 轨道炮设想的一个应用是将卫星送入轨道。例如，假设使用具有（a）中属性的轨道炮来逃脱地球引力，逃逸速度为 11.2km/s。在没有任何摩擦的情况下，为了在轨道炮的出口处获得逃逸速度，轨道炮的长度必须为多少？

(d) 如果导轨和弹丸的电导率都是铜的电导率 $\sigma=5.7\times10^7\mathrm{S/m}$，计算获得（c）中出口速度所需的能量。忽略由于加热引起的任何影响，并假设电流在弹丸沿轨道行进时保持恒定。

## 磁致伸缩传感器和执行器

5.20　**光纤磁力计**。光纤磁力计由两根长度 $L=100\mathrm{m}$ 的光纤制成。其中一根光纤在其长度 $d<100\mathrm{m}$ 的一段上涂镀镍。两根光纤均采用自由空间波长为 850nm 的红外发光二极管（LED）作为光源。在 LED 发射的频率下，光纤的相对介电常数为 1.75。在光纤的末端比较两个信号的相位，通过涂层光纤传播的信号将具有一个较低的相位，因为检测到的磁感应强度会导致镍镀层收缩，从而导致光纤收缩（镍是一种磁致伸缩材料，参见表 5.8）。该设备如图 5.107 所示。假设鉴相器可以检测到 5° 的相位差，并且在没有磁感应强度的情况下将传感器校准为显示零相位，计算：

(a) $d=2.5\mathrm{m}$ 时，使用该磁力计可检测到的最低磁感应强度。

(b) 磁感应强度，它是产生给定相位差条件下所需镍镀层长度 $d$ 的函数。

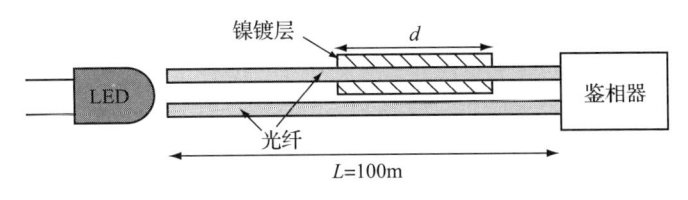

图 5.107　一种光纤磁力计

## 音圈执行器

**5.21** **音圈执行器**。一种圆柱形音圈执行器如图 5.108 所示。一个径向磁化的永磁体被放置在间隙的外表面，内筒上有一个可以前后移动的自由移动线圈。线圈质量 $m = 50$g，线圈电流幅值 $I = 0.4$A，频率 $f = 50$Hz，线圈匝数 $N = 240$ 匝，永磁体产生的磁感应强度 $B = 0.8$T。线圈的平均直径为 22.5mm。该装置在振动泵中用作定位器或驱动器。启动装置直接连接到线圈上。

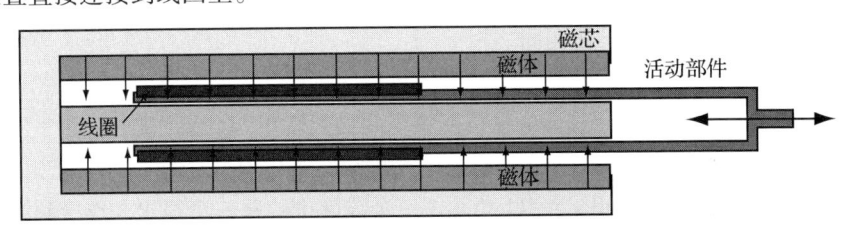

图 5.108　一种音圈执行器。磁场由垂直箭头表示

(a) 计算线圈上的力。
(b) 如果圆柱筒的恢复常数 $k = 250$N/m（由弹簧提供），计算可移动部件的最大位移。
(c) 计算线圈/移动部分的最大加速度。

**5.22** **音圈执行器**。一种用于定位的音圈执行器如图 5.109 所示。两对磁体在每对磁体之间产生 0.8T 的均匀磁感应强度。在左边的一对磁体中，磁感应强度方向向上，而在右边的一对磁体中，磁感应强度方向向下。一个宽 65mm、深 50mm、匝数 $N = 250$ 匝的矩形线圈被放置在磁体之间，其静止位置在磁铁之间的中心。执行器通过在线圈中施加适当

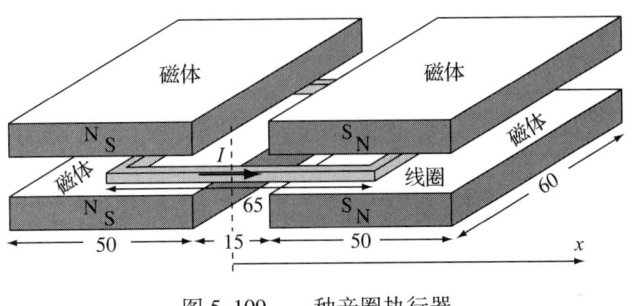

图 5.109　一种音圈执行器

的电流,将设备(未显示)定位在距静止位置 $x±20$mm 的范围内。给出如图所示的尺寸和线圈的质量 $m=10$g,求:

(a) 线圈的速度,该速度是其位置 $x$ 和电流 $I$ 的函数。

(b) 最大线圈电流为 100mA 时,线圈到达其极限位置所需的时间。

(c) 线圈的最大加速度。

## 作为执行器的电动机

5.23 **一种简单的直流电动机**。电动机的简化形式如图 5.110 所示。转子和定子之间有 0.5mm 长的间隙。嵌入转子凹槽中的线圈匝数为 100 匝,载流 $I=0.2$A,在给定的时刻,其方向如图所示。电流从转子顶部流入页面,从转子底部流出页面。转子是一个半径 $a=$ 2cm、长度 $b=4$cm 的圆柱体。可以假设转子中线圈的半径与转子的半径相同。

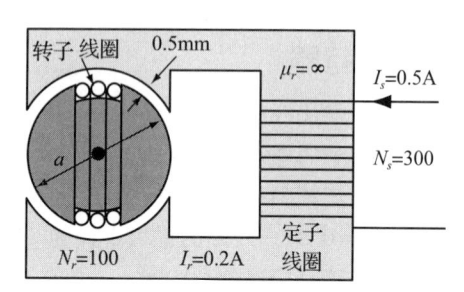

图 5.110 一种简化的直流电动机

(a) 对于图 5.110 中的配置,说明转子的旋转方向。

(b) 对于给定的电流,计算该电动机能承受的最大转矩。

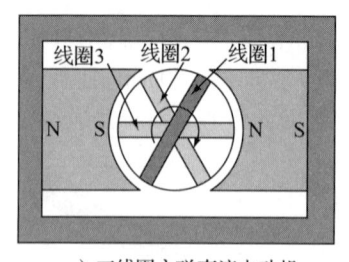

5.24 **三线圈永磁直流电动机**。一种永磁直流电动机在转子中有三个线圈,彼此相隔 $60°$,并带有一个六片换向器,如图 5.111 所示。三个线圈中的每一个都永久连接到换向器上的一对触片上。假设间隙中的磁感应强度是均匀的,那么当电刷位于换向器触片的中心时,对应的线圈是水平的(图 5.111b 显示线圈 1 在该位置)。每对触片占图 5.111b 所示圆圈的三分之一。转子半径为 30mm,长度为 80mm,永磁体在间隙和整个转子中产生 0.75T 的磁感应强度。线圈中的电流为 0.5A,每个线圈的匝数为 120 匝。计算并绘制转子整个周期内转矩随时间变化的曲线。

a)三线圈永磁直流电动机     b)换向器,显示线圈1通电

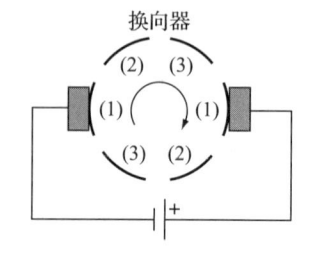

图 5.111 三线圈永磁直流电动机和换向器

5.25 **线性直流电动机**。一种线性直流电动机如图 5.112 所示。剖分式永磁体在其磁极之间的间隙中会产生 0.5T 的恒定磁感应强度。在磁体的两极之间放置一块 4mm 厚的铁板,在铁板上缠绕一个 1 000 匝/m 的线圈,并给磁体留出自由移动的空间。铁板每侧的间隙

为 1mm，且图中所示的载流导线已与铁板相连。标有符号的导线表示电流流入页面，标有点的导线表示电流流出页面，而没有符号的导线无电流。当磁体组件在磁力的影响下移动时，导线中的电流会随之移动，从而使电流与磁体之间的关系始终保持不变。带有导线的极板是固定的。

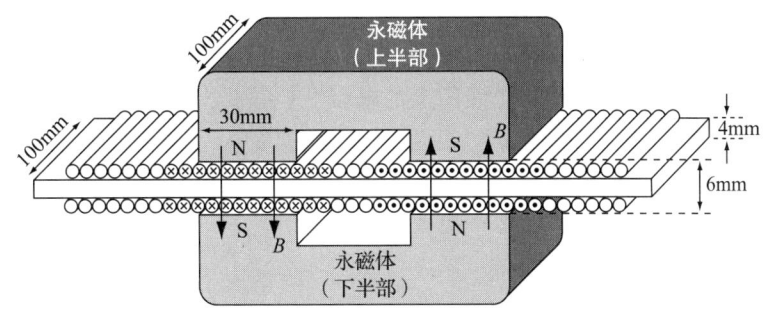

图 5.112 永磁线性直流电动机

(a) 计算电流为 5A 时磁铁上的力，并说明磁铁组件在图示电流下的运动方向。
(b) 说明如何在不更改几何形状的情况下将这种配置更改为步进电动机，并根据该配置定义其可能的步长。

5.26 **BLDC 电动机**。一种用于四旋翼无人机的小型 BLDC 电动机如图 5.113a 所示，其定子上有 6 个线圈，转子上有 14 块磁铁。电动机采用三相星形连接，如图 5.113b 所示。每个线圈（分别表示为 $A$、$B$ 或 $C$）被一分为二，在轴的相对两侧各有一半，线圈 $A$、$B$、$C$ 均为并联。执行的操作包括在 $a$ 与 $b$ 之间、$b$ 与 $c$ 之间以及 $c$ 与 $a$ 之间连接适当的电压。

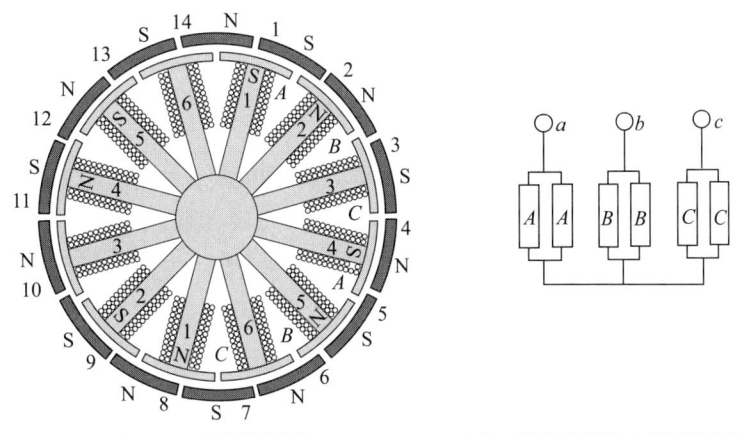

a）BLDC电动机的结构 　　　　b）三相启动装置中线圈的连接
图 5.113 BLDC 电动机结构及三相启动装置中线圈的连接

(a) 写出电动机通过指定电压 $V_{ab}$、$V_{bc}$、$V_{ca}$ 进行顺时针旋转的完整序列。绘制电压随时间变化的曲线。
(b) 如果线圈被驱动 2ms，计算旋转速度（以 rpm 为单位）。

5.27 **冷却风扇中的 BLDC 电动机**。一种在计算机冷却风扇中使用的 BLDC 电动机如图 5.114 所示，该电动机由定子中的两个线圈和两个永磁体组成，每个线圈都被分为两部分，磁极每一侧有一半的匝数。执行的操作有两种选项：（1）一次驱动一个线圈；（2）同时驱动两个线圈。

(a) 使用选项（1），说明每个线圈上的电压如何随时间变化。

(b) 使用选项（2），说明每个线圈上的电压如何随时间变化。

(c) 如果在任一选项中线圈都必须被驱动达 10ms，哪种选项产生的功率更大，转速（以 rpm 为单位）是多少？

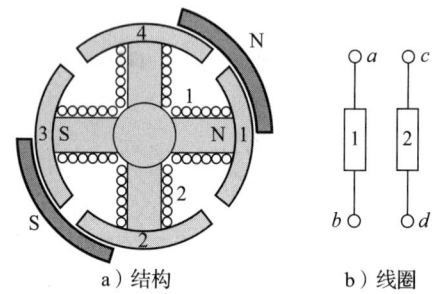

图 5.114 一种用于冷却风扇的 BLDC 电动机

## 步进电动机

5.28 **步进电动机中的基本关系**。步进电动机中的转子和定子的齿数决定了电动机能够运行的步数。一般说来，如果 $n$ 是定子的齿数，$p$ 是转子的齿数，则以下关系适用：

(a) $p$ 固定时，$n$ 越大，步长越大。

(b) $n-p$ 的差越小，步长越小。

(c) $n$ 和 $p$ 越大，步长越小。

(d) 讨论 $n$ 和 $p$ 的限制条件。

(e) 如果 $n=p$，电动机的性能如何？

5.29 **高角度分辨率步进电动机**。一种可变磁阻式步进电动机，其定子有 6 个磁极，每个磁极有 6 个齿，转子有 50 个齿（通常，转子中的齿数少于定子中的齿数，因为其直径较小，但这里并不是必要要求，因为在可变磁阻式电动机中就恰好相反。）

(a) 计算每步的角度和每转的步数。

(b) 解释为什么不生产具有上述齿数的电动机，即使其有被生产出来的可能。

5.30 **每转的步数为非整数**。通常，步进电动机设计为每转具有整数步数，但是可以设想步数不是整数的情况，例如需要特定步长的情况（如 4.6°）。考虑一种电动机，其定子有 4 个磁极，每个磁极有 5 个齿，转子有 28 个齿。

(a) 计算步长和每转的步数。

(b) 现在，将磁极的数量增加到 6 个，每个磁极有 6 个齿，定子的齿数增加一倍。计算此时的步长。

(c) 从（a）和（b）中得出的结论是什么？再讨论当定子的齿数增加一倍至 56，而转子的齿数保持不变的情况。

5.31 **线性步进电动机**。类似于图 5.78 所示的线性步进电动机，其定子的齿数为 $N$ 齿/cm，滑块的齿数为 $M$ 齿/cm。

(a) 推导一个计算步长的关系式（以 mm 为单位）。

(b) 当定子为 10 齿/cm，滑块为 8 齿/cm 时，线性电动机的步长是多少？

5.32 **电磁阀中的力**。在图 5.115 所示的配置中计算移动部件上的力。该结构为圆柱形，其外半径为 $a$，移动活塞的半径为 $b$。忽略空气间隙中的边缘效应，并且假定通量密度是恒定且垂直于间隙表面的。我们假设磁芯和活塞的磁导率非常大，匝数为 $N = 300$ 匝，$I = 1A$，$a = 25mm$，$b = 10mm$，$l = 2mm$ 和 $L = 5mm$。

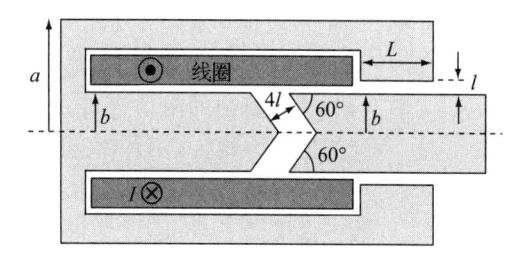

图 5.115 电磁阀的结构

## 螺线管和阀门

5.33 **喷漆器中的螺线管执行器**。一种用于在无气喷漆器中喷涂油漆的泵如图 5.116 所示。其原理如下：当电流施加到线圈上时，间隙闭合，电流关闭时间隙断开。如果施加交流电，平板就会振动，因为磁场是正弦的，每个周期会通过两次零点。这会使活塞来回移动一小段距离，足以将涂料从储槽中泵出并通过喷孔喷射出去。图 5.116 显示了喷漆器结构的简化形式，其中没有本身的喷射机构。在实际的装置中，板在一侧铰接并具有复位弹簧。线圈匝数 $N = 5\,000$ 匝，以 60Hz 的频率传输正弦电流，电流幅值为 $I = 0.1A$。假设铁的磁导率很大，间隙为 $d = 3mm$。尺寸 $a = 40mm$ 和 $b = 20mm$ 决定了形成间隙的磁极表面积。假设所有的磁通量都包含在间隙中（磁极区域之外没有磁通泄漏）。

(a) 计算移动部件对活塞施加的作用力。

(b) 如果间隙减小到 1mm，作用力是多少？

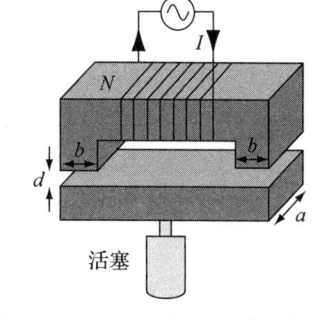

图 5.116 用于无气喷漆器的执行器

## 电压和电流传感器

5.34 **电压和电流检测**。车辆中 24V 的电池可为各种系统提供高达 100A 的电流。为了监测电池以及车辆的功耗，可以使用简单的电压传感器来测量电池的输出电压和电流，传感器基于电阻电压降。为此，我们在输出端放置一个分压器，并在负载上串联一个小的分流电阻，如图 5.117 所示。电压表是数字的，满量程为 200mV，并且在最大电压和电流值以下能够直接显示读数。例如，在 30A 的电流下，电压表 3 指示为 30mV。同样，如果电池电压为 23V，那么电压表 2 显示为 23mV。

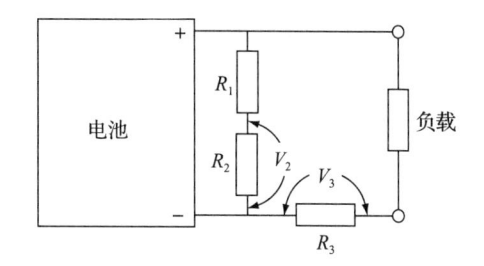

图 5.117 电池的电压和电流检测

(a) 如果 $R_1$ 和 $R_2$ 的功耗都不能超过 0.1W，求 $R_1$ 和 $R_2$ 的最小值。

(b) $R_3$ 的电阻及其所需的功耗。

(c) 由于感应电阻而降低的负载功率占最大功率的百分比。

(d) （a）中计算出的阻值可能是市场上没有的值。假设，如果值低于 10Ω，则将得到的值取为最接近的较高整数；如果值低于 100Ω，则将得到的值四舍五入到最接近的较高整 10 数；如果低于 10kΩ，则将得到的值取为最接近的较高整 100 数；如果低于 10mΩ，则将得到的值四舍五入为最接近的较高整 1 000 数，以此类推。这在电压测量中引入了什么误差？

5.35 **接地故障电路中断器**（Ground Fault Circuit Interrupt, GFCI）。GFCI 是一种重要的安全装置［也称为剩余电流装置（Residual Current Device, RCD）］。其目的是在电流流出预期电路（通常是接地，例如人触电）时切断电源。图 5.118 显示了该原理。为插座或电器供电的两根导体穿过环形线圈或罗戈夫斯基线圈的中心。

通常，两根导线中的电流是相同的，由于两根导线，线圈中的净感应电压相互抵消，在电流传感器中产生净零输出。如果发生故障，电流流向接地，比如电流 $I_g$，回流导线将携带较小的电流，电流传感器产生与接地电流 $I_g$ 成正比的输出。如果电流超过设定值（通常在 5mA 与 30mA 之间），则感应电压会导致电路断开。这些设备在许多地方都很常见，并且在任何靠近水的地方（如浴室、厨房等）都需要规范安装这些设备。考虑图 5.118 显示的 GFCI。该器件设计为在 50Hz 的条件下工作，并当输出电压为 100μV RMS 时跳闸。对于平均直径 $a$ = 30mm 和横截面直径 $b$ = 10mm 的环形线圈：

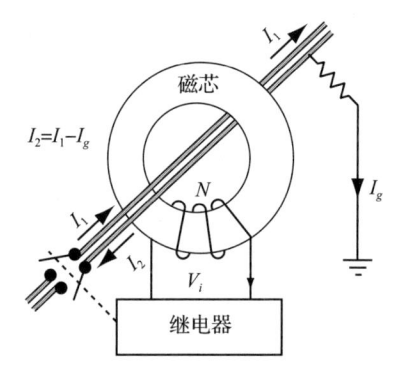

图 5.118 GFCI 传感器的原理

(a) 如果使用罗戈夫斯基线圈，并且设备必须在接地故障电流为 25mA 时跳闸，计算所需的匝数。

(b) 如果使用相对磁导率为 1 100 的铁磁圆环作为线圈的磁芯，计算在 25mA 的接地故障电流下跳闸所需的匝数。

5.36 **钳形电流表**。在无需切割导体且不插入常规电流表的情况下测量大电流导体中的电流时，可以使用环形线圈，其中测量电流的导线穿过环形线圈。为了实现这一点，圆环是铰接的，因此它可以绕着导线打开和关闭（参见图 5.119）。测量圆环上线圈的电动势，并将其与导线中的电流相关联。

(a) 求出电流（RMS）和测得的电动势（RMS）之间的关系。

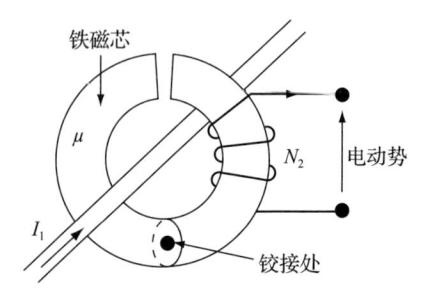

图 5.119 钳形电流表的原理

（b）对于内半径 $a=2$cm、外半径 $b=4$cm、厚度 $c=2$cm、线圈匝数 $N=200$ 匝、相对磁导率 $\mu_r=600$ 的圆环，当电流为频率是 60Hz、振幅是 10A 的正弦电流时，最大电动势（峰值）是多少？圆环具有矩形横截面。

5.37 **交流电流传感器**。市场上的一种电流传感器由简单的闭合磁芯制成，通常为矩形，如图 5.120 所示。通过将导线穿过中心开口来检测导体中的电流（这种类型的传感器通常固定安装使用）和均匀缠绕在磁芯上的线圈中的感应电压，或通过流过线圈的电流测量导线中的电流。

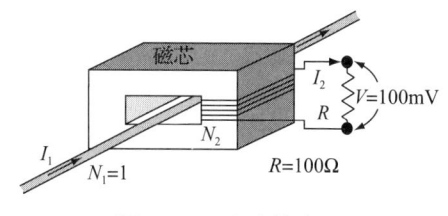

图 5.120 电流传感器

当满量程为 100A（RMS）时，所设计的传感器在 100Ω 负载上的感应电压为 100mV（RMS）。假设电流传感器作为理想变压器运行，计算次级线圈所需的匝数。

## 电阻感应

5.38 **电阻式（电位器）燃油表**。一种燃油表的制造原理如图 5.121 所示。旋转式电位器是线性的，阻值为 $R=100$kΩ 的电阻分布在 330° 的条带上（即电位器可以旋转 330°）。浮漂连接到有 30 个齿的齿轮的轴上，齿轮又通过 6 个齿的齿轮使电位器旋转。机械联动装置被设置为当水箱装满时，电位器电阻为零。图中显示浮漂的三个位置，来说明电阻是如何变化的（在油箱加满时从零开始）。

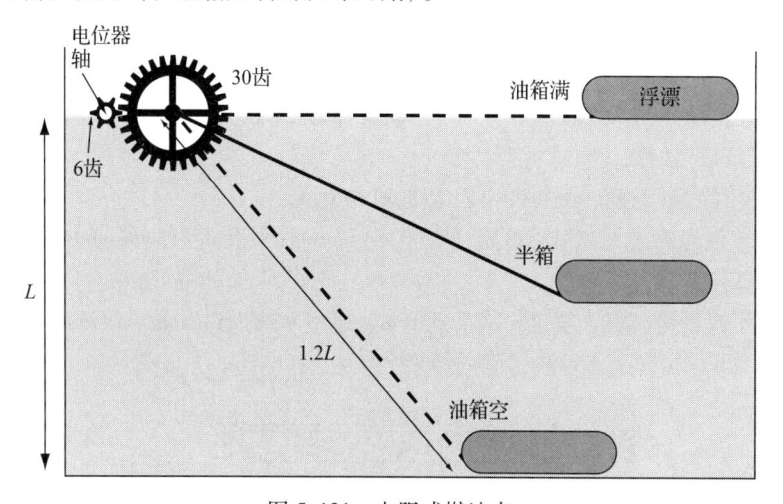

图 5.121 电阻式燃油表

（a）计算读数为空、1/4、1/2、3/4 以及油箱满时，电位器的阻值。
（b）使用（a）中的点，求出线性最佳拟合并计算传感器的最大非线性度。为什么曲线是非线性的？

5.39 **腐蚀率传感器**。易受腐蚀的结构需要一种确定腐蚀率的方法，以便在结构变得危险之前采取措施。一种方法是将与结构相同材料的细导线放置在与被检测结构相同的位置，使其暴露在相同的条件下。腐蚀率 $c_r$ 定义为腐蚀深度，单位为毫米每年（mm/年）。腐蚀率传感器是由一根电导率为 $\sigma[s/m]$、长为 $L[m]$、直径为 $d[mm]$ 的钢丝制成的。其电阻被连续监测，并与腐蚀速率直接相关。

(a) 求出腐蚀率与所测电阻之间的关系。假设腐蚀在圆周上是均匀的，并且腐蚀产物不会增加电阻。

(b) 讨论温度变化可能造成的影响。

**5.40 潮位传感器**。为了监测最高和最低潮位，按如下方式制作了一个简单的传感器（见图 5.122）。内径 $a=100$mm 的金属管外侧涂有一层绝缘涂料，使海水不会与管的外表面接触。在较大的管内放置一个外径 $b=40$mm 的金属圆柱体，并使用一些绝缘垫将其固定，使两根管子处于同轴状态。此时，将装置沉入大海。底部的一系列小孔允许海水进入管子之间的空间。如图所示，通过电流表连接了一个 1.5V 的电池。

(a) 如果最高和最低水位如图 5.122 所示，且海水的电导率 $\sigma=4S/m$，计算电流表的最大和最小读数（范围）（假设导体是理想导体，且空气和海底都是绝缘体）。

(b) 计算传感器的灵敏度。

(c) 计算数字电流表的分辨率，该电流表以 1mA 为单位测量。

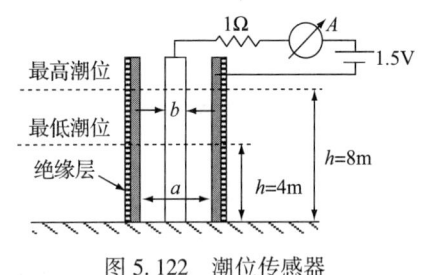

图 5.122 潮位传感器

**5.41 电阻式位置传感器**。一种位置传感器的制造如图 5.123 所示，其中内部极板可以前后滑动 12cm 的距离。固定部分和移动部分均由碳复合材料制成，并且紧密接触。移动杆的长度与静止部分的长度相同（15cm）。碳复合材料的电导率 $\sigma=10^2 S/m$。给定图中的尺寸，进行以下计算：

(a) 计算位置 $d$ 与两端测得的电阻 $R$ 之间的关系。

(b) 计算可能的最大和最小电阻［即当 $d=b(cm)$ 以及 $d=12+b(cm)$ 时］。

(c) 计算传感器的灵敏度。

(d) 为了改进传感器，宽度 $a$ 减小到 1cm，厚度 $b$ 减小到 2mm。在新尺寸条件下重新计算（b）和（c）。评价得到的结果。

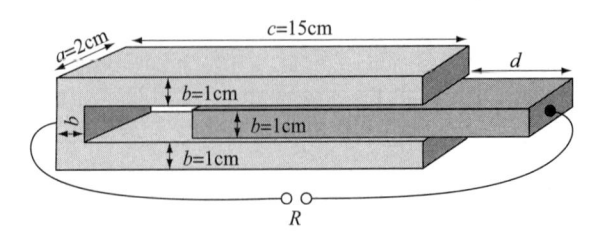

图 5.123 一种简单的电阻式位置传感器

# 第 6 章 机械传感器和执行器

**手**

手是和环境交互的主要身体器官。手同时作为执行器和传感器，它确实是一个令人惊异的器官。作为一个执行器，手包含27块骨头，其中14块组成手指或指骨（除了大拇指有2块骨头外，其余手指都有3块），5块在手掌（掌骨），8块在手腕（腕骨）。它们的结构和与一系列复杂的肌肉、肌腱的连接使得人类的手有着其他动物无法比拟的灵巧与灵活性。猿、猴和狐猴有着和人类相似的手，考拉等其他动物具有相对的拇指，这样的拇指对于攀爬很有用，但这些手都没有人类的手灵活。手可以在手指和手掌之间、手掌和手腕之间以及手腕和手臂之间进行指骨的关节运动。加上肘部和肩部的额外关节，手可以被看作一个多轴执行器，能够做出令人惊讶的精细和大幅动作。但手也是一个触觉传感器，尤其是指尖，它有着身体中最密集的神经末梢，它们通过直接的触摸来为操作物体或感知提供反馈。手由对侧的大脑半球控制（即左手由右半球控制，右手由左半球控制）。这对于任何其他成对的器官都是成立的，包括眼睛和腿。

**感知与皮肤**

皮肤是人体中最大的器官，它覆盖着整个身体，平均厚度为 2~3mm，平均面积接近 $2m^2$。和其他器官一样，它也拥有多项功能，充当生物体侵入身体的保护层，防止液体通过它流失，并吸收维生素 D。它还通过吸收褪黑素中的紫外线辐射以及吸收氧气并排出一些化学物质来保护身体免受有害辐射的伤害。一个关键的功能是通过真皮（这层刚好在薄的、外部可见的叫作"表皮"的表面之下）中的血管和汗液机制来进行隔热和热量的调节。但是这里尤其有趣的是皮肤的感知功能。皮肤上的神经末梢可以感觉到热、冷、压力、振动和损伤（伤害），但敏感性因部位而异。我们不仅能通过皮肤进行感知，而且它对刺激的定位非常好，也相当准确，让我们能够在这接近 $2m^2$ 的面积上探测到刺激的具体位置。

## 6.1 引言

机械传感器类别包括相当数量的基于不同原理的各种类型的传感器，但是这里讨论的四组通用传感器——力传感器、加速度计、压力传感器和陀螺仪——直接或间接地涵盖了机械量感知所涉及的大部分原理。其中一些传感器最初用于几乎与机械量无关的应用。例如，可以通过气体的膨胀来测量温度（气动温度传感器在第3章中讨论过）。这种膨胀可以通过使用应变计来感知，它是一种经典的机械传感器。在这个应用中，间接使用应变传感器测量温度。一些机械传感器不涉及运动或力，光纤陀螺仪就是这方面的一个例子，这将在本章后面进行讨论。

## 6.2 一些定义和单位

**应变**（无量纲）定义为试样单位长度的长度变化，以小数（即0.001）或百分比（即0.1%）表示。有时它被称为微应变，意味着以微米每米为单位的应变（μm/m）。应变的常用符号是$\varepsilon$。尽管这和介电常数的符号相同，但我们可以从上下文中清楚地看出这个符号的具体含义。

**应力**为材料中的压强（N/m²）。应力的符号是$\sigma$，不要把它和有着同样符号的电导率混淆。

**弹性模量**为应力与应变之比。这个关系经常写作$\sigma = \varepsilon E$，也就是胡克定律，这里的$E$是弹性模量。弹性模量经常指杨氏模量，其单位是压强单位（N/m²）。

**气体常数**，也叫**理想气体常数**表示每摩尔温度增量的能量，记为$R$，为8.314 462 1J/(mol·K)。

**特定气体常数**是气体常数除以气体的分子质量，记为$R_{specific}$或$R_s$。空气的特定气体常数为287.05J/(kg·K)。

**压强**是指单位面积上的力（N/m²）。国际单位制中的压强单位是帕斯卡［1帕斯卡（Pa）= 1牛顿每平方米（N/m²）］。帕斯卡是非常小的单位，所以千帕（1kPa = 10³Pa）和兆帕（1MPa = 10⁶Pa）更常见。其他常用单位是巴（1bar = 0.1MPa）和托（1torr = 133Pa）。另外，对于一些极低压强的表示则可以采用毫巴（1mbar = 0.750torr = 100Pa）和微巴（1μbar = 0.1Pa）。通常也可以用大气压（atm），大气压的定义是指"在1cm²的海平面上由4℃的1m高（准确地说是1.032m高）的水柱所产生的压力"。对于大气压的使用，最常见的是以水柱或汞柱为基础的完全平行的压力单位。实际上，1托（以Evangelista Torricelli命名）定义为1mm汞柱所施加的压强（在0℃和标准大气压下）。mmHg和cmH₂O都不是国际单位，但它们仍然存在，且在某些情况下是首选单位。例如血压通常以mmHg度量，而燃气公司使用cmH₂O来测量气压。1mmHg是在0℃（汞的密度为13.595 1g/cm³）下1mm高的汞柱所施加的压力，并假设重力加速度为9.806 65m/s²。类似地，1cmH₂O是在4℃时1cm高的水柱所施加的压力，水的密度为1.004 514 556g/cm³，并假设重力加速度为9.806 65m/s²。特别是在美国，常见的（非公有制）压强单位是磅每平方英寸（psi；1psi = 6.89kPa = 0.068atm）。

表6.1显示了常用压强的主要单位及换算。

在涉及压强和压强传感器时，我们经常使用真空的概念，有时将其作为一个单独的量。真空意味着没有压力，但通常将其理解为低于环境压力。因此，当人们提及为多少Pa真空或多少psi真空时，只是指低于环境压力相应值的真空。虽然这可能很方便，但严格来讲这是不正确的，单位制对此没有规定，因此我们应该避免这种用法。例如，10 000Pa 不应表示为 101 325-10 000=91 325Pa 的真空。

表 6.1 压强的主要单位及换算

| 单位 | 单位 | | | | |
| --- | --- | --- | --- | --- | --- |
| | 帕斯卡 | 大气压 | 托 | 巴 | 磅每平方英尺 |
| 帕斯卡 | 1Pa | $9.869×10^{-6}$atm | $7.7×10^{-3}$torr | $10^{-5}$bar | $1.45×10^{-4}$psi |
| 大气压 | 101.325kPa | 1atm | 760torr | 1.013 25bar | 14.7psi |
| 托 | 133.32Pa | $1.315×10^{-3}$atm | 1torr | $1.33×10^{-3}$bar | 0.019 35psi |
| 巴 | 100kPa | 0.986 923atm | 750torr | 1bar | 14.51psi |
| 磅每平方英尺 | 6.89kPa | 0.068atm | 51.68torr | 0.068 9bar | 1psi |

注：大气压通常以毫巴（mbar）为单位。海平面上的标准大气压为 1 013mbar（1atm 或 101.325kPa 或 14.7psi）。但是，这些单位都不是国际单位制。合适的单位是 Pa。

## 6.3 力传感器

### 6.3.1 应变计

测量力的主要工具是应变计。尽管应变计可以测量应变，但是应变可以与应力、力、转矩以及许多其他激励相关，诸如位移、加速度或位置。通过正确应用转换方法，它甚至可以用于测量温度、水平度和许多其他相关的量。

所有应变计的核心是材料（主要是金属和半导体）电阻的变化，这源于应变引起的长度变化。为了更好地理解这一点，考虑一个长度为 $L$，电导率为 $\sigma$，横截面积为 $A$ 的金属丝（见图 6.1）。这个金属丝的电阻是

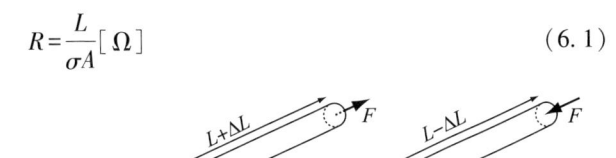

$$R=\frac{L}{\sigma A}[\Omega] \tag{6.1}$$

a）长度为 $L$，横截面积为 $A$ 且电导率为 $\sigma$ 的金属丝　　b）施加力以在导体中引起应力和应变

图 6.1 金属丝尺寸及施加力后引起的应力和应变

对表达式取对数可得

$$\log R=\log\left(\frac{1}{\sigma}\right)+\log\left(\frac{L}{A}\right)=-\log\sigma+\log\left(\frac{L}{A}\right) \tag{6.2}$$

对等式的两边求导可以得到

$$\frac{dR}{R} = \frac{d\sigma}{\sigma} + \frac{d(L/A)}{L/A} \tag{6.3}$$

因此电阻的变化可以看作由两种因素引起的。一种是材料的导电性，另一种（右侧的第二项）是导体的形变。对于小形变，等式右侧两项都是应变 $\varepsilon$ 的线性函数。将两种效应捆绑在一起（即电导率和材料的形变），就可以写出

$$\frac{dR}{R} = g\varepsilon \tag{6.4}$$

其中 $g$ 是应变计的灵敏度，也称为**应变系数**。对于任何给定的应变计来说，这是一个常数，对于大多数金属应变计来说，该值处于 2~6 之间，对于半导体应变计来说是 40~200 之间。这个等式是应变计关系式，并且给出了传感器电阻变化和施加于其上的应变之间的简单线性关系。

应变引起的电阻变化会增加应变计在拉伸时的电阻，而在压缩时电阻会减小。因此，应变计在应变下的电阻为

$$R(\varepsilon) = R_0(1+g\varepsilon)\,[\Omega] \tag{6.5}$$

其中 $R_0$ 是无应变电阻。在继续叙述之前，我们再讲一下关于应力、应变以及它们之间的联系。给定图 6.1 中的导体，并沿其轴线施加力，应力为

$$\sigma = \frac{F}{A} = E\frac{dL}{L} = E\varepsilon\,[N/m^2] \tag{6.6}$$

由于应变计是由金属和金属合金（包括半导体）制成的，因此它们也会受到温度的影响。如果我们假设式（6.5）中的电阻是在参考温度 $T_0$ 下计算的，那么可以使用式（3.4）将传感器的电阻写为关于温度的函数：

$$R(\varepsilon, T) = R(\varepsilon)(1+\alpha[T-T_0]) = R_0(1+g\varepsilon)(1+\alpha[T-T_0])\,[\Omega] \tag{6.7}$$

其中 $\alpha$ 是材料的电阻温度系数（TCR）（请参阅表 3.1）。这清楚地表明温度和应变效应是成倍增加的，这表明应变计必然对温度变化敏感。

应变计有多种形式和类型。实际上任何会因应变而改变其电阻（或与此相关的任何其他属性）的单一材料、材料组合或物理构造均可构成应变计。但我们在这里的讨论将仅限于两种类型，这两种类型包含当今使用的大多数应变计：金属丝（或金属膜）应变计和半导体应变计。在最简单的形式下，金属应变计可以由一段固定在两个固定柱之间的金属丝制成（见图 6.2）。当对支柱施加力时，金属丝发生形变，从而导致其电阻发生变化。

图 6.2 一种基本金属丝应变计（也称为非黏结应变计）

尽管此方法过去曾用过并且有效，但在构造方面，由于需要测量其应变的系统的附件或电阻的变化（必须很小），因此它并不是很适用。更实用的应变计是由沉积在绝缘基板（塑料，陶瓷等）上的导电材料薄层构成的，并经过蚀刻形成长而曲折的导线，如图6.3所示。康铜（由60%的铜和40%的镍制成的合金）是最常见的材料，因为它的电阻温度系数（TCR）可以忽略不计（见表3.1）。在较高温度下或需要特殊性能时，还有其他常用材料。表6.2列出了一些用于电阻应变计的材料及其性能，包括应变系数。

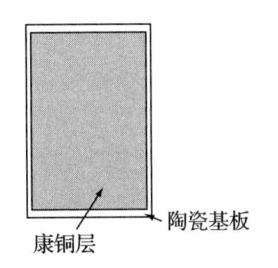

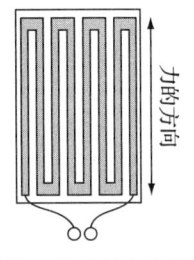

a）沉积在基板上的康铜膜　　b）应变计是通过蚀刻康铜薄膜制成的

图6.3　电阻应变计的常见结构

表6.2　电阻应变计的材料及其特性

| 材料 | 应变系数 | 20℃的电阻率/($\Omega \cdot mm^2/m$) | 电阻温度系数/($10^{-6}/K$) | 膨胀系数/($10^{-6}/K$) | 最高温度/℃ |
| --- | --- | --- | --- | --- | --- |
| 康铜（Cu60Ni40） | 2.0 | 0.5 | 10 | 12.5 | 400 |
| 镍铬（Ni80Cr20） | 2.0 | 1.3 | 100 | 18 | 1 000 |
| 锰合金（Cu84Mn12Ni4） | 2.2 | 0.43 | 10 | 17 | |
| 镍 | -12 | 0.11 | 6 000 | 12 | |
| 镍铬合金（Ni65Fe25Cr10） | 2.5 | 0.9 | 300 | 15 | 800 |
| 铂 | 5.1 | 0.1 | 2 450 | 8.9 | 1 300 |
| 铁镍铬合金（Fe55Ni36Cr8Mn0.5） | 3.8 | 0.84 | 300 | 9 | |
| 铂铱（Pt80Ir20） | 6.0 | 0.36 | 1 700 | 8.9 | 1 300 |
| 铂铑（Pt90Rh10） | 4.8 | 0.23 | 1 500 | 8.9 | |
| 铋 | 22 | 1.19 | 300 | 13.4 | |

注：1. 还有其他特种合金通常用于生产应变计。这些包括铂钨（Pt92W08）、铁镍铬合金（Fe55.5Ni36Cr08Mn05）、Karma（Ni74Cr20Al03Fe03）、装甲D（Fe70Cr20Al10）和蒙乃尔合金（Ni67Cu33）。
2. 选择这些材料用于特定应用。例如，尽管铁镍铬合金对温度特别敏感，但它对动态应变/应力感知非常出色，高温应用中选择铂应变计。
3. 许多应变计必须进行温度补偿。

应变计可用于测量多轴应变，方法很简单，就是使用多个应变计，或者通过对多轴应变敏感的配置来产生。一些可用的应变计配置如图6.4所示。图6.7显示了两个电阻应变计。

a) 两轴

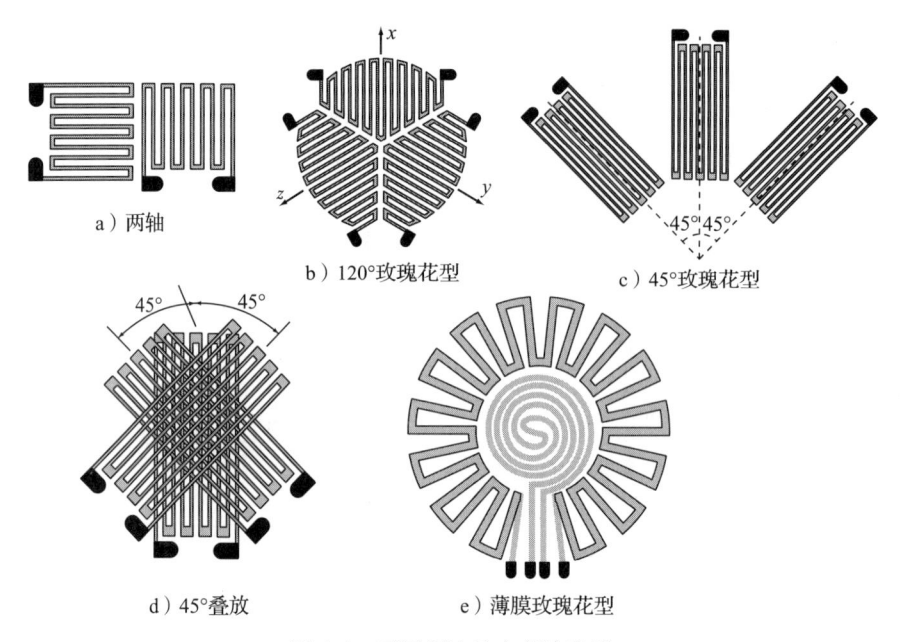

b) 120°玫瑰花型

c) 45°玫瑰花型

d) 45°叠放

e) 薄膜玫瑰花型

图 6.4 不同用途的应变计配置

## 6.3.2 半导体应变计

半导体应变计的工作方式与导体应变计相同，但是其结构和特性不同。首先，半导体的应变系数恰好比金属高。其次，尽管它的最大允许应变较低，但应变引起的电导率变化 [见式 (6.1)] 比金属要大得多。和金属型应变计相比，半导体应变计通常更小，但对温度的变化更为敏感（这里温度补偿通常包含在量程内）。所有半导体材料均会因应变而引起电阻变化，但是最常见的材料是硅，因为它具有惰性特性和易于生产的优势。通过扩散掺杂材料（对于 P 型通常为硼，对于 N 型通常为砷）来对基体材料进行掺杂，以根据需要获得基极电阻。衬底提供了拉紧硅片的方法，并且通过在器件的端部沉积金属来提供连接。图 6.5a 显示

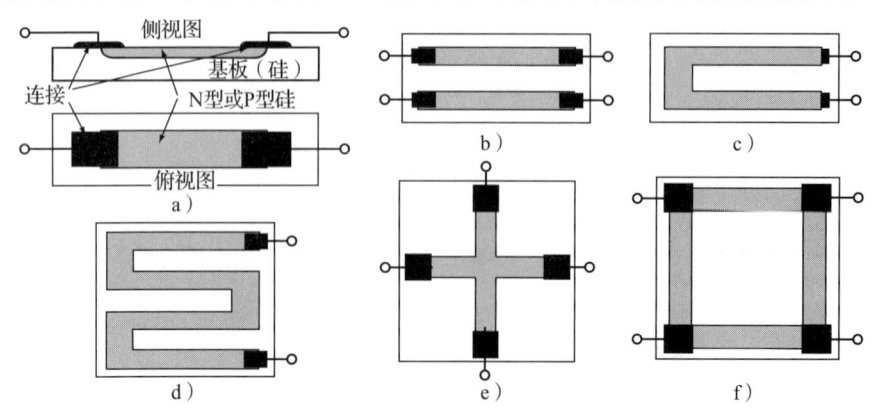

图 6.5 半导体应变计的结构及各种配置

了这种设备的结构,但可以发现其形状和类型变化很大。其中一些仪表,包括多元件仪表如图 6.5b~图 6.5f 所示。半导体应变计的温度范围限制在 150℃ 以下。

导体应变计和半导体应变计之间的重要区别之一是半导体应变计是非线性设备,通常具有二次传递函数:

$$\frac{dR}{R}=g_1\varepsilon+g_2\varepsilon^2 \tag{6.8}$$

尽管这种非线性在某些应用中有缺点,但它的优点是具有更高的应变系数(40~200 或更高的规格系数)。实际中 P 型和 N 型被用于 PTC 和 NTC 型应变计的响应如图 6.6 所示。

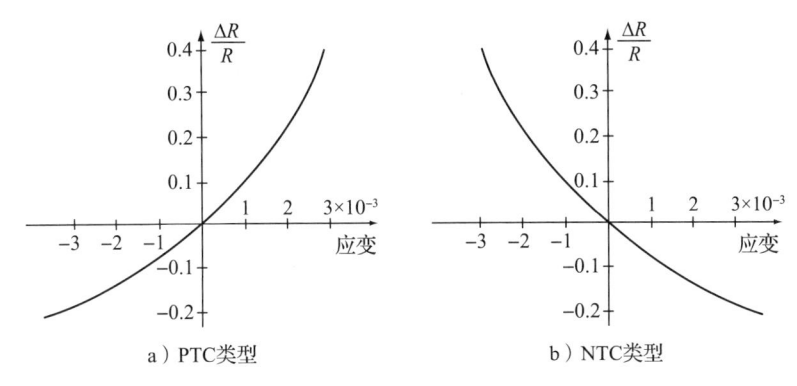

图 6.6 P 型和 N 型半导体应变计的传递函数

半导体的电导率取决于许多参数,其中包括掺杂水平(浓度或载流子密度)、半导体类型、温度、辐射、压力和光强(如果暴露)等。因此必须补偿诸如温度变化之类的常见影响,否则由这些影响引起的误差可能与应变的影响在同一数量级上,导致无法接受的结果。

**1. 应用**

要将应变片用作传感器,必须使其对力做出反应。为了实现这一点,通常是通过黏接将应变计连接到要检测应变的部件上。应用于不同场合和材料类型的特殊黏合剂通常由应变计制造商或专业生产商提供。在这种模式下,它们通常用于检测结构的弯曲应变,扭曲(扭转和剪切)应变以及结构的纵向拉伸/变形(轴向应变),例如发动机轴、桥梁负载、卡车称重器等。任何与应变(或力)相关的量,例如压力、转矩和加速度,都是可以直接测量的。其他量也可以通过间接测量获得。

应变计的特性因类型和应用而异,但是大多数金属应变计的标称电阻在 100~1 000Ω 之间(可提供较低和较高的电阻),应变系数在 2~5 之间,尺寸为截面积小于 3mm×3mm,长度超过 150mm,但是几乎任何尺寸都可以根据需要来制造。玫瑰花形(多轴应变计)具有 45°、90°和 120°轴以及膜片和其他特殊配置(见图 6.4)。典型的灵敏度为 5mΩ/Ω,变形应变为 2~3μm/m。半导体应变计通常比大多数金属应变计小,并且可以制成更高电阻值的电阻。由于这些仪表的温度限制,它们的使用仅限于低温,但价格比金属应变计便宜得多,因此在可适用的情况下普遍使用。半导体应变计的主要用途之一是作为传感器中的嵌入式设备,例如加速度计和称重单元。

**2. 误差**

应变计有各种各样的误差。首先是由于温度,因为温度对电阻(尤其是半导体中的电阻)的影响与应变对电阻的影响相同。在某些金属应变计中,这个影响很小,因此要小心选择具有低电阻温度系数的材料。但在其他情况下,这个影响可能会很大,在半导体中,有时会在设备上提供温度补偿,或者为了实现温度补偿而使用单独的传感器。式(6.7)给出了温度影响的一般关系(另请参见例6.2)。因此,应变计的标称电阻是在参考温度 $T_0$ 下给出的(通常参考温度为23℃,但也可以是任何方便的温度)。

另一个误差是横向应变(即垂直于图6.3主轴方向的应变)引起的。这些应变以及由此引起的电阻变化会影响整体读数。因此应变计通常被制成一个比较细长的装置,其一维尺寸比其他传感器大得多。半导体应变计在这方面特别出色,由于它的横向灵敏度(或交叉灵敏度)非常低,因此它的传感器尺寸很小。第三个误差源是应变本身,随着时间的推移,应变趋于使应变计永久变形。这种误差可以通过定期重新校准来消除,并可以通过确保允许的最大变形低于设备建议的最大变形来减小。由于循环使用,黏合进程以及材料变薄(甚至断裂)会导致额外的误差。大多数应变计都有额定循环次数($10^6$ 次或 $10^7$ 次)、最大应变(传导应变计通常为3%,半导体应变计为1%~2%),它们的温度特性被指定用于特定材料(铝、不锈钢、碳钢),以便在与该材料结合时获得最佳性能。当用于电桥配置时,典型精度为0.2%~0.5%。

**例6.1:应变计**

与图6.7类似的应变计的尺寸如图6.8所示,厚5mm。传感器由康铜制成,以减少温度影响。

图6.7 两个电阻应变计。上部应变计的尺寸为25mm×6mm,下部的为6mm×3mm

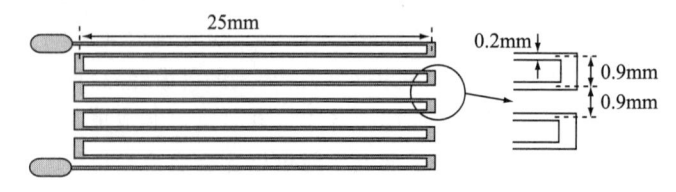

图6.8 应变计的尺寸和结构

(a) 计算传感器在 25℃ 无应变时的电阻。
(b) 如果纵向施加力导致 0.001 的应变，请计算传感器的电阻。
(c) 从 (a) 和 (b) 中估算应变系数。

**解** (a) 曲带的电阻由式 (6.1) 计算得出，康铜的数据由表 6.2 查出。20℃ 时的电导率为 $2\times10^6$ S/m（电导率是电阻率的倒数）。曲带的总长是

$$L = 10\times0.025 + 9\times0.000\ 9 = 0.258\ 1\text{m}$$

它的横截面积是

$$S = 0.000\ 2\times5\times10^{-6} = 1.0\times10^{-9}\text{m}^2$$

在 20℃ 时，可以计算得到电阻为

$$R = \frac{L}{\sigma S} = \frac{0.258\ 1}{2\times10^6\times1\times10^{-9}} = 129.05\Omega$$

为了计算在 25℃ 时的应变计电阻，我们使用康铜电阻温度系数（见 3.4 节），等于 $10^{-5}$（见表 3.1）：

$$R(25) = R_0[1 + \alpha(T - T_0)]\ [\Omega]$$

其中 $T_0 = 20℃$，$R_0$ 是在温度为 20℃ 下计算的电阻，有

$$R(25) = 129.05[1 + 1\times10^{-5}(25-20)] = 129.05\times1.000\ 05 = 129.05\Omega$$

由于温度差小、系数低，因此电阻实际上没有变化。

(b) 应变是长度的变化除以总长度。但是，只有应变计的水平部分会因应变而导致电阻产生变化。这里 $L = 0.25$m：

$$\varepsilon = \frac{\Delta L}{L} = 0.001 \rightarrow \Delta L = 0.001L = 0.001\times0.25 = 0.000\ 25\text{m}$$

因此，用于测量应变的总长度为 0.250 25m。由于材料的体积必须保持恒定，因此横截面积也一定发生了改变。设变形前的体积 $v_0$ 为 $LS$，我们可以得出

$$S' = \frac{v_0}{L+\Delta L} = \frac{LS}{L+\Delta L} = \frac{0.25\times1.0\times10^{-9}}{0.250\ 25} = 9.99\times10^{-10}\text{m}^2$$

现在该应变计的此部分电阻阻值为

$$R_g = \frac{L+\Delta L}{\sigma S'} = \frac{0.250\ 25}{2\times10^6\times9.99\times10^{-10}} = 125.25\Omega$$

除此之外，我们还必须加上不发生变形的垂直部分的电阻。这部分的长度为 0.008 1m，横截面积为 $10^{-9}\text{m}^2$。这部分的电阻是

$$R_v = \frac{0.008\ 1}{2\times10^6\times1.0\times10^{-9}} = 4.05\ [\Omega]$$

该应变计的总电阻为 129.30Ω。电阻变化很小（0.25Ω），是一种典型的应变计。

(c) 灵敏度是根据式 (6.4) 计算得出的：

$$g = \frac{1}{\varepsilon}\frac{\text{d}R}{R} = 1\ 000\times\frac{0.25}{125.25} = 1.996 \approx 2.0$$

该导体应变计的应变系数符合预期。

**例 6.2：温度变化引起的误差**

为了在喷气发动机的测试过程中测量应变，通过将材料溅射到箔片中并蚀刻应变计图案来生产特殊的铂应变计。该传感器在 20℃ 时的额定电阻为 350Ω，应变系数为 8.9（见表 6.2）。使用的铂级电阻温度系数为 0.003 85Ω/℃。在测试过程中，传感器承受的温度变化范围是 -50~800℃。

（a）计算在 20℃ 下最大应变为 2% 时的最大电阻。

（b）计算由温度引起的电阻变化以及由温度变化引起的最大误差。

**解** （a）从式（6.4）看，由 2% 应变导致的最大电阻变化为

$$\frac{dR}{R} = g\varepsilon \rightarrow dR = Rg\varepsilon = 350 \times 8.9 \times 0.02 = 62.3\Omega$$

则由应变引起的最大电阻是 62.3+350=412.3Ω。

（b）由温度引起的传感器电阻变化可通过式（3.4）计算：

$$R(T) = R_0[1+\alpha(T-T_0)][\Omega]$$

其中 $R_0$ 是传感器在 $T_0$ 处的电阻。在这种情况下，这是传感器在给定应变下的电阻。在 -50℃ 下且应变为零的电阻阻值为

$$R(-50) = 350[1+0.003\ 85(-50-20)] = 255.675\Omega$$

在 -50℃ 和 2% 应变下的电阻为

$$R(-50) = 412.3[1+0.003\ 85(-50-20)] = 301.185\Omega$$

在 800℃ 和零应变下的电阻为

$$R(800) = 350[1+0.003\ 85(800-20)] = 1\ 401.05\Omega$$

在 800℃ 和 2% 应变下的电阻为

$$R(800) = 412.3[1+0.003\ 85(800-20)] = 1\ 650.44\Omega$$

显然，温度引起的电阻变化很大。以最大的电阻为例，温度变化将导致的误差如下：

在 800℃ 和 2% 应变下的误差为

$$误差 = \frac{1\ 650.44 - 412.3}{412.3} \times 100\% = 300\%$$

在 800℃ 和零应变下的误差为

$$误差 = \frac{1\ 401.05 - 350}{350} \times 100\% = 300\%$$

在 -50℃ 和 2% 应变下的误差为

$$误差 = \frac{301.185 - 412.3}{412.3} \times 100\% = -26.95\%$$

在 -50℃ 和零应变下的误差为

$$误差 = \frac{255.675 - 350}{350} \times 100\% = -26.95\%$$

无论应变如何，所测得的结果在较高温度下都会出现最大误差。这个误差可以在适当设计的电桥电路中得到补偿（我们将在下册第 11 章中介绍），并且可以精确地进行测量。这个例子很极端，但是在许多应变计的应用中，温度补偿是传感的一个重要部分。

### 6.3.3 其他应变计

特殊应用中可以用到许多应变计。一个非常灵敏的应变计可以由光纤制成。在这种类型的应变计中，光纤长度的变化会改变通过光纤的光的相位。直接或通过干涉法测量相位可以获得微小应变的读数，这是其他应变计无法获得的。但这种方法所需要的装置和电子设备比标准仪表要复杂得多。还有液体应变计，它依靠柔性容器中的电解液的电阻而产生形变。另一种使用不太广泛的应变计是塑料应变计。它们以树脂中的石墨或碳为基础，制成带状或线状，并以类似于其他应变计的方式使用。尽管它们具有非常高的应变系数（高达约 300），但它们很难使用而且不准确，也不稳定，这严重限制了它们的实际使用。

### 6.3.4 力和触觉传感器

我们可以用多种方法来测量力，但是最简单和最常用的方法是使用应变计并以力为单位校准输出。其他一些测量力的方法包括测量质量加速度（$F=ma$），测量在力的作用下弹簧的位移（$F=kx$，其中 $k$ 是弹性系数），测量由力产生的压力，以及这些基本方法的变种方法。这些都不是直接测量力的方法，许多方法都比使用应变计复杂得多。转换过程可能意味着实际测得的量是电容、电感或电阻（如在使用应变计的情况下）。力传感器的基本结构如图 6.9 所示。在这种结构中，通过测量应变计中的应变来测量拉力。该传感器通常设有附件孔，也可以通过对应变计施加预应力以压缩模式使用。这种类型的传感器通常用于测量机床、发动机支架等的力。力传感器的一种常见形式是称重单元。像图 6.9 中的力传感器一样，称重单元也装有应变计。通常，称重单元是圆柱形的（但存在各种令人眼花缭乱的形状），放置于产生力的物体之间（例如，压力机的两个板之间，悬架和车身之间，或者在卡车（货车）称重秤的活动和固定部分之间）。

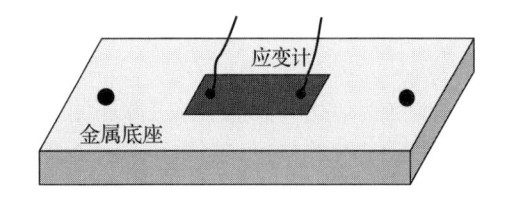

图 6.9　力传感器的基本结构

图 6.10 显示了应变计在压缩模式下运行的称重单元。注意"按钮"，它将负载转移到应变计。一个或多个应变计可以连接到该按钮上，该按钮通常为圆形器件，可以将负载传递到梁或应变计所连接的其他结构上。应变计经过预应力处理，因此在压缩状态下应力会降低。但是，我们应该注意，除了图 6.9 和图 6.10 中的基本配置外，实际上还有数十种配置可满足需求。称重单元可以感应从几分之一牛顿到数十万牛顿的力。尽管称重单元的结构和形状千差万别，但大多数都使用四个应变计，其中两个处于压缩模式，另外两个处于拉伸模式。

图 6.11a 和图 6.11b 显示了两种常见的配置。在图 6.11a 中，梁下方的两个应变计以压缩模式运行，而上方的两个应变计以拉伸模式运行。在图 6.11b 中，上、下构件在施加负载时

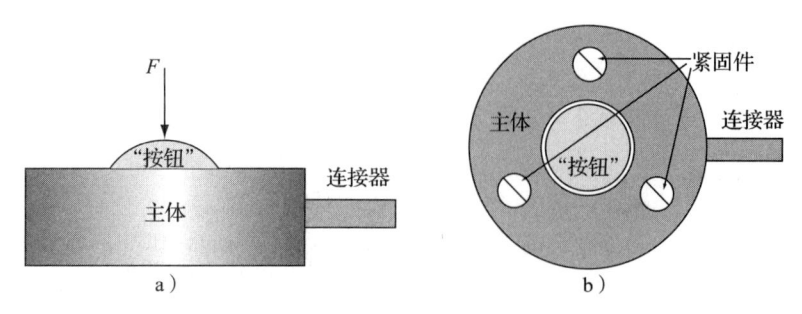

图 6.10 一种类型的称重单元——按钮式称重单元

向内弯曲，因此应变计 $R_1$ 和 $R_3$ 处于张紧状态。侧梁向外弯曲，应变计 $R_2$ 和 $R_4$ 处于压缩状态。如图 6.11c 所示，四个应变计连接在一个桥中。桥的操作将在下册第 11 章中讨论，包括其在称重单元中的使用。在这一点上，我们简单地提到，在没有负载的情况下，$R_1$ 和 $R_3$ 的电阻相同，而 $R_2$ 和 $R_4$ 的电阻相同（但通常不同于 $R_1$ 和 $R_3$）。在这些条件下，电桥平衡并且输出为零。当施加负载时，$R_1$ 和 $R_3$ 的电阻增加，$R_2$ 和 $R_4$ 的电阻减小，电阻的变化导致电桥失去平衡并产生与负载成比例的输出。

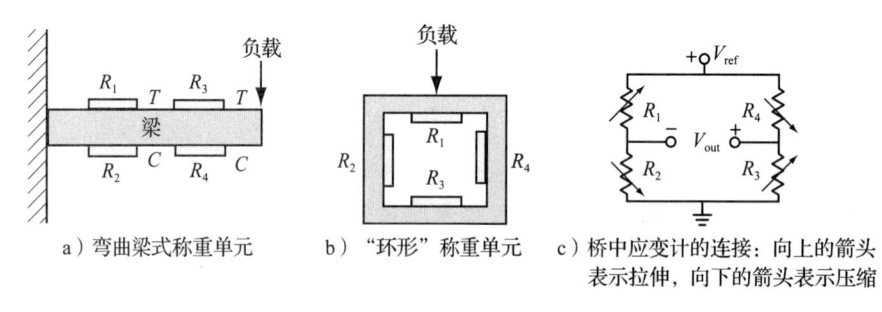

a）弯曲梁式称重单元　　b）"环形"称重单元　　c）桥中应变计的连接：向上的箭头表示拉伸，向下的箭头表示压缩

图 6.11 称重单元的结构

还有一些力传感器实际上并不测量力的大小，而是以定性的方式感知力，并对高于阈值的力的存在做出响应。例如开关和键盘、用于感知存在的压敏聚合物垫等。

**例 6.3：卡车秤的力传感器**

卡车秤由平台和四个压力传感器组成，平台的每个角落都有一个传感器。传感器本身是直径为 20mm 的短钢圆柱。单个应变计预应力为 2% 应变，并黏结在圆柱体的外表面上。应变计的额定电阻（在预应力之前）为 350Ω，应变系数为 6.9。圆柱体所用钢的弹性模量（杨氏模量）为 30GPa。

(a) 计算秤可以测量的最大卡车重量。
(b) 计算最大重量时传感器电阻的变化。
(c) 假设应变计的响应是线性的，请计算秤的灵敏度。

**解** (a) 压力和应变之间的关系在式 (6.6) 中给出：

$$\frac{F}{A} = \varepsilon E \, [\text{Pa}]$$

其中 $A$ 是圆柱体的横截面积，$F$ 是施加的力，$\varepsilon$ 是应变，$E$ 是弹性模量。由于有四个传感器，因此总力为

$$F = 4\varepsilon AE = 4\times 0.02 \times \pi \times 0.01^2 \times 30 \times 10^9 = 753\,982\text{N}$$

这里为 753 982/9.81 = 76 858kg 或 76.86t。

(b) 我们需要把力和传感器电阻建立联系。为此，我们使用式 (6.4)：

$$\frac{dR}{R_0} = g\varepsilon \rightarrow dR = g\varepsilon R_0$$

但是，由于压力计是预应力的，因此其净电阻为

$$R = R_0 + dR = R_0(1+g\varepsilon) = 350(1+6.9\times 0.02) = 398.3\Omega$$

其中 $R_0 = 350\Omega$ 是标称（无应力）电阻。当传感器被压缩时，电阻下降，直到达到最大允许应变为止，其电阻为 $R_0$。因此，电阻变化为 −48.3Ω。

(c) 灵敏度是输出（电阻）除以输入（力）。对于任何一个传感器，力为 76.86/4 = 19.215t，电阻变化为 −48.3Ω。所以：

$$S_o = -\frac{48.3}{19.215} = -2.514\Omega/\text{t}$$

**触觉传感器**是力传感器，但是由于"触觉"动作的定义更广泛，因此传感器也更加多样化。如果人们将触觉动作简单地视为感测到力的存在，那么简单的开关就是触觉传感器。这种方法通常用在键盘上，在键盘上使用薄膜或电阻垫，并在薄膜或硅橡胶层上施加力。在触觉感知的应用中，感知指定区域（例如机器人的"手"）上的力分布通常很重要。在这种情况下，可以使用力传感器阵列或分布式传感器。这些传感器通常由压电薄膜制成，这些压电薄膜会响应变形而产生电信号（无源传感器）。图 6.12 给出了一个示例。聚偏二氟乙烯（PVDF）膜对变形敏感。下部薄膜由交流信号驱动，因此它机械地周期性地收缩和膨胀。这种变形通过有点像变压器的压缩层传递到上层薄膜，从而在输出端建立信号。当上层薄膜在力的作用下变形时，其信号就会发生变化，并且输出信号的振幅或相位是当前变形（受力）的量度。由于压缩层较薄，因此当施加力时，输出会更高，并且与施加的力成比例（但不一定线性）。PVDF 膜可以是用于线性传感器的狭长带，也可以是用于在某个区域上进行触觉感知的各种尺寸的薄片。

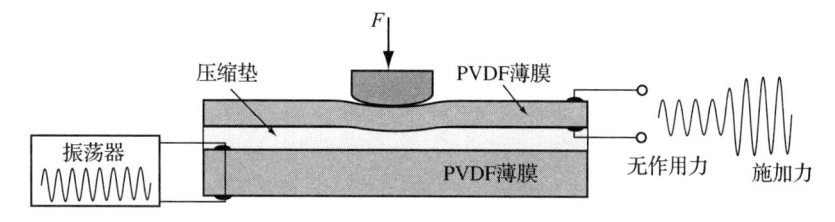

图 6.12 压电薄膜触觉传感器。力引起的压缩会改变上下 PVDF 层之间的耦合，从而改变输出的幅度

另一个例子如图 6.13 所示。在这种情况下，输出通常为零。当施加力时，薄膜中的应变产生一个与应力（力）成正比的输出，并随力而变化。因此，该输出不仅可以用于感知力，

而且可以感知力的变化。这个想法已经被用来感知婴儿呼吸模式的微小变化,主要是在医院,但是在其他情况下也可以被感知。在这种类型的传感器中,把一张 PVDF 片放在病人的下方,当身体重心随着呼吸而移动时,监测其输出的期望信号模式。压电和相关的压电式力传感器的问题将在第 7 章中与超声波传感器一起重新讨论。

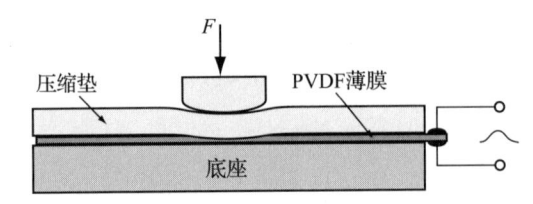

图 6.13 一种压电薄膜传感器,用于检测由于呼吸引起的滑动。监视输出的模式是把呼吸模式和重心移动是否一致作为结果

最简单的力觉传感器由导电聚合物、弹性体或半导体聚合物制成的,其被称为压阻传感器或力敏电阻(FSR)传感器。在这些设备中,材料的电阻取决于压力,如图 6.14 所示。FSR 传感器的电阻是力的非线性函数(见图 6.14c),但电阻的变化非常大(动态范围大),因此该传感器不受噪声的影响,可以轻松地与微处理器连接。可以使用直流或交流电源,并且该设备的体积可以根据需要的大小而定。传感器阵列可以通过在薄膜的一侧使用一个大电极,在另一侧使用多个电极来进行构建。在这种配置下,感测发生在一个区域或一条线上(见图 6.14b)。

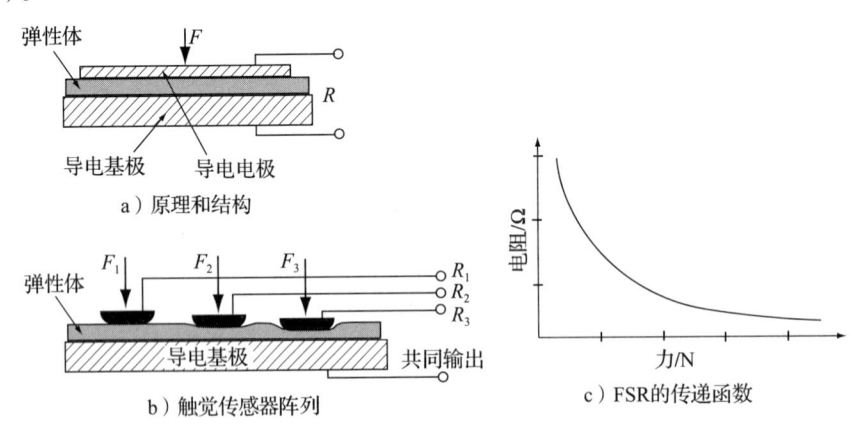

图 6.14 使用导电弹性体的 FSR 触觉传感器

### 例 6.4:力敏电阻传感器的评估

我们对力敏电阻传感器进行实验评估。为此,在如下力范围内测量传感器的电阻:

| $F$/N | 50 | 100 | 150 | 200 | 250 | 300 | 350 | 400 | 450 | 500 | 550 | 600 | 650 |
| --- | --- | --- | --- | --- | --- | --- | --- | --- | --- | --- | --- | --- | --- | --- |
| $R$/Ω | 500 | 256.4 | 169.5 | 144.9 | 125 | 100 | 95.2 | 78.1 | 71.4 | 65.8 | 59.9 | 60 | 55.9 |

计算传感器在整个范围内的灵敏度。

**解** 灵敏度是电阻与力的斜率,显然是非线性量。但是,我们从第 2 章(请参见例 2.16)回忆起,力阻传感器在力($F$)和电导($1/R$)之间具有线性关系。因此,先计算电导会更简单。

| $F/N$ | 50 | 100 | 150 | 200 | 250 | 300 | 350 | 400 | 450 | 500 | 550 | 600 |
|---|---|---|---|---|---|---|---|---|---|---|---|---|
| $1/R/(1/\Omega)$ | 0.002 | 0.003 9 | 0.005 9 | 0.006 9 | 0.008 | 0.01 | 0.010 5 | 0.012 8 | 0.014 | 0.015 2 | 0.016 7 | 0.017 9 |

现在我们有两个选择。可以将灵敏度作为一个局部量来进行计算,例如:

$$S = \frac{\Delta(1/R)}{\Delta F}\left[\frac{1}{\Omega \cdot N}\right]$$

或从电阻开始计算:

$$S = \frac{\Delta R}{\Delta F}\left[\frac{\Omega}{N}\right]$$

一个更好的方法是找到电导的线性拟合,然后将电阻写为力的函数并取其导数。使用附录 A 式(A.12)中的线性拟合,我们写出电导 $G = 1/R = a_1 F + a_0$,其中:

$$a_1 = \frac{n\sum_{i=1}^{n}x_i y_i - \left\{\sum_{i=1}^{n}x_i\right\}\left\{\sum_{i=1}^{n}y_i\right\}}{n\sum_{i=1}^{n}x_i^2 - \left\{\sum_{i=1}^{n}x_i\right\}^2},$$

$$a_0 = \frac{\left\{\sum_{i=1}^{n}x_i^2\right\}\left\{\sum_{i=1}^{n}y_i\right\} - \left\{\sum_{i=1}^{n}x_i\right\}\left\{\sum_{i=1}^{n}x_i y_i\right\}}{n\sum_{i=1}^{n}x_i^2 - \left\{\sum_{i=1}^{n}x_i\right\}^2}$$

在这种情况下,$n = 12$ 是实验组数,$x_i$ 是 $i$ 组的力,$y_i$ 是 $i$ 组的电导。从上表中的点我们得出:

$$a_1 = 0.000\ 141\ 82, \quad a_0 = 0.001\ 098\ 5$$

电导是

$$G = 0.000\ 141\ 82F + 0.001\ 098\ 5[1/\Omega]$$

现在我们把电阻写作

$$R = \frac{1}{0.000\ 141\ 82F + 0.001\ 098\ 5}[\Omega]$$

灵敏度是

$$\frac{dR}{dF} = \frac{d(0.000\ 141\ 82F + 0.001\ 098\ 5)^{-1}}{dF} = -\frac{0.000\ 141\ 82}{(0.000\ 141\ 82F + 0.001\ 098\ 5)^2}\left[\frac{\Omega}{N}\right]$$

显然,灵敏度随力的增加而下降。负号仅表示增加力会减少电阻。此处使用的方法适用于函数的倒数为线性或可以近似为线性的其他传感器。

## 6.4 加速度计

根据牛顿第二定律（$F=ma$），传感器可以通过简单地测量物体上的力来感应加速度。静止时，加速度为零，作用在物体上的力为零。在任何加速度 $a$ 下，作用在质量体上的力都与质量和加速度成正比。该力可以用任何一种感知力的方法来感知它（参见上文），但是同样，应变计将是直接测量力的代表。

但是，还有其他感知加速度的方法。磁性方法和静电学（电容性）方法也可以用来测量加速度。在它们最简单的形式中，可以将质量体与固定表面之间的距离（取决于加速度）制成一个电容器，其电容会随着加速度而增加（或减小）。类似地，可以通过测量由磁体引起的磁场变化来使用磁传感器。加速度越大，磁体距固定表面越近（或更远），因此磁场越大或越小。现在可以将第 5 章中用于感知位置或距离的方法用于感知加速度。感知加速度还有其他方法，包括热方法。速度和振动也可以通过类似的方法进行测量，这些也将在本节中进行讨论。

为了理解加速度感知的方法，有必要参考一下基于感知质量体上的力的加速度计的机械模型，如图 6.15 所示。可以在力的作用下移动的质量体具有恢复力（弹簧）和阻尼力（阻止其振动）。在这种情况下，假设质量体只能沿一个方向（沿水平轴）移动，则牛顿第二定律可以写为

$$ma = kx - b\frac{dx}{dt}\,[\text{N}] \tag{6.9}$$

假设质量体在加速度的影响下已经移动了距离 $x$，$k$ 是恢复（弹簧）常数，$b$ 是阻尼系数。

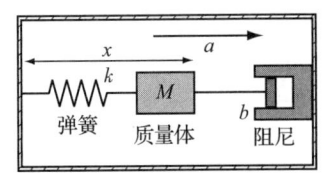

a）基于感知到质量体的力的加速度计的机械模型

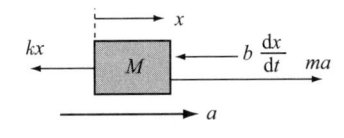

b）图6.15a中加速度计的自由体图

图 6.15　基于感知质量体上的力的加速度计的机械模型

给定质量 $m$ 以及常数 $k$ 和 $b$，测量 $x$ 即可得出加速度 $a$。该质量通常称为惯性质量或验证质量。

因此，对于一个有效的加速度传感器来说，只需提供一个可以相对于传感器外壳移动的给定质量的元件以及一个感知该移动的装置即可。位移传感器（位置、接近度等）可用于提供与加速度成比例的适当输出。

### 6.4.1　电容式加速度计

在这种加速度计中，将一块小电容器极板固定并物理连接到传感器主体上。作为传感器

惯性质量的第二部分可以自由移动并连接到复位弹簧。图 6.16 显示了三种基本配置。其中，恢复力由弹簧（见图 6.16a 和图 6.16c）或悬臂梁（见图 6.16b）提供。在图 6.16a 和图 6.16b 中，极板之间的距离随加速度而变化。在图 6.16c 中，电容器极板的有效面积发生变化，而极板之间的距离保持恒定。无论哪种情况，加速度都取决于是增大还是减小电容，也就是极板的运动方向。当然对于一个实用的加速度计来说，必须通过制动块防止板接触，而且需要添加阻尼机构以防止弹簧或梁振动。其中一些问题在图 6.17 的结构中得到了解决，但是无论具体的布置如何，电容的变化都与加速度成比例，因此电容是加速度的一个量度。

图 6.16 三个基本电容式加速度传感器

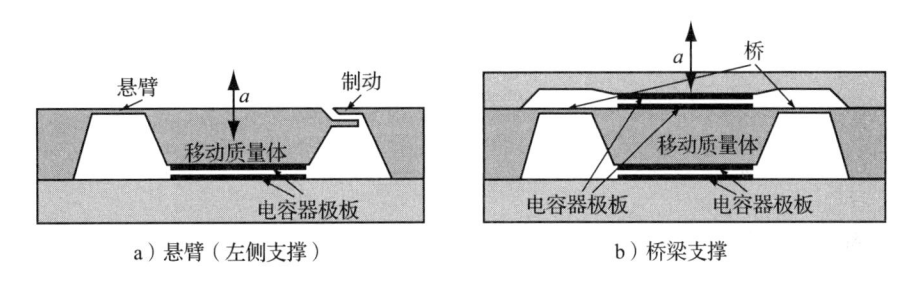

图 6.17 制作加速度计的两种基本形式

然而需要注意，这些电容的变化非常小，所以需要经常使用间接测量而不是直接测量的方法。例如在 LC 或 RC 振荡器中使用电容器。在这些配置中，振荡频率是加速度的直接量度。该频率可以很容易地在输出端转换为数字读数。这种类型的加速度计可以通过将质量体、固定极板和弹簧直接蚀刻到硅中，作为半导体器件制造。利用这种方法可以很容易地制造微加速度计。图 6.17 显示了两种结构。第一种是悬臂结构。第二种类似于图 6.16a，并依靠蚀刻的桥来提供弹簧。在后一种结构中，质量体在两个极板之间移动，并形成一个上下电容器。由于两个电容器在静止时是相同的，因此我们可以获得一个差模（请参见 5.3.1 节和图 5.9）。在这两种结构中，都设有限位挡块。

**例 6.5：电容式加速度计**

考虑一种用于汽车的电容式加速度计的简化设计。它的最终功能是在发生碰撞时打开安全气囊。假设使用图 6.16a 中的配置并且安装了传感器，以便在发生碰撞的情况下使弹簧伸长，并且使极板之间靠得更近，从而增加电容。当检测到 60g 的减速度时，安全气囊应该被打开（相当于以 23km/h 的速度撞上障碍物）。该传感器具有一块固定极板和一块质量为 20g 的移动极板。这两块极板相距 0.5mm，在静止时产生 330pF 的电容。若要打开安全气囊，电容必须加倍。为确保电容在减速度为 60g 时加倍，我们必须谨慎地选择弹性系数，并找到必要的弹性系数以完成此操作。

**解** 平行板电容器的电容为

$$C = \frac{\varepsilon A}{d} \, [\text{F}]$$

这意味着要使电容增加一倍，距离 d 必须减半，因为其他所有因素在加速时都保持恒定。也就是说，当极板之间的距离为 0.25mm 时，安全气囊将触发。在这些条件下，弹簧拉长了 0.25mm 的距离。现在，力方程式要求由于减速产生的力等于弹簧上的力：

$$ma = kx \rightarrow k = \frac{ma}{x} \, \left[\frac{\text{N}}{\text{m}}\right]$$

其中 k 是弹性系数，m 是活动极板的质量，a 是减速度，x 是极板的位移。这样我们得到

$$k = \frac{ma}{x} = \frac{20 \times 10^{-3} \times 60 \times 9.81}{0.25 \times 10^{-3}} = 47\,088 \text{N/m}$$

**注意**：此处的计算很简单，并且没有涉及保持极板平行等问题。但是，该计算表明了传感器应该如何设计。用于此目的的一些加速度传感器是接触式传感器，即达到必要的压力时，接触件闭合（例如，两块极板彼此接触）。这避免了实际测量电容的需求，从而减少了传感器的响应时间。

## 6.4.2 应变计加速度计

图 6.16 和图 6.17 中的结构也可以安装应变计，以测量由于加速度引起的应变。应变计加速度计如图 6.18 所示。质量体被挂在悬臂梁上，应变计则用来检测梁的弯曲程度。可以在梁的下方安装第二个应变计，以感知两个方向上的加速度。此外，通过在桥或悬臂梁上安装（或制造）应变计（见图 6.17），电容传感器将转变为应变计传感器。在这种配置中，应变计通常是半导体应变计，而在图 6.18 中，它们可以是黏结的金属应变片。其操作与电容式加速度计相同，只是检测力的方式发生了变化。应变计传感器可以像电容传感器一样灵敏，并且在某些情况下可能更易于使用，因为电阻的测量通常要比电容的测量简单。但另一方面，由于应变计对温度敏感，因此必须对传感器进行适当的补偿。

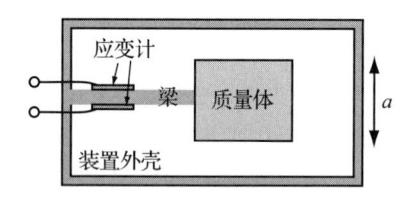

图 6.18 一种加速度计，其中两个应变计检测到横梁弯曲，以感知两个垂直方向上的加速度

## 6.4.3 电磁加速度计

可以将一个简单的电磁加速度计构建为可变电感装置，在该装置中，质量体或连接到质量体的杆通过磁力与线圈进行连接。线圈的电感与质量体的位置成正比，并随着铁磁棒深入

线圈而增大（见图6.19a）。这种配置是一种针对加速度校准的简单位置传感器。LVDT可以代替线圈用于位置的基本线性指示。另一种方法是在弹簧或悬臂梁上使用永磁体作为质量体，并使用霍尔元件或磁阻传感器来感知永磁体的磁场（见图6.19b）。霍尔元件的实时读数与磁场成正比，磁场与加速度成正比。也可以用较小的磁体偏置霍尔元件，并使用铁磁质量体。在这种配置下，质量体的接近改变了磁感应强度，提供了加速度的指示。

a）感应式加速度计，其中质量体的水平运动通过线圈电感的变化来感知

b）通过霍尔元件感知质量体位置的加速度计

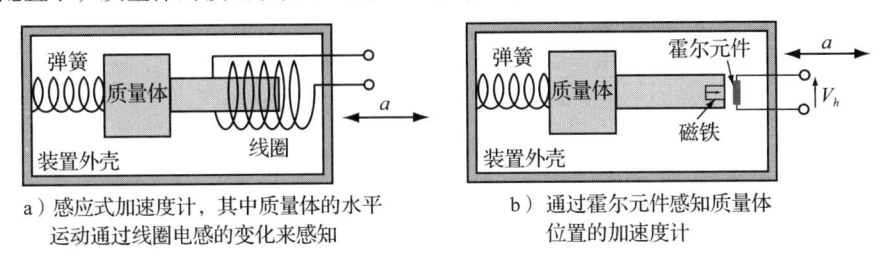

图6.19 感应式加速度计与通过霍尔元件感知质量体位置的加速度计

### 例6.6：电磁加速度计

如图6.20所示，构造了一个电磁加速度计，其质量体为一个圆柱体，直径$d=4$mm，长度为$l$。质量为10g，弹性系数$k$为400N/m的弹簧将质量体固定在适当的位置。质量体由相对磁导率为4 000的硅钢制成。线圈具有$n=1$匝/mm，并通过测量电感变化来确定质量体的位置。当质量体移入或移出线圈时，其电感相应增加或减小。在长线圈中，每单位长度的电感可近似为［见式（5.28）］：

$$L = \mu n^2 S \, [\text{H/m}]$$

其中$n$是每单位长度的匝数，$S$是线圈的横截面积。如果使用振幅为0.5A且频率为1kHz的正弦电流驱动线圈，试计算当加速度为10g时线圈上的电压变化。

**解** 当质量体向线圈中移动距离$x$时，电感会根据位置而变化。只要距离很小，电感的变化就是线性的，可以计算为

$$\Delta L = Lx = \mu n^2 S x \, [\text{H}]$$

质量体沿任一方向移动的最大距离由加速度和弹性系数确定，也就是说：

$$ma = kx \rightarrow x = \frac{ma}{k} = \frac{10 \times 10^{-3} \times 10 \times 9.81}{400} = 2.452\,5\text{mm}$$

图6.20 电磁加速度计

质量体最大可移动2.453mm。因此，电感的变化为

$$\begin{aligned}\Delta L = Lx &= \mu n^2 S x \\ &= 4\,000 \times 4\pi \times 10^{-7} \times 1\,000^2 \times \pi \times (2 \times 10^{-3})^2 \times 2.452\,5 \times 10^{-3} = 0.000\,155\text{H}\end{aligned}$$

也就是说，电感变化±155μH。

电感两端的电压与其电流有关，见式（5.29）：

$$V = L\frac{dI(t)}{dt}[V]$$

因此，由于电感变化而引起的电压变化为

$$\Delta V = \Delta L\frac{dI(t)}{dt} = 155 \times 10^{-6} \times \frac{d}{dt}[0.5\sin(2\pi \times 1\,000t)]$$

$$= 155 \times 10^{-6} \times 0.5 \times 2 \times \pi \times 1\,000\cos(2\pi \times 1\,000t)$$

$$= 0.487\cos(2\pi \times 1\,000t)[V]$$

线圈两端的电压变化±0.487V，足以进行感应。

注意，如果需要，可以通过增加频率或增加线圈中的电流来增加该值。此外，我们在这里基于行进距离小和线圈较长的情况假定了线性关系。摩擦和阻尼被忽略。在小加速度计中可能无法保证长线圈，因此这里显示的结果并不是精准的。

### 6.4.4 其他加速度计

还有许多其他类型的加速度计，但所有加速度计都采用不同形式的运动质量体。图6.21所示的加热气体加速度计就是一个很好的例子。在该装置中，腔中的气体被加热到平衡温度，并且两个（或多个）热电偶被设置成与加热器等距。在静止条件下，两个热电偶处于相同的温度，因此它们的差分读数（一个热电偶是感知热电偶，另一个是参考热电偶）为零。当发生加速时，气体向与运动相反的方向移动（气体为惯性质量），从而导致温度升高，可以根据加速度计进行校准。

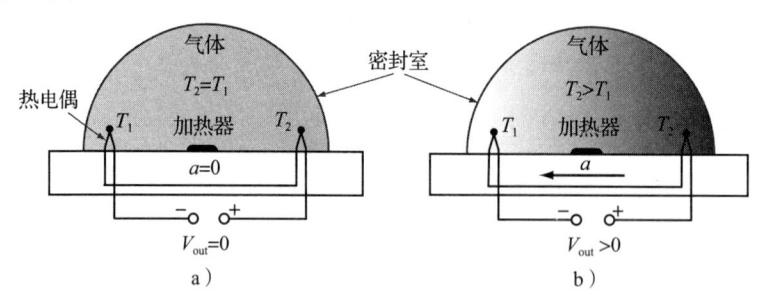

图6.21 加热气体加速度计

还有其他多种形式的加速度计，如使用光学装置（通过移动质量体激活快门）的加速度计、使用光纤位置传感器的光纤加速度计、振动速率随加速度变化的振动簧片等。

最后，应该注意的是，多轴加速度计基本上可以使用轴彼此垂直的单轴加速度计来构建。这些可以被制造为两轴或三轴加速度计，或者适当地连接两个或三个单轴加速度计。尽管这对于常规设备而言似乎很麻烦，但对于微型设备而言，这样做是完全可行的。我们将看到在MEMS中这是很常见的（第10章）。

加速度计的用途非常广泛,包括安全气囊展开传感器、武器制导系统、振动和冲击测量与控制以及其他类似的应用。它们还可以应用在诸如电话和计算机等消费类设备以及玩具等方面。

**例 6.7:地震传感器**

地震的检测可以(通常)通过加速度计检测由地震引起的运动来进行。为此,可按以下方式构建加速度计:一根横截面积为 10mm×10mm 的钢筋固定在混凝土板中,并垂直延伸至板上方 50cm。将一块 12kg 的重物焊接到钢筋的顶部。为了检测由于地球运动而产生的加速度,将一个标称电阻为 350Ω,应变系数为 125 的半导体应变计固定在钢筋从混凝土板上伸出的一个表面上。假设质心和传感器之间的距离恰好为 50cm。同样假设应变计具有温度补偿功能,并且可以可靠地测量出的应变计的最小电阻变化为 0.01Ω。计算地震传感器可以检测到的最小加速度。钢的弹性模量为 200GPa。

**解** 式(6.5)中的应变计关系可以用来计算引起电阻变化 0.01Ω 所需的应变。然后我们使用梁弯曲的基本关系式,找出将产生哪种应变的加速度,从式(6.5)中可以得到

$$R(\varepsilon) = R(1+g\varepsilon) = 350 + 125\varepsilon \, [\Omega]$$

因此

$$125\varepsilon = 0.01\Omega$$

或

$$\varepsilon_{\min} = \frac{0.01}{125} = 0.00008$$

即 $80 \times 10^{-6}$ 应变将使应变计的电阻产生 0.01Ω 的变化。

当土壤运动时,加速度 $a$ 在质量体($m = 12$kg)上产生力:

$$F = ma \, [\text{N}]$$

该力使梁弯曲,从而产生弯矩:

$$M = Fl = mal \, [\text{N} \cdot \text{m}]$$

其中 $l = 50$cm 是质量体和传感器之间的距离。

为了计算梁表面(应变计所在位置)的应变,我们写

$$\varepsilon = \frac{M(d/2)}{EI} \, \left[\frac{\text{m}}{\text{m}}\right]$$

其中 $M$ 是弯矩,$E$ 是弹性模量,$I$ 是梁的面积矩,$d$ 是梁的厚度。$E$ 是给定的,$I$ 可表示为

$$I = \frac{bh^3}{12} = \frac{d^4}{12} \, [\text{m}^4]$$

其中 $b$ 是宽度,$h$ 是梁的横截面的高度。在这种情况下 $b = h = d = 0.01$m,则杆中的应变:

$$\varepsilon = \frac{mal(d/2)}{Ed^4/12} = \frac{6mal}{Ed^3} \, \left[\frac{\text{m}}{\text{m}}\right]$$

可检测到的最小加速度为

$$a = \frac{\varepsilon E d^3}{6ml} \, \left[\frac{\text{m}}{\text{s}^2}\right]$$

对于给定的数值：

$$a = \frac{0.00008 \times 200 \times 10^9 \times (0.01)^3}{6 \times 12 \times 0.5} = 0.444 \text{m/s}^2$$

这是一个很小的加速度（约 $0.045g$）。还要注意，加速度计可以通过多种方式变得更灵敏。首先也是最重要的是，我们可以使用一种较小"刚度"的杆，即具有较低弹性模量的杆。更大的质量和更长的杆效果也是一样的。类似地，我们也可以通过减小杆的横截面来提高灵敏度，但必须做出合理的调整。例如，对于给定的质量，不能使用更细的杆，或者随着质量的增加，杆的横截面也必须调整以支撑该质量。最后我们要注意，这里的计算假设是加速度垂直于放置应变计的表面。由于在地震情况下无法预测加速度的方向，因此必须在两个垂直面上配备应变计，并根据加速度的两个垂直分量计算出加速度。

## 6.5 压力传感器

在机械系统中，压力感知的重要性可能仅次于应变感知（应变计常用于感知压力）。这些传感器可以单独使用，即测量压力，或测量诸如力、功率、温度或任何与压力有关的量。它们在传感器领域中占主导地位的原因之一是在气体和流体中进行传感时，直接测量力不是一个好的选择——只能测量压力，并且与这些物质的特性有关，包括它们所施加的作用力。它们在汽车、大气天气预报、供暖和制冷以及其他面向消费者的设备中广泛使用，这使得很多人都接触过它们。当然，许多挂在墙壁上的"气压计"以及使用大气压反映天气状况有助于普及压力传感的概念。

压力传感（即每单位面积上的力）遵循与力传感相同的原理，即测量传感器的适当构件响应压力时的位移。任何通过直接位移或等效量（例如应变）对压力进行响应的装置都是一种合适的压力传感方法。因此，方法有很多，包括热、机械以及磁和电方面。

### 6.5.1 机械压力传感器

从历史上讲，压力传感始于不需要电传导的纯机械设备——使用从压力到机械位移的直接传导。因此，这些设备是对压力做出反应的执行器，也许令人惊讶的是，如今它们与以往一样普遍。这些机械设备中的一些已经和其他传感器组合以提供电输出，而其他一些仍以其原始形式使用。最常见的也许是波登管，如图 6.22a 所示。该传感器已在压力表中使用了 150 多年，其中的千分表直接连接到管子上（由 Eugene Bourdon 于 1849 年发明）。

这种形式不同的传感器至今仍常使用，并且由于它不需要其他的组件，因此既简单又便宜。但它仅在相对较高的压力下才真正有用。它通常用于气体，但也可以用于感知流体压力。

其他机械传感压力的方法有基于隔膜的膨胀、波纹管的运动以及在压力影响下活塞的运动等几种方式。

产生的运动可用于直接驱动指示器，或者可以通过位移传感器（LVDT、磁性、电容式等）进行感应以提供压力读数。墙壁气压计中使用的是一个简单的隔膜压力传感器，如

a) 波登管压力传感器。波登管（C形部分）随着压力膨胀，通过杠杆臂和齿轮机构转动刻度盘（在表圈下方，未显示）

b) 隔膜压力传感器

图 6.22　波登管压力传感器及隔膜压力传感器

图 6.22b 所示。它本质上是具有相对柔性壁的密封金属罐。一侧保持固定（在这种情况下，通过小螺钉也可进行调整或校准），而另一侧则根据压力移动。这种特定的设备在给定压力下被密封，因此，任何低于内部压力的压力都将迫使隔膜膨胀，而任何更高的压力都会迫使隔膜收缩。尽管这种设备非常简单而且价格便宜，但我们也很容易看到它的缺点，包括泄漏的可能性和不可避免地对温度的依赖。波纹管是一种类似的设备，可用于直接读取或激活另一个传感器。各种形式的波纹管也可以用作执行器。它的常见用途之一是"真空马达"，用于车辆启动阀门以及板条和门的移动，特别是在供暖和空调系统以及速度控制中。它们在现代社会中，尤其是在汽车中扮演着重要角色，因为它们的操作简单且噪声很小，具有内燃机中低压源的可用性（因此才有了真空的名称）。

基于密封室会由于大气压力或温度的变化而膨胀和收缩，我们利用隔膜传感器与波纹管执行器相关联的原理来驱动永动时钟。这种时钟由 Cornelis Drebbel 于 1600 年左右发明，如今已制成现代样式，其中由于大气压和温度的变化，弹簧的松紧由腔室的膨胀/收缩引起，从而可以无限期地运行时钟。

这些机械装置表明需要一种可以在压力影响下弯曲的机构。到目前为止，常用于此的结构是薄板和隔膜。简单来说，膜是厚度可以忽略不计的薄板，而板的厚度是有限的。它们的行为和对压力的反应是大不相同的。关于图 6.23a，在径向张力 $S$ 下的膜片中心的挠度（最大挠度）和膜片中的应力为

$$y_{\max} = \frac{r^2 P}{4S}[\text{m}], \quad \sigma_m = \frac{S}{t}\left[\frac{\text{N}}{\text{m}^2}\right] \tag{6.10}$$

其中 $P$ 是施加的压力（实际上是薄膜顶部和底部之间的压力差），$r$ 是其半径，$t$ 是其厚度。应变可以用应力除以弹性模量（杨氏模量）来计算。

如果厚度 $t$ 不可忽略，则该器件是一个薄板（见图 6.23b），可以将其表示为

$$y_{\max} = \frac{3(1-v^2)r^4 P}{16Et^3}[\text{m}], \quad \sigma_m = \frac{3r^2 P}{4t^2}\left[\frac{\text{N}}{\text{m}^2}\right] \tag{6.11}$$

其中 $E$ 是弹性模量，$v$ 是泊松比。

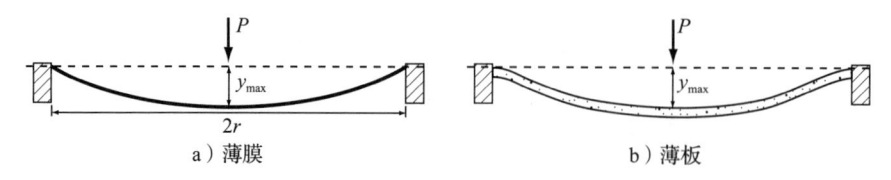

a）薄膜　　　　　　　　　　　b）薄板

图 6.23　可以在压力影响下弯曲的结构

无论哪种情况，位移都与压力呈线性关系，因此这些结构广泛用于压力传感。根据所用传感器的类型测量位移 $y_{max}$ 或应力 $\sigma_m$（或等效应变）。在现代传感器中，实际上更常见的是使用金属或使用半导体应变计、压敏电阻来测量应变。使用应变计的优点之一是所需的位移非常小，从而可以对非常坚固的结构进行测量，同时也拥有非常高的压力感知。如果必须测量位移，则可以用电容、电感甚至光学方法来实现。

压力传感器有四种基本类型，根据它们感知到的压力来定义。如下所示：

**绝对压力传感器**（PSIA）：相对于绝对真空感知压力。

**压差传感器**（PSID）：感知传感器两个端口上两个压力之差。

**表压传感器**（PSIG）：感知相对于环境压力的压力。

**密封表压传感器**（PSIS）：感知相对于密封压力室的压力（通常在海平面为 1atm 或 14.7psi 的情况下）。

最常见的传感器是表压传感器，但是通常使用压差传感器和密封表压传感器。

**例 6.8：一种基于活塞的机械压力传感器**

以类似于隔膜的方式，作用在弹簧上的活塞可以用作简单的压力传感器。这种机械传感器/执行器通常用于测量轮胎压力，如图 6.24 所示。额定压强为 700kPa（100psi）的典型压力表是一个短圆柱体，长为 15~20cm，直径为 10~15mm。底部的阀门允许单向气体进入以对气瓶加压。内阀杆抵着弹簧移动，阀杆上的刻度指示压力。阀杆通常最大延伸约 5cm，以使其在弹簧的线性范围内工作。对于 10mm 的内径，700kPa 的压强会在活塞上产生一个力：

$$F = PS = 700 \times 10^3 \times \pi \times (5 \times 10^{-3})^2 = 54.978 \text{N}$$

弹簧必须压缩 50mm。这意味着弹性系数 $k$ 必须为

$$F = kx \rightarrow k = \frac{F}{x} = \frac{54.978}{0.05} = 1\,100 \text{N/m}$$

读取刻度上的压力值，刻度为 14kPa/mm（约 2psi/mm）。当然，这就是传感器的灵敏度。

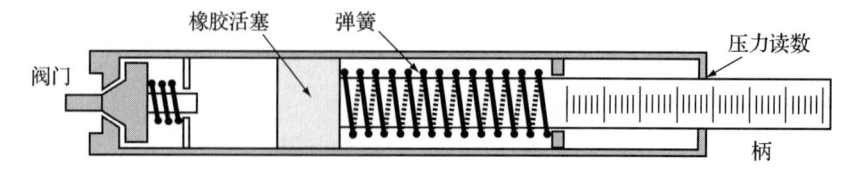

图 6.24　基于活塞的机械压力传感器

**例6.9：作为简易气压计的密封表压传感器**

气压计通常在一个简单的表盘上通过机械的方式显示气压。原理类似于图6.22b所示的一种简单的密封表压传感器，可以通过这种方式显示气压。为了更详细地了解这一传感器是如何实现的，考虑图6.25中的装置，该装置由直径为2cm的圆柱形腔体组成，由活塞密封。气室密封在标准大气压下，$P_0 =$ 101 325Pa（1.013bar 或 1 013.25mbar）。在此压力下，腔体体积 $V_0 = 10\text{cm}^3$。气压以参考常压的线性标尺表示。随着外部压力的增大，活塞被向下推，压缩腔内的空气。当外部压力减小时，空气膨胀，使活塞向上运动。大气中的气压变化不大（有记录的最高气压为1 086mbar，最低气压为850mbar），因此800~1 100mbar之间的尺度是足够的。试计算活塞的运动范围（即尺度长度）。

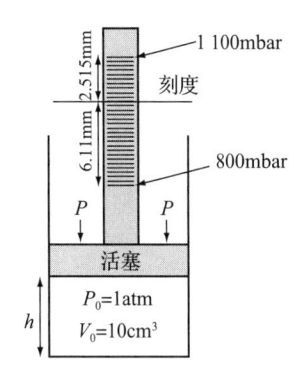

图6.25 密封腔式气压计

**解** 密封空气的压缩由波意耳定律可得（在恒温条件下）：
$$P_1 V_1 = P_2 V_2$$

也就是说，随着压力的变化，体积也随之变化，以保持等式两边恒定。现在，取标准大气压 $P_0 = 1\,013.25\text{mbar}$ 处的体积 $V_0 = 10\text{cm}^3$，我们分别写出最小和最大压力下的体积：

$$P_{\min} V_{\min} = P_0 V_0 \to V_{\min} = \frac{P_0 V_0}{P_{\min}} = \frac{1\,013.25 \times 10}{850} = 11.92\text{cm}^3$$

和

$$P_{\max} V_{\max} = P_0 V_0 \to V_{\max} = \frac{P_0 V_0}{P_{\max}} = \frac{1\,013.25 \times 10}{1\,100} = 9.21\text{cm}^3$$

刻度是根据置换出的空气柱高度得到的。在低压下：

$$V_{\min} = \pi \frac{d^2}{4} h_{\min} = 11.92 \to h_{\min} = \frac{4 \times 11.92}{\pi d^2} = \frac{4 \times 11.92}{\pi \times 2^2} = 3.794\,2\text{cm}$$

在高压下：

$$V_{\max} = \pi \frac{d^2}{4} h_{\max} = 9.21 \to h_{\max} = \frac{4 \times 9.21}{\pi \times 2^2} = 2.931\,6\text{cm}$$

在标准大气压力下，计算出的高度为

$$h_0 = \frac{4 \times 10}{\pi \times 2^2} = 3.183\,1\text{cm}$$

也就是说，给定公称压力线的位置，最低压力线低于公称压力线6.11mm，最高压力线高于公称压力线2.515mm。整个运动范围为8.625mm。

请注意，如果我们将圆柱形腔体的直径减小为原来的1/2，那么运动范围会增加4倍（在这种情况下，达到34.5mm）。在流体气压计中，活塞被一种流体（通常是水或油）代替，该流体不仅充当"活塞"，还可以作为压力的直接指示。在其他气压计中，活塞或其他等效物的运动可使表盘转动。

## 6.5.2 压阻式压力传感器

虽然压阻器只是一种半导体应变计,并且也可以用导体应变计代替,但大多数现代压力传感器都使用半导体而不是导体应变计。只有在需要较高温度的操作或特殊应用时,才会首选导体应变计。另外,膜片本身可以由硅制成,这种工艺简化了结构,并且有额外的好处,例如板载温度补偿元件、放大器和调节电路。这种传感器的基本结构如图 6.26 所示。在这种情况下,两个应变计平行置于膜片的一个维度。两个压敏电阻的电阻变化为

$$\frac{\Delta R_1}{R_1} = -\frac{\Delta R_2}{R_2} = \frac{p(\sigma_y - \sigma_x)}{2} \tag{6.12}$$

其中 $\sigma_x$ 和 $\sigma_y$ 分别是横向 ($x$) 和纵向 ($y$) 上的应力,$p$ 是压敏电阻的压电系数。尽管压敏电阻布置成其他类型将导致电阻的变化(例如,图 6.26 中的 $R_2$ 可以垂直于 $R_1$ 放置),该公式代表了期望值。

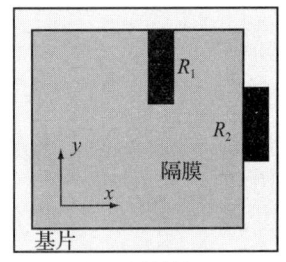

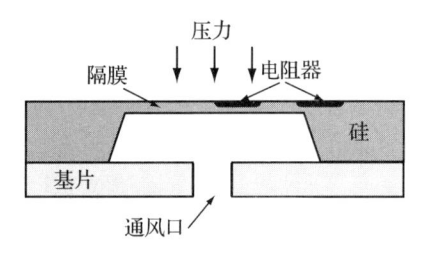

a) 压阻的放置　　b) 显示隔膜和通风口的结构(用于表压传感器)

图 6.26　压阻式压力传感器

在图 6.27 所示的器件中,压敏电阻和膜片均由硅制成。在这种情况下,每个腔室提供了一个通风口,使它成为表压传感器。如果膜片下面的空腔是密封的,并且其中的压力为 $P_0$,则该传感器就变成了一个密封的表压传感器,感测压力 $P-P_0$。如图 6.27 所示,通过将隔膜放置在两个腔室之间,每个腔室通过一个端口通风,从而形成一个差分传感器。

另一种方法是使用单个应变计,如图 6.28 所示,其中电流流经应变计,并且垂直于电流施加压力。我们可以测量元件两端的电压来指示应力,从而指示压力。

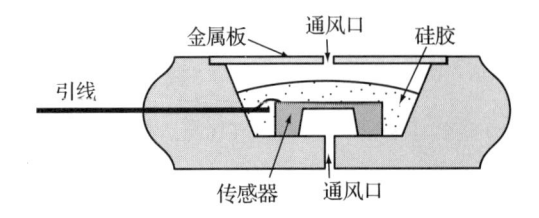

图 6.27　压差传感器的结构。隔膜放置在两个端口之间

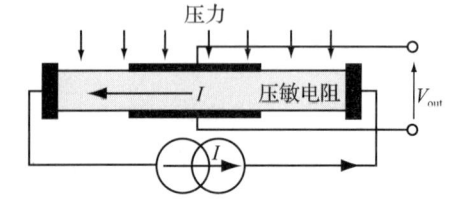

图 6.28　一种直接感应压阻的压力传感器。电阻两端的电位是压力的量度。垂直于电流施加压力

第 6 章 机械传感器和执行器 273

  这些基本类型的传感器具有许多变化，它们具有不同的材料和工艺，不同的灵敏度等。但是这些并不构成单独的传感器类型，因此对其将不进行单独的讨论。

  虽然最常见的传感方法是使用半导体应变计，但传感器的主体结构，尤其是膜片的结构会根据应用而变化。不锈钢、钛和陶瓷用于腐蚀性环境，其他材料（包括玻璃）可用于涂层。

  图 6.29 和图 6.30 显示了许多不同结构、尺寸和额定值的压力传感器。

a）各种尺寸的压力传感器。最小的直径为2mm，最大的直径为30mm。注意连接器。所有都是密封表压传感器

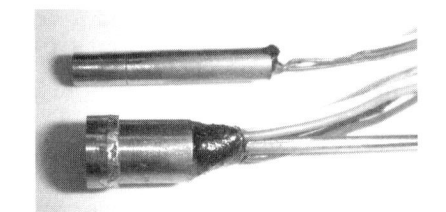

b）不锈钢外壳中的小型传感器（绝对压力传感器）

c）微型表面安装数字压力传感器（从左上方，顺时针方向：两个14bar传感器，两个7bar传感器，一个1bar传感器，两个12bare传感器和一个1bare传感器），都是密封仪表传感器

图 6.29 各种压力传感器 1

a）在金属罐中的100psi绝对压差传感器

b）150psi的压差传感器，用于汽车

c）15psi和30psi表压传感器（前后各一个）

图 6.30 各种压力传感器 2

**例6.10：水深传感器**

如图6.31所示，用于自动潜水器的深度传感器由半径为6mm、厚度为0.5mm的不锈钢薄盘以及内径为5mm、外径为6mm的圆环制成。在将潜水器放入水中之前，顶部对水开放，底部在大气压（1atm）下密封。径向应变计附在圆盘的下部，并感测圆盘中的应变。如果应变计的标称电阻为240Ω，应变系数为2.5，假设大气压为1atm，不锈钢的弹性模量为195GPa，平均水密度为1 025kg/m³，求应变计的电阻与深度的关系。

**解** 该传感器实际上是一个密封的表压传感器（PSIG），以薄板作为传感部件。式（6.11）中的压力是圆盘顶部的水压减去1atm的密封压力。因此，我们首先需要计算压强与深度的关系。后者相当简单。地面的压强为1atm。此后，在水中每增加1.032m的深度，它就会增加1atm（参见单位部分）。

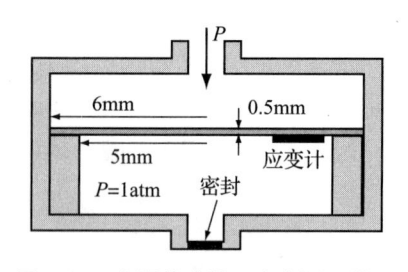

图6.31 水深传感器。这实际上是一个密封表压传感器，用于测量水压与海洋表面压力（1atm）之间的差

假设1atm=101.325kPa，则水中的压强与距水表面的深度的关系可以写为

$$P = \frac{d}{1.032} \times 101.325 + 101.325 \text{kPa}$$

其中$d$是深度（以米为单位）。基于1atm的密封压力，此处描述的传感器感测到的压力为

$$P = \frac{d}{1.032} \times 101.325 \text{Pa}$$

这意味着传感器在水面测得的压强为零。因此深度可直接测量，为

$$d = \frac{1.032P}{101\,325} = 10^{-5} P \, [\text{m}]$$

为了计算传感器的电阻变化，我们使用式（6.5），这反过来又需要圆盘中的应变。因此，我们首先使用式（6.11）计算应力，然后将应力除以弹性模量来得到应变。圆盘中的应力为

$$\sigma_m = \frac{3r^2 P}{4t^2} = 10^5 \frac{3r^2 d}{4t^2} \left[\frac{\text{N}}{\text{m}^2}\right]$$

除以弹性模量，我们得出应变：

$$\varepsilon_m = \frac{\sigma_m}{E} = 7.5 \times 10^4 \frac{r^2 d}{Et^2} \left[\frac{\text{m}}{\text{m}}\right]$$

现在我们在式（6.5）中替换它，可以得到：

$$R(\varepsilon_m) = R_0(1 + g\varepsilon_m) = R_0 \left(1 + 7.5 \times 10^4 \frac{gr^2 d}{Et^2}\right) [\Omega]$$

其中$R_0$是应变计的标称电阻，$g$是应变系数。因此，由深度引起的电阻变化为

$$\Delta R = 7.5 \times 10^4 \frac{gR_0 r^2 d}{Et^2} [\Omega]$$

另一种写法是

$$d = \frac{Et^2}{7.5 \times 10^4 gR_0 r} \Delta R [\text{m}]$$

在这种形式下，深度可直接作为 $\Delta R$ 的函数，$\Delta R$ 是应变计的感知电阻与标称电阻之间的电阻差。对于这里给出的值，可计算得：

$$d = \frac{Et^2}{7.5 \times 10^4 gR_0 r^2} \Delta R = \frac{195 \times 10^9 \times (0.0005)^2}{7.5 \times 10^4 \times 2.5 \times 240 \times (0.005)^2} \Delta R = 43.33 \Delta R [\text{m}]$$

也就是说，对于每 1m 的深度，应变计的电阻将改变 $1/43.33 = 0.023\Omega$。这是一条简单的校准曲线，并且只要对应变计进行温度补偿，就可以精确地测量深度。

**注意：** 更高应变系数的应变计（例如半导体应变计）可以提高灵敏度。例如，应变系数为 125（对于半导体应变计而言这并不罕见），会将电阻的变化增加到 $1.154\Omega/\text{m}$。

### 6.5.3 电容式压力传感器

隔膜在上述任何结构中相对于固定极板的挠度构成了电容器，其中极板之间的距离是压敏的。可以使用图 6.17 中的基本结构或设计类似的配置。这些传感器非常简单，特别适用于感知非常低的压力。在低压下，隔膜的挠度变化可能不足以引起较大的应变，但就电容而言可能相对较大。由于电容可能是振荡器的一部分，因此其频率的变化可能会足够大，足以形成非常敏感的传感器。电容式压力传感器的另一个优点是它们对温度的依赖性较小，由于可以加入极板运动的制动件，因此它们对超压不太敏感。通常电容式压力传感器可以轻易地承受比额定压力大两到三个数量级的超压而不会产生不良影响。对于较小的位移，传感器是线性的，但是在较大的压力下，隔膜会弯曲，从而导致非线性输出。

### 6.5.4 电磁压力传感器

电磁压力传感器中使用了许多方法。在大挠度传感器中，可以使用电感式位置传感器或附在隔膜上的 LVDT。然而，对于低压，可变磁阻压力传感器则更为实用。在这种类型的传感器中，隔膜由铁磁材料制成，是图 6.32a 所示磁路的一部分。磁路的磁阻是电路中电阻的磁当量，取决于磁路的大小、磁导率和横截面积 [有关磁路的讨论，请参见 5.4 节；有关磁阻的定义，请参见式 (5.32)]。图 6.32b 显示了等效电路，其中 $R_F$ 指铁中的路径，$R_g$ 指间隙，而 $R_d$ 指隔膜中的路径。如果铁芯（图 6.32a 中的 E 形路径）和隔膜由高磁导率的铁磁材料制成，则其磁阻可忽略不计。在这种情况下，磁阻与隔膜和 E 形磁芯之间的气隙长度成正比。随着压力的变化，该间隙也发生变化，两个线圈的电感也随之变化。这种电感可以直接检测到，但是更为常见的是测量由固定阻抗和可变阻抗组成的电路中的电流，这种电流是由隔膜的运动引起的，如图 6.32c 所示。这种类型的传感器的优点在于，较小的偏转会导致电路电感的较大变化，从而使设备具有非常高的灵敏度。此外，磁传感器几乎没有温度敏感性，因此可以在温度升高或变化的状态下工作。

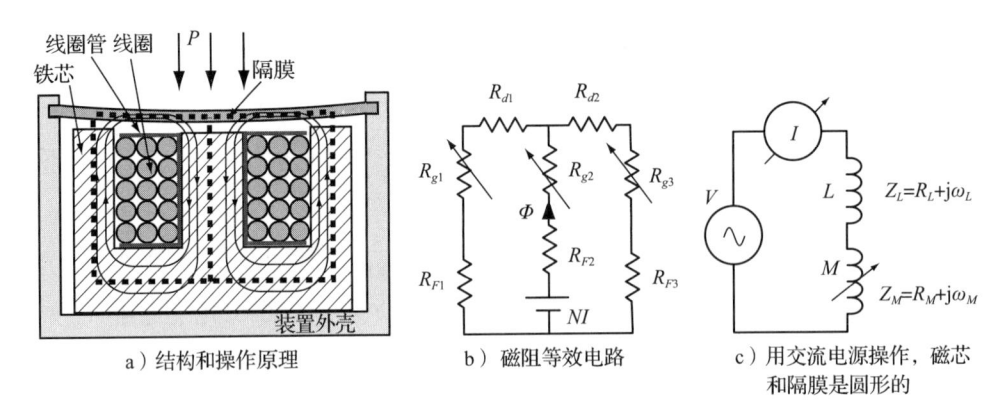

图 6.32 可变磁阻压力传感器

还有许多其他类型的压力传感器，它们依赖于不同的原理。光电压力传感器使用法布里-珀罗（Fabri-Perot）光学谐振器的原理来测量极小的位移。在这种类型的谐振器中，从谐振光学腔反射的光由光电二极管测量，以产生所感知压力的测量值。另一种非常古老的检测低压的方法（通常称为真空传感器）是使用皮拉尼压力表。它基于测量气体的热损耗，而热损耗取决于压力，通常用于在绝对压力传感器装置中检测气流中加热元件的温度并将其与压力相关联。

压力传感器的性能根据构造和所使用原理的不同有很大差异。通常，基于半导体的传感器只能在低温（-50~+150℃）下工作。

除非在外部或内部进行适当补偿，否则它们的温度相关误差可能很高。传感器的测量范围可以超过 300GPa（50 000psi），也可以小到几帕斯卡。阻抗取决于设备的类型，介于几百欧姆到 100kΩ 之间。线性度介于 0.1% 和 2% 之间，响应时间通常小于 1ms。最大压力、破裂压力和耐压（超压）都是设备规格的一部分，其电器输出可以是直接的（无内部电路和放大），也可以经过调节和放大后输出。也可用数字输出。如上所述，所使用的材料（硅、铝、钛、不锈钢等）以及与气体和液体的相容性都是指定的，必须遵循，以免造成损坏和读数错误。其他规格包括端口尺寸和形状、连接器、排气端口等。另外还规定了压力传感器的循环，以及迟滞（通常小于满量程的 0.1%）和可重复性（通常小于满量程的 0.1%）。

## 6.6 速度感知

速度感知实际上比加速度感知更加复杂，并且通常需要间接方法。这是可以理解的，因为速度是相对的，因此常常需要参考系来对其进行比较或描述。当然，人们总是可以测量与速度成比例的数据。例如，我们可以根据车轮（或变速箱轴——汽车中常见的速度测量方法）的旋转来推断汽车的速度，或计算电动机每单位时间内轴的旋转次数，或者可以使用 GPS 来实现这一目的。在诸如飞机的其他应用中，可以从压力传感器或从测量运动空气的冷却效果的温度传感器中推断出物体运动的速度。然而，直接测量速度的独立式传感器很难生产，但

## 第 6 章 机械传感器和执行器

也可以基于运动的磁体在线圈中会产生感应电动势这一效应来直接测量速度。但是这要求线圈是固定的，并且如果速度恒定（无加速度），那么磁体将无法相对于线圈移动，因为线圈必须具有回复力（弹簧）。对于改变中的速度（当加速度不为零时），图6.33中的原理可能会有用。线圈中的感应电动势由法拉第定律可以求得：

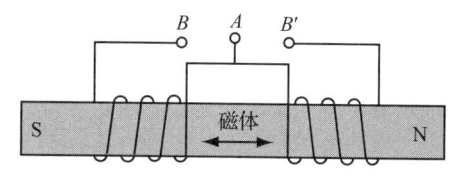

$$\text{emf} = -N\frac{d\Phi}{dt} \ [\text{V}] \quad (6.13)$$

图 6.33 速度传感器。线圈中的感应电动势与磁体的速度成正比

其中 $N$ 是匝数，$\Phi$ 是线圈中的磁通量。时间导数表示磁体必须移动才能产生非零的磁通量变化。

因此，最常见的速度传感方法是使用加速度计，并使用积分放大器对输出求积分。由于速度是加速度的时间积分，因此可以很容易地获得速度，但像以前一样，这种方法无法检测到恒定速度（零加速度）。幸运的是，在许多情况下我们可以直接测量速度，而不需要使用特定的传感器。感测车辆的速度就是一个例子，其中相对于固定地面的速度可以通过多种方式进行测量。

流体和气体的速度可以很容易地被感知到。船只和飞机的速度也可以相对于静止或运动的流体进行测量。但这样测量的方法都是间接的。一种简单的流体速度感测方法是感知热敏电阻相对于未暴露在流体中的热敏电阻的冷却。这对于飞机中的气流或感知风速特别有用（见图6.34a和图6.34b）。如图6.34a所示，下游传感器（2）可以屏蔽气流，或者如图6.34b所示，它也可以位于气流中。在第一种情况下，下游传感器保持恒定的温度，该温度仅取决于静态温度（与流量无关），而在第二种情况下，上游传感器通过流量进行冷却，而下游传感器由于冷却液携带着上游传感器中的热量，其冷却程度则要少得多。在任何一种情况下，温度差都可能与流体速度有关（或如果需要，与流体质量流量有关）。类似的方法可以用来测量车辆进气口中的空气质量（将在第10章中讨论）。图6.34c显示了一个流体速度传感器，该传感器使用四个热敏电阻，以桥的形式布置，两个在下游，两个在上游。传感器沉积在大小约为15mm×20mm的陶瓷基板上。本质上，上游和下游传感器之间的温度差被测量并与流体速度或流体质量流量相关联。

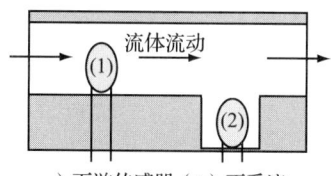

a）下游传感器（2）不受流量影响，但可测量空气（或流体）温度

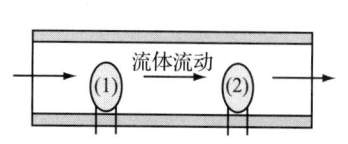

b）下游传感器（2）也处于流动状态，但由于来自上游传感器（1）的热传递，被冷却得较少

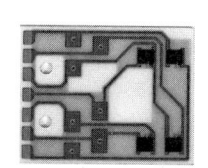

c）一个流体速度传感器，在陶瓷基板上（图的右侧）显示了四个沉积的热敏电阻。流量从上到下，并且传感器以桥接配置连接。参考热敏电阻与温度传感器一起放置在基板的背面

图 6.34 流速传感器

由于传递函数取决于流体的实际温度,由热敏电阻(位于基板的另一侧)直接测量流体温度,并且由于该传感器位于流体的停滞区,因此不受流量的影响。在某些应用中,尤其是在高温下,可用 RTD 代替热敏电阻。在其他情况下,两个晶体管或两个二极管可以起到相同的作用(请参见第 3 章)。

测量速度的另一种常用方法是基于压差:通过流体运动引起的压力变化来指示速度。这是现代飞机(包括商用飞机)中速度传感的标准方法,它基于现有的最古老的传感器之一——皮托管。这种基本方法可以追溯到 1732 年,由 Henry Pitot 提出,最初用于测量河流的流速。其原理如图 6.35a 所示。随着水的流速增加,管中的总压力增加,水头上升,用水头来指示流体速度(或流量,如果经过校准)。飞机上使用的现代皮托管包括一个弯管,弯管的开口面向前方(与飞机机体平行),如图 6.35b 所示。管要么在内部端密封,然后测量该点的压力,要么使压力作用于机械指示器(例如图 6.22b 中的隔膜压力传感器,甚至是波登管)或压力传感器。在这些条件下,管中的总压力(由于流体被限制运动,因此也称为停滞压力)由伯努利原理给出:

$$P_t = P_s + P_d \, [\text{Pa}] \tag{6.14}$$

其中 $P_t$ 是总(或停滞)压力,$P_s$ 是静态压力,$P_d$ 是动态压力。就飞机而言,$P_s$ 是飞机静止时要测量的压力(即大气压),而 $P_d$ 是飞机运动(或在水中船的运动引起的压力)时产生的压力。后者为

$$P_d = \rho \frac{V^2}{2} \, [\text{Pa}] \tag{6.15}$$

a)最初的用途是测量河流中水的流速和流量

b)现在用于测量飞机空速或流体相对速度。测量的量是管中的总(停滞)压力

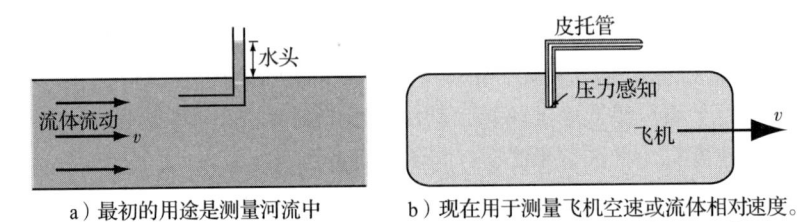

图 6.35 皮托管

其中 $\rho$ 是流体(空气、水)的密度,$V$ 是飞机的速度。由于这里关注的是速度的测量,因此给出以下表达式:

$$V = \sqrt{\frac{2(P_t - P_s)}{\rho}} \, \left[\frac{\text{m}}{\text{S}}\right] \tag{6.16}$$

密度 $\rho$ 可以单独测量,也可以是已知的(例如在水中)。为了达到飞行速度,重要的是要记住密度(和压力)随高度而变化。密度可以从压力中推导得出,大约为

$$\rho = \frac{P_s}{RT} \, \left[\frac{\text{kg}}{\text{m}^3}\right] \tag{6.17}$$

其中 $R$ 是特定气体常数(对于干燥空气等于 287.05J/(kg·K)),而 $T$(K)是热力学温度。通

过使用蒸气压，可以以更精确的关系来考虑湿度，但是这种近似通常在"干燥空气"的条件下就足够满足条件了。大气中高度 $h$ 处的静压可根据高度使用以下关系式进行计算（或者可以通过静压计算海拔）：

$$P_s = P_0\left(1 - \frac{Lh}{T_0}\right)^{gM/RL} [\text{Pa}] \tag{6.18}$$

其中 $P_0$ 是海平面（101 325Pa）的标准压力，$L$ 是随海拔变化的温度，也称为温度下降率（0.006 5K/m），$h$ 是海拔，以米为单位，$T_0$ 是海平面标准温度（288.15K），$g$ = 9.806 65m/s$^2$，是重力加速度，$M$ 是干燥空气的摩尔质量（0.028 964 4kg/mol），$R$ 是气体常数（8.314 47J/(mol·K)）。下面给出了一个更简单的关系，通常称为气压方程：

$$P_s(h) = P_0 e^{\frac{Mgh}{RT_0}} [\text{Pa}] \tag{6.19}$$

尽管此公式估算的高度 $h$ 处的压力偏高，但它是常用的，实际上是许多高度计的基础，包括飞机上的高度计。

由于需要总压和静压之间的差来测量速度，因此人们对皮托管进行了改进以满足独立测量静压的需求，这种管子称为普朗特管（也常被简称为皮托管或皮托-静压管），如图 6.36 所示。在这个独特的传感器中，管子的侧面有一个额外的开口，用于测量静压。差压传感器测量总压（前向开口）和静压（侧向开口）之间的压力差。现在可以根据式（6.16）直接测量速度。重要的是要认识到传感器测量的是相对流体速度，因此在飞机上，传感器会给出飞机相对于空气的速度（空速）。皮托管（或普朗特管）具有狭窄的开口，尤其是在飞机上，容易结冰。这是非常危险的情况，因为是使用管子提供的空速来调节发动机转速。结冰被认为是造成许多飞机坠毁的罪魁祸首。为了最大限度地减少这种可能性，传感器会被加热以防止结冰。皮托管也可用于水上的船只或水下的潜水艇，同样测量运动物体相对于流体的速度。

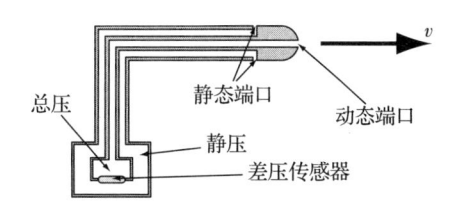

图 6.36 普朗特管。差压传感器测量总压和静压之间的差。管子在流体（空气）中以速度 $v$ 向右移动

其他感知速度的方法包括超声波、电磁学和光学方法，这些方法依赖来自移动物体的反射并测量波往返于移动物体间所需要的飞行时间。我们将在第 7 章中介绍超声波速度传感器。也可以通过使用超声波、电磁波或光波，利用多普勒效应来感知速度。但是多普勒方法并不是真正的传感器，而是一套测量系统，它通过反射波的频率变化来测定反射波与被测物体之间的相对速度。尽管该系统有些复杂，但它在天气预报（龙卷风和飓风的检测和分析）、空间应用和科学［运动物体（包括恒星的后退）的测量］以及执法（如汽车速度检测、防撞系统等强制执行要求）方面都有重要的应用。

**例 6.11：河流中的水压**

皮托管也可以用来测量动态压力而不是速度。假设将皮托管放置在河流中，并且需要测量动压。为此，如图 6.35a 所示，测量水面上方的水头（或者，如图 6.36 所示，可以使用普朗特管测量压差，然后将静压加到压差上）。假设水的密度为 1 000kg/m³。忽略温度的影响。

（a）假设水的速度 $V_0$ = 5m/s，环境压力等于 101.325kPa（1atm），计算水面下水流产生的动压。

（b）在水中 3m 深处的动压是多少？

**解** 在地面上，压力基本上是大气压力，在这里我们将其视为 101.325kPa。水面下的静水压力每增加 1.032m 就增大 101.325kPa（1atm），但动压仅取决于速度。

（a）动压可直接根据式（6.15）计算：

$$P_d = \rho \frac{V_0^2}{2} = 1\,000\,\frac{5^2}{2} = 12\,500\text{Pa}$$

（b）只要速度和密度保持恒定，动压就保持不变。在更深处，水的密度会有所变化（增加），因此即使在恒定速度下，动压也会增加。

## 6.7 惯性传感器：陀螺仪

人们通常想到的陀螺仪是飞机和航天器中的稳定装置，用于自动飞行等应用中，或者用于稳定卫星，使它们能够指向正确的方向。但是，它们的应用远不止于此，而且比人们想象的要更加普遍。就像电磁罗盘是导航工具一样，陀螺仪也是一种导航工具。其目的是保持设备或航行器的方向或指示姿势。因此，它们可用于所有卫星、智能武器以及要求姿态和位置稳定的其他应用中。陀螺仪的准确性使它们在隧道施工和采矿等恶劣环境中的应用中发挥了作用。随着陀螺仪变得越来越小，人们可以预期，它们将进入诸如汽车之类的消费品领域。目前它们已经在玩具和遥控飞机上得到了应用。

陀螺仪涉及的基本原理是角动量守恒原理："当没有任何外力作用于系统的任何物体或粒子系统中时，相对于空间中任何点的总角动量都是恒定的。"

陀螺仪这个名字是由希腊语单词 gyror（旋转或圆形）和 skopeein（看到）串联而成的，这个词是 Leon Foucault 在 1852 年左右创造的，他用它来演示地球的旋转。这一原理至少从 1817 年起就为人所知，当时 John Bohnenberger 首次提到了该原理，尽管目前尚不清楚他是发现者还是首次使用它的人。

### 6.7.1 机械或转子陀螺仪

机械陀螺仪是现有陀螺仪中最著名的，也是最容易理解的，尽管它的鼎盛时期已经过去了（它仍然存在，但以微型形式存在）。它由框架中轴上的旋转质量体（重轮）组成。旋转的质量体提供角动量（见图 6.37）。到目前为止，这仅仅是一个旋转的轮子。但是，如果试图通过施加力矩来改变轴的方向，则会在垂直于旋转轴和所施加力矩的方向上产生力矩，从而迫使陀螺仪

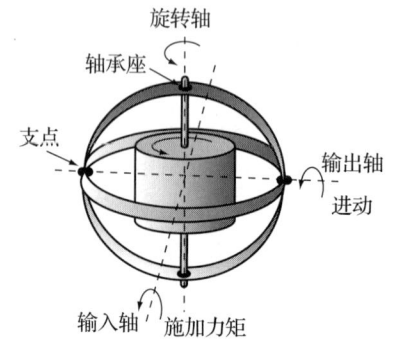

图 6.37 旋转质量体陀螺仪

产生进动运动。这种进动就是陀螺仪的输出，与施加在它的框架的转矩和旋转质量的惯性成比例。

参考图 6.37，如果围绕输入轴向陀螺仪框架施加力矩，则输出轴将按图所示进行旋转。现在，该进动成为施加力矩的量度，并且可以作为输出，例如，校正飞机的方向或卫星天线的位置。在相反方向施加力矩会使进动的方向反向。所施加的力矩与进动角速度 $\Omega$ 的关系为

$$T = I\omega\Omega \, [\text{N} \cdot \text{m}] \tag{6.20}$$

其中 $T$ 是施加的力矩（N·m），$\omega$ 是角速度（rad/s），$I$ 是旋转质量体的惯性矩（kg·m²），$\Omega$ 是**进动角速度**（rad/s），也称为**转速**。$I\omega$ 是角动量（kg·m²·rad/s）。显然，$\Omega$ 是施加在设备框架上的力矩的量度：

$$\Omega = \frac{T}{I\omega} \left[\frac{\text{rad}}{\text{s}}\right] \tag{6.21}$$

图 6.37 中的器件是一个单轴陀螺仪。双轴或三轴陀螺仪可以通过复制旋转轴彼此垂直的结构来构建。

这种陀螺仪已经在飞机上使用了数十年，但是它是一个相当大、笨重且复杂的器件，并且不太适用于小型系统。它还具有与旋转质量体相关的其他问题。显然，自转越快，质量越大，对于给定的施加力矩，角动量（$I\omega$）越大，进动频率越低。但是快速的旋转会增加摩擦，并且需要旋转盘的精密平衡以及精密加工。这导致了许多变化，包括在真空中旋转、磁悬浮和静电悬浮、高压气体轴承的使用、低温磁悬浮等。但这些都无法使该器件成为低成本的通用传感器。一些现代的陀螺仪仍然使用旋转质量体的思想，但质量体要小得多，电动机是小型直流电动机，并且整个装置相对较小。这些器件通过使用高速电动机和灵敏的传感器来检测转矩，从而补偿较小的质量。

目前已经开发出了其他类型的陀螺仪，这些陀螺仪旨在以低成本可靠地运行。一些陀螺仪只是等效操作中的陀螺仪，与旋转质量体陀螺仪没有相似之处。然而，它们就是陀螺仪，并在这个领域非常有用。

与传统的陀螺仪不同，科里奥利加速度的概念取代了传统的陀螺仪，被用于设计更小、更经济的陀螺仪传感器。这些是通过标准蚀刻方法内置于硅中的，因此可以廉价地进行生产。我们将在第 10 章中更详细地讨论基于科里奥利加速度的陀螺仪，但是为了完整起见，我们在此概述了科里奥利力陀螺仪的基础知识。它基于这样的事实：如果物体在旋转的参照系中存在线性移动，那么存在一个加速度与两个运动方向都成直角，如图 6.38 所示。线性运动通常由质量体的振动提供，通常为谐波运动，并且所得的科里奥利加速度被用于传感。在正常条件下，科里奥利加速度为零，与其相关的力也为零。如果传感器在垂直于线性振动的平面内旋转，则它会获得与角速度 $\Omega$ 成比例的加速度。

图 6.38 线速度 $V$、角速度 $\Omega$ 和科里奥利加速度 $a_c$ 之间的关系

## 6.7.2 光学陀螺仪

陀螺仪中最激动人心的发展之一是光学陀螺仪,与旋转质量陀螺仪或振动质量陀螺仪不同,光学陀螺仪没有移动元件。这种现代器件基于萨格纳克效应,被广泛应用于制导和控制。萨格纳克效应基于光在光纤(或任何其他介质)中的传播,这可以使用图 6.39 进行解释。首先假设光纤环处于静止状态,并且两束激光束在环的圆周上传播,一个沿顺时针(CW)方向传播,另一个沿逆时针(CCW)方向传播,它们均由同一激光产生(因此它们处于相同的频率和相位)。任何一束光束穿过环的长度所需的时间为 $\Delta t = 2\pi R n/c$,其中 $n$ 是光纤的折射率,$c$ 是真空中的光速(即 $c/n$ 是光纤中的光速)。

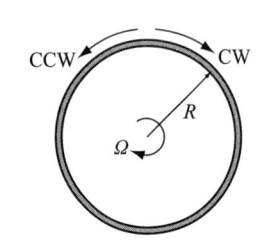

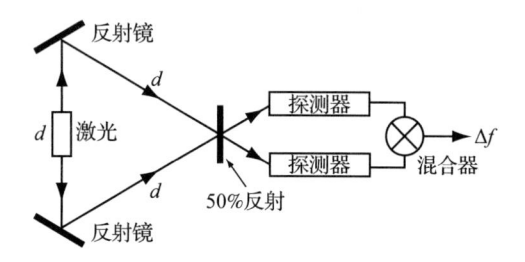

a)以角频率 $\Omega$ 旋转的光纤环中的萨格纳克效应　　b)使用反射镜"闭合"环实现环形谐振器

图 6.39　光纤环中的萨格纳克效应及使用反射镜形成的环形谐振器

现在假设环以角速度 $\Omega(\mathrm{rad/s})$ 顺时针旋转。现在,光束在每个方向上传播的路径不同。CW 光束的传播距离为 $2\pi R + \Omega R \Delta t$,CCW 光束的传播距离为 $2\pi R - \Omega R \Delta t$。

两条路径之间的差值是

$$\Delta l = \frac{4\pi \Omega R^2 n}{c} [\mathrm{m}] \tag{6.22}$$

请注意,如果我们将这个距离除以光纤中的光速,则得出 $\Delta t$ 如下:

$$\Delta t = \frac{\Delta l}{c/n} = \frac{4\pi \Omega R^2 n^2}{c^2} [\mathrm{s}] \tag{6.23}$$

式(6.22)和式(6.23)提供了 $\Omega$(在这种情况下为刺激)与行进长度的变化或所需时间的变化之间的线性关系。难点在于测量这两个量中的任意一个。这可以通过多种方式来实现。一种方法是构建光学谐振器。谐振器是一种光路,其尺寸等于波的半波长的倍数。在这种情况下,如图 6.40 所示构建一个环形结构。光通过光耦合器(光束分离器)耦合。在共振时,共振会以给定的频率(取决于环的周长)发生,将最大功率耦合到环中,而在检测器处可获得最小功率。调整入射光束频率就是为了做到这一点。

如果环以角速度 $\Omega$ 旋转,则环中的光束会改变频率(波长)以补偿环的长度的变化。频率、波长和长度之间的关系是

$$-\frac{\mathrm{d}f}{f} = \frac{\mathrm{d}\lambda}{\lambda} = \frac{\mathrm{d}l}{l} \tag{6.24}$$

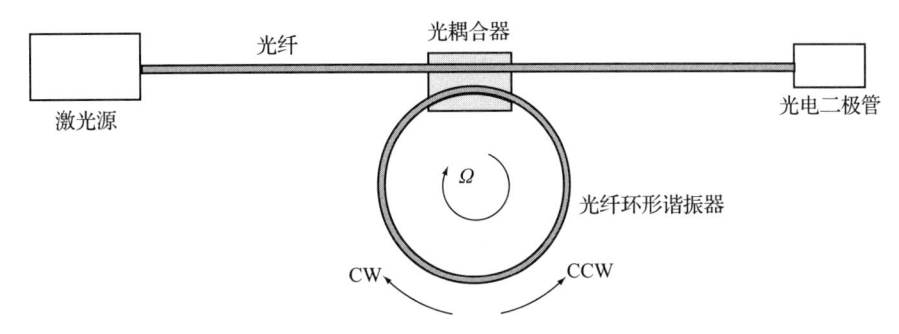

图 6.40 谐振环形光纤陀螺仪

其中负号仅表示长度增加会降低谐振频率。实际上,光的波长在一个方向上增加而在另一个方向上减少。最终的结果是两个光束产生频率差。为了证明这一点,我们写出

$$-\frac{\Delta f}{f} = \frac{\Delta l}{l} \rightarrow \Delta f = -f\frac{\Delta l}{l} \tag{6.25}$$

代入式(6.22),可得

$$\Delta f = -f\frac{4\pi\Omega R^2 n}{lc} = -\frac{4\pi R^2}{\lambda l}\Omega[\text{Hz}] \tag{6.26}$$

其中 $\lambda = c/fn$ 是光纤中的波长。或者,因为 $\lambda = \lambda_0 n$,其中 $\lambda_0$ 是真空中的波长,我们可以写成

$$\Delta f = -\frac{4\pi R^2}{\lambda_0 n l}\Omega = -\frac{4S}{\lambda_0 n l}\Omega[\text{Hz}] \tag{6.27}$$

其中 $S$ 是回路的面积(不考虑其形状)。由于 $l = 2\pi R$,我们将周长代入:

$$\Delta f = -\frac{2R}{\lambda_0 n}\Omega[\text{Hz}] \tag{6.28}$$

在所有这些关系中,假设探测器与源在同一位置,因此光束在环的圆周上传播。例如,如果探测器位于环的底部,而源位于顶部(见图 6.39a),则每个光束仅传播半个圆周,因此关系必须减半。例如,式(6.28)中的频移将是所示频移的一半。

这种频移在探测器中通过混合和滤波来测量(我们将在第 11 章中讨论这些方法),并且是进动角速度的指示,也称为**旋转速度** $\Omega$。在大多数情况下式(6.27)是最方便的,而式(6.28)仅适用于循环。应该特别注意的是,环路面积越大,频率变化越大,因此灵敏度也越大。在光纤陀螺仪中,将光纤循环 $N$ 次是一件比较容易的事情,这样做可以将输出提高 $N$ 倍。

图 6.39b 显示了萨格纳克环形传感器的一种常见实现方法,该传感器使用一组镜片来实现环形。使用腔激光器是因为腔激光器产生两个沿相反方向传播的等幅光束,分裂光束很容易实现。到达反射镜的两束光被引导到产生频率差的检测器中。

这种类型的传感器通常称为环路或镜像陀螺仪。

图 6.41 显示了另一种更灵敏的实现方式。此处,将光纤缠绕在线圈中以增加其长度,并

通过光耦合器（光束分离器）从偏振光源反馈，以确保强度和相位相等（相位调制器针对两束光束之间的相位变化进行调整）。光束以相反的方向传播，并且当返回检测器时，它们在没有旋转的情况下处于同一相位。如果存在旋转，则光束将在检测器上引起相位差，该相位差取决于进动的角频率（旋转速率）$\Omega$。

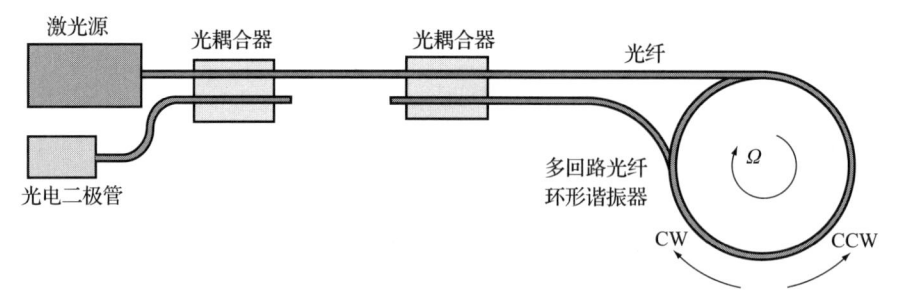

图 6.41　线圈式光纤陀螺仪

这些设备并不便宜，但是它们比旋转质量陀螺仪节省成本，更小，也更轻，并且不存在旋转质量陀螺仪所具有的机械问题。它们具有非常大的动态范围（高达10 000），可在较大的量程内感应到旋转速度。另外，光纤陀螺仪不受电磁场和辐射的影响，因此可以在非常恶劣的环境中使用，包括太空。环形陀螺仪可以测量每小时几分之一度的旋转。在许多情况下，这些都是航空航天应用中的首选设备，环形陀螺仪也可以制成微型传感器。

还有其他类型的陀螺仪，通常被称为角速率传感器，其中一些将在第10章中介绍。

**例 6.12：光学陀螺仪**

如图 6.39a 所示，环形谐振器的半径为 10cm。光源是在光纤中以 850nm 的波长工作的红色激光器，光纤的折射率为 $n=1.516$。试计算转速为 1（°）/h 的输出频率。

**解**　我们首先以 rad/s 而不是（°）/h 来计算速率 $\Omega$：

$$\Omega = 1°/h \rightarrow \Omega = \frac{1°}{180°} \times \pi \times \frac{1}{3\ 600} = 4.848 \times 10^{-6} \text{rad/s}$$

真空中激光的波长为 850nm，因此我们从式（6.28）可以得到：

$$\Delta f = -\frac{2R}{\lambda_0 n}\Omega = -\frac{2 \times 0.01}{850 \times 10^{-9} \times 1.516} \times 4.848 \times 10^{-6} = 0.752 \text{Hz}$$

这个频率变化不大，但它是可以测量的。通过增加循环的数量（例如增加到 10 个），就可以得到 7.52Hz/[(°)/h] 的偏移。

## 6.8　习题

## 应变计

**6.1　金属丝应变计**。应变计由一根简单的圆形铂铱丝制成，长度为 1m，直径为 0.1mm，用于感知由于风荷载引起的天线桅杆上的应变。计算传感器在每千分之一应变下的电阻变化（千分之一表示 0.001 或 0.1% 应变）。

6.2 **NTC 半导体应变计**。对于 NTC 应变计，给出了以下测量值：

标称电阻（无应变）：1kΩ

−3 000 微应变时的电阻：1 366Ω

−1 000 微应变时的电阻：1 100Ω

+3 000 微应变时的电阻：833Ω

(a) 找到应变计的传递函数。并与图 6.6b 进行比较。

(b) 求出应变计在 0.1% 应变和 −0.2% 应变下的电阻。

6.3 **PTC 半导体应变计**。PTC 应变计的测量值如下：

标称电阻（无应变）：1kΩ

−3 000 微应变时的电阻：833Ω

+1 000 微应变时的电阻：1 100Ω

+3 000 微应变时的电阻：1 366Ω

(a) 找到应变计的传递函数。与图 6.6a 进行比较。

(b) 求出应变计在 0.2% 应变和 −0.1% 应变下的电阻。

6.4 **桥式结构半导体应变计**。图 6.5f 中的应变计配置用于检测正方形金属板在两个相反张力下的应变，如图 6.42 所示。假设材料的弹性模量（杨氏模量）为 $E$，应变计的应变系数为 $g_1 = g$ 和 $g_2 = h$。还要假设材料的变形是弹性的（即应变不足以使材料永久变形），并且应变不超过所使用应变计的最大应变。

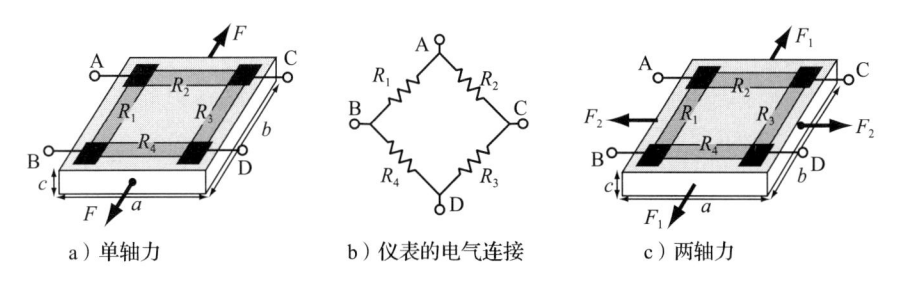

a) 单轴力　　b) 仪表的电气连接　　c) 两轴力

图 6.42　桥接配置中的半导体应变计

(a) 如果四个应变计具有标称电阻 $R_0$，则在图 6.42a 中求出 A 和 D 之间以及 B 和 C 之间的电阻随力 $F$ 的变化。

(b) 在图 6.42a 中找到 A 和 D 之间以及 B 和 C 之间的电阻对力 $F$ 的敏感度。

(c) 在图 6.42c 中，有两个力相互垂直作用。如果四个应变计具有标称电阻 $R_0$，根据力 $F_1$ 和 $F_2$ 求出 A 与 D 之间以及 B 与 C 之间的电阻。

(d) 在图 6.42c 中找到 A 和 D 之间以及 B 和 C 之间的电阻对 $F_1$ 和 $F_2$ 的灵敏度。

6.5 **应变计串联和并联连接**。在某些（罕见）情况下，可能需要串联（例如增加电阻和灵敏度）或并联（通常是允许更大的电流而又不增加由于温度升高引起的误差）连接的应变计。给定两个具有标称电阻 $R_{01}$ 和 $R_{02}$ 以及相应的应变系数 $g_1$ 和 $g_2$ 的通用应变计，并假设它们都经受相同的应变 $\varepsilon$：

(a) 写出两个串联的应变计的电阻表达式。

(b) 证明两个串联的应变计的灵敏度大于单独两个应变计中的任意一个的灵敏度。

(c) 写出两个并联的应变计的电阻表达式。

(d) 证明两个并联的应变计的灵敏度低于单独两个应变计中的任意一个的灵敏度。

6.6 **差分应变计传感**。考虑图 6.11b 中的称重单元。首先，假设四个应变计都不同，即每个应变计具有不同的标称电阻，并且每个应变计具有不同的应变系数。应变计的连接如图 6.11c 所示，其中 $R_1$ 和 $R_3$ 处于拉伸状态，$R_2$ 和 $R_4$ 处于压缩状态。假设四个应变计均已被适当地增加预应力，以确保其在拉力和压力下正常工作。

(a) 计算在给定应变和参考电压 $V_{ref}$ 情况下的电压 $V_{out}$。

(b) 如果 $R_1 = R_3 = R_{01}$，$R_2 = R_4 = R_{02}$，试重复（a）中计算。

(c) 对 $R_1 = R_2 = R_3 = R_4 = R_0$，重复（a）中计算（所有四个应变计均相同）。证明 $V_{out}$ 仅取决于 $V_0$、应变系数和所施加的应变。

## 力和触觉传感器

6.7 **基本力传感器**。大型建筑物的天花板由 16 根垂直钢管支撑，每根钢管的内径为 100mm，外径为 140mm。每根钢管都配备一个 240Ω 的应变计（标称，在 20℃ 下无应力），预应力达到 1.5%。钢的杨氏模量为 200GPa。应变计的应变系数为 2.2。

(a) 如果将系统设计为每根钢管中具有最大应变发生在屋顶重量为 1.2% 处，那么系统可以承受的最大重量是多少？

(b) 每个应变计的电阻发生了哪种变化？最大允许重量的实际电阻读数是多少？

(c) 如果预期温度范围是 0~50℃，并且假设传感器没有温度补偿并且由康铜制成，则读取最大重量时会有什么误差？

6.8 **力传感器**。力传感器由截面 $a = 40mm$，$b = 10mm$ 的钢带与铂金、350Ω 应变计（公称，无应力电阻）黏接在一个表面制成，如图 6.43 所示。该传感器拟用作压力传感器。

(a) 给定 200GPa 的弹性模量，如果传感器不能超过 3% 的应变，请计算传感器的电阻范围。可以施加的力的范围是多少？

(b) 假设传感器预应力为 3%，则计算其灵敏度。

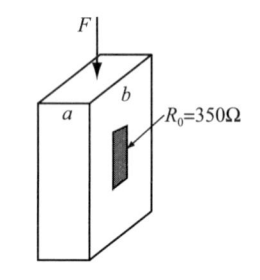

图 6.43 一个简单的压力传感器

6.9 **补偿力传感器**。图 6.44 显示了一种力感知策略。我们可以通过测量上部传感器两端的电压（标记为 $R_1$）来检测施加在横梁上的力。下部传感器的预应力为 3%，而应变的无应力标称电阻在 20℃ 时的阻值为 240Ω。两个应变计的应变系数均为 6.4。应变计贴在钢梁上，钢梁的尺寸如图 6.44a 所示。所用材料的弹性模量为 30GPa。如图 6.44b 所示，两个传感器串联连接。

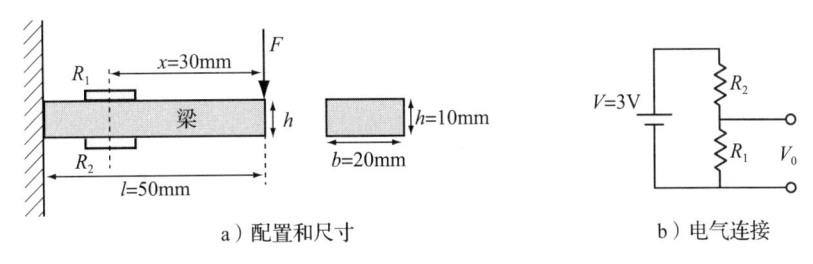

图 6.44 补偿力传感器

（a）根据施加的力计算输出电压。
（b）可以感知到的最大的力是多少？
（c）试说明只要传感器由相同的材料制成且处于相同的温度下，温度的任何变化都不会对输出产生影响。

6.10 **电容式力传感器**。电容式力传感器如图 6.45 所示。这三个极板是相同的，每个极板宽 $w = 20$mm，长 $L = 40$mm。两个外极板是固定的，而中心极板则悬挂在弹簧上，以便在零力状态下将三个极板对齐。在每两块极板之间有一块由铁氟龙制成的隔离片，其相对介电常数为 2.0，厚度 $d = 0.1$mm（中心极板的每一侧各有一个）。

（a）如果弹簧的常数 $k = 100$N/m，请确定传感器的传递函数及其灵敏度。

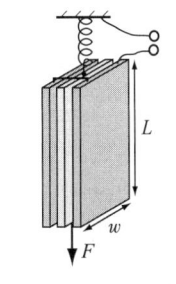

图 6.45 电容式力传感器

（b）传感器的理论量程是多少？解释为什么在实践中无法实现。

6.11 **桥梁中的负载感知**。人行桥由简单的甲板制成，长 4m，横截面宽 2m，厚 20cm，由木材制成。甲板的两端都受到支撑。如果负载均匀地分布在桥面上，则桥上的最大允许负载为 10t。为了检测该负载，将应变计放置在桥下表面的中心，并监控其电阻。如果传感器的标称电阻为 350Ω，应变系数为 3.6，则在最大负载下应变计的读数是多少？用于建筑的木材的弹性模量为 10GPa。

6.12 **电梯中的过载感知**。大多数电梯的额定负载是特定的，通常是规定允许的人数或规定最大重量（或两者兼而有之）。如果超过最大负载，现代电梯就不会移动。有多种方法可以感知此负载，但是最容易理解且最准确的方法之一是使用一块板作为电梯的底板并将其支撑在称重单元上。考虑一个额定重量为 1 500kg（力）的电梯，其地板由四个称重单元支撑。每个称重单元都配有应变计，其额定电阻为 240Ω，应变系数为 5.8。如果称重单元按钮（安装有应变计；参见图 6.10）的横截面积为 0.5cm$^2$，则计算最大负载下的每个应变计的读数。假设按钮由具有 60GPa 弹性模量的钢制成，并且应变计预应力为 0.5%。

**6.13 线性阵列电容式触觉传感器。** 我们可以将一个简单的电容式触觉传感器构建为简单极板的线性阵列，如图 6.46 所示。这些极板被相对介电常数为 4 且厚度为 0.1mm 的薄电介质覆盖。两个相邻极板之间的电容为 6pF。为了感测存在或位置，手指在介电层上滑动。

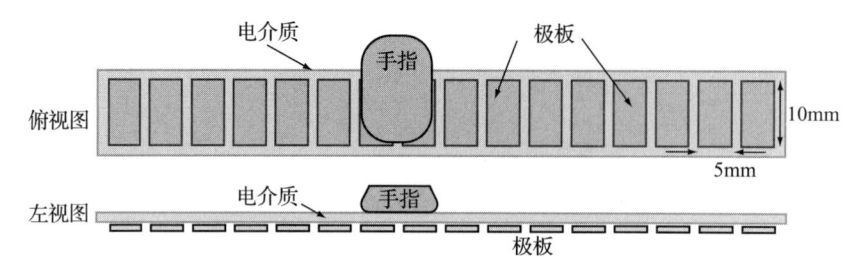

图 6.46 线性触觉传感器

(a) 假设手指是导体，并且手指完全覆盖了两个相邻的极板，则当手指经过上方任意两个相邻极板之间时，试计算最大电容的变化。

(b) 如果手指也压缩电介质，将其厚度减小 10%，则两个相邻极板之间电容的最大变化是多少？假设两个相邻极板之间的电容保持不变，并且压缩不会改变电介质的介电常数。

**6.14 电容式触觉传感器：触摸板。** 触摸板可以制成电容式传感器的二维阵列，如图 6.47 所示。较低的一组条带（下条带）被电介质覆盖，另一组条带（上条带）在顶部与较低的带成 90°放置。重叠部分形成的电容器的电容取决于条带的宽度、条带之间的距离和分离材料的电容。该触摸板通过以下事实来感测手指的位置：当手指滑动时，它向下压在顶层上，并将其下面的条带推进，从而增加了它们之间的电容，由此感知到手指的位置。考虑一个触摸板，该触摸板的宽度为 0.2mm，相隔 0.02mm，介电常数为 12。假设当手指按下时，电介质之间的距离压缩 15%，局部介电常数增加 15%。

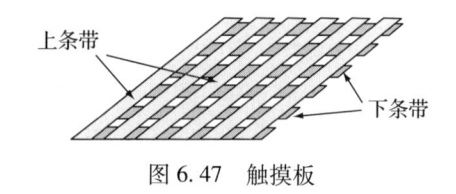

图 6.47 触摸板

(a) 在没有接触的情况下，计算任意条形交叉点的电容。
(b) 计算触摸过程中压力导致的条形交叉点电容的变化。

## 电容式和应变式加速度计

**6.15 力、压强和加速度传感器。** 力传感器是由一个电容器构成的，其中一个极板固定，而另一个极板可以抵靠常数为 $k(\mathrm{N/m})$ 的弹簧逆向运动。通过按压活动极板使极板移动，极板移动的距离与力成正比。这些极板的面积为 $S$，并且间隔距离 $d$。极板之间材料的介电常数是自由空间的介电常数。参考图 6.48，并假设该极板已从静止位置移动了距离 $x$：

(a) 找到被测力与传感器电容之间的关系。
(b) 绘制校准曲线：相关值为 $k = 5\text{N/m}$，$S = 1\text{cm}^2$，$d = 0.02\text{mm}$。
(c) 该器件如何用于测量压力？计算压力和电容之间的关系。
(d) 该器件如何用于测量加速度？计算加速度和电容之间的关系。假设每个极板的质量为 $m(\text{kg})$，并且弹簧的质量可以忽略不计。

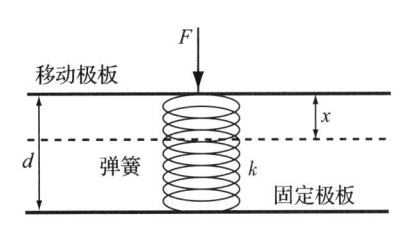

图 6.48 简单的力、压力和加速度传感器

**注意**：压缩弹簧所需的力为 $F = kx$。图中的弹簧形状表示回复力，不一定是物理弹簧。

6.16 **电容式加速度计**。按图 6.49 所示制作了一个加速度计。该质量体的尺寸较小，质量体与电容器的上极板总的质量为 $m = 10\text{g}$。梁的厚度为 $e = 1\text{mm}$，$b = 2\text{mm}$，由硅制成。梁的总长度（从质心到固定点）为 $c = 20\text{mm}$。极板之间的距离为 $d = 2\text{mm}$，电容器极板的面积为 $h\text{mm} \times h\text{mm}$，假设硅的最大应变不能超过 1%，计算：

(a) 传感器能够承受的加速度范围。使用 150GPa 的弹性模量。
(b) 对应（a）中的结果计算电容范围。假设有一个 0.1mm 厚的挡块，可防止极板相互之间的距离小于 0.1mm。
(c) 以 $\text{pF}/(\text{m} \cdot \text{s}^2)$ 为单位，试计算传感器的灵敏度。

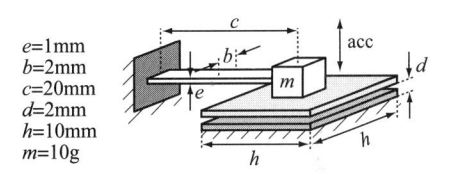

图 6.49 电容式加速度计

6.17 **应变式加速度计**。再次给出图 6.49 中的传感器，但是现在去掉了传感器中的电容器极板，取而代之的是放置了两个应变计，一个在梁的上表面，另一个在下表面。应变计是用硅制成的，非常小，标称电阻为 1 000Ω。两者均预应力至 1.5% 应变，最大范围为 3% 应变。应变计粘在梁的中间（距固定位置 5mm）。它与习题 6.16 中的具有相同的质量、尺寸和杨氏模量：

(a) 计算加速度的范围。
(b) 如果应变计的应变系数为 50，计算传感器的灵敏度。
(c) 如果应变计移至梁的固定位置，请重复（a）和（b）中的计算。

6.18 **应变计加速度计**。如图 6.50 所示，制作了一个单轴加速度计。整个结构用氮化硅制成，移动质量体的质量为 $m = 15\text{g}$，梁的长度 $l = 10\text{mm}$（从质量中心开始测量），梁的横截面为半径 $r = 1\text{mm}$ 的圆形，弹性模量 $E = 280\text{GPa}$。将单个应变计放置在梁的锚点处。应变计的应变系数为 $g = 140$，标称电阻为 $R_0 = 240\Omega$。如果最大允许应变不能超过 ±0.18%，并且应变计的预应力为最大应变的一半，则计算：

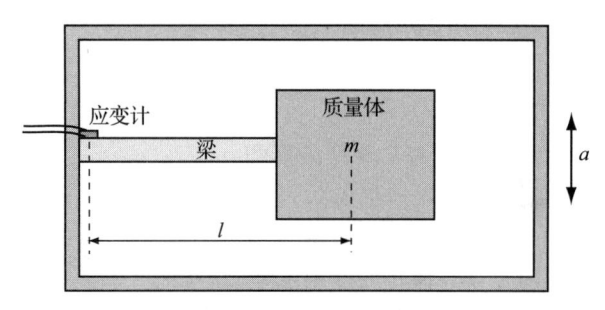

图 6.50 应变计加速度计

(a) 传感器的最大安全加速度额定值。
(b) 如果电阻变化为 0.5Ω，如何准确测量传感器的分辨率？

**注意**：实心圆柱体的面积矩为 $\pi r^4/4$。

**6.19 双轴加速度计**。如图 6.51 所示，制成了一个双轴加速度计。质量体（$m = 2$g）附着在四个梁的中心，每个梁的长度为 $e = 4$mm，正方形横截面尺寸为 $b = 0.5$mm，$c = 0.5$mm。在附着点对面的每个梁上都安装了一个半导体应变计，其应变系数为 120，标称（无应力）电阻为 1kΩ。

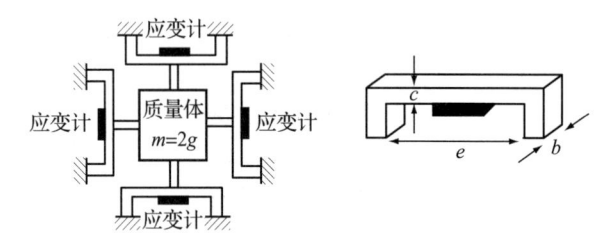

图 6.51 双轴加速度计

(a) 如果应变计可以承受 ±2% 的应变并且预应力为 1%，请计算加速度计的范围。该传感器由硅制成，弹性模量为 150GPa。
(b) 计算应变计的电阻范围。
(c) 计算传感器的灵敏度。
(d) 讨论如何提高传感器的灵敏度。

## 电磁加速度计

**6.20 电磁加速度计**。所制作的电磁加速度计如图 6.52 所示。线圈匝数 $N = 500$ 匝，承载的电流 $I_c = 10$mA，缠绕在运动的质量体上，允许质量体完全自由移动。弹簧可以在拉力或压力下起作用，质量体圆柱底表面与固定杆上霍尔传感器表面之间的间隙为 2mm。后者由直径为 15mm 的铁制成，具有较高的相对磁导率，因此可以忽略铁的磁阻，活动磁芯的质量为10g。

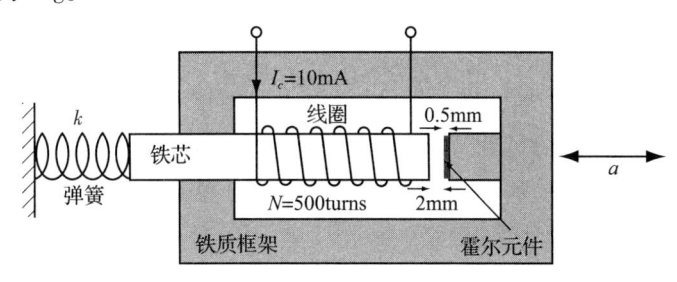

图 6.52 电磁加速度计

(a) 如果传感器必须在每个方向上感知高达 $100g$ 的加速度，那么弹性系数是多少？
(b) 如果使用的霍尔元件连接到电流 $I$，并且厚度为 $d$ mm，计算作为加速度计函数的传感器灵敏度。假设霍尔系数已知。
(c) 硅霍尔元件，厚度为 0.5mm，所用霍尔系数为 $-0.01 \text{m}^3/\text{A}\cdot\text{s}$，以 10mA 的电流驱动。计算传感器输出的范围以及在此范围内的灵敏度。

6.21 **基于 LVDT 的加速度计**。LVDT 与其他传感器相比具有许多优势，包括线性度和高输出。由于运动的特性，必须对它们进行一定的修改用来感知加速度，考虑设计用于感知 $-10 \sim +10$mm 范围内位置的 LVDT，它产生的输出为 $\pm 5$V(rms)（每个方向，即产生 5V 的位移为 10mm）。铁芯可以自由移动，并且在其两个末端都装有弹簧，以将其恢复到其零点（见图 6.53）。

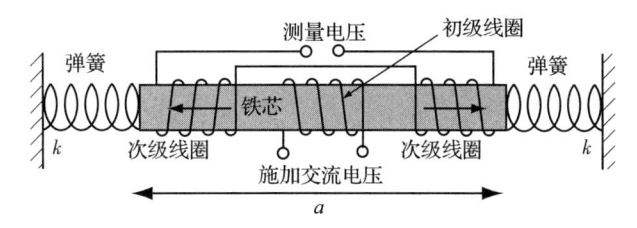

图 6.53 使用 LVDT 来感知加速度

(a) 质量为 40g 时，计算在该范围内感知加速度 $-2 \sim +2 \text{m/s}^2$ 所需的弹性系数。
(b) 加速度计的灵敏度是多少？
(c) LVDT 的输出使用分辨率为 0.01V 的数字电压表测量，传感器的分辨率是多少？

## 压力传感器

6.22 **高度计**。大多数高度计都使用气压传感器，基于气压方程来测量高度。
(a) 可以使用哪种类型的压力传感器？
(b) 根据海平面以上高度如何利用气压方程式来校准压力传感器。
(c) 在海平面和海拔 10 000m 处制作 1m 分辨率的高度计所需的压力传感器的分辨率是多少？

(d) 计算压力传感器在海拔为 10km（地球上最高的高山为 8 848m）的情况下使用时，传感器海拔高度表所需的指示范围。

6.23 **压力传感器**。密封表压力传感器被制成一个小腔室，并用薄板密封，两者均由不锈钢制成。该腔室装有 10cc 空气，气压为 1atm，空气温度为 20℃。极板的厚度为 1.2mm，感应压力的半径为 20mm。将一个小的铂应变计粘贴在板上，该铂应变计在 20℃ 时的标称电阻为 240Ω，应变系数为 5.1（其他特性请参见表 6.2），以感知到极板中的径向应变。不锈钢的弹性模量为 200GPa。

(a) 计算压力传感器的传递函数，即计算应变计的电阻作为压力的函数。假设传感器保持在规定的条件下。

(b) 如果温度升至 30℃，则计算压力读数误差。传感在海平面上进行，传感器测量的外加压力为 1atm。

(c) 计算海拔 1 000m 处压力读数的误差。在此高度下的压力为 89 875Pa，温度比海平面温度低 9.8℃。假定海平面的温度为 20℃，传感器测量 2atm 的外加压力。

6.24 **压力计**。压力计是一种液柱压力传感器，通常以 U 型管的形式制成，该管的每一侧承受不同的压力（见图 6.54）以测量压差。压力计中的流体可以是任何流体，但通常为汞，压力以毫米汞柱（图中的 $h$）表示，单位为 mmHg。这个类型的压力传感器可用于测量血液和大气压。汞的密度为 13 593kg/m³：

(a) 在测量大气压时，将 U 形管的一侧保持（密封）在 1 013.25mbar（1mbar=100Pa）的额定大气压下。该压力计设计为在 800mbar 和 1 100mbar 之间进行测量。在参考压强下，汞柱高度相对于零的范围是多少？

(b) 患者的血压为 120/80（收缩压为 120mmHg，舒张压为 80mmHg）。以帕斯卡为单位的压强是多少？

(c) 如果用水（密度为 1 000kg/m³）代替汞，以 mmH₂O 表示（a）的答案是什么？

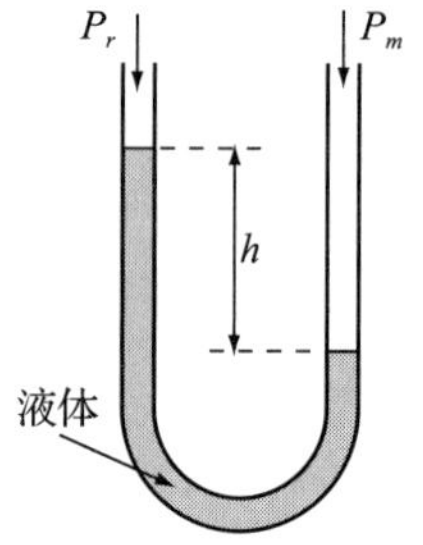

图 6.54 液柱式压力计

6.25 **深度计**。深度计是潜水员和潜艇必不可少的工具。建议使用压力传感器并以米为单位进行校准。由于水中的压力是由水柱在感知压力的点之上产生的，因此压力和深度之间的关系相对简单，并且由于水的密度恒定，因此该关系是准确的。假定海水密度为 1 025kg/m³：

(a) 计算密封表压传感器的量程，以检测 100m 以下的压力，密封压力为 101 325Pa（1atm）。

(b) 以 0.25m 的深度增量计算传感器所需的分辨率（以帕斯卡计）。

(c) 淡水中的水密度为 1 000kg/m³。如果在未经重新校准的淡水中使用深度压力传感器，读数会有什么误差？

**注意**：水的密度确实随温度而变化，但是这里忽略这一点。

6.26 **一种电阻式压力传感器**。导电聚合物可通过测量聚合物的电阻来感知压力。本文提出了一种压力传感器，如下所示：小型空心球是由具有给定电导率 $\sigma$ 的聚合物制成的。球的内表面和外表面镀有导电涂层，以形成内电极和外电极，如图 6.55 所示。通过测量内部和外部电极之间的电阻来感知球内部的压力。参考压力为 $P_0$，内半径为 $r = a$，厚度为 $t = t_0$。同样，你可以假设 $r \gg t$。压力和半径之间的关系是

$$r = \alpha\sqrt{P}$$

即，随着压力增加，半径增加。$\alpha$ 是已知的常数。材料的电导率为 $\sigma$。该关系在整个压力范围内都有效，包括参考压力。

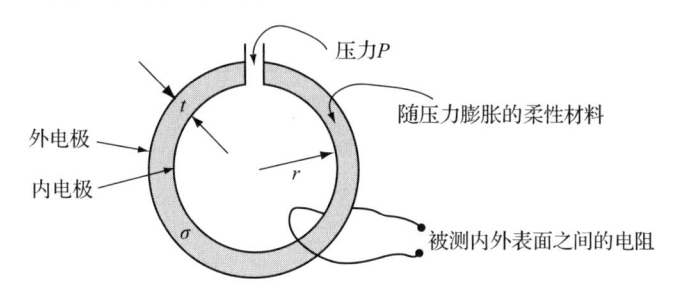

图 6.55 电阻式压力传感器

(a) 计算电极之间的压力和电阻之间的关系。
(b) 计算传感器的灵敏度。

**注意**：事实上 $r \gg t$ 表示壳体相对半径较薄。使用此近似值可以简化计算。

## 速度感知

6.27 **水流速度和流量传感**。要测量通道中水的速度和流量，建议使用皮托管，并测量水头，如图 6.35a 所示。
(a) 找出水流速度和水头之间的关系。
(b) 如果水头差是 0.5cm，那么设备的灵敏度是多少？
(c) 如果横截面积是 $S$ 且整个通道流速均匀，计算水流流量，以立方米每秒（m³/s）作为速度的函数和水头的函数。

6.28 **船上的速度传感**。皮托管可以安装在船头或船的侧面，以测量其速度。如果使用分辨率为 1 000Pa，高于环境压强 0～50 000Pa 的压力传感器，则假定水表面的压力为 101.325kPa（1atm），水的密度为 1 025kg/m³：
(a) 根据可测量的速度计算分辨率，忽略静压的影响，并假设传感器在零速度下校准为零输出。
(b) 计算传感器的测量范围。

6.29 **飞机空速的传感**。一架客机使用两个皮托管进行速度传感。一根管子平行于飞机对齐，

另一根管子垂直于飞机，每根管子都装有压力传感器。
(a) 对于在11 000m处飞行的飞机，计算每根管子中压力传感器的读数以及压差，假设飞机以850km/h的速度飞行。该高度的温度为-40℃。忽略速度对管内空气密度的任何影响。
(b) 假设横向管在11 000m处被冰堵住，现在飞机爬升至12 000m。假设飞机没有改变速度并且温度仍保持与11 000m处相同，那么传感器所测得速度的错误读数是多少？

6.30 **潜艇的速度和深度传感**。皮托管和普朗特管在水下同样有效。假设一艘潜水艇配备了一个向前指向的普朗特管。使用两个独立的传感器，一个用于测量静压，另一个用于测量总压。假定水的密度随深度恒定，等于1 025kg/m$^3$，并且与温度无关。
(a) 如果预计潜水艇下降至1 000m，那么每个压力传感器的测量范围是多少？潜水艇的最高速度为25节（1节=1.854km/h）。
(b) 证明这两个测量值足以提供潜艇的速度和深度。

## 机械和光学陀螺仪

6.31 **机械陀螺仪**。微型机械陀螺仪包含质量为50g、半径为40mm、长度为20mm的砂轮，并且以10 000rpm的转速旋转。
(a) 计算陀螺仪对垂直于其轴的转矩的灵敏度。
(b) 如果进动频率可以测量到0.01rad/s以内，那么它可以感知到的最低转矩是多少？

6.32 **环形陀螺仪**。萨格纳克陀螺仪的实现如图6.39b所示。
(a) 三角形的边长为a=5cm，并在真空中使用工作波长为532nm的绿色激光器，计算传感器的灵敏度（Hz/[(°)·s]）。
(b) 如果可以可靠地测量低至0.1Hz的频率，那么可以检测到的最低速率是多少？

6.33 **光纤环路陀螺仪**。小型光纤陀螺仪专为高灵敏度而设计。为方便读取，输出频率分辨率设置为0.1Hz。如果环路的直径为10cm，并且使用850nm的红外LED光源，则需要多少个环路才能感知10(°)/h的速率？光纤的折射率为1.85。

6.34 **环形陀螺仪**。萨格纳克陀螺仪如图6.56所示。对于a=40mm，并使用680nm的红色激光，请计算1(°)/s的速率下的预期输出和陀螺仪的灵敏度。

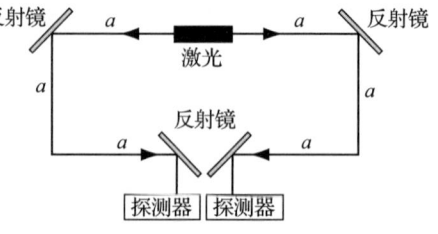

图6.56 环形陀螺仪的实现

# 第7章
# 声学传感器和执行器

**耳朵**

综合多方面来讲，可以将耳朵理解为传感器和执行器的一个结合。它本质上是一个机械式化学传感器，包含一个用于听力系统的移动装置。耳朵还包含作为陀螺仪的内耳，负责稳定性和位置感。耳朵本身由外耳和内耳组成，外耳仅仅是将声音集中并引导至鼓膜（耳膜）的一种结构。人类的外耳是一个相对较小且不会发生变化的结构，但对于某些动物而言，它们的外耳很大并且可以调节。例如，耳廓狐的外耳比头大，鼓膜在耳道底部响应声音移动，并在此过程中移动三块骨头：锤骨（连接到耳膜）、砧骨（中间弯曲骨）和镫骨。后者是身体中最小的骨头，其作用是将振动传递到内耳的耳蜗。三块骨头不仅可以传递声音，还可以通过其结构所提供的杠杆优势来放大声音。耳蜗是充满液体的螺旋管，镫骨像活塞一样移动，推动耳蜗中的液体移动，进而推动衬在耳蜗内的一系列毛发状结构，这些毛发状结构是将化学物质释放到听力神经上以影响听力的实际传感器。

内耳也包含三个半圆形的骨半规管，彼此成 90° 角排列，其中两个大致垂直，另外一个水平。它们具有与耳蜗相似的结构，都包括一系列基于身体位置而受耳蜗中液体影响的毛发状结构。这些骨半规管用于保持平衡并提供有关身体位置和姿势的信息，运动对这些结构的影响也可以立即显现，例如，在旋转木马上身体发生旋转运动，我们将暂时失去保持平衡的能力。

耳朵是一种独特的敏感结构，它可以感应到低至 $2\times10^{-5}\mathrm{Pa}$（$10^{-12}\mathrm{W/m^2}$，即大气压的十亿分之一的量级）的压力，并能在此压力 $10^{13}$ 倍的环境下发挥作用，这意味着耳朵进行感应的动态范围约为 130dB。一般耳朵的标准频率响应在 20~20 000Hz 之间，但是大多数人的听觉范围要窄得多。耳朵对响度也非常敏感，可以分辨频率和响度非常微小的变化，如果两种声音之间存在 1Hz 频率差异就很容易被耳朵检测到。人类的听力是双声道的，而大脑则用双耳效应来检测声源的方向，许多动物利用外耳的机械运动来完成相同的功能，并且比人类的效果要好得多。除此之外还值得关注的是，许多动物的听觉比人类灵敏很多，它们的耳朵能对更高的频率和更宽的频率范围做出响应。

## 7.1 引言

声学这个术语可以表示声音或声音科学，这里使用它的后一种意义。声学涵盖了声波的所有方面，从低频声波到超声波，声波和超声波之间的区别基于人耳对声音感应的频率范围。人耳通常能够感应的频率范围是 20~20kHz，这是基于我们的耳朵在气压（通常是在大气中，也包括在水中）下能够感应声波的能力。这称为音频或可听频率范围。还应注意，大多数人只能在该跨度的一部分（大约 50~14kHz）上听到声音，并且整个跨度对于音频信息的传输不是必需的（例如，电话使用 300~3kHz 之间的频率），AM 电台的带宽为 10kHz。

任何振动都会引起压力变化，这些变化在介质中传播，产生这些振动的速度取决于介质材质。这些波被理解为弹性波，这意味着它们只能在弹性物质（气体、固体和液体）中生成，而不能在真空或塑料物质中生成（塑料介质会吸收波，此处的术语"塑料"是指不是刚性的）。高于 20kHz 时，振动同样会产生压力变化（在空气或其他材料中），这种频率的波称为超声波。低于 20Hz 时，弹性波称为次声波。超声波没有特定的范围，超过 20kHz 的任何声波都可以看作超声波，在各种应用中广泛使用的超声波频率通常远高于 100MHz。实际应用中的超声波通常以更高的频率产生，远高于 1GHz。

一般来说，声波包括超声波和次声波，并且它们具有大致相同的特性。也就是说，尽管波的某些方面随频率变化，但它们的一般行为是相同的。例如，波的频率越高，其传播越"直接"。也就是说，它在拐角和边缘周围发生衍射（弯曲）的可能性越小。

作为感应和驱动的手段，声波已经在多个方面发展。最明显的是在可听范围内使用声波来感应声音（麦克风、水听器和动态压力传感器），使用扬声器来驱动声音产生。另一个极大地促进了感应和驱动发展的应用是声呐——水中声波（包括次声和超声）的产生和检测，最初用于军事目的，后来用于研究海洋和海洋生物，甚至用于捕鱼的辅助工具。在这项工作的基础上，已经开发出了超声波应用的新领域，超声波已在材料测试、材料加工、测距和医学中得到了应用。声表面波（SAW）器件的发展已将超声波的范围扩展到了千兆赫兹区域，并且适用于似乎与声学没有直接联系的应用，例如电子设备中的振荡器。SAW 器件不仅在传感（尤其是质量和压力传感）中很重要，在各种化学传感器中也很重要。

自古以来，人们对于声波及其属性就有着浓厚的兴趣，不可否认，古代人已经观察到声音在寒冷、浓厚的空气中传播得比在温暖、稀薄的空气中远，在水下声音更大。实际上，Leonardo da Vinci 在 1490 年写道，通过使用水听器（插入水中的管子），可以探测到远距离船只的声音。许多人可能会从电影中看到有人将耳朵贴到地面以探测远方驶来的车辆。当然，定量表示声音传播的速度并定义其与材料特性的关系完全是另外一个问题，这些问题的发现要晚得多（大约从 1800 年开始）。

## 7.2 单位和定义

声学方面的单位，测量和定义问题似乎比其他任何领域都令人困惑，部分原因是许多单位是从与人耳听觉跨度相结合的声学研究中发展而来的，甚至有基于感知量的单位，同时，基于人类听觉范围的原因，对数刻度的使用非常普遍。在音频范围内，描述声波传播的最常见方法是使用声压——牛顿每平方米（$N/m^2$）或帕斯卡（Pa）。因为声波是弹性波，它们在人耳上的影响表现为压力变化，然而，压力又可与功率密度（瓦特每平方米 [W/m$^2$]）直接相关，尤其是当压力作用于膜片（如耳膜、麦克风）或由扬声器产生时。因此，有两种等效地描述声学特性的方法：一种是在压力方面，另一种是在功率密度方面。因为音频很多时候都与听力有关，所以听力阈值占有独特的位置，并且压力和功率密度通常与听力阈值有关。听力阈值以压力计算为 $2\times10^{-5}$Pa，以功率密度计算为 $10^{-12}$W/m$^2$。范围的第二个重要特点是疼痛阈值，通常取为 20Pa 或 2W/m$^2$，表示超出此水平可能会损害耳朵。应当指出，这些值是主观的，并且对于不同的声波来源，听力阈值和疼痛阈值会有不同的值。

因为范围很大，所以声压级（SPL）和功率密度通常以分贝（dB）给出。SPL 的定义式如下：

$$\text{SPL}_{\text{dB}} = 20\lg\frac{P_a}{P_0}[\text{dB}] \tag{7.1}$$

其中 $P_0 = 2\times10^{-5}$Pa 是听力阈值，被视为参考压力，$P_a$ 是声压。因此，听力阈值为 0dB，疼痛阈值为 120dB（对于上面给出的值）。正常语音为 45~70dB。

功率密度的定义式如下：

$$\text{PD}_{\text{dB}} = 10\lg\frac{P_a}{P_0}[\text{dB}] \tag{7.2}$$

其中 $P_0$ 为 $10^{-12}$W/m$^2$，$P_a$ 为感测到的声波功率密度。使用上述值，听力阈值为 0dB，疼痛阈值为 123dB。尽管数值看起来与 SPL 值相似，但应该非常小心，不要将两者混淆，因为它们表示不同的数量。

声学执行器通常以功率（例如，扬声器的功率规格）来指定，其数值可以基于正弦激励的平均功率和峰值功率（甚至是峰-峰值功率）给出。有时可以将其指定为特定时间（通常较短）内的最大功率。这些规格主要用于市场销售目的，但要认识到，为制动器指定的功率总是指的是制动器正常工作的功率，即让制动器可以长时间正常工作而不会受到损坏。通常，声功率仅是执行器输入电功率的很小一部分，大部分功率会作为制动器本身的热量损失掉。

在超声范围内，当声波在介质（除气体以外）中传播时，它们被认为会在材料中产生应力，因此应力和应变在分析中起着重要作用。压力和功率密度仍然可以使用，但是更常见的是将位移和应变作为超声信号的度量。使用分贝标度时，由于现在的听觉和疼痛阈值已无意义，因此将参考压力（或功率密度）设为 1。

**例 7.1：演讲语音的压力和功率密度**

通常在距扬声器 1m 的距离处测得的正常演讲语音的范围为 45~70dB，聆听者耳膜上的压力和功率密度的范围是多少？

**解** 使用式（7.1），下限为

$$20\lg\frac{P_a}{P_0} = 45\text{dB}$$

$$\lg\frac{P_a}{P_0} = \frac{45}{20} = 2.25 \rightarrow P_a = 10^{2.25}P_0 = 10^{2.25}\times 2\times 10^{-5} = 3.556\times 10^{-3}\text{Pa}$$

上限为

$$20\lg\frac{P_a}{P_0} = 70\text{dB}$$

或

$$\lg\frac{P_a}{P_0} = \frac{70}{20} = 3.5 \rightarrow P_a = 10^{3.5}P_0 = 10^{3.5} \times 2 \times 10^{-5} = 6.325 \times 10^{-2}\text{Pa}$$

聆听者耳膜上的压力范围在 0.0035565~0.06325Pa。

功率密度可以从式（7.2）中获得，下限为

$$10\lg\frac{P_a}{P_0} = 45\text{dB}$$

或

$$\lg\frac{P_a}{P_0} = \frac{45}{10} = 4.5 \rightarrow P_a = 10^{4.5}P_0 = 10^{4.5} \times 10^{-12} = 3.162 \times 10^{-8}\text{W/m}^2$$

上限为

$$10\lg\frac{P_a}{P_0} = 70\text{dB}$$

或

$$\lg\frac{P_a}{P_0} = \frac{70}{10} = 7 \rightarrow P_a = 10^7 P_0 = 10^7 \times 10^{-12} = 10^{-5}\text{W/m}^2$$

聆听者耳膜上的功率密度范围在 31.62nW/m²~10uW/m² 之间。

声波的属性由传播的介质决定，影响声波行为的一些特性如下。

**体积弹性模量**（$K$）是每单位体积应变的体积应力，可以将其视为压力增加率与所导致的相对体积减小的比率或压力增加率与密度的相对增大之间的比率：

$$K = -\frac{\text{d}P}{\text{d}V/V} = \frac{\text{d}P}{\text{d}\rho/\rho} \left[\frac{\text{N}}{\text{m}^2}\right] \tag{7.3}$$

注意，体积弹性模量与压力有相同的单位，体积弹性模量是材料抗压缩性的指标。它的倒数 $1/K$ 可以看作材料可压缩性的量度，可根据实验数据测得材料的体积弹性模量。

**剪切模量**（$G$）是剪切应力与剪切应变之比。它被视为衡量材料刚度或其对剪切变形的抵抗力的量度。

$$G = \frac{\text{d}P}{\text{d}x/x} \left[\frac{\text{N}}{\text{m}^2}\right] \tag{7.4}$$

其中 d$x$ 是剪切位移，该定义也可以理解为压力变化与剪切变形的相对变化之比。

体积弹性模量和剪切模量以及第6章中定义的弹性模量描述了材料的弹性特性。剪切模量和弹性模量之间的差异在于：弹性模量定义了材料的线性或纵向变形，而剪切模量定义了材料的横向或剪切变形。

气体的**热容比**是恒定压力下的比热容与恒定体积下的比热容之比，也称为**等熵膨胀系数**，

用 $\gamma$ 表示。比热容是将单位质量 [千克(kg)] 的温度提高 1℃ 所需的热量 [焦耳(J)]。

在声学方面，由于声音和听觉之间存在复杂的联系，综合考虑人脑对声音的感知，因此所使用的某些术语是基于主观测量而非绝对标度。术语之一是**响度**，定义为听觉感知的属性，将声音按从安静到响亮的等级进行排序。人脑对声音的感觉取决于各种声音的特性，包括响度（振幅）和频率。要测量响度，需要使用两个基本单位：方和宋。

**方**是响度的单位，用于测量高于参考音的声音强度，该参考音的频率为 1 000Hz，声压均方根（RMS）为 $20\times10^{-6}$Pa。它的数量等于被感知的声音与所测量的声音一样响亮的 1 000Hz 音调的分贝强度。

**宋**是感知响度的单位，等于在高于听觉阈值 40dB 时 1 000Hz 声音的响度。

另一个常用的术语是音调，用于描述声音的质量或特征。显然，它不能在任何客观尺度上进行测量，但是它是声学的重要方面，尤其是与音乐有关时。

## 7.3　弹性波及其性质

声波是纵向弹性波，即压力波，这种波在传播时会沿传播方向改变压力。因此，撞击在我们耳膜上的声波将在耳膜上推拉，从而影响听力。包括声波在内的波具有三个重要的基本特性。

首先，它们具有一个频率（或频率范围）。波形的频率 $f$ 是每秒波形的变化数量，以赫兹（Hz）或每秒有多少周期为单位。这通常是针对谐波定义的，可以理解为每秒谐波的周期数。

第二个属性是波长 $\lambda$，它与频率有关，是波在一个周期内传播的距离，单位为米（m）。

波的传播速度 $c$ 是波每秒钟向前传播的距离 [以米每秒(m/s) 为单位]。这三个性质的联系为

$$\lambda = \frac{c}{f} [\text{m}] \tag{7.5}$$

频率和波长之间的关系如图 7.1 所示。尽管这种关系看起来微不足道，但声波最重要的方面之一是它们表现出的短波长。实际上，此特性可以为超声测试（例如材料缺陷测试或医疗测试）提供相对较高的分辨率。通常，使用波进行测试，其分辨率都取决于波长。波长越短，分辨率越高。我们将在本章后面看到，此属性在 SAW 设备中得到了充分利用。

波可以是横波、纵波或两者的组合。横波是波的振幅方向与传播方向垂直的波。紧弦产生的波就是这种类型。当我们拨弦时，它会垂直于弦的长度振动，而波本身会沿着弦传播。这在图 7.2 中进行了示意性显示。该图还显示，波在这种情况下在两个方向上以速度 $v$ 从源传播出去。海浪和电磁波也是横波。

气体和液体中的声波是纵波。在固体中，它们也可以是横波。横向声波通常称为剪切波。为避免混淆，并且由于在大多数情况下我们会遇到纵波，因此以下讨论与纵波有关。每当需要讨论剪切波以及以后讨论表面波时，将明确指出这些内容以将其与纵波区分开。

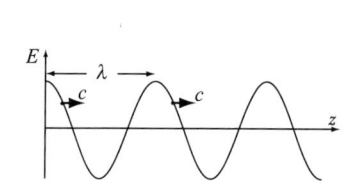

图 7.1 一般时谐波的频率、波长和传播速度之间的关系

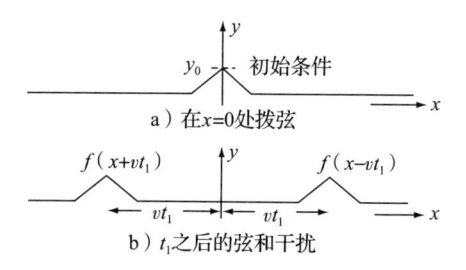

图 7.2 波沿弦传播

## 7.3.1 纵波

声波的速度与体积的变化以及压力的变化直接相关（例如图 7.3 中的活塞运动）：

$$c = \sqrt{\frac{\Delta p V}{\Delta V \rho_0}} \left[\frac{\text{m}}{\text{s}}\right] \quad (7.6)$$

注意，$\Delta p/(\Delta V/V)$ 实际上是体积模量，式（7.6）也可以写为

$$c = \sqrt{\frac{K}{\rho_0}} \left[\frac{\text{m}}{\text{s}}\right] \quad (7.7)$$

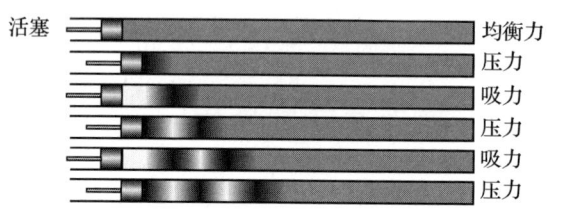

图 7.3 通过活塞的运动产生纵波，物质颗粒的纵向移动产生局部压力变化

其中 $\rho_0$ 是原状流体的密度，$\Delta V$ 是体积的变化，$\Delta p$ 是压力的变化，$V$ 是体积。在气体中，这简化为以下内容：

$$c = \sqrt{\frac{\gamma p_0}{\rho_0}} \left[\frac{\text{m}}{\text{s}}\right] \quad (7.8)$$

其中 $p_0$ 是静态压力，$\gamma$ 是气体的热容比。因此，材料中声波的速度取决于压力和温度。在固体中，声速取决于固体的"弹性"，更具体地说，取决于介质的剪切力和体积模量。表 7.1 给出了纵波在许多材料中的声速。这些值是实验性的，由于声源不同而有所不同。例如，不同声源在 20°C 下空气中的声速为 343~358m/s。声速也随压力和相对湿度而变化。在固体中，特别是在金属中，对温度的依赖性低于在气体或液体中对温度的依赖性。

表 7.1 给定温度下，一些介质中纵波的速度

| 材料 | 速度/(m/s) | 温度/℃ | 材料 | 速度/(m/s) | 温度/℃ |
| --- | --- | --- | --- | --- | --- |
| 空气 | 331 | 0 | 淡水 | 1 486 | 20 |
| 海水 | 1 520 | 20 | 肌肉组织 | 1 580 | 35 |
| 脂肪 | 1 450 | 35 | 骨骼 | 4 040 | 35 |
| 橡胶 | 2 300 | 25 | 花岗岩 | 6 000 | 25 |
| 石英 | 5 980 | 25 | 玻璃 | 6 800 | 25 |
| 钢 | 5 900 | 20 | 铜 | 4 600 | 20 |
| 铝 | 6 320 | 20 | 铍 | 12 900 | 25 |
| 钛 | 6 170 | 20 | 黄铜 | 3 800 | 20 |

纵波沿传播方向改变其振幅。一个简单的例子是管中的活塞产生的机械波。当活塞来回移动时，它压缩或减压前方的气体。然后，该运动沿管传播，如图7.3所示。声波就是这种类型。

为简单起见，假设我们有一个频率为 $f$ 的谐波纵波，可以将其写为

$$P(x,t) = P_0 \sin(kx - \omega t) \ [\text{N/m}^2] \tag{7.9}$$

其中 $P(x,t)$ 是介质中与时间和位置有关的压力，$P_0$ 是波的压力幅度，$k$ 是常数。波沿正 $x$ 方向传播（在这种情况下），$w = 2\pi f$ 是其角频率。

波的幅度是

$$P_0 = k\rho_0 c^2 y_m \ [\text{N/m}^2] \tag{7.10}$$

其中 $y_m$ 是粒子在波的压缩或膨胀期间的最大位移。常数 $k$ 称为**波数**或**相位常数**，表示为

$$k = \frac{2\pi}{\lambda} = \frac{\omega}{c} \ \left[\frac{\text{rad}}{\text{m}}\right] \tag{7.11}$$

波携带能量。冲击波（如地震或音爆所产生的冲击波）可能会造成破坏，而响亮的声音会伤害我们的耳朵或击碎窗户。如果波将能量从一个点传送到另一点，则该波被称为传导波。

波可以在无界介质中传播，可能具有也可能不具有衰减（损耗）。波的衰减取决于它所处的传播介质，这种衰减会减小波的振幅。波的衰减是指数的，其指数取决于材料的特性。每种材料都对应了一个**衰减常数** $\alpha$，随着波的传播，波的振幅（压力）的变化如下：

$$P(x,t) = P_0 e^{-\alpha x} \sin(kx - \omega t) \ [\text{N/m}^2] \tag{7.12}$$

随着波的传播，这种衰减会导致能量损失，并最终消散波中的所有能量。另外，除非波沿着完全准直的光束传播，否则它会扩散到空间中，因此其能量会扩散到越来越大的区域。在这种情况下，振幅在空间的任何一点都会减小，与衰减无关。衰减常数 $\alpha$ 以 Np/m 为单位，其中 1Np/m = 8.686dB/m。在此还应注意，功率与振幅（力、压力、位移）不同，以恒定 $2\alpha$ 衰减。

表7.2给出了许多材料的衰减常数。衰减常数本身取决于温度，但是在材料中，衰减常数最显著的特征是其对频率的依赖性。在空气中，它还取决于相对湿度和压力，并且大致与 $f^2$ 成正比，尤其是在较高频率下。衰减通常以分贝每千米（dB/km），分贝每米（dB/m）或分贝每厘米（dB/cm）的形式给出。由于衰减常数的复杂性质及其对许多参数的依赖性，因此通常在表中给出其值。表7.3列出了其中一些衰减常数及其对空气和其他材料的频率依赖性。在某些情况下，基于对实验数据的拟合，可以通过公式获得声波的属性。例如，可以根据以下公式计算出水中的衰减常数：

$$\alpha_{\text{水}} = 0.00217 f^2 \ [\text{dB/cm}] \tag{7.13}$$

其中 $f$ 是频率［以兆赫(MHz)为单位］。对于其他流体，存在系数不同的相似公式，但波在其他材料中的传播并不那么简单。同样，水的公式不适用于频率在1MHz以下的波。

表7.2 一些代表性材料的衰减常数

| 材料 | 衰减常数/(dB/cm) | 频率 | 材料 | 衰减常数/(dB/cm) | 频率 |
| --- | --- | --- | --- | --- | --- |
| 钢 | 0.429 | 10MHz | 石英 | 0.02 | 10MHz |
| 橡胶 | 3.127 | 300kHz | 玻璃 | 0.173 | 10MHz |
| PVC | 0.3 | 350kHz | 水 | 见式（7.13） | |
| 铝 | 0.27 | 10MHz | 铜 | 0.45 | 1MHz |

表 7.3 衰减常数（dB/cm）及其对频率的依赖性

| 材质 | 1kHz | 10kHz | 100kHz | 1MHz | 5MHz | 10MHz |
| --- | --- | --- | --- | --- | --- | --- |
| 空气 | $1.4×10^{-4}$ | $1.9×10^3$ | 0.18 | 1.7 | 40 | 170 |
| 水 | 见式 (7.13) | | | | | |
| 铝 | | | | 0.008 | 0.078 | 0.27 |
| 石英 | | | | 0.002 | 0.01 | 0.02 |

建立对应关系的另一个示例是纯水中声速随温度的变化，它是 $n$ 阶多项式，并针对特定温度范围而设计。公式范围从二阶到五阶多项式，其中系数是根据实验数据计算得出的。下面是一个示例：

$$c_{water} = 1405.03 + 4.624T - 0.0383T^2 [m/s] \tag{7.14}$$

其中 $T$ 是温度（以℃为单位）。该公式是在水体的正常温度范围（10~40℃）内适用的，超出此范围使用该公式可能会增加误差。还存在一个关于空气中声速与温度的关系的近似公式：

$$c_{air} = 331.4 + 0.6T [m/s] \tag{7.15}$$

波还具有称为波阻抗的特性，尽管在波为声波的情况下，通常将其称为声阻抗。波阻抗或声阻抗是密度（$\rho$）和速度（$c$）的乘积：

$$Z = \rho c [kg/(m^2 \cdot s)] \tag{7.16}$$

声阻抗是材料的重要参数，可用于多种声学应用，包括波的反射和传输，因此可用于材料测试以及使用超声波检测物体和条件。通常，弹性材料具有高声阻抗，而"软"材料往往具有低声阻抗。如表 7.4 所示，它们的差异可以是数量级的。例如，空气的声阻抗为 $415 kg/(m^2 \cdot s)$，而钢的声阻抗为 $4.54×10^7 kg/(m^2 \cdot s)$。这些巨大的差异会影响声波的行为及其在各种应用中的实用性。

表 7.4 某些材料的声阻抗

| 材料 | 声阻抗/(kg·s/m²) | 材料 | 声阻抗/(kg·s/m²) |
| --- | --- | --- | --- |
| 空气 | 415 | 淡水 | $1.48×10^6$ |
| 肌肉组织 | $1.64×10^6$ | 脂肪 | $1.33×10^6$ |
| 骨骼 | $7.68×10^6$ | 石英 | $14.5×10^6$ |
| 橡胶 | $1.74×10^6$ | 钢 | $45.4×10^6$ |
| 铝 | $17×10^6$ | 铜 | $42.5×10^6$ |

**例 7.2：海啸探测系统**

海啸探测和预警系统由多个海岸站组成，这些海岸站使用加速度计探测地震。该系统由许多基本组件组成，包括传感器本身和加速度计所处的检测站。位于固定位置的许多传感器可以检测地震。他们确定地震的强度，并通过三角测量确定地震的位置（震中）。这提供了发生海啸的距离和可能性（基于强度、位置和深度）。然后，系统确定海啸到达各个位置之前需要多少时间。这是基于波的传播速度计算的。在地壳中，地震波的传播速度约为 4km/s，在水中则为 1.52km/s，基于这个原因以及安装的因素，地震波的检测是在陆地上进行的。海啸以大约500km/h的速度扩散（尽管目前记录到的最高时速为1 000km/h）。

假设地震发生在距离沿海城市250km的地方。地震是在距震中700km的一个检测站检测到的。如果检测系统确定可能发生海啸，那么在海啸袭来之前，城市中的人们必须提前多长时间撤离？

**解** 检测地震需要时间 $t_1$：

$$t_1 = \frac{700}{4} = 175\text{s}$$

大约为3min。

海啸需要时间 $t_2$ 行进250km的距离：

$$t_2 = \frac{250}{500} = 0.5\text{h}$$

也就是30min。因为检测需要3min，所以这个城市最多有27min的准备时间。当然，这是假定立即发出警告。这是海啸如此危险的一个原因——除了距离震中很远的地方，准备和疏散的时间通常都很短。

**例7.3：空气中声波的衰减**

声波在空气中衰减的速率取决于许多因素，包括温度、压力、相对湿度和声波的频率。这些都对衰减有显著影响，但要理解超声波在空气中的传播，我们将只参考频率产生的影响。以下数据可用于空气中的声音传播：

在1kHz、20℃、海平面上1atm、60%相对湿度下的衰减为4.8dB/km。

在40kHz、20℃、海平面上1atm、60%相对湿度下的衰减为1 300dB/km。

在100kHz、20℃、海平面上1atm、60%相对湿度下的衰减为3 600dB/km。

给定振幅（声压）为1Pa的声波，计算三种频率下与震源的距离 $d=100$m 处的声压。

**解** 由于衰减是以dB/km为单位给出的，我们首先需要将其换算成Np/m，所以，我们使用式（7.12）。为此，提出如下内容：

在1kHz时，

$$4.8\text{dB/km} = \frac{4.8}{8.686}\text{Np/km} = \frac{4.8}{8.686 \times 1\,000} = 5.526 \times 10^{-4}\text{Np/m}$$

在40kHz时，

$$1\,300\text{dB/km} = \frac{1\,300}{8.686 \times 1\,000} = 0.149\,7\text{Np/m}$$

在100kHz时，

$$3\,600\text{dB/km} = \frac{3\,600}{8.686 \times 1\,000} = 0.414\,5\text{Np/m}$$

利用这些，距离为 $d$ 处的振幅表示为 $P_d$，根据源压力 $P_0$ 写成

$$P_d = P_0 e^{-\alpha d} \quad [\text{Pa}]$$

在1kHz时，

$$P_d = 1e^{-5.526\times10^{-4}\times100} = 0.9994\text{Pa}$$

在40kHz时,

$$P_d = 1e^{-0.1497\times100} = 3.15\times10^{-7}\text{Pa}$$

在100kHz时,

$$P_d = 1e^{-0.4145\times100} = 9.96\times10^{-19}\text{Pa}$$

这些结果揭示了在空气中,超声波只能用于短程应用。事实上,大多数空气中的超声波应用使用24kHz或40kHz的频率,适用范围小于20m。频率越低,适用范围越大。显然,在1kHz时,声音衰减得很少。也许正是基于这个原因,人类的声音才进化到使用低频。较低的频率(即那些低于我们自己听力极限的声音,如次声)能传播很远的距离,并被一些动物(如大象和鲸鱼)所使用。应该注意的是,声波在水中和固体中的衰减要低得多,可以传播很远的距离(见习题7.8)。

当传导波遇到无界空间中的不连续性介质(墙壁、空气密度的变化等)时,波的一部分被反射,一部分通过不连续性介质被透射。因此,我们说反射和透射发生了,**反射**和**透射**的波可以在原波方向以外的方向传播。透射波被理解为波穿过不连续性介质的折射。为了简化讨论,我们定义了一个**透射系数**和一个**反射系数**。在最简单的情况下,当传导波垂直地冲击界面(图7.4中的$\theta_i = 0$),从材料1传播到材料2时,反射系数($R$)和透射系数($T$)定义为

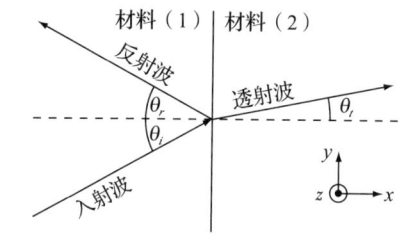

图7.4 波的反射、透射和折射

$$R = \frac{Z_2 - Z_1}{Z_2 + Z_1}, \quad T = \frac{2Z_2}{Z_2 + Z_1} \tag{7.17}$$

式中,$Z_1$和$Z_2$分别为介质1和介质2的声阻抗。

将反射系数乘以入射波的振幅,就得出了反射波的振幅。将透射系数乘以入射波的振幅,就得出了从介质1透射到介质2的波的振幅。也就是说,反射波和透射波的振幅(例如,对于压强)是

$$P_r = P_i R[\text{N/m}^2], \quad P_t = P_i T[\text{N/m}^2] \tag{7.18}$$

其中$P_i$是入射波的压强,$P_r$是反射波的压强,$P_t$是透射波的压强。注意,反射系数可以是负的,从−1到+1变化,而透射系数总是正的,从0到2变化。

在声学中,特别是在超声波学中,感兴趣的量通常是功率或能量,而不是压力。由于功率和能量与压力的平方有关,所以透射和反射的功率或能量与透射和反射系数的平方有关。例如,假设具有总入射功率为$W_i$的准直超声光束,则反射功率和透射功率将为

$$W_r = W_i R^2[\text{W}], \quad W_t = W_i T^2[\text{W}] \tag{7.19}$$

波的折射在图7.4中定义。反射波以与入射角相等的角度反射($\theta_r = \theta_i$,定义为传播波的方向与波所反射的表面的法线之间的角度)。透射波以角度$\theta_t$在材料2中传播,该角度可从下式计算:

$$\sin\theta_t = \frac{c_2}{c_1}\sin\theta_i \tag{7.20}$$

其中，$c_2$ 是波在其所传输的介质中的传播速度，$c_1$ 是波在其原来的介质中的传播速度。

反射波与传播波在同一介质中传播，因此可以与传播波发生干涉，其幅度可以相加（相长干涉）或相减（相消干扰）。净效果是合成波的振幅可以小于或大于原始波。这一现象是众所周知的，并由此产生了驻波的概念。特别地，假设波是全反射的，这样反射波和入射波的振幅是相同的。这将导致空间中某些位置的振幅为零，而另一些位置的振幅则高达入射波的两倍。这被称为驻波，因为零振幅的位置（称为节点）在空间中是固定的，最大值的位置也是固定的。图 7.5a 显示了这一点，同时也显示了驻波的节点距离为 $\lambda/2$，而最大值出现在节点两侧的 $\lambda/4$ 处。一个好的驻波的例子可以在振动的紧弦中看到，其中反射发生在弦连接的位置。不同波长的振动以及它与空气的相互作用解释了我们在演奏弦乐器时感知到的音乐。图 7.5b 显示了一根振动弦的前几个模式。对于每个模式，节点（零位移）发生在固定的物理位置。

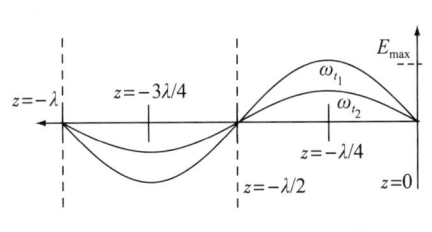

a）波形（在时间上）垂直振荡，但在空间上是静止的

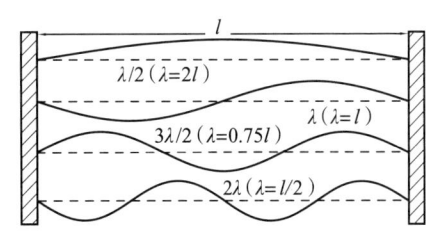

b）振动弦的模式。注意，驻波的节点间的距离相等（$\lambda/2$），并在每个模态的固定位置发生

图 7.5 坦丁波

声波的反射也是造成散射的原因。从本质上说，**散射**是波的传播路径上任何东西引起的波向各个方向上的反射。声波的色散是另一个重要的性质。**色散**是各种频率成分以不同的速度传播，在接收到的声波中引起失真。

**例 7.4 波的属性：分辨率**

波通常用于多种传感和驱动功能。然而，并不是所有的波都是同样有用的。超声成像的应用已经很成熟，包括医学中对身体进行成像和用于材料测试。动物也以同样的方式使用超声波。蝙蝠和海豚用它进行回声定位——识别猎物和避免危险。超声波也用于驱动，海豚用强烈的超声波脉冲使鱼眩晕，我们用它来碎裂肾结石，进行超声波清洗和设备除垢。电磁波，包括光波，同样用于成像、回声定位、速度传感和一系列其他应用。这些功能之所以能实现，是因为波与材料的相互作用，而这种相互作用中的一个关键问题是波长。如果波长较长，则该波可用于识别较大的障碍物。波长越短，它能识别的物体就越小，因此分辨率也就越高。请考虑以下示例：

**空气中的超声波**：一只蝙蝠在空气中发射 40kHz 的超声波。当空气中的声速等于 331m/s 时，波长为 [见式 (7.5)]：

$$\lambda = \frac{c}{f} = \frac{331}{40\,000} = 8.275 \times 10^{-3} \text{m}$$

它只有 8.275mm，波长足够小可以用来捕捉昆虫。

**水中超声波**：一只海豚在水中发射 24kHz 的超声波。当声速等于 1 500m/s 时，波长为

$$\lambda = \frac{c}{f} = \frac{1\,500}{24\,000} = 62.5 \times 10^{-3} \text{m}$$

在 62.5mm 的波长下，海豚可以很好地识别鱼类并将其捕获。

**超声成像**：使用 2.75MHz 的超声波来监测人类心脏的状况。假设声速与水中相同，则波长为

$$\lambda = \frac{c}{f} = \frac{1\,500}{2.75 \times 10^6} = 5.455 \times 10^{-4} \text{m}$$

该测试能够区分亚毫米级（小于 0.5mm）的特征，足以诊断瓣膜、血管壁厚度恶化等情况。

作为比较，可见光的频率在 480THz（红色）和 790THz（紫色）之间变化。它的波长在 380nm（紫色）和 760nm（红色）之间变化。光学技术可能得到的分辨率就是这个数量级。比它小得多的物体用光学技术（如显微镜）是看不到的，需要较低的波长（如使用电子显微镜）。

### 7.3.2　剪切波

如上所述，固体中除了有纵波外，还能支持剪切波或横波。在剪切波中，位移（即分子的振动）与传播方向垂直。为纵波定义的大多数性质，以及反射和透射等性质，对于剪切波来说是相同的。其他属性则不同。特别是剪切波的传播速度比纵波慢。纵波的传播速度取决于体模量，剪切波的传播速度取决于剪切模量：

$$c = \sqrt{\frac{G}{\rho_0}} \left[\frac{\text{m}}{\text{s}}\right] \tag{7.21}$$

由于剪切模量低于体模量，因此剪切波的传播速度较低（比纵波大约低 50%）。

式（7.16）中的声阻抗也适用于剪切波，但由于速度较低，声阻抗也较低。

### 7.3.3　表面波

声波还可以在两种介质之间的表面上传播，特别是在弹性介质和真空（或空气）之间的界面上传播，这特别适用于固体表面的传播。表面波也称为**瑞利波**，它在弹性介质表面传播，对大部分介质影响很小，其性质与纵波或剪切波有很大不同，最显著的区别是它们的传播速度较慢：

$$c = g\sqrt{\frac{G}{\rho_0}} \left[\frac{\text{m}}{\text{s}}\right] \tag{7.22}$$

其中 $g$ 是一个常数，它取决于特定的材料，一般在 0.9 左右。这意味着表面波的传播速度比剪

切波慢，比纵波慢得多。

此外，表面波在理想的、弹性的和平坦表面中的传播是非色散的，即它们的传播速度与频率无关。在实际情况中，表面波有一些色散，但低于其他类型的声波。这一特性以及表面波传播速度慢的特性，使得它在声表面波（SAW）器件中有重要的应用。它们在地震学和地震研究中也有用途。瑞利波的确切定义是"在弹性介质与真空或稀薄气体（如空气）的界面上传播的波，很少穿透介质"。

### 7.3.4　兰姆波

除了纵向波、剪切波和表面波（有时分别称为 L 波、P 波和 S 波）外，声波在薄板中以一种独特的方式传播，传播模式取决于板的厚度。这些被称为**兰姆波**（以 Horace Lamb 的名字命名）。一块板将支持无限多个模式，这些模式取决于板的厚度和声波波长之间的关系。

## 7.4　麦克风

我们通过这些为人所知的音频传感器和执行器来讨论声学器件。麦克风和扩音器是人们熟悉的。这些都是常见的器件，但与传感和驱动领域的其他领域一样，它们在结构和应用方面表现出相当大的变化。麦克风是压差传感器，其输出取决于膜片前后的压差。由于在正常情况下两个压力是相同的，麦克风只能感测压力的变化，因此可以被视为动态压力传感器。它还可用于感测振动或任何在空气或流体中产生压力变化的量。在水中或其他流体中工作的麦克风称为水听器。

### 7.4.1　碳麦克风

最早的麦克风和扩音器（或耳机）是为电话设计的。事实上，关于电话的第一个专利其实并不是电话本身的专利，而是麦克风的专利。Alexander Graham Bell 于 1876 年申请了第一个可变电阻麦克风的专利，尽管在早期形式下，它是一个非常不方便的装置。它的构造如图 7.6 所示，内部使用的是溶液。柱塞与麦克风本体之间的阻力取决于声压（将柱塞推入溶液中）。这个麦克风有用，但不实用，很快就被其他更适合这项工作的麦克风取代了。第一个实用的麦克风是由 Thomas Edison 发明的，本质上与贝尔的麦克风结构相同，但内部填充被碳或石墨颗粒取代，因此得名"碳麦克风"。尽管它有许多问题，但自发明以来，它一直在电话中持续使用。由于其相当差的性能（噪声、有限的频率响应、对位置的依赖和失真），自 20 世纪 40 年代末以来，除了在电话中，它就没有被使用过。然而，它是一个有点独特的器件，特别是因为它是一个"放大"器件（可以调制大电流）。在这种情况下，它一直被用来直接驱动听筒，而不需要使用放大器。其结构如图 7.7a 所示，碳麦克风的图片如图 7.7b 所示。当膜片移动时，导电电极和导

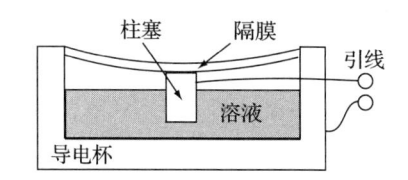

图 7.6　贝尔的麦克风依赖于溶液中电阻的变化

电外壳之间的电阻会发生变化，当连接到电路中时，这种电阻的变化会改变电路中的电流，从而在听筒中产生声音（见图 1.3）。在现代电话中，碳麦克风已经被更好的麦克风所取代，尽管这些麦克风需要电子电路进行放大。

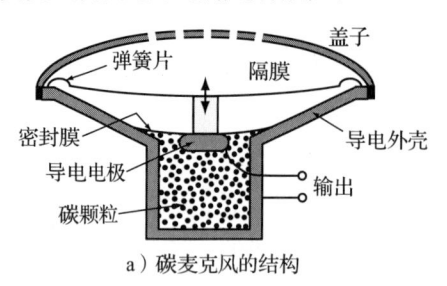

a）碳麦克风的结构　　　　b）在电话听筒中使用的碳麦克风

图 7.7　碳麦克风的结构及真实图片

## 7.4.2　磁性麦克风

磁性麦克风，一般也称为动铁或可变磁阻传声器，连同它的同类型产品——动铁留声机拾音器，在很大程度上已经消失，取而代之的是更好的设备。然而，它的结构是值得研究的，因为这种结构在传感器中相当常见（我们在 6.5.4 节中看到过一种类似的装置被用作压力传感器，称为可变磁阻压力传感器）。其基本原理如图 7.8a 所示。操作很简单。当电枢移动时（由于声音的作用而移动的一块铁，或在录音拾音器中由于一根针的作用而移动的一块铁），它减小了与铁芯其中一极的间隙，这改变了磁路中的磁阻。如果给线圈提供恒定的电压，其中的电流取决于电路的磁阻。因此，线圈中的电流取决于电枢的位置（声级）。磁性麦克风与碳麦克风相比稍有改进，也许它唯一真正的优点是它的操作是可逆的——移动的铁电枢可以在电流的影响下移动，这样它就可以充当听筒或扬声器。这种麦克风很快被动圈麦克风所取代，如图 7.8b 所示，也称为动态麦克风。这是第一个可以复制人的整个音域的声音的麦克风，尽管出现了更新、更简单的设备，它也一直沿用到我们这个时代。动圈麦克风是基于法拉第定律设计的。给定线圈在磁场中运动，它将产生如下电动势（感应电压）：

$$V = -N\frac{\mathrm{d}\Phi}{\mathrm{d}t}[\text{V}] \tag{7.23}$$

式中，$\Phi$ 是线圈中的通量，$N$ 是匝数。这种关系也解释了动态这个术语。需要强调的是，这是一个无源器件——它自己产生输出，不需要额外的电源。

当线圈在磁场中振动时，会产生一个具有一定极性的电压，然后该电压可以被放大用于音频再现。电路中出现电动势时，会产生电流，而这两者都与线圈的速度成正比。这些麦克风具有噪声相对较低、灵敏度较高的优良特性。它们可以直接连接到许多低输入阻抗放大器，至今仍在使用。还应注意，图 7.8b 中的结构与普通扬声器或 5.9.1 节中讨论的音圈执行器的结构没有根本区别，只是在麦克风中，结构经过修改，以增加振动膜移动时通量的变化，当然，它们的尺寸更小。因此，任何小型磁性扬声器都可以充当动态麦克风，而动态麦克风就像磁性麦克风一样，是一种能够充当扬声器或耳机的双重设备（在尺寸、线圈大小等方面不同）。

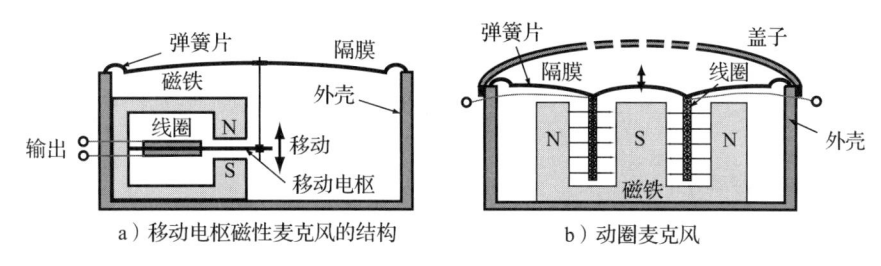

图 7.8 移动电枢磁性麦克风的结构与动圈麦克风

观察式（7.23）中结果的另一种方法是，将线圈在磁场中的运动和以式（5.21）中给出的速度 $v$ 移动的电荷 $q$ 上的力作为出发点：

$$F = qv \times B \quad (7.24)$$

从电荷上的力总是可以写成 $F=qE$ 这一事实出发，我们得出结论：$E=vB$ 是电场强度。将线圈一个回路圆周周围的场积分，乘以回路数，我们得到线圈中产生的电动势：

$$\text{emf} = N \int_{\text{loop}} v \times B \cdot \text{d}l \, [\text{V}] \quad (7.25)$$

这个电动势与线圈在磁场中的速度有关，产生与式（7.23）完全相同的结果。

### 例 7.5：动圈麦克风

要理解动圈麦克风的工作原理，需要注意到，当线圈在磁场中移入和移出时，通过线圈的总磁通会发生变化，从而在线圈中感应的电动势也会发生变化。精确的计算并不简单，因为线圈在压力下的运动取决于膜片的机械性能、磁场的均匀性、线圈本身以及支撑结构。但我们可以通过假设磁通的变化与声音的振幅成正比，从而使其与线圈在磁场中的位置成正比。因此，麦克风的额定值是根据灵敏度系数 $k\,[\text{mV/Pa}]$ 计算的。对于振幅为 $P_0$ 的压力，麦克风输出的电动势为

$$\text{emf} = kP_0 \sin(\omega t) \, [\text{mV}]$$

式中，$\omega = 2\pi f$，$f$ 为压力波的频率，表示只能检测到信号的变化。10~20mV/Pa 的灵敏度很常见（存在灵敏度高得多的麦克风）。人的听觉阈限为 $2\times 10^{-5}\text{Pa}$。在该压力下，灵敏度为 20mV/Pa 的麦克风将产生 $0.4\mu\text{V}$ 的电动势。这可能低于噪声电平，意味着信号在阈值电平或接近阈值电平时不可用。但在 0.05Pa 左右的正常语音电平下，输出为 1mV，这是一个很容易被放大的信号。

## 7.4.3 带状麦克风

与动铁和动圈麦克风属于同一类的另一种麦克风是带状麦克风。图 7.9 所示是动圈麦克风的变体。带状物是磁体两极之间的薄金属箔（如铝）。当带状物移动时，根据式（7.23）中的法拉第定律，在带状物上感应出一个电动势，在这种情况下 $N=1$。这个电动势产生的电流就是麦克风的输出。因为带状物的质量非常小，所以这些简单的麦克风具有宽的、平坦的频率响应。然而，小质量也使它们容易受到背

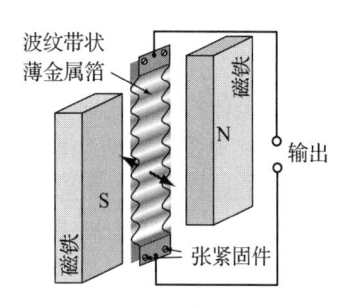

图 7.9 带状麦克风

景噪音和振动的影响，而且它们常常需要精心地悬挂来防止这些影响。基于这些特性，它们经常被用于录音室录音。这些麦克风的阻抗非常低，典型值小于1Ω，它们必须正确地连接才能配合放大器工作。

### 7.4.4 电容式麦克风

在音频再现发展的早期，也就是20世纪20年代早期，由于平行板电容器中极板的运动可以用于实现音频再现，因此引入了电容式麦克风（电容式是电容器的旧称）。图7.10中的基本结构可以用来理解原理。平行板电容器的性质基于两个基本方程：

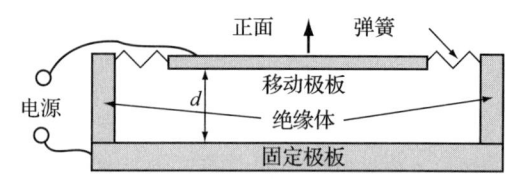

图 7.10 电容式麦克风的基本原理

$$C = \frac{\varepsilon A}{d} \quad \text{和} \quad C = \frac{Q}{V} \rightarrow V = Q\frac{d}{\varepsilon A} [\text{V}] \tag{7.26}$$

这看起来可能很简单，但同时也暴露了使用平行板电容器设计麦克风这一简单理念存在的缺陷：要产生与极板间距离 $d$ 成正比的输出电压，必须有一个电荷源，如果没有外部电源，电荷源通常很难实现。然而，在驻极体麦克风形式中找到了解决方案。

要理解驻极体是什么，应该首先考虑一下永磁体的概念。为了制造永磁体，需要使用一种"硬"磁性材料，例如钐-钴，并制成所需的形状。然后，通过将材料置于非常大的外部磁场中使其磁化。这会移动磁畴，并在材料内部建立永久磁化矢量。当外场断开时，内部磁化被材料保留，并且该磁化建立了永磁体的永久磁场。想要使其消磁就需要一个相等的甚至更大的磁场。在电场的作用下也能够完成一个等效的消磁过程。如果一种特殊的材料（在这一点上称它为电硬材料是合适的）暴露在外电场中，材料内部的原子就会发生极化。在这些材料中，当去除外电场时，内部电极化矢量得以保留，这个极化矢量建立起一个永久的外电场。驻极体通常是在加热材料的同时施加电场，以增加原子能量，使极化更容易。当材料冷却时，极化电荷保持这种状态。用于这一目的的材料有聚全氟乙丙烯（特氟龙，FEP）、钛酸钡（$BaTiO_3$）、钛酸钙（$CaTiO_3$）和许多其他材料，包括特殊聚合物。一些材料可以简单地通过用电子束轰击最终形状的材料制成驻极体。

因此，驻极体麦克风是由上面讨论的两个相同的导电板制成的电容式麦克风，但在上板下面有一层驻极体材料，如图7.11a所示。这里的驻极体由薄膜制成，以实现必要的灵活性和可移动性。

驻极体的表面电荷密度为负值。该电荷密度通过感应在导电隔膜和金属背板上产生正电荷密度（见图7.11b）。电荷分布产生两个相反的电场，两个场产生两个相反的电位，一个在下电极和驻极体下表面之间，另一个在金属背板和驻极体下表面之间。在大多数驻极体麦克风中，这些电压大小相等，在没有声压的情况下输出为零。无声压时气隙中的电场强度为

$$E = \frac{\sigma_s s_1}{\varepsilon_0 s + \varepsilon s_1} \left[\frac{\text{V}}{\text{m}}\right] \tag{7.27}$$

a）结构　　　　　　　　b）电容式麦克风

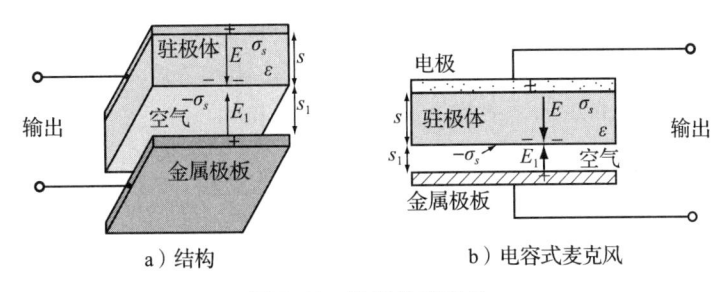

图 7.11　驻极体麦克风

如果声音施加到隔膜上，驻极体将向下移动距离 $\Delta s$，并且电压发生如下变化：

$$\Delta V = E \Delta s = \frac{\sigma_s s_1}{\varepsilon_0 s + \varepsilon s_1} \Delta s \, [\text{V}] \tag{7.28}$$

这个电压是传感器的真实输出，可以通过计算间隙长度的变化而与声压联系起来：

$$\Delta s = \frac{\Delta P}{(\gamma P_0 / s_0) + 8\pi T/A} \, [\text{m}] \tag{7.29}$$

式中，$A$ 为隔膜的面积，$T$ 为张力，$\gamma$ 为空气的热容比，$P_0$ 为环境压力（或更一般意义上的极板与驻极体间隙内的压力），$\Delta P$ 为环境压力中因声音而变化的量，$s_0$ 为气隙的有效厚度。在实践中，$s_0$ 可以用 $s_1$ 近似。因此，将 $\Delta s$ 代入式（7.28）中，得到了由声波引起的输出电压的变化：

$$\Delta V = \frac{\sigma_s s_1}{\varepsilon_0 s + \varepsilon s_1} \left[ \frac{\Delta P}{(\gamma P_0 / s_1) + 8\pi T/A} \right] \, [\text{V}] \tag{7.30}$$

该电压可以根据需要放大。

驻极体麦克风非常受欢迎，因为它们简单且不需要电源（它们是无源器件）。然而，它们的阻抗很高，并且需要特殊的电路来连接到仪器上。通常，需要一个场效应晶体管前置放大器来将麦克风的高阻抗与放大器的较低输入阻抗相匹配。就结构而言，隔膜通常由四极体材料的薄膜制成，金属层沉积在其上以形成可移动极板。

在许多方面，驻极体麦克风几乎是理想的。通过适当选择尺寸和材料，频率响应可以在零到几兆赫兹之间完全平坦。这些麦克风具有非常低的失真和出色的灵敏度［微巴每毫伏（mV/mBar）］。驻极体麦克风通常很小（有的直径不超过 3mm，长约 3mm），而且价格低廉。驻极体麦克风随处可见，从录音设备到手机。驻极体麦克风示例如图 7.12 所示。

图 7.12　常见的驻极体麦克风

**例 7.6　驻极体麦克风：设计要素**

考虑一种用于蜂窝电话的小型驻极体麦克风的设计，其形状是直径为 6mm、长为 3mm 的圆柱体，可装在一部超薄的电话中。对于电话内部，设计师在材料和尺寸的选择上有相当大的灵活性，只要它们符合外部尺寸。假设保护性外部结构要求 0.5mm 的厚度，隔膜的直径不能大于5mm。隔膜的厚度取决于所用的材料。假设一个聚合物，合理的厚度为0.5mm，2N/m的张力很容易被结构支撑。聚合物的介电常数相对较低，我们假设介电常数为6。驻极体与下导电板之间的间隙将取为0.2mm（间隙越小，麦克风越灵敏）。空气中的热容比为1.4（随温度有一定的变化，但我们将忽略这一点，因为变化很小）。聚合物可以在各种水平上带电，但表面电荷密度不可能很高。我们假设电荷密度为$200\mu C/m^2$。利用这些值，并假设环境压力为101 325Pa（1atm），我们用式（7.30）得到输出电压与压力变化之间的传递函数：

$$\Delta V = \frac{\sigma_s s_1}{\varepsilon_0 s + \varepsilon s_1}\left[\frac{1}{(\gamma P_0/s_1) + 8\pi T/A}\right]\Delta P$$

在这个关系式中，如果$P_0$以Pa为单位，那么$\Delta P$也必须以Pa为单位。定量计算之后，有

$$\Delta V = \frac{200\times 10^{-6}\times 0.2\times 10^{-3}}{8.854\times 10^{-12}\times 0.5\times 10^{-3}+6\times 8.854\times 10^{-12}\times 0.2\times 10^{-3}}\times$$

$$\left\{\frac{1}{1.4\times 101\,325/0.2\times 10^{-3}+8\pi\times 2/[\pi\times(0.002\,5)^2]}\right\}\Delta P$$

$$= 3.733\times 10^{-3}\Delta P\;[V]$$

灵敏度为3.733mV/Pa。

对于正常的语音水平（45~70dB），一般情况下压力为$3.5\times 10^{-3}\sim 6.3\times 10^{-2}$Pa（见例7.1），可以产生$13\sim 235.2\mu V$的输出电压。

一般而言，可以通过增加表面电荷密度或隔膜的面积或减小间隙、介电常数、驻极体的厚度或隔膜中的张力来提高灵敏度。但是必须注意，在给定值的情况下，由式（7.27）计算得出的间隙中的电场强度为$2.657\times 10^6 V/m$，由于在$3\times 10^6 V/m$处会发生空气击穿，因此不能大幅度增加。减小间隙具有与增加电荷密度相同的效果，此处给出的结果为可获得的灵敏度上限。

## 7.5 压电效应

压电效应是晶体材料在施加机械应力时产生电荷的现象。相反的效应，即在晶体上施加电荷会引起材料的机械变形，通常称为电致伸缩。压电效应自然存在于石英（氧化硅）等材料中，几十年来一直被用于晶体振荡器。这也是一些陶瓷和聚合物的性质，如已经在第5章提到的压阻材料（氧化锆氧化钛铅和PZT是最著名的）和压阻聚合物：聚氟乙烯（PVF）和聚偏氟乙烯（PVDF）。压电效应自1880年就已经被发现，并于1917年首次用于检测和产生以探测潜艇为目的的水中声波（声呐）。压电效应可以用晶体变形的简单模型来解释。从中性晶体（见图7.13a）开始，一个方向的变形（见图7.13b）使分子结构发生位移，从而产生如图所示的净电荷。在这种情况下，顶部的净电荷为负值。垂直轴上的变形（见图7.13c）在垂直轴上产生电荷。这些电荷聚集在沉积于晶体上的电极上，对电荷（或电压）的测量就是对位移或变形的测量。该模型使用石英晶体（$SiO_2$），其他压电材料的行为方式与该模型类似。此外，晶体的行为取决于晶体如何切割，不同的切割用于不同的应用。

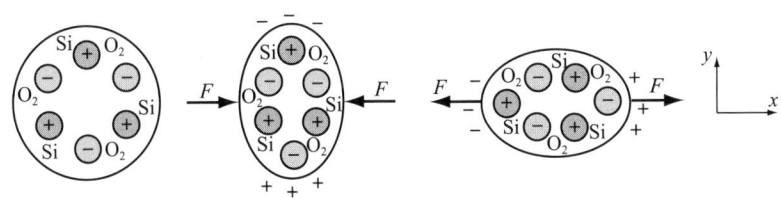

a) 无干扰　　b) 在一个方向上施加的应变　　c) 向相反方向施加的应变

图 7.13　石英晶体中的压电效应

介质中的极化矢量（极化是材料单位体积内原子的电偶极矩）通过以下简单关系式与应力联系：

$$P = d\sigma \; [\text{C/m}^2] \tag{7.31}$$

式中，$d$ 是**压电常数**，$\sigma$ 是材料中的应力。实际上，偏振在晶体中是与方向相关的，并且可以写成

$$P = P_{xx} + P_{yy} + P_{zz} \tag{7.32}$$

其中 $x$、$y$ 和 $z$ 是晶体中的标准轴。上面的关系现在变成

$$P_{xx} = d_{11}\sigma_{xx} + d_{12}\sigma_{yy} + d_{13}\sigma_{zz} \tag{7.33}$$

$$P_{yy} = d_{21}\sigma_{xx} + d_{22}\sigma_{yy} + d_{23}\sigma_{zz} \tag{7.34}$$

$$P_{zz} = d_{31}\sigma_{xx} + d_{32}\sigma_{yy} + d_{33}\sigma_{zz} \tag{7.35}$$

$d_{ij}$ 是沿晶体正交轴的**压电系数**。显然，系数取决于晶体的切割方式。为了简化讨论，我们将假设 $d$ 是单值的，但这取决于压电材料的类型以及它是如何被切割和激励的。相反的效果写成

$$e = gP \tag{7.36}$$

其中 $e$ 是应变（无量纲），$g$ 是常数系数。常数系数与压电系数有关：

$$g = \frac{d}{e} \quad \text{或} \quad g_{ij} = \frac{d_{ij}}{e_{ij}} \tag{7.37}$$

通常，应力的表示法是 $\varepsilon$（见第 6 章），但这里用 $e$ 表示是为了避免与介电常数混淆，介电常数也用 $\varepsilon$ 表示。这一关系还表明，各种系数与材料的电性各向异性有关。

第三个重要的系数称为**机电耦合系数**，它是机电转换效率的度量：

$$k^2 = dgE \quad \text{或} \quad k_{ij}^2 = d_{ij}g_{ij}E_{ij} \tag{7.38}$$

式中，$E$ 是弹性模量（杨氏模量）。机电耦合系数简单地说就是单位体积的电能和机械能的比值。表 7.5~表 7.7 中列出了一些常用于压电传感器和执行器的晶体和陶瓷的相关性质。这些表格还列出了聚合物的一些特性，这些材料在压电（和压阻）传感器中正变得越来越有用。

压电器件通常被构建为简单的电容器，如图 7.14 所示。假设在本图中的 $x$ 轴上施加力，则产生的电荷为

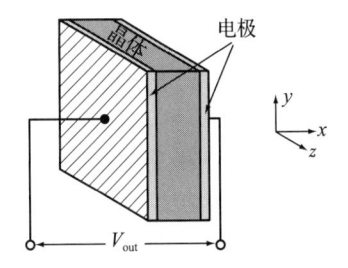

图 7.14　压电器件的基本结构

$$Q_x = d_{ij}F_x \, [\text{C}] \tag{7.39}$$

表 7.5 晶体的压电系数和其他性质

| 晶体 | 压电系数，$d_{ij}$，$\times 10^{-12}/(\text{C/N})$ | 相对介电常数，$\varepsilon_{ij}$ | 耦合系数，$k_{\max}$ |
|---|---|---|---|
| 石英（$SiO_2$） | $d_{11}=2.31, d_{14}=0.7$ | $\varepsilon_{11}=4.5, \varepsilon_{33}=4.63$ | 0.1 |
| ZnS | $d_{14}=3.18$ | $\varepsilon_{11}=8.37$ | 0.1 |
| CdS | $d_{15}=-14, d_{33}=10.3, d_{31}=-5.2$ | $\varepsilon_{11}=9.35, \varepsilon_{33}=10.3$ | 0.2 |
| ZnO | $d_{15}=-12, d_{33}=12, d_{31}=-4.7$ | $\varepsilon_{11}=9.2, \varepsilon_{22}=9.2, \varepsilon_{33}=12.6$ | 0.3 |
| KDP（$KH_2PO_4$） | $d_{14}=1.3, d_{36}=21$ | $\varepsilon_{11}=42, \varepsilon_{33}=21$ | 0.07 |
| ADP（$NH_4H_2PO_4$） | $d_{14}=-1.5, d_{36}=48$ | $\varepsilon_{11}=56, \varepsilon_{33}=15.4$ | 0.1 |
| $BaTiO_3$ | $d_{15}=400, d_{33}=100, d_{31}=-35$ | $\varepsilon_{11}=3\,000, \varepsilon_{33}=180$ | 0.6 |
| $LiNbO_3$ | $d_{31}=-1.3, d_{33}=18, d_{22}=20, d_{15}=70$ | $\varepsilon_{11}=84, \varepsilon_{33}=29$ | 0.68 |
| $LiTaO_3$ | $d_{31}=-3, d_{33}=7, d_{22}=7.5, d_{15}=26$ | $\varepsilon_{11}=53, \varepsilon_{33}=44$ | 0.47 |

表 7.6 陶瓷的压电系数和其他性质

| 陶瓷 | 压电系数，$d_{ij}$，$\times 10^{-12}/(\text{C/N})$ | 相对介电常数，$\varepsilon$ | 耦合系数，$k_{\max}$ |
|---|---|---|---|
| $BaTiO_3$(120℃) | $d_{15}=260, d_{31}=-45, d_{33}=-100$ | 1 400 | 0.2 |
| $BaTiO_3+5\%CaTiO_3$(105℃) | $d_{31}=43, d_{33}=77$ | 1 200 | 0.25 |
| Pb($Zr_{0.53}Ti_{0.47}$)$O_3$+(0.5%~3%)$La_2O_2$、$Bi_2O_2$、$Ta_2O_5$(290℃) | $d_{15}=380, d_{31}=119, d_{33}=282$ | 1 400 | 0.47 |
| ($Pb_{0.6}Ba_{0.4}$)$Nb_2O_6$(300℃) | $d_{31}=67, d_{33}=167$ | 1 800 | 0.28 |
| ($K_{0.5}Na_{0.5}$)$NbO_3$(240℃) | $d_{31}=49, d_{33}=160$ | 420 | 0.45 |
| PZT($PbZr_{0.52}Ti_{0.48}O_3$) | $d_{15}=d_{24}=584, d_{31}=d_{32}=171, d_{33}=374$ | 1 730 | 0.46 |

表 7.7 聚合物的压电系数和其他性质

| 聚合物 | 压电系数，$d_{ij}$，$\times 10^{-12}/(\text{C/N})$ | 相对介电常数 $\varepsilon/(\text{F/m})$ | 耦合系数，$k_{\max}$ |
|---|---|---|---|
| PVDF | $d_{31}=23, d_{33}=-33$ | 106~113 | 0.14 |
| 共聚物 | $d_{31}=11, d_{33}=-38$ | 65~75 | 0.28 |

注：系数的下标 $i,j$ 表示输入（力）和输出（应变）之间的关系。因此，3,3 表示沿 3 轴施加的力在该方向产生应变，3,1 表示当在晶体的 3 轴方向上施加力时 1 轴上的应变。

如果器件的电容为 $C$，则其两端产生的电压为

$$V = \frac{Q_x}{C} = \frac{d_{ij}F_x}{C} = \frac{d_{ij}F_x d}{\varepsilon_{ij}A} \, [\text{V}] \tag{7.40}$$

式中，$d$ 为压电材料的厚度，$A$ 为其面积。因此，器件越厚，输出电压越大。较小的面积也有同样的效果。

输出与力（或压力）成正比。还应注意，压力在材料中产生应力，因此输出也可被视为与材料中的应力或应变成比例。压电传感器常由 PZT 等陶瓷和 PVDF 等聚合物薄膜制成。晶体或陶瓷形式的钛酸钡和石英晶体也用于一些应用。

一个重要的发展是薄膜压电材料的使用。聚合物是这些薄膜的天然候选物，但它们在机

械结构上相当弱。其他材料如PZT、氧化锌（ZnO）等由于具有较好的力学和压电性能，常被用于此目的。

### 7.5.1 电致伸缩

应该注意的是，压电系数以库仑每牛顿（C/N）为单位，也可以看作以米每伏特（m/V）为单位，因为 1N/C = 1V/m。反过来也可以这样看：

$$d_{ij} \rightarrow \left[\frac{C}{N}\right] = \left[\frac{m}{V}\right] = \left[\frac{m/m}{V/m}\right] = \left[\frac{应变}{电场强度}\right]$$

因此，压电系数是施加的单位电场强度所产生的应变。该应变可以平行或垂直于所施加的力，取决于所涉及的轴线 $i$、$j$。但要注意，每单位电场强度产生的应变很小。

这就产生了电致伸缩特性。也就是说，当电场强度施加在压电材料上时，其尺寸会发生变化（应变）。例如，PZT的压电系数 $d_{33}$ 为 $374×10^{-12}$C/N。也就是说，一个1m长的PZT样品每1V/m将改变其长度374pm。这意味着电场强度必须很高，才能在介质的尺寸上产生显著的变化。幸运的是，可以将其制成非常薄的样品，并对其施加 $1×10^6 \sim 2×10^6$V/m 量级的大电场强度，产生数百微米量级的位移。在这里所示的例子中，电场强度为 $2×10^6$V/m，将产生 748μm/m 或 0.748μm/mm 的应变。这是一个相当大的应变，对于许多应用来说都是足够的。要在1mm厚的样品上产生这样的电场强度，需要 2 000V 的电压。

高压是压电器件中的典型现象。基于这个原因，并且为了能够在更方便、更低的电压下工作，许多应用使用非常薄的样本。大多数电致伸缩执行器都是施加一个电压以产生应变。相反，压电效应可以通过施加应变来产生高电压。在这种情况下，压电晶体应该很厚，以产生所需的电压（见习题7.34）。

### 7.5.2 压电传感器

最常见的压电传感器之一是**压电麦克风**，这是一种在声学和超声应用中都有用的器件。图7.14中的器件可以通过在其表面施加一个力（来源于声压）来充当麦克风。

给定这种结构，根据压力 $\Delta P$ 的变化，预期的电压变化 [见式（7.40）] 为

$$\Delta V = \frac{d_{ij}(\Delta PA)d}{\varepsilon_{ij}A} = \frac{d_{ij}d}{\varepsilon_{ij}}\Delta P [\text{V}] \tag{7.41}$$

因此，一种线性关系可用于检测声压。麦克风的常见结构如图7.15所示。考虑到材料中存在电容，压电材料都是高阻抗材料，因此需要阻抗匹配网络。

这些器件的一个重要特性是它们可以在高频下工作，因此它们可以用作超声波传感器。此外，压电麦克风可以作为压电执行器使用。换句话说，尽管磁性（或电容性）麦

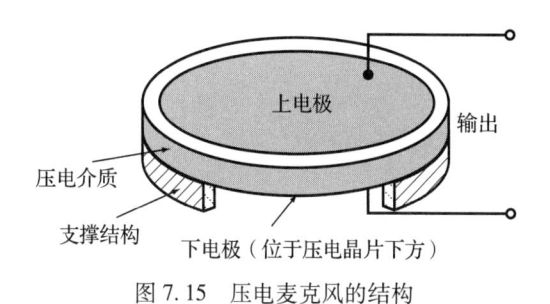

图7.15 压电麦克风的结构

克风和扬声器之间有很大的区别,但压电麦克风和压电执行器在包括尺寸在内的所有方面基本上是相同的。这种完全的对偶性是压电换能器所特有的,在更小的程度上,也是磁致伸缩换能器所特有的。

典型的结构是膜(PVDF 或共聚物)与金属涂层电极或各种压电晶体盘。这些结构可以是圆形、方形或几乎任何其他形状。管状电极是一种特别有用的结构,通常用于水听器。这些元件可以串联连接以覆盖更大的面积,这在水听器中是很常见的。

压电麦克风的输出在人的语音范围内相对较低,因为产生的压力较低。正常灵敏度约为 $10\mu V/Pa$。在正常语音范围内,根据所涉及材料的性质和麦克风与声音来源的距离,可以预估几微伏的电压。

压电麦克风具有卓越的品质和平坦的频率响应。基于这个原因,它们被用于许多应用,其中主要是作为乐器的拾音器和检测低强度的声音,如血液在静脉中的流动。其他应用包括声控设备和水听器。

**例 7.7:压电麦克风**

压电麦克风由钛酸锂($LiTiO_3$)制成,呈直径 10mm、厚 0.25mm 的圆盘形式。两个电极,直径为 8mm,涂在盘的相对表面。晶体在 3-3 轴上切割,用于在距离人 1m 的地方记录语音。正常说话在该距离产生的声压大约比听力阈值高 60dB。如果该人大喊大叫,声压会增加到听力阈值以上约 80dB。听力阈值为 $2\times 10^{-5}$Pa,以 0dB 为参考。计算这些条件下麦克风产生的电压范围。

**解** 通常以 dB 为单位提供声压,而不是以 Pa 或 $N/m^2$ 为单位。我们需要实际单位的声压,可以使用式(7.41)。因此,首先使用公式转换给定的值:

$$P(dB) = 20\lg P \; [dB]$$

然而,由于我们需要在 $2\times 10^{-5}$Pa 的压强下设定一个零基准电压,将其以 dB 为单位加到其他转换中,因此我们得到

$$P_0 = 20\lg 2\times 10^{-5} = -94dB$$

对于正常说话的语音,$P = 60 - 94 = -34dB$:

$$-34dB = 20\lg P \rightarrow \lg P = -1.7 \rightarrow P = 10^{-1.7} = 0.02Pa$$

音量更大时,$P = 80 - 94 = -14dB$:

$$-14dB = 20\lg P \rightarrow \lg P = -0.7 \rightarrow P = 10^{-0.7} = 0.2Pa$$

由于这些压力水平都在环境压力之上,因此可以把它们看作由于说话而产生的压力变化。我们使用式(7.41)和相对介电常数 $\varepsilon_{33}$。正常说话时,有

$$\Delta V_l = \frac{d_{33}d}{\varepsilon_{33}}\Delta p = \frac{7\times 10^{-12}\times 0.25\times 10^{-3}}{44\times 8.854\times 10^{-12}}\times 0.02 = 89.84\times 10^{-9}V$$

音量更大时,有

$$\Delta V_e = \frac{d_{33}d}{\varepsilon_{33}}\Delta p = \frac{7\times 10^{-12}\times 0.25\times 10^{-3}}{44\times 8.854\times 10^{-12}}\times 0.2 = 8.984\times 10^{-7}V$$

麦克风的输出随着声音从正常上升到大喊,从 89.84nV 变为 0.898 4μV。这种输出与产生低输出(因为声音压力低)的压电麦克风是一致的。

## 7.6 声学执行器

在现有的声学执行器中，我们将讨论两种类型。首先是音频再现中使用的经典扬声器。我们已经在 5.9.1 节中结合音圈执行器讨论了它的基本特性。这里我们将讨论与音频范围相关的其他属性。其次，我们介绍了使用压电执行器产生声音的目的。这些设备有时称为蜂鸣器，在需要可听信号（而不是语音或音乐）的电子设备中相当常见。它们也比传统的扬声器更简单、更坚固、更便宜。使用压电装置的机械驱动问题将在本章的后面单独讨论。

### 7.6.1 扬声器

扬声器的基本结构如图 7.16a 所示。间隙中的磁场是径向的，作用在线圈上（见图 7.16b）。对于载流回路，力由洛伦兹力公式给出［参见 5.4 节，特别是式（5.21）~式（5.26）和 5.9.1 节］。对于 $N$ 个线圈数，力是 $NBIL$，其中 $L$ 是环的周长，我们假设在间隙中有一个均匀的磁感应强度 $B$。磁场只是近似均匀的，而在线圈行进的末端，力是略微非线性的，如 5.9.1 节中结合音圈执行器所讨论的那样。这也是大多数失真发生的范围。

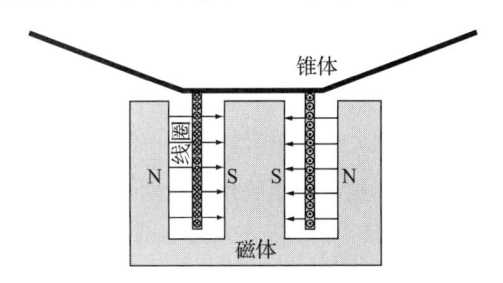

a）磁性扬声器的结构。径向磁场是由永磁体产生的，图中还显示了线圈中的电流

b）缠绕在短纸管上的扩音器线圈

图 7.16 磁性扬声器的结构和扩音器线圈

扬声器种类繁多，构造方法也多种多样，但一般来说，驱动线圈是圆形的，间隙中的磁场是放射状的。一些旧的扬声器使用电磁铁来产生磁场，但所有的现代扬声器都使用永磁体来实现这一目的。磁体应具有尽可能大的磁感应强度，间隙应尽可能窄，以确保对给定电流施加最大的力，从而减少扬声器中耗散的功率。在大多数情况下，线圈是垂直螺旋状的，用简单的清漆绝缘铜线缠绕而成，通常是单层的，由纸、聚酯薄膜或玻璃纤维支撑。锥体通常由纸制成（在非常小的扬声器中，它们可能由聚酯薄膜或其他一些相当坚硬的材料制成，见图 7.16b）并悬挂在扬声器的边缘，扬声器边缘要尽可能坚硬以避免振动。扬声器的工作原理实质上是线圈响应流过它的电流的变化，进而产生运动，电流的变化反过来改变了锥体前面和后面的压力，从而在空气中产生纵波。同样的原理也可以用来在流体中甚至在固体中产生波。

扬声器的额定功率通常定义为线圈中的功率，即线圈两端的电压乘以线圈中的电流。这个功率可以指定为平均或峰值功率，但它不是锥体辐射的功率。辐射功率是提供给扬声器的总功率的一部分，是总功率与耗散功率之差，因此一般扬声器的效率不是特别高。

扬声器的功率处理能力是扬声器在不损坏其线圈的情况下所能承受的功率。而声功率则完全不同，它取决于扬声器的电气和机械性能。假设一个无阻碍的振膜连接到磁场 $B$ 中半径为 $r$ 的 $N$ 匝线圈上，则辐射的声功率为

$$P_r = \frac{2I^2 B^2 (2\pi r N)^2 Z}{R_{ml}^2 + X_{ml}^2} [\text{W}] \tag{7.42}$$

式中，$Z$ 是空气的声阻抗，$R_{ml}$ 是总机械阻抗，$X_{ml}$ 是锥体的电抗。然而，这些量并不容易获得，而且通常是针对特定扬声器估计或测量的，因为它们取决于扬声器的结构等因素。辐射功率也可以通过计算线圈上的磁力和线圈在磁场中的行进速度来估计（见例7.8）。然而，这种方法不是很准确，因为它没有考虑到扬声器的机械性能以及空气的影响。

计算辐射功率的简单方法是基于面积 $A$ 的活塞产生的压力。假设扬声器上的压力均匀，那么辐射声功率可以近似为

$$P_{rad} = \frac{p^2 A}{Z} [\text{W}] \tag{7.43}$$

式中，$P$ 是锥体产生的声压，$A$ 是扬声器的辐射面积（即锥体顶部的圆形面积，而不是锥体的表面积），$Z$ 是空气的声阻抗。这种关系也可以用来估计蜂鸣器中的声功率，其中平面振膜可以近似认为是一个更好的活塞。

这些关系只给出辐射功率的一个粗略概念。式（7.42）表示功率与电流、磁感应强度和线圈的大小（物理匝数和匝数）成正比，而式（7.43）则从声压的角度看功率，而声压又是由电流产生的力产生的。还必须考虑其他问题，包括来自扬声器自身的反射、结构的振动以及由于锥体的悬挂而产生的阻尼，但通过上述关系，足以让你对辐射声功率有一个大致的理解。

### 例7.8：扬声器中的辐射和耗散功率

扬声器如图7.16a所示，具有以下参数：线圈直径为60mm，有40圈铜线圈，每圈直径为0.5mm，由永磁体产生的磁感应强度等于0.85T。扬声器馈入幅度为1A的正弦电流，频率为1kHz。线圈和膜片的总质量为25g。铜的电导率为 $5.8 \times 10^7$ S/m。

(a) 估计线圈中的功率损失。
(b) 估计扬声器的辐射功率。
(c) 讨论得到上述结果所需的近似值。

**解** 功率损耗可以直接通过导线的电阻计算［见问题（c）的解析部分］。扬声器辐射的功率是通过 $Fv$ 计算出的机械功率，其中 $F$ 是力，$v$ 是线圈的速度。

(a) 这里我们将使用导线的总长度来计算导线的直流电阻：

$$L = 2\pi r N [\text{m}]$$

式中，$r$ 为线圈半径，$N$ 为匝数。线材横截面积 $S$ 为

$$S = \pi \frac{d^2}{4} [\text{m}^2]$$

式中，$d$ 为导线直径。给定铜的电导率，线圈的直流电阻为

$$R = \frac{L}{\sigma S} = \frac{2\pi r N}{\sigma \pi (d^2/4)} = \frac{8rN}{\sigma d^2} = \frac{8 \times 0.03 \times 40}{5.8 \times 10^7 \times (0.0005)^2} = 0.662\Omega$$

为了计算功耗，需要知道电流，电流是频率为 1kHz 的正弦波：

$$I(t) = 1\sin(2\pi \times 1000t) = 1\sin(6283t) \text{ [A]}$$

功率是一个平均值。假设电流的均方根值为 $I/\sqrt{2}$，其中 $I$ 为电流的幅度（峰值），则功耗为

$$P = \frac{I^2 R}{2} = \frac{1 \times 0.662}{2} = 0.332\text{W}$$

(b) 为了计算辐射功率，我们首先计算磁场施加在线圈上的力。我们注意到磁体在间隙中产生均匀的磁感应强度。因此，线圈的回路处于均匀的径向场中。使用式（5.26）表示一段导线上的力，线圈上的峰值磁力为

$$F = B(NI)L = 2\pi rNBI = 2\pi \times 0.03 \times 40 \times 0.9 \times 1 = 6.786\text{N}$$

式中，$r$ 为线圈半径，$N$ 为匝数，$B$ 为磁感应强度，$I$ 为线圈中的电流。这种力根据电流的相位将线圈移入或移出。我们假设扬声器的振膜随着电流移动线圈（这是保证扬声器保真度的基础）。随时间变化的力是

$$F(t) = 6.786\sin(6283t) \text{ [N]}$$

由此我们可以计算出线圈的加速度：

$$F = ma \rightarrow a = \frac{F}{m} = \frac{6.786\sin(6283t)}{30 \times 10^{-3}} = 226.2\sin(6283t) \text{ [m/s}^2\text{]}$$

对加速度进行积分，得到线圈的速度：

$$v(t) = \int a_0 \sin(\omega t) dt = -\frac{a_0}{\omega}\cos(\omega t) = -\frac{226.2}{6283}\cos(6283t)$$
$$= 0.036\cos(6283t) \text{ [m/s]}$$

现在我们可以将瞬时功率写成

$$P(t) = F(t)v(t) = 6.786\sin(6283t) \times 0.036\cos(6283t)$$
$$= 0.244\sin(12566t) \text{ [W]}$$

平均辐射功率为瞬时功率幅值的一半：

$$P_{avg} = 0.122\text{W}$$

**注意**：这个功率看起来可能不是很高，但对于正常收听来说已经足够了。更高的功率将需要更多的匝数、更大的电流和更强的磁场。当这些参数改变时，功耗也会发生变化。这里显示的扬声器的效率约为 73%，对于扬声器来说这是一个出色的数字。

(c) 我们已经做了多项明确或隐含的假设。首先是扬声器电阻使用直流电阻，这样假设是为了方便，但导体的交流电阻是频率相关的，其阻值随频率增大而增加。因此，我们计算的功率损耗是可能的最小值——本质上是零频率下的功率损耗。其次，我们假设了一个均匀的磁感应强度，实际上，磁感应强度可能不是均匀的，对于接近磁体顶部的环路也可能不是

相同的。更重要的是，我们没有考虑到机械问题，如对抗使隔膜保持在其起始位置的恢复弹簧作用所需的力，以及阻碍锥体运动的气团位移。此外，还有散热引起的影响，例如线圈电阻随温度的变化，这些都被忽略了。

除了辐射和耗散功率外，扬声器还具有动态范围、线圈（或锥体）的最大位移和失真等特性。然而，有两个属性是至关重要的。一个是扬声器的频率响应，另一个是其方向响应（也称为辐射模式或覆盖模式）。扬声器在其适用范围内的频率响应如图 7.17a 所示。它显示了功率与频率的函数关系，单位为分贝，归一化为 1（0dB）。这款扬声器的响应频率介于 90Hz 和 9kHz 之间，带宽介于 200Hz 和 3.5kHz（半功率点）之间。还需要注意的是 220Hz 和 2.7kHz 处的峰值或共振。这些通常与扬声器的机械结构有关。显然这个扬声器是一个通用的扬声器，其他种类的扬声器可以在较低的频率（低音）或较高的频率（高音）区间更好地响应，这通常与扬声器的物理尺寸相关联。

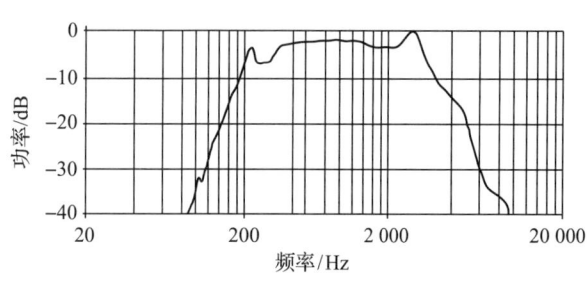

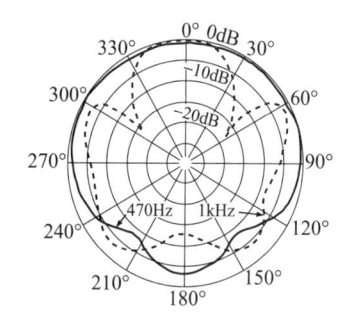

a）功率与频率的矩形曲线　　　　b）470Hz和1kHz范围归一化功率的极图

图 7.17　中音扬声器的频率响应

方向响应表示空间不同方向上的相对功率密度。图 7.17b 显示了两种频率下的这种曲线图，表明在空间中可以预期较大或较小的功率密度和一般覆盖范围。特别要注意的是，与预期效果相同，扬声器后面的功率密度比它前面的低。在测量扬声器的空间响应时，测量的量可能是压力，也可能是像这种情况下的功率密度。图 7.18 显示了多个扬声器，有的很小，有的比较大，但这些仅覆盖"常规"范围。还存在许多其他类型和形状的扬声器，其中有一些非常大。

a）圆锥体的视图（正面）　　b）背面视图，显示顶部的磁体、框架和连接。这个扬声器直径为16cm　　c）一些小型扬声器。最小的直径为15mm，最大的为50mm。最大的扬声器中有纸锥，其他的则有聚酯锥

图 7.18　用于低频再现的扬声器（低音扬声器）

## 7.6.2 耳机和蜂鸣器

图 7.18 中的扬声器展示了扬声器的常见结构。与移动线圈相比，人们可以设想相反的情况——在保持线圈固定的同时移动磁体。图 7.19 所示为移动隔膜执行器。它不用于扬声器，但过去一直用于耳机，今天被用作地面电话的听筒和蜂鸣器的磁性警告装置。这些磁力执行器有两种基本类型。一种是简单的线圈和悬浮膜，如图 7.19 所示。

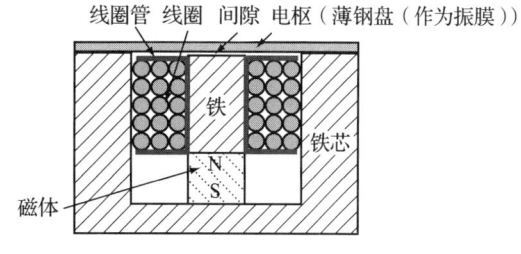

图 7.19 移动电枢（隔膜）执行器：蜂鸣器

线圈中的电流吸引膜片，电流的变化使膜片相对于线圈来回移动，这取决于电流的大小和方向。如图所示，里面可以放置永磁体，用于偏压装置并保持振膜固定。在这种形式下，该设备就成了一个小扬声器，但质量相当差。与传统扬声器相比，它确实有一个优点，特别是在电话中使用时：由于线圈相当大（匝数很多），阻抗相对较高，因此可以直接连接在电路中，由碳麦克风驱动，而不需要放大器。然而，对于其他声音再现系统来说，这是不可接受的。取而代之的是，在现代磁性耳机中使用小扬声器，以得到更好的音质。

**1. 磁性蜂鸣器**

上面提到的磁性耳机已经演变成了现代的磁性蜂鸣器。在这种形式中，声音再现并不重要，重要的是使隔膜以固定频率振动，例如 1kHz，以便为电路、机械、火灾报警器等提供可听警告。这可以通过用方波驱动图 7.19 中的基本电路来实现，通常是直接从微处理器的输出或通过合适的振荡器实现。在某些器件中，振荡所需的电路位于器件内部，唯一的外部连接是电源。图 7.20a 显示了二战时期的耳机，包含中心的磁轭、钢隔膜和盖子。图 7.20b 显示了基于相同基本结构的两个现代磁性蜂鸣器，直径分别为 12mm 和 15mm。在图 7.19 所示的结构中，给定一个 $N$ 匝线圈，通过电流 $I$，线圈和隔膜间隙中的磁感应强度可以近似为

$$B = \frac{\mu_0 NI}{d} [\text{T}] \tag{7.44}$$

a）一个二战时期的耳机，是一个移动的隔膜元件。这个想法在现代的磁性蜂鸣器中仍有应用

b）两个基于相同原理的现代磁性蜂鸣器，左边的直径为12mm，右边的直径为15mm

图 7.20 耳机和蜂鸣器

式中，$d$ 为间隙长度，$\mu_0$ 为空气的磁导率。为了使这种近似有效，铁结构和隔膜的磁导率必须很大。该磁场在隔膜上产生一个力（参见例 7.9），迫使其移动。例如，如果电流是正弦波或方波，则隔膜将以信号的频率来回移动，产生该频率的压力波。正是这种特性使得该设备可以用作警告设备或产生简单声音的手段（例如在键盘上进行输入时作为反馈使用的可选点击）。隔膜所受的力可以通过计算间隙中单位体积的能量来近似得出。这在式（5.62）中计算为磁能密度：

$$w_m = \frac{B^2}{2\mu_0} \left[\frac{\text{J}}{\text{m}^3}\right] \tag{7.45}$$

现在我们来看这样一个事实，即力 $F$ 将隔膜移动一段距离 $dl$，产生体积 $dv$ 和能量（或功）$dW$ 的变化：

$$dW_m = Fdl\,[\text{J}] \tag{7.46}$$

力变成

$$F = \frac{dW_m}{dl}\,[\text{J}] \tag{7.47}$$

为了使这个关系式有用，我们定义了极板的一个小运动，并计算了由该运动引起的能量变化（它改变了存在能量密度的体积 $dv$）。然后，用能量的变化除以距离的变化就得到了这个力。这种方法称为虚位移法，是计算磁路中力的常用方法（见例 7.9）。

**2. 压电耳机和压电蜂鸣器**

耳机和蜂鸣器也属于压电器件，其中的压电元件物理地连接到隔膜上。压电元件是一个圆盘，如图 7.15 所示，连接到电压源将导致圆盘产生机械振动。当施加交流电源时，圆盘振动，产生与该电源同频的声音。这种类型的耳机如图 7.21 所示，其压电元件是位于隔膜中心的一个较小的圆盘。

图 7.21 中的耳机可以作为蜂鸣器使用，方法是用交流电源驱动它。然而，为了将它集成在电子电路中，这些器件通常具有第三接口，

图 7.21 压电振膜耳机。压电圆盘在隔膜的中心

当适当地驱动这个第三接口时，该接口迫使振动膜以固定频率振动，或者是将必要的电路集成在器件中。图 7.22a 显示了一个压电蜂鸣器，并分别从下方显示了其隔膜。压电元件有两个部分，一个大的圆形截面和一个较小的柱状截面。后者在正确驱动时会导致隔膜局部变形，而这些畸变和主元件的畸变的相互作用导致器件以一个设定的频率振动，该频率取决于两个压电元件的尺寸和形状。这些蜂鸣器的功耗很小，工作电压可降至约 1.5V，而且声音很大，因此在微处理器中可用作直接驱动器件。像这样的装置可以用于听觉反馈装置或作为警告装置（例如，用于移动的机器人或作为卡车和重型设备中的备用警告）。图 7.22b 显示了多个不同尺寸的压电蜂鸣器。

a）压电蜂鸣器，图中显示了结构和带有压电盘的膜片　　b）各种尺寸的压电蜂鸣器（13~28mm）

图 7.22　压电蜂鸣器

### 例 7.9：磁性蜂鸣器产生的压力

磁性蜂鸣器的结构和尺寸如图 7.23 所示，其结构为圆形，外半径 $a=12.5\mathrm{mm}$，内半径 $b=11\mathrm{mm}$。支撑线圈的内筒半径 $c=12\mathrm{mm}$。假设包括隔膜在内的整个结构由高磁导率材料制成，使得线圈产生的任何磁场都包含在结构以及线圈和隔膜之间的间隙内，间隙 $d=1\mathrm{mm}$。给定一个线圈 $N=400$ 匝和一个频率为 $1\mathrm{kHz}$，幅度为 $200\mathrm{mA}$ 的电流 $I$，计算隔膜产生的最大压强。忽略系统中的机械损失。

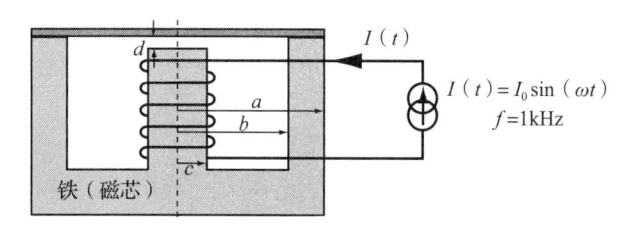

图 7.23　磁性蜂鸣器的结构和尺寸

**解**　由于这里描述的配置实质上是图 7.19 的配置，因此间隙中的磁感应强度为 [见式（7.44）]：

$$B=\frac{\mu_0 NI}{d}[\mathrm{T}]$$

我们要求的是最大压强，因此忽略正弦变化，我们使用的是电流的峰值（幅度）。磁芯和振膜之间的间隙中的能量密度为

$$w_m=\frac{B^2}{2\mu_0}=\frac{\mu_0 N^2 I^2}{2d^2}\left[\frac{\mathrm{J}}{\mathrm{m}^3}\right]$$

现在假设振膜移动一个非常小的距离 $\mathrm{d}x$，它可能减小间隙，也可能增大间隙。间隙中能量的变化是

$$\mathrm{d}W=w_m S\mathrm{d}x=\frac{\mu_0 N^2 I^2}{2d^2}S\mathrm{d}x[\mathrm{J}]$$

式中，$S$ 为线圈磁芯的横截面积，为 $\pi c^2$。因此，压力可以写成

$$F = \frac{dW}{dx} = \frac{\mu_0 N^2 I^2}{2d^2} \pi c^2 \,[\text{N}]$$

由于这是作用在振膜上的力,因此产生的压强是压力除以振膜的面积 $\pi b^2$,有

$$P = \frac{F}{\pi b^2} = \frac{\mu_0 N^2 I^2 c^2}{2d^2 b^2} \left[\frac{\text{N}}{\text{m}^2}\right]$$

将这定义为压强的变化更合适,以表明它高于(或低于)环境压强。还应注意的是,这是动态压强,也就是说,它只存在于振膜运动时(因此,声音只在此期间产生)。一旦振膜沉降到一个固定的位置(比如如果我们施加直流电而不是交流电),压强就是环境压强,不会产生声音。

对于给定的值,有

$$P = \frac{\mu_0 N^2 I^2 c^2}{2d^2 b^2} = \frac{4\pi \times 10^{-7} \times 400^2 \times 0.2^2 \times 0.006^2}{2 \times 0.001^2 \times 0.011^2} = 1\,196.4\text{N/m}^2$$

即 1 196.4Pa,由于通常以 dB 为单位,因此我们计算如下:

$$20\lg\frac{1\,194.6}{2\times 10^{-5}} = 155.5\text{dB}$$

换句话说,一个非常大的声音肯定会引起一个人的注意,因为它在疼痛阈值以上。回想一下,正常语音的数量级是几帕斯卡或大约 50dB。但要注意,这是振膜处的声级,在与振膜相隔一定距离的地方,声级因为声功率的衰减和扩散而降低。

## 7.7 超声波传感器和执行器:换能器

超声波传感器和执行器在操作原理上与上述声学传感器和执行器相同,但它们在结构上有些不同,并且在所使用的材料和频率范围方面有很大差别。然而,由于超声波范围开始于可听范围结束的地方,这两者实际上是存在重叠的。因此,合理的假设是,用于近超声范围的超声波传感器(即麦克风或更常见的术语——换能器或接收器)或执行器应与声学传感器或执行器相似,至少乍一看是这样。图 7.24a 显示了一个超声波发射器(左)和一个超声波接收器(右),可以在空气中以 24kHz 的频率工作。首先要注意的是两者的大小相同,并且本质上具有相同的结构。这是典型的压电器件,其中相同的精确器件可以用于两种目的,如上所述。两者都使用相同的压电盘,与图 7.15 中的类似。唯一可见的区别是锥体结构的细微差别。图 7.24b 显示了另一个器件,该器件的工作频率为 40kHz,也在空气中工作,其中压电器件为正方形,位于黄铜支撑件下方的中心。这些器件就像麦克风和扬声器一样工作。

这些超声波传感器在空气中应用得非常普遍(典型频率为 24kHz 和 40kHz),常用于机器人测距和避障,还可用于警报系统中的存在检测以及汽车安全,作用是发出入侵警报和避免倒车时碰撞。在其中一些应用中,经常使用较高的频率。超声波在空气中传播的主要困难是高频超声波在空气中的衰减较大,因此这些装置的作用范围相对较窄。但超声波的使用非常吸引人,既因为它相对简单(在这些低频率下),也因为超声波就像声音一样,可以覆盖相对

a）用于机器人测距的40kHz发射器–接收器对 　　b）在空气中工作的40kHz超声波传感器（换能器）

图7.24　不同用途的超声波传感器

较大的区域并在其中传播。在较高的频率下，超声波传播可以更加直接和集中。

超声波传感的范围比前面几段要广得多。它经常用于感应和驱动中，在更高的频率下，它主要应用于材料，而不是空气中。特别地，通过查看表7.1，很明显，超声波更适合用于固体和液体，在固体和液体中超声波以较高的速度和较低的衰减传播。此外，固体支持非纵向波，这一特性使超声波的使用具有更大的灵活性：剪切波（这是只能存在于固体中的横波）和表面波是除纵波外经常使用的两种类型（见7.3节）。

超声波传感器存在于几乎任何频率下，人们可以制造频率超过1GHz的超声波。对于实际应用，大多数传感器的工作频率低于50MHz，但基于SAW原理的一类独特传感器使用更高的频率来实现多项检测和驱动功能。大多数超声波传感器和执行器基于压电材料，但有些基于磁致伸缩材料，因为实际上所需要的是能够将电信号转换为应变（对于发射器）或将应变转换为电信号（接收器）的性质。

压电材料一个特别重要的特性使得它们在超声波传感器和执行器的设计中必不可少，那就是它们能在固定的、明确定义的谐振频率下振动。压电晶体（或陶瓷元件）的谐振频率取决于材料本身及其有效质量、应变和物理尺寸，还受温度、压力和其他环境条件（如湿度）的影响。为了理解谐振，观察夹在两个电极之间的压电器件的等效电路是有用的，如图7.25a所示。这个电路有两个共振频率：串联共振（也称为反共振）和并联共振，如图7.25b所示。这两个谐振频率由下式给出：

$$f_s = \frac{1}{2\pi\sqrt{LC}} [\text{Hz}] （串联谐振） \tag{7.48}$$

$$f_p = \frac{1}{2\pi\sqrt{LC[C_0/(C+C_0)]}} [\text{Hz}] （并联谐振） \tag{7.49}$$

在大多数应用中，人们更倾向于单谐振。对于某些特定的应用、材料或几何形状，需要使用双共振频率。为了识别两个谐振之间的频率间隔，电容比定义为

$$m = \frac{C}{C_0} \tag{7.50}$$

这样，两个频率之间的关系就变成了

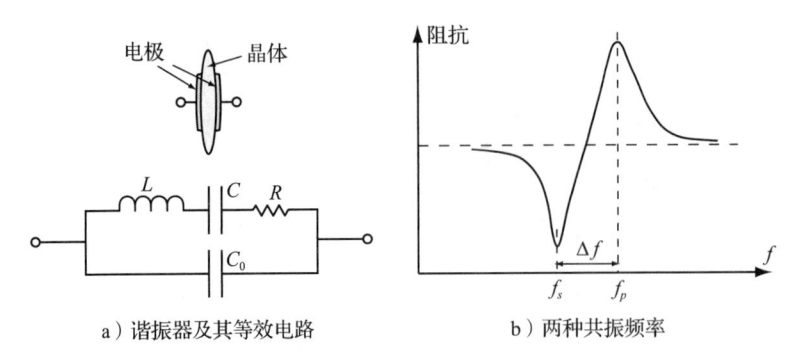

a）谐振器及其等效电路　　b）两种共振频率

图 7.25　压电谐振器

$$f_p = f_s(1+m)\,[\text{Hz}] \tag{7.51}$$

因此，比值 $m$ 越大，两个谐振频率之间的间隔就越大。

等效电路中的电阻 $R$ 不在谐振表达式中，而是作为阻尼（损耗）因子。这与压电器件的品质因数（$Q$ 因子）相关联，如下所示：

$$Q = \frac{1}{R}\sqrt{\frac{L}{C}}\,[\text{C}] \tag{7.52}$$

对于零电阻，$Q$ 因子趋于无穷大，并且根据定义，它是晶体中存储的能量与耗散的能量之比。

共振的重要性体现在两个方面。首先，在共振时，机械失真的幅度最高（在发射模式下），而在接收模式下，产生的信号最大，这意味着传感器在共振时效率最高。其次，传感器工作在清晰的频率下，因此传播参数，包括反射和传输的参数，都是明确定义的，比如波长。

在固体或液体中工作的压电换能器的结构如图 7.26 所示。压电元件固定在传感器的前部，使得振动可以在传感器之前传递。传感器的正面通常只是一个薄而平坦的金属表面，它也可以是棱柱形、圆锥形或球形以达到聚焦声能的目的。图 7.26a 显示了一个平坦的非聚焦耦合元件。图 7.26b 显示了一个凹形聚焦耦合元件。阻尼室防止器件振铃，阻抗匹配电路（并不总是存在，有时是驱动电源的一部分）将电源与压电元件相匹配。每个传感器都针对共振

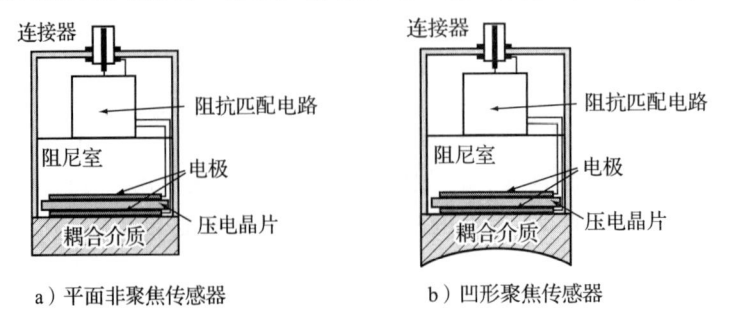

a）平面非聚焦传感器　　b）凹形聚焦传感器

图 7.26　压电换能器的结构

频率、功率和工作环境（固体、液体、空气、恶劣环境等）进行了规定。图 7.27 显示了多个超声波传感器，用于各种应用，工作在各种频率下。

图 7.27 多个超声波传感器。从左至右分别为工作频率为 175kHz 的工业超声波传感器、工作频率为 2.25MHz 的医疗级传感器、工作频率为 3.5MHz 的浸入式传感器和用于材料测试的带聚焦透镜的 15MHz 传感器

### 7.7.1 脉冲回波操作

所有超声波传感器都是双通道的——它们可以进行发射或接收。在许多应用中，例如测距时，可以使用两个传感器（见图 7.24a）。在其他应用中，通过在发射模式和接收模式之间切换，可以使用同一传感器进行发射和接收。也就是说，传感器在发射模式下发射一个超声波脉冲，然后切换到接收模式，以接收从声束遇到的任何物体处反射的回波。这是医学应用和材料测试中常用的操作模式。该方法的基础是声波路径中的任何不连续性都会引起声波的反射或散射（见 7.3.1 节）。反射被接收并成为不连续性存在的指示，并且反射的幅度是不连续性大小的相关函数。间断点的准确位置可以从波在不间断点间传播所需的时间中找到。这个时间称为飞行时间。图 7.28a 显示了在金属样品中查找缺陷位置/尺寸的示例。正常的正面和背面表现为较大的反射信号，而缺陷处通常表现为较小的信号（见图 7.28b）。缺陷的位置可以很容易地从飞行时间测量中检测出来。同样的想法可以用于创建子宫中婴儿的影像，感知心跳，测量血管厚度和状况，在工业中进行位置感知或测距。使用图 7.28 中的配置，声波到达缺陷处并返回探头所需的时间为

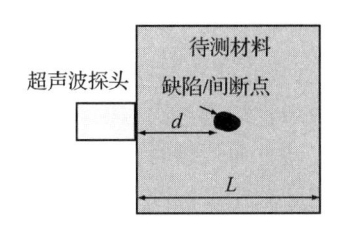

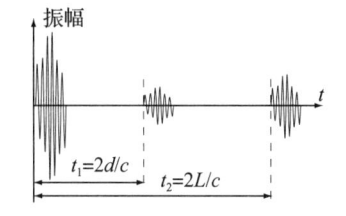

a）材料的超声波检测　　b）检测和评估来自各种不连续性的回波

图 7.28　材料的超声波检测及不连续性的回波

$$t_1 = \frac{2d}{c}[\text{S}] \tag{7.53}$$

缺陷的位置计算如下：

$$d = \frac{ct_1}{2}[\text{m}] \tag{7.54}$$

因此，可以根据声波的飞行时间推断出缺陷的位置或材料的厚度。

除了这些重要的应用，超声波传感器还可用于检测其他量，如流体的速度。用于此目的时，有三个特性可以利用。第一个特性是声速是声音与其传播介质之间的相对速度，例如，声音在顺风环境中的传播速度（通过风速）比在静止空气中传播的速度快。这种速度差可以通过声音从一个点传到另一个点所用的时间来测量，因为声速是恒定且已知的。第二个特性是基于这种速度变化引起的相位差。第三个特性是多普勒效应——在顺风方向传播的波的频率高于静止空气中或静止流体中的波的频率。流体速度传感器的示例如图7.29所示。在这种情况下，传感器的距离和角度是已知的，下游的传输时间为

$$t = \frac{d}{c + v_f \cos\theta}[\text{S}] \tag{7.55}$$

式中，$c$ 是流体中的声速，$v_f$ 是流体的速度，有

$$v_f = \frac{d}{t\cos\theta} - \frac{c}{\cos\theta}\left[\frac{\text{m}}{\text{s}}\right] \tag{7.56}$$

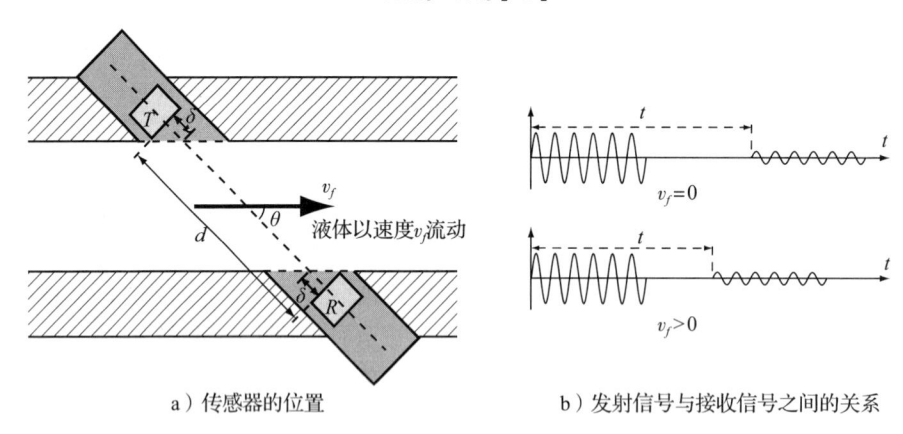

a) 传感器的位置　　　　b) 发射信号与接收信号之间的关系

图7.29　流体速度传感器

式（7.56）中除 $t$ 外的所有项都是已知常数，通过测量飞行时间 $t$，立即可得速度。常用的另一种方法是基于多普勒效应。我们将在第9章中结合雷达再次讨论多普勒效应，该效应也可以与超声波一起使用。其基本思想是，当波沿流动方向传播时，波的净速增加一个速度 $\Delta v$。因此，信号比其他情况下更快地到达接收器，这就意味着接收到的波频率更高。假设发射固定频率 $f$ 的信号，则接收频率为

$$f' = \frac{f}{1 - v_f \cos\theta/c}[\text{Hz}] \tag{7.57}$$

流体速度为

$$v_f = c\frac{f'-f}{f'\cos\theta}\left[\frac{\text{m}}{\text{s}}\right] \quad (7.58)$$

可以看出，频率的变化是流体速度的直接量度。

当然，如果接收器被放置在上游而不是下游，那么频率会更低，式（7.57）中的负号变为正号。多普勒法的优点在于频率更容易精确测量。在频率 $f$ 不变的情况下，使用该方法测得的速度非常精确。

**例 7.10**：水流的多普勒超声传感

要查看多普勒超声流体速度传感器所涉及的频率和频率变化，请参考图 7.29。发射器在上游，接收器在下游。发射器的工作频率为 3.5MHz，传感器与水流的方向成 45°。水中声速为 1 500m/s。

(a) 当流体速度为 10m/s 时，计算传感器的频率变化。
(b) 计算传感器的灵敏度，单位为赫兹每米秒 [Hz/(m·s)]。

**解** (a) 由式（7.57），频率的变化为

$$\Delta f = f' - f = \frac{f}{1-v_f\cos\theta/c} - f = \frac{3.5\times 10^6}{1-10\cos 45°/1\,500} - 3.5\times 10^6$$

$$= 3.516\,577\times 10^6 - 3.5\times 10^6 = 16\,577\text{Hz}$$

这是一个相对较大的频率变化，很容易通过包括微处理器在内的多种方法来测量（见第12章）。

(b) 灵敏度是频率（输出）随流体速度变化的变化。我们写作：

$$\frac{\text{d}f'}{\text{d}v_f} = \frac{\text{d}}{\text{d}v_f}\left(\frac{f}{1-v_f\cos\theta/c}\right) = \frac{\text{d}}{\text{d}v_f}f(1-v_f\cos\theta/c)^{-1}$$

$$= -f(1-v_f\cos\theta/c)^{-2}(-\cos\theta/c) = \frac{f\cos\theta/c}{(1-v_f\cos\theta/c)^2}\left[\frac{\text{Hz}}{\text{m}\cdot\text{s}}\right]$$

注意，这个关系看起来是非线性的，似乎随速度的增加而增加。然而，项 $v_f\cos\theta/c$ 非常小，因此对于 10m/s 的流体速度计算的分母括号中的项是

$$1-v_f\cos\theta/c = 1-10\frac{\sqrt{2}}{2\times 1\,500} = 0.995\,3$$

这意味着我们可以计算出一个很好的数值近似值，它适用于所有的速度，除非流体速度接近流体中的声速，这是不太可能的情况。取上面的值，灵敏度是

$$\frac{\text{d}f'}{\text{d}v_f} = \frac{f\cos\theta/c}{(1-v_f\cos\theta/c)^2} = \frac{3.5\times 10^6\times(\sqrt{2}/2)/1\,500}{(0.995\,3)^2} = 1\,665.54[\text{Hz}/(\text{m}\cdot\text{S})]$$

这个结果与（a）中的结果是一致的，但只是一个近似值。将其乘以 10，得到 16 655Hz，而不是（a）中的 16 577Hz，误差为 0.4%。当然，一般的结果比近似数值更精确。

上述特性也被用于其他重要的应用。例如，水面舰艇和潜艇使用的声呐，本质上是一种脉冲—回波超声法。主要区别是所涉及的功率非常大，可以实现远距离传感。它还依赖于水

的良好传播质量。在医学应用中，超声波常用于检测运动，如静脉（血压）或心脏瓣膜的运动，以检测异常情况。另一个有用的应用是碎裂肾结石，在这种情况下，身体浸入水中（换能器是一个执行器）时，高强度的脉冲被施加到身体上。结石被粉碎，然后可以与尿液一起排出。

### 7.7.2 磁致伸缩换能器

当应用于空气或流体中时，压电传感器似乎是最好的。然而，在固体中，有一种基于磁致伸缩的替代方法，可以达到更好的效果。人们可以想象，通过对磁致伸缩棒施加脉冲，它就像锤子一样，交替收缩和膨胀，"砰"地砸在固体上。这些传感器统称为磁致伸缩超声波传感器，在较低频率（约100kHz）下使用，产生强度较大的波。

如果要将超声波耦合到磁致伸缩材料中，所需要的只是将一个线圈连接到该材料上，并以所需的频率驱动它。材料本身产生的场在材料中产生应力，进而产生一个超声波（就像在地壳中产生应力进而产生地震一样）。这种类型的执行器之所以重要，是因为铁是磁致伸缩的，因此该方法可用于在钢铁产品中产生超声波以进行完整性检测。

这个原理是这样实现的：由交流电（或脉冲）驱动的线圈在磁致伸缩材料中产生感应电流（涡流）。外部永磁体产生的磁场产生一个力并作用在这些电流上。磁场和涡流之间的相互作用产生了应力和声波。这些设备称为电磁声换能器（EMAT）。与其他声学换能器一样，它们具有双重功能，既能感应声波，又能产生声波。图7.30显示了EMAT原理图。EMAT由于其简单性通常用于钢的无损检测和评估，但它们往往在低频（<100kHz）工作且效率相对较低。

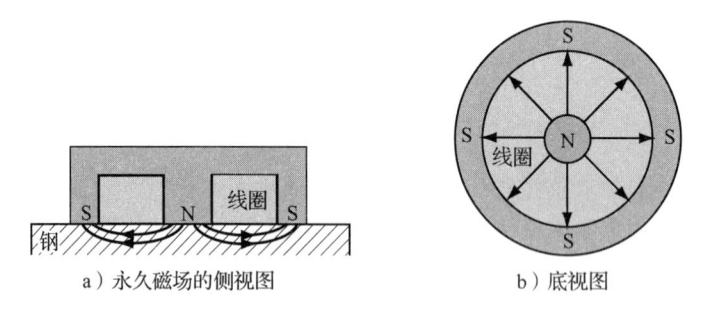

图 7.30 EMAT 的原理图

## 7.8 压电执行器

我们已经看到，压电传感器在用于超声波的发射器中可以起到执行器的作用。压电器件也可以用于更直接类型的执行器来影响运动。图7.31显示了两个这样的器件。图7.31a显示了一个薄钢板，压电材料粘在它上面（灰色贴片）。当电压施加在压电元件上时（这里显示电压大约300V的情况），一个边缘相对于另一个边缘移动（一个边缘，比如左边缘，必须固定)。该运动伴随着力,而该力可用于驱动。注意,这需要很高的电压。虽然一些压电传感器和执行器可以在较低的电压下工作,但高压是压电执行器的典型特征,这严重限制了它们的广泛应用。

a)大位移矩形压电执行器

b)圆柱形电堆压电执行器

图7.31 两种类型的压电执行器

实现压电执行器的另一种方法是堆叠单个元件,每个元件具有自己的电极,以产生不同长度的电堆。在这类器件中,位移为电堆长度的0.1%~0.25%,但这仍然是一个小位移。这些电堆的一个优点是其力大于弯曲板(见图7.31a)所能达到的力。图7.31b显示了一个小的执行器,其位移为0.05mm,能提供的力约为40N。

**例7.11:超声波电动机**

超声波电动机是一种有趣且有用的执行器,最初是为照相机中的自动对焦镜头开发的。它由一个简单的金属盘(转子)和一个压电圆盘组成。压电圆盘是齿形的,允许弯曲,当它弯曲时,会移动转子(见图7.32d)。要使定子盘产生波动,需要产生两个等幅的驻波(驻波是一个运动,比方说环上和环下的运动,类似于海浪)。驻波不能像海浪那样致动,海浪只能使物体上下移动。然而,如果产生两个在空间和时间上相差90°的驻波,它们的和就是一个行波,其运动方向取决于两个波的频率和激励方式。图7.32显示了三个步骤的操作,突出显示了单个齿。波向右传播[逆时针(CCW)],标记齿由于稍微向右倾斜,先以后缘接触转子

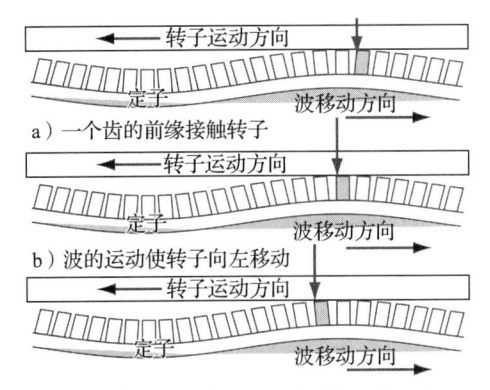

a)一个齿的前缘接触转子

b)波的运动使转子向左移动

c)齿的后缘与转子脱离。一个新齿与转子啮合

d)用于显示转子(提升到定子上方)和齿形定子的商用超声波电动机,压电段接合到定子的底部

图7.32 超声波电动机的运动顺序

(见图 7.32a)。随着波的传播,齿变直(见图 7.32b),推动转子向左[顺时针(CW)]移动。在图 7.32c 中,齿向左弯曲,推动盘进一步向左(CW)移动。因此,当它上下移动时,齿在一个椭圆路径上运动,在部分周期与圆盘接触,并引起圆盘的旋转。在该配置中,随着波向右传播,转子沿 CW 方向(从顶部观察)旋转,改变波动的方向会使旋转的方向颠倒。

这种电动机的优点是很多的,包括体积小、转速可以直接通过传播的波来控制,以及有效的转矩。它是一个摩擦驱动的电动机,因此有相当大的保持力矩。超声驻波是通过对黏接在定子底表面的压电条施加高频电场产生的,按顺序驱动压电条以产生驻波。该电动机体积小,速度相对较快,不需要齿轮传动(直接驱动),并且安静,这些特性使得它在自动对焦镜头以及其他应用中非常有用。

运动的实现和控制相当简单,通过在定子上的两个或更多个相对位置(即空间上的异相要求)施加电场来产生两个波,并且同时,用时间上相差 90° 的异相电场来驱动这两个位置。这两个波的表达式如下:

$$u_1(\theta,t) = A\cos(\omega t)\cos(n\theta)$$
$$u_2(\theta,t) = A\cos(\omega t+\pi/2)\cos(n\theta+\pi/2)$$

其中 $n$ 是定子的第 $n$ 个振荡模式($n$ 是在定子中产生的驻波模式中的峰值的数目,可以是从 1 到无穷大的任意整数,并且可以由定子被激励的位置的数目来控制)。

将这两个波相加得到:

$$\begin{aligned}u_1(\theta,t)+u_2(\theta,t) &= A\cos(\omega t)\cos(n\theta)+A\cos(\omega t+\pi/2)\cos(n\theta+\pi/2)\\ &= A\cos(\omega t)\cos(n\theta)+A[\cos(\omega t)\cos(\pi/2)-\sin(\omega t)\sin(\pi/2)]\times\\ &\quad [\cos(n\theta)\cos(\pi/2)-\sin(n\theta)\sin(\pi/2)]\\ &= A\cos(\omega t)\cos(n\theta)+A[-\sin(\omega t)][-\sin(n\theta)]\\ &= A\cos(\omega t)\cos(n\theta)+A\sin(\omega t)\sin(n\theta) = A\cos(\omega t-n\theta)\end{aligned}$$

这个波的传播速度(更准确地说,它的相速度)是 $V=w/n$ [m/s],从式(7.11)中可以得到:

$$v = \frac{\omega}{n} = \frac{2\pi f}{n}\left[\frac{\text{m}}{\text{s}}\right]$$

转子的旋转是由于与转子接触并产生运动的定子齿的振动所致(见图 7.32)。转子的速度与波的相速度不同,并且取决于齿的位移(因此取决于压电元件中的电流)、负载和振动模式。一般情况下,定子的模态越高、半径越大,电动机的转速就越慢。

将速度乘以 1s,就得到了波在 1s 内所经过的距离。将这一结果除以电动机的周长得到每秒的转数(rps):

$$v_r = \frac{2\pi f\times(1\text{s})}{2\pi rn} = \frac{1}{rn}[\text{rps}]$$

式中,$r$ 为定子半径。注意电动机的速度与波的速度无关,它取决于振动速度,且振动速度趋于恒定。作为示例,一个半径为 2cm 的电动机以 30Hz 的频率在基本模式($n=1$)下工作,将以以下速度旋转:

$$v_r = \frac{1}{0.02} = 50 \text{rps}$$

即 3 000rpm。同样的电动机,有 8 对励磁位置,将在第 8 种模式下工作,并以 375rpm 的速度旋转。

这意味着可以通过在定子圆周上引入附加的产生点来改变振荡模式以控制旋转速度。还要注意,如果我们把相位从 $+\pi/2$ 改为 $-\pi/2$,波就会向相反的方向传播,电动机也会向相反的方向转动。

**例 7.12:线性压电执行器**

简单的线性执行器由交替导电圆盘和压电圆盘堆叠而成,如图 7.33 所示。有 $N$ 个厚度为 $t$、半径为 $a$ 的压电圆盘,和 $N+1$ 个导电圆盘(图中 $N=5$)。导电圆盘的目的是施加外部电压以在压电圆盘中产生电场强度。给定压电材料的性质(相对介电常数 $\varepsilon_{ii}$ 和压电常数 $d_{ii}$),

(a) 计算施加电压 $V$ 时电堆的位移。
(b) 计算施加电压 $V$ 时电堆产生的力。
(c) 计算一个 3-3 切的钛酸钡(BaTiO$_3$)压电体的位移和力,其尺寸为 $a=10$mm、$t=1$mm、$V=36$V,圆盘的堆叠数量 $N=40$。

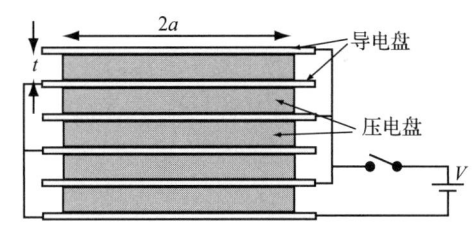

图 7.33 压电电堆执行器

(d) 如果晶体中的击穿电场强度为 32 000V/mm,空气中的击穿电压为 3 000V/mm,那么可能的最大位移和力是多少?

**解** 位移直接由压电系数 $d_{ii}$ 计算,力则由式(7.40)计算。我们从位移开始。

(a) 根据定义,压电常数是单位电场的应变,应变是位移与长度的比值。对于厚度为 $t$ 的压电盘,有

$$\frac{\mathrm{d}t}{t} = d_{ii}E = d_{ii}\frac{V}{t}\left[\frac{\text{m}}{\text{m}}\right]$$

式中,$E=V/t$ 是由压电盘上的电势差 $V$ 产生的压电盘中的电场强度。因此,压电盘的位移或厚度变化为

$$\mathrm{d}t = d_{ii}V\,[\text{m}]$$

因此,电堆长度的总变化为 $N\mathrm{d}t$:

$$\Delta l = N\mathrm{d}t = Nd_{ii}V\,[\text{m}]$$

(b) 重写公式后,从式(7.40)计算出力:

$$F = \frac{\varepsilon_{ii}AV}{td_{ii}}\,[\text{N}]$$

式中,$A$ 是压电盘基部的表面积($\pi a^2$),$\varepsilon_{ii}$ 是它的介电常数。这是一个压电盘产生的力。所有其他压电盘产生相同的力,但由于压电盘是串联的,因此 $N$ 个压电盘堆叠后产生的总力与单个压电盘产生的力相同。

(c) 对于给定的特性和尺寸,我们有

$$\Delta l = N d_{ii} V = 40 \times 100 \times 10^{-12} \times 36 = 0.144 \mu m$$

以及

$$F = \frac{\varepsilon_{ii} A V}{t d_{ii}} = \frac{180 \times 8.854 \times 10^{-12} \times \pi \times 0.01^2 \times 36}{10^{-13} \times 100 \times 10^{-12}} = 180.25 N$$

注意压电执行器的典型特征：位移小，但力大。

(d) 最大电场强度为击穿电场强度。在本例中是 32 000V/mm，需要 32 000V 的电势差，但在空气中电场强度只有 3 000V/mm。不可能将电堆的电压提高到 3 000V/mm 以上，因为在该电压差下，空气中会发生击穿。因此，最大电场强度为 3 000V/mm 或 $3 \times 10^6$ V/m。最大位移为

$$\Delta l_{max} = N d_{ii} V = 40 \times 100 \times 10^{-12} \times 3 \times 10^6 = 12\,000 \mu m$$

结果是 12mm，作为一个理论结果，这看起来是合理的。但事实上，这需要 30% 的应变，而这在真实的材料中是不可能的。这个长度的 1/10，也就是 1.2mm 的总位移似乎是合理的（3% 的应变当然是可能的）。要实现这一点，极板之间需要 300V 的电势差。

理论上最大的力为

$$F = \frac{\varepsilon_{ii} A V}{t d_{ii}} = \frac{180 \times 8.854 \times 10^{-12} \times \pi \times 0.01^2 \times 3\,000}{10^{-3} \times 100 \times 10^{-12}} = 15\,020 N$$

这个力的 1/10，也就是 1 500N 更可能实现，可以在 300V 的电势差下获得。

## 7.9 压电谐振器和声表面波器件

在 7.7 节中，我们讨论了超声波传感器，在 7.3 节中讨论了声波的相关理论。这大部分基于纵波的产生和传播及其与材料和环境的相互作用的概念。空气和流体中的声波本质上是纵波，但在适当的条件下也可能产生其他波。我们看到固体可以支持剪切波（见 7.3.2 节），固体和空气之间的表面可以支持表面波（见 7.3.3 节）。表面波因其传播速度慢、色散小而受到人们的关注。在大多数条件下，表面波的传播速度慢似乎是一个缺点，但单看波长，即速度与频率之比（$\lambda = c/f$），很明显，波速越低，介质中的波长就越短。这意味着，例如，如果一个设备的大小必须是波长的一半，那么在物理层面上，使用表面波的设备将比使用纵波的设备更小，这种特性是声表面波（SAW）器件的核心。

表面波可以通过多种方式产生。在厚介质中，可以通过波的转换过程建立表面波。本质上，使用纵波装置，能量通过与表面成一定角度的楔形物耦合。在介质表面，既有剪切波，也有表面波（见图 7.34）。这是一个明显的解决方案，但不一定是最佳的。一个更高效的产生表面波的方法（一种几乎最适合于制造的方法）是在压电材料表面以叉指形式（梳状结构）施加金属条，如图 7.35 所示。这就建立了金属条的周期性结构。当一个振荡源跨接在两组电极上时，在压电材料中建立一个周期电场强

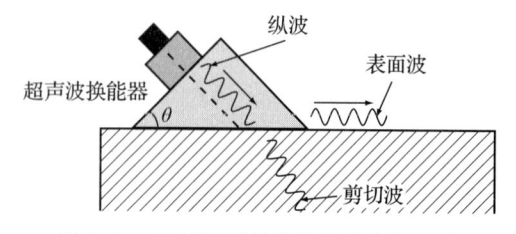

图 7.34 通过楔形将纵波转换为表面波

度,该周期等于电极的周期,电场平行于表面。(周期等于每两个电极之间的距离,后者设计成每个条带宽度为 $\lambda/4$,条带之间的间隙宽度也为 $\lambda/4$。) 这个电场在压电介质的表面建立了一个等效的、周期性的应力模式。这就产生了一个应力波(声波),它现在离开电极向两个方向传播。当表面波的周期等于时间周期时,产生效率最高。例如,在图 7.36 所示的结构中,假设电源的频率为 400MHz。压电体的传播速度约为 3 000m/s,波长也就是 7.5μm。使结构中的每个条带宽为 $\lambda/4$ 意味着每个条带的宽度为 1.875μm,相邻条带之间的距离为 1.875μm。这一计算首先表明所需的尺寸很小(同一频率的设备,基于电磁波,波长为 750mm)。其次,它表明这些器件的生产可以使用与半导体生产方法兼容的光刻技术来完成。

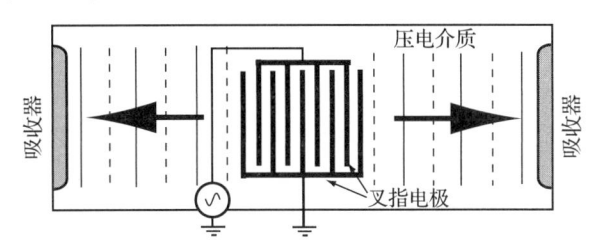

图 7.35 由谐振源驱动的一系列周期性表面电极产生的声表面波

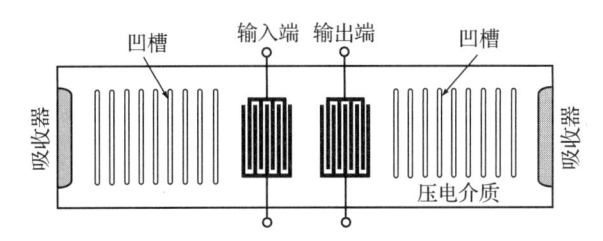

图 7.36 声表面波谐振器的结构

现在回到基本结构,正如梳状结构产生声表面波,并因此产生压电介质中的应力,由于声波产生的表面应力,压电介质中的声波产生梳状结构的信号。因此,该结构既可用于表面波的产生,也可用于表面波的感测。这意味着该设备可以用于传感或致动。

到目前为止,声表面波原理最常见的应用是在声表面波谐振器、滤波器和延迟线中。SAW 谐振器如图 7.36 所示。输入和输出端口是谐振器的外部连接。端口每一侧的平行线被蚀刻在石英压电体中。输入端口建立表面波,通过每一侧的凹槽反射。这些反射互相干扰,在沟槽相隔 $\lambda/2$ 的频率上建立共振。只有那些特定频率的干扰信号才会在输出端口建立信号,其他信号则会消失。图 7.36 中的器件也可以看作一个非常窄的带通滤波器,这也是它的另一个用途。

图 7.37 中的装置是 SAW 延迟线。左侧的梳状体产生表面波,右侧的梳状体会在延迟后检测到表面波。延迟取决于梳子之间的距离,并且,由于波长通常较小,延迟可以相对较长。

这种器件作为通信系统中振荡器的基本元件已经迅速流行起来,因为非常小的器件可以很容易地在低频下工作,另外,它可以在超过常规振荡器(包括晶体振荡器)极限的频率下工作。图 7.38 显示了用于低功率发射机的多个 SAW 谐振器。

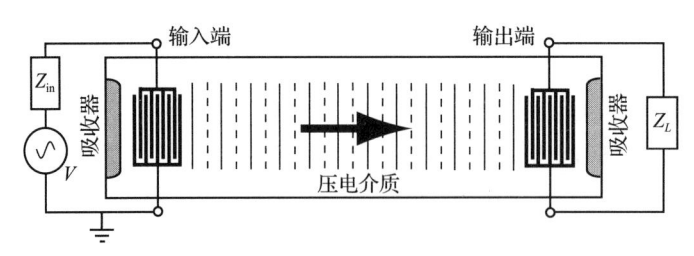

图 7.37 SAW 延迟线

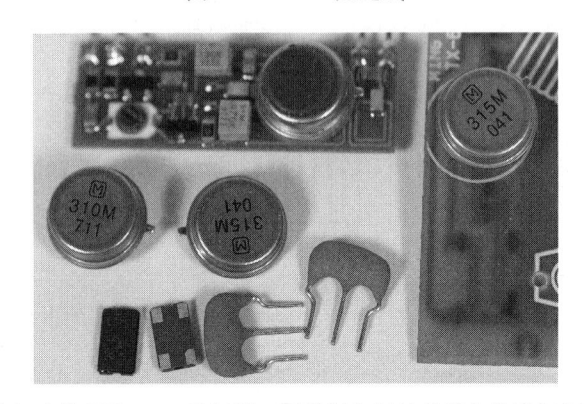

图 7.38 发射机和接收机中使用的 SAW 谐振器。覆盖深色标签的设备的谐振频率为 433.92MHz（被焊接在发射器中）。金属谐振器适用于频率为 310MHz 和 315MHz 应用。表面贴装器件（底部左下）和三引脚器件（底部中间）以 433.92MHz 的频率谐振

除了这些重要的应用，利用压电介质的特性，SAW 器件还可以用于传感。例如，对压电体施加应力会改变材料中声音的速度。这会改变如图 7.36 所示器件的谐振频率或图 7.37 所示的延迟，从而检测力、压力、加速度、质量和其他一些相关量。

基本 SAW 传感器的结构如图 7.39 所示，其基于一条受刺激影响的延迟线。图 7.40 显示了一个基本相同的传感器。它有两条相同的延迟线，输出是差分的。一条线用作合适的传感器，另一条线用作参考，以消除温度等共模效应。大多数情况下，不会测量延迟时间，而是连接一个反馈放大器（见图 7.40，正反馈），使器件以两个端口之间的时间延迟建立频率谐振，通过测量谐振频率来测量被感知的数量。

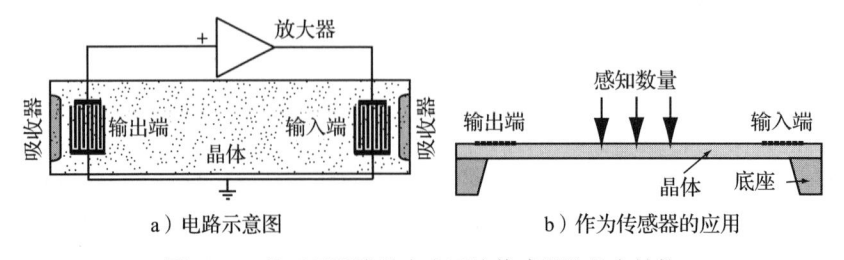

a) 电路示意图　　　　b) 作为传感器的应用

图 7.39 基于延迟线的声表面波传感器的基本结构

可以测量的量是很多的。首先，声速与温度有关。温度同时改变延迟线的物理长度和声

速，如下所示：

$$L=L_0[1+\alpha(T-T_0)][m], \quad c=c_0[1+\delta(T-T_0)][m/S] \quad (7.59)$$

其中 $\alpha$ 是线膨胀系数，$\delta$ 是声速的温度系数。

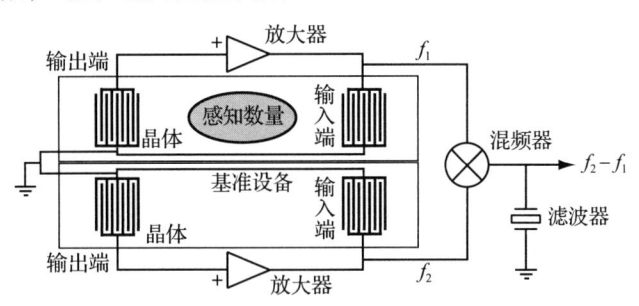

图 7.40 补偿声表面波谐振器。一条延迟线用于检测，另一条用于补偿共模效应，如温度或压力

声音的波长和速度都随着温度的升高而增加，因此延迟时间和振荡器频率是它们之间差值的相关函数。事实上，频率随温度的变化为

$$\frac{\Delta f}{f}=(\delta-\alpha)\Delta T \quad (7.60)$$

$(\delta-\alpha)$ 是一个温度敏感项。这种关系是线性的，SAW 传感器具有大约 $10^{-3}/℃$ 的温度灵敏度。

如上所述，在检测压力时，传播的延迟是由压电体中的应力引起的。位移、力和加速度的测量是通过测量传感器中产生的应变（压力）来完成的。许多其他的变量可以被测量，包括辐射（通过温度的升高）、电压（通过电场产生的应力），等等。式（7.59）和式（7.60）表示频率变化与长度变化（在这种情况下是由于温度）之间的线性关系。这意味着，如果长度增加了，比方说增加了1%，频率必然会减少1%。这可以用来检测任何会改变传感器长度的量。给定长度 $\Delta l$ 的变化，我们有

$$\frac{\Delta f}{f}=\frac{\Delta l}{l} \quad (7.61)$$

式中，$f$ 是长度为 $l$ 时的频率。请注意，式（7.61）的右边是介质中的应变，它可以与压强、力、加速度或质量有关。

我们将在第 8 章中讨论 SAW 器件在化学传感中的其他应用。

**例 7.13：SAW 压力传感器的灵敏度**

压力传感器内置一个 SAW 谐振器，用作波束（见图 7.39b），在 500MHz 下谐振。允许的最大应变为 1 000 微应变，对应于 $10^6$Pa（9.87atm）。

（a）计算传感器频率的最大变化。

（b）假设温度变化 1℃，如果温度灵敏度为 $10^{-4}/℃$，则计算 100kPa 时，温度变化所引入的误差。

**解** （a）根据定义，应变是单位长度的变化。也就是说：

因此，频率的变化是

$$\frac{\Delta l}{l} = 1\,000 \times 10^{-6} = 10^{-3}$$

$$\frac{\Delta f}{f} = \frac{\Delta l}{l} = 10^{-3} \rightarrow \Delta f = 500 \times 10^6 \times 10^{-3} = 500 \times 10^3 \,\text{Hz}$$

这是一个非常大的频率变化，灵敏度为 500 赫兹每微应变。

（b）由于传感器是线性的，温度灵敏度为 $10^{-4}/\text{℃}$，我们可以得到：

$$\Delta f = 500 \times 10^6 \times 10^{-4} = 5 \times 10^4 \,\text{Hz}$$

在 100kPa 时，压力引起的频率变化仅为 50kHz。也就是说，1℃的变化引起的频率变化等于压力引起的变化。显然，除非对传感器进行温度补偿，否则不能用于传感。正是基于这个原因，图 7.40 中的配置才显得非常重要。

## 7.10 习题

### 单位

**7.1** **距声源一定距离处的声压**。地面上的喷气发动机在距发动机 10m 处产生 155dB 的声功率密度水平。假设声音在地面以上的空间沿各个方向均匀传播。忽略声波在空气中的衰减。

（a）没有听力保护的操作者离发动机的最短安全距离是多少？

（b）如果操作员使用额定 20dB 的听力保护，最短的安全距离是多少？

**7.2** **超声波执行器产生的应力和应变**。超声波执行器用来测试钢的裂纹。为此，它在钢表面产生 1 000Pa 的压强。计算在钢的弹性模量为 198GPa 的情况下，执行器在接触面产生的应力和应变。评论这可能对材料产生的影响。

### 弹性波及其性质

**7.3** **蝙蝠、海豚和超声波**。微翼手目蝙蝠主要是捕食昆虫，它们依靠超声波来捕食、将它们的航行环境成像。蝙蝠发出的超声波频率范围在 14kHz 至 100kHz 之间。在 20℃的空气中，声速为 343m/s。海豚也用类似的方法来定位鱼类。它们使用大约 130kHz 的频率。海水中的声速为 1 530m/s。

（a）如果蝙蝠能探测到大于半个波长的物体，那么如果蝙蝠发出 76kHz 的超声波，它能探测到的最小的昆虫是什么？

（b）如果海豚可以利用 130kHz 的声波探测到两个波长数量级的鱼，那么可探测到的最小的鱼是什么？

**7.4** **声波的传播速度**。根据经验判断，当你看到闪电时，开始慢慢数数（假设每秒数一下）。你听到雷声时数到的数字是雷击位置与你所在位置之间距离的 3 倍，单位为千米。这个估计有多准确？

7.5 **材料的超声波检测**。超声波检测是工业中常用的一种探伤方法,特别是金属探伤,寻找缺陷、裂纹、因腐蚀而变薄、夹杂物和其他可能对结构功能有害的影响。它依靠超声波在结构内部的不连续反射。分辨率,也就是海浪所能"看到"的最小细节,取决于频率。因此,超声波检测是在相对较高的频率下进行的。为了使缺陷能够被检测到,它们必须是声波波长的数量级。考虑对喷气发动机中的钛叶片进行小裂纹的测试。由于这些缺陷往往会引起较大的缺陷,随后出现故障,因此测试必须能检测到小于0.5mm的裂纹。

(a) 假设声波在钛中的传播速度为6 172m/s,检测这些缺陷的最低超声波频率是多少?

(b) 讨论在超声波传感器中使用较高频率的后果,特别是对于非常小的缺陷。

7.6 **耳朵作为传感器时能接受的正常语音的范围**。人类说话的声音强度从约$10^{-12}$W/m²(非常微弱的低语)到约0.1W/m²(大声尖叫)不等。人耳可以检测到微弱到$10^{-12}$W/m²的声音,但要听懂一段对话至少需要$10^{-10}$W/m²。正常对话被认为是$10^{-6}$W/m²。假设一个人正常说话,在1m的距离上产生$10^{-6}$W/m²的功率密度。

(a) 假设声音不在空间中传播(比如通过管子说话)就能直接传给听者,那么一个人能被听到和理解的最远距离是多少?除了空气中的声波衰减之外,在路径中没有任何缺失吗?使用例7.3中的衰减数据。

(b) 假设声波在各个方向上均匀传播,忽略衰减,人们能听到和理解的距离是多少?

7.7 **钓鱼声呐**。声波在水中的衰减常数随频率的增加而增加。想想钓鱼用的声呐。来自鱼群的声音反射用于运动和商业捕鱼。由于鱼的身上有气囊,因此会在鱼肉和空气之间的界面产生相对较大的反射,而鱼肉与水的界面反射较小。该信号由超声波执行器产生,并由超声波传感器检测。假设执行器在50kHz(捕鱼声呐中的常见频率)下产生0.1W的功率,并且该功率在相对较窄的波束中传播。假设到达鱼群的声音有20%被反射,并且反射的声音均匀地散射在一个半球体上,计算超声波传感器在20m深处探测鱼群所需的灵敏度(单位为W/m²)。50kHz时在水中的衰减为15dB/km。

7.8 **超声波在水中的衰减**。超声波的许多工作都是在水中或与水一起进行的(声呐、体内诊断、超声波清洗、肾结石的治疗等)。操作频率的选择对于超声波系统的成功实施是至关重要的,其中一个重要的参数是所选频率下的衰减。通常,频率越高,衰减越大,但分辨率也越好。超声波在水中的频率高于1MHz时,衰减约为:$\alpha = 0.217f^2$[dB/m],其中$f$为兆赫频率。假设超声波测试应用于身体诊断,并且需要1mm的空间分辨率。如果进行一项超声波检测,用于人体内部诊断,需要1mm的空间分辨率。假设超声波能在15cm深处对直径1mm的伪影成像,且体内声速约为1 500m/s,为了收回10μW的回波,请计算可使用的最低频率以及超声波发射器必须传输的最小功率。这个伪影是由于骨折而嵌入软组织的一小块骨碎片造成的。假设发射机产生的光束在直径为20mm的圆柱中准直,等于接收器的直径,反射波从伪影上均匀地向各个方向散射。

7.9 **水位检测**。根据波在水面的反射作用,可以利用超声波实现对水位的检测和精确测量。在水面的上方放置一个固定的超声波发射器,测量其飞行时间就足以感知水面高度(见

图 7.41）。超声波在空气和水中的性质见表 7.1~表 7.4。

(a) 假设发射脉冲的振幅为 A，证明接收器接收到的脉冲的振幅仅取决于在空气中传播的距离及其性质，不受水的性质的影响。

(b) 根据测量的幅值，找到感测水位 h 所需的关系式。

(c) 找到水位 h 与超声波的传播时间 t 之间的关系，测量脉冲从发射器发出的开始时间和接收器接收到脉冲信号的时间。

(d) 解释为什么（c）中的方法更可取。

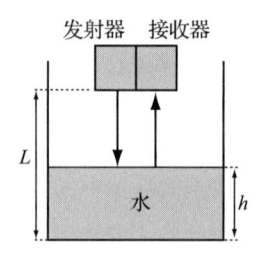

图 7.41 水位传感器

**7.10 脉冲回波超声检测。** 在脉冲回波超声检测中，发射器在脉冲关闭期间充当接收器。发射器发送一个宽度为 $\Delta t$ 的脉冲，发射完毕后发射器即可准备接收。该检测通过来自远处表面的反射脉冲来测量铜板的厚度（见图 7.42）。超声波在铜中的传播速度为 4 600m/s，铜的衰减常数为 0.45dB/cm，声阻抗为 $42.5\times10^6 \text{kg}\times\text{s/m}^2$。传输过程中产生的脉冲宽度为 200ns。

(a) 用这里描述的脉冲回波法可以测试的板厚度的最小值是多少？一列脉冲的最大频率是多少？

(b) 在给定发射波的振幅 $V_0$ 的情况下，针对（a）中的条件计算换能器接收到的反射脉冲的振幅。注意，当超声波换能器以其谐振频率振荡时，将脉冲施加到换能器上会产生一系列正弦波形。然而，为了简单起见，我们在这里将假设脉冲以脉冲的形式传播和反射。

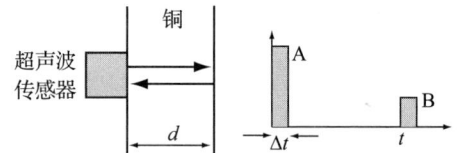

图 7.42 材料的脉冲回波超声检测

(c) 找出板厚与反射脉冲幅度之间的关系。

(d) 找出板厚与接收脉冲所需时间之间的关系。

**7.11 隐身潜艇。** 利用声波在潜艇外壳上的反射是探测潜艇的最重要方法之一（另一种方法是利用声波在当地地面磁场中产生的扰动）。为避免被发现，潜艇上涂有橡胶（或类似橡胶的物质）。声呐的工作频率为 10kHz，产生功率为 $P_0 = 1\text{kW}$ 的信号，在 10° 圆锥体内均匀传输，用于探测 300m 深处的潜艇。假设潜艇的反射功率在以潜艇为中心的半个球体上均匀散射，并传播到远离潜艇的地方，并假设渗透到橡胶涂层中的功率在涂层内耗散。潜艇的顶部表面积为 125m²。

(a) 计算声呐从钢壳潜艇和橡胶涂层潜艇接收到的功率之比。这是降低潜艇被探测的可能性的有效方法吗？

(b) 理论上，潜艇外壳的反射可以降低到零。说明要实现这一点，涂料需要符合什么要求。

## 电阻式和磁性麦克风

**7.12 电阻式麦克风。** 考虑图 7.43 中的麦克风。它由悬浮在轻质泡沫中的导电颗粒组成。颗粒由电导率 $\sigma_c = 1\text{S/m}$ 的低电导率颗粒制成，而泡沫可以被认为是不导电的。不施加压力时，颗粒占总体积的 50%。泡沫具有 0.1N/m 的回复常数（弹簧常数）。组合的泡沫和颗粒的电导率计算如下：

$$\sigma = \frac{\sigma_c v_c}{v_t} [\text{S/m}]$$

其中，$v_c$ 是颗粒体积，$v_t$ 是总体积。
通过麦克风形成电流，电流是声压的量度。正常讲话时产生的声音强度在 40dB（非常柔和）和 70dB（非常响亮）之间变化。计算此范围内电路中的电流变化范围。

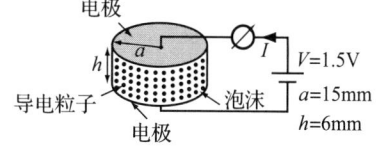

图 7.43 一个简单的电阻式麦克风

**7.13 用作动态麦克风的扬声器。** 小型扬声器既可用作麦克风，又可用作内部通话系统中的扩音器。扬声器有一个直径为 60mm 的锥体，一个半径为 15mm 的 80 匝线圈，以及产生 1T 径向磁感应强度的磁体（几何形状和磁场配置见图 7.16a）。线圈和锥体的质量为 8g。当在锥体上施加 1kHz 的 60dB 正弦声压时，计算扬声器作为麦克风的输出（emf）。

## 电容式麦克风

**7.14 驻极体麦克风：对特性变化的敏感性。** 驻极体麦克风输出涉及的参数之一是驻极体的介电常数。

(a) 计算输出对驻极体相对介电常数的灵敏度。

(b) 如果驻极体的介电常数下降 5%（老化或制造过程中的变化导致），那么预期读数的误差是什么？使用例 7.6 中的数据。

**7.15 驻极体压力传感器。** 驻极体麦克风可以用作压力传感器。特别地，任何驻极体麦克风都可以用作差压传感器，测量压力 $P - P_0$，其中 $P_0$ 是大气压，前提是找到一种方法对传感器施加压力。这种类型的压力传感器如图 7.44 所示。驻极体的厚度为 3mm，极板的张力为 100N/m。各距离参考图 7.44，驻极体的相对介电常数为 4.5。空气中的热容比为 1.4，驻极体上的表面电荷密度可假定为 $0.6\mu\text{C/m}^2$。传感器为圆柱形，内径为 10mm。

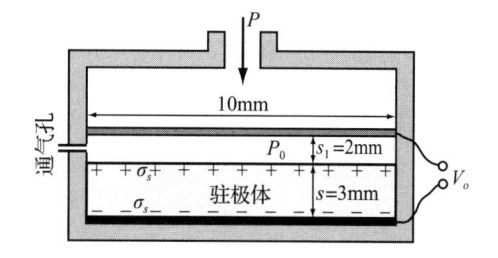

图 7.44 驻极体压力传感器

(a) 给定尺寸和特性，计算并绘制输出作为外部压力的函数，从 0.1atm 开始（假设金属隔膜能够承受该压力）。环境压力为 1atm。传感器能响应的最大压力是多少？传感器的灵敏度是多少？

(b) 驻极体和极板之间的间隙现在被抽为真空，然后通气孔被密封，当没有施加外部压力时，驻极体和极板之间的间隙内的压力保持在 50 000Pa（约 0.5atm）。计算并绘制外部压力介于 10 000Pa（0.1atm）和传感器响应的最大压力之间的传感器输出。灵敏度是否因间隙内压力的变化而改变？

## 压电麦克风

7.16 **动态压力传感器**。压电器件不能用来测量真正的静压，因为一旦电荷在电极上产生，它就会通过传感器的内部阻抗和外部阻抗放电。然而，它们非常适合于测量动态压力，例如由振动、爆震、发动机爆震和点火等引起的压力。在这个场景中，它本质上是一个经过修改的麦克风。考虑一个压电压力传感器，用于检测柴油机气缸中的压力。柴油机在活塞行程高峰时的常压约为 4MPa。计算压电系数为 $120\times10^{-12}$C/N、电容为 5 000pF、有效表面积为 $1cm^2$（即压力作用的面积）的铅锆陶瓷传感器的预期输出。

7.17 **声强传感器**。考虑一个扁平、圆形的压电麦克风，其压电圆盘直径为 25mm，厚度为 0.8mm，由氧化锌（ZnO）在 3-3 轴上切割而成。圆盘上镀有两个电极，每边一个。麦克风用于测量声音强度，以提醒工人注意有害的噪声水平。人耳对声压的反应范围为 $2\times10^{-5}$Pa（0dB）~20Pa（疼痛阈值）。

(a) 计算麦克风在整个范围内的输出。

(b) 从实用的角度来看，麦克风的可用范围是多少？根据实际输出电压进行说明。

7.18 **磁性蜂鸣器**。小型蜂鸣器在便携式设备和固定装置中很常见，它们提供可听到的反馈或警告信号。在许多情况下，它们是直接从微处理器驱动的，因为它们需要很少的功率才能有效。与微处理器一起使用的磁性蜂鸣器，如图 7.19 所示，具有半径为 6mm 的铁芯，包含 150 圈，磁体由铁代替。铁芯与隔膜之间的间隙为 1mm，铁芯以及隔膜都具有非常高的磁导率。隔膜本身的有效半径为 12mm。线圈直接由微处理器驱动，其最大电流为 25mA，在 5mA 以下的电流下无法工作。

(a) 计算它能产生的声压范围。

(b) 计算蜂鸣器产生的声功率范围以及微处理器在 3.3V 下工作时的响应效率。

## 声执行器

7.19 **扬声器中的作用力和压强**。考虑图 7.16a 中的扬声器结构，其规格如下：$I=2\sin(2\pi ft)$，线圈匝数 $N=100$，线圈半径 $a=40$mm，磁感应强度 $B=0.8$T。锥体半径 $b=15$cm。假设线圈中的磁感应强度始终恒定：

(a) 计算线圈上的最大作用力。

(b) 如果锥体有一个回复常数 $k=750$N/m（该回复常数是由于锥体与扬声器本体的连接而产生的，并且正好起到弹簧常数的作用，使锥体返回其中心位置），则计算锥体的最大位移。

(c) 计算锥体上可施加的最大压力。

7.20 **扬声器锥体的行程**。图 7.16a 所示的扬声器具有以下参数：线圈直径为 75mm，有 30 圈，由永磁体产生的磁感应强度等于 0.72T。扬声器馈入幅度为 0.8A 的正弦电流，频率为 100Hz。线圈、锥体和隔膜的总质量为 40g。锥体的直径是 20cm。

(a) 假定没有摩擦力，且唯一回复力的来自锥体自身的重量，没有任何因素阻碍锥体的运动，那么锥体的最大位移是多少？

(b) 估计锥体在这些条件下产生的压力。以 dB 为单位的峰值压力是多少？

(c) 对（a）和（b）中的结果以及所用的近似值进行评论。定性地讨论锥体推动的空气的质量对（a）和（b）中结果的影响。

7.21 **静电扬声器**。图 7.10 中电容式麦克风的结构可以通过在移动极板和固定框架之间施加电压形成一个电容执行器，并且如果施加的电压是交流电压，那么它将被称为静电扬声器。在图 7.10 所示的器件中，移动极板是一个直径为 10cm 的圆盘，当输入电压为零时，它与固定的下部极板相隔 6mm 的距离。极板的质量是 10g。输入为正弦电压，频率为 1kHz（见图 7.45），在 3 000V 至 0V 之间变化，即正弦信号以 1 500V 为中心。

(a) 计算所需的回复弹簧常数，以确保移动极板与固定极板之间的距离不小于 1mm。

(b) 估计扬声器产生的峰值声压，单位为 dB。

(c) 扬声器的特点通常是功率大。估计一下这个扬声器的平均功率。

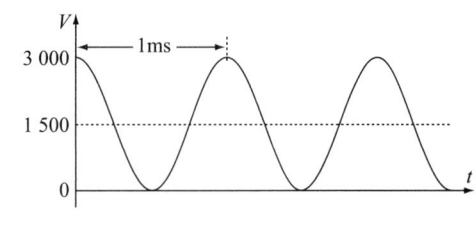

图 7.45 静电扬声器的输入电压

7.22 **水听器**。水听器是一种用于水下工作的麦克风。假设一个设计成在空气中工作的磁性扬声器在水下作为水听器使用（假设它能被妥善密封）。在给定的声压 $P_0$（空气中）下，扬声器（当用作麦克风时）在负载 $R_0$ 上产生电压 $V_0$。相同温度下，空气中声速为 343m/s，空气密度为 1.225kg/m³，水中声速为 1 498m/s，水的密度为 1 000kg/m³。计算水下的声压，以产生与空气中的扬声器相同的电压。

## 超声波传感器

7.23 **对结构的超声评估**。在钢板分层效应的超声波检测中，发射一个脉冲，并在示波器上检测接收到的信号。这些信号的时序如图 7.46a 所示。由于怀疑有分层现象，因此假定缺陷是充气的（图 7.46b 中显示了预期配置的草图）。根据接收到的信号和空气中的声速 $c_a$ 和钢板中的声速 $c_s$，计算出两层钢板的厚度和分层的宽度。

**注意**：发射和接收的信号与图 7.28b 中的信号类似，但为了简单起见，这里显示为简单脉冲。

7.24 **用多普勒超声波检测流体速度**。为了测量通道中的流体速度，建议使用图 7.47 中的配置。通道中的流体速度是通过将两个传感器放置在通道顶部来测量的。左侧超声波发

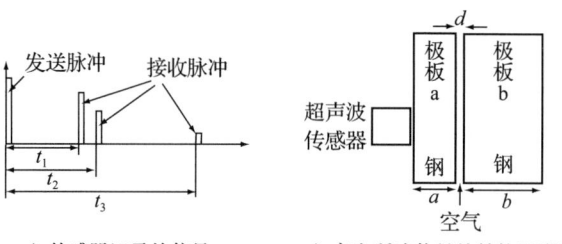

图 7.46  超声波检测

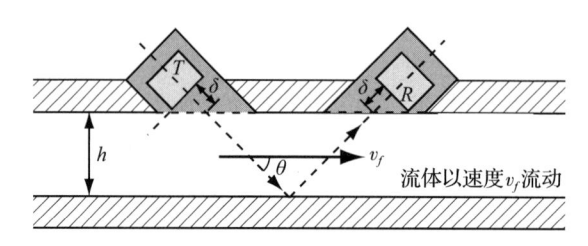

图 7.47  适用于检测通道中流体速度的传感器

射器（执行器）发射的波从通道底部反射，并被右侧传感器接收。超声波的频率为 2.75MHz，在水中的传播速度为 1 498m/s。

(a) 计算系统对频率 $f$、流体速度 $V_f$ 和角度 $\theta$ 的灵敏度。证明如果频率、速度和角度相同，则与图 7.29 中的传感器完全相同。

(b) 在以 3m/s 速度移动的水中，计算 $f=3$MHz，$\theta=30°$ 时的频移。

(c) 假设接收器和发射器的位置互换，使得接收器在上游。现在 (a) 和 (b) 的答案是什么？

**7.25 传播时间测速法。** 为了测量通道中的流体速度，建议使用图 7.47 中的配置，其中通过将两个传感器放置在通道顶部来测量通道中流体的速度。左侧超声波发射器（执行器）发射的波从通道底部反射，并被右侧的传感器接收。在水中超声波的传播速度为 $c=1\,498$m/s。在时间 $t_0$ 发送窄脉冲，在时间 $\Delta t$ 之后接收窄脉冲。

(a) 若槽深为 $h$，求飞行时间 $\Delta t$ 与流速之间的关系式。假设流速为 $v$，传感器角度为 $\theta$。

(b) 计算传感器的灵敏度。

(c) 假设通道深度 $h=1$m，传感器呈 30°放置。测量的飞行时间 $\Delta T=2.58$ms。流体在通道中的流动速度是多少？

(d) 假设接收器和发射器的位置互换，使得接收器在上游。现在 (a) 和 (b) 的答案是什么？

**7.26 单探头液体流量传感器。** 为了降低多普勒速度传感器的成本，一位工程师建议使用单个超声波换能器，并以脉冲回波模式工作，在这种模式下，发射器发送一个脉冲，然后切换到接收模式接收反射。即在图 7.29a 中，接收器被一个反射器（一个金属板）所取代。
（a）计算接收器的精确频率偏移。
（b）计算在水中工作的传感器的频移，其移动速度 $v=5\text{m/s}$，倾斜角度 $\theta=60°$，反射镜距离 $d=10\text{cm}$（见图 7.29a）。传感器的谐振频率为 3.5MHz，测量在水中进行，声速为 1 500m/s。将其与使用图 7.29a 中的配置获得的频移进行比较。
（c）对于（b）中的传感器和流体特性，传感器能够产生并仍能按预期执行的最大脉冲宽度是多少？

## 压电执行器

**7.27 压电蜂鸣器产生的声强。**蜂鸣器产生的声强可以由蜂鸣器的压电圆盘产生的机械功率来估计。压电蜂鸣器由 1kHz（方波）源驱动，幅值为 12V，电流幅值为 1mA，占空比为 50%。如果装置的功率效率为 30%，并假设蜂鸣器的机械功率转换成声音，考虑到声音的参考值取为 $10^{-12}\text{W/m}^2$（听力阈值），计算装置产生的峰值声强，单位为 $\text{W/m}^2$ 和 dB。压电元件是一个直径为 30mm 的圆盘。

**7.28 压电执行器。**在压电元件上施加电压导致根据式（7.40）产生力。这意味着在元件中产生了一种应变，而这种应变又在电位产生的场的方向上改变了它的长度。一个执行器是由每个半径 $a=10\text{mm}$，厚度 $d=1\text{mm}$ 的个数 $N=20$ 的压电圆盘组成的电堆。圆盘是由 PZT 制成，3-3 切割。电压 $V=120\text{V}$ 施加在此电堆上，计算电堆长度的变化。

**7.29 石英 SAW 谐振器。**一个石英 SAW 谐振器按图 7.36 所示制成。它由 45 个反射槽组成，这些反射槽分布在端口的两侧，并且这些槽之间间隔 20mm。器件的谐振频率是多少？石英中的声速是 5 900m/s。

**7.30 应变由超声波执行器产生。**用超声波换能器对厚铝坯进行缺陷检测。为此，使用了一个能够产生 6W、10MHz 的声功率的传感器。换能器是圆形的，直径为 30mm。假设超声波在 15°圆锥中传播，并且功率密度在圆锥的横截面上是均匀的。铝的声学特性见表 7.1～表 7.4。铝的弹性系数为 79GPa。
（a）计算传感器所在位置表面材料的应变。
（b）计算 60mm 深度处材料中的应变。
（c）对结果和超声诊断在身体中的应用进行讨论。

**7.31 SAW 谐振器温度传感器。**SAW 谐振器可用于检测任何会影响其谐振频率的量，包括温度。石英在 20℃ 时的声速为 5 900m/s，声速随温度的变化幅度为 0.32mm/(s·℃)，热膨胀系数为 0.557μm/(m·℃)。
（a）绘制一个补偿传感器的草图，它将测量温度，但不受环境压力等其他量的影响。这在实践中能做到吗？
（b）计算工作频率为 400MHz 的 SAW 传感器对温度的灵敏度。评论一下这个传感器的实用性。

**7.32 SAW 谐振器作为压力传感器。** 将图 7.48 中的结构用作压力传感器。传感器由石英制成，由多个间隔 10μm 的凹槽组成。压力作用的区域尺寸为 $w = 2$mm（宽）、$L = 10$mm（长）、$D = 0.5$mm（厚）。假设石英芯片在压力下弯曲成厚度为 0.5mm 的简支梁，其支座位于器件边缘。石英的弹性模量为 71.7GPa。

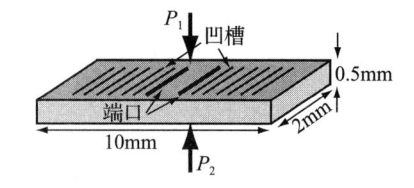

图 7.48 SAW 谐振器作为压力传感器

(a) 如果压力 $P_1$ 施加在上表面（$P_2 = 1$atm），则计算对压力的敏感度和高于环境 1atm 的压力的谐振频率偏移。

(b) 计算传感器在 $P_1 = 120\,000$Pa 和 $P_2 = 150\,000$Pa 时的谐振频率。

**7.33 SAW 质量传感器。** 如图 7.40 所示，制作的 SAW 谐振器的长度 $a = 4$mm，宽度 $w = 2$mm，厚度 $t = 0.2$mm。传感器由熔融石英制成，在没有刺激的情况下以 120MHz 的频率振荡。石英的弹性模量为 71.7GPa。

(a) 如果传感器用于感测质量，那么传感器的灵敏度是多少（以 Hz/g 为单位）？假设质量均匀地分布在传感器的上表面。

(b) 石英中允许的最大应变为 1.2%。计算传感器的范围和量程。

(c) 如果用频率计数器测量频率，能分辨出的最低频率变化是 10Hz，仪器的分辨率是多少？

**7.34 压电点火装置。** 一种独特而普通的执行器利用压电装置产生足够高的电压，可以产生火花点燃气体。这种装置可以在香烟打火机和燃气厨房炉灶、熔炉和其他应用的点火开关中找到。该设备中使用了一个小的、典型的圆柱形晶体和一个弹簧锤，当敲击晶体时会提供一个固定的、已知的力。考虑一下香烟打火机中使用的装置。晶体直径为 2mm，长为 10mm（见图 7.49a）。

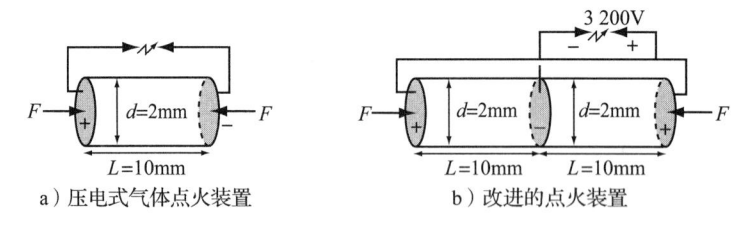

图 7.49 压电式气体点火装置及其改进版

(a) 假设晶体为 3–3 切割的 $BaTiO_3$，产生适当大小火花所需的电压为 3 200V，计算所需的冲击力。描述所需的近似值及其有效性。

(b) 描述如何使用弹性常数 $k = 2\,000$N/m 的弹簧产生该力。

(c) 为了提高性能，添加了第二个相同的晶体，并将其进行电气连接，如图 7.49b 所示。计算晶体上产生 3 200V 电压所需的力。

(d) 解释为什么此器件提供的能量是图 7.49a 中器件提供的能量的两倍。

(e) 额外的能量从哪里来？

# 附　　录

## 附录 A　最小二乘多项式与数据拟合

最小二乘多项式或多项式回归是一种将多项式拟合到一组数据的方法。假设有一个 $n$ 个点 $(x_i, y_i)$ 的集合，我们希望将其拟合为以下形式的多项式：

$$y(x) = a_0 + a_1 x + a_2 x^2 + \cdots + a_m x^m \tag{A.1}$$

通过一组数据传递多项式的意思是选择一组系数以在全局意义上最小化函数 $y(x)$ 的值与点 $y(x_i)$ 处的值之间的距离。这是通过最小二乘法来实现的，首先定义"距离"函数：

$$S = \sum_{i=1}^{n} (y_i - a_0 - a_1 x_i - a_2 x_i^2 - \cdots - a_m x_i^m)^2 \tag{A.2}$$

为了最小化该函数，我们计算函数关于每个未知系数的偏导数并将其设为零。对于第 $k$ 个系数（$k = 0, 1, 2, \cdots, m$），可以写为

$$\frac{\partial S}{\partial a_k} = -2 \sum_{i=1}^{n} x_i^k (y_i - a_0 - a_1 x_i - a_2 x_i^2 - \cdots - a_m x_i^m) = 0 \tag{A.3}$$

或

$$\sum_{i=1}^{n} x_i^k (y_i - a_0 - a_1 x_i - a_2 x_i^2 - \cdots - a_m x_i^m) = 0 \tag{A.4}$$

对所有 $m$ 个系数重复这一步骤得到 $m$ 个方程，从中可以估计系数 $a_0 \sim a_m$。我们在这里说明如何推导一阶（线性）和二阶（二次）多项式最小二乘拟合的系数，因为它们是最常用的形式。仍假设有前面提到的 $n$ 个数据点 $(x_i, y_i)$。

### A.1　线性最小二乘数据拟合

多项式是一阶的：

$$y(x) = a_0 + a_1 x \tag{A.5}$$

最小二乘形式为

$$S = \sum_{i=1}^{n} (y_i - a_0 - a_1 x_i)^2 \tag{A.6}$$

取关于 $a_0$ 和 $a_1$ 的偏导数得

$$\sum_{i=1}^{n} x_i^0 (y_i - a_0 - a_1 x_i) = 0 \tag{A.7}$$

与

$$\sum_{i=1}^{n} x_i^1 (y_i - a_0 - a_1 x_i) = 0 \tag{A.8}$$

将这些式子展开更便于计算，可以写为

$$n a_0 + a_1 \sum_{i=1}^{n} x_i = \sum_{i=1}^{n} y_i \tag{A.9}$$

与

$$a_0 \sum_{i=1}^{n} x_i + a_1 \sum_{i=1}^{n} x_i^2 = \sum_{i=1}^{n} x_i y_i \tag{A.10}$$

式（A.9）和式（A.10）可以写成方程组：

$$\begin{bmatrix} n & \sum_{i=1}^{n} x_i \\ \sum_{i=1}^{n} x_i & \sum_{i=1}^{n} x_i^2 \end{bmatrix} \begin{Bmatrix} a_0 \\ a_1 \end{Bmatrix} = \begin{Bmatrix} \sum_{i=1}^{n} y_i \\ \sum_{i=1}^{n} x_i y_i \end{Bmatrix} \tag{A.11}$$

可以求解 $a_0$ 和 $a_1$，结果为

$$a_0 = \frac{\left\{\sum_{i=1}^{n} y_i\right\}\left\{\sum_{i=1}^{n} x_i^2\right\} - \left\{\sum_{i=1}^{n} x_i\right\}\left\{\sum_{i=1}^{n} x_i y_i\right\}}{n \sum_{i=1}^{n} x_i^2 - \left\{\sum_{i=1}^{n} x_i\right\}^2}$$

$$a_1 = \frac{n \sum_{i=1}^{n} x_i y_i - \left\{\sum_{i=1}^{n} x_i\right\}\left\{\sum_{i=1}^{n} y_i\right\}}{n \sum_{i=1}^{n} x_i^2 - \left\{\sum_{i=1}^{n} x_i\right\}^2} \tag{A.12}$$

得到这些系数后，式（A.5）即为对数据 $x_i$ 的线性拟合（一阶多项式拟合），并被称为线性最佳拟合或线性最小二乘拟合。

## A.2 抛物线最小二乘拟合

首先从二阶多项式开始

$$y(x) = a_0 + a_1 x + a_2 x^2 \tag{A.13}$$

最小二乘形式为

$$S = \sum_{i=1}^{n} (y_i - a_0 - a_1 x_i - a_2 x_i^2)^2 \tag{A.14}$$

取关于 $a_0$，$a_1$ 和 $a_2$ 的偏导数得

$$\sum_{i=1}^{n} x_i^0 (y_i - a_0 - a_1 x_i - a_2 x_i^2) = 0 \tag{A.15}$$

$$\sum_{i=1}^{n} x_i^1 (y_i - a_0 - a_1 x_i - a_2 x_i^2) = 0 \tag{A.16}$$

$$\sum_{i=1}^{n} x_i^2 (y_i - a_0 - a_1 x_i - a_2 x^2) = 0 \qquad (A.17)$$

同样展开这些式子，有

$$na_0 + a_1 \sum_{i=1}^{n} x_i + a_2 \sum_{i=1}^{n} x_i^2 = \sum_{i=1}^{n} y_i \qquad (A.18)$$

$$a_0 \sum_{i=1}^{n} x_i + a_1 \sum_{i=1}^{n} x_i^2 + a_2 \sum_{i=1}^{n} x_i^3 = \sum_{i=1}^{n} x_i y_i \qquad (A.19)$$

$$a_0 \sum_{i=1}^{n} x_i^2 + a_1 \sum_{i=1}^{n} x_i^3 + a_2 \sum_{i=1}^{n} x_i^4 = \sum_{i=1}^{n} x_i^2 y_i \qquad (A.20)$$

虽然我们可以像之前一样继续计算系数 $a_0$、$a_1$ 和 $a_2$，但是此时表达式变得过于复杂而无法处理。更实用的方法是将三个方程写成矩阵：

$$\begin{bmatrix} n & \sum_{i=1}^{n} x_i & \sum_{i=1}^{n} x_i^2 \\ \sum_{i=1}^{n} x_i & \sum_{i=1}^{n} x_i^2 & \sum_{i=1}^{n} x_i^3 \\ \sum_{i=1}^{n} x_i^2 & \sum_{i=1}^{n} x_i^3 & \sum_{i=1}^{n} x_i^4 \end{bmatrix} \begin{Bmatrix} a_0 \\ a_1 \\ a_2 \end{Bmatrix} = \begin{Bmatrix} \sum_{i=1}^{n} y_i \\ \sum_{i=1}^{n} x_i y_i \\ \sum_{i=1}^{n} x_i^2 y_i \end{Bmatrix} \qquad (A.21)$$

为了求解系数，首先计算各种和，然后继续求解方程组。一旦得到式（A.21）中的系数，式（A.13）即为数据 $x_i$ 的二阶最小二乘拟合。

还要注意，从式（A.21）矩阵中移除第三行和第三列结果会得到式（A.5）所示的线性最佳拟合，其中系数由式（A.12）计算。

对高阶多项式的扩展是显而易见的，只是在式（A.21）中给矩阵增加了下一个项。$k$ 阶的近似表示可以写成

$$\begin{bmatrix} n & \sum_{i=1}^{n} x_i & \sum_{i=1}^{n} x_i^2 & \cdots & \sum_{i=1}^{n} x_i^k \\ \sum_{i=1}^{n} x_i & \sum_{i=1}^{n} x_i^2 & \sum_{i=1}^{n} x_i^3 & \cdots & \sum_{i=1}^{n} x_i^{k+1} \\ \sum_{i=1}^{n} x_i^2 & \sum_{i=1}^{n} x_i^3 & \sum_{i=1}^{n} x_i^4 & \cdots & \sum_{i=1}^{n} x_i^{k+2} \\ \vdots & \vdots & \vdots & & \vdots \\ \sum_{i=1}^{n} x_i^k & \sum_{i=1}^{n} x_i^{k+1} & \sum_{i=1}^{n} x_i^{k+2} & \cdots & \sum_{i=1}^{n} x_i^{2k} \end{bmatrix} \begin{Bmatrix} a_0 \\ a_1 \\ a_2 \\ \vdots \\ a_{k+1} \end{Bmatrix} = \begin{Bmatrix} \sum_{i=1}^{n} y_i \\ \sum_{i=1}^{n} x_i y_i \\ \sum_{i=1}^{n} x_i^2 y_i \\ \vdots \\ \sum_{i=1}^{n} x_i^k y_i \end{Bmatrix} \qquad (A.22)$$

最后，请注意，只有对于有限数目的点才能手工计算系数，大多数情况下，像 MATLAB 这样的计算工具是很有用的。

## 附录 B  热电参考表

最常见热电偶的热电参考表如下所示。对于每种类型的热电偶，我们首先给出一般多项式，然后是系数表，以及正向使用和逆向使用的显式多项式。正向多项式的输出以微伏（μV）为单位，逆向多项式的输出以摄氏度（℃）为单位。下标 90 表示所使用的标准［在本例中为 1990 年的国际温度标准（ITS-90）］。

### B.1  J 型热电偶（铁/铜）

多项式：

$$E = \sum_{i=0}^{n} c_i (t_{90})^i \, [\mu V]$$

系数表：

| 温度范围/℃ | −210~760 | 760~1 200 |
|---|---|---|
| $C_0$ | 0.0 | 2.964 562 568 1×10⁵ |
| $C_1$ | 5.038 118 781 5×10¹ | −1.497 612 778 6×10³ |
| $C_2$ | 3.047 583 693 0×10⁻² | 3.178 710 392 4 |
| $C_3$ | −8.568 106 572 0×10⁻⁵ | −3.184 768 670 1×10⁻³ |
| $C_4$ | 1.322 819 529 5×10⁻⁷ | 1.572 081 900 4×10⁻⁶ |
| $C_5$ | −1.705 295 833 7×10⁻¹⁰ | −3.069 136 905 6×10⁻¹⁰ |
| $C_6$ | 2.094 809 069 7×10⁻¹³ | |
| $C_7$ | −1.253 839 533 6×10⁻¹⁶ | |
| $C_8$ | 1.563 172 569 7×10⁻²⁰ | |

显式多项式表示：

−210~760℃

$$\begin{aligned}E =\ & 5.038\,118\,781\,5\times10^{1}T^{1} + 3.047\,583\,693\,0\times10^{-2}T^{2} - 8.568\,106\,572\,0\times10^{-5}T^{3} + \\ & 1.322\,819\,529\,5\times10^{-7}T^{4} - 1.705\,295\,833\,7\times10^{-10}T^{5} + \\ & 2.094\,809\,069\,7\times10^{-13}T^{6} - 1.253\,839\,533\,6\times10^{-16}T^{7} + \\ & 1.563\,172\,569\,7\times10^{-20}T^{8} \, [\mu V]\end{aligned}$$

760~1 200℃

$$\begin{aligned}E =\ & 2.964\,562\,568\,1\times10^{5} - 1.497\,612\,778\,6\times10^{3}T^{1} + 3.178\,710\,392\,4T^{2} - \\ & 3.184\,768\,670\,1\times10^{-3}T^{3} + 1.572\,081\,900\,4\times10^{-6}T^{4} - \\ & 3.069\,136\,905\,6\times10^{-10}T^{5} \, [\mu V]\end{aligned}$$

逆向多项式：

$$T_{90} = \sum_{i=0}^{n} c_i E^i \ [\ ℃\ ]$$

系数表：

| 温度范围/℃ | −210~0 | 0~760 | 760~1 200 |
|---|---|---|---|
| 电压范围/μV | −8 095~0 | 0~42 919 | 42 919~69 553 |
| $C_0$ | 0.0 | 0.0 | −3.113 581 87×10³ |
| $C_1$ | 1.952 826 8×10⁻² | 1.952 826 8×10⁻² | 3.005 436 84×10⁻¹ |
| $C_2$ | −1.228 618 5×10⁻⁶ | −2.001 204×10⁻⁷ | −9.947 732 30×10⁻⁶ |
| $C_3$ | −1.075 217 8×10⁻⁹ | 1.036 969×10⁻¹¹ | 1.702 766 30×10⁻¹⁰ |
| $C_4$ | −5.908 693 3×10⁻¹³ | −2.549 687×10⁻¹⁶ | −1.430 334 68×10⁻¹⁵ |
| $C_5$ | −1.725 671 3×10⁻¹⁶ | 3.585 153×10⁻²¹ | 4.738 860 84×10⁻²¹ |
| $C_6$ | −2.813 151 3×10⁻²⁰ | −5.344 285×10⁻²⁶ | |
| $C_7$ | −2.396 337 0×10⁻²⁴ | 5.099 890×10⁻³¹ | |
| $C_8$ | −8.382 332 1×10⁻²⁹ | | |
| 误差范围/℃ | 0.03~−0.05 | 0.04~−0.04 | 0.03~0.04 |

显式多项式表示：

−210~0℃

$$T_{90} = 1.952\,826\,8\times10^{-2}E^1 - 1.228\,618\,5\times10^{-6}E^2 - 1.075\,217\,8\times10^{-9}E^3 - $$
$$5.908\,693\,3\times10^{-13}E^4 - 1.725\,671\,3\times10^{-16}E^5 - $$
$$2.813\,151\,3\times10^{-20}E^6 - 2.396\,337\,0\times10^{-24}E^7 - $$
$$8.382\,332\,1\times10^{-29}E^8\ [\ ℃\ ]$$

0~760℃

$$T_{90} = 1.952\,826\,8\times10^{-2}E^1 - 2.001\,204\times10^{-7}E^2 + 1.036\,969\times10^{-11}E^3 - $$
$$2.549\,687\times10^{-16}E^4 + 3.585\,153\times10^{-21}E^5 - 5.344\,285\times10^{-26}E^6 + $$
$$5.099\,890\times10^{-31}E^7\ [\ ℃\ ]$$

760~1 200℃

$$T_{90} = -3.113\,581\,87\times10^3 + 3.005\,436\,84\times10^{-1}E^1 - 9.947\,732\,30\times10^{-6}E^2 + $$
$$1.702\,766\,30\times10^{-10}E^3 - 1.430\,334\,68\times10^{-15}E^4 + $$
$$4.738\,860\,84\times10^{-21}E^5\ [\ ℃\ ]$$

## B.2　K型热电偶（铬/铝）

多项式：

$$E = \sum_{i=0}^{n} c_i (t_{90})^i\ [\ μV\ ]$$

当处于0℃以上时，该多项式的形式为

$$E = \sum_{i=0}^{n} c_i (t_{90})^i + \alpha_0 e^{\alpha_1 (t_{90}-126.9686)^2} [\mu V]$$

系数表：

| 温度范围/℃ | −270~0 | 0~1 372 |
|---|---|---|
| $C_0$ | 0.0 | $-1.7600413686×10^1$ |
| $C_1$ | $3.9450128025×10^1$ | $3.8921204975×10^1$ |
| $C_2$ | $2.3622373598×10^{-2}$ | $1.8558770032×10^{-2}$ |
| $C_3$ | $-3.2858906784×10^{-4}$ | $-9.9457592874×10^{-5}$ |
| $C_4$ | $-4.9904828777×10^{-6}$ | $3.1840945719×10^{-7}$ |
| $C_5$ | $-6.7509059173×10^{-8}$ | $-5.6072844889×10^{-10}$ |
| $C_6$ | $-5.7410327428×10^{-10}$ | $5.6075059059×10^{-13}$ |
| $C_7$ | $-3.1088872894×10^{-12}$ | $-3.2020720003×10^{-16}$ |
| $C_8$ | $-1.0451609365×10^{-14}$ | $9.7151147152×10^{-20}$ |
| $C_9$ | $-1.9889266878×10^{-17}$ | $-1.2104721275×10^{-23}$ |
| $C_{10}$ | $-1.6322697486×10^{-20}$ | |
| $\alpha_0$ | | $1.185976×10^2$ |
| $\alpha_1$ | | $-1.183432×10^{-4}$ |

显式多项式表示：

−270~0℃

$$E = 3.9450128025×10^1 T^1 + 2.3622373598×10^{-2} T^2 - $$
$$3.2858906784×10^{-4} T^3 - 4.9904828777×10^{-6} T^4 - $$
$$6.7509059173×10^{-8} T^5 - 5.7410327428×10^{-10} T^6 - $$
$$3.1088872894×10^{-12} T^7 - 1.0451609365×10^{-14} T^8 - $$
$$1.9889266878×10^{-17} T^9 - 1.6322697486×10^{-20} T^{10} [\mu V]$$

0~1 372℃

$$E = -1.7600413686×10^1 + 3.8921204975×10^1 T^1 + 1.8558770032×10^{-2} T^2 - $$
$$9.9457592874×10^{-5} T^3 + 3.1840945719×10^{-7} T^4 - $$
$$5.6072844889×10^{-10} T^5 + 5.6075059059×10^{-13} T^6 - $$
$$3.2020720003×10^{-16} T^7 + 9.7151147152×10^{-20} T^8 - $$
$$1.2104721275×10^{-23} T^9 + 1.185976×10^2 × e^{-1.183432×10^{-4}(T-126.9686)^2} [\mu V]$$

逆向多项式：

$$T_{90} = \sum_{i=0}^{n} c_i E^i [℃]$$

系数表：

| 温度范围/℃ | −200~0 | 0~500 | 500~1 372 |
|---|---|---|---|
| 电压范围/μV | −5 891~0 | 0~20 644 | 20 644~54 886 |
| $C_0$ | 0.0 | 0.0 | −1.318 058×10² |
| $C_1$ | 2.517 346 2×10⁻² | 2.508 355×10⁻² | 4.830 222×10⁻² |
| $C_2$ | −1.166 287 8×10⁻⁶ | 7.860 106×10⁻⁸ | −1.646 031×10⁻⁶ |
| $C_3$ | −1.083 363 8×10⁻⁹ | −2.503 131×10⁻¹⁰ | 5.464 731×10⁻¹¹ |
| $C_4$ | −8.977 354 0×10⁻¹³ | 8.315 270×10⁻¹⁴ | −9.650 715×10⁻¹⁶ |
| $C_5$ | −3.734 237 7×10⁻¹⁶ | −1.228 034×10⁻¹⁷ | 8.802 193×10⁻²¹ |
| $C_6$ | −8.663 264 3×10⁻²⁰ | 9.804 036×10⁻²² | −3.110 810×10⁻²⁶ |
| $C_7$ | −1.045 059 8×10⁻²³ | −4.413 030×10⁻²⁶ | |
| $C_8$ | −5.192 057 7×10⁻²⁸ | 1.057 734×10⁻³⁰ | |
| $C_9$ | | −1.052 755×10⁻³⁵ | |
| 误差范围/℃ | 0.04~−0.02 | 0.04~−0.05 | 0.06~−0.05 |

显式多项式表示：

−200~0℃

$$T_{90} = 2.517\,346\,2\times10^{-2}E^1 - 1.166\,287\,8\times10^{-6}E^2 - 1.083\,363\,8\times10^{-9}E^3 - 8.977\,354\,0\times10^{-13}E^4 - 3.734\,237\,7\times10^{-16}E^5 - 8.663\,264\,3\times10^{-20}E^6 - 1.045\,059\,8\times10^{-23}E^7 - 5.192\,057\,7\times10^{-28}E^8\,[℃]$$

0~500℃

$$T_{90} = 2.508\,355\times10^{-2}E^1 + 7.860\,106\times10^{-8}E^2 - 2.503\,131\times10^{-10}E^3 + 8.315\,270\times10^{-14}E^4 - 1.228\,034\times10^{-17}E^5 + 9.804\,036\times10^{-22}E^6 - 4.413\,030\times10^{-26}E^7 + 1.057\,734\times10^{-30}E^8 - 1.052\,755\times10^{-35}E^9\,[℃]$$

500~1 372℃

$$T_{90} = -1.318\,058\times10^2 + 4.830\,222\times10^{-2}E^1 - 1.646\,031\times10^{-6}E^2 + 5.464\,731\times10^{-11}E^3 - 9.650\,715\times10^{-16}E^4 + 8.802\,193\times10^{-21}E^5 - 3.110\,810\times10^{-26}E^6\,[℃]$$

## B.3 T型热电偶（铜/康铜）

多项式：

$$E = \sum_{i=0}^{n} c_i (t_{90})^i\,[μV]$$

系数表：

| 温度范围/℃ | −270~0 | 0~400 |
| --- | --- | --- |
| $C_0$ | 0.0 | 0.0 |
| $C_1$ | 3.874 810 636 4×10$^1$ | 3.874 810 636 4×10$^1$ |
| $C_2$ | 4.419 443 434 7×10$^{-2}$ | 3.329 222 788 0×10$^{-2}$ |
| $C_3$ | 1.184 432 310 5×10$^{-4}$ | 2.061 824 340 4×10$^{-4}$ |
| $C_4$ | 2.003 297 355 4×10$^{-5}$ | −2.188 225 684 6×10$^{-6}$ |
| $C_5$ | 9.013 801 955 9×10$^{-7}$ | 1.099 688 092 8×10$^{-8}$ |
| $C_6$ | 2.265 115 659 3×10$^{-8}$ | −3.081 575 877 2×10$^{-11}$ |
| $C_7$ | 3.607 115 420 5×10$^{-10}$ | 4.547 913 529 0×10$^{-14}$ |
| $C_8$ | 3.849 393 988 3×10$^{-12}$ | −2.751 290 167 3×10$^{-17}$ |
| $C_9$ | 2.821 352 192 5×10$^{-14}$ | |
| $C_{10}$ | 1.425 159 477 9×10$^{-16}$ | |
| $C_{11}$ | 4.876 866 228 6×10$^{-19}$ | |
| $C_{12}$ | 1.079 553 927 0×10$^{-21}$ | |
| $C_{13}$ | 1.394 502 706 2×10$^{-24}$ | |
| $C_{14}$ | 7.979 515 392 7×10$^{-28}$ | |

显式多项式表示：

−270~0℃

$$E = 3.874\,810\,636\,4\times10^1 T^1 + 4.419\,443\,434\,7\times10^{-2} T^2 + \\ 1.184\,432\,310\,5\times10^{-4} T^3 + 2.003\,297\,355\,4\times10^{-5} T^4 + \\ 9.013\,801\,955\,9\times10^{-7} T^5 + 2.265\,115\,659\,3\times10^{-8} T^6 + \\ 3.607\,115\,420\,5\times10^{-10} T^7 + 3.849\,393\,988\,3\times10^{-12} T^8 + \\ 2.821\,352\,192\,5\times10^{-14} T^9 + 1.425\,159\,477\,9\times10^{-16} T^{10} + \\ 4.876\,866\,228\,6\times10^{-19} T^{11} + 1.079\,553\,927\,0\times10^{-21} T^{12} + \\ 1.394\,502\,706\,2\times10^{-24} T^{13} + 7.979\,515\,392\,7\times10^{-28} T^{14}\,[\mu V]$$

0~400℃

$$E = 3.874\,810\,636\,4\times10^1 T^1 + 3.329\,222\,788\,0\times10^{-2} T^2 + \\ 2.061\,824\,340\,4\times10^{-4} T^3 - 2.188\,225\,684\,6\times10^{-6} T^4 + \\ 1.099\,688\,092\,8\times10^{-8} T^5 - 3.081\,575\,877\,2\times10^{-11} T^6 + \\ 4.547\,913\,529\,0\times10^{-14} T^7 - 2.751\,290\,167\,3\times10^{-17} T^8\,[\mu V]$$

逆向多项式：

$$T_{90} = \sum c_i E^i\,[℃]$$

系数表：

| 温度范围/℃ | −200~0 | 0~400 |
| --- | --- | --- |
| 电压范围/μV | −5 603~0 | 0~20 872 |
| $C_0$ | 0.0 | 0.0 |
| $C_1$ | $2.594\,919\,2\times10^{-2}$ | $2.592\,800\times10^{-2}$ |
| $C_2$ | $-2.131\,696\,7\times10^{-7}$ | $-7.602\,961\times10^{-7}$ |
| $C_3$ | $7.901\,869\,2\times10^{-10}$ | $4.637\,791\times10^{-11}$ |
| $C_4$ | $4.252\,777\,7\times10^{-13}$ | $-2.165\,394\times10^{-15}$ |
| $C_5$ | $1.330\,447\,3\times10^{-16}$ | $6.048\,144\times10^{-20}$ |
| $C_6$ | $2.024\,144\,6\times10^{-20}$ | $-7.293\,422\times10^{-25}$ |
| $C_7$ | $1.266\,817\,1\times10^{-24}$ | |
| 误差范围/℃ | 0.04~−0.02 | 0.03~−0.03 |

显式多项式表示：

−200~0℃

$$T_{90} = 2.594\,919\,2\times10^{-2}E^1 - 2.131\,696\,7\times10^{-7}E^2 + 7.901\,869\,2\times10^{-10}E^3 + 4.252\,777\,7\times10^{-13}E^4 + 1.330\,447\,3\times10^{-16}E^5 + 2.024\,144\,6\times10^{-20}E^6 + 1.266\,817\,1\times10^{-24}E^7\,[℃]$$

0~400℃

$$T_{90} = 2.592\,800\times10^{-2}E^1 - 7.602\,961\times10^{-7}E^2 + 4.637\,791\times10^{-11}E^3 - 2.165\,394\times10^{-15}E^4 + 6.048\,144\times10^{-20}E^5 - 7.293\,422\times10^{-25}E^6\,[℃]$$

## B.4  E型热电偶（铬/康铜）

多项式：

$$E = \sum_{i=0}^{n} c_i (t_{90})^i\,[\mu V]$$

系数表：

| 温度范围/℃ | −270~0 | 0~1 000 |
| --- | --- | --- |
| $C_0$ | 0.0 | 0.0 |
| $C_1$ | $5.866\,550\,870\,8\times10^{1}$ | $5.866\,550\,871\,0\times10^{1}$ |
| $C_2$ | $4.541\,097\,712\,4\times10^{-2}$ | $4.503\,227\,558\,2\times10^{-2}$ |
| $C_3$ | $-7.799\,804\,868\,6\times10^{-4}$ | $2.890\,840\,721\,2\times10^{-5}$ |
| $C_4$ | $-2.580\,016\,084\,3\times10^{-5}$ | $-3.305\,689\,665\,2\times10^{-7}$ |
| $C_5$ | $-5.945\,258\,305\,7\times10^{-7}$ | $6.502\,440\,327\,0\times10^{-10}$ |
| $C_6$ | $-9.321\,405\,866\,7\times10^{-9}$ | $-1.919\,749\,550\,4\times10^{-13}$ |
| $C_7$ | $-1.028\,760\,553\,4\times10^{-10}$ | $-1.253\,660\,049\,7\times10^{-15}$ |
| $C_8$ | $-8.037\,012\,362\,1\times10^{-13}$ | $2.148\,921\,756\,9\times10^{-18}$ |
| $C_9$ | $-4.397\,949\,739\,1\times10^{-15}$ | $-1.438\,804\,178\,2\times10^{-21}$ |
| $C_{10}$ | $-1.641\,477\,635\,5\times10^{-17}$ | $3.596\,089\,948\,1\times10^{-25}$ |

(续)

| | |
|---|---|
| $C_{11}$ | $-3.9673619516\times10^{-20}$ |
| $C_{12}$ | $-5.5827328721\times10^{-23}$ |
| $C_{13}$ | $-3.4657842013\times10^{-26}$ |

显式多项式表示：

$-270\sim0℃$

$$\begin{aligned}E=&5.8665508708\times10^{1}T^{1}+4.5410977124\times10^{-2}T^{2}-\\&7.7998048686\times10^{-4}T^{3}-2.5800160843\times10^{-5}T^{4}-\\&5.9452583057\times10^{-7}T^{5}-9.3214058667\times10^{-9}T^{6}-\\&1.0287605534\times10^{-10}T^{7}-8.0370123621\times10^{-13}T^{8}-\\&4.3979497391\times10^{-15}T^{9}-1.6414776355\times10^{-17}T^{10}-\\&3.9673619516\times10^{-20}T^{11}-5.5827328721\times10^{-23}T^{12}-\\&3.4657842013\times10^{-26}T^{13}\,[\,\mu V]\end{aligned}$$

$0\sim1\,000℃$

$$\begin{aligned}E=&5.8665508710\times10^{1}T^{1}+4.5032275582\times10^{-2}T^{2}+\\&2.8908407212\times10^{-5}T^{3}-3.3056896652\times10^{-7}T^{4}+\\&6.5024403270\times10^{-10}T^{5}-1.9197495504\times10^{-13}T^{6}-\\&1.2536600497\times10^{-15}T^{7}+2.1489217569\times10^{-18}T^{8}-\\&1.4388041782\times10^{-21}T^{9}+3.5960899481\times10^{-25}T^{10}\,[\,\mu V]\end{aligned}$$

逆向多项式：

$$T_{90}=\sum_{i=0}^{n}c_{i}E^{i}\,[\,\mu V]$$

系数表：

| 温度范围/℃ | $-200\sim0$ | $0\sim1\,000$ |
|---|---|---|
| 电压范围/μV | $-8\,825\sim0$ | $0\sim76\,373$ |
| $C_0$ | 0.0 | 0.0 |
| $C_1$ | $1.6977288\times10^{-2}$ | $1.7057035\times10^{-2}$ |
| $C_2$ | $-4.3514970\times10^{-7}$ | $-2.3301759\times10^{-7}$ |
| $C_3$ | $-1.5859697\times10^{-10}$ | $6.5435585\times10^{-12}$ |
| $C_4$ | $-9.2502871\times10^{-14}$ | $-7.3562749\times10^{-17}$ |
| $C_5$ | $-2.6084314\times10^{-17}$ | $-1.7896001\times10^{-21}$ |
| $C_6$ | $-4.1360199\times10^{-21}$ | $8.4036165\times10^{-26}$ |
| $C_7$ | $-3.4034030\times10^{-25}$ | $-1.3735879\times10^{-30}$ |
| $C_8$ | $-1.1564890\times10^{-29}$ | $1.0629823\times10^{-35}$ |
| $C_9$ | | $-3.2447087\times10^{-41}$ |
| 误差范围/℃ | $0.03\sim-0.01$ | $0.02\sim-0.02$ |

显式多项式表示：

$-200 \sim 0\ ℃$

$$T_{90} = 1.697\,728\,8 \times 10^{-2} E^1 - 4.351\,497\,0 \times 10^{-7} E^2 -$$
$$1.585\,969\,7 \times 10^{-10} E^3 - 9.250\,287\,1 \times 10^{-14} E^4 -$$
$$2.608\,431\,4 \times 10^{-17} E^5 - 4.136\,019\,9 \times 10^{-21} E^6 -$$
$$3.403\,403\,0 \times 10^{-25} E^7 - 1.156\,489\,0 \times 10^{-29} E^8\ [\ ℃\ ]$$

$0 \sim 1\,000\ ℃$

$$T_{90} = 1.705\,703\,5 \times 10^{-2} E^1 - 2.330\,175\,9 \times 10^{-7} E^2 +$$
$$6.543\,558\,5 \times 10^{-12} E^3 - 7.356\,274\,9 \times 10^{-17} E^4 -$$
$$1.789\,600\,1 \times 10^{-21} E^5 + 8.403\,616\,5 \times 10^{-26} E^6 -$$
$$1.373\,587\,9 \times 10^{-30} E^7 + 1.062\,982\,3 \times 10^{-35} E^8 -$$
$$3.244\,708\,7 \times 10^{-41} E^9\ [\ ℃\ ]$$

## B.5　N型热电偶（镍/铬-硅）

多项式：

$$E = \sum_{i=0}^{n} c_i (t_{90})^i\ [\ \mu V\ ]$$

系数表：

| 温度范围/℃ | $-270 \sim 0$ | $0 \sim 1\,300$ |
|---|---|---|
| $C_0$ | 0.0 | 0.0 |
| $C_1$ | $2.615\,910\,596\,2 \times 10^1$ | $2.592\,939\,460\,1 \times 10^1$ |
| $C_2$ | $1.095\,748\,422\,8 \times 10^{-2}$ | $1.571\,014\,188\,0 \times 10^{-2}$ |
| $C_3$ | $-9.384\,111\,155\,4 \times 10^{-5}$ | $4.382\,562\,723\,7 \times 10^{-5}$ |
| $C_4$ | $-4.641\,203\,975\,9 \times 10^{-8}$ | $-2.526\,116\,979\,4 \times 10^{-7}$ |
| $C_5$ | $-2.630\,335\,771\,6 \times 10^{-9}$ | $6.431\,181\,933\,9 \times 10^{-10}$ |
| $C_6$ | $-2.265\,343\,800\,3 \times 10^{-11}$ | $-1.006\,347\,151\,9 \times 10^{-12}$ |
| $C_7$ | $-7.608\,930\,079\,1 \times 10^{-14}$ | $9.974\,533\,899\,2 \times 10^{-16}$ |
| $C_8$ | $-9.341\,966\,783\,5 \times 10^{-17}$ | $-6.056\,324\,560\,7 \times 10^{-19}$ |
| $C_9$ |  | $2.084\,922\,933\,9 \times 10^{-22}$ |
| $C_{10}$ |  | $-3.068\,219\,615\,1 \times 10^{-26}$ |

显式多项式表示：

$-270 \sim 0\ ℃$

$$E = 2.615\,910\,596\,2 \times 10^1 T^1 + 1.095\,748\,422\,8 \times 10^{-2} T^2 -$$
$$9.384\,111\,155\,4 \times 10^{-5} T^3 - 4.641\,203\,975\,9 \times 10^{-8} T^4 -$$
$$2.630\,335\,771\,6 \times 10^{-9} T^5 - 2.265\,343\,800\,3 \times 10^{-11} T^6 -$$
$$7.608\,930\,079\,1 \times 10^{-14} T^7 - 9.341\,966\,783\,5 \times 10^{-17} T^8\ [\ \mu V\ ]$$

0~1 300℃

$$E = 2.592\,939\,460\,1\times10^1 T^1 + 1.571\,014\,188\,0\times10^{-2} T^2 + \\ 4.382\,562\,723\,7\times10^{-5} T^3 - 2.526\,116\,979\,4\times10^{-7} T^4 + \\ 6.431\,181\,933\,9\times10^{-10} T^5 - 1.006\,347\,151\,9\times10^{-12} T^6 + \\ 9.974\,533\,899\,2\times10^{-16} T^7 - 6.086\,324\,560\,7\times10^{-19} T^8 + \\ 2.084\,922\,933\,9\times10^{-22} T^9 - 3.068\,219\,615\,1\times10^{-26} T^{10}\,[\mu V]$$

逆向多项式：

$$T_{90} = \sum_{i=0}^{n} c_i E^i\,[\text{℃}]$$

系数表：

| 温度范围/℃ | −200~0 | 0~600 | 600~1 300 | 0~1 300 |
|---|---|---|---|---|
| 电压范围/μV | −3 990~0 | 0~20 613 | 20 613~47 513 | 0~47 513 |
| $C_0$ | 0.0 | 0.0 | 1.972 485×10$^1$ | 0.0 |
| $C_1$ | 3.843 684 7×10$^{-2}$ | 3.868 96×10$^{-2}$ | 3.300 943×10$^{-2}$ | 3.878 327 7×10$^{-2}$ |
| $C_2$ | 1.101 048 5×10$^{-6}$ | −1.082 67×10$^{-6}$ | −3.915 159×10$^{-7}$ | −1.161 234 4×10$^{-6}$ |
| $C_3$ | 5.222 931 2×10$^{-9}$ | 4.702 05×10$^{-11}$ | 9.855 391×10$^{-12}$ | 6.952 565 5×10$^{-11}$ |
| $C_4$ | 7.206 052 5×10$^{-12}$ | −2.121 69×10$^{-18}$ | −1.274 371×10$^{-16}$ | −3.009 007 7×10$^{-15}$ |
| $C_5$ | 5.848 858 6×10$^{-15}$ | −1.172 72×10$^{-19}$ | 7.767 022×10$^{-22}$ | 8.831 158 4×10$^{-20}$ |
| $C_6$ | 2.775 491 6×10$^{-18}$ | 5.392 80×10$^{-24}$ |  | −1.621 383 9×10$^{-24}$ |
| $C_7$ | 7.707 516 6×10$^{-22}$ | −7.981 56×10$^{-29}$ |  | 1.669 336 2×10$^{-29}$ |
| $C_8$ | 1.158 266 5×10$^{-25}$ |  |  | −7.311 754 0×10$^{-35}$ |
| $C_9$ | 7.313 886 8×10$^{-30}$ |  |  |  |
| 误差范围/℃ | 0.03~−0.02 | 0.03~−0.01 | 0.02~−0.04 | 0.06~−0.06 |

显式多项式表示：

−200~0℃

$$T_{90} = 3.843\,684\,7\times10^{-2} E^1 + 1.101\,048\,5\times10^{-6} E^2 + 5.222\,931\,2\times10^{-9} E^3 + \\ 7.206\,052\,5\times10^{-12} E^4 + 5.848\,858\,6\times10^{-15} E^5 + \\ 2.775\,491\,6\times10^{-18} E^6 + 7.707\,516\,6\times10^{-22} E^7 + \\ 1.158\,266\,5\times10^{-25} E^8 + 7.313\,886\,8\times10^{-30} E^9\,[\text{℃}]$$

0~600℃

$$T_{90} = 3.868\,96\times10^{-2} E^1 - 1.082\,67\times10^{-6} E^2 + 4.702\,05\times10^{-11} E^3 - \\ 2.121\,69\times10^{-18} E^4 - 1.172\,72\times10^{-19} E^5 + \\ 5.392\,80\times10^{-24} E^6 - 7.981\,56\times10^{-29} E^7\,[\text{℃}]$$

600~1 300℃

$$T_{90} = 1.972\,485\times10^1 + 3.300\,943\times10^{-2} E^1 - 3.915\,159\times10^{-7} E^2 + \\ 9.855\,391\times10^{-12} E^3 - 1.274\,371\times10^{-16} E^4 + \\ 7.767\,022\times10^{-22} E^5\,[\text{℃}]$$

0~1 300℃
$$T_{90} = 3.878\,327\,7\times10^{-2}E^1 - 1.161\,234\,4\times10^{-6}E^2 + 6.952\,565\,5\times10^{-11}E^3 -$$
$$3.009\,007\,7\times10^{-15}E^4 + 8.831\,158\,4\times10^{-20}E^5 -$$
$$1.621\,383\,9\times10^{-24}E^6 + 1.669\,336\,2\times10^{-29}E^7 -$$
$$7.311\,754\,0\times10^{-35}E^8\,[\,℃\,]$$

## B.6　B 型热电偶 [铂（30%）/铑-铂]

多项式：
$$E = \sum_{i=0}^{n} c_i(t_{90})^i\,[\,\mu V\,]$$

系数表：

| 温度范围/℃ | 0~630.615 | 630.615~1 820 |
| --- | --- | --- |
| $C_0$ | 0.0 | $-3.893\,816\,862\,1\times10^3$ |
| $C_1$ | $-2.465\,081\,834\,6\times10^{-1}$ | $2.857\,174\,747\,0\times10^1$ |
| $C_2$ | $5.904\,042\,117\,1\times10^{-3}$ | $-8.488\,510\,478\,5\times10^{-2}$ |
| $C_3$ | $-1.325\,793\,163\,6\times10^{-6}$ | $1.578\,528\,016\,4\times10^{-4}$ |
| $C_4$ | $1.566\,829\,190\,1\times10^{-9}$ | $-1.683\,534\,486\,4\times10^{-7}$ |
| $C_5$ | $-1.694\,452\,924\,0\times10^{-12}$ | $1.110\,979\,401\,3\times10^{-10}$ |
| $C_6$ | $6.229\,034\,709\,4\times10^{-16}$ | $-4.451\,543\,103\,3\times10^{-14}$ |
| $C_7$ | | $9.897\,564\,082\,1\times10^{-18}$ |
| $C_8$ | | $-9.379\,133\,028\,9\times10^{-22}$ |

显式多项式表示：

0~630.615℃
$$E = -2.465\,081\,834\,6\times10^{-1}T^1 + 5.904\,042\,117\,1\times10^{-3}T^2 - 1.325\,793\,163\,6\times10^{-6}T^3 +$$
$$1.566\,829\,190\,1\times10^{-9}T^4 - 1.694\,452\,924\,0\times10^{-12}T^5 +$$
$$6.229\,034\,709\,4\times10^{-16}T^6\,[\,\mu V\,]$$

630.615~1 820℃
$$E = -3.893\,816\,862\,1\times10^3 + 2.857\,174\,747\,0\times10^1 T^1 - 8.488\,510\,478\,5\times10^{-2}T^2 +$$
$$1.578\,528\,016\,4\times10^{-4}T^3 - 1.683\,534\,486\,4\times10^{-7}T^4 +$$
$$1.110\,979\,401\,3\times10^{-10}T^5 - 4.451\,543\,103\,3\times10^{-14}T^6 +$$
$$9.897\,564\,082\,1\times10^{-18}T^7 - 9.379\,133\,028\,9\times10^{-22}T^8\,[\,\mu V\,]$$

逆向多项式：
$$T_{90} = \sum_{i=0}^{n} c_i E^i\,[\,\mu V\,]$$

系数表：

| 温度范围/℃ | 250~700 | 700~1 820 |
| --- | --- | --- |
| 电压范围/μV | 291~2 431 | 2 431~13 820 |
| $C_0$ | $9.4823321\times10^1$ | $2.1315071\times10^2$ |
| $C_1$ | $6.9971500\times10^{-1}$ | $2.8510504\times10^{-1}$ |
| $C_2$ | $-8.4765304\times10^{-4}$ | $-5.2742887\times10^{-5}$ |
| $C_3$ | $1.0052644\times10^{-6}$ | $9.9160804\times10^{-9}$ |
| $C_4$ | $-8.3345952\times10^{-10}$ | $-1.2965303\times10^{-12}$ |
| $C_5$ | $4.5508542\times10^{-13}$ | $1.1195870\times10^{-16}$ |
| $C_6$ | $-1.5523037\times10^{-16}$ | $-6.0625199\times10^{-21}$ |
| $C_7$ | $2.9886750\times10^{-20}$ | $1.8661696\times10^{-25}$ |
| $C_8$ | $-2.4742860\times10^{-24}$ | $-2.4878585\times10^{-30}$ |
| 误差范围/℃ | 0.03~-0.02 | 0.02~-0.01 |

显式多项式表示：

250~700℃

$$T_{90} = 9.4823321\times10^1 + 6.9971500\times10^{-1}E^1 - 8.4765304\times10^{-4}E^2 +$$
$$1.0052644\times10^{-6}E^3 - 8.3345952\times10^{-10}E^4 +$$
$$4.5508542\times10^{-13}E^5 - 1.5523037\times10^{-16}E^6 +$$
$$2.9886750\times10^{-20}E^7 - 2.4742860\times10^{-24}E^8\ [℃]$$

700~1 820℃

$$T_{90} = 2.1315071\times10^2 + 2.8510504\times10^{-1}E^1 - 5.2742887\times10^{-5}E^2 +$$
$$9.9160804\times10^{-9}E^3 - 1.2965303\times10^{-12}E^4 +$$
$$1.1195870\times10^{-16}E^5 - 6.0625199\times10^{-21}E^6 +$$
$$1.8661696\times10^{-25}E^7 - 2.4878585\times10^{-30}E^8\ [℃]$$

## B.7　R型热电偶［铂（13%）/铑-铂］

多项式：

$$E = \sum_{i=0}^{n} c_i (t_{90})^i\ [\mu V]$$

系数表：

| 温度范围/℃ | -50~1 064.18 | 1 064.18~1 664.5 | 1 664.5~1 768.1 |
| --- | --- | --- | --- |
| $C_0$ | 0.0 | $2.95157925316\times10^3$ | $1.52232118209\times10^5$ |
| $C_1$ | 5.28961729765 | -2.52061251332 | $-2.68819888545\times10^2$ |

(续)

| | | | |
|---|---|---|---|
| $C_2$ | $1.391\,665\,897\,82\times10^{-2}$ | $1.595\,645\,018\,65\times10^{-2}$ | $1.712\,802\,804\,71\times10^{-1}$ |
| $C_3$ | $-2.388\,556\,930\,17\times10^{-5}$ | $-7.640\,859\,475\,76\times10^{-6}$ | $-3.458\,957\,064\,53\times10^{-5}$ |
| $C_4$ | $3.569\,160\,010\,63\times10^{-8}$ | $2.053\,052\,910\,24\times10^{-9}$ | $-9.346\,339\,710\,46\times10^{-12}$ |
| $C_5$ | $-4.623\,476\,662\,98\times10^{-11}$ | $-2.933\,596\,681\,73\times10^{-13}$ | |
| $C_6$ | $5.007\,774\,410\,34\times10^{-14}$ | | |
| $C_7$ | $-3.731\,058\,861\,91\times10^{-17}$ | | |
| $C_8$ | $1.577\,164\,823\,67\times10^{-20}$ | | |
| $C_9$ | $-2.810\,386\,252\,51\times10^{-24}$ | | |

显式多项式表示：

$-50\sim1\,064.18\,℃$

$$E = 5.289\,617\,297\,65T^1 + 1.391\,665\,897\,82\times10^{-2}T^2 - 2.388\,556\,930\,17\times10^{-5}T^3 + \\ 3.569\,160\,010\,63\times10^{-8}T^4 - 4.623\,476\,662\,98\times10^{-11}T^5 + \\ 5.007\,774\,410\,34\times10^{-14}T^6 - 3.731\,058\,861\,91\times10^{-17}T^7 + \\ 1.577\,164\,823\,67\times10^{-20}T^8 - 2.810\,386\,252\,51\times10^{-24}T^9\,[\mu V]$$

$1\,064.18\sim1\,664.5\,℃$

$$E = 2.951\,579\,253\,16\times10^3 - 2.520\,612\,513\,32T^1 + 1.595\,645\,018\,65\times10^{-2}T^2 - \\ 7.640\,859\,475\,76\times10^{-6}T^3 + 2.053\,052\,910\,24\times10^{-9}T^4 - \\ 2.933\,596\,681\,73\times10^{-13}T^5\,[\mu V]$$

$1\,664.5\sim1\,768.1\,℃$

$$E = 1.522\,321\,182\,09\times10^5 - 2.688\,198\,885\,45\times10^2 T^1 + 1.712\,802\,804\,71\times10^{-1}T^2 - \\ 3.458\,957\,064\,53\times10^{-5}T^3 - 9.346\,339\,710\,46\times10^{-12}T^4\,[\mu V]$$

逆向多项式：

$$T_{90} = \sum_{i=0}^{n} c_i E^i\,[℃]$$

系数表：

| 温度范围/℃ | $-50\sim250$ | $250\sim1\,200$ | $1\,064\sim1\,664.5$ | $1\,664.5\sim1\,768.1$ |
|---|---|---|---|---|
| 电压范围/$\mu V$ | $-226\sim1\,923$ | $1\,923\sim13\,228$ | $11\,361\sim19\,769$ | $19\,769\sim21\,103$ |
| $C_0$ | $0.0$ | $1.334\,584\,505\times10^1$ | $-8.199\,599\,416\times10^1$ | $3.406\,177\,836\times10^4$ |
| $C_1$ | $1.889\,138\,0\times10^{-1}$ | $1.472\,644\,573\times10^{-1}$ | $1.553\,962\,042\times10^{-1}$ | $-7.023\,729\,171$ |
| $C_2$ | $-9.383\,529\,0\times10^{-5}$ | $-1.844\,024\,844\times10^{-5}$ | $-8.342\,197\,663\times10^{-6}$ | $5.582\,903\,813\times10^{-4}$ |
| $C_3$ | $1.306\,861\,9\times10^{-7}$ | $4.031\,129\,726\times10^{-9}$ | $4.279\,433\,549\times10^{-10}$ | $-1.952\,394\,635\times10^{-8}$ |
| $C_4$ | $-2.270\,358\,0\times10^{-10}$ | $-6.249\,428\,360\times10^{-13}$ | $-1.191\,577\,910\times10^{-14}$ | $2.560\,740\,231\times10^{-13}$ |
| $C_5$ | $3.514\,565\,9\times10^{-13}$ | $6.468\,412\,046\times10^{-17}$ | $1.492\,290\,091\times10^{-19}$ | |

(续)

| | | | | |
|---|---|---|---|---|
| $C_6$ | $-3.8953900\times10^{-16}$ | $-4.458750426\times10^{-21}$ | | |
| $C_7$ | $2.8239471\times10^{-19}$ | $1.994710146\times10^{-25}$ | | |
| $C_8$ | $-1.2607281\times10^{-22}$ | $-5.313401790\times10^{-30}$ | | |
| $C_9$ | $3.1353611\times10^{-26}$ | $6.481976217\times10^{-35}$ | | |
| $C_{10}$ | $3.3187769\times10^{-30}$ | | | |
| 误差范围/℃ | 0.02~-0.02 | 0.005~-0.005 | 0.001~-0.0005 | 0.002~-0.001 |

显式多项式表示：

$-50\sim250℃$

$$T_{90} = 1.8891380\times10^{-1}E^1 - 9.3835290\times10^{-5}E^2 + 1.3068619\times10^{-7}E^3 - 2.2703580\times10^{-10}E^4 + 3.5145659\times10^{-13}E^5 - 3.8953900\times10^{-16}E^6 + 2.8239471\times10^{-19}E^7 - 1.2607281\times10^{-22}E^8 + 3.1353611\times10^{-26}E^9 - 3.3187769\times10^{-30}E^{10} \ [℃]$$

$250\sim1\,200℃$

$$T_{90} = 1.334584505\times10^1 + 1.472644573\times10^1 E^1 - 1.844024844\times10^{-5}E^2 + 4.031129726\times10^{-9}E^3 - 6.249428360\times10^{-13}E^4 + 6.468412046\times10^{-17}E^5 - 4.458750426\times10^{-21}E^6 + 1.994710146\times10^{-25}E^7 - 5.313401790\times10^{-30}E^8 + 6.481976217\times10^{-35}E^9 \ [℃]$$

$1\,064\sim1\,664.5℃$

$$T_{90} = -8.199599416\times10^1 + 1.553962042\times10^{-1}E^1 - 8.342197663\times10^{-6}E^2 + 4.279433549\times10^{-10}E^3 - 1.191577910\times10^{-14}E^4 + 1.492290091\times10^{-19}E^5 \ [℃]$$

$1\,664.5\sim1\,768.1℃$

$$T_{90} = 3.406177836\times10^4 - 7.023729171E^1 + 5.582903813\times10^{-4}E^2 - 1.952394635\times10^{-8}E^3 + 2.560740231\times10^{-13}E^4 \ [℃]$$

## B.8 S型热电偶［铂（10%）/铑-铂］

多项式：

$$E = \sum_{i=0}^{n} c_i (t_{90})^i \ [\mu V]$$

系数表：

| 温度范围/℃ | $-50 \sim 1\,064.18$ | $1\,064.18 \sim 1\,664.5$ | $1\,664.5 \sim 1\,768.1$ |
|---|---|---|---|
| $C_0$ | 0.0 | $1.329\,004\,450\,85 \times 10^3$ | $1.466\,282\,326\,36 \times 10^5$ |
| $C_1$ | $5.403\,133\,086\,31$ | $3.345\,093\,113\,44$ | $-2.584\,305\,167\,52 \times 10^2$ |
| $C_2$ | $1.259\,342\,897\,40 \times 10^{-2}$ | $6.548\,051\,928\,18 \times 10^{-3}$ | $1.636\,935\,746\,41 \times 10^{-1}$ |
| $C_3$ | $-2.324\,779\,686\,89 \times 10^{-5}$ | $-1.648\,562\,592\,09 \times 10^{-6}$ | $-3.304\,390\,469\,87 \times 10^{-5}$ |
| $C_4$ | $3.220\,288\,230\,36 \times 10^{-8}$ | $1.299\,896\,051\,74 \times 10^{-11}$ | $-9.432\,236\,906\,12 \times 10^{-12}$ |
| $C_5$ | $-3.314\,651\,963\,89 \times 10^{-11}$ | | |
| $C_6$ | $2.557\,442\,517\,86 \times 10^{-14}$ | | |
| $C_7$ | $-1.250\,688\,713\,93 \times 10^{-17}$ | | |
| $C_8$ | $2.714\,431\,761\,45 \times 10^{-21}$ | | |

显式多项式表示：

$-50 \sim 1\,064.18$℃

$$E = 5.403\,133\,086\,31 T^1 + 1.259\,342\,897\,40 \times 10^{-2} T^2 - 2.324\,779\,686\,89 \times 10^{-5} T^3 + \\ 3.220\,288\,230\,36 \times 10^{-8} T^4 - 3.314\,651\,963\,89 \times 10^{-11} T^5 + \\ 2.557\,442\,517\,86 \times 10^{-14} T^6 - 1.250\,688\,713\,93 \times 10^{-17} T^7 + \\ 2.714\,431\,761\,45 \times 10^{-21} T^8 \, [\mu V]$$

$1\,064.18 \sim 1\,664.5$℃

$$E = 1.329\,004\,450\,85 \times 10^3 + 3.345\,093\,113\,44 T^1 + 6.548\,051\,928\,18 \times 10^{-3} T^2 - \\ 1.648\,562\,592\,09 \times 10^{-6} T^3 + 1.299\,896\,051\,74 \times 10^{-11} T^4 \, [\mu V]$$

$1\,664.5 \sim 1\,768.1$℃

$$E = 1.466\,282\,326\,36 \times 10^5 - 2.584\,305\,167\,52 \times 10^2 T^1 + 1.636\,935\,746\,41 \times 10^{-1} T^2 - \\ 3.304\,390\,469\,87 \times 10^{-5} T^3 - 9.432\,236\,906\,12 \times 10^{-12} T^4 \, [\mu V]$$

逆向多项式：

$$T_{90} = \sum_{i=0}^{n} c_i E^i \, [\mu V]$$

系数表：

| 温度范围/℃ | $-50 \sim 250$ | $250 \sim 1\,200$ | $1\,064 \sim 1\,664.5$ | $1\,664.5 \sim 1\,768.1$ |
|---|---|---|---|---|
| 电压范围/μV | $-235 \sim 1\,874$ | $1\,874 \sim 11\,950$ | $10\,332 \sim 17\,536$ | $17\,536 \sim 18\,693$ |
| $C_0$ | 0.0 | $1.291\,507\,177 \times 10^1$ | $-8.087\,801\,117 \times 10^1$ | $5.333\,875\,126 \times 10^4$ |
| $C_1$ | $1.849\,494\,60 \times 10^{-1}$ | $1.466\,298\,863 \times 10^{-1}$ | $1.621\,573\,104 \times 10^{-1}$ | $-1.235\,892\,298 \times 10^1$ |
| $C_2$ | $-8.005\,040\,62 \times 10^{-5}$ | $-1.534\,713\,402 \times 10^{-5}$ | $-8.536\,869\,453 \times 10^{-6}$ | $1.092\,657\,613 \times 10^{-3}$ |
| $C_3$ | $1.022\,374\,30 \times 10^{-7}$ | $3.145\,945\,973 \times 10^{-9}$ | $4.719\,686\,976 \times 10^{-10}$ | $-4.265\,693\,686 \times 10^{-8}$ |
| $C_4$ | $-1.522\,485\,92 \times 10^{-10}$ | $-4.163\,257\,839 \times 10^{-13}$ | $-1.441\,693\,666 \times 10^{-14}$ | $6.247\,205\,420 \times 10^{-13}$ |
| $C_5$ | $1.888\,213\,43 \times 10^{-13}$ | $3.187\,963\,771 \times 10^{-17}$ | $2.081\,618\,890 \times 10^{-19}$ | |
| $C_6$ | $-1.590\,859\,41 \times 10^{-16}$ | $-1.291\,637\,500 \times 10^{-21}$ | | |

（续）

| | | | | |
|---|---|---|---|---|
| $C_7$ | $8.23027880\times10^{-20}$ | $2.183475087\times10^{-26}$ | | |
| $C_8$ | $-2.34181944\times10^{-23}$ | $-1.447379511\times10^{-31}$ | | |
| $C_9$ | $2.79786260\times10^{-27}$ | $8.211272125\times10^{-36}$ | | |
| 误差范围/℃ | 0.02~-0.02 | 0.01~-0.01 | 0.0002~-0.0002 | 0.002~-0.002 |

显式多项式表示：

$-50\sim250$℃

$$T_{90} = 1.84949460\times10^{-1}E^1 - 8.00504062\times10^{-5}E^2 + 1.02237430\times10^{-7}E^3 - 1.52248592\times10^{-10}E^4 + 1.88821343\times10^{-13}E^5 - 1.59085941\times10^{-16}E^6 + 8.23027880\times10^{-20}E^7 - 2.34181944\times10^{-23}E^8 + 2.79786260\times10^{-27}E^9 \ [\text{℃}]$$

$250\sim1200$℃

$$T_{90} = 1.291507177\times10^1 + 1.466298863\times10^{-1}E^1 - 1.534713402\times10^{-5}E^2 + 3.145945973\times10^{-9}E^3 - 4.163257839\times10^{-13}E^4 + 3.187963771\times10^{-17}E^5 - 1.291637500\times10^{-21}E^6 + 2.183475087\times10^{-26}E^7 - 1.447379511\times10^{-31}E^8 + 8.211272125\times10^{-36}E^9 \ [\text{℃}]$$

$1064\sim1664.5$℃

$$T_{90} = -8.087801117\times10^1 + 1.621573104\times10^{-1}E^1 - 8.536869453\times10^{-6}E^2 + 4.719686976\times10^{-10}E^3 - 1.441693666\times10^{-14}E^4 + 2.081618890\times10^{-19}E^5 \ [\text{℃}]$$

$1664.5\sim1768.1$℃

$$T_{90} = 5.333875126\times10^4 - 1.235892298\times10^1E^1 + 1.092657613\times10^{-3}E^2 - 4.265693686\times10^{-8}E^3 + 6.247205420\times10^{-13}E^4 \ [\text{℃}]$$

## 附录 C　微处理器上的计算

在下文中,我们将探讨一些与微处理器上的整数和定点计算相关的问题。因为在 8 位微处理器的环境中很少采用浮点运算作为接口,所以我们不讨论浮点计算。

### C.1　数字在微处理器上的表示

#### C.1.1　二进制数:无符号整数

在内部,微处理器将所有变量表示为二进制整数,即以 2 为基数的整数。整数可以是无符号的(即正数)或可以是有符号的(可以是正的或负的)。一个正十进制数,比如四位数 3 792,利用数字 0~9,可以表示为

$$3\,792 = 3 \times 10^3 + 7 \times 10^2 + 9 \times 10^1 + 2 \times 10^0 \tag{C.1}$$

与十进制相似,二进制或以 2 为基数的整数使用数字 0 和 1。比如,8 位无符号整数 10011011 可以表示为

$$\begin{aligned} 10011011 &= 1 \times 2^7 + 0 \times 2^6 + 0 \times 2^5 + 1 \times 2^4 + 1 \times 2^3 + 0 \times 2^2 + \\ & \quad 1 \times 2^1 + 1 \times 2^0 \\ &= 128 + 0 + 0 + 16 + 8 + 0 + 2 + 1 = 155 \end{aligned} \tag{C.2}$$

式(C.2)中的表示还显示了如何将数字从一种进制转换为另一种进制。对于此处所示的特定情况,十进制等效值为 155。

要把一个二进制数转换成十进制数,只需将式(C.2)中的乘积相加即可。要将十进制数转换为二进制数,我们可以通过两种简单的方法实现。一种方法是基于除以 2。将十进制数除以 2,如果能够整除,则将最低有效位(Least Significant Bit,LSB)写为"0"。如果不能整除,则将其写为"1",然后将商再次除以 2,直到商为零。再次使用数字 3 792,可以写为

$$\begin{aligned} 3\,792/2 &= 1\,896\text{-----}0 \\ 1\,892/2 &= 948\text{------}0 \\ 948/2 &= 474\text{------}0 \\ 474/2 &= 237\text{------}0 \\ 237/2 &= 118\text{------}1 \\ 118/2 &= 59\text{-------}0 \\ 59/2 &= 29\text{-------}1 \\ 29/2 &= 14\text{-------}1 \\ 14/2 &= 7\text{--------}0 \\ 7/2 &= 3\text{--------}1 \\ 3/2 &= 1\text{--------}1 \\ 1/2 &= 0\text{--------}1 \end{aligned} \tag{C.3}$$

数字表示为 111011010000,需要 12bit。

由式（C.3）可以联想到一种更简单的方法。找到该数字下最大的 2 的幂，然后从十进制数中将其减去。对于最高有效位（Most Significant Bit，MSB），将与该幂指数对应的数位设置为"1"。找出适合余数的下一个最大的 2 的幂，然后将其减去。将相应的数位设置为"1"，以此类推，直到余数为零。所有其他数位均为零。在本例中，最大的 2 的幂是 $2^{11} = 2\,048$，则数位 12 为"1"，余数为 1 744。此时不超过 1 744 的最大幂为 $2^{10} = 1\,024$，则数位 11 为"1"，余数为 720。下一个最大的 2 的幂为 $2^9 = 512$，数位 10 为"1"，余数为 208。下一个最大的 2 的幂为 $2^7 = 128$，余数为 80。数位 8 为"1"，但由于没有使用 $2^8 = 256$，所以数位 9 为"0"。继续该过程，我们得到与上述相同的表示 111011010000。

### C.1.2 有符号整数

在十进制中，我们用负号表示负数（整数或分数），但在数字系统中没有负号。在通用记数法中，负整数被视为正整数，MSB 用作符号位。如果 MSB 为"0"，则该数被认为是正数，而如果为"1"，则该数为负数。例如，有符号整数 01000101 是一个正数，相当于 69。有符号整数 11000101 为负，相当于-59。为了理解该记数法，我们将两个整数写成如下形式：

$$
\begin{array}{c|c|c|c|c|c|c|c}
0 & 1 & 0 & 0 & 0 & 1 & 0 & 1 \\
\hline
-2^7 & -2^6 & -2^5 & 2^4 & 2^3 & 2^2 & 2^1 & 2^0
\end{array}
\qquad
\begin{array}{c|c|c|c|c|c|c|c}
1 & 1 & 0 & 0 & 0 & 1 & 0 & 1 \\
\hline
-2^7 & -2^6 & -2^5 & 2^4 & 2^3 & 2^2 & 2^1 & 2^0
\end{array}
\qquad (\text{C.4})
$$

第一个整数为

$$
\begin{aligned}
01000101 &= 0 \times (-2^7) + 1 \times 2^6 + 0 \times 2^5 + 0 \times 2^4 + 0 \times 2^3 + \\
&\quad 1 \times 2^2 + 0 \times 2^1 + 1 \times 2^0 \\
&= 0 + 64 + 0 + 0 + 0 + 4 + 0 + 1 = 69
\end{aligned}
$$

第二个整数为

$$
\begin{aligned}
11000101 &= 1 \times (-2^7) + 1 \times 2^6 + 0 \times 2^5 + 0 \times 2^4 + 0 \times 2^3 + \\
&\quad 1 \times 2^2 + 0 \times 2^1 + 1 \times 2^0 \\
&= -128 + 64 + 0 + 0 + 0 + 4 + 0 + 1 = -59
\end{aligned}
$$

由于符号位不能用作有符号整数表示的一部分，因此可以表示的数字范围是-128~+127，或者一般是从$-2^{n-1} \sim 2^{n-1} - 1$，而无符号数字的范围是从 0~255 或从 $0 \sim 2^n - 1$，其中 $n$ 是表示中的位数。

负整数使用 2 的补码（2s complement）方法表示，如下所示：

1）从负数的正值开始。也就是说，我们需要找到数字-A 的表示形式，并从二进制格式的 A 开始。

2）计算 A 的 1 的补码（1s complement）。二进制整数的 1 的补码是通过用 1 替换所有 0 以及用 0 替换所有 1（包括符号位）得到的。

3）在 1 的补码上加"1"得到 2 的补码。

例如，假设我们需要写整数-59。首先把 59 写成 00111011，1 的补码是 11000100，加 1 等于 11000101。这显然是一个负数，其值如前所述为-59。

在表示有符号整数时，我们使用了一个"保留的"符号位，但在这个过程中，可以表示的值的范围被严重缩小了，这对于 8 位整数的影响尤其大。为了缓解这一问题，微处理器采取了略有不同的策略。有符号和无符号数字都使用8位（或16位微处理器中的16位），因此有符号整数和无符号整数的整数范围是相同的。不同寄存器中的两个额外位用于指示进位和借位。当进位置1时，表示加法功能使寄存器溢出，而当借位置1时，则发生下溢，表示负数。从负数表示的角度来看，这与使用9位寄存器表示8位有符号整数是一样的。

### C.1.3 十六进制数

二进制数对于计算特别有用，因为微处理器（和计算机）中使用的硬件可以非常容易地表示两种状态。在计算机之外使用二进制表示的主要缺点是数字很长。在编程和显示时，使用与基数2相关的更高基数的记数方案更方便。满足此要求的两个不同表示是八进制（基数8）和十六进制（基数16）记数方案。在微处理器中，十六进制表示法是最常用的，该方案使用数字0-9加上A(=10)、B(=11)、C(=12)、D(=13)、E(=14)和F(=15)。在十六进制中，LSB乘以$16^0$，接着一位乘以$16^1$，然后是$16^2$，以此类推。3 792可以写成

$$3\ 792 = 14 \times 16^2 + 13 \times 16^1 + 0 \times 16^0$$

因此，3 792的十六进制格式表示为ED0。前面讨论的二进制数的减法方法也适用于这里，但有明显的修改。

## C.2 整数运算

因为微处理器是为数字控制设计的，所以它们只能处理二进制整数。这意味着首先整数计算在微处理器中是"自然的"，其次，任何其他格式的计算都必须适应二进制整数环境。

整数计算是精确的，也就是说，只要能够在分配的位数内完成，就不会因舍入误差而损失精度。例如，如果分配8位给无符号整数，则可以表示的最大值是255。只要计算所需的所有数以及结果都小于255，结果就是准确的。再比如，分配16位允许的整数范围为$0 \sim 2^{16} - 1 = 65\ 535$。

如果还必须使用负数，例如在执行减法时，则必须使用有符号整数。因为MSB通常用于符号指示，所以16位有符号整数表示将使用15位数来表示整数，允许表示的整数范围为$-2^{15} \sim 2^{15} - 1$或$-32\ 768 \sim +32\ 767$（微处理器如何处理负整数请参见C.1.2节）。这也显示了整数计算的主要缺点——其动态范围很小，即可以表示的数字范围很小。基于这个原因，计算机使用浮点数，其特征在于尾数和指数。通过使用短的尾数和指数可以描述任何数字，但数字通常是被截断的，因此浮点计算并不准确。

### C.2.1 二进制整数的加法和减法

微处理器中的基本算术运算是将两个二进制整数相加。几乎所有其他数学运算都必须依赖于加法以及逻辑运算。值得注意的例外情况是乘以和除以2的幂，因为这可以通过逻辑向左移位（向左移一位将数字乘以2）或向右移位（每次移位将数字除以2）来实现。

加法的执行与十进制相同，不同之处在于1+1会产生进位1，即1+1=10和1+1+1=11（即1+1+进位=11，而1+进位=10）。对于两个8位有符号整数，$A = 00110101$和$B = 00111011$，有

$$00110101+00111011=01110000 \quad (53+59=112)$$

在本例中，所有三个值都小于255，并且不会产生进位。但假设 $B=01111011(123)$：

$$00110101+01111011=10110000 \quad (53+123=176)$$

结果的符号位应该是"1"，但是因为两个整数都是正的，所以结果不能是负的，因此得到的整数被正确地解释为176。

假设现在我们想要从 $A=01111011(53)$ 中减去 $B=00110101(123)$。首先，我们必须写出 $-B$ 的值，这样我们才能执行 $A+(-B)$ 操作。按如下方法得到 $-B$：

10000100，$B$ 的 1 的补码

$10000100+1=10000101$，$B$ 的 2 的补码

这就等于-123（即-128+4+1+-123）。

现在，我们将 $B$ 的 2 的补码与 $A$ 相加：

$$00110101+10000101=10111010 \quad (53-123=-70)$$

这显然是一个负数，等于-128+32+16+8+2=-70，可以使用十进制数进行验证。请注意，由于我们执行减法，因此符号位不能被解释为进位，只能被视为符号。

### C.2.2 乘法和除法

二进制数的乘法和除法遵循与十进制数乘法相同的原理。在手动计算中使用的简单长乘法和长除法可以适用于二进制数，并且实际上比在十进制运算中更容易。然而，术语"long"在二进制乘法和除法中具有特别明确的含义。因为二进制数很长（与等值的十进制数相比），长乘法和长除法的过程需要大量的步骤。因此，微处理器和计算机要么在特殊硬件中执行这些操作，要么使用比长乘法或长除法效率高得多的优化算法来执行。但是，为了了解所涉及的原理，我们将通过模拟手动乘法/除法来查看此过程。

#### C.2.2.1 二进制整数乘法

乘法是通过一系列不需要任何特殊硬件的移位和加法操作实现的。考虑两个 8 位无符号整数 $A=10110011(179)$ 和 $B=11010001(209)$ 的乘法，结果是 37 411 或 1001001000100011。

```
        10110011 ×
        11010001
        10110011 +
     10110011
     101111100011 +
    10110011
    11100010100011 +
   10110011
   1001001000100011
```

这种计算与普通长乘法的不同之处在于，计算了中间和，并且被乘数不乘以零，而是向左移一位。乘法过程需要将被乘数放入一个长度是自身两倍的变量中（本例中为 16 位，以允许移位），中间结果也放在一个 16 位整数中，乘数保持不变（8 位）。乘法只需将被乘数向左移位，并将其与先前计算的中间结果相加即可。

算法如下：

1) 将被乘数放入 16 位寄存器（M 寄存器）。

2) 将中间结果寄存器（I 寄存器）置零。

3) 如果 MSB 为 "1"，则将 M 和 I 寄存器相加，结果放入 I 寄存器。

4) 如果 MSB 为 "0"，则将 M 寄存器向左移位 1 位。

5) 设置 STEP = 2 并从 STEP 位开始扫描乘数器寄存器。

6) 如果 bit# = STEP 为 "0"，则将 M 寄存器向左移位 1 位。

7) 如果 bit# = STEP 为 "1"，则将 M 寄存器向左移位 1 位，并将其添加到 I 寄存器。

8) 递增 STEP。

9) 如果 STEP = 9，跳转到 STOP。否则跳转到步骤 6。

10) STOP。结果保存在 I 寄存器中。

应该注意的是，结果是原始整数的两倍长。算法本身需要 8 次移位和 8 次加法以及更长的字长，但不需要其他类型的操作。这显然是一种比加法或减法慢得多的算法。如前所述，这是一种用于阐明该过程的"最坏情况"的算法。实际的乘法算法比这复杂得多，需要的运算也少得多。

这里我们假设整数是无符号的。如果是有符号的，则乘法是这样完成的：首先将所有负整数变成其正等价数，将没有符号位的整数相乘，然后根据两个被乘数的符号计算乘积的符号。如果乘积为负数，则按照 C.1.2 节中的讨论将其转换为负数表示。

#### C.2.2.2 二进制整数除法

无符号整数的长除法类似于十进制数的长除法，并产生商和余数。和乘法一样，除法是通过一系列的右移和减法来完成的（减法本身是通过加法来完成的）。考虑将被除数 $A$ = 11101110 (238) 除以除数 $B$ = 00001001 (9)。因为我们在这里讨论的是整数除法（26×9+4 = 238），所以预期的结果是 26（商），余数为 4。先了解一下图 C.1a 中的除法是有启发意义的，因为该方法是手动完成的。首先，除数与被除数最左边位对齐。如果除数小于其上面的数字组成的数，则从其上面的（四）位数字中减去除数，得到一个余数，在本例中等于 101，商的 MSB 置为 1。如果不是这种情况，则不执行减法，商的 MSB 保持为 0。接下来，我们将被除数的下一位数字（从左起第 5 位数字）放到余数的右侧，生成 1011。现在我们从中减去除数，得到一个等于 10 的余数，商的下一位数字变成 1（商现在是 11）。将被除数的第 6 位数字下移到余数，使其变成 101，这个数比除数小。因此，商的下一位数字是 0，并且不会进行减法。将第 7 位数字下移，余数变成 1011。减去除数后得到的余数等于 10，商变成 1101。最后一位下移到余数，使其变为 100。因为这个数比除数要小，所以商变为 11010 (26)，余数为 100 (4)，跟预期结果相同。现在来看图 C.1b，此方法使用 8 位整数产生了相同的结果，使用的算法如下所示：

1) 被除数（DD 寄存器）和除数（DR 寄存器）各在一个 8 位寄存器中。创建两个额外的寄存器：商（Q 寄存器）和余数（R 寄存器）。

2) 将 Q 和 R 寄存器清零。

3) 将 DR 寄存器向左移位，直到消除所有前导零，使得 MSB 为 "1"。将必需的移位次数保存为数字 $n$。

4) 从 DD 寄存器的前 $n$ 位中减去 DR 寄存器的前 $n$ 位。如果结果为负，则将 Q 寄存器的第 n 位置为 "0"，并忽略此次相减。

5) 如果步骤 4 中的减法得到一个正值，则将该值放在 R 寄存器中，并将 Q 寄存器中的第 n 位置 "1"。

6) 将 DR 寄存器向右移一位，并递增 n(n=n+1)。

7) 将 R 寄存器中的第 n 位设置为与 DD 寄存器中的第 n 位相等。

8) 从 R 寄存器中减去 DR 寄存器。如果该值为负，则将 Q 寄存器中的第 n 位设置为 0，并忽略此次相减。如果 n=8，则跳转到步骤 10。否则，跳转到步骤 6。

9) 如果 R−DR>0，则将 Q 寄存器中的第 n 位置为 1。如果 n=8，跳转到步骤 10。否则，跳转到步骤 6。

10) Q 寄存器中即为商，R 寄存器中即为余数。

这是一个很长的算法，可以在软件中实现，但却是一种低效执行除法的方式。然而，该算法确实佐证了如前所述的一个事实，即除法可以仅使用移位和加法来实现。

```
       11010│11101110              11010│11101110
         1101↓ ┆ ┆ ┆                    10010000
         1011 ↓ ┆ ┆                    01011000
         1001 ↓ ┆                      01001000
          1011 ↓                       00010110
          1001                         00000100
           100                         00000100
                                       00001001
                                       00000100
```

　　　　a) 长除的手动过程　　　　b) 微处理器上的等效长除

图 C.1　长除的手动过程和使用 8 位整数的微处理器上的等效长除

## C.3　定点运算

在某些情况下必须使用小数。例如，可能需要求两个整数的比值，或将输入电压按非整数值缩放到微处理器中，或将固定的偏移量添加到结果中。在微处理器中，通常使用定点运算来完成这些操作，因为它比使用各种资源中既定例程的浮点运算需要更少的资源。

定点运算的基本思想是用隐含放置在整数内固定位置的基数点来处理单个数的整数和小数部分。这样可以在只对整数进行操作的同时表示小数。考虑如下所示的 8 位无符号数以及与每个数位相关的权重：

$$\boxed{1\ 1\ 0\ 0\ 1\ 1\ 0\ 1} \\ 2^7\ 2^6\ 2^5\ 2^4\ 2^3\ 2^2\ 2^1\ 2^0$$

该数字代表十进制值 205。我们可以很容易地说它代表值 205.0，但是这意味着我们在数字的末尾放了一个小数点（通常我们称之为基数点）。假设现在我们把小数点向左移一位，得到值 20.5。在十进制格式中，可以写成 $2\times10^1+0\times10^0+5\times10^{-1}$。实际上，这个数字已经被除以 10，或者更恰当地说，按 $10^{-1}$ 被缩放。类似地，如果我们在二进制数 11001101 的第 4 位和第 5 位之间放置一个基数点，得到 1100.1101。按照十进制数的示例，表示形式变为

$$\boxed{1\ 1\ 0\ 0\ \bullet\ 1\ 1\ 0\ 1} \\ 2^3\ 2^2\ 2^1\ 2^0\ \ 2^{-1}\ 2^{-2}\ 2^{-3}\ 2^{-4}$$

该数字代表值 12.812 5，实际上是 $205/2^4 = 205×2^{-4} = 12.812 5$。因此，定点数通常称为比例整数。请注意，数字本身没有变化，但数位的权重已按 $10^{-4}$ 被缩放。

该表示的问题在于整数只能在 0000~1111（或 0~15）之间变化，而小数可以在 0000~1111（或 0~0.937 5，分辨率为 1/16）之间变化。如果我们希望将有符号数表示为定点数，则前一个示例中的整数将减少 1 位，并且只能表示 0~7（000~111）之间的数字。显然，为了使该方法有用需要更多位。在 8 位微处理器中，自然的选择是整数使用 8 位，小数也使用 8 位，可以表示 0~255.996 095 75 之间的无符号数和 -127.996 095 75~127.996 095 75 的有符号数。当然，也可以使用 12 位作小数、4 位作整数或适合当前应用的任意组合。然而，微处理器制造商提供的大多数例程中每个部分使用 8（或 16）位。其他任意组合可能需要用户自行编写，通常是作为需要时调用的子程序。

所有对定点数的运算都与对任何整数的运算一样，基数点显然是允许的。加法和减法与有符号或无符号整数的加减相同。例如，两个无符号定点数 $A$ = 11010010.11010101（210.832 031 25）与 $B$ = 01000101.0011101（69.238 281 25）之和为

```
  11010010 11010101+
  01000101 00111101
(1)00011000 00010010
```

结果是 00011000.00010010，进位为 1。在十进制表示中，结果是 24.070 312 5 和相当于 256 的进位。十进制结果为 280.073 125 = 24.070 312 5 + 256。显然，结果需要 9 位整数而不是 8 位，但总和是正确的。需要注意的要点是，这两个数被视为任意两个整数，并且基点不会影响为得到结果而执行的操作。有符号定点数的处理方式与有符号整数相同。

定点数的乘法和除法也遵循与整数相同的处理过程，但基数点必须调整。例如，两个 16 位定点数相乘，每个定点数有 8 位整数和 8 位小数，结果是一个 16 位整数和 16 位小数，必须被截断为总共 16 位。如果整数可以容纳 8 位，则精度不会有任何损失，否则必须使用更多的位。举个例子，假设要求 $A$ = 00000100.11101110（4.929 687 5）和 $B$ = 00010010.00111010（18.226 562 5）的乘积，乘法遵循与十进制乘法相同的规则：

```
              0000010011101110×
              0001001000111010
              0000000000000000+
              0000010011101110
              0000100111011100
             0000010011101110
            0000011000101001100+
            0000010011101110
           0000100111011100
          0000010011101110
         0000010001110111101100+
         0000010011101110
        0000010101111100111101100+
        0000010011101110
       00000001011100111011001 11101100
              16位整数          16位小数
       00000000 10110011 10110011 11101100
              8位整数        8位小数
```

结果为

$$c = 0000000001011001 \cdot 1101100111101100$$

乘法的结果是小数为 16 位，整数为 16 位。8 个最低有效位必须从小数中移除，8 个最高有效位必须从整数中移除，因为即使每个部分都用 16 位处理内部乘法，每个表示也只有 8 位可用。因此，结果是

$$c = 01011001 \cdot 11011001 = 89.847\ 656\ 25$$

由于小数部分被截断，因此这个结果是不准确的，正确的结果应该是 89.851 257 324 2（误差约为 0.8%）。请注意，小数的截断会导致精度损失，但整数的截断就不会，前提是乘积的整数部分可以容纳 8 位。如果不能，那么结果是错误的，因为 MSB 将被截断。

# 参考答案[一]

## 第1章

**1.18** kg·m²/s²
**1.20** 0.737 56lbf·ft
**1.21** 1.942 8mol
**1.22** 9.972 5×10²³g
**1.23** (a) 1 364MB  (b) 1 599.5GB
**1.24** 2 048×10⁶bit（2Gbit）
**1.25** 39.81μW/m²
**1.26** (a) 120dB  (b) 47.96dB
**1.27** (a) 25  (b) 125

## 第2章

**2.1** −23.73%
**2.2** (a) $F = 6.322\,1d + 0.089$  (b) $F = -0.06 + 7.59f - 2.383f^2$
**2.3** (a) $A = 0.004\,159\,69$，$B = 8.030\,935 \times 10^7$，$C = 1.028\,1 \times 10^{11}$
    (b) −5.08%，2.8×10⁻⁵%，5.04%
**2.4** (a) 3.18%  (b) 当100℃时为3.77%
**2.5** (b) 339kHz
**2.6** (b) 每个扬声器的电阻为16Ω
**2.7** (a) 60V，60%的误差  (b) 1.485GΩ
**2.8** 0.99~4.95V
**2.9** $P(\omega) = -\dfrac{0.05}{200\pi}\omega^2 + 0.05\omega \left[\dfrac{\text{N}\cdot\text{m}}{\text{s}}\right]$，$\omega$=角速度［rad/s］
**2.10** (a) $P_L = \dfrac{1}{2}\text{Re}\left\{\left(\dfrac{48}{8+j2+R_L}\right)^2 R_L\right\}$［W］
     (b) $P_L = \dfrac{1}{2}\text{Re}\left\{\left(\dfrac{48}{8+j2+Z_L}\right)^2 Z_L\right\}$［W］  (d) 13.1W，15.27W，13.93W

---

[一] 部分原书答案有误，翻译过程中已更正。——译者注

2.11 (a) $P_1(f) = \text{Re}\left\{\dfrac{72}{16-j2\pi f \times 10^{-3}}\right\}$ [W]

$P_2(f) = \text{Re}\left\{\dfrac{72}{16-j0.006f-j2\pi f \times 10^{-3}}\right\}$ [W]

$P_3(f) = \text{Re}\left\{\dfrac{72}{16+j0.006f-j2\pi f \times 10^{-3}}\right\}$ [W]

2.12 120dB，130dB

2.13 120dB

2.14 30dB

2.15 160dB

2.16 34.77dB

2.17 15bit

2.18 (a) $\beta = 3\,578.82\text{K}$ (b) 66.42% (c) 66.48%

2.19 (a) $s = 5R_{01} + 2R_{02}$ [Ω/应变]

(b) $s = \dfrac{R_{01}R_{02}(7+20\varepsilon)}{R_{01}(1+5\varepsilon)+R_{02}(1+2\varepsilon)} - \dfrac{R_{01}R_{02}(1+7\varepsilon+10\varepsilon^2)(5R_{01}+2R_{02})}{[R_{01}(1+5\varepsilon)+R_{02}(1+2\varepsilon)]^2}$ $\left[\dfrac{\Omega}{\text{应变}}\right]$

2.20 (a) 在 21.849kg/min 时为 0.599 7V (b) 在 9.977kg/min 时为 0.390 3V

(c) 0.057 7V/(kg/min) (d) 0.138 4~0.002 2MV/(kg/min)

2.21 (a) 14.1mV(氧气浓度为 4.5%)

(b) 最小灵敏度：−1.7mV/%(氧气浓度为 12%)；最大灵敏度：−19.9mV/%(氧气浓度为 12%)

(c) 0 (d) 2.7%(氧气浓度为 12%)

2.22 (b) 7.74%

2.24 (b) ±1.96% (c) ±2%

2.25 (c) 17.1℃时开启，18.9℃时关闭 (d) 18.9℃时开启，17.1℃时关闭

2.26 1.61%

2.27 20℃：FR = $2.222\times10^{-9}$ 故障数/h，FIT = 2.22

80℃：FR = $1.613\times10^{-5}$ 故障数/h，FIT = 16 129

2.28 FR = $7.058\,8\times10^{-6}$ 故障数/h，MTBF = 141 677h

## 第 3 章

3.1 −459.67K

3.2 $1.49\times10^{18}$eV

3.3 (a) 54.664m (b) 290mm (c) 89.58Ω(45℃)~166.8Ω(120℃)

3.4 0.006 3℃（0℃） 0.006 136℃（100℃）

3.5 (a) 1 010℃

参考答案 375

**3.6** (a) $a = 3.00808 \times 10^{-4}$,$b = 1.91919 \times 10^{-7}$,$c = -1.88039 \times 10^{-11}$

(b) $a = 3.57863 \times 10^{-4}$,$b = 5.59392 \times 10^{-8}$,$c = -1.01539 \times 10^{-11}$

(c) $R(-150℃)$ 为 47.167Ω [(a) 中]、46.591Ω [(b) 中]、47.376Ω [式 (3.5) 中]
$R(800℃)$ 为 68.174Ω [(a) 中]、66.1Ω [(b) 中]、66.528Ω [式 (3.5) 中]

**3.7** (a) 79.5℃ (b) 79.3334℃

**3.8** (a) $T = (1/\alpha)[(V/R_0I) - 1] + T_0$ [℃] (b) 1264.88℃

**3.9** (a) $\alpha_{50} = 0.00323$ (b) $\alpha_1 = \{\alpha_0/[1 + \alpha_0(T_1 - T_0)]\}$

**3.10** (a) 15.721MΩ (b) 314.42Ω (c) 943.3Ω

**3.11** $a = 8.34188 \times 10^{-3}$, $b = 1.36752 \times 10^{-5}$

**3.12** (a) $R = 18.244 + 0.164T + 5.163 \times 10^{-4}T^2$ [Ω]

(b) $s = 0.164 + 10.326 \times 10^{-4}T$ [Ω/℃]

(c) 22.67Ω、39.82Ω、54.48Ω、0.1898Ω/℃、0.2673Ω/℃、0.3189Ω/℃

**3.13** (a) $R(T) = e^{[(y-x/2)^{1/3} - (y+x/2)^{1/3}]}$ [Ω], $x = \dfrac{1.44263 \times 10^{-3} - 1/T}{1.64086 \times 10^{-7}}$,

$y = \sqrt{551.804 + (x^2/4)}$

(b) $R(T) = 938e^{3352.34(1/T - 1/298.15)}$ [Ω]

**3.14** (a) $R = 133333.33 - 1800T + 6.667T^2$ [Ω] (b) 133333.33Ω

**3.15** (a) $R(T) = 10e^{-\beta/293.15}e^{\beta/T}$ [kΩ]. 0℃时; $\beta = 3505.11$K, 60℃时; $\beta = 3696.85$K; 120℃时, $\beta = 3653.58$K

(b)

| $\beta$ 计算条件 | 0℃时电阻/kΩ | 60℃时电阻/kΩ | 120℃时电阻/kΩ |
|---|---|---|---|
| 0℃ | 23.999(0%) | 2.3798(8.17%) | 0.478(18.57%) |
| 60℃ | 25.177(4.9%) | 2.2(0%) | 0.4045(-3.7%) |
| 120℃ | 24.906(3.77%) | 2.239(1.77%) | 0.42(0%) |

**3.16** $e = 0.0827$℃/mW

**3.17** (a) 4.096mV (b) 3.899mV

**3.18** (a) 4.096mV (b) 4.096mV (c) 3.8941mV, -4.93%

**3.19** (a) 35.365mV (b) 36.987mV [与 (a) 中相差约 5%]

**3.20** (a) 7749.62μV、9081.31μV、10730.77μV、7229.60μV、10748.61μV、8776.40μV、9358.53μV、9288.1μV

(b) -16.56%、-2.23%、15.53%、-22.16%、15.72%、-5.51%、0.76%

(c) 241.02℃(20.51%)、175.43℃(-12.28%)、212.59℃(6.29%)、196.47℃(-1.76%)、200.65℃(0.325%)、200.18℃(0.09%)

**3.21** (a) 7324.95μV (b) 6677.55μV

**3.22** (a) 39111.8Ω (b) 0.1425% (c) 2.803%

3.23 (a) 658 个结点对 (b) 13.439V(80℃) ~12.008 5V(120℃)

3.24 5 296 个结点（2 648 个结点对）

3.25 (a) $s=-1.365\times10^{-3}T[\text{V}/℃]$ (b) $s=-9.698\times10^{-4}T[\text{V}/℃]$
(c) $s=0.051\ 1/I[\text{V}/\text{A}]$

3.26 (a) 1.073mV/℃，0.323V
(b) +1.516%（电流变化+10%），-1.676%（电流变化-10%） (c) 2.48%

3.27 (a) $s=-\dfrac{b+cT+dT^2}{(a+bT+cT^2+dT^3)^2}\left[\dfrac{\text{s}}{\text{K}}\right]$
(b) 飞行时间变化：0.757μs(0℃) ~0.526μs(26℃)

3.28 (a) 误差 $=100\left(\dfrac{343.421\ 8}{331.5\sqrt{T/273.15}}-1\right)[\%]$
(b) 3.23m（-20℃） 2.88m（45℃）

3.29 345.23mm³

3.30 0.483mm/℃

3.31 (a) 0.605mm/℃ (b) 0.165℃

3.32 (a) 0.772 3℃/mm (b) 1 900%（高压），-2 000%（低压）

3.33 (a) 0.136 4mm/℃ (b) $s=\dfrac{1.085\ 8\times10^{-3}}{787.805+F}\left[\dfrac{\text{mm}}{℃}\right]$ (c) 81.39 [N]

3.34 (a) 2.096cm (b) 253℃

3.35 52.57cm

3.36 (a) 2 718.69mm³，15.6mm (b) 1.85mm

3.37 (a) 108.75mm³ (b) 1.85mm

## 第 4 章

4.1 1 579.14W

4.2 0.01W/m²

4.4 3.102eV ~ 1.24MeV

4.5 (a) $1.078\ 4\times10^{15}$Hz (b) 278.2nm

4.6 $5.792\ 85\times10^{17}$ 电荷/s

4.7 (a) 1.079eV (b) 1.505 8eV (c) 0.116mA

4.8 低于 0.886 2eV

4.9 Ge 的暗电阻为 44.84kΩ，Si 的暗电阻为 220.8MΩ，GaAS 的暗电阻为 $3.92\times10^{11}$Ω

4.10 (a) 8.345kΩ (b) 3.73kΩ

4.11 (a) 669Ω (b) 118.3Ω (c) 118.8

4.12 (a) $s=-\dfrac{Lch\eta T\lambda\tau}{ew(\mu_e-\mu_p)\ (n_ihcd+\eta PT\lambda\tau)^2}\left[\dfrac{\Omega}{\text{W}/\text{m}^2}\right]$

(b) $-4\,255\Omega/(W/m^2)$ （c） 1 200nm

4.13　4mV（黑暗环境），1.61V（激光照射）

4.14　(a) 0.474V　(b) 26.35μW

4.15　(a) 429.74kΩ　(b) 180W/m²　(c) 407.5kΩ, 200.77W/m²

4.16　16.3W

4.17　(a) 12.89　(b) 34.66W

4.18　(a) 0.384V　(b) 25.7/P[mV/(W/m²)]

4.19　(a) 2.242(T+273.15)[V]　(b) s=2.242mV/℃　(c) −55~150℃

4.20　$V_0$=5V（激光关闭）~0.342V（激光打开）

4.21　0~7.933mW/cm²

4.22　8.078V

4.23　(a) 0.142A　(b) 5.96×10⁶m/s

4.24　9.612pW/m²

4.25　10.54MHz

4.26　(a) 49.776MHz　(b) 24

4.27　0.331mW/cm²

4.28　s=54.6mV/(W/m²)

4.29　(a) 0.33℃　(b) 35　(c) 0.4mW/cm²

4.30　(a) s=2.965V/K

4.31　(a) 5.34μs　(b) 3.70μs　(c) 67.3kΩ

4.32　(a) 2.98mW　(b) 在两种情况下均为7.51mW

4.33　(a) 949.93Mbit/s（118.74MB/s）

4.34　(a) 24.95W, 6.24mJ

# 第5章

5.1　(a) $C_{\min}$=9.45pF, $C_{\max}$=47.23pF　(b) 944.64pF/m

5.2　(a) s=1.123 6pF/℃　(b) 0.178℃

5.3　(a) $F=1.683\times10^{-9}V^2$[N]

5.4　(a) 2.74N　(b) 68.5mm

5.5　(a) $c_f = \dfrac{2\pi\varepsilon_0}{\ln(b/a)}\left[(\varepsilon_r-1)h + \left(\dfrac{\varepsilon_r}{2}-\dfrac{1}{2}\right)t + d\right]$ [F]

(b) $C_{\min} = \dfrac{2\pi\varepsilon_0}{\ln(b/a)}\left[(\varepsilon_f-1)t+d\right]$ [F]　$C_{\max} = \dfrac{2\pi\varepsilon_0}{\ln(b/a)}\left[\varepsilon_r(d-t)+\varepsilon_f t\right]$ [F]

(c) 最小燃油量为20L，最大燃油量为380L　(d) 3.56L

5.6　(a) 2.355m

5.7　(a) $\rho=\rho_0+(k/Vg)I^2[\text{kg/m}^3]$　(b) $s=2(k/Vg)I[(\text{kg/m}^3)/\text{A}]$

5.8　(a) $|V_{\text{out}}|=0.318\,2|x|[\text{V}]$　(b) $0.318\,2\text{V/mm}$

5.9　(a) $|\text{emf}|=[0.053\,3/(1.818+1.59\tau)][\text{V}]$
　　(b) $|s|=84.75/(1.818+1.59\tau)^2[\text{mV/mm}]$

5.10　$K_H=1.058\times10^{-10}\text{m}^3/(\text{A}\cdot\text{s})$, $s=1.587\text{nV/T}$

5.11　(a) $K_H=-0.004\,16\text{m}^3/(\text{A}\cdot\text{s})$　(b) $s=0.208\,2\text{V/T}$　(c) $11.56\text{M}\Omega$

5.12　(a) $p/n=9$　(b) $p/n=484$

5.13　(a) $V_{\text{out}}=(K_H\mu_0 N/Rl_g d)P_L[\text{V}]$　(b) $66.85\text{W}$　(c) $0.315\text{V}$
　　(d) $s=K_H\mu_0 N/Rl_g d[\text{V/W}]$

5.14　(b) $8.38\times10^{26}$ 载流子数量$/\text{m}^3$

5.15　$6.246\times10^{24}$ 载流子数量$/\text{m}^3$

5.16　(a) $10^5\text{N}$　(b) $6\,250\text{V}$

5.17　(a) $32\text{V}$　(b) $2\,560\text{W}$　(c) $95\%$　(d) $12.8\text{kW}$

5.18　(a) $V=avB_0[\text{V}]$　(b) $s=B_0/a[\text{V}\cdot\text{s/m}^3]$

5.19　(a) $8\,788.9\text{N}$　(b) $a=97\,888.9\text{m/s}^2$, $v_t=988.68\text{m/s}$　(c) $640.55\text{m}$
　　(d) $1.455\times10^8\text{J}$

5.20　(a) $119\mu\text{T}$　(b) $\dfrac{1.19\times10^{-4}}{d}[\text{T}]$

5.21　(a) $5.43\text{N}$　(b) $21.7\text{mm}$　(c) $108.6\text{m/s}^2$

5.22　(a) $v=\sqrt{4\,000Ix}[\text{m}]$　(b) $14.1\text{ms}$　(c) $200\text{m/s}^2$

5.23　(b) $0.006\,04\text{N/m}$

5.25　(a) $30\text{N}$

5.26　(b) $1\,250\text{rpm}$

5.27　(c) 均为 $1\,500\text{rpm}$

5.29　(a) $2.8°$, $N=128.571$

5.30　(a) $5.143°$, $N=69.998$　(b) $3.21°$, $N=100.812$　(c) 步长由转子齿数和相数决定，定子齿数变化不影响步长；$6.428\,6°$

5.31　(a) $\Delta l=[1/N-1/M]$　(b) $0.25\text{mm}$

5.32　$0.266\text{N}$

5.33　(a) $6.98\text{N}$　(b) $62.83\text{N}$

5.34　(a) $R_1=5\,748.49\Omega$, $R_2=5.754\Omega$　(b) $R_3=1\text{m}\Omega$, $10\text{W}$　(c) $0.42\%$　(d) $-0.1\%$

5.35　(a) $17\,195$ 匝　(b) $16$ 匝

5.36　(a) $\text{emf}=\left(N\dfrac{\mu_0\mu_r}{\sqrt{2}\pi(a+b)}(b-a)c\omega\right)I_1[\text{V}]$　(b) $0.12\text{V}$

5.37　$100\,000$ 匝

5.38　(a) $R_{\text{empty}}=85\,519\Omega$, $R_{1/4}=58\,609\Omega$, $R_{1/2}=37\,309\Omega$, $R_{3/4}=18\,219\Omega$

(b) $R=-85\,571t+82\,216[\Omega]$（$t$ 为油箱填满的比例），最大非线性度为 3.07%

5.39 (a) $R=\dfrac{4L}{\sigma\pi(d-2tc_r)}[M\Omega]$

5.40 (a) $I_{max}=1.493\,2A$, $I_{min}=1.486\,2A$ (b) $s\approx3.27/h[A/m]$ (c) 0.571m

5.41 (a) $R=58.333\,3d+2.416\,7[\Omega]$ (b) $3.0\Omega$ 和 $10\Omega$ (c) $s=0.583\Omega/cm$

(d) $10\Omega$ 和 $96\Omega$, $s=5.833\Omega/cm$

# 第 6 章

6.1  $0.275\Omega/0.001$ 应变

6.2  (a) $R(\varepsilon)=1\,000(1-88.833\varepsilon+11\,055.5\varepsilon^2)[\Omega]$ (b) $922.22\Omega$ 和 $1\,221.89\Omega$

6.3  (a) $R(\varepsilon)=1\,000(1+88.833\varepsilon+11\,055.5\varepsilon^2)[\Omega]$ (b) $1\,221.89\Omega$ 和 $922.22\Omega$

6.4  (a) $R_2$ 与 $R_4$ 不变, $R_1=R_{01}\left(1+g\dfrac{F}{acE}+h\left(\dfrac{F}{acE}\right)^2\right)[\Omega]$, $R_3=R_{03}\left(1+g\dfrac{F}{acE}+h\left(\dfrac{F}{acE}\right)^2\right)[\Omega]$

(b) $\dfrac{dR_1}{dF}=R_{01}\left(\dfrac{g}{acE}+\dfrac{2hF}{a^2c^2E^2}\right)\left[\dfrac{\Omega}{N}\right]$, $\dfrac{dR_3}{dF}=R_{03}\left(\dfrac{g}{acE}+\dfrac{2hF}{a^2c^2E^2}\right)\left[\dfrac{\Omega}{N}\right]$

6.5  (a) $R_s=R_{01}+R_{02}+(R_{01}g_1+R_{02}g_2)\varepsilon[\Omega]$

(c) $R_p=[R_{01}(1+g_1\varepsilon)R_{02}(1+g_2\varepsilon)]/[R_{01}(1+g_1\varepsilon)+R_{02}(1+g_2\varepsilon)][\Omega]$

6.6  (a) $V_{out}=\left(\dfrac{R_{03}(1+g_3\varepsilon)}{R_{03}(1+g_3\varepsilon)+R_{04}(1-g_4\varepsilon)}-\dfrac{R_{02}(1-g_2\varepsilon)}{R_{01}(1+g_1\varepsilon)+R_{02}(1-g_2\varepsilon)}\right)V_{ref}[V]$

(b) $V_{out}=\dfrac{(R_{01}-R_{02})+(g_1R_{01}+g_2R_{02})\varepsilon}{(R_{01}+R_{02})+(g_1R_{01}-g_2R_{02})\varepsilon}V_{ref}[V]$

(c) $V_{out}=g\varepsilon V_{ref}[V]$

6.7  (a) $M=29.51\times10^6 kg$ (b) $6.336\Omega$ 和 $241.584\Omega$ (c) $0.02\%(0℃)\sim-0.03\%(50℃)$

6.8  (a) $296.45\Omega$（无外力）$\sim350\Omega$（最大负载），$0\sim2.4\times10^6 N$ (b) $-22.3\mu\Omega/N$

6.9  (a) $V_o=\dfrac{720+0.013\,824F}{526.08-0.000\,885F}[V]$ (b) 10 000N

6.10 (a) $C(F)=283.328-70.832F[pF]$, $s=-70.832pF/N$ (b) 4N

6.11 $350.463\,5\Omega$

6.12 $247.667\Omega$

6.13 (a) 8.85pF (b) 9.84pF

6.14 (a) $0.212\,5pF$ (b) 0.075pF

6.15 (a) $F=kx=((C_F-C_0)/C_F)kd[N]$, $C_0$ 是没有力作用时的电容, $C_F$ 是有力作用时的电容

(c) $P=((C_F-C_0)/C_F)(kd/S)[N/m^2]$

(d) $a=((C_F-C_0)/C_F)(kd/m)[m/s^2]$

6.16 (a) $4\,281.25m/s^2$ 从上极板的 $2\,500m/s^2$ 到下极板的 $1\,781.25m/s^2$

(b) $0.19\sim8.854pF$（幅度为 8.664pF）

(c) $s = -\dfrac{4\varepsilon_0 h^2 mc^3}{(0.002Ebe^3+4mc^3a)^2}\left[\dfrac{F}{m/s^2}\right]$

**6.17** (a) $-7\,500 \sim +7\,500 \text{m/s}^2$（幅度为 $15\,000\text{m/s}^2$） (b) $s = 0.1\Omega/(\text{m/s}^2)$

(c) $-3\,750\text{m/s}^2$ 和 $0.2\Omega/(\text{m/s}^2)$

**6.18** (a) $1\,319.47\text{m/s}^2$（或 $134.55g$） (b) $21.84\text{m/s}^2$（或 $2.225g$）

**6.19** (a) $\pm 7\,812.5\text{m/s}^2$（或 $\pm 796g$） (b) $1\,000 \sim 3\,400\Omega$ (c) $0.153\,6\Omega/(\text{m/s}^2)$

**6.20** (a) $4\,905\text{N/m}$ (b) $s = K_H \dfrac{I\mu_0 NI_c}{d}\dfrac{m/k}{(0.002\,5-ma/k)^2}\left[\dfrac{V}{\text{m/s}^2}\right]$

(c) $1.117\text{mV}(-1.256\,6 \sim -0.139\,6\text{mV})$,

$s = \dfrac{5.124\times 10^{-13}}{(0.002\,5-0.01a/4\,905)^2}\left[\dfrac{V}{\text{m/s}^2}\right]$

**6.21** (a) $8\text{N/m}$ (b) $s = 2.5\text{V}/(\text{m/s}^2)$ (c) $0.004\text{m/s}^2$

**6.22** (c) $s = -1.185\,583\times 10^{-4}\times 101\,325 e^{-1.185\,583\times 10^{-4}h}[(\text{N/m}^2)/\text{m}]$

(d) $30\,926\text{Pa}$

**6.23** (a) $R = 240 + 1.275\times 10^{-6}P[\Omega]$ (b) $-3.41\%$ (c) $3\%$

**6.24** (a) $-159.97 \sim 65.08\text{mm}$. (b) 收缩压为 $16\text{kPa}$，舒张压为 $10.66\text{kPa}$

(c) $-2\,174.47 \sim 884.63\text{mm}$

**6.25** (a) $1\text{MPa}$ (b) $2\,512\text{Pa}$ (c) $2.44\%$

**6.26** (a) $R = \dfrac{t_0}{4\pi a^2\sigma}\dfrac{(P_0)^2}{(P)^2}[\Omega]$ (b) $s = -\dfrac{t_0}{2\pi a^2\sigma}\dfrac{(P_0)^2}{(P)^3}\left[\dfrac{\Omega}{\text{Pa}}\right]$

**6.27** (a) $v = \sqrt{2hg}\,[\text{m/s}]$ (b) $0.313\text{m/s}$ (c) $\sqrt{2hg}\,S\,[\text{m}^3/\text{s}]$

**6.28** (a) $1.4\text{m/s}$ (b) $0 \sim 9.88\text{m/s}$

**6.29** (a) 动压为 $11\,454\text{Pa}$，静压为 $27\,500.16\text{Pa}$，总压为 $38\,954.16\text{Pa}$ (b) $-14.93\%$

**6.30** (a) $10.238\text{MPa}$

**6.31** (a) $s = 23.873\text{s}/(\text{kg}\cdot\text{m}^2\cdot\text{rad})$ (b) $4.19\times 10^{-4}\text{N}\cdot\text{m}$

**6.32** (a) $473.53\text{Hz}/°/\text{s}$ (b) $0.76°/\text{h}$

**6.33** 31 个环路

**6.34** $-684.44\text{Hz}$，$-684.44\text{Hz}/°/\text{s}$

# 第 7 章

**7.1** (a) $177.82\text{m}$ (b) $18.08\text{m}$

**7.2** $\sigma = 1\,000\text{Pa}$, $\varepsilon = 5.05\times 10^{-6}\text{nm/m}$

**7.3** (a) $2.26\text{mm}$ (b) $23.6\text{mm}$

**7.4** 在 $0.9\%$ 之内

**7.5** (a) $12.344\text{MHz}$

## 参考答案

7.6  (a) 8.334km  (b) 100m

7.7  $6.93\mu W/m^2$

7.8  1.5MHz, 5.5W

7.9  (b) $A_3 = Ae^{-2\alpha(L-h)}$  (c) $h = L(c_a t/2)[m]$ ($c_a$ 是空气中的声速)

7.10  (a) 0.46mm  5MHz  (b) $0.95V_0$  (c) $V = V_0 e^{-2\alpha d}$，其中 $\alpha$ 是衰减常数

   (d) $t = (2d/v_c)[s]$

7.11  (a) 134.5

7.12  88.7~103.2mA

7.13  $emf = 0.0344\cos(6283t)[V]$

7.14  (a) $s = -7.06V/(pF/m)$  (b) $-3.66\%$

7.15  (a) $P_{max} = 307170Pa$, $s = 0.2195\mu V/Pa$  (b) $\Delta V = 1.36\times 10^{-7}\Delta P[V]$,

   $P_{max} = 210813Pa$, $s = 0.136\mu V/Pa$

7.16  9.6V

7.17  (a) 2.357nV~2.36mV  (b) 50~120dB（假设最低实际输出为 $0.1\mu V$）

7.18  (a) 0.0884~2.21Pa(72.9~100.9dB)  (b) 2.128nW~1.331$\mu$W,

   $1.29\times 10^{-5}\% \sim 1.61\times 10^{-3}\%$

7.19  (a) ±40.212N  (b) ±0.0536m  (c) 568.88Pa (150dB)

7.20  (a) ±0.257mm  (b) $129.55\sin(628.32t)[N/m^2]$, 136.23dB

7.21  (a) 62.58N/m  (b) 126dB  (c) 611.9$\mu$W

7.22  $59.71P_a[Pa]$($P_a$ 是空气中的声压)

7.23  $a = (c_s t_1/2)[m]$, $b = (c_s(t_3-t_2)/2)[m]$, $d = [c_a(t_2-t_1)/2][m]$

7.24  (a) $s = \dfrac{f_0 \cos\theta}{(c - v_f \cos\theta)^2}\left[\dfrac{Hz}{m/s}\right]$  (b) 5205Hz  (c) -10.4kHz, 方向相反

7.25  (a) $\Delta t = \dfrac{2h}{c\sin\theta + v\sin\theta\cos\theta}[s]$  (b) $s = \dfrac{2h\sin\theta\cos\theta}{(v\sin\theta\cos\theta + c\sin\theta)^2}\left[\dfrac{s}{m/s}\right]$  (c) 60.49m/s

   (d) $\Delta t = \dfrac{2h}{v\sin\theta\cos\theta - c\sin\theta}[s]$, $s = \dfrac{2h\sin\theta\cos\theta}{(v\sin\theta\cos\theta - c\sin\theta)^2}\left[\dfrac{s}{m/s}\right]$

7.26  (a) $\Delta f = f_0\left(1 - \dfrac{1}{(1 - v_f \cos\theta/c)}\right)[Hz]$

   (b) -9.722Hz（与-5843.07Hz）相比  (c) 13.33ms

7.27  $2.546W/m^2(124dB)$

7.28  44.88nm

7.29  147.5MHz

7.30  (a) $19.46\times 10^{-12}$m/m  (b) $5.75\times 10^{-12}$m/m

7.31  (b) $s = -201.1$Hz/℃

7.32  (a) 42254Hz, $s = 0.417$Hz/Pa  (b) 149.4975MHz

7.33  (a) -410.46Hz/g  (b) 变化范围为0~2.339kg, 量程为2.339kg  (c) 24.4mg

7.34  (a) 16N  (b) 32N

# 元素周期表